R. HEGNAUER

CHEMOTAXONOMIE DER PFLANZEN

BAND 5

CHEMISCHE REIHE

BAND 20

LEHRBÜCHER UND MONOGRAPHIEN

AUS DEM GEBIETE DER EXAKTEN WISSENSCHAFTEN

CHEMOTAXONOMIE DER PFLANZEN

Eine Übersicht über die Verbreitung und die systematische Bedeutung der Pflanzenstoffe

von

R. HEGNAUER
Professor für experimentelle Pflanzensystematik an der Universität Leiden, Holland

BAND 5
Dicotyledoneae: *Magnoliaceae – Quiinaceae*

1969
Springer Basel AG

Ursprünglich erschienen bei Birkhäuser Verlag Basel 1969

ISBN 978-3-0348-9382-4 ISBN 978-3-0348-9381-7 (eBook)
DOI 10.1007/978-3-0348-9381-7

Vorwort

Im vorliegenden 5. Bande der Chemotaxonomie der Pflanzen wird die Besprechung der Familien der Dikotyledonen fortgesetzt. Die am 15. Juli 1968 abgeschlossenen Nachträge wurden wie in den früheren Bänden im Index verarbeitet, sodass dort noch besprochene Sippen (Arten, Gattungen, Familien) ohne Schwierigkeiten gefunden werden können.

Wiederum haben mich viele Forscher durch Überlassung von Sonderdrucken unterstützt; ihnen allen bezeuge ich an dieser Stelle meinen aufrechten Dank.

Für verschiedene Auskünfte, Mitteilung von noch nicht publizierten Resultaten und für Zusendung von noch nicht gedruckten Manuskripten bin ich den Herren Dr. E. C. BATE-SMITH, Cambridge, Prof. Dr. F. BOHLMANN, Berlin, Dr. J. B. HARBONE, Liverpool, Prof. Dr. A. KJAER, Kopenhagen und Dr. H. H. G. MCKERN, Sydney, zu grossem Dank verpflichtet.

Meiner Frau, die mich in stets zunehmendem Ausmass bei der Arbeit an der Chemotaxonomie der Pflanzen unterstützt, danke ich für Verständnis und unermüdliche Hilfe. Sie hat die Manuskripte für den vorliegenden Band zum Druck vorbereitet und den Grossteil der Korrekturarbeiten sowie die Anfertigung des Index übernommen.

Dem Birkhäuser Verlag danke ich wiederum für die der Chemotaxonomie gewidmete Sorgfalt und für verständnisvolles und freundschaftliches Entgegenkommen.

Literaturhinweise:

Bei Verweisung nach bereits früher zitierter Literatur wurde wie bisher verfahren.

In Abschnitt B des 1. Bandes (S. 29–40) aufgeführte Werke werden wie folgt zitiert: z. B. GRESHOFF 1890, l. c. B3. 01.

Nach in einem der vorangehenden Bände zitierten Literaturstellen wird wie folgt verwiesen: z. B. BATE-SMITH, l. c. Bd. 3, S. 40.

Literatur, die im vorliegenden Bande bereits an anderer Stelle aufgeführt wurde, wird in folgender Weise zitiert: z. B. l. c. S. 136.

Leiden 17. August 1968 R. Hegnauer

INHALTSVERZEICHNIS

Angiospermae — b) Dicotyledoneae: Fortsetzung

151. Magnoliaceae

Sträucher oder Bäume mit ungeteilten, wechselständigen Blättern mit hinfälligen Nebenblättern. Blüten einzeln, gross, meist zwittrig, regelmässig. Blütenhülle korollinisch oder in Kelch (oft 3zählig) und Krone (6-vielzählig) differenziert; Staubblätter viele, spiralig angeordnet; Fruchtknoten meist viele, spiralig angeordnet, einfächerig, mit zwei bis mehreren Samenanlagen mit 2 Integumenten. Früchtchen verschieden gestaltet: Bälge; geflügelte Nüsse; fleischig. Samen mit reichlichem Endosperm.

Die Familie ist auf Amerika, Ostasien, Indien und Indonesien beschränkt. Winterharte nordamerikanische und ostasiatische *Liriodendron-* und *Magnolia-*Arten werden in Europa viel als Zierpflanzen kultiviert.

Systematische Gliederung

Die Genera, die früher (vgl. ENGLER-PRANTL 1891) in den zwei Familien der *Magnoliaceae* und *Trochodendraceae* vereinigt wurden, werden heute über eine wechselnde Zahl von Familien verteilt und hinsichtlich ihrer verwandtschaftlichen Beziehungen recht unterschiedlich beurteilt:

ENGLER-PRANTL 1891 (ähnlich auch bei WETTSTEIN):

MAGNOLIACEAE

1. **Magnolieae:** *Magnolia* (inkl. *Manglietia*), *Talauma* (inkl. *Aromadendron*), *Michelia*, *Liriodendron.*
2. **Schizandreae:** *Kadsura*, *Schizandra.*
3. **Illicieae:** *Illicium*, *Drimys* (= *Wintera*), *Zygogynum.*
4. **Tetracentreae** (HARMS, Nachtrag S. 158): *Tetracentron.*

TROCHODENDRACEAE: ***Cercidiphyllum*, *Euptelea* und *Trochodendron*.**

HUTCHINSON 1959:

In MAGNOLIALES

Magnoliaceae: Entsprechen den *Magnolieae.*
Illiciaceae: *Illicium.*
Winteraceae: *Drimys*, *Degeneria*, *Zygogynum* und einige weitere Genera.
Schisandraceae: *Kadsura*, *Schisandra.*
Trochodendraceae: *Euptelea*, *Trochodendron.*
Cercidiphyllaceae: *Cercidiphyllum.*

In HAMAMELIDALES

Tetracentraceae:	*Tetracentron.*

TAKHTAJAN 1959:

Überordnung POLYCARPICAE

Magnoliales:	*Magnoliaceae*
	Degeneriaceae
	Winteraceae
Illiciales:	*Illiciaceae*
	Schisandraceae

Überordnung AMENTIFERAE

Trochodendrales:	*Trochodendraceae*
	Tetracentraceae
Hamamelidales:	*Cercidiphyllaceae*
	Eupteleaceae

SYLLABUS 1964:

Alle in MAGNOLIALES:

1. Familie: *Magnoliaceae*
2. Familie: *Degeneriaceae*
4. Familie: *Winteraceae*
9. Familie: *Schisandraceae*
10. Familie: *Illiciaceae*
19. Familie: *Tetracentraceae*
20. Familie: *Trochodendraceae*
21. Familie: *Eupteleaceae*
22. Familie: *Cercidiphyllaceae*

In der „Chemotaxonomie“ werden die betreffenden Sippen wie folgt umgrenzt:

MAGNOLIACEAE:	Entsprechend HUTCHINSON, TAKHTAJAN und SYLLABUS.
WINTERACEAE:	Entsprechend HUTCHINSON, d. h. mit Einschluss von *Degeneria.*
SCHISANDRACEAE:	*Illicium*, *Kadsura* und *Schisandra*, d. h. mit Einschluss der *Illiciaceae.*
CERCIDIPHYLLACEAE:	Bd. 3, S. 409.
TROCHODENDRACEAE:	*Euptelea*, *Trochodendron* und *Tetracentron.*

Literatur

PRANTL, K., *Magnoliaceae und Trochodendraceae*, in A. ENGLER und K. PRANTL, *Die natürl. Pflanzenfamilien*, Bd. III/2 (Engelmann, Leipzig 1891).

Anatomische Merkmale

In unserem Zusammenhang interessieren das allgemeine Vorkommen von Ölzellen in den Parenchymen von Wurzel, Stamm und Blatt, das eher spärliche Vorkommen von Calciumoxalat (meist in Form von kleinen prismatischen Kristallen) und Ablagerungen von Kieselsäure. Nach SÖDERBERG (1936) sind die Blattepidermiszellen der *Talauma*-(inkl. *Svenhedinia*)Arten, *Aromadendron*-Arten, *Michelia*-Arten und der meisten *Manglietia*-Arten stark verkieselt; im Genus *Magnolia* ist der Grad der Verkieselung von Blattzellen unterschiedlich, und *Liriodendron tulipifera* L. besitzt gänzlich unverkieselte Blätter. Auch im Holz verschiedener asiatischer Magnoliaceen wurde Ablagerung von Kieselsäure beobachtet; der höchste Gehalt (2,5–2,6% SiO_2) wurde für *Talauma gigantifolia* Miq. ermittelt (AMOS, l. c. B 3.13).

Literatur

SÖDERBERG, E., Svensk Botan. Tidskr. *30*, 537 (1936).

Chemische Merkmale

Ätherische Öle und Alkaloide sind seit langem aus der Familie bekannt.

1. *Ätherische Öle*

Als Pflanzen mit Ölidioblasten sind wohl alle Magnoliaceen Produzenten von ätherischem Öl. Technisch wichtig ist ausschliesslich das Champacaöl (Blütenöl von *Michelia champaca* L.). Deshalb wurden vorläufig nur wenige Arten ausführlich untersucht. In GILDEMEISTER (Bd. 4, S. 616–624) findet man Angaben über die ätherischen Öle von 5 *Magnolia*- und 2 *Michelia*-Arten. Monoterpene (Cineol, Citral, Linalool), Sesquiterpene (Machilol) und Phenylpropane (Methylchavicol, Anethol, Eugenol, Methyleugenol) sind als Ölbestandteile bekannt. Das Champacaöl enthält Phenyläthylalkohol, Benzaldehyd, Isoeugenol, Cineol und Anthranilsäuremethylester. Das Öl der Fruchtschalen von *Michelia champaca* L. enthält ebenfalls Phenyläthylalkohol; daneben wurden in ihm nachgewiesen: Cineol, Pinocamphon, Pinocampheol, Linalool, α-Phellandren und Ester der erwähnten Alkohole (CHOPRA und HANDA 1963). FUJITA (1955) nimmt auf Grund der nachgewiesenen Ölbestandteile an, dass *Magnolia salicifolia* Maxim. von *Magnolia kobus* DC. (= *M. praecocissima* Koidz.) abstammt:

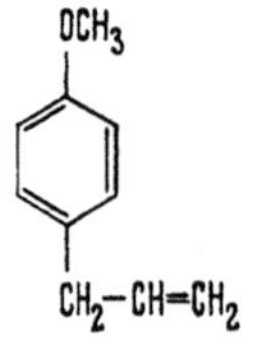

Methylchavicol

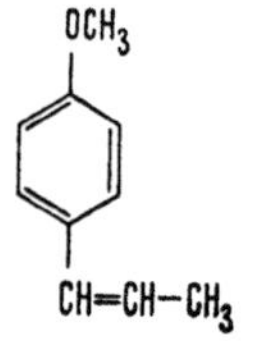

Anethol

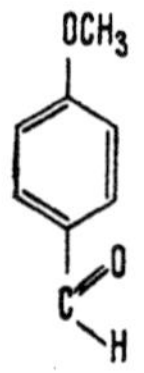

Anisaldehyd

In den Blatt- und Zweigölen der genannten Arten wurden folgende Komponenten nachgewiesen:

	M. kobus DC.	*M. salicifolia* Maxim.
Hauptbestandteil:	Methylchavicol	Anethol
Daneben vorhanden:	Cineol	Cineol (1%)
	Citral (7%)	Citral
	Eugenol	Anisaldehyd (7%)

Systematisch wichtiger als die bisher erwähnten Tatsachen sind vermutlich folgende Beobachtungen:

1. Chavicol wird durch $FeCl_3$ leicht zum Dichavicol dehydrogeniert (Erdtman und Runeberg 1957). Diese Verbindung wurde bereits früher aus Rinden von *Magnolia obovata* Thunb. und *Magnolia officinalis* Rehd. et Wilson isoliert und Magnolol genannt. *Magnolia*-Arten besitzen demnach Fermente, die dehydrogenierende Phenolkupplung katalysieren; diese Fermente spielen ebenfalls bei der Alkaloidäynthese eine Rolle. Magnolol ist nicht flüchtig und wird deshalb nicht in den stherischen Ölen gefunden.

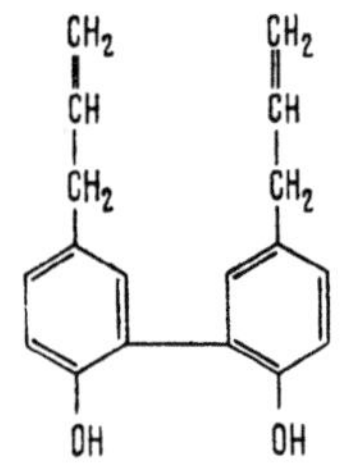

Magnolol

2. Aus Wurzelrinde von *Michelia champaca* L. isolierten Govindachari et al. (1964, 1965) 0,3% Champakin, das anschliessend mit Parthenolid identifiziert wurde. Das ätherische Öl der Rinde von *Talauma mexicana* Don enthält nach O. Collera et al. (C. A. *61*, 9769 [1964]) Costunolid (Formel, Bd. 3, S. 461).

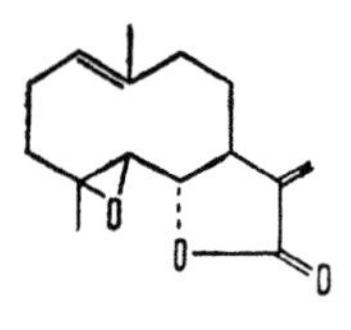

Revidierte Parthenolidstruktur (Bawdekar et al. 1966)

Demnach sind Sesquiterpenlactone mit Germacranolidstruktur nicht mehr als ein ausschliesslich den Kompositen eigenes Merkmal zu betrachten.

2. *Alkaloide*

Die Magnoliaceen scheinen allgemein Alkaloide der Phenylalaninfamilie (vgl. Bd. 3, Abb. 20, S. 21) zu erzeugen. Phenyläthylaminderivate, Benzyltetrahydroisochinolinbasen, Aporphinbasen, Berberinbasen und Bisbenzylisochinolinbasen sind aus der Familie bekanntgeworden. Dazu kommen noch die oxydierten Aporphine vom Typus des Liriodenins. Charakteristisch für die Magnoliaceen ist die Tatsache, dass oft quartäre Alkaloide überwiegen:

Einige für die Magnoliaceen charakteristische Alkaloide

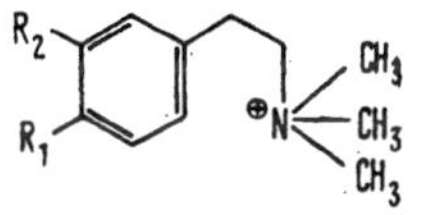

	R_1	R_2
Salicifolin	OCH_3	OH
Candicin	OH	H

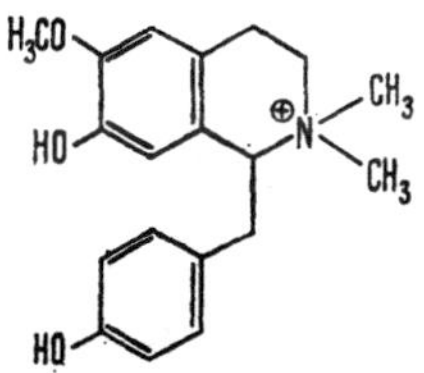

Magnocurarin

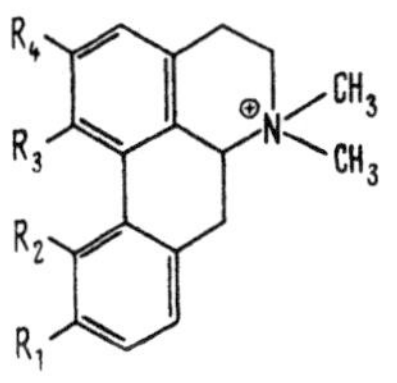

	R_1	R_2	R_3	R_4
Magnoflorin	OCH_3	OH	OH	OCH_3
Michepressin	OH	H	O—CH_2—O	

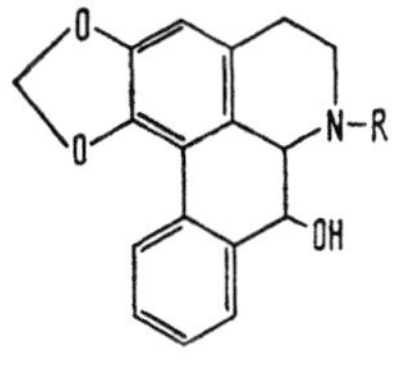

Michelin A
= Ushinsunin: R = CH_3
Michelalbin: R = H

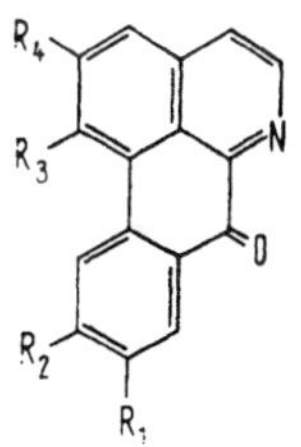

	R_1	R_2	R_3	R_4
Liriodenin (= Oxoushinsunin = Michelin B)	H	H	O—CH_2—O	
Zweite gelbe *Liriodendron*-Base	OCH_3	OCH_3	OCH_3	OCH_3

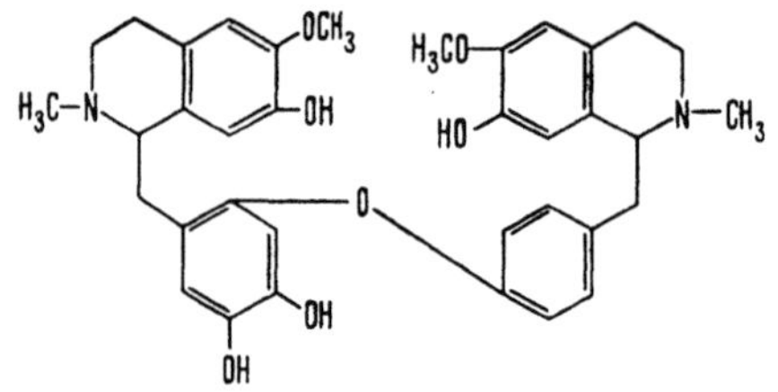

Magnolamin

Für chemische Einzelheiten über Magnoliaceen-Alkaloide wird nach TOMITA und NAKANO (1957) und nach BOIT (1961, l. c. B 3.11) verwiesen.

Im einzelnen sind folgende Alkaloidvorkommnisse bekanntgeworden.

Liriodendron tulipifera L.: Aus dem Holz sind (+)-Glaucin und zwei gelbe Basen, Liriodenin und ein unbenanntes Alkaloid, bekannt (BUCHANAN und DICKEY 1960; TAYLOR 1961; COHEN et al. 1961). TOMITA und FURUKAWA (1962) fanden im Holz ebenfalls Liriodenin und (+)-Glaucin; das letztere isolierten sie ebenfalls aus Blättern; in der Rinde wiesen sie ebenfalls Aporphinbasen nach; ferner zeigten sie, dass Oxoushinsunin und Liriodenin identisch sind.

Magnolia acuminata L.: Cholinchlorid, Magnoflorinchlorid, Salicifolinchlorid, Magnocurarinchlorid und (+)-O-Methylarmepavin aus dem Stamm isoliert (KAPADIA et al. 1964).

M. coco (Lour.) DC.: Oxoushinsunin (= Liriodenin), Salicifolin und Magnoflorin isoliert (YANG et al. 1962).

M. denudata Desr.: Salicifolin und Magnocurarin aus Stammrinde und Magnoflorin aus Wurzeln (NAKANO 1956).

M. grandiflora L.: Salicifolin und Candicin aus Wurzeln und Salicifolin und Magnoflorin aus Stammrinde (NAKANO 1954). Eine Variante (= var. *lanceolata* Ait.) dieser Art enthält nach TOMITA et al. (1961) nur Magnoflorin, nicht aber Salicifolin in der Rinde.

M. kachirachirai Dandy (= *Michelia kakirachirai* Dandy): YANG et al. (1962) und YANG und LU (1963) isolierten (+)-Glaucin, D-(+)-N-Norarmepavin und Magnoflorin.

M. kobus DC.: Salicifolin aus Rinde; aus der Rinde der var. *borealis* Koidz. Salicifolin und Magnoflorin (NAKANO et al. 1956).

M. liliiflora Desr.: Salicifolin aus Wurzeln und Stamm und Magnocurarin aus der Stammrinde (NAKANO 1954).

M. obovata Thunb.: Annonain, Michelalbin, Liriodenin, Magnocurarin und Magnoflorin aus Holz und Rinde (ITO und YOSHIDA 1966).

M. officinalis Rehd. et Wilson: Magnocurarin aus «Cortex Magnoliae» des Marktes von Hongkong (NAKANO 1955).

M. parviflora S. et Z.: Magnocurarin und Magnoflorin aus Rinde (NAKANO et al. 1956).

M. salicifolia Maxim.: Magnocurarin und Salicifolin (vgl. NAKANO 1954; TOMITA und NAKANO 1957).

M. stellata Maxim. (= *M. kobus* DC. var. *stellata* [S. et Z.] Blackburn): Salicifolin (vgl. NAKANO 1954; TOMITA und NAKANO 1957).

Michelia alba DC.: Ushinsunin, Oxoushinsunin (= Liriodenin), Salicifolin und Michelalbin isoliert (YANG 1962).

M. champaca L.: Liriodenin aus Stammrinde (MAJUMDER und CHATTERJEE 1963) und aus Wurzeln (ANJANEYULU et al. 1965). YANG und HSIAO (1963) gewannen aus dieser Art ebenfalls Ushinsunin und Magnoflorin.

M. compressa Maxim.: Oxyacanthin, Berberin, Palmatin, Jatrorrhizin, Magnoflorin und Michepressin aus Stammrinde (ITO 1960, 1961). Das Kernholz enthält Ushinsunin und Oxoushinsunin (= Liriodenin) (TOMITA und FURUKAWA 1962). Im Holz der var. *formosana* Kanehira fand YANG (1962) Magnoflorin, Ushinsunin und Oxoushinsunin (= Liriodenin).

M. fuscata Blume (= *Magnolia fuscata* Andr.): Viel Magnolamin aus Blättern; daneben geringe Mengen Magnoflorin und Magnocurarin. Die Rinde enthält Magnocurarin als Hauptalkaloid und daneben Magnolamin und Magnoflorin (TOMITA und KUGO 1954; ITO und AOKI 1959; ITO und UCHIDA 1959).

Talauma mexicana Don: Die in der mexikanischen Heilkunde unter dem Namen «Yoloxochitl» bekannte Art (wird u. a. als Herzmittel verwendet) enthält in den Blättern die Bisbenzylisochinolinbase Aztequin, welche keine Herzwirkung besitzt (SODI PALLARES und MARTINEZ GARZA 1948).

3. *Polyphenole*

Neben den zum Teil phenolischen Alkaloiden und Ätherisch-Öl-Bestandteilen welche bereits in den Abschnitten 1 und 2 erwähnt wurden, sind aus der Familie bekanntgeworden: Hydroxyzimtsäuren, Cumarine, flavonoide Verbindungen und Lignane.

3.1 *Orientierende Untersuchungen:* BATE-SMITH (1962, l. c. Bd. 3, S. 40) untersuchte hydrolysierte Blattextrakte von *Liriodendron tulipifera* L., *Michelia fuscata* Bl. und von 7 *Magnolia*-Arten; Myricetin, Leucodelphinidin und Ellagsäure wurden in keinem Falle beobachtet; Quercetin, Kaempferol und Kaffeesäure kommen allgemein vor; Leucocyanidin, p-Cumarsäure, Ferulasäure und Sinapinsäure waren nur bei wenigen Arten in nachweisbaren Konzentrationen vorhanden. SANTAMOUR (1965) beobachtete Cyanidin- und Paeonidinglykoside als Anthocyane der Blüten von 13 *Magnolia*-Arten; er wies ferner Leucocyanidin in Blättern von *Magnolia ashei* Weatherby, *M. denudata* Desr., *M. macrophylla* Michx., *M. stellata* Maxim., *M. tripetala* L. und *Liriodendron tulipifera* L. nach; 10 untersuchten *Magnolia*-Arten fehlten Leucoanthocyane in den Blättern.

Gerbstoffe kommen in der Familie vor; vor allem die Rinden scheinen nicht selten mässige Gerbstoffmengen zu enthalten (DEKKER, l.c. B 3.09; erwähnt werden Arten der Genera *Liriodendron*, *Magnolia*, *Michelia* und *Talauma*).

3.2 *Isolierte Verbindungen:*

a) CUMARINE: Aesculetindimethyläther aus der Rinde von *Liriodendron tulipifera* L. (TOMITA und FURUKAWA 1962). Blätter von *Magnolia macrophylla* Michx. enthalten ein Cumaringlykosid (= Magnoliosid) noch unbekannter Struktur (PLOUVIER 1962).

b) LIGNANE: Liriodendrin aus der Innenrinde von *Liriodendron tulipifera* L. ist ein Diglucosid des Lirioresinols; das letztere unterscheidet sich nur in der Konfiguration vom Syringaresinol (DICKEY 1958).

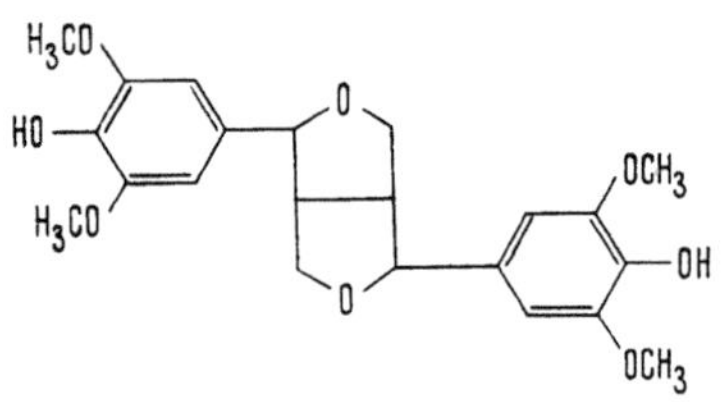

Syringaresinol und Lirioresinol

c) SYRINGIN (= Syringosid): PLOUVIER (1962) isolierte Syringin aus Rinden von 14 *Magnolia*-Arten: *M. acuminata* L., *M. macrophylla* Michx., *M. tripetala* L., *M. obovata* Thunb., *M. parviflora* S. et Z., *M. wilsonii* Rehder, *M. grandiflora* L. (0,76%), *M. salicifolia* Maxim., *M. kobus* DC., *M. liliiflora* Desr., *M. denudata* Desr., *M. campbellii* Hook. f. et Thoms., *M. stellata* Maxim. und *M.* × *soulangeana* Soul.-Bod.; den Blättern fehlt dieses Glucosid in der Regel (nur bei *M. macrophylla* und *M. salicifolia* in Blättern ebenfalls vorhanden). Auch bei *Liriodendron chinense* Sarg. und *L. tulipifera* L. wurde Syringin nicht gefunden (weder in der Rinde noch in den Blättern).

d) FLAVONOIDE VERBINDUNGEN: Rutin wurde aus Petalen von *Magnolia yulan* Desf. (= *M. denudata* Desr.), *M.* × *soulangeana* Soul.-Bod., *M. macrophylla* Michx., *M. obovata* Thunb. und *M.* × *thompsoniana* Hort. isoliert (PLOUVIER 1943). NAKAOKI et al. (1956) erhielten 0,2% Rutin aus Blättern von *Magnolia obovata* Thunb.

e) BENZOPHENONE: Aus Blättern von *Talauma mexicana* Don isolierten E. SODI PALLARES und H. MARTINEZ GARZA (C. A. *42*, 2730 [1948]) p-Hydroxybenzophenon; daneben wurde noch Trimesinsäure isoliert.

4. *Cyclite*

Liriodendron tulipifera L. und *L. chinense* Sarg. enthalten in Blatt, Rinde, Blüten und Früchten einen Dimethyläther des Mesoinosits (= Liriodendrit) (PLOUVIER 1955, 1957). Liriodendrit ist der Myoinosit (= Mesoinosit)-1,4-dimethyläther; er wird von geringen Mengen 1-Monomethyl- und 4-Monomethyläther des Myoinosits begleitet (ANGYAL und BENDER 1961).

Pinit charakterisiert das Genus *Magnolia* (PLOUVIER 1956, 1957). Die höchsten Gehalte (1,7%) wurden in alten Blättern von *M. macrophylla* Michx. beobachtet. Ferner wurden geringe Mengen Pinit aus folgenden Arten isoliert: *M. acuminata* L. (Blatt), *M. parviflora* S. et Z. (Blatt, Früchte), *M. grandiflora* L. (Zweige, Blätter, Früchte), *M. yulan* Desf. (= *M. denudata* Desr.) (Zweige), *M. obovata* Thunb. (Blätter), *M.* × *soulangeana* Soul.-Bod. (Blätter, Petalen), *M. salicifolia* Maxim. (Blätter), *M. campbellii* Hook. f. et Thoms. (Blätter) und *M. kobus* DC. (Blätter); nur bei *M. stellata* Maxim. wurde Pinit nicht gefunden.

(+)-Quercit wurde aus Blättern von *Talauma mexicana* Don erhalten (C. A. *42*, 2730 [1948]).

5. *Cyanogene Verbindungen*

Nach GRESHOFF (1909) sind die Blätter von *Liriodendron tulipifera* L. und *L. chinense* Sarg. cyanogen. Diese Beobachtung wurde verschiedentlich bestätigt; MIRANDE (1913) fand in frischen Mai- und Augustblättern von *Liriodendron tulipifera* L. 490 und 100 mg HCN/kg und HEGNAUER (1958) in frischen Juniblättern 225–248 mg HCN/kg. Nach chromatographischen Befunden von H. W. L. RUIJGROK im hiesigen Laboratorium sind die cyanogenen Verbindungen von *Liriodendron* vermutlich identisch mit denjenigen der *Ranunculaceae* (*Thalictrum aquilegifolium*, *Ranunculus arvensis*, *Leptopyrum fumarioides*).

6. *Verschiedene Inhaltstoffe*

GRESHOFF (1909) hat in Blättern von *Liriodendron tulipifera* L. und *L. chinense* Sarg. ebenfalls saponinartige Stoffe beobachtet.

Eine chemotaxonomische Bearbeitung der *Magnoliaceae* wurde bereits im Jahre 1938 durch JARETZKY und LIER ausgeführt. Sie wiesen bei 13 *Magnolia*-Arten, bei *Michelia fuscata* Bl., bei *Talauma pumila* Bl. und bei *Liriodendron tulipifera* L. mit pharmakologischen Methoden digitaloide Stoffe nach (vor allem in Rinden; bei verschiedenen Arten ebenfalls in Blättern, Blüten und Früchten). Herzwirksame Stoffe wurden ebenfalls bei *Illicium*-Arten (Perikarp) und bei *Drimys winteri* Forst. (junge Blätter), nicht aber bei *Schizandra chinensis* Baill. (Rinde) und *Kadsura japonica* Juss. (Rinde, Blatt) beobachtet. Hieraus schlossen die Autoren, dass *Illicium* und *Drimys* den Magnoliaceen im engen Sinne viel näher stehen als *Kadsura* und *Schizandra*. Das Vorkommen digitaloider Stoffe bei *Talauma mexicana* Don wurde durch PARDO (1956) bestätigt (ebenfalls mit pharmakologischen Methoden).

7. *Reservestoffe der Samen*

Die wenigen vorliegenden Beobachtungen lassen vermuten, dass die Magnoliaceen in ihren Samen hauptsächlich fettes Öl speichern. Bei den meisten Arten sind die äussersten Schichten der Samenschale der reifen Samen fleischig (= Sarcotesta) und die inneren Schichten hart (= Sklerotesta). Fettes Öl kommt in der Sarcotesta und im Samenkern (= Endosperm + Embryo) vor.

PLOUVIER (1946) hat bei *Magnolia macrophylla* Michx. die Öle der Sarcotesta und des Samenkerns untersucht:

Sarcotesta: 48% rotgefärbtes Öl mit 9,6% unverseifbaren Anteilen; im Öl gelöst ätherisches Öl; Jodzahl 100; Verseifungszahl 180; Säurezahl 67.

Samenkerne: 36% (Kerne + Sklerotesta); 63% (bezogen auf Kerne allein); geruch- und farblos; 0,72% unverseifbare Anteile; J. Z. 123; V. Z. 198; S. Z. 16,2. Nach Verseifung wurde Palmitinsäure isoliert; auffallend war die Tatsache, dass die Fettsäuren trotz der hohen Jodzahl (128) fest waren (F 32°).

Weitere 8 *Magnolia*-Arten enthalten nach PLOUVIER (1946) ebenfalls ölreiche Samen.

Bei *Magnolia hypoleuca* S. et Z. (= *M. obovata* Thunb.) enthalten die Sarcotesta 35,3% Öl (J. Z. 89,5) und die Samenkerne 59,6% Öl (J. Z. 124) (ECKEY, l. c. B 3.03). Samen von *Magnolia grandiflora* L. enthalten etwa 45% Öl in der Sarcotesta und etwa 41% im Samenkern (einschliesslich Sklerotesta). Im Öl der ganzen Samen (Sarcotesta + Samenkern) wurden 20,2% gesättigte Fettsäuren (Palmitin-, Myristin-, Stearin- und Behensäure) und 72,6% ungesättigte Säuren (Öl- und Linolsäure) nachgewiesen; die Jodzahl dieses Öles betrug 89,5 (BRADY 1938). Das Champacafett (Samenöl von *Michelia champaca* L.) enthält nach SACK (1903) nur Palmitin- und Ölsäure (30 und 70%).

8. *Lipoide der vegetativen Organe*

Aus Blättern von *Michelia compressa* Sarg. isolierten KOYAMA und MORIKITA (1955) Cerylalkohol.

Die lipophilen Phenole der Blätter von *Magnolia* × *soulangeana* Soul.-Bod. wurden durch LICHTENTHALER (1965) untersucht; etwa 10% der Blattlipoide bestehen aus Chromanolen vom Typus der Tocopherole (α-Tocopherol und Chromanole mit kürzerer Seitenkette als die Tocopherole).

Literatur

ANGYAL, S. J., und BENDER, V., J. Chem. Soc. *1961*, 4718.
ANJANEYULU, B., et al., Indian J. Chem. *3*, 237 (1965).
BAWDEKAR, A. S., et al., Tetrahedron Letters *1966*, 1225.
BRADY, St. E., J. Am. Pharm. Assoc. *27*, 407 (1938).
BUCHANAN, M. A., und DICKEY, E. E., J. Org. Chem. *25*, 1389 (1960).
CHOPRA, M. M., und HANDA, K. L., Perfumery Essent. Oil Record *54*, 817 (1963).
COHEN, J., et al., J. Org. Chem. *26*, 4143 (1961).
DICKEY, E. E., J. Org. Chem. *23*, 179 (1958).
ERDTMAN, H., und RUNEBERG, J., Acta Chem. Scand. *11*, 1060 (1957); *12*, 188 (1958).
FUJITA, Y., J. Japan. Botany *30*, 188 (1955).
GOVINDACHARI, T. R., et al., Tetrahedron Letters *1964*, 3927; Tetrahedron *21*, 1509 (1965).

Greshoff, M., Kew Bull. *1909*, 412.
Hegnauer, R., Pharm. Weekbald *93*, 810 (1958).
Ito, K., J. Pharm. Soc. Japan *80*, 705 (1960); *81*, 703 (1961).
Ito, K., und Aoki, T., J. Pharm. Soc. Japan *79*, 325 (1959).
Ito, K., und Uchida, J., J. Pharm. Soc. Japan *79*, 1108 (1959).
Ito, K., und Yoshida, A., J. Pharm. Soc. Japan *86*, 124 (1966).
Jaretzky, R., und Lier, W., Arch. Pharm. *276*, 138 (1938).
Kapadia, G. J., et al., J. Pharm. Pharmacol. *16*, 283 (1964); J. Pharm. Sci. *53*, 1140 (1964).
Koyama, T., und Morikita, T., Kumamoto Pharm. Bull. *2*, 69 (1955).
Lichtenthaler, H. K., Z. Pflanzenphysiol. *53*, 388 (1965).
Majumder, P. L., und Chatterjee, A., J. Indian Chem. Soc. *40*, 929 (1963).
Mirande, M., C. r. Soc. Biol. *75*, 434 (1913).
Nakano, T., Pharm. Bull. (Tokyo) *2*, 321, 326, 329 (1954); *3*, 234 (1955); *4*, 67 (1956).
Nakano, T., et al., Pharm. Bull. (Tokyo) *4*, 408 (1956).
Nakaoki, T., et al., J. Pharm. Soc. Japan *76*, 347 (1956).
Pardo, E. G., Ciencia (Mexico) *16*, 136 (1956).
Plouvier, V., Compt. Rend. *216*, 459 (1943); *222*, 1009 (1946); *241*, 765 (1955); *242*, 2389 (1956); *244*, 382 (1957); *254*, 4196 (1962).
Sack, J., Pharm. Weekblad *40*, 103 (1903).
Santamour, F. S., Morris Arboretum Bull. *16*, 43, 63 (1965).
Sodi Pallares, E., und Martinez Garza, H., Arch. Biochem. *16*, 275 (1948).
Taylor, W. I., Tetrahedron *14*, 42 (1961).
Tomita, M., und Furukawa, H., J. Pharm. Soc. Japan *82*, 616, 925, 1199 (1962).
Tomita, M., und Kugo, T., Pharm. Bull. (Tokyo) *2*, 115 (1954).
Tomita, M., und Nakano, T., Planta Medica *5*, 33 (1957).
Tomita, M., et al., J. Pharm. Soc. Japan *81*, 144 (1961).
Yang, T.-H., J. Pharm. Soc. Japan *82*, 794, 798, 804, 811 (1962).
Yang, T.-H., und Hsiao, Ch.-Y., J. Pharm. Soc. Japan *83*, 216 (1963).
Yang, T.-H., und Lu, Sh.-T., J. Pharm. Soc. Japan *83*, 22 (1963).
Yang, T.-H., et al., J. Pharm. Soc. Japan *82*, 816 (1962).

Schlussbetrachtungen

Gleich anderen Familien der holzigen *Polycarpicae* weisen die Magnoliaceen eine Kombination von chemischen Tendenzen auf, die wohl als höchst charakteristisch für diesen Verwandtschaftskreis zu gelten hat. Die Magnoliaceen erscheinen uns heute durch die folgenden Stoffwechseleigenarten charakterisiert:

1. Akkumulation von Kieselsäure bei vielen Arten.
2. Synthese von Isochinolinalkaloiden.
3. Produktion von ätherischen Ölen und Ablagerung derselben in Ölidioblasten.
4. Fehlen von Triterpenakkumulation.

5. Den Phenolen der Magnoliaceen scheint vicinale Trihydroxylation bei Anthocyanen, Leucoanthocyanen, Flavonolen und C_6-C_1-Säuren zu fehlen. Syringylsubstitution kommt dagegen bei den Zimtsäuren (Sinapinsäure), Zimtalkoholen (Syringin) und Lignanen (Lirioresinol) vor.

6. Cyanogenese ist vorläufig nur aus dem Genus *Liriodendron* bekannt. Die hier auftretenden cyanogenen Verbindungen scheinen zum gleichen Typus zu gehören wie diejenigen anderer Vertreter der *Polycarpicae*.

7. Ölspeicherung in den Samen.
8. Synthese von Cyclitolen (Pinit, Liriodendrit, Quercit).

Nähere Erforschung verdienen zweifellos die für die Magnoliaceen im engeren Sinne nachgewiesenen herzaktiven Stoffe, deren Chemismus noch gänzlich unbekannt ist.

Vgl. ebenfalls die Diskussionen bei den anderen Vertretern der *Polycarpicae: Annonaceae* in Band 3; *Hernandiaceae*, *Himantandraceae* und *Lauraceae* in Band 4; *Menispermaceae*, *Monimiaceae* und *Myristicaceae* im vorliegenden Band.

152. Malesherbiaceae

Kräuter bis Halbsträucher mit wechselständigen, nebenblattlosen, oft tief eingeschnittenen Blättern. Blüten zwittrig und regelmässig. Kelch langröhrig (die Kelchröhre wird meist als Hypanthium, i. e. als röhrige Blütenachse interpretiert), 5zählig; Kronblätter 5, frei, an der Basis mit ringförmiger Nebenkrone (= Corona). Staubblätter und Fruchtknoten einem Androgynophor aufsitzend; Staubblätter 5; Fruchtknoten einfächerig mit 3–4 parietalen Plazenten. Vielsamige Kapselfrüchte, die von der bleibenden Kelchröhre umschlossen werden. Samen ohne Arillus; mit Endosperm.

Zur Familie gehört nur das Genus *Malesherbia* mit etwa 25 Arten in Südamerika.

Systematische Gliederung

Alle Autoren (Wettstein, Hutchinson, Takhtajan, Syllabus) nehmen nahe Verwandtschaft mit den *Turneraceae* und *Passifloraceae* an. Dementsprechend reihen sie die Familie der Ordnung der *Parietales* (Wettstein), *Passiflorales* (Hutchinson; Takhtajan) oder *Violales* (Syllabus) ein.

Anatomische Merkmale

Anatomisch noch sehr wenig bearbeitet. Die meist stark behaarten Pflanzen besitzen einzellige Deckhaare und langgestielte Drüsenhaare, über deren Sekrete (angeblich unangenehm riechend) kaum etwas bekannt ist.

Chemische Merkmale

Bisher liegt nur eine Beobachtung vor, die in taxonomischer Hinsicht interessant ist; *Malesherbia oblongifolia* Phil. ist stark cyanogen (Gibbs 1965). Saponine scheinen in der Familie nicht vorzukommen (Ricardi et al., l. c. Bd. 3, S. 41: 6 Arten untersucht).

Literatur

GIBBS, R. D., Lloydia *28*, 279 (1965).

Schlussbetrachtungen

Vorläufig lässt sich nur feststellen, dass bei den Malesherbiaceen wie bei den *Passifloraceae* und *Turneraceae* Cyanogenese vorkommt.

153. Malpighiaceae

Lianen, Bäume oder Sträucher mit oft ungeteilten, gegenständigen Blättern mit Nebenblättern. Blüten mehr oder weniger ausgesprochen zygomorph, zwittrig, in traubigen Blütenständen. Kelch 5blättrig; Krone 5blättrig, frei; Staubblätter 10 oder weniger (einige können zu Staminodien umgeformt oder gänzlich ausgefallen sein), an der Basis der Filamente in mannigfaltiger Weise verwachsen; Fruchtknoten oberständig, meistens 3fächerig mit einer Samenanlage mit 2 Integumenten pro Fach. Nüsse, Steinfrüchte oder oft 3teilige Spaltfrüchte mit geflügelten Teilfrüchten. Samen ohne Endosperm.

Die etwa 800 Arten und 60 Genera umfassende Familie besitzt pantropische Verbreitung mit dem Schwerpunkt in Südamerika.

Systematische Gliederung

Im Syllabus werden zwei Unterfamilien unterschieden:

Hiraeoideae: (= *Pyramidatoreae*) Blütenachse konvex bis kegelförmig. Teilfrüchte geflügelt. Hierher beispielsweise *Acridocarpus*, *Banisteria* (= *Banisteriopsis*), *Cabi*, *Hiptage*, *Microsteira*, *Tetrapterys*.

Malpighioideae: (= *Planitoreae*) Blütenboden flach bis schwach konkav. Früchte verschieden, nicht geflügelt. Hierher beispielsweise *Byrsonima*, *Lophanthera* und *Malpighia*.

Anatomische Merkmale

Charakteristisch für die Familie sind einzellige, oft zweischenklige (T- oder Y-förmig) Deckhaare (seltener mehrschenklig oder zu Brandhaaren umgestaltet). Drüsenflecken auf Kelch, Blattstiel, Blattrand und -unterseite sind verbreitet;

über die chemische Natur des Sekrets ist kaum etwas bekannt. Kristalle von Calciumoxalat meist in der Form von Drusen. Die Epidermiszellen der Blätter können reichlich Schleim enthalten. Idioblasten sind in den Parenchymen von Blatt und Stamm sehr verbreitet; vermutlich dürfte es sich um Gerbstoffzellen handeln.

Chemische Merkmale

Eine allgemeine chemische Charakterisierung der Familie ist derzeit unmöglich, weil verglichen mit dem Umfang nur ganz wenige Beobachtungen vorliegen.

1. *Alkaloide*

Verschiedene Arten (Lianen) werden von Indianern Südamerikas zur Bereitung halluzinogen wirksamer Zaubertränke und Schnupfpulver verwendet. Solche Präparate (und deren Stammpflanzen) sind unter verschiedenen Namen, in erster Linie jedoch unter den Bezeichnungen «Yagé», «Ayahuasca», «Capi» (auch Caapi oder Gabi) allgemein bekanntgeworden. Zusammenfassende Berichte über botanische Herkunft, Bereitung und Wirkung dieser psychotrop wirkenden Produkte und deren Alkaloide verdanken wir unter anderen folgenden Autoren: Perrot und Raymont-Hamet (1927); Reko (1933/34); Orlowski (1954); Wasicky (1956); Ducke (1958); Schultes (1957, 1965); Friedeberg (1965); Hess (1964, l. c. Bd. 4, S. 427).

Nach Wasicky, Schultes, Ducke und Friedeberg werden vor allem folgende Arten als Halluzinogene verwendet:

Banisteriopsis caapi (Spruce) Morton (= *Banisteria caapi* Spruce)
Banisteriopsis inebrians Morton
Banisteriopsis quitiensis (Ndz.) Morton
Banisteriopsis rusbyana (Ndz.) Morton
Cabi paraënsis Ducke
Tetrapterys methystica R. E. Schultes

Ferner wird noch *Mascagnia psilophylla* (Juss.) Griseb. var. *antifebrilis* (R. et P.) Ndz. als Quelle von Ayahuasca in der Literatur erwähnt; nach Schultes (1957) ist diese Angabe jedoch sehr zweifelhaft.

Bei älteren Arbeiten über die Alkaloide ist meistens die Stammpflanze unsicher. Ausserdem ist die Identität der unter den Namen Banisterin, Yagein und Telepathin beschriebenen Basen nicht gesichert. Bereits Lewin (1928) hat nachgewiesen, dass das aus Stengeln von *Banisteria caapi* isolierte Banisterin (er fand $C_{13}H_{12}ON_2$) sich durch seine pharmakologischen Eigenschaften vom Harmin deutlich unterscheidet. Hier sollen deshalb nur neuere Arbeiten Erwähnung finden.

Banisteriopsis caapi: Aus dem Stamm dieser Liane (Material aus Peru stammend) isolierten Hochstein und Paradies (1957) 0,3% Harmin, 0,003% Tetrahydroharmin und geringe Mengen Harmalin (= Dihydroharmin). Diese Autoren schreiben den zwei letzterwähnten Basen die halluzinogene Wirkung zu.

Banisteriopsis inebrians: O'CONNELL und LYNN (1953) erhielten aus dem Stamm dieser Liane 0,145% Harmin; letzteres kommt ebenfalls in Blättern vor; andere Alkaloide waren nicht nachweisbar. POISSON (1965) isolierte aus dem Stengel ebenfalls Harmin (0,21%; daneben in Spuren ein zweites Alkaloid vorhanden); sein Material stammte aus Peru und wurde unter dem Namen «Natem» eingesammelt.

Banisteriopsis rusbyana: Blätter («Yajé») aus Peru lieferten ausschliesslich N, N-Dimethyltryptamin (0,64%; POISSON 1965).

Cabi paraënsis: Blätter und Stamm dieser oft mit *Banisteriopsis caapi* verwechselten Art enthalten Harmin (W. B. MORS und P. ZALTMAN, C. A. *49*, 14906 [1955]; R. J. DE SIQUEIRA-JACCOUD, C. A. *54*, 13545 [1960]).

Zubereitungen botanisch nicht eindeutig charakterisierter Abstammung:

Aus der «Epená» genannten Schnupfdroge der Surára-Indianer (Nordwestbrasilien) isolierte K. BERNAUER (1964) Harmin und Tetrahydroharmin. Der Autor vermutet, dass dieses Schnupfpulver aus *Banisteriopsis caapi* bereitet wird.

Aus dem aus einer Liane aus der Familie der Malpighiaceen bereiteten Schnupfpulver «Parica» der Tukano- und Tariana-Indianer (Rio Negro, Brasilien) isolierten BIOCCA et al. (1964) Harmin, Dihydroharmin (= Harmalin) und Tetrahydroharmin (= Leptaflorin).

Malpighiaceen-Alkaloide bekannter Struktur

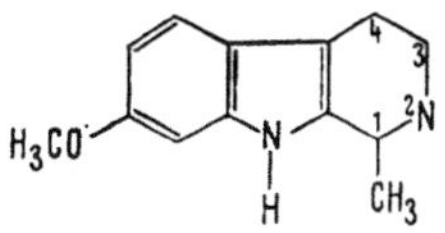

Harmin: $\Delta^{1,2}$; $\Delta^{3,4}$
Harmalin: $\Delta^{1,2}$
(= Dihydroharmin)
Tetrahydroharmin: ^{2}N–H
(= Leptaflorin)

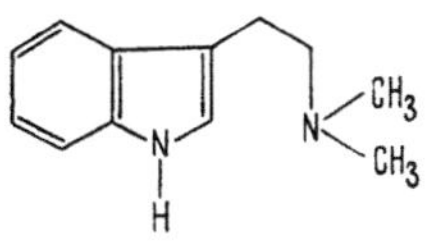

N, N-Dimethyltryptamin

Lophanthera latescens Ducke: Für diese brasilianische Art wurde das Alkaloid Lophantherin beschrieben; seine Struktur ist noch unbekannt (vgl. HENRY; BOIT; l. c. B 3.11).

2. *Hiptagin*

GORTER (1920) isolierte aus Wurzelrinde und aus Stammrinde von *Hiptage madablota* Gaertn. einen glykosidartigen Körper, den er Hiptagin nannte (4–8% aus Wurzelrinde; etwa 1% aus Stammrinde). Hiptagin dreht schwach rechts, schmeckt schwach bitter, besitzt die Formel $C_{10}H_{14}O_9N_2 \cdot 1/2\ H_2O$ und liefert bei der Spaltung neben Glucose je nach den Bedingungen sehr verschiedene Produkte. Kalte Behandlung mit Natronlauge liefert bei anschliessendem Ansäuern HCN; Hiptagin gehört demnach zu den sogenannten pseudocyanogenen Verbindungen. Kalte Spaltung mit HCl in Aceton liefert Hiptaginsäure, $C_3H_5O_4N$. Später wurde die Hiptaginsäure mit β-Nitropropionsäure identifiziert; ausserdem wurde Identität von Hiptagin mit Karakin (= $C_{15}H_{21}O_{15}N_3$) vermutet (CARTER; vgl. Bd. 3, S. 540; dort wurde versehentlich das Genus *Hiptage* den *Melastomaceae* zugerechnet [S. 540 und 541]).

3. *Polyphenole*

Nach orientierenden Arbeiten von BATE-SMITH (1962, l. c. Bd. 3, S. 40) mit hydrolysierten Blattextrakten fehlen den Malpighiaceen Myricetin, Leucodelphinidin und Ellagsäure; 4 Arten untersucht; nachgewiesen wurden:

Heteropterys umbellata A. Juss.: Q, K, Kaff.
Hiptage madablota Gaertn.: Cy.
Tristellateia australis A. Rich.: Cy, K.
Malpighia cornigera L.: p-C, F, S.
(Q = Quercetin, K = Kaempferol, Cy = Leucocyanidin, Kaff = Kaffee-, F = Ferula- und S = Sinapinsäure).

Gerbstoffe sind in der Familie verbreitet; vor allem die Rinden enthalten solche oft reichlich. Einzelne Rinden wurden in Süd- und Mittelamerika zum Gerben verwendet: «Mureci- oder Muricy-Rinde» (*Byrsonima*-Arten); «Nance- und Manquitta-Rinde» (*Malpighia*-Arten); solche Rinden enthalten 20–25–40% Gerbstoff. Auch Madagaskar hat die Familie eine Gerbrinde geliefert (*Acridocarpus excelsus* Juss. mit etwa 15% Gerbstoff in der Rinde) (DEKKER; GNAMM; l. c. B 3.09). Über den Chemismus der Malpighiaceengerbstoffe ist bisher kaum etwas bekanntgeworden.

4. *Saponine, Sterine und Triterpene*

Nach ALTMAN (1954) enthalten brasilianische Malpighiaceen Saponine mit Steroidsapogeninen. Da Isolation und eindeutige Identifikation der Aglykone unterblieben, dürfte die Frage, ob die letzteren Steroide oder Triterpene darstellen, unentschieden sein. Folgende Sapogeningehalte wurden ermittelt: *Stigmatophyllum (= Stigmaphyllon) fulgens* (Lamk.) Juss. 0,43% (Blatt) und 0,51% (Zweig); *Mascagnia sepium* (Juss.) Griseb. 0,24% (Blatt); *Banisteriopsis caapi* (Spruce) Morton 0,57% (Blatt) und 0,66% (Zweige).

Hämolysierende Stoffe wurden ebenfalls bei andern Vertretern der Familie beobachtet: *Dinemagonum grayanum* Juss. (Frucht) und *D. bridgesianum* Juss. (Stamm) (RICARDI et al., l. c. Bd. 2, S. 24; bei 3 andern Arten wurden Saponine nicht gefunden). Auch WALL et al. (l. c. B 4.5) beobachteten bei verschiedenen Arten Hämolyse; in keinem Falle wurden jedoch die Sapogenine isoliert. Allgemein treten jedenfalls Saponine in der Familie nicht auf, da sowohl RICARDI et al. als auch WALL et al. neben hämolysierenden Arten ebenfalls nicht-hämolysierende Arten beobachteten.

Aus der Rinde von *Byrsonima crassifolia* H. B. K. isolierten HEYL und HEIL (1926) das Phytosterin Byrsonimol. Es dürfte mit dem später durch DJERASSI et al. (1956) isolierten β-Amyrin (0,81% aus Rinde) identisch sein; die Rinde von *Byrsonima spicata* Rich. enthält ebenfalls 0,8% β-Amyrin.

5. *Polysaccharide*

Aus der stärkefreien Wurzel von *Heteropterys pauciflora* Juss. isolierte PECKOLT ein Polysaccharid, das durch MANNICH (1904) untersucht und Heteropterin genannt wurde. Es stellt ein linksdrehendes kaltwasserlösliches Fructan dar, das auf Grund seiner Eigenschaften dem Triticin nächstverwandt erscheint; vom Inulin unterscheidet es sich in erster Linie durch die gute Löslichkeit in kaltem Wasser. Später hat LUTZ (1907) aus getrockneten Wurzeln von *Heteropterys syringaefolia* Griseb. 25,4% eines Fructans isoliert, das nach seinen Befunden mit Inulin identisch ist; gleichzeitig untersuchte er weitere 18 Malpighiaceen und fand inulinähnliche Fructane noch in Wurzeln von *Malpighia neumannia* Juss. und *Hiptage madablota* Gaertn. Demnach sind inulinähnliche Polysaccharide bisher bei 4 Arten beobachtet worden; welcherart die Reservestoffe der übrigen Malpighiaceen sind, ist nicht bekannt.

6. *Verschiedenes*

6.1. *Reservestoffe der Samen:* Eiweiss und fettes Öl, aber keine Stärke wurden bei zwei Arten beobachtet: *Malpighia umbellata* Rose 41,9% Eiweiss und 45,9% Öl im Samenkern; *Thyrallis glauca* (Cav.) Kuntze 20,6% Eiweiss und 1,2% Öl in ganzen Samen (EARLE und JONES, l. c. Bd. 3, S. 40). Demnach kommen in der Familie ölreiche und ölarme Samen vor; Analysen von Samenölen fehlen.

6.2. *Ascorbinsäure:* Die Früchte der Steinfrüchte produzierenden Arten sind oft sehr reich an Ascorbinsäure. *Malpighia punicifolia* L. wird unter dem Namen «West Indian Cherry» als Fruchtbaum kultiviert; der Fruchtsaft enthält 0,7–2,5% Ascorbinsäure (F. AROSTEGUI et al., Biol. Abstr. *30*, 14665 [1956]; MOSCOSO 1956; ZSCHOKKE 1966). G. C. JACKSON (Excerpta Botanica [A] *9*, 521 [1965]) fand in Früchten von *Malpighia punicifolia* L., *M. glabra* L. und *M. souzae* sehr viel Ascorbinsäure, in denjenigen von *M. shaferi* Britt. et Wilson, *M. infestissima* (Juss.) Rich., *M. linearis* Jacq., *M. coccigera* L. und *M. suberosa* Small jedoch nur mässige Gehalte (29–507 mg/100 g). Die Früchte verschiedener *Byrsonima*-Arten sind ebenfalls ascorbinsäurereich; WASICKY (1956) ermittelte für frisches Fruchtfleisch von *B. intermedia* Juss. 1,8% Ascorbinsäure.

6.3. *Minerale: Hiptage madablota* Gaertn. scheint Kaliumnitrat zu akkumulieren. GORTER (1920) isolierte neben Hiptagin auch KNO_3 aus der Wurzelrinde.

6.4. *Orientierende phytochemische Arbeiten:* PERNET (l. c. Bd. 3, S. 673) untersuchte 3 Arten von Madagaskar; er fand:

Acridocarpus excelsus Juss.: 1,3% Lipide, Saponine, Chinone, Sterine.

Microsteira ambovombensis J. Arènes: Flavone, Chinone, Sterine und Alkaloidspuren.

Microsteira spec. indet.: Ein Phenolglykosid.

Literatur

ALTMAN, R. F. A., Nature *173*, 1098 (1954).
BERNAUER, K., Helv. Chim. Acta *47*, 1075 (1964).
BIOCCA, E., et al., Ann. Chim. (Roma) *54*, 1175 (1964).
DJERASSI, C., et al., J. Am. Chem. Soc. *78*, 2312 (1956).
DUCKE, A., *Capi, Caapi, Gabi, Ayahuasca e Yagé*, An. Acad. Brasil. Cienc. *30*, 207 (1958).
FRIEDEBERG, C., *Des Banisteriopsis utilisés comme drogue en Amérique du Sud*, J. Agric. Trop. Botan. Appl. *12*, 403, 550, 729 (1965).
GORTER, K., Bull. Jard. Botan. Buitenzorg [3] *2*, 187 (1920).
HEYL, G., und HEIL, F., Festschrift A. Tschirch, S. 62 (Leipzig 1926).
HOCHSTEIN, F. A., und PARADIES, A. M., J. Am. Chem. Soc. *79*, 5735 (1957).
LEWIN, L., Compt. Rend. *186*, 469 (1928).
LUTZ, L., Bull. Soc. Botan. France. *54*, 449 (1907).
MANNICH, C., Ber. Deut. Pharm. Ges. *14*, 302 (1904).
MOSCOSO, C. G., *West Indian Cherry-Richest Known Source of Natural Vitamin C*, Econ. Botany *10*, 280 (1956).
O'CONNELL, F. D., und LYNN, E. V., J. Am. Pharm. Assoc. *42*, 753 (1953).
ORLOWSKI, O., *Über Yagé*, Pharm. Z. *90*, 126 (1954).
PERROT, E., und RAYMONT-HAMET, *Yagé, Ayahuasca, Caapi et leur alcaloide: télépathine ou yagéine*, Bull. Sci. Pharmacol. *29*, 337, 417, 500 (1927).
POISSON, J., Ann. Pharm. Franç. *23*, 241 (1965).
REKO, V., *Ayahuasca, der Trank der grauenhaften Träume*, Heil- u. Gewürzpfl. *15*, 135 (1933/34).
SCHULTES, R. H., *The Identity of the Malpighiaceous Narcotics of South America*, Bot. Museum Leaflets, Harvard Univ. *18*, 1 (1957); *Ein halbes Jahrhundert Ethnobotanik amerikanischer Halluzinogene*, Planta Medica *13*, 135 (1965).
WASICKY, R., *Die brasilianische Volksmedizin und ihre Bedeutung für die Pflanzenforschung*, Pharmazie *11*, 667 (1956).
ZSCHOKKE, H., Schweiz. Apoth. Z. *104*, 247 (1966).

Schlussbetrachtungen

Von den Inhaltstoffen der Familie wissen wir noch viel zuwenig, um deren systematischen Wert ermessen zu können. Insbesondere sind die auffallendsten Verbindungen, die Harmanderivate (2 nahverwandte Genera) und das Hiptagin (eine Art) vorläufig als Einzelgänger zu betrachten. Gerbstoffakkumulation scheint für die Familie einigermassen charakteristisch zu sein; nach bisherigen Erfahrungen dürfte es sich weniger um Galli- und Ellagitannine als um kondensierte Gerbstoffe handeln; Leucocyanidine und Catechine kommen als deren Bausteine in Frage.

Weitere Erforschung der Verbreitung und der chemischen Natur der Alkaloide, Saponine, Polyphenole und der Reservestoffe der Samen und Wurzeln bilden die unerlässliche Voraussetzung für eine chemotaxonomische Bewertung der Malpighiaceen.

WETTSTEIN und TAKHTAJAN führen die Familie in der Ordnung der *Gruinales (= Geraniales)* zwischen den *Erythroxylaceae* und *Zygophyllaceae*, bzw. zwischen *Irvingiaceae* und *Balanitaceae*. Im Syllabus werden die *Malpighiaceae* wegen der zygomorphen Blüten der von den *Geraniales* abgeleiteten Ordnung der *Rutales* zugerechnet und HUTCHINSON stellt die Familie zwischen *Ixonanthaceae* und *Humiriaceae* in seine Ordnung der *Malpighiales*. Demnach wird vor allem an Verwandtschaft mit den *Linaceae* im weitesten Sinne einerseits und mit den *Zygophyllaceae* sensu lato oder mit den *Vochysiaceae* andererseits gedacht.

Vorläufig kann allein festgehalten werden, dass keine chemischen Tatsachen bekanntgeworden sind, die mit den erwähnten Auffassungen unvereinbar sind, und dass die Malpighiaceen durch das Vorkommen von inulinartigen Fructanen und von β-Nitropropionsäure in gewisser Hinsicht an die Violaceen erinnern.

154. Malvaceae

Kräuter oder Holzpflanzen mit ungeteilten, oft mehr oder weniger tief eingeschnittenen Blättern mit kleinen Nebenblättern. Blüten meist zwittrig, regelmässig, gross, einzeln oder in verschiedengestalteten Blütenständen. Kelch 5zählig, meist mit sogenanntem Aussenkelch; Kronblätter 5, frei; Staubblätter meist viele in zwei Kreisen; diejenigen des äusseren Kreises nicht selten staminodial oder abortiert, diejenigen des inneren Kreises durch Spaltung (monothezische Antheren) vermehrt; alle Staubblätter mit den Filamenten zu einer den Griffel umschliessenden Röhre verwachsen (alter Name der Ordnung der *Malvales: Columniferae*). Fruchtknoten oberständig, 5- bis mehrfächerig mit einer bis vielen Samenanlagen mit 2 Integumenten pro Fach. Spaltfrüchte oder Kapseln. Endosperm im reifen Samen 1–2 Zellagen mächtig, mit Aleuronkörnern und fettem Öl (GUIGNARD 1893).

Die Familie besitzt kosmopolitische Verbreitung mit Massenzentren in den Tropen und Subtropen.

Literatur

GUIGNARD, L., J. Botanique 7, 141 (1893).

Systematische Gliederung

Man kennt annähernd 1500 Arten, die in ungefähr 85 Genera vereinigt werden. Eine befriedigende Gliederung der Familie stösst auf grosse Schwierigkeiten. Bei LEMEÉ und im Syllabus werden 4 Triben beschrieben, die durch das Gynaeceum und die Früchte charakterisiert werden.

1. **Malopeae:** Fruchtknoten 5fächerig; die Fächer durch horizontale Scheidewände in uniovulate übereinanderliegende Kammern geteilt; Spaltfrüchte: *Kitaibelia*, *Malope* und *Palaua*.
2. **Malveae:** Mehrfächerige Fruchtknoten mit ebenso vielen Griffeln wie Fruchtblättern. Spaltfrüchte. Hierher beispielsweise *Abutilon*, *Althaea*, *Lavatera*, *Malva* und *Sida*.
3. **Ureneae:** Mehrfächerige Fruchtknoten mit doppelt so vielen Griffeln als Karpellen. Spaltfrüchte. Hierher beispielsweise *Pavonia* und *Urena*.
4. **Hibisceae:** Mehrfächerige Fruchtknoten mit einem oder mehr Griffeln. Kapselfrüchte. Hierher beispielsweise *Hibiscus* (inklusiv *Abelmoschus*) und *Gossypium*.

Anatomische Merkmale

Die Malvaceen besitzen charakteristische Deckhaare (einzellig, einzeln, oder zu sternförmigen Bündeln vereinigt; einzellreihig) und kleine Drüsenhaare recht verschiedenen Baues. Schleimzellen (viel seltener Schleimlücken; vgl. beispielsweise OLTENAU 1933; SPEGG 1959) kommen in den Parenchymen aller Organe vor. Malvaceenwurzeln, -blätter und -blüten gehören zu den wichtigsten medizinisch verwendeten Mucilaginosa; deshalb existiert eine umfangreiche anatomische Literatur über diese Drogen (vgl. z. B. GUIRAUD 1894; GEHRIG 1938; WALDSTÄTTEN 1935). JARETZKY und ULBRICH (1934) und später SPEGG (1959) haben die Entwicklung der Schleimzellen in jungen Wurzeln von *Althaea officinalis* verfolgt; Stärke liefert die Bausteine des Schleimes; der letztere wird an die Membranen der sich zu Schleimidioblasten entwickelnden Parenchymzellen abgelagert. Calciumoxalat tritt in der Familie reichlich auf (Drusen, prismatische Kristalle). Lysigene Exkreträume kommen bei einigen Genera (*Gossypium*, *Pavonia*, *Sida*, *Thespesia* usw.) vor.

Literatur

GEHRIG, M., *Beiträge zur Pharmakognosie der Malvales. Anatomie der Laubblätter*, Diss. Basel 1938.

GUIRAUD, A., *Du dévelopement et de la localisation des mucilages chez les Malvacées officinales*, Thèse, Ecole sup. Pharm. Montpellier 1894.

JARETZKY, R., und ULBRICH, H., *Die intraplasmatischen Vorgänge bei der Schleimbildung in*

den Samen von Linum usitatissimum L. *und in den Wurzeln von Althaea officinalis* L., Arch. Pharm. *272*, 796 (1934).
MORGAN, F. W., *Cotton Bark (Radix Gossypii)*, Am. J. Pharm. *70*, 427 (1898).
OLTENAU, R., *Etude monographique sur Hibiscus esculentus*, Thèse, Genève 1933.
SPEGG, H., *Untersuchungen zur Lage, Ausbildung und Funktion der schleimführenden Gewebe der Malvaceen und Tiliaceen*, Planta Medica *7*, 8 (1959).
WALDSTÄTTEN, E., *Flos und Folium Malvae silvestris subspeciei mauritanicae Thellung*, Sci. Pharm. (Wien) *6*, 39 (1935).

Chemische Merkmale

Zur Familie der Malvaceen gehören sehr wichtige Nutzpflanzen. Baumwolle (Samenhaare von *Gossypium*-Arten), Kenaf-Faser *(Hibiscus cannabinus)*, Roselle-Faser *(Hibiscus sabdariffa)*, Red Sorrel oder Karkade (essbare, fleischige Kelche von *Hibiscus sabdariffa*), Okra (*Hibiscus esculentus;* Gemüse der Tropen) und die offizinellen Drogen «Radix Althaeae» und «Flos» und «Folium Malvae» sind vielleicht die wichtigsten Produkte. Zahlreiche Malvaceen werden ausserdem der prächtigen Blüten wegen als Zierpflanzen kultiviert. Die Literatur über die technisch wichtigen Vertreter der Familie ist sehr umfangreich. Zahlreiche Angaben über die kultivierten *Gossypium*- und *Hibiscus*-Arten finden sich zusammen gestellt in „The Wealth of India“ (l. c. B 5.4) und bei CRANE (1949), HUTCHINSON (1962) und WILSON und MENZEL (1964).

In chemischer Hinsicht lassen sich die Malvaceen vorläufig vor allem durch die die Halphen-Reaktion verursachenden cyclopropenoiden Fettsäuren ihrer Öle und durch das allgemeine Vorkommen von Schleim charakterisieren.

1. *Die fetten Öle*

Bei den Malvaceen geben die Glyceride der Blätter und der Samen die Halphen-Reaktion (vgl. hierüber Bd. 3, S. 285–286). Bereits im Jahre 1927 hat IVANOW (l. c. Bd. 3, S. 287) nachgewiesen, dass die Samenöle der Familie ohne Ausnahme diese Reaktion zeigen; er untersuchte Samen von 4 *Gossypium*-Arten, 4 *Hibiscus*-Arten, 10 *Malva*-Arten, 2 *Sidalcea*-Arten, 6 *Lavatera*-Arten, 5 *Althaea*-Arten und von je einer Art der Genera *Abutilon*, *Anoda*, *Malope*, *Malvastrum*, *Sida* und *Urena*. Demnach hatte bereits IVANOW Vorkommen der cyclopropenoiden Fettsäuren in allen 4 Triben der Familie beobachtet. SHENSTONE und VICKERY (1955, 1959, 1961) zeigten später, dass die aus Malvenblättern isolierten Glyceride die Halphen-Reaktion ebenfalls geben und dass die Sterculiasäure und die Malval(in)säure nicht nur die Halphen-Reaktion der Malvaceenöle bedingen, sondern diesen gleichzeitig toxische Eigenschaften verleihen (vgl. hierüber ebenfalls MASSON et al. 1957 und SHENSTONE et al. 1965).

Der Liste der Malvaceen mit Halphen-positiven Samenölen haben EARLE und JONES (1962, l. c. Bd. 3, S. 40) noch *Abutilon incanum* und *theophrasti*, einige *Hibiscus*-Arten, *Kosteletzkya virginica*, *Sida spinosa* und *Sphaeralcea coccinea* zugefügt. Nach eigenen Beobachtungen gibt das Samenöl von *Callirhoë involucrata* A. Gray ebenfalls die Halphen-Reaktion. Am allgemeinen Auftreten von cyclopropenoiden Fettsäuren bei den Malvaceen ist auf Grund der bisherigen Beobachtungen kaum mehr zu zweifeln.

Nach EARLE und JONES erzeugen die Malvaceen Samen mit mittlerem Ölgehalt (15–25% in ganzen Samen) und hohem Eiweissgehalt (25–35%). STANSBURY et al. (1953) zeigten, dass die Jodzahl des Baumwollsamenöls durch die während der Samenentwicklung herrschenden Temperaturen stark beeinflusst wird; bei tieferen Temperaturen werden Öle mit höherer Jodzahl (i. e. mit höherem Linolsäuregehalt) erzeugt. Nicht alle Varietäten reagieren mit gleicher Intensität auf diesen Umweltfaktor. Die Verhältnisse bei *Gossypium* liegen demnach gleich wie bei *Linum* (vgl. Bd. 4, S. 397–399, 482). Hinsichtlich der Hauptfettsäuren ($\geqq$ 10%) gehören die Samenöle der Malvaceen zum Palmitin-, Öl-, Linolsäuretypus. Die familiencharakteristischen Fettsäuren Malvalsäure, Sterculiasäure, Dihydrosterculiasäure, Acetylenfettsäuren und *cis*-12, 13-Epoxyölsäure kommen in den Ölen nur in geringen Mengen vor.

a) CYCLOPROPENOIDE UND CYCLOPROPANOIDE FETTSÄUREN: Nach SHENSTONE und VICKERY (1959) und SHENSTONE et al. (1965) enthalten die Samenöle der Malvaceen in der Regel 1–5% cyclopropenoide Fettsäuren; unter den letztern überwiegt die Malvalsäure stark (Verhältnis Malvalsäure : Sterculiasäure etwa 5 : 1). Die aus Blättern von *Malva parviflora* L. gewonnenen Glyceride hatten einen höheren Gehalt an cyclopropenoiden Fettsäuren (30%; Verhältnis 2:1; SHENSTONE et al. 1965). Sehr genaue Analysen liegen für Baumwollsamenöle und für die Samenöle von *Hibiscus syriacus* L. und *Lavatera trimestris* L. vor (% der Totalfettsäuren):

Hibiscus syriacus L.: Dihydrosterculiasäure (gibt die Halphen-Reaktion nicht) 1,5%; Sterculiasäure 2%; Malvalsäure 16% (SMITH et al. 1961).

Lavatera trimestris L.: 7,8% Malvalsäure und 1,1% Sterculiasäure (SMITH et al. 1961).

Gossypium hirsutum L. (22 Varietäten), *G. barbadense* L. (2 Varietäten) und *Gossypium arboreum* L.: Die Malvalsäure ist mit 0,58–1,17% unter den Fettsäuren der Samenöle vertreten (BAILEY et al. 1966). SHENSTONE et al. (1965) geben für Baumwollsamenöle 1 -2,5% cyclopropenoide Fettsäuren und ein Malvalsäure-Sterculiasäure-Verhältnis von 3 : 1 bis 5 : 1 an.

b) ACETYLENFETTSÄUREN: SMITH und BU'LOCK (1965) fanden in Samenölen von *Hibiscus syriacus* L. und von *Sterculia foetida* L. (*Sterculiaceae*) Stearolsäure und Heptadec-8-in-säure. Bei *Hibiscus* überwiegt die letztere, bei *Sterculia* die erstere. Die Autoren (vgl. ebenfalls BU'LOCK 1966) nehmen für die merkwürdigen cyclopropenoiden Fettsäuren der *Malvales* folgende biogenetische Zusammenhänge an:

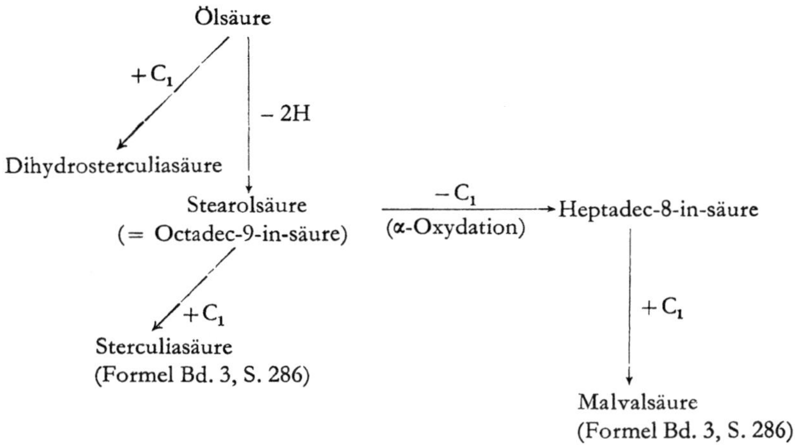

c) EPOXYÖLSÄURE. Chisholm und Hopkins (1957), Hopkins und Chisholm (1959, 1960) und Mehta und Lokras (1960) beobachteten, dass die Samenöle der meisten Malvaceen 1,5–7% *cis*-12,13-Epoxyölsäure enthalten. Folgende Gehalte (% der Totalfettsäuren) an Epoxyölsäure wurden beobachtet: *Abutilon theophrasti* Medic. $<$0,7%; *Althaea rosea* Cav. $<$1,5%; *Gossypium hirsutum* L. $<$1,3%; *Hibiscus abelmoschus* L. («Ambrette») 3% (2% in der Form von 12,13-Dihydroxyölsäure isoliert); *H. esculentus* L. («Okra») 3% (2,5% in der Form von Dihydroxyölsäure isoliert); *H. cannabinus* L. («Kenaf») 5% (geringe Mengen Epoxyölsäure rein isoliert); *H. moscheutos* L. («Mallow Rose») 1,5% (0,6% in der Form von Dihydroxyölsäure isoliert); *H. syriacus* L. («Rose of Sharon») 1,5% ($<$0,5% in der Form von Dihydroxyölsäure isoliert); *Lavatera trimestris* L. 3% (1,5% in der Form von Dihydroxyölsäure isoliert); *Malope trifida* Cav. 7% (4% in der Form von Dihydroxyölsäure isoliert); *Malva moschata* L. 3% (2,1% in der Form von Dihydroxyölsäure isoliert); *Sidalcea hybrida* A. Gray $<$5%; *Thespesia populnea* Soland. $<$0,4 %.

2. *Die Schleime*

Die Malvaceenschleime sind saure Membranschleime. Untersuchungen liegen in erster Linie für die offizinellen Arten *Althaea officinalis* L. und *Malva silvestris* L. vor (Beauquesne 1946; Ahtardjieff und Koleff 1961; Franz 1966). Uronsäuren (15–30% Galakturonsäure), Methylpentosen (4–40% Rhamnose), Pentosen (bis 5% Xylose; 6–25% Arabinose) und Hexosen (30–50% Galaktose; 4–18% Glucose) wurden als Bausteine der Schleime ermittelt. Ausbeuten und Eigenschaften werden in hohem Masse durch die Extraktions- und Reinigungsmethoden beeinflusst. Franz (1966) konnte den Rohschleim der Wurzel von *Althaea officinalis* in ein saures Polysaccharid (ein Galakturonorhamnan) und zwei neutrale Polysaccharide (ein Glucan und ein Arabinogalaktan) auftrennen. Berücksichtigt man weiterhin, dass die Schleime verschiedener Organe einer Art und die Schleime verschiedener Arten unterschiedliche Zusammensetzungen aufweisen können, dann werden manche Widersprüche in der Literatur verständlich. So fanden beispielsweise KOSTUJAK und STEINDEL (1958) bei *Althaea*-Wurzeln Schleimmaxima im Sommer und Minima im Winter; die Stärke verhielt sich gerade umgekehrt. FRANZ (1956) andererseits beobachtete beim gleichen Objekt Schleimmaxima im Herbst und Winter und Minima im Frühling und Sommer; zur Zeit der maximalen Schleimgehalte war der Glucananteil im Schleim am höchsten. Nach SPEGG (1959, l. c. sub «Anatomische Merkmale»), der besonders die Verhältnisse in den überirdischen Organen berücksichtigte, ist der Schleim bei den Malvaceen kein Reservekohlenhydrat; er ist eher von Bedeutung für den Wasserhaushalt. FRANZ (1966) andererseits kam zum Schluss, dass der Wurzelschleim von *Althaea officinalis* wenigstens teilweise die Funktion eines Reservepolysaccharids besitzt. Vermutlich sind solche divergierende Resultate und Schlussfolgerungen durch die komplexe Natur der Malvaceenschleime bedingt. Sommermaxima und Wasserspeicherfunktion könnten in erster Linie für die saure Fraktion (Galakturonorhamnan) und Wintermaxima und Kohlenhydratreservefunktion für die neutralen Anteile (Glucan; Arabinogalaktan?) zutreffen.

Einige durch FRANZ (1966) mitgeteilte Daten sollen einen Eindruck vom Schleimgehalt der Malvaceen vermitteln:

		% Rohschleim
Althaea officinalis L.		
Wurzeln	März–September	6,2– 9,3
	Oktober–Februar	10,6–11,6
Blätter		9,8
Blüten		5,8
Blüten ohne Kelch		8,3
Malva silvestris L.		
Blätter		8,2
Blüten		6,1
Blüten ohne Kelch		8,9

Für einzelne Arten liegen folgende Beobachtungen über die Zusammensetzung der Schleime vor:

Althaea officinalis L.: Galakturonsäure: 27,8% im Wurzelschleim, 17,9% im Blattschleim und 22% im Blütenschleim; Galaktose etwa 32% (Wurzel), 40% (Blatt), 33% (Blüten); Glucose etwa 13% (Herbstwurzel; in Sommerwurzeln bedeutend weniger), 15% (Blatt), 10% (Blüten); Arabinose etwa 8% (Wurzeln), 17% (Blatt), 16% (Blüten); Xylose fehlt in Wurzeln, etwa 4% (Blatt), Spuren (Blüten); Rhamnose etwa 21% (Wurzeln), 4% (Blatt), 21% (Blüten) (FRANZ 1966).

Hibiscus esculentus L. (= *Abelmoschus esculentus* [L.] Moench): Der Schleim der als Gemüse gegessenen saftigen Früchte (Okra-Schleim) besteht aus Galaktose (80%), Rhamnose (10%), Arabinose (3%) und Galakturonsäure (6%) (WHISTLER und CONRAD 1954; EL S. AMIN 1956). KELKAR et al. (1962) isolierten aus den in Indien auch unter dem Namen «Bhendi» bekannten Früchten dieser Art einen stark eiweisshaltigen Schleim, der bei der Hydrolyse neben Aminosäuren ausschliesslich Glucose und Glucosamin im Verhältnis 3:1 lieferte. Eine Erklärung für diese abweichenden Befunde steht aus (mikrobielle Zersetzung?).

Hibiscus manihot L.: Der Rohschleim der Wurzeln enthält Glucose, Xylose, Rhamnose und Galakturonsäure. Ein reines Galakturonorhamnan konnte hieraus gewonnen werden (T. OSHIBUCHI und Y. OWADA, C. A. *50*, 17499 [1956]; INOKAWA et al. 1964).

Malva silvestris L.: AHTARDJIEFF und KOLEFF (1961) isolierten aus der Droge «Flos Malvae» 2,6% Schleim und wiesen Arabinose, Rhamnose, Galaktose und Galakturonsäure als Hydrolysenprodukte nach. FRANZ (1966) analysierte den Schleim von Blatt- und Blütendroge:

	Galaktose	Glucose	Arabinose	Xylose	Rhamnose	Galakturonsäure
«Folium Malvae»	37%	7%	20%	4%	12%	20%
«Flos Malvae»	28%	13%	15%	2%	18%	24%

Sida carpinifolia: Im Samenschleim wurden Galaktose, Glucose, Arabinose und Galakturonsäure nachgewiesen (C. S. PANDE und J. D. TIWARI, C. A. *57*, 4780/81 [1962]).

3. *Hydroxyzimtsäuren, flavonoide Verbindungen und Gerbstoffe*

Die Pigmente der prächtig gefärbten Blüten von *Gossypium-*, *Hibiscus-* und *Thespesia-*Arten wurden sehr intensiv bearbeitet. Im übrigen ist nur verhältnismässig wenig über die Phenolspektren der Malvaceen bekannt.

3.1 *Orientierende Untersuchungen:* Nach BATE-SMITH (1962, l. c. Bd. 3, S. 40) fehlen hydrolysierten Blattextrakten Myricetin und Ellagsäure; Leucodelphinidin wurde ausschliesslich bei *Gossypium herbaceum* L. beobachtet; andererseits waren Leucocyanidin, p-Cumar-, Kaffee-, Ferula- und Sinapinsäure bei der Mehrzahl der untersuchten 11 Arten in nachweisbaren Konzentrationen vorhanden; Kaempferol (K) und Quercetin (Q) wurden nur sporadisch beobachtet: *Althaea rosea* Cav. (Q, K), *Hoheria sexstylosa* Colenso (Q, K), *Sphaeralcea umbellata* G. Don (nicht nachweisbar = n. n.), *Goethea strictiflora* Hook. (n. n.), *Malvaviscus conzattii* Greenman (n. n.), *Pavonia rosea* Schlecht. (n. n.), *Pavonia spinifex* Cav. (n. n.), *Abutilon insigne* Planch. (n. n.), *Gossypium herbaceum* L. (Q), *Hibiscus cannabinus* L. (K) und *Lagunaria patersonii* G. Don (K).

Echte Gerbstoffe scheinen den Malvaceen zu fehlen oder jedenfalls nur in geringen Konzentrationen bei ihnen aufzutreten (DEKKER, l. c. B 3.09).

3.2 *Aus vegetativen Organen isolierte Phenole:*

Abutilon avicennae Gaertn.: 0,1% Rutin aus Blättern (NAKAOKI et al. 1956).

Gossypium: A. S. SADYKOV et al. (C. A. *54*, 25083 [1960]; *57*, 12905 [1962]) untersuchten die „Gerbstoff"-Fraktionen kultivierter Baumwollpflanzen; sie enthalten Catechine; deren Menge und Zusammensetzung sind vom Entwicklungszustand, vom Organ und von den Sippen abhängig. Während der Entwicklung treten erst (−)-Epigallocatechin, (±)-Gallocatechin, (−)-Epicatechin und (±)-Catechin auf; später werden diese Catechine mit Gallussäure verestert; untersucht wurden Rassen von *Gossypium barbadense* L. und *Gossypium hirsutum* L. Nach ZAPROMETOV und KARIMDZHANOV (C. A. *62*, 2957 [1965]) enthält die Rinde der Baumwollpflanze 1,77% „Gerbstoff"; aus dieser Gerbstofffraktion wurden (+)-Catechin und Gallocatechin isoliert. Nach B. A. RUBIN et al. (C. A. *45*, 10314 [1951]) sind die Polyphenole der Gerbstofffraktion bei der Baumwollpflanze von Bedeutung für die Resistenz gegen *Verticillium*-Infektionen.

Gossypium hirsutum L.: 0,1% Quercetin aus getrockneten Blättern (P. K. DENLIEV et al., C. A. *59*, 2756 [1963]).

Hibiscus syriacus L.: Das bereits 1886 durch DUFOUR (vgl. Bd. 2, S. 79) in Blättern beobachtete Saponarin wurde durch T. NAKAOKI (C. A. *46*, 108 [1952]) isoliert.

Hibiscus cannabinus L.: Rutin und Isoquercitrin aus Blättern; ferner 2 Kaempferolglykoside und ein Isorhamnetinglykosid nachgewiesen (SCHILCHER 1964).

3.3 *Flavonoide Verbindungen aus Samen:*

Gossypium: Baumwollsamen enthalten die Flavonolglykoside Rutin, Isoquercitrin und Kaempferol-3-rhamnoglucosid (PRATT und WENDER 1959, 1961).

3.4 *Blütenpigmente:* Anthocyane und intensiv gelb gefärbte Flavonole sind die hauptsächlichsten Blütenfarbstoffe der Malvaceen. Für zusätzliche Literaturangaben bezüglich Verbreitung und Chemismus dieser Malvaceenfarbstoffe wird im besondern verwiesen nach SANNIÉ und SAUVAIN (l. c. B 3.09), KARRER (l. c. B 3.01) und DEAN (l. c. Bd. 3, S. 40).

ANTHOCYANE: Die Blüten dunkelroter Varianten von *Althaea rosea* Cav. enthalten eine Anthocyanmischung (= Althaein) mit Delphinidin-3-glucosid (= Myrtillin-a) als Hauptkomponente. Blüten von *Malva silvestris* L. verdanken ihre Farbe dem Malvin (= Malvidin-3, 5-diglucosid). Die Anthocyane des roten Fleckens an der Basis der Petalen der meisten *Gossypium*-Arten sind Glykoside des Cyanidins (PARKS 1965).

FLAVONOLE:

Althaea rosea Cav.: Die Art wird in zahlreichen Blütenfarbvarianten kultiviert. Aus einer Form mit gelben Petalen isolierten NAIR et al. (1964) Quercetin, Isoquercitrin, Kaempferol und Kaempferol-3-glucosid (= Astragalin). H. OBARA (C. A. *63*, 15155 [1965]) erhielt aus 3 kg Blüten 2 g Althaeanin (= Aromadendrin-3-glucosid = Dihydrokaempferol-3-glucosid).

Gossypium: Die Mehrzahl der *Gossypium*-Arten besitzt gelbe Petalen mit einem roten Flecken an der Basis. Innerhalb der einzelnen Arten sind jedoch zahlreiche Blütenfarbvarianten (z. B. Petalen ohne Basisfleck; weisse Blüten usw.) bekannt. Das letztere gilt in erster Linie für die in zahlreichen Varietäten kultivierten Baumwollpflanzen (*G. barbadense* L. und *G. hirsutum* L. [amerikanische Arten] und *G. arboreum* L. und *G. herbaceum* L. [Arten der Alten Welt]). Bisher wurden folgende Flavonole isoliert:

Gossypium arboreum L. (= *G. indicum* = *G. neglectum*): Herbacitrin, Gossypitrin, Gossypin, Isoquercitrin und Kaempferol (= Populnetin) (vgl. z. B. Rao und Seshadri 1943).

G. barbadense L.: Quercimeritrin und Quercetin-3-sophorosid (Z. P. Pakudina und A. S. Sadykov, C. A. *62*, 9457 [1965]).

G. herbaceum L.: Herbacitrin, Gossypitrin, Isoquercitrin, Quercimeritrin, Gossypetin und Kaempferol (vgl. z. B. Rao und Seshadri 1943).

G. hirsutum L.: Quercimeritrin, Quercetin-3'-glucosid und Quercetin (P. K. Denliev, C. A. *59*, 2756 [1963]; *60*, 10775 [1964]; Z. P. Pakudina et al., C. A. *63*, 2123 [1965]).

Stephens (1948) hat durch biochemische und genetische Versuche gezeigt, dass Arten mit leuchtendgelben Petalen Gossypetinglykoside als Hauptpigmente enthalten; weissblütige Varianten solcher Arten haben die Fähigkeit, Quercetin zum Gossypetin zu hydroxylieren, verloren. Er beobachtete folgende Petalenpigmente:

Art	Hauptfarbe der Petalen	Gossypitrin	Herbacitrin	Querci-meritrin	Isoquer-citrin
G. arboreum	gelb	+ +	?	—	+
G. arboreum	weiss	—	?	—	Spuren
G. herbaceum	gelb	+ +	+	—	+
G. barbadense	gelb	+	?	+ +	+
G. hirsutum	weiss	—	?	+ +	+

Parks (1965) hat dies bestätigt und weiterhin gezeigt, dass jede der durch ihn untersuchten 13 *Gossypium*-Arten ein spezifisches Flavonoidspektrum besitzt. Bei weissblütigen Formen innerhalb der gelbblühenden Arten verschwinden die Gossypetinglykoside; die übrigen Flavonolglykoside bleiben jedoch in artcharakteristischer Kombination erhalten. Hauptflavonoide der Blüten von *Gossypium*-Arten sind nach diesem Autor: Gossypin, Gossypitrin und ein weiteres Gossypetin-7-glykosid, Isoquercitrin und ein weiteres Quercetin-3-glykosid, Rutin, Quercimeritrin und ein weiteres Quercetin-7-glykosid, Trifolin, Kaempferol-3-rhamnoglucosid und zwei weitere Kaempferol-3-glykoside. Nach Parks muss es möglich sein, durch genaue Analyse der Blütenpigmente bei amphidiploiden (= allopolyploiden) Arten, deren einer Elter bekannt ist, auch den zweiten Elter zu ermitteln (selbstverständlich nur dann, wenn der letztere heutzutage noch existiert und wenn sein Flavonoidspektrum genau bekannt ist). Solchen Arbeiten kommt erhebliche Bedeutung zu, da sie einen Beitrag zum Studium der Evolution polyploider Arten liefern können. Im Falle von *Gossypium* darf man wertvolle Hinweise über die Herkunft der amerikanischen Baumwollpflanzen erwarten; *G. hirsutum* L. und *G. barbadense* L. sind allotetraploide Arten, die aus einer Kreuzung von diploiden altweltlichen Arten (*G. herbaceum* L., *G. arboreum* L.) mit diploiden neuweltlichen Arten (*G. raimondii* ?, *G. thurberi* ?) hervorgegangen sind.

Parks hat die Blütenpigmente von 10 diploiden *Gossypium*-Sippen analysiert und folgende Flavonole beobachtet:

Sektion	Untersuchte Arten	Herkunft	Flavonolglykoside*
Herbacea	*G. arboreum* L. *G. herbaceum* L.	Asien–Afrika	3 G; 3–5 Q; 1–4 K; bis 5 unbek.
Anomala	*G. anomalum* Wawra et Peyr.	Afrika	4 Q; 4 K; 6 unbek.
Sturtiana	*G. sturtii* v. Muell.:	Australien	2 Q; 2 K; 1 unbek.
Thurberana	*G. gossypioides* (Ulbr.) Standl. *G. thurberi* Todara	Neue Welt	2–4 Q; 2 K.
Klotzschiana	*G. klotzschianum* Anderson var. *davidsonii* (Kellogg) Hutchinson *G. raimondii* Ulbr.	Neue Welt	1–3 G; 2–4 Q; 1–2 K; 2–6 unbek.
Stocksiana	*G. stocksii* Masters:	Arabien–Asien:	2 G; 4 Q; 2 K; 5 unbek.

* G = Gossypetinglykoside; Q = Quercetinglykoside; K = Kaempferolglykoside; unbek. = unbekannte Flavonole.

Demnach kommen die charakteristischen Gossypetinglykoside lange nicht bei allen *Gossypium*-Arten und vermutlich auch nicht in allen Sektionen des Genus vor.

Genus *Hibiscus:* Verschiedene Arten werden der prächtigen Blüten wegen als Zierpflanzen kultiviert. Die folgenden Flavonole wurden isoliert:

Hibiscus abelmoschus L. (= *Abelmoschus moschatus* Medic.): Cannabiscitrin (= Myricetin-3′-glucosid) aus den gelben Teilen der Petalen; die roten Teile enthalten Cyanidinglykoside (Nair et al. 1964).

H. cannabinus L.: Ausschliesslich Cannabiscitrin (Pankajamani und Seshadri 1955).

H. esculentus L. (= *Abelmoschus esculentus* [L.] Moench): Aus den Petalen der gelbblühenden (mit rotem Basisfleck) Varietät wurde Gossypin (0,4% des Trockengewichts) erhalten (Seshadri und Viswanadham 1947).

H. mutabilis L.: Die Blüten sind am Morgen elfenbeinfarbig bis sehr hellgelb und am Abend rot. Morgens (8^h) gesammelte Petalen lieferten 0,08% (des Frischgewichts) Quercimeritrin; abends (nach 16^h) gesammelte Blüten enthalten praktisch nur Cyanin (Cyanidin-3,5-diglucosid) (Sankara Subramanian und Narayana Swamy 1964). Aus Staubblättern wurde ein Leucocyanidin isoliert (P.-Y. Yeh et al., C. A. *53*, 22297 [1957]).

H. sabdariffa L.: Die als Gemüse- und Marmeladepflanze kultivierte var. *sabdariffa* kommt in zahlreichen Cultivars vor. Es werden zwei Hauptgruppen von Rassen unterschieden:

ruber: Anthocyane in Stengeln, Zweigen, Blattnerven und Kelchen; Petalen hellgelb, werden nach dem Pflücken rot.

albus: Stengel, Zweige, Nerven und Kelche grün; Petalen hellgelb, nach dem Pflücken die Farbe nicht ändernd.

Hauptpigment beider Formengruppen ist Hibiscitrin (= Hibiscetin-3-glucosid); beide führen ausserdem als Nebenpigment Gossytrin (= Gossypetin-3-glucosid); ausserdem wurden Quercetin und Sabdaretin (Struktur nicht bekannt) nachgewiesen (PANKAJAMANI und SESHADRI 1955; SESHADRI und THAKUR 1961). Das Anthocyan der roten Kelche von Pflanzen der *ruber*-Gruppe wurde Hiviscin genannt (YAMAMOTO und OSIMA 1932, 1936); es ist ein Delphinidin-Glykosid. MILLETTI (1959) beschrieb chromatographische Methoden zum Nachweis aller Pigmente der Droge «Karkade» (getrocknete Kelche der roten Form von *H. sabdariffa* var. *sabdariffa*).

H. surattensis L.: Aus dem gelben Teil der Petalen wurden Gossypetin und Gossypitrin isoliert; die rote Basis der Petalen enthält Glykoside von Cyanidin, Delphinidin und Pelargonidin (NAIR et al. 1962).

H. tiliaceus L.: SANKARA SUBRAMANIAN und NARAYAMA SWAMY (1961) fanden Gossypetin als Hauptflavon; es wird von Quercetin und Kaempferol begleitet (nur Aglyka untersucht). NAIR et al. (1961) isolierten aus den gelben Anteilen der Petalen Gossypitrin und Gossytrin.

H. vitifolius L.: Die Petalen enthalten Gossypin und daneben freies Quercetin (K. V. RAO und SESHADRI 1946).

Thespesia populnea Soland.: Aus Petalen wurden isoliert: Populnetin (= Kaempferol), Populnin (= Kaempferol-7-glucosid), Herbacetin (in Petalen vor allem als Glucosid vorhanden) und Populneol (farbloses Phenol, $C_{15}H_{12}O_3$) und aus einigen Herkünften ebenfalls Quercetin und Gossypetin (nur Aglykone untersucht) (NEELAKANTAM et al. 1943; PANKAJAMANI und SESHADRI 1955; P. R. RAO und SESHADRI 1946). Aus dem Benzolextrakt reifer Früchte wurden 0,4% Thespesin ($C_{19}H_{20}O_5$) und aus dem Methanolextrakt Herbacetin (nach Verseifung) gewonnen (SRIVASTAVA et al. 1963).

Einige charakteristische Blütenpigmente der Malvaceen

Meist hellgelb	Kräftig gelb
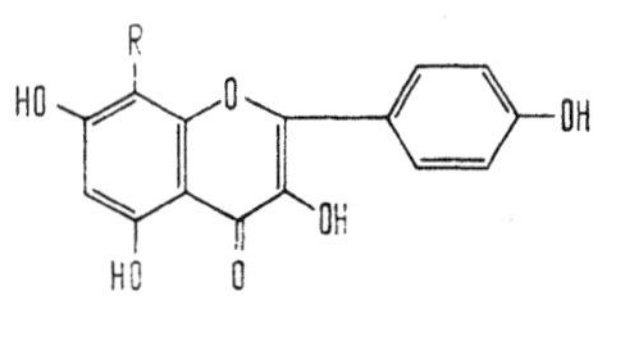 R = H : *Kaempferol* 7-glucosid = Populnin 3-glucosid = Astragalin 3-galaktosid = Trifolin	R = OH : *Herbacetin* 7-glucosid = Herbacitrin

(Fortsetzung der tabelle)

Meist hellgelb	Kräftig gelb
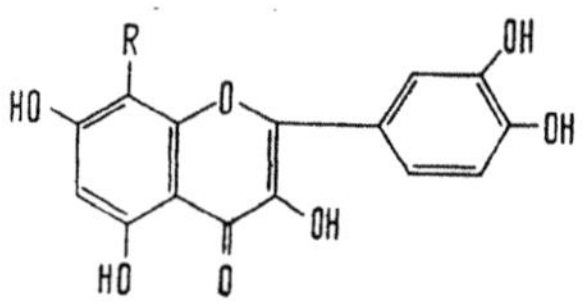 R = H : *Quercetin* 7-glucosid = Quercimeritrin 3-glucosid = Isoquercitrin	R = OH : *Gossypetin* 7-glucosid = Gossypitrin 8-glucosid = Gossypin 3-glucosid = Gossytrin
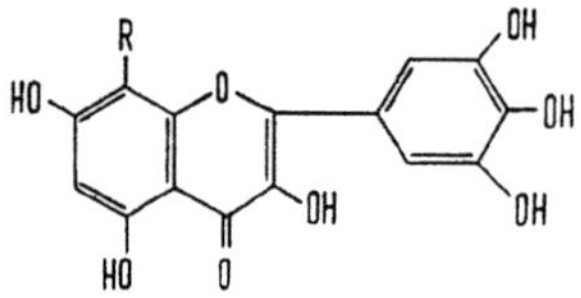 R = H : *Myricetin* 3′-glucosid = Cannabiscitrin	R = OH : *Hibiscetin* 3-glucosid = Hibiscitrin

Basisflavonole der Familie sind vermutlich Kaempferol und Quercetin; weitere Hydroxylation im B-Ring führt zum Myricetin. Für viele Malvaceen ist jedoch Hydroxylation der Flavonole in 8-Stellung im A-Ring charakteristisch. Man kann sich die biogenetischen Zusammenhänge für die Flavonol-Aglyka wie folgt vorstellen:

Hydroxylation des A-Ringes

Kaempferol → Herbacetin
↓
Quercetin → Gossypetin
↓
Myricetin → Hibiscetin

(Hydroxylation des B-Ringes)

4. *Verschiedenes*

Weitere Inhaltstoffe sind bisher nur für einzelne Arten oder Genera bekanntgeworden.

4.1 GOSSYPOL ($C_{30}H_{30}O_8$): Hauptbestandteil der Exkreträume von Wurzeln, Stengeln, Blüten, Früchten und Samen von *Gossypium*-Arten ist ein gelber Körper, der Gossypol (vgl. ADAMS et al. 1960) genannt wurde. Gossypol wird von geringen Mengen eines roten (Gossypurin) und eines grünen (Gossyverdurin) Pigments begleitet (LYMAN et al. 1963). Gossypol ist der toxische Stoff von Baumwollsamen und von ungereinigtem Baumwollsamenöl (vgl. z. B. EAGLE und BIALEK 1950). Biogenetisch betrachtet dürfte das Polyphenol Gossypol ein *bis*-Sesquiterpen sein.

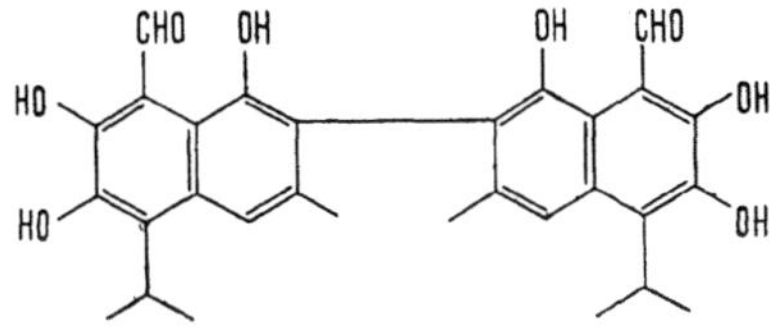

Gossypol

Nach A. M. GOLDOVSKY und M. Z. PODOLSKAYA (Biol. Abstr. *26*, 9880 [1952]) und nach FRAMPTON et al. (1960) kommt Gossypol bei allen *Gossypium*-Arten vor. Die letzterwähnten Autoren fanden folgende Gossypolgehalte für die geschälten Samen von 12 Arten: *G. arboreum* L. 1,27%, *G. anomalum* Wawra et Peyr. 0,47%, *G. triphyllum* (Harv.) Hochr. 0,28%, *G. stocksii* Mast. 0,13%, *G. aridum* (Rose et Standl.) Skovsted 3,55%, *G. armourianum* Kearney 2,36%, *G. harknessii* Brandeg. 2,63%, *G. klotzschianum* Anderson var. *davidsonii* (Kellogg) J. B. Hutch. 6,64%, *G. raimondii* Ulbr. 2,51%, *G. thurberi* Todaro 3,27%, *G. gossypioides* (Ulbr.) Standl. 0,39%, *G. hirsutum* L. cv. „Paymaster 54" 1,24% und cv. „Deltapine 15" 1,44%. Der Gossypolgehalt der Samen der Baumwollpflanze hängt nicht nur von der kultivierten Varietät, sondern ebenfalls vom Klima (im besondern Temperatur und Niederschlagsmengen) ab (PONS et al. 1953). Gossypol ist in den lysigenen Exkretbehältern der *Gossypium*-Arten lokalisiert; diese Gossypolbehälter kommen in allen Teilen der Pflanze vor; im Samen befinden sie sich in den Kotyledonen und im Hypokotyl des Embryos. Ausführliche Untersuchungen über den Bau der Gossypolbehälter von Baumwollsamen stammen von MOORE und ROLLINS (1961). Bei *Gossypium hirsutum* L. («Upland cotton») gelang die Züchtung einer sogenannten „glandless" Varietät; dieser fehlen Exkreträume (und damit ebenfalls Gossypol) im Hypokotyl, Stengel, Frucht und Samen; in den Brakteen und in der Blattspreite sind dagegen, wie bei der Normalform, Exkreträume vorhanden; „glandless" wird monofaktoriell rezessiv vererbt (MCMICHAEL 1954). Die Samen und das Samenöl der „glandless" Varietät sind praktisch frei von Gossypol; das Öl unterscheidet sich jedoch in anderer Hinsicht nicht vom Öl der Normalform (MATTSON et al. 1960; THAUNG et al. 1961).

4.2 ÄTHERISCHE ÖLE: Gossypol, ein nichtflüchtiges Sesquiterpen der Exkreträume von *Gossypium*-Arten, könnte man in gewisser Hinsicht als eine Ätherisch-Öl-Komponente bezeichnen. Baumwollknospen (*G. hirsutum* cv. Deltapine) produzieren aber auch 0,02% eines echten ätherischen Öls, das neben anderen Monoterpenen 8,9% (—)-α-Pinen und 8,2% Myrcen enthält (MINYARD et al. 1966). Bereits früher hatten POWER und CHESNUT (1926) nach den spezifischen Geruchstoffen der Baumwollpflanze („short staple Upland cotton"), die schädliche Insekten („boll weevil") anlocken, gesucht. Sie fanden in Wasserdampfdestillaten beblätterter Zweige viel Methanol, Spuren Aceton, n-Pentanol, Acetaldehyd, Vanillin, Ameisen-, Essig- und Capronsäure, Triakontan, Sesquiterpene, Azulene, Trimethylamin und Ammoniak. Ausserdem isolierten diese Autoren Quercetin, Betain, Cholin, Bernsteinsäure, Spuren Salicylsäure, ein Paraffin, ein Sterin und ein Sterolin aus den nicht flüchtigen Bestandteilen der erhaltenen Extrakte.

Aus getrockneten Wurzeln von *Pavonia odorata* Willd. lassen sich 0,5% ätherisches Öl gewinnen; es enthält viel Isovaleriansäure, Aromadendren, Pavonen, Pavonenol (Sesquiterpenalkohol) und Azulene (BASLAS 1959). Samen von *Hibiscus abelmoschus* L. (= *Abelmoschus moschatus* Moench) liefern das sogenannte Moschuskörneröl (0,2–0,6%); Hauptbestandteil (0,12% der Samen: KERSCHBAUM 1913) ist das Farnesol; daneben sind wichtige Bestandteile das Ambrettolid (Moschusgeruch) und Ester der Ambrettolsäure (vgl. GUENTHER; GILDEMEISTER-HOFFMANN; l. c. B 3.05).

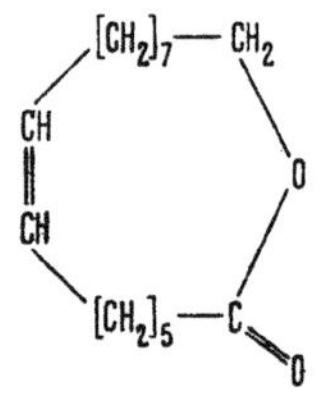

Ambrettolid (makrocyclisches Lacton) = Lacton der Ambrettolsäure

4.3 ALKALOIDE: Bei den Malvaceen scheinen Alkaloide in grösseren Mengen nur sporadisch vorzukommen. Eindeutig bekannt ist nur das Ephedrin; es wurde 1930 aus *Sida cordifolia* L. isoliert (vgl. BOIT, l. c. B 3.11). DUTTA (1963) hat gezeigt, dass die Wurzeln von *S. rhombifolia*, *S. acuta*, *S. urticaefolia*, *S. glutinosa*, *S. chinensis* und *S. cordifolia* 0,05–0,07% Alkaloide enthalten; Wurzelrinde allein besitzt höhere Gehalte (0,16% bei *S. rhombifolia* cv. Giant); die Samen von *S. acuta* enthalten 0,26%; alle Arten führen die gleichen 2 Hauptalkaloide und daneben 2–3 Nebenalkaloide; eines der letzteren ist Ephedrin. In der Fruchtwand von *Gossypium hirsutum* kommt 5-Hydroxytryptamin vor (BULARD und LÉOPOLD 1958). PERNET (1959, l. c. Bd. 3, S. 673) fand in *Hibiscus ferrugineus* L. ein Alkaloid (0,2%), das die Reaktionen der Tropanbasen gibt und in beblätterten Stengeln von *Malva verticillata* L. 0,1% einer Verbindung, die Alkaloidreaktionen gibt.

4.4 HIBISCUSSÄURE: GRIEBEL (1939, 1942) isolierte aus der Droge «Hibiskusblüten», «Flores Hibisci» oder «Karkade» (= fleischige Kelche von *Hibiscus sabdariffa;* vgl. über diese Droge ebenfalls LEUPIN 1935; RÉAUBOURG und MONCEAUX 1940; BRAND 1942; LINDEMANN 1958; BUSSON et al. 1957) grosse Mengen einer neuen Säure, die er Hibiscussäure nannte (1939) und als Lacton der (+)-Allohydroxycitronensäure charakterisierte (1942). (+)-Allohydroxycitronensäure ist sehr instabil; sie geht spontan in die Hibiscussäure über. Hibiscussäure (oder die ihr entsprechende (+)-Allohydroxycitronensäure) ist ebenfalls Hauptsäure der Blätter von *Hibiscus sabdariffa* L. (GRIEBEL 1942) und von *H. cannabinus* L. und *H. furcatus* Roxb. (LEWIS und NEELAKANTAN 1965).

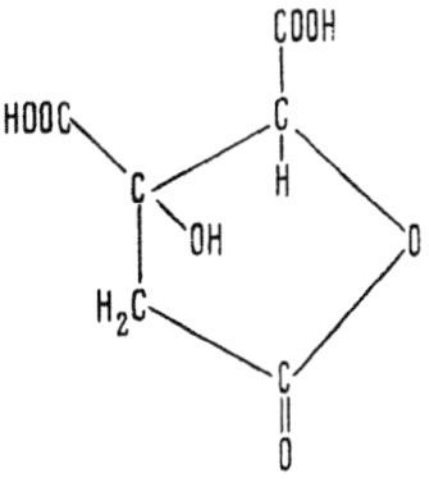

Hibiscussäure, $C_6H_6O_7$

Ascorbinsäure kommt in der Karkadedroge nur in geringen Mengen vor (MILLETTI 1959) und Oxalsäure nur in der Form von Calciumoxalat; mit Sicherheit wurde Äpfelsäure als Begleiter der Hibiscussäure nachgewiesen (GRIEBEL 1939).

4.5 ZUCKER DER SAMEN: Reife Samen von *Gossypium herbaceum* enthalten bis 0,2% Fructose, etwa 0,05% Glucose, 0,2–0,5% Saccharose, 0,5–1% Raffinose und 0,05–0,2% Stachyose; Raffinose und Stachyose kommen nur im Samen vor; sie werden bei der Keimung schnell mobilisiert (SHIROYA 1963). Samen von *Hibiscus cannabinus* L. enthalten ebenfalls Saccharose, Raffinose und Stachyose (HASSAN und GAD 1964). Aus Samen von *Abutilon indicum* G. Don isolierten GAMBHIR und JOSHI (1952) 1,61% Raffinose. Demnach gehören die Malvaceen möglicherweise zu denjenigen Familien, die Raffinose und Stachyose als Hauptzucker der Samen führen.

4.6 TRITERPENE: Aus getrockneten Blättern von Baumwollpflanzen (*Gossypium*-Art) isolierten KH. I. ISAEV et al. (C. A. *61*, 15040 [1964]) β-Amyrin und seinen Ester mit der Montansäure (Oktakosansäure).

4.7 EINIGE OBSOLETE ODER WENIG GEBRAUCHTE DROGEN: «Cortex Gossypii Radicis» stammt von kultivierten Baumwollpflanzen (*Gossypium herbaceum* und anderen Arten). POWER und BROWNING (1914) isolierten aus der Droge 10,6% rotgefärbten Harz und wiesen darin Phytosterine, Cerylalkohol und Glyceride nach; ausserdem isolierten diese Autoren geringe Mengen von Salicylsäure, zwei Phenole und vermutlich Acetovanillon und 2,3-Dihydroxybenzoesäure; ferner 0,18% Betainchlorid.

Malva rotundifolia L.: CURTS und HARRIS (1949) isolierten aus der Ganzpflanze reichlich Schleim, Minerale (KCl, $NaNO_3$, $CaSO_4$) und Lipoide (Glyceride, Oktakosan, ein Phytosterolin).

Literatur

ADAMS, R., et al., *Gossypol, a Pigment of Cotton Seed*, Chem. Revs. *60*, 555–574 (1960).
AHTARDJIEFF, CHR., und KOLEFF, D., Pharm. Zentralh. *100*, 14 (1961).
BAILEY, A. V., et al., J. Am. Oil Chemists' Soc. *43*, 107 (1966).

BASLAS, K. K., Perfumery Essent. Oil Record *50*, 869 (1959).
BEAUQUESNE, L., *Gommes et Mucilages des Malvales. La Gomme de Sterculia*, Thèse (Sci.) Univ. Paris 1946.
BRAND, R., *Beiträge zur Karkade und ihrer Inhaltsstoffe*, Diss. Basel 1942.
BULARD, C., und LÉOPOLD, A. C., Compt. Rend. *247*, 1382 (1958).
BU'LOCK, J. D., *The Biogenesis of Natural Acetylenes*, in T. SWAIN (editor), *Comparative Phytochemistry*, Academic Press, London–New York 1966.
BUSSON, F., et al., J. Agric. Trop. Botan. Appl. *4*, 265 (1957).
CHISHOLM, M. J., und HOPKINS, C. Y., Canad. J. Chem. *35*, 358 (1957).
CRANE, J. C., *Roselle – A Potentially Important Fibre*, Econ. Botany *3*, 89 (1949).
CURTS, G. D., und HARRIS, L. E., J. Am. Pharm. Assoc. *38*, 470 (1949).
DUTTA, T., Bull. Reg. Research Lab. Jammu *1*, 178 (1963).
EAGLE, E., und BIALEK, H. F., Food Research *15*, 232 (1950).
EL S. AMIN, J. Chem. Soc. *1956*, 828.
FRAMPTON, V. L., et al., Econ. Botany *14*, 197 (1960).
FRANZ, G., Planta Medica *14*, 90 (1966).
GAMBHIR, J. R., und JOSHI, S. C., J. Indian Chem. Soc. *29*, 451 (1952).
GRIEBEL, C., Z. Untersuch. Lebensm. *77*, 561 (1939); *83*, 481 (1942).
HASSAN, M. M., und GAD, A. M., Planta Medica *12*, 513 (1964).
HOPKINS, C. Y., und CHISHOLM, M. J., J. Am. Oil Chemists' Soc. *36*, 95 (1959); *37*, 682 (1960).
HUTCHINSON, J., *The History and Relationships of the World's Cottons*, Endeavour *21*, 5 (1962).
INOKAWA, S., et al., Bull. Chem. Soc. Japan *37*, 1228 (1964).
KELKAR, G. M., et al., J. Indian Chem. Soc. *39*, 557 (1962).
KERSCHBAUM, M., Ber. Deut. Chem. Ges. *46*, 1732 (1913).
KOSTUJAK, K., und STEINDEL, H., Biuletyn Istytutu Roślin Leczniczych (Poznan) *4*, 49 (1958).
LEUPIN, K., Pharm. Acta Helv. *10*, 139 (1935).
LEWIS, Y. S., und NEELAKANTAN, S., Phytochemistry *4*, 619 (1965).
LINDEMANN, G., Deut. Apoth. Z. *98*, 132 (1958).
LYMAN, C. L., et al., J. Am. Oil Chemists' Soc. *40*, 571 (1963).
MASSON, J. C., et al., Science *126*, 751 (1957).
MATTSON, F. H., et al., J. Am. Oil Chemists' Soc. *37*, 154 (1960).
MCMICHAEL, S. C., *Glandless Boll in Upland Cotton and Its Use in the Study of Natural Crossing*, Agronomy J. *46*, 527 (1954).
MEHTA, T. N., und LOKRAS, S. S., Indian J. Appl. Chem. *23*, 18 (1960).
MILLETTI, M., An. Chimica (Roma) *49*, 224, 655 (1959).
MINYARD, J. P., et al., J. Agric. Food Chem. *13*, 599 (1965).
MOORE, A. T., und ROLLINS, M. L., J. Am. Oil Chemists' Soc. *38*, 156 (1961).
NAIR, A. G. R., et al., Current Sci. (India) *31*, 375 (1962); *33*, 431 (1964); J. Sci. Ind. Research (India) [B] *20*, 553 (1961),
NAKAOKI, T., et al., J. Pharm. Soc. Japan *76*, 347 (1956).
NEELAKANTAM, K., et al, Proc. Indian Acad. Sci. [*A*] *17*, 26 (1943).
PANKAJAMANI, K., und SESHADRI, T. R., J. Sci. Ind. Research (India) [*B*] *14*, 93 (1955).
PARKS, C. R., *Floral Pigmentation Patterns in Gossypium*, I: *Species Specific Pigments*, II: *A Chemotaxonomic Analysis of the Diploid Species*, Am. J. Botany *52*, 309, 848 (1965).
PONS, W. A., et al., J. Agric. Food Chem. *1*, 115 (1953).
POWER, F. B., und BROWNING, H., Pharm. J. *93*, 420 (1914).
POWER, F. B., und CHESNUT, K., J. Am. Chem. Soc. *48*, 2721, 2751 (1926).
PRATT, Ch., und WENDER, S. H., J. Am. Oil Chemists' Soc. *36*, 392 (1959); *38*, 403 (1961).
RAO, K. V., und SESHADRI, T. R., Proc. Indian Acad. Sci. [*A*] *24*, 352, 375 (1946).
RAO, P. R., und SESHADRI, T. R., Proc. Indian Acad. Sci. [*A*] *24*, 456 (1946).
RAO, P. S., und SESHADRI, T. R., Proc. Indian Acad . Sci. [*A*] *18*, 204 (1943).
RÉAUBOURG, G., und MONCEAUX, R. H., J. Pharm. Chim. [9] *1*, 292 (1940).

SANKARA, SUBRAMANIAN S., und NARAYANA, SWAMY N., J. Sci. Ind. Research (India) [*B*] *20*, 133 (1961); Current Sci. (India) *33*, 112 (1964).
SCHILCHER, H., Z. Naturf. [*B*] *19*, 857 (1964).
SESHADRI, T. R., und THAKUR, R. S., J. Indian Chem. Soc. *38*, 649 (1961).
SESHADRI, T. R., und VISWANADHAM, N., Current Sci. (India) *16*, 343 (1947).
SHENSTONE, F. S., und VICKERY, J. R., Nature *177*, 94 (1955); *190*, 168 (1961); *Substances in Plants of the Order Malvales Causing Pink Whites in Stored Eggs*, Poultry Sci. *38*, 1055 (1959).
SHENSTONE, F. S., et al., *Studies in the Chemistry and Biological Effects of Cyclopropenoid Compounds*, J. Agric. Food Chem. *13*, 410 (1965).
SHIROYA, T., Phytochemistry *2*, 33 (1963).
SMITH, C. R. et al., Chemistry and Industry *1961*, 256.
SMITH, G. N., und BU'LOCK, J. D., Chemistry and Industry 1965, 1840.
SRIVASTAVA, S. V., et al., Indian J. Chemistry *1*, 451 (1963).
STANSBURY, M. F., et al., J. Am. Oil Chemists' Soc. *30*, 120 (1953).
STEPHENS, S. G., *Spectrophotometric Evidence for the Presence of a Leuco Precursor of both Anthoxanthines and Anthocyan Pigments in Asiatic Cotton Flower*, Arch. Biochem. *18*, 449 (1948); *A Biochemical Basis for the Pseudo-Allelic Anthocyanin Series in Gossypium*, Genetics *33*, 191 (1948).
THAUNG, U. K., et al., J. Am. Oil Chemists' Soc. *38*, 220 (1961).
WHISTLER, R. L., und CONRAD, H. E., J. Am. Chem. Soc. *76*, 1673, 3544 (1954).
WILSON, F. D., und MENZEL, M. Y., *Kenaf (Hibiscus cannabinus), Roselle (Hibiscus sabdariffa)*, Econ. Botany *18*, 80 (1964).
YAMAMOTO, R., und OSIMA, Y., Sci. Papers Inst. Phys. Chem. Res. (Tokyo) *19*, 134 (1932); *30*, 258 (1936).

Schlussbetrachtungen

Bei allen Autoren bilden die Malvaceen eine Klimaxfamilie der *Malvales* (= *Columniferae;* bei HUTCHINSON in *Tiliales* und *Malvales* im engen Sinne aufgeteilt). Zu den *Malvales* rechnet man allgemein die *Tiliaceae* (inkl. *Elaeocarpaceae*), *Bombacaceae* (in Bd. 3 versehentlich *Bombaceae* geschrieben), *Sterculiaceae*, *Chlaenaceae* (= *Sarcolaenaceae;* vgl. Bd. 3) und die *Malvaceae*.

Die *Malvaceae* geben sich durch die Produktion von reichlich Schleim (Schleimzellen, Schleimlücken) und durch Samenöle mit cyclopropenoiden Fettsäuren (positive Halphen-Reaktion) eindeutig als Vertreter dieser Ordnung zu erkennen. Das Auftreten von Flavonolen mit in Stellung 8 hydroxyliertem A-Ring als Blütenpigmente bei den Malvaceen („Ornamentation" im Sinne von BATE-SMITH, *Recent Developments in the Chemotaxonomy of Flavonoid Compounds*, Lloydia *28*, 313 [1965]) bestätigt wohl die Klimaxstellung der Familie in der Ordnung der *Malvales*.

Im übrigen sind die chemischen Merkmale dieses Verwandtschaftskreises noch kaum bekannt. Deshalb lässt sich die vielumstrittene Frage der Ableitung der *Malvales* heute noch nicht im Lichte der biochemischen Merkmale diskutieren. Hier liegt ein reiches Arbeitsfeld offen, denn auch die Sippen, die durch die verschiedenen Autoren den *Malvales* vorausgeschickt werden oder von diesen ableitbar sein sollen, bedürfen ebenfalls noch der intensiven phytochemischen Bearbeitung:

WETTSTEIN:

Tricoccae (= *Euphorbiales*) → *Columniferae* (= *Malvales*)
→ *Gruinales* (= *Geraniales*)
→ *Terebinthales*

HUTCHINSON:

Dilleniales → *Bixales* → *Tiliales* → *Malvales* → *Euphorbiales* p. p.

A. CRONQUIST (Bull. Jard. Bot. État. Brux. *27*, 13 [1957]):

→ *Ranales* → *Rosales* → *Sapindales*
→ *Celastrales* → *Euphorbiales*
→ *Dilleniales* → *Guttiferales* → *Bixales*
→ *Malvales*

TAKHTAJAN:

Magnoliales → *Dilleniales* → *Theales* / → *Cistales* — *Passiflorales*, *Capparidales* usw.
→ *Thymelaeales*
→ *Euphorbiales*
→ *Malvales*

SYLLABUS:

„Die *Malvales* stammen vielleicht von den *Dilleniaceae* ab."

155. Marcgraviaceae

Oft kletternde Holzpflanzen oder Epiphyten mit wechselständigen, ungeteilten Blättern (diese bei *Marcgravia* an sterilen und fertilen Sprossen verschieden gestaltet). Blüten regelmässig und zwittrig in traubigen bis doldigen Blütenständen. Kelch 4–5blättrig; Krone 4–5blättrig, frei oder mehr oder weniger verwachsen; Staubblätter 3, 5 oder viele; der oberständige, einfächerige Fruchtknoten mit vielen Samenanlagen mit 2 Integumenten wird nachträglich durch die hereinwachsenden Plazenten gekammert. Früchte fleischig, jedoch zum Teil aufspringend (Kapseln). Samen praktisch endospermfrei; im Embryo Aleuron und fettes Öl.

Sehr charakteristisch für die auf Tropisch-Amerika beschränkte Familie sind die korollinisch gefärbten mannigfaltig gestalteten und als Nektarien funktionierenden, mehr oder weniger mit den Blütenstielen verwachsenen Tragblätter der Blüten.

Systematische Gliederung

Zur Familie werden die Genera *Caracasia*, *Marcgravia*, *Norantea*, *Ruyschia* und *Souroubea* gerechnet. Sie umfassen gesamthaft etwa 120 Arten.

Anatomische Merkmale

Haare fehlen den Marcgraviaceen. Calciumoxalat wird in der Form von Raphidenbündeln in Raphidenzellen in den Parenchymen von Blatt und Spross abgelagert. Charakteristisch sind Blattsklereiden (De Roon 1967). Harzzellen und -gänge wurden in Blättern und Rinden von *Marcgravia*- und *Souroubea*-Arten beobachtet. Stärke fehlt den Marcgraviaceen angeblich. Sie werden in der Literatur als Inulinpflanzen aufgeführt, da sich bei der Alkoholkonservierung von Frischmaterial inulinartige Sphärokristalle bilden. Melchior (1924) beobachtete solche in Blättern von *Marcgravia macroscypha* Gilg et Werdermann und *M. neurophylla* Gilg; er führte die Bezeichnung Inulinblätter ein. Weber (1955) beobachtete gleichartige Sphärokristalle in roten Tragblättern von *Norantea guianensis* Aubl. und in Blättern von *Marcgravia picta* Willd., kam aber zum Schlusse, dass es sich nicht um Inulin, sondern um Lipoide handelt. Die Frage, ob die *Marcgraviaceae* tatsächlich Inulin speichern, dürfte nur mit chemischen Methoden definitiv entschieden werden können.

Literatur

Melchior, H., *Über Vorkommen von Inulin in den Blättern der Marcgraviaceen*, Ber. Deut. Botan. Ges. *42*, 198 (1924).
Roon, A. C. de, *Foliar sclereids in the Marcgraviaceae*, Acta Botan. Neerl. *15*, 585 (1967).
Weber, H., *Haben die Marcgraviaceae Inulinblätter?*, Ber. Deut. Botan. Ges. *68*, 408 (1955).

Chemische Merkmale

Leider wurden mit Vertretern dieser in mancher Hinsicht stark spezialisierten (Ornithogamie, Kletterer, Epiphyten, korollinisch gefärbte, zu kannenförmigen Nektarien umgestaltete Tragblätter der Blüten) Familien noch keine chemischen Arbeiten ausgeführt. Nach Dekker (l. c. B 3.09) ist *Marcgravia umbellata* L. frei von Gerbstoffen, enthält aber saponinartige Verbindungen. Nach dem gleichen Autor werden *Marcgravia coriacea* Vahl, *M. myriostigma* Triana et Planch. (beide Blätter) und *Norantea brasiliensis* Chois. (Rinde) als Färbemittel verwendet, was auf Vorliegen von phenolischen oder chinoiden Pigmenten hindeutet. Lebreton und Bouchez (1967, l. c. S. 221) wiesen in Blättern von *Marcgravia picta* Willd. Leucocyanidin und Leucopelargonidin und in Blättern von *M. umbellata* L. Leucocyanidin und Quercetin nach; Ellagsäure fehlte (es wurden hydrolysierte Extrakte untersucht).

Schlussbetrachtungen

Allgemein werden die Marcgraviaceen in die gleiche Ordnung wie die *Theaceae* (*Guttiferales* bei WETTSTEIN und im Syllabus; *Theales* bei HUTCHINSON und TAKHTAJAN) gestellt. Anatomisch stehen sie den Theaceen ebenfalls nahe (METCALFE und CHALK). Besteht tatsächlich eine nahe Verwandtschaft zwischen Theaceen und Marcgraviaceen, dann sind bei den letzteren Triterpensaponine, Catechine und Gallussäure zu erwarten.

156. Martyniaceae

Kräuter mit wenigstens teilweise gegenständigen Blättern. Blüten zwittrig, zygomorph, in endständigen Trauben. Kelch und Krone 5zählig, der Kelch freiblättrig oder am Grunde verwachsen, die Krone sympetal und mehr oder weniger deutlich 2lippig; Staubblätter 2 oder 4 (daneben 1 oder 2 Staminodien); Fruchtknoten oberständig, einfächerig, später jedoch durch die vorspringenden Plazenten gekammert, mit wenigen bis zahlreichen Samenanlagen mit einem Integument. Zweihörnige Kapselfrüchte. Samen ohne Endosperm.

Die Familie ist auf die Tropen und Subtropen der Neuen Welt beschränkt. Einige Arten (z. B. *Martynia annua* L.) sind in den Tropen der Alten Welt eingebürgert.

Systematische Gliederung

Die etwa 15 Arten werden über die Genera *Craniolaria*, *Holoregmia*, *Ibicella*, *Martynia* und *Proboscidea* verteilt. Die *Martyniaceae* unterscheiden sich vor allem durch die parietale Plazentation von den altweltlichen *Pedaliaceae*. Sie werden durch gewisse Autoren als Unterfamilie (*Martynioideae*) den *Pedaliaceae* zugerechnet (vgl. z. B. bei LEMÉE und bei METCALFE und CHALK).

Anatomische Merkmale

Charakteristisch sind Drüsenhaare, die in verschiedenen Formen auftreten: Stiel einzellig, Kopf 4zellig; langgestielt mit mehrzelligem Stiel und Kopf. Deckhaare einzellreihig. Calciumoxalat kommt in der Form von Einzelkristallen, Nadeln und kleinen Drusen vor. Die Samenschale enthält viel Schleim (*Craniolaria integrifolia* Cham.). Stärke fehlt in den rübenförmig verdickten Wurzeln (*Craniolaria integrifolia* Cham.). In anatomischer Hinsicht scheinen die Martyniaceen weitgehend mit den *Pedaliaceae* übereinzustimmen (vgl. S. 229).

Literatur

CORTESI, R., *Observations morphologiques et anatomiques sur une Martyniacée du Paraguay*, Bull. Soc. Botan. Genève [2] *38*, 63–75 (1946).

Chemische Merkmale

Chemisch kaum bearbeitet. Orientierende Arbeiten ergaben folgendes: Blätter von *Martynia annua* L. (= *M. diandra* Glox.) enthalten Chlorogensäure (jedenfalls Derivate der Kaffeesäure: GORTER 1909). DAS et al. (1966) wiesen in Blättern der gleichen Art Kaffee-, p- und o-Cumar-, Ferula-, Sinapin-, p-Hydroxybenzoe-, Protocatechu- und Gentisinsäure nach; in Früchten wurde ebenfalls p-Hydroxybenzoesäure beobachtet. BATE-SMITH (1962, l. c. Bd. 3, S. 40) fand in hydrolysierten Blattextrakten von *Ibicella lutea* (Lindl.) van Es (= *Martynia lutea* Lindl.) Quercetin, Kaempferol, Kaffee-, Ferula- und Sinapinsäure und in solchen von *Proboscidea fragrans* (Lindl.) Dcne. ausschliesslich p-Cumar-, Ferula- und Sinapinsäure. Die Samen sind ölreich; EARLE und JONES (1962, l. c. Bd. 3, S. 40) beobachteten in Samenkernen von *Proboscidea louisiana* (Mill.) Thell. (= *Martynia louisiana* Mill.) 25% Eiweiss und 59,8% Öl und in solchen von *Proboscidea parviflora* (Woot.) Woot. et Standl. (= *Martynia parviflora* Woot.) 30% Eiweiss und 47,9% Öl; eine weitere nicht genau identifizierte Art hatte Samenkerne mit 31,9% Eiweiss und 56,5% Öl; die Samenextrakte aller drei Arten gaben ausserdem Alkaloidreaktionen. *Proboscidea altheaefolia* (Benth.) Dcne. hat ebenfalls eiweiss- (26,2%), öl- (36,2%) und alkaloidhaltige und stärkefreie Samen (JONES-EARLE 1966, l. c. S. 124). Kraut und Wurzel einer *Proboscidea*-Art sind nach Beobachtungen von AURICH et al. (1966) ebenfalls alkaloidhaltig. In *Martynia diandra* Glox. wiesen T. S. K. PILLAI et al. (C. A. *67*, 41027 [1967]) Alkaloide und reichlich Oxalsäure nach.

Literatur

AURICH, O., et al., Kulturpflanze *14*, 447 (1966).
DAS, V. S. R., et al., Current Sci. (India) *35*, 160 (1966).
GORTER, K., Arch. Pharm. *247*, 184 (1909).

Schlussbetrachtungen

Da die *Martyniaceae* den *Pedaliaceae* morphologisch und anatomisch äusserst ähnlich sind, werden sie durch Autoren, die sie als selbständige Familie anerkennen, neben den Pedaliaceen der Ordnung der *Tubiflorae* (WETTSTEIN; Syllabus) oder *Scrophulariales* (TAKHTAJAN) oder *Bignoniales* (HUTCHINSON) eingereiht. DAS et al. fanden bei zwei untersuchten Pedaliaceen keine Hydroxybenzoesäure, was nach ihrer Ansicht zugunsten einer selbständigen Familie der *Martyniaceae* spricht. Dieses Argument wirkt allerdings wenig überzeugend.

Die durch Morphologie und Anatomie indizierte Verwandtschaft zwischen *Pedaliaceae* und *Martyniaceae* dürfte zweifellos den Tatsachen entsprechen. Man wird deshalb bei den *Martyniaceae* Glucoside vom Typus des Harpagids und Catalpins (stammt vielleicht die p-Hydroxybenzoesäure aus Catalpin?) erwarten dürfen.

Vgl. auch sub *Pedaliaceae*.

157. Medusagynaceae

Montotypische Familie (nur *Medusagyne oppositifolia* Baker) der Seychellen. Strauchige Pflanze mit nebenblattlosen, gegenständigen, ungeteilten, ledrigen Blättern. Blüten regelmässig und zwittrig; Kelch und Krone 5zählig, frei; Staubblätter viele; Fruchtknoten oberständig, vielfächerig mit 2 Samenanlagen pro Fach. Kapselfrüchte. Samen geflügelt.

Die anatomisch nur wenig (Schleimzellen im Blatt; Calciumoxalatdrusen) und chemisch überhaupt nicht untersuchte Sippe wird den *Guttiferales* (Wettstein; Syllabus) oder *Theales* (Hutchinson; Takhtajan) eingereiht, zum Teil wohl nur deshalb, weil Material für Untersuchungen schwierig zu beschaffen ist und Nachkontrollen in neuerer Zeit nicht vorgenommen wurden. Die Sippe würde ein ausserordentlich lohnendes Objekt für chemotaxonomische Untersuchungen darstellen.

158. Melastomataceae

(= Melastomaceae)

Die *Melastomataceae* sind Kräuter, Sträucher, Bäume, Lianen oder Epiphyten mit nebenblattlosen, ganzrandigen, gegen- oder quirlständigen Blättern, die meist bogenförmige Hauptnerven besitzen. Blüten meist zwittrig und regelmässig, gross. Kelch und Krone 3–5zählig, einer Blütenröhre (Hypanthium; Kelchröhre) aufsitzend; Staubblätter meist doppelt so viele wie Kronblätter, sehr mannigfaltig gestaltet (Anhängsel am Konnektiv). Fruchtknoten mittel- oder unterständig (wenn mit der Blütenröhre verwachsen), 2- bis vielfächerig mit meist vielen Samenanlagen mit 2 Integumenten pro Fach. Beeren- oder Kapselfrüchte. Den oft kleinen Samen fehlt ein Endosperm.

Die Familie ist fast rein tropisch und ist vor allem in der Neuen Welt, wo das Genus *Rhexia* noch mit einigen Arten weit in die Vereinigten Staaten vordringt, reich entfaltet.

Systematische Gliederung

Etwa 4000 Arten in 200 Genera. Die drei Unterfamilien (vgl. LEMÉE; Syllabus) werden durch Merkmale des Fruchtknotens und der Frucht charakterisiert:

1. **Melastomatoideae:** 2- bis mehrfächrige Fruchtknoten mit zentralwinkelständigen Plazenten. Früchte mit vielen kleinen Samen; umfasst weitaus die meisten Genera.
2. **Astronioideae:** Von den Melastomatoideen durch basale oder parietale Plazentation verschieden; *Astronia* und 4 weitere Genera.
3. **Memecycloideae:** Überwiegend Beeren mit 1 bis 2 grossen Samen; *Memecyclon*, *Mouriria* und 6 weitere Genera.

Anatomische Merkmale

Komplex gebaute, vielzellige Deck- und Drüsenhaare sind weit verbreitet und sehr charakteristisch für die Familie. Idioblasten mit chemisch nicht eindeutig charakterisiertem Inhalt (vermutlich Gerbstoff) treten in den Parenchymen der Achse oft auf. Die Blattepidermis ist nicht selten schleimhaltig. Calciumoxalat wird reichlich abgelagert; Hauptform ist die Druse. Blattsklereiden kommen in verschiedenen Genera vor. Durchwegs bikollaterale Gefässbündel.

Chemische Merkmale

Bisher liegen nur orientierende chemische Arbeiten mit Vertretern der Familie vor. Diese betreffen die folgenden Stoffgruppen.

1. POLYPHENOLE: Nach DEKKER (l. c. B 3.09) haben viele Vertreter der Familie adstringierende Eigenschaften; für das Blatt von *Memecyclon vosmaerianum* Scheff. wird 14% Gerbstoff angegeben; *Tibouchina*-Arten besitzen angeblich gerbstoffreiche Rinden. Bei den *Melastomataceae* ist zu berücksichtigen, dass adstringierende Eigenschaften ebenfalls durch Aluminiumsalze verursacht sein können (vgl. später). MOLISCH (1928) beobachtete die Tatsache, dass die Adventivwurzeln aller verfügbaren Arten (*Centradenia grandifolia* Endl. ex Walp., *Monochaetum umbellatum* Naud. [= *M. humboldtianum* Walp.], *Lasiandra macrantha* Linden et Seem. [= *Tibouchina semidecandra* Cogn.], *Medinilla magnifica* Lindl., *Bertolonia aenea* Naud. [= *B. marmorata* Naud. var. *aenea* Cogn.], *Bertolonia marmorata* Naud. und *Bertolonia vittata* [?]) durch Anthocyan rotgefärbte Spitzen besitzen. FAVARGER (1952, 1962) bestätigte dies anlässlich von cytologischen Arbeiten mit afrikanischen Melastomataceen und beobachtete ferner, dass das Merkmal auf die *Melastomatoideae* beschränkt ist; diese Tatsache führt er als weiteres Argument für die durch andere Autoren bereits vorgeschlagene Ausscheidung der *Memecycloideae* aus der

Familie an. Ausser Anthocyanen enthalten die Zellen der Wurzelspitzen reichlich Gerbstoff. BATE-SMITH (1962, l. c. Bd. 3, S. 40) untersuchte hydrolysierte Blattextrakte von 5 Arten und fand in allen Fällen reichlich Ellagsäure; Myricetin wurde ausschliesslich bei *Tibouchina semidecandra* Cogn. und Kaffeesäure nur bei *Centradenia floribunda* Planch. beobachtet. Im weiteren wurden nachgewiesen:

Bertolonia marmorata Naud.: Leucodelphinidin, Leucocyanidin und Quercetin
Heterocentron roseum A. Br.: Keine identifizierbaren Phenole.
Medinilla magnifica Lindl.: Leucodelphinidin, Leucocyanidin, Quercetin und Kaempferol.
Tibouchina semidecandra Cogn.: Leucodelphinidin, Leucocyanidin und Quercetin.
Centradenia floribunda Planch.: Kaempferol.

Das Anthocyan der Blüten von *Tibouchina semidecandra* Cogn. ist nach HARBORNE (1964) ein durch p-Cumarsäure acyliertes Malvidin-3, 5-diglucosid.

Polyphenole und Gerbstoffe gehören zweifellos zu den auffallendsten Inhaltstoffen der Melastomataceen. Hinsichtlich der letzteren ist zu erwähnen, dass WALL et al. (XLIII, LV, l. c. B. 4.5) bei Arten der Genera *Clidemia*, *Miconia* und *Blakea* ebenfalls reichliches Vorkommen von Gerbstoffen beobachteten.

2. ALUMINIUM: Nach CHENERY (l. c. B 3.13) gehören die Melastomataceen zu den stärksten Aluminiumakkumulatoren (>10 000 p. p. m.) der Angiospermen. Auf diese Tatsache machten erstmalig HUTCHINSON und WOLLACK (1943) aufmerksam. Sie ermittelten folgende Aluminiumgehalte:

	% Al in:	
	Asche	*Blatt*
Calycogonium plicatum Griseb. (Cuba)	1,33	0,084
Chaetogastra sulphurea Naud. (Anden)	5,02	0,37
Melastoma malabathricum L. (Australien)	15,2	1,12
Memecyclon edule Roxb. (Luzon)	10,2	0,87
Miconia androsaemifolia Griseb. (Cuba)	20,1	1,40
Rhexia stricta Pursh (Florida)	24,5	2,17

Nur bei *Conostegia procera* (Sev.) G. Don fanden diese Autoren keine Aluminiumakkumulation.

Melastoma malabathricum L. akkumuliert auf Hawaii in den Blättern 5500–10300 p. p. m. Aluminium (MOOMAW et al. 1959).

CHENERY hat Vertreter von mehr als 150 Genera auf Aluminiumakkumulation geprüft; akkumulierende Arten fand er in 105 Gattungen. WEBB (l. c. B 3.13) fand bei 2 australischen *Astronia*-Arten und bei *Melastoma polyanthum* Blume Aluminiumakkumulation; bei dieser Art wurden 13 verschiedene Herkünfte geprüft und in 12 Fällen deutliche Aluminiumakkumulation festgestellt.

Ohne Zweifel gehören die Melastomataceen zu den aluminiumreichsten Pflanzen. Die Tendenz zur selektiven Aufnahme und Speicherung des Aluminiums kann als wichtiges Familienmerkmal bezeichnet werden; es ist allen drei Unterfamilien eigen.

3. CYANOGENE VERBINDUNGEN: VAN ROMBURGH (1897) beobachtete in Destillaten der Blätter von 2 *Memecyclon*-Arten Benzaldehyd, ohne dass ihm der gleichzeitige Nachweis von Blausäure gelang. Ein Jahr später (1898) untersuchte er die gleichen zwei Arten und eine weitere *Memecyclon*-Art wiederum und konnte jetzt tatsächlich neben Benzaldehyd ebenfalls Blausäure nachweisen. Bei den *Memecyclon*-Arten liegen jedoch die Verhältnisse so, dass zu gewissen Zeiten ausschliesslich Benzaldehyd vorhanden ist. TREUB (1907) bestimmte den Blausäuregehalt der Blätter bei einer der bereits durch VAN ROMBURGH bearbeiteten Arten; er fand in sehr jungen frischen Blättern 0,094% und in alten Blättern 0,003% HCN. Isolation der cyanogenen Verbindungen der *Memecyclon*-Arten steht noch aus.

4. ALKALOIDE wurden bisher aus Vertretern der Familie nicht isoliert. Positive Alkaloidreaktionen wurden mit *Memecyclon oleaefolium* Blume (Blätter; AMARASINGHAM et al. 1964) und mit *Clidemia hirta* D. Don (ganze Pflanze) und *Sonerila heterostemon* Naud. (Wurzel; DOUGLAS und KIANG 1957) beobachtet.

5. OXALSÄURE ist in gelöster Form in den Blättern und Stengeln der Melastomataceen nach Beobachtungen von MOLISCH (1918) reichlich vorhanden. Er untersuchte 5 *Bertolonia*-Arten, *Centradenia rosea* Lindl. (= *C. inaequilateralis* G. Don), *Medinilla magnifica* Lindl. und *Medinilla curtisii* Hort. Veitch. Demnach wird das Calciumoxalat bei den Melastomataceen von löslichen Salzen der Oxalsäure begleitet.

6. VERSCHIEDENES: PERNET (1959, l. c. Bd. 3, S. 673) hat mit 4 Arten von Madagaskar orientierende chemische Analysen ausgeführt. Er fand:

Antherotoma naudinii Hook. f.: Ausschliesslich Phenole, Flavone und Anthocyane.

Dichaetanthera cordifolia Baker: In Stengeln 0,2% Lipoide, Chinone, phenolische Glykoside, Saponine.

D. crassinodis Baker (= *D. lanceolata* Cogn.): Alkaloidspuren und ein Chinonglykosid in beblätterten Stengeln.

Medinilla spec. indet.: In Stengeln Flavone und phenolische Glykoside und in Blättern flavonoide Glykoside.

Literatur

AMARASINGHAM, R. D., et al., Econ. Botany *18*, 270 (1964).
DOUGLAS, B., und KIANG, A. K., Malayan Pharm. J. *6*, 138 (1957).
FAVARGER, C., Ber. Schweiz. Botan. Ges. *62*, 5 (1952); *72*, 290 (1962).
HARBORNE, J. B., Phytochemistry *3*, 151 (1964).
HUTCHINSON, G. E., und WOLLACK, A., Trans. Conn. Acad. Arts Sci. *35*, 107 (1943).
MOLISCH, H., Flora (Germ.) [NF] *11*, 60 (1918); Ber. Deut. Botan. Ges. *46*, 311 (1928).
MOOMAW, J. C., et al., Pacific Sci. *13*, 335 (1959).
ROMBURGH, P., VAN, in: *Verslag Omtrent den Staat van 'sLands Plantentuin Over het Jaar 1897, 1898* (Batavia 1898 und 1899).
TREUB, M., Ann. Jard. Botan. Buitenzorg [2] *6*, 79 (1907).

Schlussbetrachtungen

Die *Melastomataceae* werden allgemein der Ordnung der *Myrtales* eingereiht. Die wenigen phytochemischen Beobachtungen lassen sich mit dieser Auffassung gut vereinigen: Allgemeines Vorkommen von Ellagsäure; häufig reichlich Leucoanthocyane und Gerbstoffe; sporadisches Vorkommen von Cyanogenese vom Benzaldehydtypus. Hinsichtlich der Aluminiumakkumulation gleichen die *Melastomataceae* am meisten den oft ebenfalls zu den *Myrtales* gerechneten *Rhizophoraceae*. Nach CHENERY indiziert die starke Tendenz zur Akkumulation von Aluminium die folgenden verwandtschaftlichen Beziehungen: *Melastomataceae* → *Strychnos* → *Gaertnera* → *Rubiaceae*. Nach unten könnte wohl diese Reihe ergänzt werden mit den aluminiumakkumulierenden Saxifragaceen und eventuell den *Cornales* (zu diesen rechnet CRONQUIST die Rhizophoraceen).

Das in Bd. 3, S. 571, versehentlich den *Melastomataceae* zugerechnete Genus *Hiptage* gehört zu den *Malpighiaceae;* Hiptagin ist deshalb aus der Familie der *Melastomataceae* nicht bekanntgeworden.

159. Meliaceae

Überwiegend Bäume oder Sträucher mit wechselständigen, nebenblattlosen, gefiederten Blättern. Blüten meist zwittrig, klein, in rispigen, traubigen oder doldigen Blütenständen vereinigt. Kelch oft 5zählig, frei oder verwachsenblättrig; Kronblätter in der Regel 5, nicht verwachsen; Staubblätter in gleicher oder doppelter Zahl wie die Kronblätter, die Filamente oft röhrig verwachsen; Fruchtknoten oberständig, meist 4–5fächerig, mit 1–2 Samenanlagen mit 2 Integumenten pro Fach. Früchte beeren-, steinfrucht- oder kapselartig. Samen bei einzelnen Sippen geflügelt; Endosperm vorhanden oder fehlend.

Die Meliaceen sind in den Tropen und Subtropen der Alten und Neuen Welt zu Hause.

Systematische Gliederung

Die Familie umfasst etwa 50 Genera und schätzungsweise 1400 Arten. Eine Unterteilung in 3 Unterfamilien ist üblich (LEMÉE; Syllabus):

1. **Cedreloideae:** Staubblätter nicht röhrig verwachsen; Kapselfrüchte; geflügelte Samen: *Cedrela*, *Toona*, *Ptaeroxylon* und *Cedrelopsis*.
2. **Swietenioideae:** Filamente röhrig verwachsen; Kapselfrüchte; Samen geflügelt: *Chickrassia*, *Elutheria*, *Entandrophragma*, *Khaya*, *Lovoa*, *Pseudocedrela*, *Soymida* und *Swietenia*.

3. Melioideae: Filamente röhrig verwachsen; Früchte verschieden gestaltet; Samen ungeflügelt. Umfassen die restlichen Gattungen; werden in 4–5 Triben unterteilt. Hierher beispielsweise *Aglaia*, *Amoora*, *Azadirachta* (= *Antelaea*), *Carapa*, *Dysoxylum*, *Ekebergia*, *Guarea*, *Lansium*, *Melia*, *Sandoricum*, *Trichilia*, *Turraea* und *Turraeanthus*.

Anatomische Merkmale

Das auffallendste Merkmal der Familie stellen wohl die fast allgemein vorkommenden grossen Sekretzellen (Blatt, Blattstiel, Rinde, Mark) dar (vgl. z. B. SPIEKERKOETTER 1924 [nur bei *Turraea*-Arten nicht beobachtet]; BALLARD 1922 [Cocillana Bark N. F. V]; MOYSE-MIGNON 1942 [afrikanische Meliaceen]). Verkieselungen in Blättern scheinen vor allem bei den *Cedreloideae* häufig zu sein (EDMAN 1936). In den Genera *Aphanamixis*, *Chisocheton*, *Dysoxylum*, *Entandrophragma*, *Guarea* und *Walsura* kommt Kieselsäureakkumulation im Holz vor (AMOS 1952; SAVARD et al. 1954; l. c. B 3.13). Calciumoxalat tritt in der Form von Drusen und Einzelkristallen auf. Deckhaare sind häufig und mannigfaltig gestaltet; mehrzellige Drüsenhaare wurden bisher nur für wenige Genera beschrieben. Blattsklereiden wurden bei *Dysoxylum*- und *Khaya*-Arten beobachtet.

Literatur

BALLARD, C. W., J. Am. Pharm. Assoc. *11*, 781 (1922).
EDMAN, G., Svensk Botan. Tidskr. *30*, 493 (1936).
MOYSE-MIGNON, H., *Recherches sur quelques Meliacées africaines et leurs principes amèrs*, Thèse Doct. (Pharm.) Univ. Paris 1942.
SPIEKERKOETTER, H., Botan. Arch. *7*, 274 (1924).

Chemische Merkmale

Die meisten Meliaceen schmecken stark bitter. Sehr viele Arten werden lokal medizinisch verwendet. Eine Droge von allgemeiner Bedeutung hat die Familie allerdings bisher nicht geliefert.

1. *Bitterstoffe, Triterpene und Sterine*

Nach dem gegenwärtigen Stand der Forschung sind die Bitterstoffe der Meliaceen denjenigen der *Rutaceae* und *Simaroubaceae* biogenetisch nächstverwandt. Sie lassen sich von tetracyclischen Triterpenen vom Typus der α-Elemolsäure und des Flindissols ableiten (B-SON BREDENBERG 1964; DREYER 1964, 1966; BEVAN et al. 1965; POLONSKI 1966; HEGNAUER 1965; MORON et al. 1966). Man kann sich

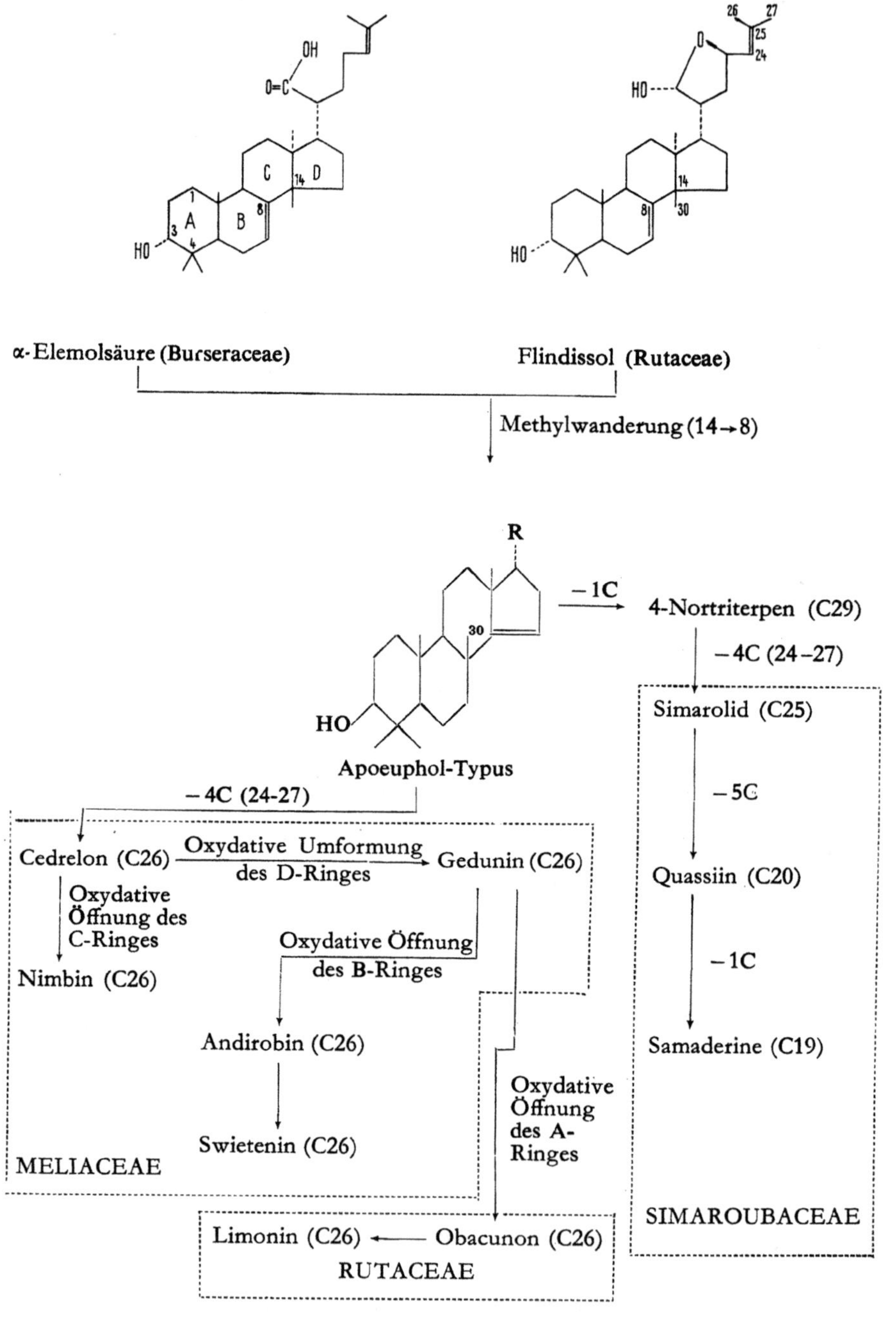

Abb. 30. Zusammenhänge zwischen Triterpenen und Bitterstoffen bei den *Burseraceae* (?), *Meliaceae*, *Rutaceae* und *Simaroubaceae*.

die Zusammenhänge in dieser Gruppe von Pflanzenstoffen etwa in der in Abb. 30 wiedergegebenen Weise vorstellen. In Abb. 31 sind die für die Familie bisher bekanntgewordenen charakteristischen Triterpene zusammengestellt, und Abb. 32 vermittelt einen Überblick über die familiencharakteristischen Bitterstoffe (= Meliacine im Sinne von TAYLOR 1965; BEVAN et al. 1963 beschränken den Namen Meliacine auf die Vertreter mit dem Geduninskelett).

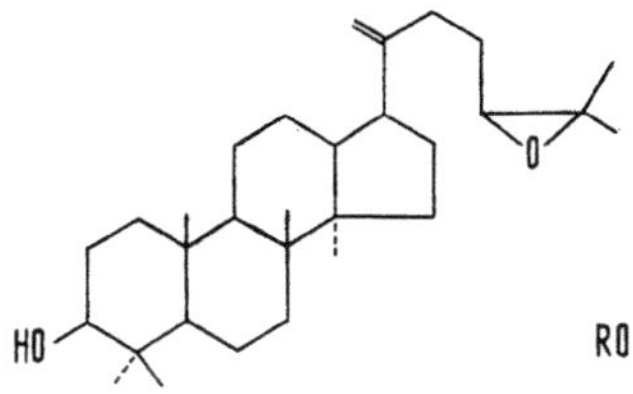

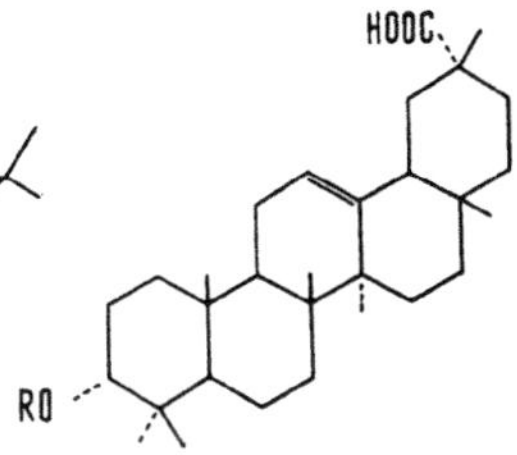

Aglaiol, $C_{30}H_{50}O_2$

R = H : Katonsäure, $C_{30}H_{48}O_3$
R = $C_{30}H_{45}O_3$: Indicinsäure, $C_{60}H_{92}O_6$

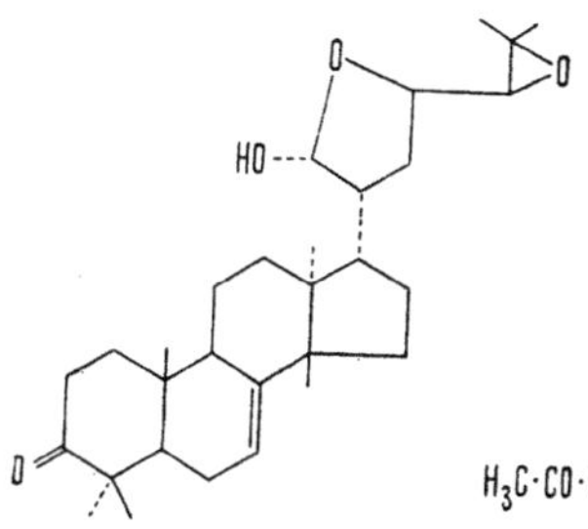

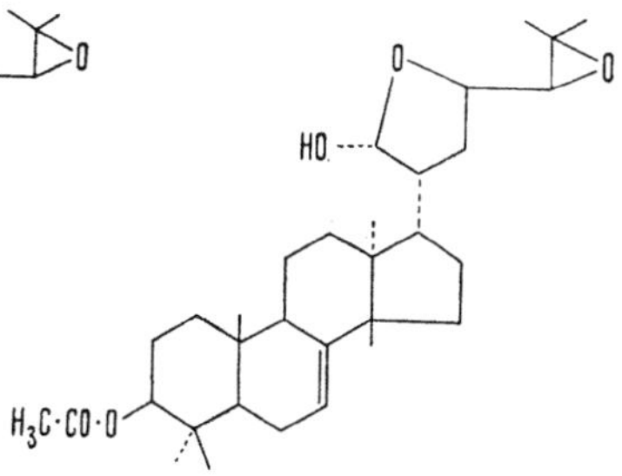

Melianon, $C_{30}H_{46}O_4$ Turraeanthin, $C_{32}H_{50}O_5$

Abb. 31. Charakteristische Triterpene der *Meliaceae*.

Im einzelnen sind bisher folgende Verbindungen isoliert worden:

Cedreloideae

Cedrela mexicana Roem.: Mexicanolid, $C_{27}H_{32}O_7$, isoliert (CONNOLLY et al. 1965).

Cedrela odorata L.: Gedunin und Methylangolensat aus dem Holz (BEVAN et al. 1964); 7-Desacetoxy-7-ketogedunin (= Cedrelastoff A) und Mexicanolid (= Cedrelastoff B) aus Holz (BEVAN et al. 1963, 1965; ADEOYE-BEKOE 1965).

Cedrela toona Roxb.: Das Kernholz enthält etwa 0,4% Cedrelon, $C_{26}H_{30}O_5$; Cedrelon schmeckt kaum bitter (GRANT et al. 1961, 1963; GOPINATH et al. 1961; AGHORAMURTHY et al. 1962; HODGES et al. 1963).

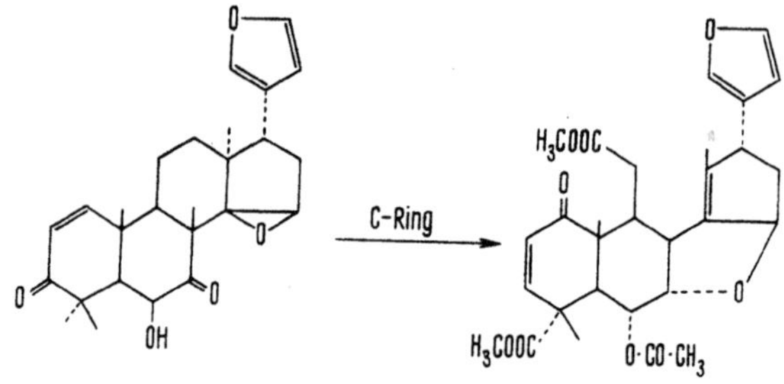

Cedrelon, $C_{26}H_{30}O_5$
Zum gleichen Typus gehören:
Anthothecol, Hirtin

Nimbin, $C_{30}H_{36}O_9$
Zum gleichen Typus gehören:
Salannin

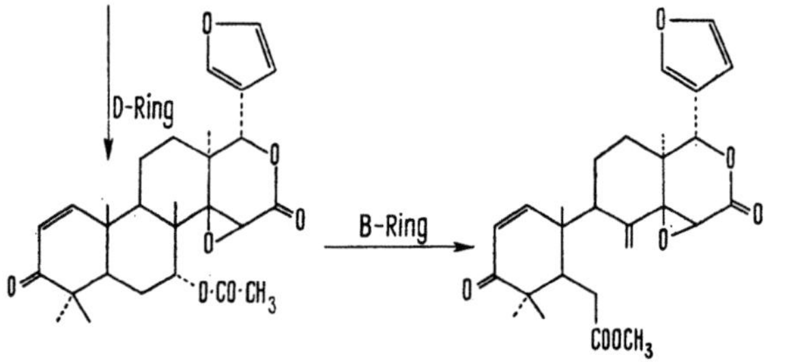

Gedunin, $C_{18}H_{34}O_7$
Zum gleichen Typus gehören:
Khivorin

Andirobin, $C_{27}H_{32}O_7$
Zum gleichen Typus gehören:
Methylangolensat

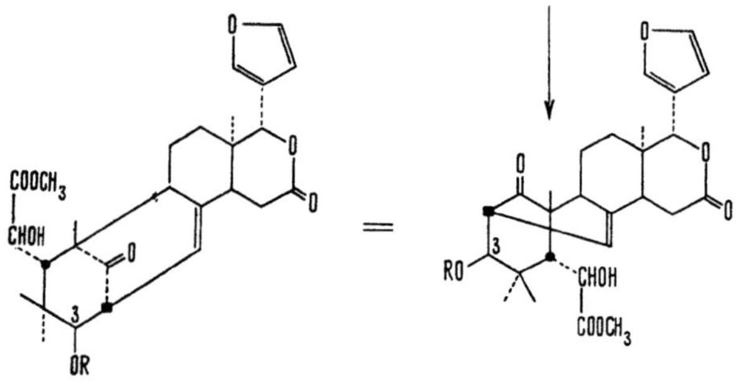

Swietenin, $C_{32}H_{42}O_9$ (R = Tigloyl)
Zum gleichen Typus gehören: Carapin, Mexicanolid

Abb. 32. Charakteristische Bitterstoffe der *Meliaceae*.

Swietenioideae

Entandrophragma angolense (Welw.) DC.: Polytypische Art. Bestimmte Holzmuster von Westafrika (Typus A) liefern β-Sitosterin und Gedunin, andere (Typus B) β-Sitosterin und Methylangolensat (AKISANYA et al. 1960). Holzmuster von Ostafrika lieferten überhaupt keine Meliaceenbitterstoffe (TAYLOR 1965). Die Struktur des Gedunins wurde durch AKISANYA et al. (1961, 1966) geklärt und diejenige von Methylangolensat durch BEVAN et al. (1964). Gedunin und Methylangolensat entstehen möglicherweise aus einem gemeinsamen 7-Keto-Vorläufer (EKONG-OLAGBEMI 1966).

Entandrophragma bussei Harms: 0,1% Bussein, 0,1% Entandrophragmin und 0,05% β-Sitosterin aus Holz (TAYLOR 1965); Bussein, $C_{44}H_{58}O_{18}$, ist ein Polyester; Verseifung liefert 3 Essigsäure, 1 α-Methylbuttersäure, 1 Isobuttersäure und einen nichtflüchtigen Körper (CALAM-TAYLOR 1966).

Entandrophragma candollei Harms: Aus dem Holz allein β-Sitosterin erhalten (AKISANYA et al. 1960).

Entandrophragma caudatum Sprague: 0,1% Bussein und 0,1% Entandrophragmin aus dem Holz (TAYLOR 1965).

Entandrophragma cylindricum Sprague: Aus dem Holz gegen 0,2% Entandrophragmin und wenig β-Sitosterin (AKISANYA et al. 1960).

Entandrophragma delevoyi de Wild.: 0,2% Gedunin und β-Sitosterin aus Holz TAYLOR 1965).

Entandrophragma excelsum (Dawe et Sprague) Sprague: Aus 3 verschiedenen Holzmustern keine kristallisierenden Verbindungen erhalten (TAYLOR 1965).

Entandrophragma utile Sprague: Etwa je 0,05% Utilin und Methylangolensat, 0,03% Entandrophragmin und β-Sitosterin aus Holz (AKISANYA et al. 1960).

Khaya anthotheca C.DC.: Anthothecol aus dem Holz (BEVAN et al. 1963). Von allen geprüften *Khaya*-Hölzern verursacht allein das von dieser Art stammende Werkholz Dermatitis; das Anthothecol ist einer der sensibilisierend wirkenden Bestandteile des Holzes (MORGAN-WILKINSON 1965).

Khaya grandifolia DC.: Khivorin aus Holz (BEVAN et al. 1963).

Khaya ivorensis A. Chev.: 0,5% Khivorin aus Kernholz (BEVAN et al. 1962, 1963).

Khaya senegalensis A. Juss.: Aus der Rinde 0,4–1% Cail-Cedrin; dieser Bitterstoff ist ein Gemisch von 20% Cail-Cedrin A (F240-242°) und 80% Cail–Cedrin B (F146–148°) (MOYSE-MIGNON 1942). Aus Holz aus dem trockenen Nordnigerien wurde ein komplexes Bitterstoffgemisch erhalten (BEVAN et al. 1963; BEVAN et al. 1965); es enthält den 3-Isobuttersäureester des 3-Dihydromexicanolids (ADESOGAN et al. 1966). Holz, das aus dem feuchteren Westnigerien stammte, lieferte 7-Desacetoxy-7-ketokhivorin (BEVAN et al. 1963). β-Sitosterin (= Nimbosterol) und β-Sitosterin-β-D-glucosid (Nimbosterin) aus Rinde (BROCHERÉ-FERRÉOL et al. 1958).

Lovoa brownii Sprague und *Lovoa trichilioides* Harms lieferten keine kristallisierenden Bitterstoffe aus dem Holz (BEVAN et al. 1965; TAYLOR 1965).

Pseudocedrela kotschyi Harms: Aus der Stammrinde 1% sehr bitteres Pseudocedrelin, F 158-160° (MOYSE-MIGNON 1942). BEVAN et al. (1965) erhielten aus dem Holz einer *Pseudocedrela*-Art 7-Desacetoxy-7-ketogedunin.

Swietenia macrophylla King: Aus Samen das bittere Swietenolid und das nicht bittere Swietenin isoliert (GUHA et al. 1951; CHAKRABARTHY-CHATTERJEE 1955, 1957; GOSH et al. 1960). Die Strukturen dieser Verbindungen wurden durch CONNOLLY et al. (1964, 1965) geklärt; Swietenolid ist ein Doppelbindungsisomeres ($\Delta^{8,14}$ an Stelle von $\Delta^{8,30}$) des Destigloylswietenins.

Swietenia mahagoni Jacq. (= *S. mahogani* DC.): Aus Samen wurde ein Bitterstoff (GUHA et al. 1951) und das nicht bittere Mahoganin (CHAKRABORTY-BARMAN 1965) isoliert. Das Holz ist termitenresistent; die aktiven Stoffe finden sich im Petrolätherextrakt (C. F. ASENJO et al., Biol. Abstr. *33*, 19435 [1959]). Nach Verseifung des Petrolätherextrakts gewannen AMOROS-MARIN et al. (1959) Cycloeucalenol (= 4β-Demethyl-24-methylencycloartenol).

Melioideae

Aglaia odorata Lour.: Blätter und Wurzeln werden in Thailand als Herztonicum verwendet; aus den Blättern wurde Aglaiol, $C_{30}H_{50}O_2$, isoliert; Aglaiol ist ein Dammaradienolepoxyd (SHIENGTHONG et al. 1965).

Azadirachta indica A. Juss. (= *Melia azadirachta* L.): Der indische Name des Baumes ist Nim (englisch: Neem Tree). Wurzel, Stamm, Blätter und Samen sind bitter; alle werden arzneilich verwendet. Der Nim-Baum wurde chemisch sehr intensiv untersucht.

Aus *Samen* (zum Teil aus dem gepressten Öl) wurden isoliert: Die strukturell bekannten Bitterstoffe Nimbin und Salannin, $C_{34}H_{44}O_9$ (HENDERSON et al. 1964) und eine ganze Reihe von weiteren bitteren (Nimbidin, Nimbinin, Nimbidol, Stoff B2, Stoff D) und nicht bitteren (Stoffe A, B_1, C) Verbindungen (SIDDIQUI-MITRA 1945/1946; AHSAN-HAHN 1958).

Aus *Stamm- und Wurzelrinde* wurden isoliert:

Nimbin: MITRA et al. 1953; BHATTACHARJI et al. 1953; SENGUPTA et al. 1958.
Nimbinin (krist.): BHATTACHARJI et al. 1953.
Nimbidin (amorph): MITRA et al. 1953.
Nimbosterol: MITRA et al. 1953; SENGUPTA et al. 1958; identisch mit β-Sitosterin.
Nimbosterin: BHATTACHARJI et al. 1953.
Sugiol: SENGUPTA et al. 1958, 1960.
Nimbiol: SENGUPTA et al. 1958, 1960; CHOUDHURI et al. 1959; RAMACHANDRAN-DUTTA 1960.
$C_{26}H_{54}O$: Verzweigter Paraffinalkohol (SENGUPTA et al. 1958, 1960).

Die Struktur des Nimbins bearbeiteten MITRA (1956, 1957), NARASIMHAN (1957, 1959), SENGUPTA et al. (1958, 1959, 1960), NARAYANAN et al. (1962, 1964, 1965, 1966).

Im Gegensatz zum Nimbin gehören Sugiol und Nimbiol biogenetisch zu den Diterpenen; beide lassen sich nach SENGUPTA et al. (1960) von einem Diterpen vom Typus der Pimarsäure ableiten.

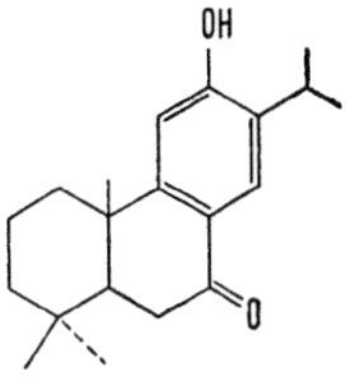

Sugiol (= 9-Ketoferruginol)

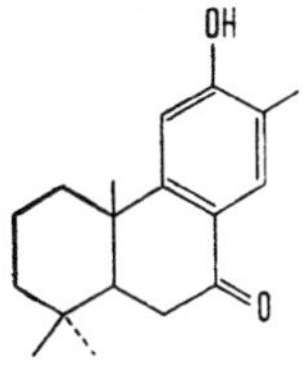

Nimbiol, $C_{18}H_{24}O_2$

Aus den Blüten des Nim-Baumes gewannen MITRA et al. (1947) Nimbosterol und Nimbosterin; sie wurden später mit β-Sitosterin und dessen β-Glucosid identifiziert (BROCHERÉ-FERRÉOL et al. 1958).

Carapa grandiflora Sprague: Aus dem Holz wurden keine kristallisierenden Verbindungen erhalten (TAYLOR 1965).

Carapa guianensis Aubl.: 11 β-Acetoxygedunin und 6 α, 11 β-Diacetoxygedunin aus dem Kernholz (CONNOLLY et al. 1966). Andirobin und 7-Desacetoxy-7-ketogedunin aus Samen (OLLIS et al. 1964).

Carapa procera DC.: Cedrelastoff B (= Mexicanolid) aus dem Holz (BEVAN et al. 1963). Carapin (doppelbindungsisomer mit Mexicanolid) aus dem Holz (ARENE et al. 1965). Aus der Stammrinde 0,4% Bitterstoff (Touloucounin) und aus dem Samenöl 2% Bitterstoff (MOYSE-MIGNON 1942).

Ekebergia senegalensis A. Juss.: Holzmuster aus Nordnigerien lieferten die Ekebergolactone B und C; die gleichen Lactone wurden aus in Südnigerien kultivierten Bäumen erhalten (BEVAN et al. 1965).

Guarea cedrata (A. Chev.) Pellegrin: Nur β-Sitosterin neben ätherischem Öl erhalten (HOUSLEY et al. 1962; BEVAN et al. 1963).

Guarea thompsonii Sprague et Hutch.: Neben ätherischem Öl Dihydrogedunin (= α-Gedunol) und geringe Mengen 7-Desacetoxy-7-keto-α-gedunol und Methylangolensat aus Holz (HOUSLEY et al. 1962; BEVAN et al. 1963). Die dem Holz nachgesagte Nasenbluten verursachende Wirkung konnten HOUSLEY et al. nicht bestätigen. SUTHERLAND et al. (1962) bestimmten die Struktur des Dihydrogedunins und bestätigten gleichzeitig die Geduninstruktur.

Malleastrum gracile J. F. Ler.: Nach LEROY (1964) umfasst das Genus *Malleastrum* (Baill.) J. F. Ler. 11 Arten von Madagaskar. Aus der Wurzelrinde der erwähnten Art isolierten PERNET et al. (1964) eine Fraktion, die alle Reaktionen der Cardenolide gab, pharmakologisch jedoch keine digitaloide Wirkung zeigte. Die Frage, ob in der Familie tatsächlich Cardenolide vorkommen, muss deshalb vorläufig offengelassen werden; mutmasslich geben einige der Meliacine die gleichen Reaktionen wie Cardenolide.

Melia azedarach L.: Aus dem Kernholz wurde das Bakalacton (F215°) isoliert (NATH 1954) und aus den Früchten gewannen LAVIE et al. (1966) das Triterpen Melianon.

Naregamia alata Wight: Aus Wurzeln und Stamm das Paraffin $C_{21}H_{44}$, β-Sitosterin, Palmitin- und Stearinsäure (nach Verseifung des Petrolätherextrakts) (MEHTA et al. 1965).

Pseudobersama mossambicensis Verdcourt: Das Holz lieferte keine kristallisierenden Bitterstoffe (TAYLOR 1965).

Sandoricum indicum Cav.: Aus dem als «Katon» bekannten Holz isolierten KING und MORGAN (1960) 0,36–0,91% Katonsäure und 0,04% Indicinsäure, $C_{60}H_{92}O_6$; bei der letzteren ist die 3-OH-Gruppe der Katonsäure mit einer Triterpensäure, $C_{30}H_{46}O_4$, verestert.

Trichilia heudelotii Planch.: Keine kristallisierenden Bitterstoffe im Holz gefunden (BEVAN et al. 1965).

Trichilia hirta L.: Hirtin aus Blättern und Hirtin und Desacetylhirtin aus Samen (CHAN-TAYLOR 1966).

Trichilia prieuriana A. Juss.: Prieurianin aus dem Holz (BEVAN et al. 1965).

Trichilia splendida A. Chev.: Aus dem Holz wurden nur Spuren eines Meliacins erhalten (TAYLOR 1965).

Turraeanthus africanus Pellegrin: Aus dem Holz das neue Triterpenmonoacetat Turraeanthin (BEVAN et al. 1965).

Xylocarpus granatum Koen. (= *X. benadirensis* Mattei): 0,1% Gedunin aus dem Holz (TAYLOR 1965).

2. *Chinone*

Bei den Simaroubaceen scheinen Benzochinonderivate in Holz und Rinde verbreitet zu sein. Bei den Meliaceen hat man bisher dieser Verbindungsgruppe wenig Beachtung geschenkt. In der Rinde von *Khaya senegalensis* A. Juss. wurde das gleiche gelbe Pigment (0,04%) wie bei den Simaroubaceen beobachtet; es handelt sich um das 2, 6-Dimethoxy-*p*-benzochinon (POLONSKY et al. 1959).

3. *Polyphenole und Gerbstoffe*

Diese Verbindungen wurden bisher bei den Meliaceen vernachlässigt.

3.1 *Orientierende Untersuchungen:* Untersuchungen von BATE-SMITH (1962, l. c. Bd. 3, S. 40) mit hydrolysierten Blattextrakten ergaben vollständiges Fehlen von Myricetin, Leucodelphinidin und Ellagsäure und allgemeines Vorkommen von Quercetin; ferner beobachtete er bei *Cedrela odorata* L. und *C. sinensis* Juss. Leucocyanidin, Kaempferol, p-Cumarsäure und bei der erstgenannten Art ebenfalls Kaffeesäure; bei *Melia azedarach* L. waren neben Quercetin Kaempferol und Kaffeesäure und bei *Aitonia capensis* L. f. Spuren von Ferula- und Sinapinsäure nachweisbar.

3.2 *Isolierte Verbindungen:*

a) FLAVONOLE:

Azadirachta indica A. Juss. (= *Melia azadirachta* L.): MITRA et al. (1947) isolierten aus Blüten Nimbicetin, welches später (1951) durch MITRA mit Kaempferol identifiziert wurde. Aus hydrolysierten Blütenextrakten isolierten PANKJAMANI und SESHADRI (1952) Quercetin, Kaempferol und wenig Myricetin. NATH (1955) gewann aus dem Kernholz das Nimaton, $C_{24}H_{30}O_5$ (F137–138°), das mutmasslich eine flavonoide Verbindung darstellt.

Melia azedarach L. var. *subtripinnata* Miq.: Aus Blättern Rutin und das entsprechende Kaempferolglykosid isoliert (ARITOMI et al. 1964).

b) CUMARINE: Das erste aus der Familie bekanntgewordene Cumarin stammt aus dem Holz von *Ekebergia senegalensis* A. Juss.; es handelt sich um das 8-Methoxy-4-methylcumarin:

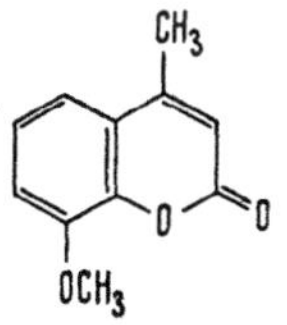

Ekebergia-Cumarin (BEVAN-EKONG 1965)

c) GERBSTOFFBAUSTEINE

Cedrela toona Roxb.: Ein Leucocyanidin (= Procyanidin) aus dem Kernholz isoliert (NAGARAJAN-SESHADRI 1961).

Dysoxylum spectabile Hook. f.: Aus dem Kernholz neben β-Sitosterin (+)-Catechin isoliert; die Rinde lieferte ausschliesslich β-Sitosterin; beide Organe sind reich an kondensierten Gerbstoffen (CAMBIE 1959).

Melia azedarach L.: Aus der Rinde (±)-Catechin und Vanillinsäure isoliert; die letztere ist der anthelmintisch wirksame Stoff der Rinde (K. OKAHARA und SH. TANIGUCHI, C. A. *54*, 17580 [1960]; SH. TANIGUCHI, C. A. *54*, 17580 [1960]).

3.3 *Meliaceengerbstoffe:* Die spärlichen Informationen über Gerbstoffbausteine lassen vermuten, dass bei den Meliaceen vor allem kondensierte Gerbstoffe vorkommen. In der gleichen Richtung weisen Beobachtungen an Gerbstofffraktionen. Nach DEKKER (l. c. B 3.09) sind Gerbstoffgehalte von 5–20% (besonders in Rinden) in der Familie nicht selten; im genannten Werke finden sich Angaben für Arten aus 20 Genera. Neuere Beobachtungen fügen sich diesem Bilde gut ein. Nach GNAMM (l. c. B 3.09) liefern einzelne *Carapa*- und *Xylocarpus*-Arten Mangroverinden. Zum Gerben werden Rinden folgender Arten verwendet (% Gerbstoff):

Indien: *Carapa moluccensis* Lamk. 24%. *Carapa obovata* Koen. 32% (Holz 4,8%); auf Madagaskar wurde für die Rinde der gleichen Art 23,8% gefunden. *Amoora rohituka* Wight et Arn. 7,6%.

Südamerika: *Guarea trichilioides* L. 10%. *Trichilia catigua* A. Juss. 20%. *Trichilia hieronymi* Griseb. 15%.

Ausserdem seien folgende Beobachtungen aufgeführt:

Azadirachta indica A. Juss.: Rinde: 15% kondensierter Gerbstoff (K. R. V. Thampuran und E. C. Mathew, C. A. *55*, 14953 [1961]).

Cabralea oblongiflora C. DC.: Blatt: 3,8%, Rinde: 2,3% (L. L. Prado und E. Ricci, C. A. *51*, 9803 [1957]).

Carapa procera DC.: Rinde: 12% (Moyse-Mignon 1942).

Khaya senegalensis A. Juss.: Rinde: 9,2% Catechingerbstoff (Moyse-Mignon 1942).

Pseudocedrela kotschyi Harms: Rinde: 14,6% (Moyse-Mignon 1942).

Swietenia mahagoni Jacq.: Blätter + Früchte: 12,85% (Happich et al. 1954).

Trichilia heudelotii Planch.: Rinde: 10,2% Catechingerbstoff (Planche 1949).

4. *Ätherische Öle*

In ihren Sekretzellen lagern wohl alle Vertreter der Familie etwas ätherisches Öl ab. Ökonomisch wichtige Öle liefern die Meliaceen jedoch nicht. In Gildemeister-Hoffmann (l. c. B 3.05) werden ätherische Öle von *Cedrela-*, *Swietenia-*, *Dysoxylum-*, *Melia-*, *Lansium-* und *Aglaia*-Arten beschrieben. Die meisten dieser Öle wurden aus Hölzern destilliert; sie sind in der Regel reich an Sesquiterpenen: Cadinen, Cadinol, Copaen, Aromadendren, Bisabolen. Cineol ist ebenfalls ein häufiger Bestandteil von Meliaceen-Ölen. Nach Freise (1933) liefern in Brasilien *Guarea spiciflora* Juss. und *Guarea trichilioides* L. ätherische Öle, die als Sandelholzöl-Ersatz verwendet werden; bei ersterer Art werden die Blüten destilliert (Ausbeute 0,03–0,04%) und bei letztgenannter Art wird der durch Anzapfen der Bäume gewonnene, nach Zimt riechende, Balsam (Milchsaft) destilliert (Ausbeute 2–3% des Wundbalsams).

Aglaia odoratissima Blume: Samen lieferten 0,1% ätherisches Öl mit etwa 50% Aromandendren, 10% Cineol, 12,5% α-Terpinen und 7% Citral (Baslas 1955).

Cedrela odorata L.: Das Holzöl enthält Cedrelanol (= [—]-δ-Cadinol = Pilgerol = Albicaulol) (Chiurdoglu et al. 1961; Alderweireldt et al. 1961; Smolders 1964).

Cedrela toona Roxb.: Aus dem Holzöl wurde reines Copaen gewonnen (de Mayo et al. 1965).

Dysoxylum fraseranum Benth.: Das Holzöl enthält gegen 90 % Dysoxylonen; das letztere stellt praktisch razemisches δ-Cadinen dar (Hellyer-Mc Kern 1956; Hildebrand-Sutherland 1959); daneben enthält das Öl ebenfalls δ-Elemen (Gough et al. 1961, 1964).

Eine Eigentümlichkeit bestimmter Meliaceen besteht in der Erzeugung mutmasslich schwefelhaltiger flüchtiger Bestandteile. So riechen die Samen von *Azadirachta indica* A. Juss. und deren Öl (= Margosa Öl) nach Knoblauch (vgl. The Wealth of India, Vol. I, l. c. B 5.4). *Dysoxylum acutangulum* Miq. und *D. alliaceum* Bl. produzieren nach Zwiebeln riechende Samen; zum Teil besitzen auch Blätter und Rinden diesen Geruch (Boorsma 1899, l. c. B 3.01). Frische Blätter von *Azadirachta indica* sollen bei Zerreiben mit Wasser senfölartige Verbindungen produzieren (Anon., Pharm. J. *70*, 755 [1903]).

5. *Saponine*

Bisher wurden keine reinen Saponine isoliert. Verschiedene Untersucher melden reichliches Vorkommen von Saponinen. Als Beispiele angeblich saponinhaltiger Meliaceen seien aufgeführt:

Khaya senegalensis A. Juss.: Rinde *Pseudocedrela kotschyi* Harms: Rinde	Moyse-Mignon 1942
Trichilia heudelotii Planch.: Blätter: Planche 1949	
Cedrelopsis grevei Baillon: Beblätterte Zweige *Malleastrum gracile* J. F. Ler.: Zweige; Blätter (1959 als *Cipadessa boiviniana;* Identifikation korrigiert: Pernet et al. 1964) *Melia azedarach* L.: Blätter; Rinde; Wurzel *Turraea* spec.: Rinde; Zweige; Wurzel	Pernet 1959, l. c. Bd. 3, S. 673
Chisocheton divergens Blume: Stamm *Chisocheton* spec.: Wurzelrinde *Chisocheton* spec.: Blüten; Blatt; Rinde; Wurzel *Dysoxylum* spec.: Wurzel	Amarasingham et al. 1964

Zukünftigen Arbeiten bleibt es vorbehalten, Frequenz des Auftretens und chemische Natur der Saponine der Meliaceen zu ermitteln.

6. *Alkaloide*

Gut definierte Alkaloide sind aus der Familie vorläufig nicht bekannt. Da Alkaloidreaktionen öfters beobachtet wurden (*Aglaia-*, *Aphanamixis-*, *Dysoxylum-*, *Entandrophragma-*, *Melia-*, *Naregamia-*, *Owenia-*, *Sandoricum-* und *Xylocarpus*-Arten; vgl. Willaman-Schubert, l. c. B 4.1), ist mit häufigem Vorkommen von Alkaloiden bei den *Meliaceae* zu rechnen; man ist geneigt, den Meliaceen charakteristische Rutaceenalkaloide vorauszusagen. *Azadirachta indica* A. Juss. enthält nach Henry (l. c. B 3.11) Margosin in der Rinde, Azaridin in Früchten und Paraisin in Blättern. Meyer und Pernet (1957) ermittelten für einige Meliaceen von Madagascar Alkaloidgehalte und R_F-Werte der Basen: *Cedrelopsis grevei* Baillon:

0,2% Alkaloid in beblätterten Zweigen und 0,01% in der Rinde; *Malleastrum gracile* J. F. Ler. (ursprüngl. als *Cipadessa boiviniana* Baillon angegeben; Korrektur PERNET et al. 1964): Je 0,09% Alkaloide in Zweigen und Blättern; *Melia azedarach* L.: Je 0,08% Alkaloide in Blatt und Wurzel und 0,04 % in der Rinde; 3 *Turraea*-Arten: Blätter 0,01–0,05 %, Wurzel 0,04 und Rinde 0,04 % Alkaloide.

7. *Schleime*

Gummosis kommt bei den Meliaceen häufig vor. Gummi wird zu bestimmten Jahreszeiten reichlich ausgeschieden. Soweit bekannt enthalten die Meliaceen-Gummis Essigsäure, die sehr leicht (z. B. schon bei der zur Reinigung üblichen Lösung in Natronlauge) abgespalten wird. Detailuntersuchungen liegen nur für wenige Arten vor.

Azadirachta indica A. Juss. (= *Melia azadirachta* L.) liefert das in Indien pharmazeutisch verwendete Nim-Gummi. Arabinose, Fucose, Galaktose und Glucuronsäure wurden als Bausteine nachgewiesen; energische Hydrolyse liefert reichlich 4-O-(D-Glucopyranosyluronsäure)-D-galaktose (MUKHERJEE-SRIVASTAVA 1955).

Carapa procera DC.: Ein aus Sierra Leone stammendes Gummi enthielt 1,68% Asche, 1,84% Acetylreste und 2,63% Alkoxylgruppen; das gereinigte Gummi war acetylfrei, enthielt 19,4% Uronsäuren und lieferte bei der Hydrolyse neben Glucuronsäure Galaktose, Arabinose und Rhamnose im molaren Verhältnis 28:23:10 (COLE 1964).

Cedrela odorata L.: Das Rohgummi enthält gegen 10% Essigsäure; im gereinigten Gummi wurden 3% Methoxylgruppen nachgewiesen; seine Hydrolyse lieferte über 17% Galaktose, 33,4% Arabinose, 2,2% Rhamnose und etwa 26% Glucuronsäure (BÉZANGER-BEAUQUESNE et al. 1958).

Khaya grandifolia DC.: Bei der Untersuchung eines über Alkalibehandlung gereinigten Gummis wurden bei der Totalhydrolyse Rhamnose, Galaktose, Galakturonsäure und 4-O-Methylglucuronsäure im molaren Verhältnis 2:3:4:1 gefunden; daneben enthielt das Gummi Spuren Arabinose. Es handelt sich um ein schwerhydrolysierbares Gummi mit stark verzweigtem Molekül (ASPINALL et al. 1956).

Khaya senegalensis A. Juss.: Rohgummi enthält 2,7% Essigsäure (wird bei Reinigung mit Natronlange vollständig abgespalten) und 2,2% Methoxyl; als Bausteine wurden Rhamnose, Arabinose, Galaktose, Galakturonsäure und 4-O-Methylglucuronsäure beobachtet (ASPINALL et al. 1956). Das gereinigte Gummi konnte durch Alkoholpräzipitation in zwei Fraktionen getrennt werden. Die Hauptkomponente (ASPINALL et al. 1960) besitzt eine aus Rhamnose und Galakturonsäure aufgebaute Hauptkette, die Verzweigungen mit 4-O-Methylglucuronsäure und Galaktose trägt. Die zweite Komponente enthält Galaktose, Arabinose, Glucuronsäure und 4-O-Methylglucuronsäure als Bausteine.

8. *Zucker und zuckerähnliche Stoffe*

Über den Kohlenhydratstoffwechsel der Familie ist wenig bekannt. PLOUVIER (1949) suchte vergeblich nach Zuckeralkoholen und Cycliten; er erhielt ausschliesslich Saccharose; untersucht wurde *Cedrela sinensis* Juss.

9. *Fette Öle der Samen*

Die Samen der Meliaceen sind in der Regel ziemlich ölreich (20–50%); daneben enthalten sie reichlich (15–30%) Eiweiss (vgl. EARLE-JONES, l. c. Bd. 3, S. 40). In HILDITCH (4. Auflage [1964] des sub B 3.03 zitierten Werkes) werden Samenölanalysen für Vertreter der Genera *Amoora*, *Azadirachta*, *Carapa*, *Melia*, *Swietenia* und *Trichilia* aufgeführt. Gewöhnlich finden sich folgende Verhältnisse:

Gesättigte Fettsäuren: 25–50%

Ölsäure + Linolsäure: 50–75%

Unter den gesättigten Säuren überwiegt meistens die Stearinsäure; deshalb wird die Familie zu den Sippen mit stearinsäurereichen Samenölen gerechnet. Hierzu ist jedoch zu bemerken, dass Ausnahmen nicht selten zu sein scheinen. Bei zwei untersuchten *Carapa*-Arten stellen Palmitin- oder aber Myristinsäure die mengenmässig überwiegende gesättigte Fettsäuren dar und im Öl von *Melia azedarach* L. sind nur geringe Mengen (<10%) von gesättigten Fettsäuren vorhanden. Einige in jüngster Zeit ausgeführte Ölanalysen bestätigen die Vermutung, dass hoher Stearinsäuregehalt der Samenöle keineswegs als Familienmerkmal aufgefasst werden darf:

Aglaia odoratissima Blume: Die Samen lieferten nur 2% Öl; für dessen Fettsäuren wurde die folgende Zusammensetzung ermittelt: C 16 : 0 = 14,1%; C 18 : 0 = 8%; C 18 : 1 = 42,8%; C 18 : 2 = 35,1% (BASLAS 1959).

Dysoxylum spectabile Hook. f.: Nicht ganz reife Samen lieferten 29,2% Öl; Fettsäuren: C 16 : 0 = 52%; C 18 : 0 = 3,2%; C 18 : 1 = 1,4%; C 18 : 2 = 40,6%; C 18 : 3 = 2,8% (BROOKER 1961).

Melia azedarach L. (= *M. japonica* G. Don): Die Samen lieferten 4,7% Öl mit J. Z. 80,6 und V. Z. 223,4; die hohe Verseifungszahl erklärt sich durch das Vorkommen von Capryl-, Caprin-, und Laurinsäure (N. HIRAO et al., C. A. *63*, 18491 [1965]); das von in Japan verbreiteten Formen dieser Art gewonnene Samenöl weicht zweifellos stark von den für die Familie geltenden Normen ab.

Sowohl hinsichtlich der Ölgehalte als auch bezüglich der Zusammensetzung der Samenöle bestehen demnach *sehr grosse* Unterschiede in der Familie.

10. *Verschiedenes*

Azadirachta indica A. Juss. (= *Melia azadirachta* L.): Blätter und Samenmehl des Nim-Baumes haben insektizide und insektenabwehrende Eigenschaften (Anonym, Pharm. J. *70*, 659, 755 [1903]). Blattextrakte und alkoholische Samenextrakte erwiesen sich recht wirksam um Heuschreckenfrass an Versuchspflanzen zu verhindern; Besprühen mit einem Rohbitterstoffgemisch hatte den gleichen Effekt. Welcher Stoff tatsächlich insektenabschreckend und insektizid wirkt, bleibt zu ermitteln (PRADHAN et al. 1963; SINHA-GULATI 1963).

Cedrela toona Roxb.: Aus Blüten werden in Indien gelbe und rote, nicht lichtechte Farbstoffe bereitet. PERKIN (1912) hydrolysierte ein Blütendecoct; es entstand ein braunrotes Präzipitat, das zur Hauptsache aus Phlobaphen, Quercetin und einem roten Farbstoff (F 285-287°) bestand; der Farbstoff erwies sich als identisch mit dem Nyctanthin aus Blüten von *Nyctanthes arbor-tristis (Oleaceae)*. KUHN und WINTERSTEIN (1929) identifizierten PERKINS Nyctanthin mit Crocetin (vgl. Bd. 2, S. 260-261).

Ptaeroxylon obliquum (Thunb.) Radlk.: Das monotypische Genus *Ptaeroxylon* ist als Sippe incertae sedis zu betrachten. LEROY (1959) hat die Meliaceen-Genera *Ptaeroxylon* und *Cedrelopsis* in der Familie der *Ptaeroxylaceae* vereinigt, welche letztere er als nächstverwandt mit den *Sapindaceae* betrachtet. Im Lichte dieser Unsicherheiten sind die Resultate chemischer Untersuchungen bemerkenswert. Nach NOGUEIRA PRISTA (1951) enthält die Rinde neben Zuckern und Stärke ein saures Saponin (= Saptaeroxylosid) mit Glucose und Xylose im Zuckeranteil und ein Flavonol-3-dihexosid (= Ptaeroxylosid; Aglykon angeblich 3, 5, 7-Trihydroxy-2'-methoxyflavon). DEAN und TAYLOR (1966) untersuchten 2 Holzmuster aus Tanganyika und ein Holzmuster aus Südafrika und isolierten folgende Stoffe:

	Tanganyika	*Südafrika*
Obliquin (I), $C_{14}H_{12}O_4$	+	—
Heteropeucenin-7-methyläther (II), $C_{16}H_{18}O_4$	+	+
Umtatin, $C_{15}H_{14}O_5$	+	—
Ptaeroxylin (III), $C_{15}H_{14}O_4$	—	+
Alloptaeroxylin (IV), $C_{15}H_{14}O_4$	—	+

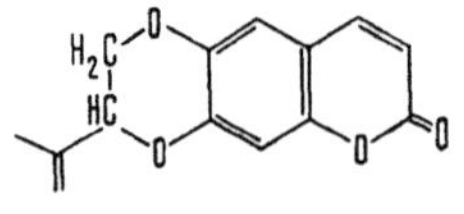

I

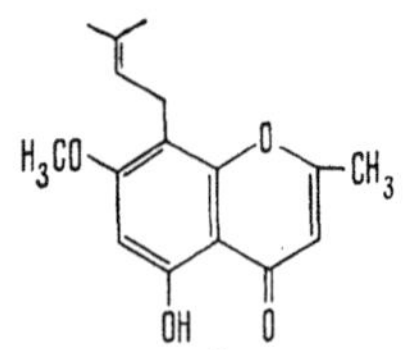

II

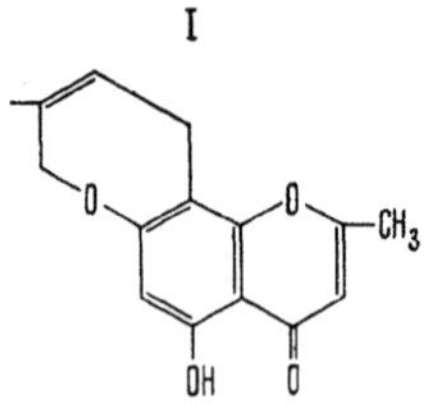

III

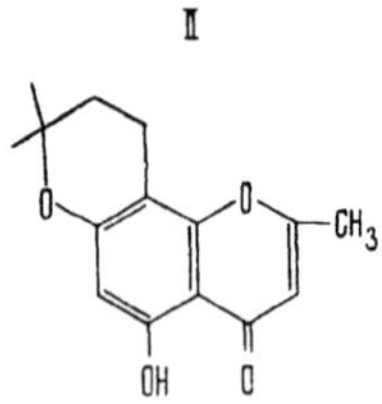

IV

Die typischen Meliacine fehlen *Ptaeroxylon* anscheinend. Die taxonomische Interpretation der vorliegenden Befunde ist schwierig, da begründete Vergleiche wegen zu grossen Kenntnislücken *(Cedrelopsis, Sapindaceae)* vorderhand unmöglich sind. Jedenfalls gehört *Ptaeroxylon* in biochemischer Hinsicht nicht zu den ausgesprochenen *Meliaceae*. Die Art erinnert eher an gewisse Rutaceen und Umbelliferen.

Literatur

ADEOYE, S. A., und BEKOE, D. A., Chem. Commun. *1965*, 301.
ADESOGAN, E. K., et al., Chem. Commun. *1966*, 27.
AGHORAMURTHY, K., et al., J. Sci. Ind. Research (India) *21B*, 95 (1962).
AHSAN, A. M., und HAHN, G., Pakistan J. Sci. Ind. Research *1*, 146 (1958).
AKISANYA, A., et al., J. Chem. Soc. *1960*, 3827; *1961*, 3705; *1966 C*, 506.
ALDERWEIRELDT, F., et al., Bull. Soc. Chim. Belges *70*, 470 (1961).
AMARASINGHAM, R. D., et al., Economic Botany *18*, 270 (1964).
AMOROS-MARIN, L., et al., J. Org. Chem. *24*, 411 (1959).
ARENE, E. O., et al., Chem. Commun. *1965*, 302.
ARITOMI, M., et al., J. Pharm. Soc. Japan *84*, 894 (1964).
ASPINALL, G. O., et al., J. Chem. Soc. *1956*, 989; *1960*, 4918.
BASLAS, K. K., J. Indian Chem. Soc. *32*, 445 (1955); Indian J. Appl. Chem. *22*, 125 (1959).
BEVAN, C. W. L., und EKONG, D. E. U., Chemistry and Industry *1965*, 383.
BEVAN, C. W. L., et al., Chemistry and Industry *1964*, 1751 (Methylangolensat); J. Chem. Soc. *1962*, 768; *1963*, 980, 983 (Anthothecol); Chem. Commun. *1965*, 281 (Cedrela-Stoff B); *1965*, 636 (Turraeanthin); Nature *206*, 1323 (1965).
BÉZANGER-BEAUQUESNE, L., et al., Compt. Rend. *247*, 1132 (1958).
BHATTACHARJI, S., et al., J. Sci. Ind. Research (India) *12B*, 154 (1953).
BROCHERÉ-FERRÉOL, G., et al., Compt. Rend. *246*, 3082 (1958).
BROOKER, S. G., Trans. Roy. Soc. New Zealand *88*, 157 (1961).
B-SON BREDENBERG, J., Chemistry and Industry *1964*, 73.
CALAM, D. H., und TAYLOR, D. A. H., J. Chem. Soc. *1966 C*, 949.
CAMBIE, R. C., J. Chem. Soc. *1959*, 468.
CHAKRABARTHY, T., und CHATTERJEE, A., J. Indian Chem. Soc. *32*, 179 (1955); *34*, 117 (1957).
CHAKRABORTY, D. P., und BARMAN, B. K., Science and Culture (Calcutta) *31*, 241 (1965).
CHAN, W. R., und TAYLOR, D. R., Chem. Commun. *1966*, 206.
CHIURDOGLU, G., et al., Bull. Soc. Chim. Belges *70*, 468 (1961).
CHOUDHURI, S. N., et al., Chemistry and Industry *1959*, 634, 1284.
COLE, J., Nature *202*, 1109 (1964).
CONNOLLY, J. D., et al., Chem. Commun. *1965*, 162 (Mexicanolid); Tetrahedron Letters *1964*, 2593; *1965*, 2937; J. Chem. Soc. *1965*, 6935 (Swietenin, Swietenolid); Tetrahedron *22*, 891 (1966).
DEAN, F. M., und TAYLOR, D. A. H., J. Chem. Soc. *1966 C*, 114.
DREYER, D. L., Experientia *20*, 297 (1964); Phytochemistry *5*, 367 (1966).
EKONG, D. E. U., und OLAGBEMI, E. O., J. Chem. Soc. *1966 C*, 944.
FREISE, F. W., Pharm. Zentralhalle *74*, 517 (1933).
GOPINATH, K. W., et al., J. Chem. Soc. *1961* 446.
GOSH, S., et al., J. Indian Chem. Soc. *37*, 440 (1960).
GOUGH, J. H., et al., Tetrahedron Letters *1961*, 763; Austral. J. Chem. *17*, 1270 (1964).
GRANT, I. G., et al., J. Chem. Soc. *1961*, 444; *1963*, 2506.
GUHA, S. S., et al., J. Indian Chem. Soc. *28*, 207, 484 (1951).
HAPPICH, M. L., et al., J. Am. Leather Chemists' Assoc. *49*, 760 (1954).

HEGNAUER, R., Mémoires Soc. Botan. France 1965 (Colloque de Chimiotaxinomie) S. 103–116 (publ. 1967).
HELLYER, R. O., und MC KERN, H. H. G., Austral. J. Chem. *9*, 547 (1956).
HENDERSON, R., et al., Tetrahedron Letters *1964*, 3969.
HILDEBRAND, R. P., und SUTHERLAND, M. D., Austral. J. Chem. *12*, 678 (1959).
HODGES, R., et al., J. Chem. Soc. *1963*, 2515.
HOUSLEY, J. R., et al., J. Chem. Soc. *1962*, 5095.
KING, F. E., und MORGAN, J. W. W., J. Chem. Soc. *1960*, 4738.
KUHN, R., und WINTERSTEIN, A., Helv. Chim. Acta *12*, 496 (1929).
LAVIE, D., et al., Tetrahedron Letters *1966*, 2049.
LEROY, R. F., J. Agr. Trop. Botan. Appl. *6*, 106 (1959); *11*, 127 (1964).
MAYO, P., DE, et al., Tetrahedron *21*, 619 (1965).
MEHTA, C. R., et al., J. Indian Chem. Soc. *42*, 649 (1965).
MEYER, G., und PERNET, R., Le Naturaliste Malgache *9*, 203 (1957).
MITRA, CH., J. Sci. Ind. Research (India) *10B*, 235 (1951); *15B*, 425 (1956); *16B*, 477 (1957).
MITRA, CH., et al., J. Sci. Ind. Research (India) *6B*, 19 (1947); *12B*, 152 (1953).
MORGAN, J. W. W., und WILKINSON, D. S., Nature *207*, 1101 (1965).
MORON, J., et al., Experientia *22*, 511 (1966).
MOYSE-MIGNON, H., *Recherches sur quelques Méliacées africaines et leurs principes amers*, Thèse (Pharm.) Univ. Paris 1942.
MUKHERJEE, S., und SRIVASTAVA, H. C., J. Am. Chem. Soc. *77*, 422 (1955).
NAGARAJAN, G. R., und SESHADRI, T. R., J. Sci. Ind. Research (India) *20B*, 615 (1961).
NARASIMHAN, N. S., Chemistry and Industry *1957*, 660; Chem. Ber. *92*, 769 (1959).
NARAYANAN, C. R., et al., Chemistry and Industry *1962*, 1283; *1964*, 322; Indian J. Chem. *2*, 108 (1964); Tetrahedron Letters *1965*, 4333; *1966*, 553.
NATH, B., J. Sci. Ind. Research (India) *13B*, 740 (1954); *14B*, 634 (1955).
NOGUEIRA PRISTA, L. V., Anais Fac. Farm. Porto *11*, 81 (1951).
OLLIS, W. D., et al., Tetrahedron Letters *1964*, 2607.
PANKJAMANI, K. S., und SESHADRI, T. R., Proc. Indian Acad. Sci. *36A*, 157 (1952).
PERKIN, A. G., J. Chem. Soc. *101*, 1538 (1912).
PERNET, R., et al., J. Agr. Trop. Botan. Appl. *11*, 150 (1964).
PLANCHE, O., Ann. Pharm. Franç. *7*, 460 (1949).
PLOUVIER, V., Compt. Rend. *228*, 1886 (1949).
POLONSKY, J., Planta Medica, Supplement 1966, 107–116.
POLONSKY, J., et al., Bull. Soc. Chim. France *1959*, 1157.
PRADHAN, S., et al., Bull. Reg. Research Lab. Jammu *1*, 149 (1963).
RAMACHANDRAN, P. K., und DUTTA, PH. CH., J. Chem. Soc. *1960*, 4766.
SENGUPTA, P., et al., Chemistry and Industry *1958*, 861, 1403; *1959*, 397; Tetrahedron *10*, 45 (1960); *11*, 67 (1960).
SHIENGTHONG, D., et al., Tetrahedron *21*, 917 (1965).
SIDDIQUI, S., und MITRA, C., J. Sci. Ind. Research (India) *4*, 5 (1945/46).
SINHA, N.P., und GULATI, K. C., Bull. Reg. Research Lab. Jammu *1*, 176 (1963).
SMOLDERS, R. R., Canad. J. Chem. *42*, 2836 (1964).
SUTHERLAND, S. A., et al., Proc. Chem. Soc. *1962*, 222.
TAYLOR, D. A. H., J. Chem. Soc. *1965*, 3495.

Schlussbetrachtungen

Allgemein werden die *Meliaceae* neben den *Rutaceae*, *Burseraceae* und *Simaroubaceae* ins System eingereiht. Sie werden durch WETTSTEIN den *Terebinthales*, durch HUTCHINSON der monotypischen Ordnung der *Meliales*, die von den *Rutales* abgeleitet wird, durch TAKHTAJAN den *Rutales* eingegliedert und gehören im Syllabus zu den *Rutales* und nach CRONQUIST zu den durch diesen Autor weiter gefassten *Sapindales*. CRONQUIST und TAKHTAJAN nehmen Abstammung von cunoniaceenähnlichen Vorfahren an, WETTSTEIN leitet die *Terebinthales* von den *Tricoccae (Euphorbiales)* ab und durch HUTCHINSON wird die Frage der Herkunft der *Pinnatae (Rutales + Meliales + Sapindales)* offengelassen. Im Syllabus wird an Abstammung von den *Geraniales* gedacht.

Der Chemismus bestätigt die Zusammengehörigkeit der *Rutaceae*, *Simaroubaceae*, *(Burseraceae)* und *Meliaceae* durch gemeinsame Eigentümlichkeiten im Triterpenstoffwechsel (Bitterstoffe) und die Tendenzen zur Akkumulation von ätherischen Ölen und Kieselsäure.

Verglichen mit den *Rutaceae* wurden *Meliaceae*, *Simaroubaceae* und *Burseraceae* phytochemisch noch wenig bearbeitet. Die Phenole und Alkaloide der letzterwähnten 3 Familien verdienen die volle Aufmerksamkeit.

Vgl. ebenfalls die Diskussionen bei den *Burseraceae*, *Rutaceae* und *Simaroubaceae*.

160. Melianthaceae

Bäume oder Sträucher mit wechselständigen, gefiederten Blättern, mit oder ohne Nebenblättern. Blüten in traubigen Blütenständen, augenscheinlich, schwach bis ausgesprochen zygomorph, mit extrastaminalem Diskus. Kelchblätter 5 oder 4; Kronblätter frei, 5 oder 4; Staubblätter gleich viele oder doppelt so viele wie Kronblätter. Fruchtknoten oberständig, ein- oder 4-5 fächerig mit 1 bis mehreren Samenanlagen mit 2 Integumenten pro Fach. Kapselfrüchte. Samen mit gut entwickeltem Endosperm.

Rein afrikanische Familie.

Systematische Gliederung

Für die etwa 40 Arten werden 3 Genera und 2 Triben unterschieden.

I *Greyieae* (= *Greyiaceae* von HUTCHINSON): *Greyia* in Südafrika.

II *Meliantheae*: *Melianthus* in Südafrika und *Bersama* im südlichen und tropischen Afrika.

Anatomische Merkmale

Auffallend sind die Kristallaggregate: Raphiden und Drusen bei *Greyia* und langgestreckte, prismatische Kristalle (Styloide) bei *Melianthus* und *Bersama* (L. RADLKOFER, Sitz. ber., Math.-Phys. Cl., Kgl. Bayr. Akad. Wiss. *20*, 105 [1890]).

Chemische Merkmale

Sehr spärlich untersucht; einzelne Arten sollen giftig sein (vgl. WATT und BREYER-BRANDWIJK, l. c. Bd. 2, S. 24).

BATE-SMITH (1962, l. c. Bd. 3, S. 40) beobachtete in hydrolysierten Blattextrakten von *Greyia sutherlandii* Hook. et Harv. und von einer *Melianthus*-Art reichlich Ellagsäure und Quercetin; Myricetin, Kaempferol und Leucoanthocyane fehlten. Nach DEKKER (l. c. B 3.09) sind die Blätter von *Melianthus major* L. gerbstoffhaltig.

KOOIMAN (1959, l. c. B 3.02) beobachtete Amyloid in den Zellwänden des Endosperms von *Melianthus minor* L. und *Melianthus major* L.; bei letzterer Art wurde nachgewiesen, dass die Reservecellulose tatsächlich die für Amyloid charakteristischen Bausteine, Glucose, Galaktose und Xylose, enthält.

Bersama abyssinica Fres. ssp. *abyssinica:* Aus den giftigen Blättern isolierte LOCK (1962) 3 Stoffe, die nach ihren chemischen und pharmakologischen Eigenschaften auf nicht glykosidisch gebundene Bufodienolide schliessen lassen; abweichend war der Geschmack: Nicht bitter, sondern lang anhaltend brennend. Die Wurzeln der ebenfalls giftigen westafrikanischen ssp. *paullinioides* Verdc. lieferten nach Verseifung des saponinhaltigen Methanolextraktes Ursolsäure (TAYLOR-SMITH 1967).

Bersama yangambensis Toussaint: Die Aethanolextrakte verschiedener Teile der Pflanze enthalten cardiotoxische Glykoside, deren Aglykone höchstwahrscheinlich zum Bufodienolidtyp gehören (pharmakologische Analyse; Spectra); die Rinde ist am gehaltreichsten; die Glykoside schmecken nicht ausgesprochen bitter, sondern „sour" (VANHAELEN-BAUDUIN 1967).

Literatur

LOCK, J. A., J. Pharm. Pharmacol. *14*, 496 (1962).
TAYLOR-SMITH, R., J. Chem. Soc. *1967* C, 1268.
VANHAELEN, M., und BAUDUIN H., J. Pharm. Pharmacol. *19*, 485 (1967).

Schlussbetrachtungen

Bei WETTSTEIN und im Syllabus werden die *Melianthaceae* im hier angenommenen Umfang zu den *Sapindales* gerechnet (bei WETTSTEIN: *Rutales* + *Sapindales* anderer Autoren = *Terebinthales*). CRONQUIST und TAKHTAJAN anerkennen *Greyiaceae* und *Melianthaceae* sensu restricto und reihen die zwei Familien nacheinander den *Sapindales* ein. HUTCHINSON rechnet die *Melianthaceae* sensu restricto zu den *Sapindales* und die *Greyiaceae* zu den *Cunoniales*.

Aufteilung der Familie erscheint nur dann sinnvoll, wenn *Greyiaceae* und *Melianthaceae* tatsächlich verschiedener Herkunft sind, wie dies durch HUTCHINSON angenommen wird.

Diese Ausführungen zeigen deutlich, dass die Sippe ein sehr dankbares Arbeitsfeld für chemotaxonomische Untersuchungen darstellen würde. Für die Sapindaceen sind Saponine, cyanogene Verbindungen und Quercit charakteristisch; ausserdem kommt bei ihnen Amyloid in den Samen vor. Wie verhalten sich die drei Genera der *Melianthaceae* bezüglich dieser Merkmale? Von der vergleichenden Phytochemie der Polyphenole sind ebenfalls interessante Hinweise zu erwarten.

Vergleiche weiterhin die Diskussionen bei den *Hippocastanaceae* und *Sapindaceae*.

161. Menispermaceae

Meist Lianen, seltener kleine Bäume oder Sträucher oder gar perennierende Kräuter. Blätter einfach, ungeteilt bis gelappt, nur in Ausnahmefällen zusammengesetzt. Die recht unscheinbaren, eingeschlechtigen Blüten sind aktinomorph und in rispigen oder traubigen Blütenständen vereinigt. Blütenhülle kelchartig oder in Kelch und Krone differenziert, oft aus 2 bis 4 3zähligen Kreisen aufgebaut. ♂ Blüten mit einer wechselnden Zahl von Staubblättern (2 bis viele) und oft mit Staminodien. ♀ Blüten mit (1)-3-6-vielen nicht verwachsenen einblättrigen Fruchtknoten mit je 1–2 Samenanlagen mit 2 oder nur einem Integument. Sammelsteinfrüchte. Samen mit oder ohne Endosperm; Rumination des Endosperms kommt häufig vor.

Die Familie ist in den Tropen und Subtropen aller Weltteile verbreitet. Nur wenige Arten reichen bis in die gemässigte Zone (z. B. *Menispermum canadense* L. in Nordamerika und *Menispermum dauricum* DC. in Asien).

Systematische Gliederung

Die 400–450 Arten werden über 60–70 Gattungen verteilt. Die letztern werden in erster Linie anhand von Merkmalen der Früchte und Samen über 8 Tribus verteilt (z. B. im Syllabus):

Endosperm fehlt; Blüten mit Kelch und Krone:

Triclisieae (Lianen): 15 Gattungen, worunter *Chondodendron* (= *Chondrodendron*), *Epinetrum*, *Pleogyne*, *Tiliacora*, *Triclisia*.

Penianthеae (Sträucher): Nur *Penianthus* und *Sphenocentrum*.

Hyperbaeneae: Nur *Hyperbaena*.

Endosperm vorhanden:

Endosperm nicht ruminiert:

Menispermeae = *Cocculeae* (Blüten mit Kelch und Krone; meist Lianen): Etwa 20 Gattungen in 3 Subtriben, z. B. *Cocculus*, *Cyclea*,

	Cissampelos, Legnephora, Limacia, Menispermum, Pericampylus, Sinomenium, Stephania.
Fibraureae	(in den Merkmalen nicht einheitlich): Nur *Burasaia, Fibraurea, Tinomiscium.*

Endosperm ruminiert:

Anomospermeae	(Blüten mit Kelch und Krone; Lianen): *Abuta, Anomospermum, Elissarhena, Telitoxicum.*
Anarmirteae	(Blütenhülle kelchartig; Endokarp glatt; Lianen): *Anamirta, Arcangelisia* und *Coscinium.*
Tinosporeae	(Blütenhülle kelchartig; Endokarp strukturiert; Lianen oder krautige Schlingpflanzen): 20 Genera, worunter *Chasmanthera, Jatrorrhiza, Parabaena, Tinospora.*

Anatomische Merkmale

Ein- zwei- mehrzellige, unverzweigte Deckhaare kommen vielfach vor; oft besitzen sie eine kurze Basal- und eine lange Endzelle. Drüsenhaare sind selten. Viele Arten führen unter der Blattepidermis Schleimmassen; die letzteren sollen aus den Innenwänden der oberen Epidermis und aus den angrenzenden Wänden der Palisadenzellen entstehen. Solche subepidermalen Schleimbildungen wurden in den Genera *Adeliopsis, Anomospermum, Cissampelos, Cyclea, Limacia* und *Stephania* beobachtet. Das durch Boorsma (1896, l. c. B 3.01) beschriebene Gelieren kalt bereiteter wässriger Auszüge aus frischen Blättern von *Cyclea peltata* Hook. f., *Limacia macrophylla* Miq. und *Stephania hernandifolia* Walp. hängt zweifellos mit diesem Schleim zusammen. Die Blätter von *Cocculus villosus* DC. gelieren Wasser ebenfalls (Patap Singh 1956).

Vielfach kommen in der Familie gestreckte Exkretschläuche vor. Sie sind in Mark und Rinde der Achsen und in den Blattstielen und Mittelnerven der Blätter lokalisiert. Ihr Inhalt scheint recht verschieden zu sein; er wird teils als Milchsaft, teils als Schleim, Harz oder Gerbstoff oder aber als eine Kombination genannter Stoffgruppen beschrieben. Für *Tinomiscium* hat Maheu (1905) kautschukartigen Inhalt nachgewiesen. In diesem Zusammenhange interessiert es, dass Tromp de Haas (1910) mit macrochemischen Methoden für die Blätter von *Tinomiscium phytocrenoides* Kurz (= *T. javanicum* Miers) 4,9% Gutta und 3,5% Harz nachwies. Maheu (1906) unterscheidet in der Familie 3 Typen von Exkretzellen: a) *Lactifères à tanins;* b) *Lactifères proprement dits à caoutchouc;* c) *Cellules sécrétrices.* Typus b wurde nur im Genus *Tinomiscium* beobachtet; hier kommen die verzweigten Milchsaftschläuche (bis 150 μ lang; bis 40 μ dick) ebenfalls im Mesophyll der Blätter und in den Blütenorganen vor. Typus c wurde nur bei *Abuta rufescens* Aubl. gefunden; beidseits des Pericykels führt diese Art reichlich Ölzellen. Typus a ist weitverbreitet. Nach Maheu stellen die langen tanninführenden Schläuche vermutlich Zellfusionen, bei denen im ausgewachsenen Zustande jedoch keine Spuren der Querwände erhalten geblieben sind, dar. Beauquesne

(1937) untersuchte die Schläuche von *Tinospora crispa* Miers genau. Sie bestätigte die anatomischen Befunde von MAHEU, kam jedoch zu anderen histochemischen Ergebnissen; Gerbstoffe liessen sich nicht eindeutig nachweisen, wohl aber lipophile Bestandteile. Allem Anscheine nach standen den französischen Forschern nur ältere Stengel zur Verfügung; sie konnten deshalb die Exkretschläuche nur im ausgebildeten Zustande *(état adulte)* beobachten. Die Entwicklung der Exkretschläuche durch Fusion von Einzelzellen hat SANTOS (1928) bei *Tinospora rumphii* und *T. reticulata* beschrieben. Nach diesem Autor schmeckt der schleimige „Milchsaft" der genannten Arten bitter; er bezeichnete die Exkretschläuche von *Tinospora* als *bitter-principle sacs*. Die gleiche Entstehungsweise beobachtete SANTOS für die Exkretschläuche von *Arcangelisia flava* und *Anamirta cocculus*.

Calciumoxalatkristalle sind weitverbreitet; meistens kommen viele kleine Kristalle in einer Zelle vor; daneben fehlen aber auch grosse Drusen, grosse Einzelkristalle und selbst Raphiden in der Familie nicht. Verkieselungen in Blättern wurden für *Coscinium blumeanum* Miers und *Arcangelisia lemniscata* Becc. beschrieben. Mesophyllsklereiden sind nicht selten.

Literatur

BEAUQUESNE, L., *Recherches sur quelques Ménispermacées médicinales des genres Tinospora et Cocculus*, Thèse (Pharm.) Univ. Paris 1937.

MAHEU, J., *Sur l'existence de lactifères à caoutchouc dans un genre de Ménispermacées: Tinomiscium*, Compt. Rend. *141*, 958 (1905); *Les organes sécréteures des Ménispermacées*, Bull. Soc. Botan. France *53*, 651 (1906).

PATAP SINGH, *Pharmacognosy of the leaf, root and rhizome of Cocculus villosus DC.*, Indian J. Pharm. *18*, 110, 393 (1956).

SANTOS, J. K., *Stem and leaf structure of Tinospora rumphii Boerl. and T. reticulata Miers*, Philippine J. Sci. *35*, 187 (1928); *Anomalous stem structure in Arcangelisia flava (L.) Merr. and Anamirta cocculus (L.) Wight et Arn.*, ibid. *44*, 385 (1931).

TROMP DE HAAS, W. R., Jaarb. v. h. Dept. v. Landbouw in Nederlandsch-Indië *1910*, 44.

Chemische Merkmale

Alkaloide, isoprenoide Bitterstoffe und Cyclite charakterisieren die Familie in erster Linie. Ausser den *Amaryllidaceae* und *Papaveraceae* gibt es wohl kaum eine grössere Pflanzenfamilie, die gleich den *Menispermaceae* durch das konstante Auftreten bestimmter Alkaloidtypen phytochemisch so gut charakterisiert ist.

1. *Alkaloide*

1.1. ISOCHINOLINALKALOIDE: Vermutlich enthalten alle Menispermaceen Isochinolinbasen. In erster Linie sind Bisbenzylisochinoline und quartäre Basen vom Typus des Berberins charakteristisch. Die folgende Übersicht über die aus der Familie bekannt gewordenen Alkaloid-Typen folgt weitgehend TOMITA

(1952) und BOIT (l. c. B 3.11). Für weitere Angaben über die Chemie der Menispermaceen-Alkaloide wird nach GRUNDON (1964) und nach den Werken von HENRY (l. c. B 3.11) und von MANSKE und HOLMES (l. c. B 3.11) verwiesen.

Aus der Familie sind die folgenden Typen von Isochinolinbasen bekannt geworden:

A. BENZYLTETRAHYDROISOCHINOLINE

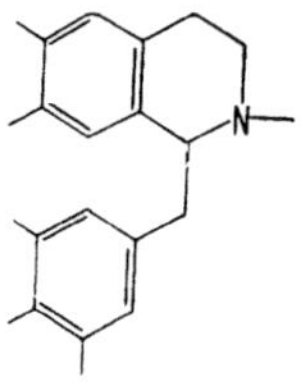

Von den Menispermaceen bekannt:
Coclaurin
Isococlaurin
N-Methylcoclaurin } Mischung = Coclanolin (KUNITOMO 1961)
Laudanin }

B. PROTOAPORPHINBASEN

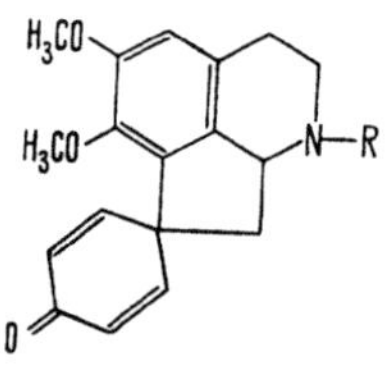

R = H : Stepharin
R = CH_3 : Pronuciferin (vgl. S. 213).
Bisher nur Stepharin und N-Methylhydroxystepharin aus der Familie bekannt (CAVE et al. 1964; SHCHELCHOVA et al., C. A. *64*, 6709 [1966]).

C. APORPHINBASEN

a) *Tertiär:*

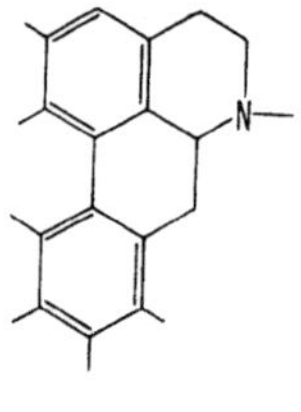

Von den Menispermaceen bekannt:
Crebanin
Dicentrin
Phanostenin
Stephanin (Formel S. 85)
Tuduranin

b) *Quartär:*

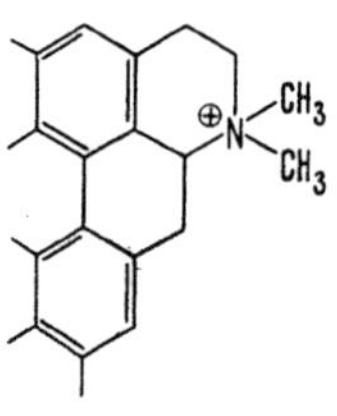

Von den Menispermaceen bekannt:
Cocsarmin
Laurifolin
Magnoflorin (Formel S. 15)
Menisperin (= N-Methylcorydiniumbase; als Jodid isoliert).

D. HASUBANAN-TYPUS

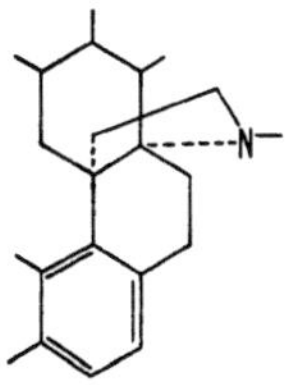

Menispermaceenbasen:
Hasubanonin, Homostephanolin, Metaphanin, Prometaphanin } Formeln S. 85

E. MORPHINAN-TYPUS

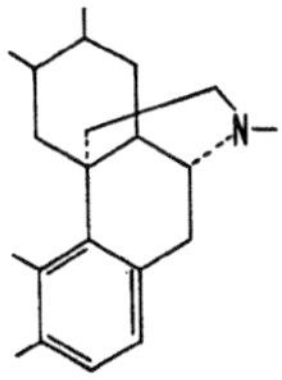

Menispermaceenbasen:
Sinomenin, Isosinomenin } Formeln S. 83
Disinomenin

F. TETRAHYDROBERBERINBASEN

a) *Tertiär:*

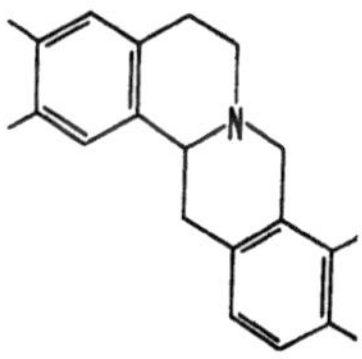

Von den Menispermaceen bekannt:
Sinactin
Tetrahydropalmatin (= Gindarin = Rotundin)

b) *Quartär:*

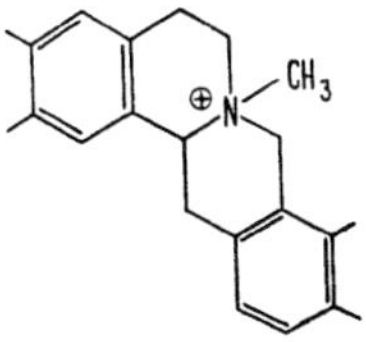

Von den Menispermaceen bekannt:
Cyclanolin
Steponin

G. BERBERINALKALOIDE

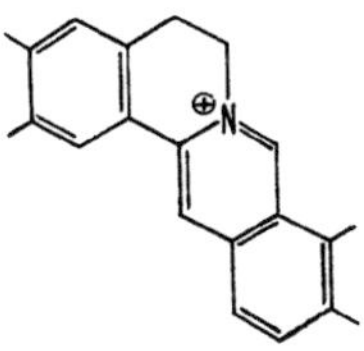

Von den Menispermaceenbekannt:
Berberin
Columbamin
Jatrorrhizin
Palmatin

H. BISBENZYLISOCHINOLINBASEN

a) *Eine Aetherbrücke:* Dauricin-Typus

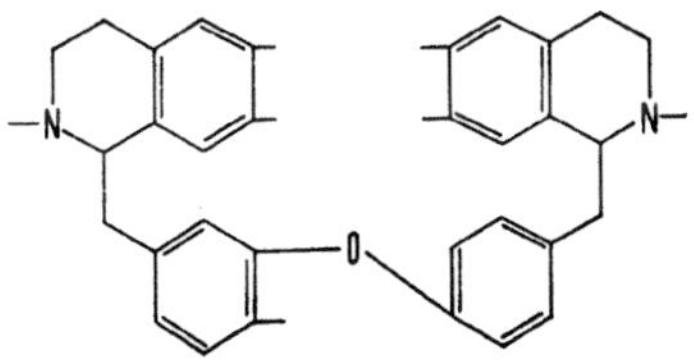

Von den Menispermaceen bekannt:
Dauricin
Daurolin
Cuspidalin

b) *Zwei Aetherbrücken:*

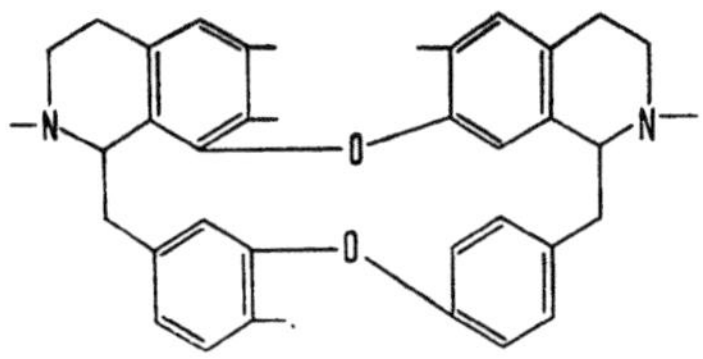

Berbamin-Typus
Menispermaceenalkaloide:
Berbamin
Fangchinolin
Limacin
Menisidin
Menisin
Isotetrandrin
Obamegin(= Stepholin)
Phaeanthin (= [–]-Tetrandrin)
Pycnamin
Tetrandrin

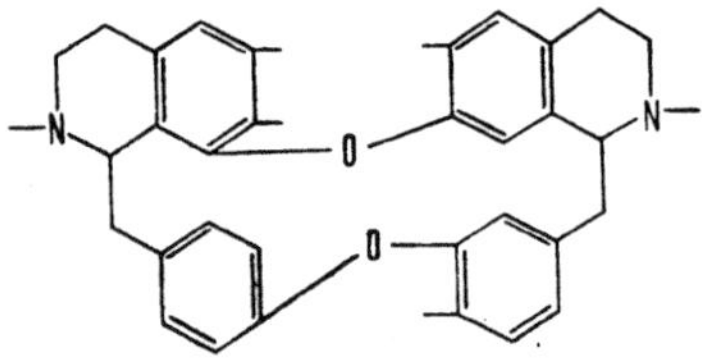

Oxyacanthin-Typus
Menispermaceenalkaloide:
Cepharanthin
Daphnolin (= Trilobamin)
Epistephanin
Hypoepistephanin
Limacusin
Stebisimin
} Formeln S. 85

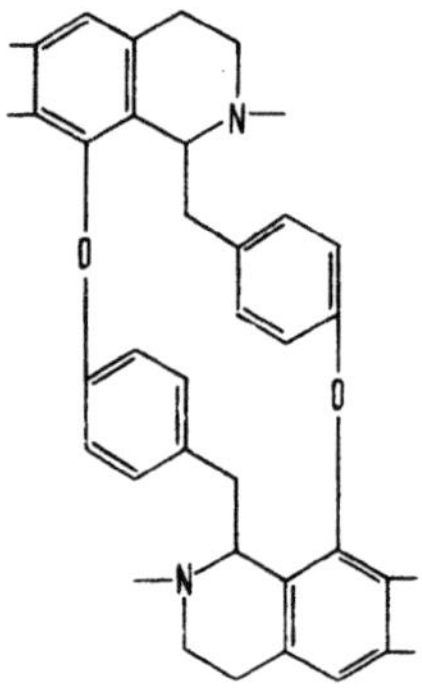

Isochondrodendrin-Typus
Menispermaceenalkaloide:
Cycleanin
Isochondrodendrin
Norcycleanin

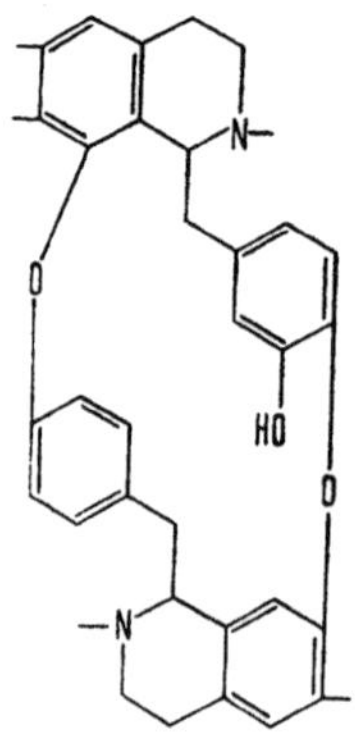

Curin (= Bebeerin)-Typus
Menispermaceenalkaloide:
Chondrocurin
Chondrofolin
Curin (= Bebeerin = Chondrodendrin)
Tubocurarin

c) *Drei Aetherbrücken*

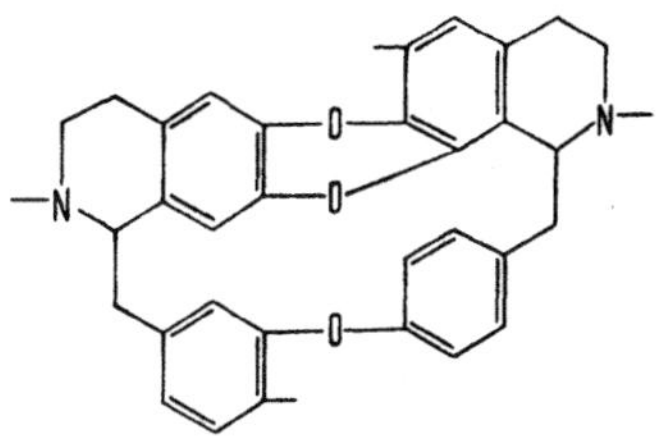

Trilobin-Typus
Menispermaceenalkaloide:
Isotrilobin, Trilobin — Struktur: INUBUSHI-NOMURA 1962, TOMITA-FURUKAWA 1964

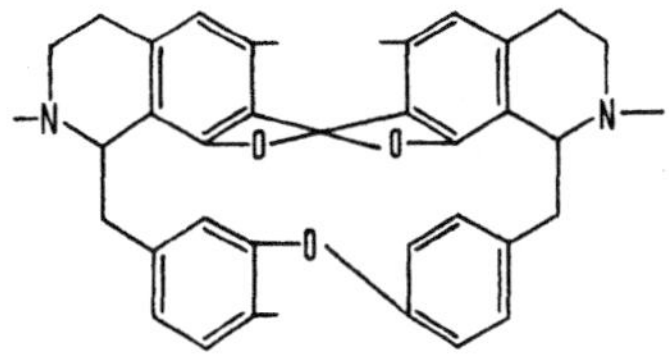

Micranthin-Typus
Menispermaceenalkaloide:
Menisarin
Micranthin
Normenisarin

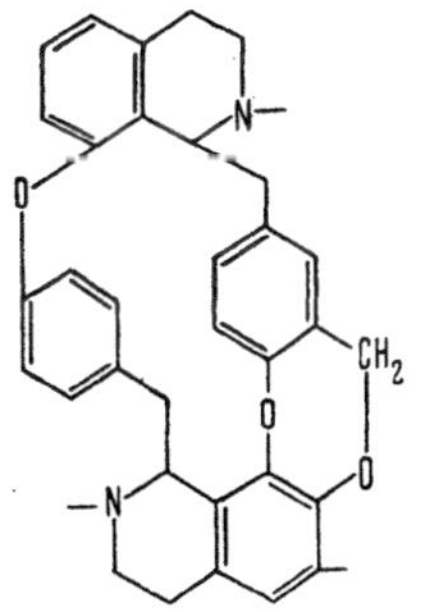

Insularin-Typus
Menispermaceenalkaloide:
Insulanolin
Insularin

d) *Zwei Aetherbrücken und eine Diphenylbrücke*

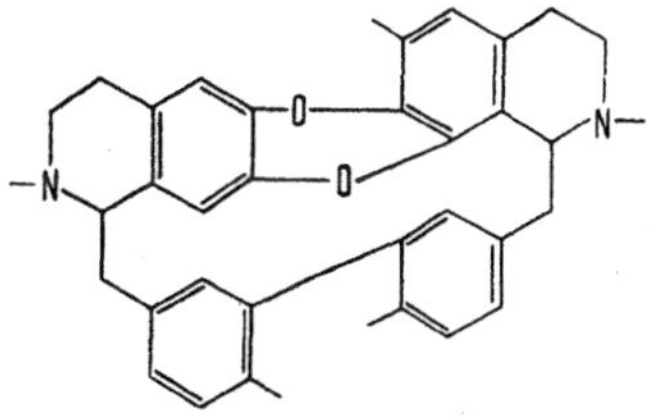

Tiliacorin-Typus
Menispermaceenalkaloide:
Tiliacorin
Tiliarin

Strukturvorschlag von ANJANEYULU et al. 1962

1.2. ANDERE ALKALOID-TYPEN : Das Dihydroerysodin (*Erythrina*-Typus) und das Protostephanin sind die einzigen sicher nachgewiesenen Menispermaceenalkaloide, die keine Isochinolinbasen sind (vgl. jedoch auch unter *Cocculus laurifolius* S. 82). Biogenetisch sind sich die beiden Alkaloide vermutlich verwandt; zudem werden sie mutmasslich aus den gleichen Bausteinen (Phenyläthylamin + Phenylacetaldehyd) aufgebaut wie die Benzylisochinoline.

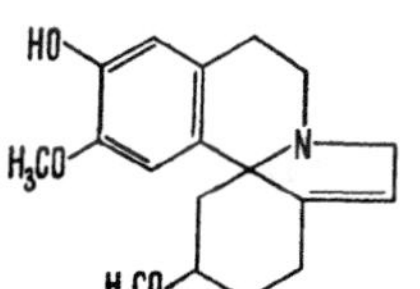

Dihydroerysodin

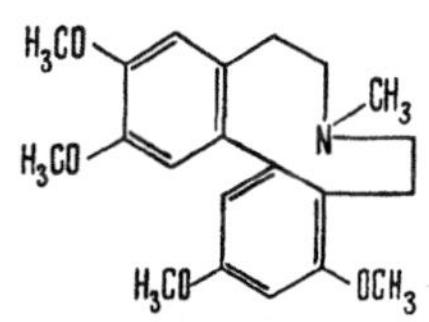

Protostephanin

1.3. DIE VERBREITUNG DER ALKALOIDE IN DER FAMILIE: Im folgenden werden die Alkaloidvorkommnisse nach Triben geordnet aufgezählt. Viele Angaben stammen aus TOMITA (1952). Für weitere Literaturangaben wird im Besondern nach BOIT (1961) und MANSKE-HOLMES (Vol. 4, S. 86, 199 und Vol. 7, S. 423 und 439) (beide l. c. B. 3.11) verwiesen.

Triclisieae

Alkaloide sind aus vielen Vertretern der Tribus bekannt.

Albertisia papuana Becc.: Ist alkaloidhaltig (TOMITA 1952).

Anisocyclus (= Anisocycla) grandidieri Baill.: 0,45% Alkaloide aus Wurzeln (BOISSIER et al. 1965).

Carronia multisepala F. Muell.: Gibt Alkaloidreaktionen (WEBB 1952, l. c. B 4.1).

Chondodendron: Die Chemie der Alkaloide dieser Gattung, deren Arten in Südamerika zur Bereitung von Curare (vor allem Tubencurare) gebraucht werden, wurde durch WINTERSTEINER (1959) besprochen; im gleichen Werke behandelt MELLO FILHO (1959) die Systematik der Gattung. Der Name des Genus wird in der Literatur *Chondrodendron* (ethymologisch richtig) und *Chondodendron* (nach den Nomenklaturregeln richtig) geschrieben. Soweit nicht speziell erwähnt, stammen die Alkaloide aus den Stengeln (Holz).

Ch. candicans (L. C. Rich.) Sandw.: (+)-Bebeerin, (+)-Isochondrodendrin.

Ch. limaciifolium (Diels) Moldenke: Enthält etwa 5% Alkaloide (tertiäre und quartäre Basen); (+)-Isochondrodendrin (BARLTROP-JEFFREYS 1954; JEFFREYS 1956).

Ch. microphyllum (Eichl.) Moldenke: (+)-Bebeerin, (+)-Isochondrodendrin.

Ch. platyphyllum (St. Hil.) Miers: Isococlaurin, (−)-Bebeerin, Chondrofolin, (+)-Isochondrodendrin.

Ch. tomentosum R. et P.: Wichtigste Art; liefert das medizinisch verwendete (+)-Tubocurarinchlorid. Tertiäre Basen: (−)-Bebeerin, Isochondrodendrin, Cycleanin (= O, O-Dimethylisochondrodendrin), Chondrocurin, Tomentocurin (Blatt), Norcycleanin, Base A, N-Benzylphthalimid (BICK-CLEZY 1960); Quartäre Basen: Je nach Herkunft (+)- oder (−)-Tubocurarinchlorid (KING 1946).

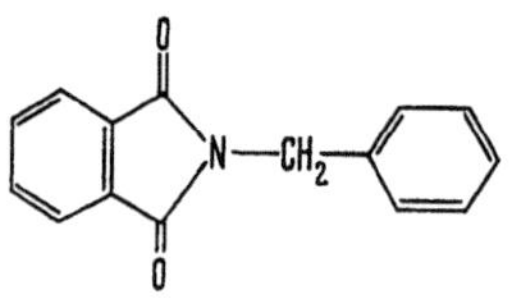

N-Benzylphthalimid: Untersucht wurden Rückstände der industriellen Bereitung von d-Tubocurarinchlorid; es wird aber darauf gewiesen, dass diese Verbindung aus der Pflanze stammen musste, da sie nicht während des Fabrikationsprozesses in die Rückstände gelangen konnte.

Epinetrum villosum (Exell) Troupin (= *Synclisia villosa* Exell): Mehrere Alkaloide in Wurzel und Blatt (DENOËL 1958).

Pleogyne cunninghamii Miers (= *P. australis* Benth.): Aus Wurzeln (−)-Bebeerin (= Curin) und (+)-Isochondrodendrin (ANET et al. 1950).

Pycnarrhena lucida Miers: Alkaloide in der Rinde (GRESHOFF 1898, l. c. B 3.01).

P. manillensis Vidal: Aus Wurzeln und Stengeln 0,4% Isotetrandrin, 0,05% Phaeanthin, 0,4% Berbamin und 0,4% Pycnamin (= O-Desmethylphaeanthin) (von BRUCHHAUSEN et al. 1960: Pycnarrhenin, Pycnarrhenamin, Pycnarrhin, Ambalin und Ambalinin früherer Autoren waren Mischungen, oder identisch mit einem der obgenannten Alkaloide).

P. planifolia Miers: Alkaloide in Rinde und Blatt (GRESHOFF 1898, l. c. B 3.01).

Tiliacora funifera Oliver: Das neue Alkaloid Funiferin, $C_{31}H_{24}O_2(OH)(OCH_3)_3$ $(NCH_3)_2$ wurde aus Wurzelrinde isoliert; es ist dem Tiliacorin ähnlich (A. N. TACKIE und A. THOMAS, C. A. *65*, 3922 [1966]).

T. racemosa Colebr. (= *T. acuminata* Miers): Tiliacorin und Tiliarin, 2 Bisbenzylisochinolinalkaloide, aus der Wurzel (Besprechung bei GRUNDON 1964; neuer Strukturvorschlag: ANJANEYULU et al. 1962).

Triclisia gilletii Staner: Ist alkaloidhaltig (Triclisin, Triclisein: E. CASTAGNE, Chem. Centr. *1934 II*, 76; *1935 I*, 2828). Efirin, $C_{44}H_{38}O_7N_2$, und eine amorphe gelbe Base aus Stengeln isoliert (DELAVEAUX 1936).

T. patens Oliver: 2,8% Alkaloide in Blättern und 3,8% in Wurzeln; 1,68% Phaeanthin aus Ganzpflanze (BOISSIER et al. 1963).

Peniantheae

Die zwei Genera wurden anscheinend noch nicht auf Alkaloide untersucht.

Hyperbaeneae

Nichts über Alkaloidvorkommnisse bekannt.

Menispermeae (= *Cocculeae*)

Cissampelos ochiaiana Yamamoto: Insularin (TOMITA 1952).

C. owariensis P. Beauv. ex DC. ist gleich *C. tenuipes* Engl. alkaloidhaltig (DENOEL 1958).

C. pareira L.: Die Wurzeln dieser pantropisch verbreiteten Art lieferten einen Teil der Droge «Radix Pareirae Bravae» (KUPCHAN et al. 1960). Je nach Herkunft scheinen verschiedene Alkaloide auftreten zu können; beschrieben wurden: Hayatin, Hayatinin, (−)-Bebeerin (= [−]-Curin), (+)-Isochondrodendrin, (+, +)-4″-O-Methylcurin und die quartären Basen Menismin, Cissamin und Pareirin (S. BHATTACHARJI et al. 1956; MUKERJI-BHANDARI 1959; KUPCHAN et al. 1960; SRIVASTAVA-PRASAD KHARE 1964; BOISSIER et al. 1965; HAYNES et al. 1966).

Cocculus hirsutus (L.) Diels (= *C. villosus* DC.): Aus Wurzeln D-Trilobin und DL-Coclaurin (JAGANNADHA RAO u. RAMACHANDRA ROW 1961). Aus ganzen Pflanzen 2 Alkaloide (NAIK-HIRWE 1962).

C. laurifolius DC.: Im Stamm die tertiären Basen Coclaurin, Coclanolin (= Mischung von Laudanin und d-N-Methylcoclaurin [KUNITOMO 1961]), Trilobin, Coclamin und Coclifolin und die quartären Basen Laurifolin und Magnoflorin (KUSUDA 1953; TOMITA-KUSUDA 1953; TOMITA-YAMAGUCHI 1956; NAKANO-UCHIYAMA 1956)). Ausserdem isolierten TOMITA und YAMAGUCHI aus den Stämmen noch Spuren (1–2 g pro 100 kg Pflanzenmaterial) Dihydroerysodin. In Russland wurden aus Blättern, die angeblich von dieser Art stammten, 0,9% Alkaloide gewonnen und hieraus Cocculin und Cocculidin, die beide das Skelett der Amaryllidaceenalkaloide besitzen, isoliert (S. YUNUSOV, C. A. *44*, 6582 [1950]; *46*, 3541 [1952]; *48*, 3374 [1954]). Da japanische Pflanzen der Art in Blättern nur Spuren Alkaloide enthalten, und ausserdem Basen mit dem Skelett der Amaryllidaceenalkaloide sonst nirgends in der Familie gefunden wurden, glauben TOMITA und KUSUDA (1953) annehmen zu dürfen, dass das Material von YUNUSOV nicht richtig bestimmt war.

C. leaeba DC.: Aus der Wurzel isolierte BEAUQUESNE (1938) 0,6% Palmatin und Oxyacanthin (= das frühere Sanginolin). Nach DALZIEL (l. c. B 5.3) stammt allerdings die Droge «Sangol» des Senegal von *C. pendulus* Diels. Aus Blättern gewann A. SINHA (C. A. *55*, 18886 [1961]) Coclaurin, Menisarin und Sinactin.

C. sarmentosus Diels: Trilobin, Isotrilobin, Tetrandrin, Menisarin und Cocsarmin aus Wurzelstöcken von Pflanzen von Formosa (TOMITA-FURUKAWA 1963).

C. trilobus DC.: Trilobin, Isotrilobin, Trilobamin (= Daphnolin) und reichlich Magnoflorin (NAKANO 1956) aus Rhizomen und Stengeln.

In *Cocculus ovalifolius* DC. und *C. umbellatus* Steud. wurden ebenfalls Alkaloide nachgewiesen (TOMITA 1952).

Cyclea burmanni Miers: Tetrandrin, Burmannin und Burmannalin aus Wurzeln (CHAUDHRY-DHAR 1958; SARADAMMA 1964; id., C. A. *49*, 11794 [1955]).

C. insularis (Makino) Diels (= *Cissampelos insularis* Makino = *Paracyclea insularis* [Makino] Kudo et Yamamoto): Insularin, Cycleanin, Isochondrodendrin, Magnoflorin, Cyclanolin (TOMITA-KIKUCHI 1957); Insulanolin und Norcycleanin (KIKUCHI-BESSHO 1958).

C. madagascariensis Baill.: Curin, Chondrocurin und Isochondrodendrin (BOISSIER et al. 1965).

C. peltata Diels: Cyclein (TOMITA 1952); (+)-Tetrandrin, (+)-Isochondrodendrin, Fangchinolin und (±)-Tetrandrin aus Wurzeln von Pflanzen aus der Gegend von Madras (KUPCHAN et al. 1961).

Diploclisia kunstleri (King) Diels: Enthält Alkaloide (TOMITA 1952).

Hypserpa cuspidata Miers: Enthält Alkaloide (ARTHUR 1954, l. c. B 4.1); ebenso *H. decumbens* Diels (= *Adeliopsis decumbens* Benth.) und *H. laurina* Diels (= *Limacia selwynii* F. Muell.) (WEBB 1949, 1952, l. c. B 4.1).

H. nitida Miers: 11,1 g quartäre Basen aus 3 kg getrockneten Blättern (Arthur et al. 1966).

Legnephora moorei Miers (= *Cocculus moorei* F. Muell. = *Pericampylus incanus* Miers): 0,1% Isocorydinmethjodid aus Wurzelrinde (Hughes et al. 1953).

Limacia cuspidata (Miers) Hook. f. et Thoms., *L. oblonga* Miers und *L. velutina* Miers sind alkaloidhaltig (Tomita 1952). Aus *L. cuspidata* isolierten Tomita und Furukawa (1966) Limacin, $C_{37}H_{40}O_6N_2$, Limacusin, $C_{37}H_{40}O_6N_2$, und Cuspidalin.

Menispermum canadense L.: Enthält Dauricin (Clement 1952; Manske et al. 1965).

M. dauricum DC.: Dauricin und Tetrandrin (Tomita 1952). Japanische Pflanzen enthalten hauptsächlich Dauricin; daneben Daurinolin und als hauptsächlichstes quartäres Alkaloid Menisperin (Kikkawa 1958; Tomita-Okamoto 1964, 1965). In Russland wurden aus Ganzpflanzen 0,3% Alkaloide erhalten; Hauptalkaloid war Sinomenin; ausserdem wurde Acutumin isoliert (T. N. Il'inskaya, C. A. *51*, 1543 [1957]; *55*, 18893 [1961]).

Pachygone ovata Miers: Wenig Alkaloide in der Rinde, viel in den Blättern (Greshoff 1898, l. c. B 3.01).

Pericampylus glaucus Merr.: Ist alkaloidhaltig (Tomita 1952).

Sarcopetalum harveyanum F. Muell.: Enthält Alkaloide (Webb 1949, 1952, l. c. B 4.1).

Sinomenium acutum Wils. et Rehd. (= *S. diversifolium* Diels): Aus Wurzeln Sinomenin, Disinomenin, Diversin, Tuduranin, Sinacutin (= Sinactin) und Acutumin (Tomita 1952); „Isosinomenin" und eine gelbe Base (Sasaki et al. 1958, 1960, 1963); reichlich Magnoflorin (Tomita-Kugo 1956); Sinoacutin (J. H. Chu et al., C. A. *61*, 12047 [1964]).

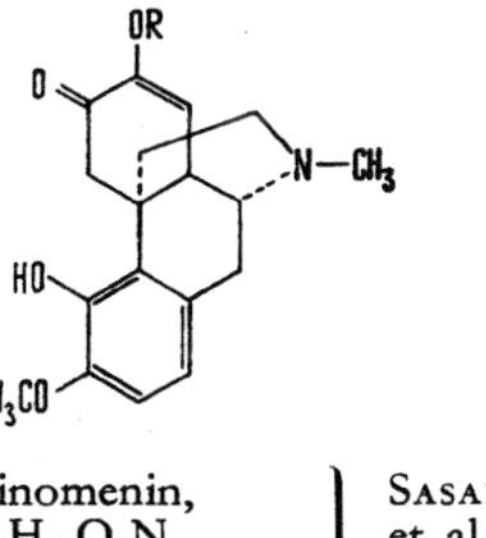

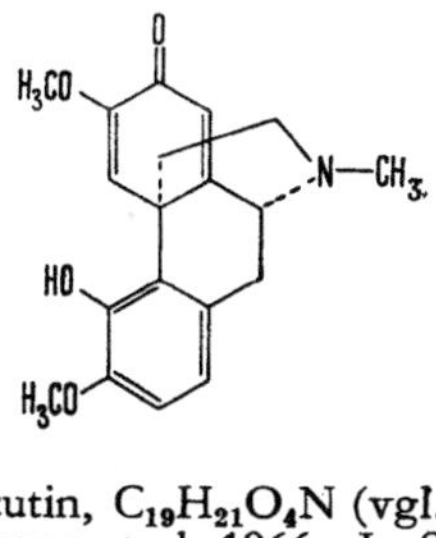

R = CH_3 : Sinomenin, $C_{19}H_{23}O_4N$
R = C_2H_5 : "Isosinomenin", $C_{20}H_{25}O_4N$
} Sasaki et al. 1963; Tomita et al 1965

Sinoacutin, $C_{19}H_{21}O_4N$ (vgl. Chambers et al. 1966; J.-Sh. Hsu et al., C. A, *62*. 9183 [1965])

Spirospermum penduliflorum Thou.: Aus Wurzeln 0,38% Alkaloide (Boissier et al. 1965).

Stephania abyssinica Walp.: Neostephanin, $C_{22}H_{25}O_6N$, aus Ganzpflanze (De Waal-Weideman 1962).

S. capitata Sprengel: Crebanin, Cycleanin, Dicentrin, Stephanin (TOMITA 1952).

S. cepharantha Hayata: Isotetrandrin, Berbamin Cepharanthin, Cycleanin (TOMITA 1952). TOMITA und SASAKI (1953, 1954) klärten die Struktur des Cepharanthins auf; dieses Alkaloid wurde in Japan gegen Tuberkulose verwendet (MERCKS Jahresber. *64*, 74 [1950]).

S. dinklagei Diels: Wurzel und Stengel enthalten Bisbenzylisochinolinbasen; aus Wurzeln Dinklagein, $C_{36}H_{38}O_6N_2$, isoliert (PARIS-LE MEN 1955).

S. glabra Miers: Aus frischen Knollen vor allem Gindarin (= Tetrahydropalmatin) und aus getrockneten in erster Linie Gindarinin (= Palmatin) (CHAUDHRY et al. 1952). (−)-Tetrahydropalmatin und Stepharin aus indischen Knollen und (−)-Tetrahydropalmatin und Cycleanin aus Knollen von im Kaukasus kultivierten Pflanzen; ausserdem Cycleanin und N-Methylhydroxystepharin, $C_{19}H_{21}O_4N$, aus dem Kraut (I. I. SHCHELCHOVA et al., C. A. *64*, 6709 [1966]). Durch die gleiche Arbeitsgruppe (K'UOCHIN FANG et al., C. A. *64*, 14236 [1966]) wurden aus Knollen neben viel (+)-Tetrahydropalmatin noch 3 neue Basen (A, C, D) isoliert. CAVA et al. (1964) erkannten das Stepharin als Pronuciferin-Derivat (Formel S. 76). Stepharin dürfte dem Gindaricin, $C_{18}H_{19}O_3N$, von CHAUDHRY und SIDDIQUI (1950) entsprechen.

S. hernandifolia (Willd.) Walp.: Aus Material aus Indien gewonnen: Isotrilobin und eine neue Bisbenzylisochinolinbase (TOMITA-UEDA 1959); (±)-Tetrandrin, Fangchinolin, (+)-Tetrandrin, (+)-Isochondrodendrin (KUPCHAN et al. 1961; die Autoren weisen auf die grosse Ähnlichkeit mit *Cyclea peltata* Diels). TOMITA und KUGO (1956) fanden in einem mutmasslich von dieser Art stammenden chinesischen Drogenmuster («Fang-Chi») nur Magnoflorin.

S. japonica (Thunb.) Miers (= *Cocculus japonicus* [Thunb.] DC.): Diese Art wurde weitaus am intensivsten bearbeitet. Folgende Alkaloide sind bekannt: Epistephanin, Hasubanin, Hasubanonin, Homostephanolin, Hypoepistephanin, Metaphanin, Protostephanin, Stephanin (TOMITA 1952; TOMITA et al. 1956: Hier wird noch Insularin als Alkaloid dieser Art aufgeführt). Später wurden noch die Basen Cyclanolin und Steponin, Stepholin (= Obamegin) und Stebisimin beschrieben. Diese Alkaloide gehören recht verschiedenen Strukturtypen an:

Bisbenzylisochinolinalkaloide:
- Epistephanin
- Hypoepistephanin
- Stebisimin (BARTON et al. 1966)
- Stepholin (= Obamegin) (TOMITA-IBUKA 1963, 1965).

Aporphinbasen:
- Stephanin (Strukturbestätigung: SHIRAI-ODA 1956; TOMITA-HIRAI 1957).

Quartäre Tetrahydroberberinbasen:
- Cyclanolin (aus Pflanzen von Formosa; TOMITA et al. 1964).
- Steponin (aus japanischen Pflanzen; TOMITA et al. 1957).

Hasubanan-derivate:
- Hasubanonin (TOMITA et al. 1964, 1965).
- Homostephanolin (TOMITA-WATANABE 1956; WATANABE et al. 1965).

Metaphanin (Tomita et al. 1964, 1965).
Prometaphanin (Tomita et al. 1964).

Protostephanin-Typus:

Protostephanin (Strukturbestätigung Brossi-Pecherer 1966).

Die Alkaloide von *Stephania japonica* weisen in verschiedener Hinsicht auffallende Züge auf:

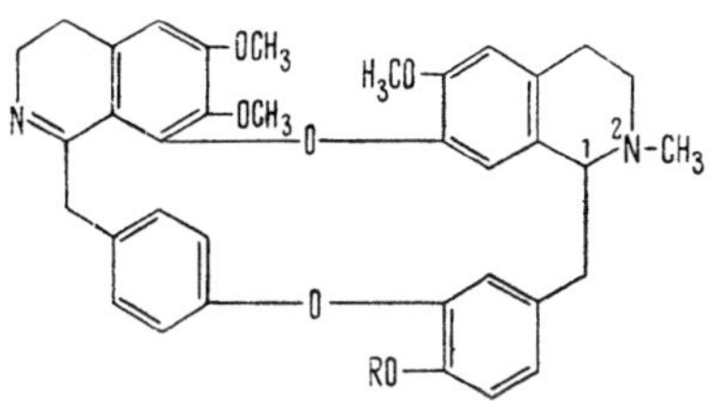

Epistephanin : R = CH_3
Hypoepistephanin : R = H
Stebisimin : N-Nor-1,2-dehydroepistephanin

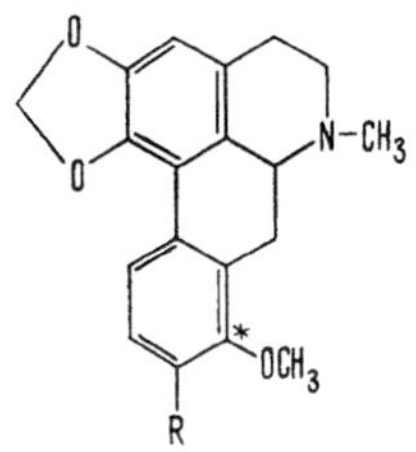

R = H : Stephanin
R = OCH_3 : Crebanin (die Position der OCH_3-Gruppe(*) fällt auf [gleiche Stellung wie bei der Aristolochiasäure; Bd. 3, S. 192, 199]; eine plausible biogenetische Erklärung dieses Substitutionsmusters haben Barton und Cohen [1957] gegeben).

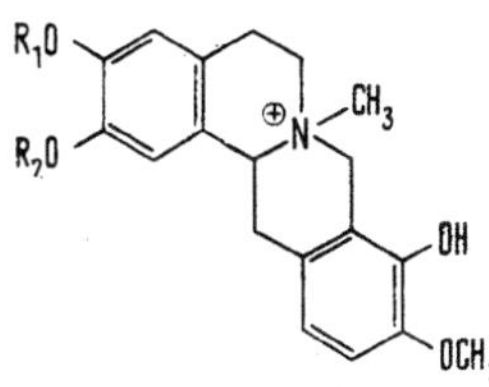

	R_1	R_2
Cyclanolin	CH_3	H
Steponin	H	CH_3

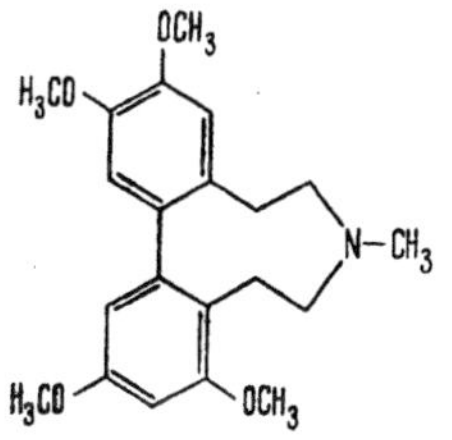

Protostephanin

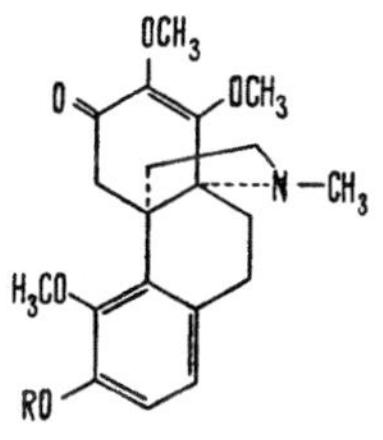

R = CH_3 : Hasubanonin, $C_{21}H_{27}O_6N$
R = H : Homostephanolin, $C_{20}H_{25}O_6N$

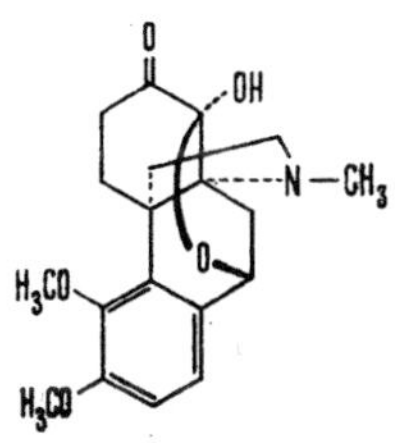

Metaphanin, $C_{19}H_{23}O_5N$
Prometaphanin (= Methyläther der enolischen Form)

S. rotunda Lour. (wird oft als synonym mit *S. glabra* Miers betrachtet): Das aus den Wurzelknollen seit langem bekannte Alkaloid Rotundin wurde durch Kawanishi und Sugasawa (1965) mit (—)-Tetrahydropalmatin identifiziert.

S. sasakii Hayata: Berbamin, Cepharanthin, Crebanin, Phanostenin (Tomita 1952); Phanostenin ist ein Aporphinalkaloid (Tomita et al. 1957).

Ebenfalls alkaloidhaltig befunden wurden *S. aculeata* F. M. Bailey (Webb 1952, l. c. B 4.1), *S. abyssinica* (Dill. et A. Rich.) Walp. (Denoel 1958; Blatt), *S. laetifacta* Miers (Denoel 1958; Blatt, Wurzel) und *S. venosa* Diels (Tomita 1952).

Fibraureae

In dieser Tribus scheinen Berberinalkaloide verbreitet zu sein.

Burasaia madagascariensis DC.: Palmatin, Columbamin und Jatrorrhizin im Holz; die Basen liegen in der Pflanze zum Teil als Nitrate vor (Resplandy 1957, 1958). Im Holz neben Palmatinnitrat auch ein Monodemethylpalmatinchlorid und Dihydropalmatinnitrat (= Burasainnitrat) (A. Resplandy, C. A. *58*, 14018 [1963]).

Fibraurea chloroleuca Miers (= *F. tinctoria* Lour.): Palmatin, Jatrorrhizin (Tomita 1952); Berberin in Stammrinde (Greshoff 1898, l. c. B 3.01). Palmatin, Fibranin und Fibraminin (Jen-Hung Chu et al., C. A. *60*, 6887 [1964]).

Tinomiscium phytocrenoides Kurz: Alkaloide in der Rinde (Greshoff 1898, l. c. B 3.01).

Anomospermeae

Alkaloide scheinen verbreitet zu sein.

Nach Henry (l. c. B 3.11) werden *Abuta imene* Eichl., *A. rufescens* (?), *Telitoxicum minutiflorum* (Diels) Moldenke und *T. peruvianum* Moldenke zur Curareherstellung verwendet. *Elissarhena grandifolia* Diels (= *Anomospermum grandifolium* Eichl.) wird vermutlich ebenfalls zu Curare verarbeitet; aus der Pflanze wurde ein Alkaloid, $C_{22}H_{28}O_4N_2$, isoliert (Henry, l. c. B 3.11).

Anamirteae

Alkaloidhaltige Arten sind aus allen Gattungen bekannt.

Arcangelisia flava Merr.: Berberin, Columbamin, Jatrorrhizin, Palmatin (Tomita 1952).

A. lemniscata Becc.: Berberin (Tomita 1952).

Anamirta cocculus Wight et Arn. (= *A. paniculata* Colebr.): Menispermin, Paramenispermin (Tomita 1952).

Coscinium blumeanum Miers: Berberin, Jatrorrhizin, Palmatin (Tomita 1952).

C. fenestratum Colebr.: Berberinartige Basen, worunter sehr wahrscheinlich auch Berberin (Tummin Katti-Shintre 1930; Govindachari et al. 1958).

Tinosporeae

Alkaloidchemisch relativ wenig beabeitet.

Fawcettia tinosporoides F. Muell.: Ist alkaloidhaltig (Webb 1952, l. c. B 4.1).

Jatrorrhiza (= *Jateorrhiza*) *palmata* (Lamk.) Miers (= *J. colomba* Miers): Palmatin, Jatrorrhizin, Columbamin; kein Berberin (Cava et al. 1965).

Kolbopetalum chevalieri (Hutch. et Dalziel) Troupin: Die Wurzel ist alkaloidhaltig (Denoel 1958).

Parabaena hirsuta (Becc.) Diels: Palmatin (Tomita 1952).

Tinospora bakis Miers: Palmatin aus der Wurzel (Beauquesne 1938).

T. cordifolia Miers: Ist alkaloidhaltig (Greshoff 1898, l. c. B 3. 01; M. Qudrat-i-Khuda et al., C. A. *61*, 12331 [1964]).

T. crispa Miers: Wenig Palmatin aus Stengeln (Beauquesne 1938). 2 Alkaloide aus Blättern (A. Sinha, C. A. *55*, 697 [1961]).

T. rumphii Boerl.: Berberin (Tomita 1952).

T. smilacina Benth.: Ist alkaloidhaltig (Webb 1949, l. c. B 4. 1).

Zusammenfassend lässt sich sagen, dass bei den Menispermaceen vollständig alkaloidfreie Arten kaum gefunden wurden. Wohl sind bestimmte Organe (Früchte, Blätter) öfters alkaloidarm oder alkaloidfrei. Wurzeln und ältere Stengel scheinen andererseits meist reichlich Alkaloide zu enthalten.

Die berberinartigen Basen wurden überwiegend aus Vertretern der *Anamirteae*, *Fibraureae* und *Tinosporeae* isoliert. Bisbenzylisochinolinalkaloide scheinen in erster Linie für die *Triclisieae* und *Menispermeae* (= *Cocculeae*) charakteristisch zu sein.

2. *Die Bitterstoffe*

Die meisten Menispermaceen sind stark bitter; auch alkaloidarme oder alkaloidfreie Organe können extrem bitter schmecken. Man kennt seit langem N-freie Bitterstoffe aus der Familie. Ihre Strukturen konnten jedoch erst in jüngster Zeit geklärt werden. Die zwei wohldefinierten leicht kristallisierenden Bitterstoffe Pikrotoxin und Columbin (Literaturzusammenfassungen Dean 1963 [l. c. Bd. 3, S. 40] und Korte et al. 1959) haben sich als sauerstoffreiche Sesquiterpene respektive Diterpene erwiesen.

Pikrotoxin stellt ein Mischkristallisat aus dem Pikrotoxinin (heftiges Krampfgift) und dem viel weniger toxischen Pikrotin dar. Chemisch steht das Pikrotoxin dem Tutin (Bd. 3, S. 563–564) und dem Hyaenanchin (Bd. 4, S. 135) sehr nahe.

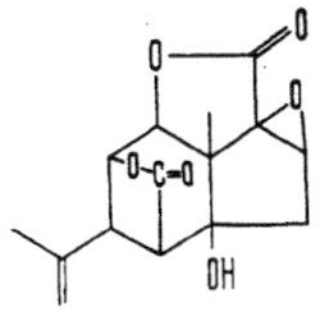

Pikrotoxinin, $C_{15}G_{16}O_6$

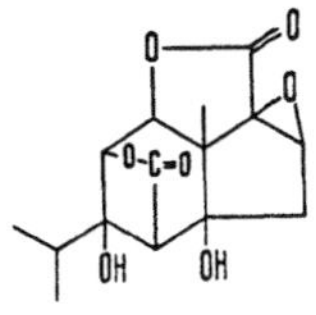

Pikrotin, $C_{15}H_{18}O_7$

Columbin ist der hauptsächlichste Bitterstoff der Columbowurzel («Radix Calumbae»). Es wird von den nur amorph erhaltenen Bitterstoffen Chasmanthin (= Chasmantherin) und Jateorin begleitet. Alle diese Bitterstoffe isomerisieren bei Alkalieinwirkung sehr leicht:

Columbin, $C_{20}H_{22}O_6$ $\xrightarrow{OH^-}$ Isocolumbin, $C_{20}H_{22}O_6$

Chasmanthin, $C_{20}H_{22}O_7$ $\xrightarrow{OH^-}$ Palmarin, $C_{20}H_{22}O_7$

Jateorin, $C_{20}H_{22}O_7$ $\xrightarrow{OH^-}$ Isojateorin, $C_{20}H_{22}O_7$

Die Strukturen dieser Körper wurden durch BARTON und ELAD (1956), OVERTON et al. (1961) und BARTON et al. (1962) geklärt.

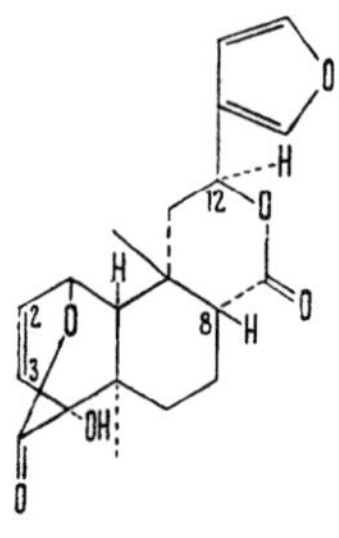

Columbin (nach OVERTON et al. 1966; Isocolumbin ist das C_8-Epimere von Columbin)

Die Bitterstoffe der Bruttoformel $C_{20}H_{22}O_7$ sind Columbin-2,3-epoxide: Jateorin = 2,3-Oxydocolumbin. Isojateorin = C_8-epimer mit Jateorin. Chasmanthin = C_{12}-epimer mit Jateorin. Palmarin = C_8-epimer mit Chasmanthin.

Für das aus Wurzelrinde von *Tinomiscium philippinensis* Diels isolierte Tinophyllon wurde kürzlich folgende Struktur vorgeschlagen:

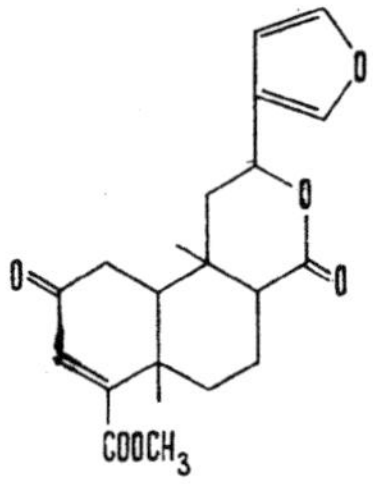

Tinophyllon, $C_{21}H_{24}O_6$ (AGUILAR-SANTOS 1965)

Aus vielen Menispermaceen konnte man bisher nur amorphe Bitterstoffe isolieren; solche Produkte wurden unter dem Namen Pikroretin beschrieben. PARIS und BEAUQUESNE (1939) erhielten mit verbesserten Extraktionsmethoden ein weitgehend gereinigtes Pikroretin; sie beschrieben dieses Produkt als schwer hydrolysierbares Glykosid und nannten es deshalb Pikroretosid. Die Glykosidnatur des Pikroretosides scheint allerdings nicht eindeutig bewiesen zu sein. Jedenfalls steht fest, dass die charakteristischen Bitterstoffe der Familie zu den nichtglykosidischen Bitterstoffen gehören.

Bekannte Bitterstoffvorkommnisse:

Anamirta cocculus Wight et Arn. (= A. *paniculata* Colebr.): Die Früchte (= Kokkelskörner) stellen die altbekannte Quelle des Pikrotoxins dar.

Cocculus leaeba DC.: 1% Columbin aus Wurzeln (BEAUQUESNE 1938).

Coscinium blumeanum Miers: Pikrotoxinartiger Bitterstoff in Blättern (Greshoff 1898, l. c. B 3. 01).

Fibraurea chloroleuca Miers (= *F. tinctoria* Lour.): Nicht toxischer amorpher Bitterstoff in der Samenschale (Boorsma 1902, l. c. B 3. 01). Fibralacton, $C_{27}H_{28}O_9$, beschrieben (Jen-Hung Chu et al., C. A. *60*, 6887 [1964]).

Jatrorrhiza (= Jateorrhiza) palmata (Lamk.) Miers: Columbin, Chasmanthin und Jateorin (vgl. S. 88) aus der Wurzel.

Pericampylus incanus Miers: Bitterstoff in der Rinde (Greshoff 1898, l. c. B 3. 01).

Stephania hernandifolia Walp.: Aus einem wahrscheinlich von der erwähnten Art stammenden Muster der chinesischen Droge «Fang-Chi» wurde als Hauptbestandteil ein Bitterstoff isoliert (Tomita–Kugo 1956). Nach E. H. Rennie (Phytochem. Register Austral. Plants, l. c. B 5. 5) enthalten die Wurzeln Pikrotoxin.

Tinomiscium philippinensis Diels: Tinophyllon (vgl. S. 88).

Tinospora bakis Miers: 2–3% Columbin in Wurzeln (Beauquesne 1938).

T. cordifolia Miers: Stengel Pikroretin (Boorsma 1902); Wurzel gegen 1% Columbin (Beauquesne 1938); 0,02% Tinosporin aus Ganzpflanzen; ist vermutlich ein columbinartiges Diterpen, $C_{21}H_{24}O_7$ (Chatterjee-Gosh 1960); Cordifolid, $C_{22}H_{26}O_7$, und Tinosporid, $C_{23}H_{26}O_8$, aus frischen Pflanzen (M Qudrat-i-Khuda et al., C. A. *61*, 12331 [1964]).

T. crispa Miers: Wurzel enthält Columbin (Boorsma 1902); 0,5% Pikroretosid aus Stengeln (Paris–Beauquesne 1939).

T. rumphii Boerl.: Wurzeln mit Columbin und Pikroretin; Stengel ausschliesslich mit Pikroretin (Boorsma 1902).

T. teysmannii Boerl.: Etwa 1% Columbin und wenig Pikroretin in der Wurzel (Boorsma 1902).

Man erhält den Eindruck, dass Columbin vor allem in Wurzeln, die früher als Pikroretin zusammengefassten amorphen Bitterstoffe dagegen mehr in Stengeln und Blättern auftreten.

3. *Saponine, Sterine und Triterpene*

SAPONINE scheinen bei den Menispermaceen häufig aufzutreten; die Saponingehalte sind jedoch niedrig. Schaumbildung und hämolytische Wirkung dienten zum Nachweis des Saponinvorkommens in der Familie. Chemische Arbeiten über die Saponine fehlen; man darf aber wohl annehmen, dass die Sapogenine wie bei den nächst verwandten *Ranunculaceae* und *Berberidaceae* Triterpene sind.

Boorsma (1902, l. c. B 3. 01) isolierte die Saponine aus einigen Arten: *Coscinium blumeanum* Miers (Blattsaponin hat einen hämolytischen Index [= H. I.] von etwa 10000); *C. fenestratum* Colebr. (die Blattsaponine schäumen stark, hämolysieren aber nicht); *Diploclisia macrocarpa* Miers (2 verschiedene Saponine aus Blatt); *Hypserpa cuspidata* Miers (wenig Saponin aus Blatt); *Tiliacora racemosa* Colebr. (Blattsaponin mit einem H. I. von etwa 2000).

Später hat PÖCKEL (1933) mit Hilfe der Blutgelatinemethode sehr zahlreiche Arten auf Saponinvorkommen geprüft. Nach seinen Ergebnissen sind die meisten Gattungen der Menispermaceen schwach saponinhaltig. In den Tribus der *Penian-theae*, *Fibraureae*, *Tinosporeae* und *Hyperbaeneae* kommen ausschliesslich saponin-führende Sippen vor. Bei den *Triclisieae*, *Anamirteae* und *Cocculeae-Cocculinae* beobachtete er neben saponinhaltigen auch saponinfreie Gattungen. Bei den *Anomospermeae* und *Cocculeae-Cissampelinae* schlussendlich verhalten sich die Arten eines Genus oft uneinheitlich.

AMARASINGHAM et al. (1964) beobachteten Saponine bei *Coscinium wallichianum* und *Pericampylus glaucus*, nicht jedoch bei 7 weiteren untersuchten Arten. Nach KINCL und GEDEON (1956) ist *Stephania hernandifolia* Walp. saponinfrei, während nach PÖCKEL alle *Stephania*-Arten saponinhaltig sind.

STERINE kommen in der Familie in beträchtlichen Mengen allgemein vor. Die folgenden Angaben dienen zur Illustration dieser Tatsache.

Cocculus hirsutus (L.) Diels: β-Sitosterin aus der Wurzel; β-Sitosterin und Ginnol (vgl. Bd. 1, S. 328) aus Blättern (NAIK-MERCHANT 1956; NAIK-HIRWE 1962).

C. leaeba DC.: β- und γ-Sitosterin aus Blättern (C. A. *55*, 18886 [1961]).

Coscinium fenestratum Colebr.: Sitosterin, Sitosteringlucosid, Cerylalkohol und Hentriakontan aus Stengeln (TUMMIN KATTI-SHINTRE 1930).

Sinomenium acutum Rehd. et Wils.: β-Sitosterin und Stigmasterin aus Wurzeln (SASAKI et al. 1958).

Stephania hernandifolia Walp.: β-Sitosterin aus Stengeln (TOMITA-UEDA 1959).

Tinospora cordifolia Miers: δ-Sitosterin aus Frischpflanze (C. A. *61*, 12331 [1964]).

T. crispa Miers: γ-Sitosterin aus Blättern (SINHA 1960).

TRITERPENE: ARTHUR et al. (1966) isolierten aus getrockneten Blättern von *Hypserpa nitida* Miers 0,07% Friedelin.

Es fällt auf, dass neben Sterinen, Wachsalkoholen und Paraffinen nur einmal geringe Mengen eines Triterpens (Friedelin) erhalten wurden. Freie Triterpensäuren wurden bisher bei den Menispermaceen nicht beobachtet; sie dürften fehlen oder jedenfalls nicht in bedeutenden Mengen vorliegen.

4. *Ätherische Öle und Polyterpene*

Den meisten Menispermaceen fehlen die für die holzigen *Polycarpicae* so charakteristischen Ölzellen. Dementsprechend stellen ätherische Öle keine auffallende Produkte der Familie dar; sie fehlen jedoch nicht gänzlich und sind vielleicht häufiger als wir heute annehmen. Sie dürften gleich der für *Tinomiscium* nachgewiesenen Gutta (vgl. S. 74) und gleich den Bitterstoffen in den Exkretschläuchen lokalisiert sein. Echte Ölzellen hat MAHEU (l. c. S. 75) bei *Abuta rufescens* Aubl. nachgewiesen.

Cissampelos ovalifolia DC.: Frische Wurzeln liefern 0,08–0,135% ätherisches Öl mit etwa 20% Thymol; das Öl wird in Brasilien als Anthelminticum verwendet (FREISE 1931).

C. pareira L.: Wurzeln indischer Pflanzen lieferten etwa 0,2% ätherisches Öl (BHATTACHARJI et al. 1956).

Jatrorrhiza palmata (Lamk.) Miers: Frische Wurzeln liefern 0,07–1,5% ätherisches Öl; alte Wurzeln sind ölärmer als junge; beim Trocknen der Wurzeln geht der Grossteil des Öles verloren; das Öl enthält Thymol (FREISE 1931).

5. *Polyphenole*

Über die Phenolführung der Familie ist praktisch nichts bekannt geworden. Die Exkretschläuche wurden öfters auch als Gerbstoffschläuche bezeichnet (vgl. S. 74). Mit Sicherheit darf jedoch behauptet werden, dass die Menispermaceen keine Gerbstoffpflanzen sind. DEKKER (l. c. B 5. 09) fand keine Gerbstoffe und BATE-SMITH und METCALFE (l. c. B 4.4) und BATE-SMITH (1962, l. c. Bd. 3, S. 40) beobachteten weder Leucoanthocyane noch gerbstoffartige Verbindungen in Blättern und Stengeln; in Blatthydrolysaten liessen sich ausschliesslich geringe Mengen Kaffeesäure und Kaempferol nachweisen (untersucht *Cocculus laurifolius* DC., *Stephania rotunda* Lour. und *Tinospora crispa* Miers).

Aus *Stephania abyssinica* Walp. isolierten DE WAAL und WEIDEMAN (1962) etwa 0,1% Rutin.

Tyrosin wurde aus dem Fruchtfleisch von *Stephania cepharantha* Hayata isoliert (SASAKI-MIKAMI 1959).

6. *Zucker, Cyclite und organische Säuren*

Vom Kohlenhydrat- und Säurestoffwechsel der Familie ist wenig bekannt. Einigermassen charakteristisch erscheint die Tatsache, dass sich verschiedentlich D-Quercit oder L-Viburnit (= „l-Quercit") in beträchtlichen Mengen isolieren liessen:

Cissampelos pareira L.: BHATTACHARJI et al. (1956) erhielten Quercit aus Wurzeln von Pflanzen aus Kaschmir, nicht jedoch aus Wurzeln von Pflanzen von Philibhit.

Cocculus laurifolius DC. und *C. trilobus* DC. enthalten Quercit in Blättern und Stengeln (PLOUVIER 1955).

C. hirsutus (L.) Diels: Aus Wurzeln erhielten NAIK und HIRWE (1962) einen Inositolmonomethyläther (F 226–228°).

Cyclea burmanni Miers: Quercit aus Wurzeln (S. P. SARADAMMA, C. A. *49*, 11794 [1955]; CHAUDHRY-DHAR 1958).

Legnephora moorei F. Muell.: 0,025% Quercit aus Wurzelrinde (HUGHES et al. 1953).

Menispermum canadense L.: 1,75% Viburnit aus Blättern, 1,7% aus Stengeln (PLOUVIER 1956).

Stephania hernandifolia Walp.: 0,4% Viburnit aus beblätterten Stengeln (EWING et al. 1950).

Tiliacora racemosa Colebr.: Viel Quercit aus Stengelrinde; ausserdem wurde Fumarsäure isoliert (v. ITALLIE-STEENHAUER 1922).

Triclisia gilletii Staner: Quercit und wenig (±)-Inosit aus Stengeln (E. CASTAGNE, Chem. Centr. *1934 II*, 76; *1935 I*, 583, 2828).

7. *Schleime*

Die Blätter vieler Menispermaceen enthalten reichlich Schleim (vgl. S. 74). Angaben über die Zusammensetzung der Blattschleime liegen nur für 2 Arten vor:

Cocculus leaeba DC.: 3,2% neutralen Schleim aus getrockneten Blättern; Hydrolyse lieferte 9% Rhamnose, 17% Arabinose und 68% Galaktose (SINHA 1960).

Tinospora crispa Miers: 10,5% neutralen Schleim aus getrockneten Blättern; Hydrolyse lieferte 4,2% Rhamnose, 10,9% Arabinose und 78,6% Galaktose; der Schleim stellt im Prinzip ein stark verzweigtes Galaktan dar (SINHA 1960).

8. *Fette Öle der Samen*

Zum Teil akkumulieren die Menispermaceen auch in vegetativen Organen (Wurzeln, Stengeln) recht beträchtliche Ölmengen. Verschiedene Forscher analysierten solche Öle; sie weisen gleich den mit ihnen meist vergesellschafteten Sterinen keine systematisch verwertbaren Besonderheiten auf.

Die Samen enthalten in vielen Fällen reichlich Öl. EARLE und JONES (1962, l. c. Bd. 3, S. 40) fanden in Samen (einschliesslich Fruchtwandanteilen) von *Cocculus carolinus* DC. 18,4% Öl und 16,9% Eiweiss und bei *Menispermum canadense* L. 16% Öl und 13,1% Einweiss. HILDITCH (l. c. B3. 04) rechnet die Menispermaceen zu den Familien mit stearinsäurereichen Samenölen. Diese Klassierung beruht jedoch ausschliesslich auf der Analyse des Öles von *Stephania tetrandra* S. Moore (C_{16} 18,9%, C_{18} 20,6%, $C_{18:1}$ 51%, $C_{18:2}$ 8%). Inzwischen wurden noch einige Samenöle untersucht; die Analysen zeigen deutlich, dass sich in dieser Beziehung nicht alle Menispermaceen gleichartig verhalten:

Anamirta cocculus Wight et Arn.: 62% Öl in Samenkernen (ohne Testa) mit 6,1% Palmitin-, 47,5% Stearin-, 43,3% Öl- und 3,1% Linolsäure (KASTURI–IYER 1954).

Cocculus trilobus DC.: 18,8% Öl aus Samen mit 10% gesättigten ($C_{16}+C_{18}$) Säuren und 32,3% Öl- und 57,7% Linolsäure (Y. KOYAMA und Y. TOYAMA, C. A. *51*, 15971 [1957]).

Menispermum canadense L.: 16% Öl mit niedrigem Gehalt an gesättigten Fettsäuren (EARLE et al. 1960).

Stephania cepharantha Hayata: 19,4% Öl mit 15,5% gesättigten ($C_{16}+C_{18}$) Säuren, 65,3% Öl- und 19,2% Linolsäure (AKASU et al. 1956).

9. *Verschiedene Inhaltstoffe*

PIGMENTE: Aus Wurzeln von *Cyclea burmanni* Miers isolierte S. P. SARADAMMA (C. A. *49*, 11794 [1955]) einen gelben Farbstoff, der angeblich dem Curcumin ähnlich ist.

CYANOGENE STOFFE: ARTHUR (1953, l. c. B 4. 1) wies für *Stephania hernandifolia* Walp. Cyanogenese nach. Wurzeln, Rinde und Blatt von *Anamirta cocculus* Wight et Arn. sollen ebenfalls reichlich Blausäure abgeben (KALAW-SACAY 1925; JULIANO 1933).

Literatur

AGUILAR-SANTOS, G., Chemistry and Industry *1965*, 1075.
AKASU, M., et al., J. Pharm. Soc. Japan *76*, 462 (1956).
AMARASINGHAM, R. D., et al., Econ. Botany *18*, 270 (1964).
ANET, F. A. L., et al., Austral. J. Sci. Research *3A*, 346 (1950).
ANJANEYULU, B., et al., Chemistry and Industry *1959*, 702, 1119; J. Sci. Ind. Research (India) *21B*, 602 (1962).
ARTHUR, H. R., et al., Phytochemistry *5*, 379 (1966).
BARLTROP, J. A., und JEFFREYS, J. A. D., J. Chem. Soc. *1954*, 159.
BARTON, D. H. R., und COHEN, T., *Some Biogenetic Aspects of Phenol Oxidiation*, Festschrift Arthur Stoll, S. 117–143, Birkhäuser, Basel 1957.
BARTON, D. H. R., und ELAD, D., J. Chem. Soc. *1956*, 2085, 2090.
BARTON, D. H. R., et al., J. Chem. Soc. *1962*, 4809, 4816; Chem. Commun. *1966*, 266.
BEAUQUESNE, L., Bull. Sci. Pharmacol. *45*, 7 (1938).
BHATTACHARJI, S., et al., J. Sci. Ind. Research (India) *15B*, 363 (1956).
BICK, I. R. C., und CLEZY, P. S., J. Chem. Soc. *1960*, 2402.
BOISSIER, J. R., et al., Ann. Pharm. Franç. *21*, 767, 829 (1963); Lloydia *28*, 191 (1965).
BROSSI, A., und PECHERER, B., The Chemistry of Natural Products, IUPAC Stockholm 1966, Abstract Book S. 95.
BRUCHHAUSEN, v., F., et al., Arch. Pharm. *293*, 454, 785 (1960).
CAVA, M. P., et al., Chemistry and Industry *1964*, 282; Lloydia *28*, 73 (1965).
CHAMBERS, C., et al., Chem. Commun. *1966*, 449.
CHATTERJEE, A., und GOSH, S., Science and Culture (Calcutta) *26*, 140 (1960).
CHAUDHRY, G. R., und DHAR, M. L., J. Sci. Ind. Research (India) *17B*, 163 (1958).
CHAUDHRY, G. R., und SIDDIQUI, S., J. Sci. Ind. Research (India) *9B*, 79 (1950).
CHAUDHRY, G. R., et al., J. Sci. Ind. Research (India) *11B*, 337 (1952).
CLEMENT, M., Arch. Pharm. *285*, 64 (1952).
DELAVEAUX, E., Bull. Agricole Congo Belge *27*, 135 (1936).
DENOËL, A., Volume Commémoratif du Centenair de L. Braemer, Fac. Pharm. Strasbourg 1958, S. 69–77.
EARLE, F. R., et al., J. Am. Oil Chemists' Soc. *37*, 440 (1960).
EWING, J., et al., Austral. J. Sci. Research *3A*, 514 (1950).
FREISE, F. W., Perfumery Essent. Oil Record *22*, 370 (1931).
GOVINDACHARI, T. R., et al., Proc. Indian Acad. Sci. *47A*, 41 (1958).
GRUNDON, M. F., *Bisbenzylisoquinoline Alkaloids*, Progress in Organic Chemistry *6*, 38–85, Butterworths, London 1964.
HAYNES, L. J., et al., J. Chem. Soc. *1966 C*, 615.
HUGHES, G. K., et al., Austral. J. Chem. *6*, 90 (1953).
INUBUSHI, Y., Pharm. Bull. (Tokyo) *3*, 384 (1955).

INUBUSHI, Y., und NOMURA, K., Tetrahedron Letters *1962*, 1133.
ITALLIE, VAN, L., und STEENHAUER, A. J., Pharm. Weekblad *59*, 1381 (1922).
JAGANNADHA, RAO K. V., und RAMACHANDRA, ROW L., J. Sci. Ind. Research (India) *20B*, 125 (1961).
JEFFREYS, J. A. D., J. Chem. Soc. *1956*, 4451.
JULIANO, J. B., Philippine Agriculturist *22*, 254 (1933).
KALAW, M. M., und SACAY, F. M., Philippine Agriculturist *14*, 421 (1925).
KASTURI, T. R., und IYER, B. H., J. Indian Chem. Soc. *31*, 623 (1954).
KAWANISHI, M., und SUGASAWA, Sh., Chem. Pharm. Bull. (Tokyo) *13*, 522 (1965).
KIKKAWA, I., J. Pharm. Soc. Japan *78*, 1006 (1958).
KIKUCHI, T., und BESSHO, K., J. Pharm. Soc. Japan *78*, 1408 (1958).
KINCL, F. A., und GEDEON, J., Arch. Pharm. *289*, 162 (1956).
KING, H., Nature *158*, 516 (1946).
KORTE, F., et al., *Neuere Ergebnisse der Chemie pflanzlicher Bitterstoffe*, Fortschr. Chem. Org. Naturstoffe *17*, 124–182 (1959).
KUNITOMO, J., J. Pharm. Soc. Japan *81*, 1253, 1257, 1261 (1961).
KUPCHAN, S. M., et al., J. Am. Pharm. Assoc. *49*, 727 (1960); J. Pharm. Sci. *50*, 164, 819 (1961).
KUSUDA, F., Pharm. Bull. (Tokyo) *1*, 189 (1953).
MANSKE, R. H. F., et al., Chem. Pharm. Bull. (Tokyo) *13*, 1476 (1965).
MELLO FILHO, DE, L. E., *Curare and Curare-like Agents*, Elsevier Publish. Comp. 1959; S. 113–122.
MUKERJI, B., und BHANDARI, P. R., Planta Medica *7*, 251 (1959).
NAIK, R. M., und HIRWE, S. N., J. Indian Chem. Soc. *39*, 411 (1962).
NAIK, R. M., und MERCHANT, J. R., Current Sci. (India) *25*, 324 (1956).
NAKANO, T., Pharm. Bull. (Tokyo) *4*, 69 (1956).
NAKANO, T., und UCHIYAMA, M., Pharm. Bull. (Tokyo) *4*, 407 (1956),
OVERTON, K. H., et al., Proc. Chem. Soc. *1961*, 211; J. Chem. Soc. *1966* C, 1483.
PARIS, R., und BEAUQUESNE, L., Bull. Sci. Pharmacol. *46*, 73 (1939).
PARIS, R., und LE MEN, J., Ann. Pharm. Franç. *13*, 200 (1955).
PLOUVIER, V., Compt. Rend. *240*, 113 (1955); *242*, 2389 (1956).
PÖCKEL, K., *Über das Vorkommen von Saponinen bei den Menispermaceae in Bezug auf ihre Systematik*, Diss. Univ. Berlin 1933.
RESPLANDY, A., Compt. Rend. *245*, 725 (1957); *247*, 2428 (1958).
SARADAMMA, P., Indian J. Chem. *2*, 296 (1964).
SASAKI, Y., und MIKAMI, M., J. Pharm. Soc. Japan *79*, 1618 (1959).
SASAKI, Y., et al., J. Pharm. Soc. Japan *78*, 44 (1958); *80*, 270 (1960); *83*, 418 (1963).
SHIRAI, H., und ODA, N., J. Pharm. Soc. Japan *76*, 1287 (1956).
SINHA, A., Indian J. Appl. Chem. *23*, 31, 37, 87 (1960).
SRIVASTAVA, R. M., und PRASAD KHARE, M., Chem. Ber. *97*, 2732 (1964).
TOMITA, M., *Die Alkaloide der Menispermaceae-Pflanzen*, Fortschr. Chem. Org. Naturstoffe *9*, 175–224 (1952).
TOMITA, M., und FURUKAWA, H., J. Pharm. Soc. Japan *83*, 190 (1963); *84*, 1027 (1964); Tetrahedron Letters *1966*, 4293.
TOMITA, M., und HIRAI, K., J. Pharm. Soc. Japan *77*, 291 (1957).
TOMITA, M., und IBUKA, T., J. Pharm. Soc. Japan *83*, 940 (1963); *85*, 557 (1965).
TOMITA, M., und KIKUCHI, T., J. Pharm. Soc. Japan *77*, 69, 73, 79, 238 (1957).
TOMITA, M., und KUGO, T., J. Pharm. Soc. Japan *76*, 857 (Magnoflorin in *Sinomenium acutum)*, 1426 (1956).
TOMITA, M., und KUSUDA, F., Pharm. Bull. (Tokyo) *1*, 1 (1953).
TOMITA, M., und OKAMOTO, Y., J. Pharm. Soc. Japan *84*, 1030 (1964); *85*, 456 (1965).
TOMITA, M., und SASAKI, Y., Pharm. Bull. (Tokyo) *1*, 105 (1953); *2*, 89 (1954).
TOMITA, M., und UEDA, S., J. Pharm. Soc. Japan *79*, 977 (1959).
TOMITA, M., und WATANABE, Y., J. Pharm. Soc. Japan *76*, 856 (1956).
TOMITA, M., und YAMAGUCHI, H., Pharm. Bull. (Tokyo) *4*, 225 (1956).

TOMITA, M., et al., J. Pharm. Soc. Japan *76*, 686 (1956); *77*, 274, 278 (1957): Steponin; *77*, 1011, 1015 (1957): Phanostenin; *84*, 776 (1964): Cyclanolin; Tetrahedron Letters *1964*, 2937, 3605: Hasubanonin und Metaphanin; *1965*, 1019: Morphinan- und Hasubananbasen; Chem. Pharm. Bull. (Tokyo) *13*, 538, 695, 704 (1965): Hasubanonin, Homostephanolin, Metaphanin.

TUMMIN KATTI, M. C., und SHINTRE, V. P., Arch. Pharm. *268*, 314 (1930).

WAAL, DE, H. L., und WEIDEMAN, E., Tijdskrift vir Natuurwetenschappe (Südafrika) *2*, 12 (1962).

WATANABE, Y., et al., J. Pharm. Soc. Japan *85*, 584 (1965).

WINTERSTEINER, O., *Curare and Curare-like Agents*, Elsevier Publish. Comp. 1959; S. 153–162. Vgl. über Menispermaceen-Curare auch BOVET, D., und BOVET-NITTI, F., Experientia *4*, 325–368 (1948).

Schlussbetrachtungen

In allen Systemen erscheinen die Menispermaceen in der gleichen Ordnung wie die *Ranunculaceae* und die *Berberidaceae*. Durch die chemischen Merkmale wird diese der Familie zugekannte Stellung eindeutig bestätigt. Isochinolinalkaloide sind charakteristisch für die meisten Familien der *Polycarpicae*. Die quartären Basen Berberin und Magnoflorin könnte man selbst als Leitalkaloide dieses Formenkreises bezeichnen. Auch die Aporphin- und Bisbenzylisochinolinbasen sind bei den *Polycarpicae* weitverbreitet (*Annonaceae*, *Berberidaceae*, *Lauraceae*, *Magnoliaceae*, *Menispermaceae*, *Monimiaceae*, *Nymphaeaceae* s. l., *Ranunculaceae*).

Für Verwandtschaft mit anderen Familien der *Polycarpicae* sprechen ferner:

Die ölhaltigen Samen, in denen allerdings bei den Menispermaceen das Endosperm teilweise fehlt; wenn es vorhanden ist, ist es oft ruminiert wie bei den *Myristicaceae*.

Saponinvorkommen, das ebenfalls viele *Ranunculaceae* und einige *Berberidaceae* kennzeichnet.

Akkumulation von Cycliten, die ebenfalls von den *Calycanthaceae* und *Magnoliaceae* bekannt ist.

Das mutmassliche Fehlen von freien Triterpensäuren als Bestandteilen des Cuticularwachses der Blätter und jungen Stengel.

Mit ihren Exkretschläuchen nehmen die Menispermaceen gewissermassen eine Mittelstellung zwischen den holzigen *Polycarpicae* (*Magnoliales* mit Ölzellen) und den krautigen *Polycarpicae* (*Ranunculales* ohne Ölzellen) ein. Das Gleiche gilt vielleicht hinsichtlich ihres Isoprenoidstoffwechsels. Sie akkumulieren nur geringe Mengen von ätherischen Ölen (flüchtige Mono- und Sesquiterpene); die letzteren scheinen durch die nicht-flüchtigen sesquiterpenoiden oder diterpenoiden Bitterstoffe ersetzt zu sein.

162. Menyanthaceae

Krautige Sumpf- oder Wasserpflanzen mit nebenblattlosen, ungeteilten oder 3teiligen Blättern. Blüten meist zwittrig, einzeln oder in verschieden gestalteten Blütenständen. Kelch und Krone 5zählig, beide verwachsen; Staubblätter 5; Fruchtknoten oberständig, einfächerig, mit zahlreichen Samenanlagen mit einem Integument. Mehrsamige Kapselfrüchte. Samen mit reichlich Endosperm.

Die Menyanthaceen sind über die ganze Erde verbreitet.

Systematische Gliederung

Die Familie unterscheidet sich durch das Fehlen von intraxylärem Phloem und durch celluläre Endospermentwicklung von den *Gentianaceae*, denen sie früher oft als Unterfamilie zugerechnet wurde. Sie umfasst 5 Genera mit gesamthaft etwa 30–40 Arten: *Fauria* (= *Nephrophyllidium*), *Liparophyllum*, *Menyanthes* (alle 3 monotypisch) und *Nymphoides (= Limnanthemum)* mit etwa 20 und *Villarsia* mit etwa 10 Arten.

Anatomische Merkmale

Calciumoxalatablagerungen scheinen zu fehlen. Schleimerzeugende Haare wurden auf den Knospen von *Nymphoides*- und *Menyanthes*-Arten beobachtet. Für die Blätter von *Villarsia*-Arten werden Gerbstoffzellen angegeben. *Nymphoides*-, *Liparophyllum*- und zum Teil auch *Villarsia*-Arten führen verzweigte Sklereiden in den Interzellularräumen der Blätter und Blattstiele.

Chemische Merkmale

Die meisten Beobachtungen wurden an der im nördlichen Halbrund weitverbreiteten Art *Menyanthes trifoliata* L. gemacht.

1. *Pseudoindikane und andere iridoide Verbindungen*

Bridel (1910, 1911) isolierte aus frischen Ganzpflanzen von *Menyanthes trifoliata* L. ein bitteres β-Glucosid, das er Meliatin nannte, da seine Eigenschaften von denen des früher durch Kromayer beschriebenen Menyanthins verschieden waren. Meliatin kommt vor allem in den Rhizomen vor; 23 kg Ganzpflanze lieferten 30 g kristallisiertes Meliatin; aus Blättern konnte Meliatin nicht isoliert werden.

Bei der Spaltung durch Säuren oder Emulsin verhält sich Meliatin ähnlich wie Aucubin (Bridel 1924). Rosenthaler (1923, 1958) hat gezeigt, dass Meliatin und Loganin aus der Fruchtpulpa von *Strychnos nux-vomica* L. identisch sind. Später haben Krebs und Matern (1958) mit chromatographischen Methoden nachgewiesen, dass *Menyanthes*-Blätter tatsächlich kein Loganin enthalten; das letztere kommt nur in den Rhizomen reichlich vor. Die getrockneten Blätter von *Menyanthes trifoliata* stellen jedoch die Bitterdroge «Folium Menyanthidis» oder «Folium Trifolii Fibrini» dar. Der Bitterwert der Droge schwankt nach Wasicky et al. (1928, 1931) zwischen 1 : 1500 und 1 : 9000. Welcher Art die Bitterstoffe der Blätter sind, bleibt noch zu ermitteln. Es erscheint wahrscheinlich, dass es sich dabei um Heteroside vom Typus des Gentiopikrins oder Swertiamarins handelt (vgl. Bd. 4, S. 181–186), da Steinegger und Weibel (1951) aus Blättern (nicht aus Rhizomen) 0,006% Rohalkaloid gewinnen konnten (Verwendung von Ammoniak bei der Isolation), aus welchem sich reines Gentianin ($C_{10}H_9O_2N$; F 83–85°) und die zweite *Gentiana*-Base ($C_{10}H_{12-13}O_2N$; F 161–162°) isolieren liessen.

Gentianin wurde später papierchromatographisch durch Shibata et al. (1957) noch für die folgenden Arten nachgewiesen:

Fauria crista-galli Makino (= *F. japonica* Franch. = *Nephrophyllidium crista-galli* [Menzies ex Hool] Gilg).

Limnanthemum indicum Thw. (= *Nymphoides indica* [L.] Kuntze?).

In *Limnanthemum nymphoides* Hoffmsgg. et Link (= *Nymphoides peltata* [Gmel.] Kuntze) konnten die genannten Autoren Gentianin dagegen nicht nachweisen. Diese auch in Europa weitverbreitete Art war bereits durch Bridel (1913, l. c. Bd. 4, S. 191) untersucht worden; er konnte in den nicht bitteren Blättern keinerlei β-Glucoside nachweisen; ausschliesslich Saccharose liess sich isolieren. Bridel hat auf die grossen biochemischen Unterschiede zwischen *Menyanthes* und *Nymphoides peltata* hingewiesen.

Aus *Limnanthemum humboldtianum* Kunth (= *Nymphoides humboldtiana* [Kunth] Hoehne) gewannen Ribeiro und Machado (C. A. *46*, 3219 [1952]) das strukturell noch nicht geklärte Alkaloid Limnanthemin. Nach Peckolt (1899) werden die Blätter dieser Art gleich denjenigen von *Limnanthemum microphyllum* Griseb. in Brasilien an Stelle von *Menyanthes* als Bittermittel verwendet.

Da weitere *Menyanthaceae* nach der Literatur stark bitter schmecken und wie die Gentianaceen medizinisch verwendet werden (*Limmanthemum indicum* Thw. und *Villarsia ovata* Vent. in Südafrika [Watt u. Breyer-Brandwijk, l. c. Bd. 2, S. 24]; *Limnanthemum cristatum* Griseb. und *L. indicum* Thw. in Indien [The Wealth of India, l. c. B 5.4]), ist anzunehmen, dass bittere Glucoside vom Typus des Loganins, Gentiopikrins und Swertiamarins in der Familie ziemlich allgemein vorkommen.

2. *Phenolische Verbindungen*

Hydrolysierte Blattextrakte von *Menyanthes trifoliata* L. enthalten nach Bate-Smith (1962, l. c. Bd. 3, S. 40) reichlich Kaffeesäure und daneben Quercetin und Kaempferol. Krebs und Matern (1957, 1958) isolierten aus der Droge «Folium Menyanthidis» Rutin, Hyperin und Trifoliosid (= Kaempferol-3-galaktosid).

3. *Triterpene, Sterine und Saponine*

Stabursvik (1953) erhielt aus frischen Rhizomen von *Menyanthes trifoliata* L. 0,1 % Betulinsäure; ausserdem enthalten die Rhizome nach diesem Autor reichlich Saponine. Guglielmetti (1962) und Brechbühler-Bader (1964) isolierten aus der gleichen Art später Spuren Lupeol, 0,006% Betulin, 0,1–0,8% Betulinsäure und 0,07% α-Spinasterin.

4. *Verschiedenes*

Nach einer Mitteilung von Keegan (1916) enthalten Rhizome von *Menyanthes trifoliata* L. keine Stärke aber reichlich Inulin.

Literatur

Brechbühler-Bader, S., *Zur Biogenese zweier Inhaltstoffe* von *Menyanthes trifoliata* L., Diss. ETH, Zürich 1964.
Bridel, M., J. Pharm. Chim. [7] *2*, 165 (1910); [7] *4*, 49, 97, 161 (1911); [7] *29*, 172 (1924).
Guglielmetti, L., *Recherches sur la biogenèse du lupéol, de la bétuline et de l'acide bétulique*, Diss. ETH Zürich 1962.
Keegan, P. Q., Chem. News *113*, 86 (1916).
Krebs, K. G., und Matern, J., Naturwissenschaften *44*, 422 (1957); Pharm. Z. *103*, 562 (1958); Arch. Pharm. *291*, 163 (1958).
Peckolt, T., Ber. Deut. Pharm. Ges. *9*, 222 (1899).
Rosenthaler, L., Schweiz. Apoth. Z. *61*, 398 (1923); Pharm. Z. *103*, 816 (1958).
Shibata, Sh., et al., J. Pharm. Soc. Japan *77*, 116 (1957).
Stabursvik, A., Acta Chem. Scand. *7*, 446 (1953).
Steinegger, E., und Weibel, Th., Pharm. Acta Helv. *26*, 259 (1951).
Wasicky, R., et al., Bull. Féd. Intern. Pharm. *9*, 204 (1928); *12*, 92 (1931); Pharm. Monatshefte *12*, 236 (1931).

Schlussbetrachtungen

Obwohl die Menyanthaceen bisher nur sehr oberflächlich bearbeitet wurden, genügen die vorliegenden Beobachtungen trotzdem zur eindeutigen Demonstration der engen biochemischen Verwandtschaft der Sippe mit den *Loganiaceae* und

Gentianaceae (Loganin, Gentianin). Die chemischen Merkmale stehen in bester Übereinstimmung mit der den Menyanthaceen auf Grund ihrer morphologischen Merkmale in den meisten Systemen zugewiesenen Stellung. HUTCHINSONS Aufteilung der *Contortae* in die holzigen *Apocynales* und *Loganiales* und in die krautigen *Gentianales* steht in ausgesprochenem Gegensatz zu den biochemischen Merkmalen der betreffenden Sippen.

Vgl. im Weiteren die Diskussion auf Seiten 191–192 von Band 4.

163. Monimiaceae

(inklusiv *Austrobaileyaceae*, *Amborellaceae* und *Trimeniaceae*)

Sträucher, Bäume oder seltener Lianen mit ungeteilten, meist nebenblattlosen, gegenständigen (*Amborella* wechselständig) Blättern. Blüten zwittrig oder eingeschlechtig (zahlreiche Übergänge), aktinomorph, eher unscheinbar, einzeln oder in rispigen oder traubigen Blütenständen. Blütenhülle meist kaum deutlich in Kelch und Krone differenziert, mit wechselnder Anzahl von Blütenhüllblättern (4 bis viele), die frei oder am Grunde mehr oder weniger verwachsen sind. Staubblätter wenige bis viele, zum Teil von Staminodien begleitet. Fruchtblätter ein bis viele, jedes einen Fruchtknoten, mit einer Samenanlage (bei *Austrobaileya* viele) mit 1 oder 2 Integumenten, bildend (Apokarpie). Früchte oder Sammelfrüchte verschieden gestaltet: Beeren-, steinfrucht- oder nussartig. Samen mit Endosperm.

Die Monimiaceen bewohnen vorzüglich die Tropen und Subtropen beider Weltteile, in erster Linie in der Südhemisphäre.

Systematische Gliederung

Bei der dargestellten, früher üblichen, Umgrenzung der Familie, stellen die Monimiaceen eine recht heterogene Sippe mit etwa 40 Gattungen und 460 Arten dar. Man hat sie meist in die zwei Unterfamilien (vgl. z. B. LEMÉE, Bd. VIIIb und IX) der *Atherospermoideae* (Antheren mit Klappen aufspringend; anatrope Samenanlagen mit abwärts gerichteter Mikropyle) und *Monimioideae* (Antheren mit Spalt aufspringend; anatrope Samenanlagen mit aufwärts gerichteter Mikropyle) unterteilt.

PICHON (1948) und BAILEY und SWAMY (1948) wiesen daraufhin, dass *Amborella* in verschiedener Hinsicht von dem Rest der Monimiaceen abweicht (z. B. wechselständige Blätter; keine Ölzellen; mehrzellige Deckhaare; keine Gefässe und keine septierte Xylemfasern). PICHON beschrieb die monotypische Familie der *Amborellaceae* und BAILEY und SWAMY führten aus, dass bei Erweiterung des

Konzeptes der Familie, um den abweichenden Merkmalen von *Amborella* gerecht zu werden, *Austrobaileya* und *Gomortega* ebenfalls einbezogen werden müssen. Hält man andererseits an der herkömmlichen Definition der Familie fest, dann müssen nicht nur *Amborella* und *Austrobaileya*, sondern ebenfalls *Trimenia* und *Piptocalyx* ausgeschieden werden. Hinsichtlich *Austrobaileya* wiesen die gleichen Autoren (Bailey-Swamy 1949) nach, dass diese Sippe in mancher Hinsicht den Monimiaceen am nächsten steht. Money et al. (1950) haben anschliessend nach langjährigen morphologischen und anatomischen Studien die nachfolgende Gliederung der diskutierten Sippen vorgeschlagen:

Austrobaileyaceae: Lianen; Blüten ⚥ mit 6–14 multiovulaten Fruchtknoten. Ölzellen; Kristallsand. Nur *Austrobaileya.*

Amborellaceae: Blüten eingeschlechtig, die ♀ mit 5 uniovulaten Fruchtknoten und daneben mit Staminodien. Keine (oder jedenfalls undeutliche) Ölzellen; kein Kristallsand; keine Gefässe. Nur *Amborella.*

Trimeniaceae: Blüten zwittrig oder eingeschlechtig (zahlreiche Übergangsstadien) mit einem uniovulaten Fruchtknoten. Grosse Öl- und Schleimzellen; Kristallsand. Nur *Piptocalyx* und *Trimenia.* Hutchinson rechnet zu den *Trimeniaceae* noch *Sphenostemon* (= *Idenburgia* = *Nouhuysia*) und *Xymalos. Sphenostemon* gehört jedoch gar nicht zu den *Polycarpicae* (Money et al. 1950; Metcalfe 1956) und *Xymalos* ist zu den Monimiaceen sensu stricto zu rechnen (Money et al. 1950).

Monimiaceae: Blüten eingeschlechtig oder zwittrig (zahlreiche Übergangsstadien) mit zahlreichen (*Xymalos* einem) uniovulaten Fruchtknoten. Grosse Ölzellen; Kristallsand. Vier Unterfamilien:

Hortonioideae: Heterochlamydeische, zwittrige Blüten ohne Staminodien. Antheren sich mit Spalt öffnend. Nur *Hortonia.*

Atherospermoideae: Homoiochlamydeische, zwittrige oder eingeschlechtige Blüten. Jedes Staubblatt von zwei Staminodien begleitet. Antheren klappig aufspringend. Samenanlagen mit abwärts gerichteter Mikropyle. *Atherosperma*, *Daphnandra*, *Doryphora*, *Dryadodaphne*, *Laurelia*, *Nemuaron.*

Monimioideae: Homoiochlamydeische eingeschlechtige Blüten. Antheren sich mit Spalt öffnend. Samenanlagen mit aufwärts gerichteter Mikropyle. Hierher wird die Mehrzahl der Genera gerechnet.

Siparunoideae: Homoiochlamydeische, eingeschlechtige Blüten mit starker Tendenz zur Zygomorphie der Blütenhülle. Antheren klappig aufspringend. Samenanlagen mit abwärts gerichteter Mikropyle. *Bracteanthus*, *Glossocalyx* und *Siparuna*.

Der Syllabus folgt bei der Abgrenzung und Einteilung der Monimiaceen den Vorschlägen von MONEY et al. (1950).

Literatur

BAILEY, I. W., und SWAMY, B. G. L., *Amborella trichopoda Baill., a new type of vesselless dicotyledons*, J. Arnold Arboretum *29*, 245 (1948); *The morphology and relationship of Austrobaileya*, J. Arnold Arboretum *30*, 211 (1949).

METCALFE, C. R., *The taxonomic affinities of Sphenostemon in the light of the anatomy of its stem and leaf*, Kew Bull. *1956*, 249.

MONEY, L. L., et al., *The morphology and relationships of the Monimiaceae*, J. Arnold Arboretum *31*, 372 (1950).

PICHON, M., *Les Monimiaceae, famille hétérogène*, Bull. Mus. Natl. Hist. Nat. Paris [2] *20*, 383 (1948).

Anatomische Merkmale

Für die Monimiaceen sind charakteristisch: Grosse Ölzellen (fehlen bei *Amborella*); Fehlen von Schleimzellen (im Gegensatz zu den *Lauraceae;* kommen bei *Trimenia* und *Piptocalyx* vor); einzellige, zum Teil büschelig oder schildförmig vereinigte Deckhaare (bei *Amborella* mehrzellige); Calciumoxalat nur in der Form von sehr feinen Kriställchen (Sand). Die Zellen der Blattepidermis können stark verkieselt sein (eigene Beobachtungen an Blättern von *Peumus boldus* Molina).

Chemische Merkmale

Alkaloide und ätherische Öle stellen die auffallendsten bekanntgewordenen Inhaltstoffe der Familie dar. Untersuchungen über andere Inhaltstoffe blieben vorläufig auf einzelne Arten beschränkt.

1. *Alkaloide*

Bei den Monimiaceen kommen die gleichen Alkaloide wie bei den Annonaceen, Lauraceen, Magnoliaceen, Menispermaceen und weiteren Familien der *Polycarpicae* vor (für ergänzende Illustration durch Formeln wird nach den *Lauraceae*, *Magnoliaceae*, und *Menispermaceae* verwiesen).

Bisher wurden folgende Typen von Isochinolinbasen nachgewiesen:

a) *Doryanin-Typus*

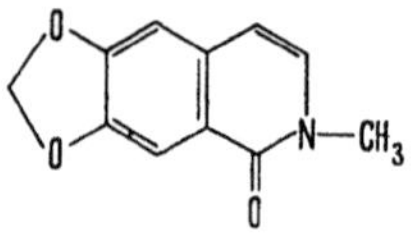

Bisher einziger Vertreter:
Doryanin, $C_{11}H_9O_3N$

b) *Benzylisochinolin-Typus*

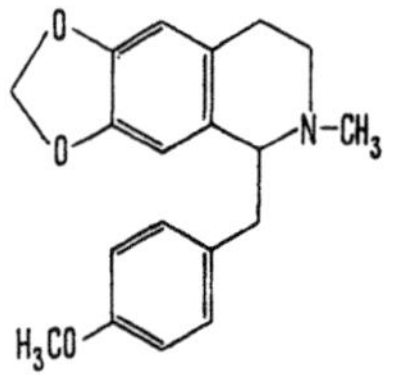

Bisher einziger Vertreter:
Doryafranin, $C_{19}H_{21}O_3N$

c) *Aporphin-Typus* (Formeln vgl. S. 76)

Von den Monimiaceen bekannt: Boldin, Isocorydin, Laurelin, Laurepukin N-Methyllaurotetanin, Norisocorydin, Pukatein.

d) *Liriodenin-Typus* (Formeln vgl. S. 15)

Von den Monimiaceen bekannt: Spermatheridin (= Liriodenin = Oxoushinsunin = Michelin B), Atherospermidin (= Psilopin: HARRIS-GEISSMAN 1965), Moschatolin, Atherolin.

e) *Aminoäthylphenanthren-Derivate*

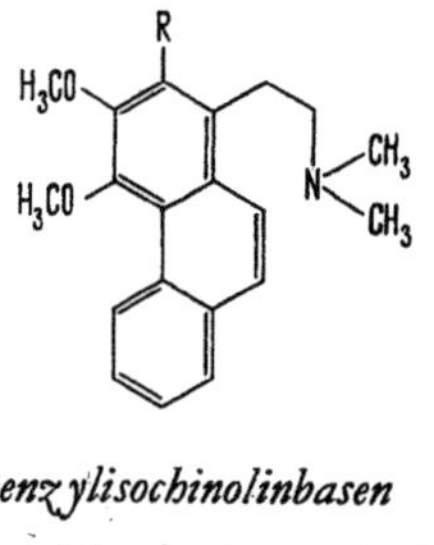

Bisher bekannt (vgl. auch bei den *Lauraceae*, Bd. 4, S. 372, 373): Atherosperminin, $C_{20}H_{23}O_2N$: R = H
Methoxyatherosperminin: R = OCH_3

f) *Bisbenzylisochinolinbasen*

Von den Monimiaceen bekannt geworden:

Oxyacanthin-Typus (S. 78):	Aromolin, Daphnandrin, Daphnolin, O-Methylrepandin, Repandin.
Berbamin-Typus (S. 78):	Atherospermolin, Berbamin, Isotetrandrin.
Micranthin-Typus (S. 79):	Micranthin.
Struktur noch unsicher:	Desmethyltenuipin, Repandulin, Repandinin, Tenuipin.

Andere Alkaloide als Isochinolinbasen sind nur aus den Blättern von *Peumus boldus* Molina (i.e. aus der Droge «Folium Boldo») bekannt. SCHINDLER (1957) wies papierchromatographisch Spartein nach; dieser Befund wurde durch M. VALONZUELA und L. REBOLLEDO (C. A. *55*, 6784 [1961]) bestätigt.

Bekannte Alkaloidvorkommnisse

Alkaloide sind nur von den *Monimiaceae* sensu stricto bekannt. Bei *Austrobaileya scandens* C. T. White (*Austrobaileyaceae*) fand Webb (1952, l. c. B 4.1) keine Alkaloide; *Piptocalyx moorei* Oliv. (*Trimeniaceae*) ist nach Beobachtungen von Riggs und Stevens (1962) ebenfalls alkaloidfrei. Für *Amborella* liegen meines Wissens keine Befunde vor.

Hortonioideae: Befunde fehlen.

Atherospermoideae: Alkaloide scheinen allgemein vorzukommen.

Atherosperma moschatum Labill.: 1,6% Berbamin, 0,06% Isotetrandrin, 0,007% Isocorydin, 0,005% Atherosperminin, 0,006% Atherospermidin und 0,002% Spermatheridin aus Rinde (Bick 1956; Bick-Douglas 1964; Pai-Shanmugasundaram 1965). Atherolin und Moschatolin aus Rinde (Bick-Douglas 1965). Methoxyatherosperminin aus Rinde (Bick-Douglas 1965). Atherospermolin aus Blättern (Bick-Douglas 1965). Atherospermidin, Atherosperminin und Spermatheridin aus dem Kernholz (Bick-Douglas 1966).

Daphnandra aromatica F. M. Bail.: Aus der Rinde Aromolin und Daphnolin (Bick-Todd 1948).

D. dielsii Perkins: O-Methylrepandin, Repandinin, Repandulin und Tenuipin aus Rinde (Bick-Todd 1948; Bick et al. 1953).

D. micrantha Benth.: Rinde von Bäumen von N. S. Wales enthalten Daphnandrin Daphnolin und Micranthin; die Rinde von Bäumen des südlichen Queensland lieferte nur Micranthin (Bick et al. 1949). Spätere Extraktion von 6 Rinden- und einem Holzmuster (Bick et al. 1953) hat diese Vermutung bestätigt; bis in die Nähe von Brisbane enthielten Rinde und Holz nur Micranthin; Daphnolin und Daphnandrin konnten nur aus Rindenmustern isoliert werden, die südlich von Brisbane geerntet wurden.

D. repandula F. Muell.: Aus der Rinde Repandin, Repandulin (Bick-Todd 1948), Repandinin und O-Methylrepandin (Bick et al. 1953).

D. tenuipes Perkins: Aromolin und Tenuipin als Nebenalkaloide und Repandulin als Hauptalkaloid aus der Rinde (Bick et al. 1953).

Doryphora sassafras Endl.: Rinde 0,54%, Blätter 0,3% und Früchte 0,1% Alkaloide («Doryphorin») (Petrie 1912). Liriodenin (= Spermatheridin), Doryafranin Doryanin und die Basen A, B, C, D und Cholin aus Blättern (Gharbo et al. 1965)

Laurelia novae-zelandiae A. Cunn.: Laurelin, Laurepukin und Pukatein aus Rinde (vgl. Henry, l. c. B 3.11).

L. sempervirens Tul.: Isotetrandrin aus Blättern (etwa 0,01%; Bianchi et al. 1962).

Monimioideae: Alkaloidverbreitung noch wenig untersucht.

Peumus boldus Molina (= *Boldaea fragrans* C. Gay): Blätter liefern die Droge «Folium Boldo»; die letztere enthält 0,4–0,5% Alkaloide, wovon etwa 0,1% Boldin und je 0,03% Isocorydin, N-Norisocorydin und N-Methyllaurotetanin (RÜEGGER 1959). Bei in Marocco kultivierten Bäumen schwankte der Alkaloidgehalt der Blätter zwischen 0,4 und 2,1% (P. DUREAU, C. A. *52*, 19016 [1958]). Als Nebenalkaloid wurde Spartein festgestellt (SCHINDLER 1957; M. VALONZUELA und L. REBOLLEDO, C. A. *55*, 6784 [1961]).

Alkaloidhaltig befunden wurden ausserdem folgende Arten: *Hedycarya loxocarya* (Benth.) Francis (Blatt), *Palmeria scandens* F. Muell. (Blatt), *Tetrasynandra pubescens* Perkins (Rinde), *Wilkiea huegeliana* A. DC. (Rinde) (WEBB 1952, l. c. B 4.1) und *Hedycarya arborea* J. R. et G. Foster (Holz, Frucht, Blatt 0,02%) (CAMBIE, l. c. Bd. 3, S. 40).

Siparunoideae: Meines Wissens bisher nicht untersucht.

2. *Ätherische Öle*

Alle echten Monimiaceen besitzen grosse Ölzellen. Blätter, Rinde und Holz liefern dementsprechend meist reichlich ätherisches Öl. Genaue Ölanalysen wurden jedoch nur für wenige Arten ausgeführt; öfters wurde Safrol als wichtiger Ölbestandteil nachgewiesen. Folgende Beobachtungen liegen vor (vgl. GILDEMEISTER-HOFFMANN VI, S. 674-681, l. c. B 3.05).

Atherosperma moschatum Labill.: Im Blattöl 50–60% Methyleugenol, 5–10% Safrol und ferner Camphen und Pinen. Das Öl der Rinde enthält vermutlich Safrol.

Daphnandra aromatica F. M. Bail.: Im Blattöl hauptsächlich Cineol, α-Phellandren, Pinen und Sesquiterpene. Im Rindenöl 95% Safrol.

D. repandula F. Muell.: Pinen und Sesquiterpene im Blattöl.

Doryphora sassafras Endl.: Blattöl mit Pinen und Campher und etwa 60% Phenylpropanen (Safrol, Eugenol und Methyleugenol in wechselndem Verhältnis).

Hedycarya angustifolia A. Cunn.: Etwa 2% ätherisches Öl mit 60% Elemol aus Blättern (HELLYER 1962).

Laurelia: Die Blattöle von *L. aromatica* Juss. (= *L. sempervirens* Tul.) und *L. serrata* Phil. enthalten reichlich Safrol. Im Öl von *L. serrata* ferner Methyleugenol, Methylchavicol, Eugenol, Dillapiol, α-Phellandren, Limonen, Cineol, Linalool und Linalylacetat (MONTES 1964).

Nemuaron humboldtii Baill.: Rindenöl mit 99% Safrol.

Peumus boldus Molina: Blattöl mit etwa 30% p-Cymol, 30% Cineol und 40% Ascaridol (Formel Bd. 3 S. 421).

Siparuna: Blätter von *S. odorata* A. DC., *S. cujubana* A. DC. und *S. apiosyce* A. DC. riechen citrus- oder melissenähnlich und liefern Öle mit niedrigem spezifischem Gewicht; sie können demnach keine nennenswerten Mengen Phenylpropane führen. Das Holzöl (Ausbeute 1,15–1,65%) von *Siparuna* cf. *erythrocarpa* DC. andererseits enthält etwa 45% Safrol (FREISE 1934).

3. *Phenolische Inhaltstoffe*

Die Phenole der Familie wurden bisher stark vernachlässigt. Gerbstoffartige Verbindungen kommen zum Teil in recht beträchtlichen Mengen vor (DEKKER, l. c. B 3.09); über den Chemismus der Gerbstoffe sind wir jedoch kaum unterrichtet. BATE–SMITH (1962, l. c. Bd. 3, S. 40) fand in hydrolysierten Blattextrakten von *Doryphora sassafras* Endl., *Laurelia novae-zelandiae* A. Cunn. und *Peumus boldus* Molina Quercetin, Kaempferol und Sinapinsäure und ferner Kaffeesäure bei *Laurelia novae-zelandiae* und Spuren Leucocyanidin bei *Doryphora sassafras;* Myricetin und Ellagsäure fehlten. CAMBIE (l. c. Bd. 3, S. 40) beobachtete Leucoanthocyane in Holz und Rinde von *Hedycarya arborea* J. R. et G. Foster, nicht aber bei *Laurelia novae-zelandiae.*

Aus Blättern von *Peumus boldus* Molina («Folium Boldo») isolierten KRUG und BORKOWSKI (1965) 4 flavonoide Glykoside; 7 weitere wurden mit chromatographischen Methoden nachgewiesen; alle sind Glykoside des Kaempferols, Quercetins, Rhamnetins und Isorhamnetins. Die kristallisiert erhaltenen Glykoside sind:

Peumosid = Rhamnetin-3-arabinosid-3′-rhamnosid;
Boldosid = Isorhamnetin-3-glucosid-7-rhamnosid;
Fragrosid = Ein Isorhamnetin-dirhamnosid;
Kaempferol-3-glucosid-7-rhamnosid.

Aus Blättern von *Piptocalyx moorei* Oliv. isolierten RIGGS und STEVENS (1962) Quercitrin und das Lignan Calopiptin:

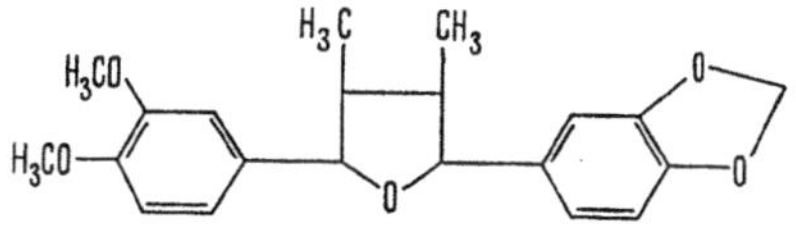

Calopiptin, $C_{21}H_{24}O_5$

4. *Mineralstoffe*

Nach CHENERY und WEBB (beide, l. c. B 3.13) sind die *Monimiaceae* ausgesprochene Aluminiumakkumulatoren. Akkumulierende Arten kommen bei den *Amborellaceae, Trimeniaceae, Hortonioideae, Monimioideae* und *Siparunoideae* vor; nur bei den *Atherospermoideae* scheint Aluminiumakkumulation gänzlich zu fehlen.

5. *Verschiedenes*

Zweifellos akkumulieren die Monimiaceen fettes Öl in den Samen. Angaben über Ölgehalte und Natur der Öle fehlen.

Die ledrigen Blätter müssen wachshaltig sein. Die chemische Natur der Wachse ist nicht bekannt. RIGGS und STEVENS (1962) isolierten aus den Blättern von *Piptocalyx moorei* Oliv. ausschliesslich β-Sitosterin als Komponente der Lipoidfraktion.

Saponine hat CAMBIE (l. c. Bd 3, S. 40) in Blättern, Holz und Rinde von *Laurelia novae-zelandiae* A. Cunn. beobachtet; die zweite untersuchte Art *(Hedycarya arborea)* war saponinfrei. Da RICARDI et al. (l. c. Bd. 2, S. 24) bei Monimiaceen von Chile ebenfalls keine Saponine fanden, scheint Saponinvorkommen in der Familie eher Ausnahme als Regel zu sein.

Aus den sehr bitteren Blättern von *Piptocalyx moorei* Oliv. isolierten RIGGS und STEVENS das neue Glykosid Piptosid (1962, 1963, 1966). Piptosid schmeckt ganz schwach süss, obwohl es ein β-Glucosid ist. Der wasserlösliche Bitterstoff konnte bisher nicht isoliert werden.

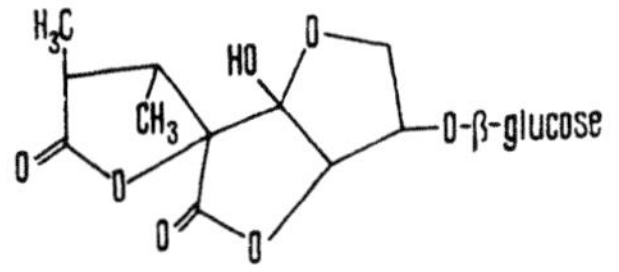

Piptosid, $C_{17}H_{24}O_{12}$

Literatur

BIANCHI, E., et al., Gazz. Chim. Ital. *92*, 818 (1962).
BICK, I. R. C., Austral. J. Chem. *9*, 111 (1956).
BICK, I. R. C., und DOUGLAS, G. K., Tetrahedron Letters *1964*, 1629 (Struktur Spermatheridin und Atherospermidin); Chemistry and Industry *1965*, 694 (Atherospermolin); Austral. J. Chem. *18*, 1997 (1965) (Atherosperminin und Methoxyatherosperminin); Tetrahedron Letters *1965*, 2399 (Atherolin), 4655 (Moschatolin); Phytochemistry *5*, 197 (1966).
BICK, I. R. C., und TODD, A. R., J. Chem. Soc. *1948*, 2170.
BICK, I. R. C., et al., J. Chem. Soc. *1949*, 2767; *1953*, 695.
FREISE, F. W., Pharm. Zentralhalle *75*, 627 (1934).
GHARBO, S. A., et al., Lloydia *28*, 237 (1965).
HARRIS, W. H., und GEISSMAN, T. A., J. Org. Chem. *30*, 432 (1965).
HELLYER, O., Austral. J. Chem. *15*, 157 (1962).
KRUG, H., und BORKOWSKI, B., Naturwissenschaften *52*, 161 (1965); Pharmazie *20*, 692 (1965).
MONTES, A. L., An. Soc. Cient. Arg. *178*, 110 (1964).
PAI, B. R., und SHANMUGASUNDARAM, G., Tetrahedron *21*, 2579 (1965): Synthese Atherospermidin.
PETRIE, J. M., Proc. Linn. Soc. N. S. Wales *37*, 139 (1912).
RIGGS, N. V., und STEVENS, J. D., Tetrahedron Letters *1963*, 1615; Austral. J. Chem. *15*, 305 (1962); *19*, 683 (1966).
RÜEGGER, A., Helv. Chim. Acta *42*, 754 (1959).
SCHINDLER, H., Arzneimittelforschung *7*, 747 (1957).

Schlussbetrachtungen

Durch Isochinolinbasen und ätherische Öle geben sich die Monimiaceen ebenfalls in phytochemischer Hinsicht als typische Vertreter der *Polycarpicae* zu erkennen. Nach MONEY et al. (l. c. S. 101) stehen sie den *Gomortegaceae*, *Lauraceae* und

Hernandiaceae viel näher als beispielsweise den *Winteraceae*, *Magnoliaceae* und *Annonaceae*. Von chemischer Seite kann diese Frage noch kaum erörtert werden. Die Isochinolinbasen gehören zum Grundstock der Merkmale der *Polycarpicae;* wo sie auftreten, kommen in grossen Zügen die gleichen Alkaloidtypen vor. Die ätherischen Öle kennzeichnen alle Ölzellen führenden, holzigen *Polycarpicae*.

Mineralisierungstendenzen sind bei den *Polycarpicae* ebenfalls weitverbreitet. Verkieselte Blätter finden sich sowohl bei den Magnoliaceen und Annonaceen als bei den Monimiaceen und Lauraceen. Aluminiumakkumulation andererseits ist nur aus zwei Familien der *Polycarpicae* bekannt geworden; sie findet sich bei recht vielen Arten der Lauraceen und Monimiaceen und fehlt anscheinend den übrigen Vertretern des Formenkreises (also z. B. den Winteraceen, Annonaceen und Magnoliaceen). Dieses Merkmal steht demnach in guter Übereinstimmung mit den durch Money et al. geäusserten Anschauungen über die verwandtschaftlichen Beziehungen der Familie.

Hinsichtlich der Umgrenzung der Familie lässt sich vorläufig nur folgendes sagen. Die Monimiaceen sind typische Alkaloidpflanzen. Das anscheinende Fehlen von Alkaloiden bei *Austrobaileya* und *Piptocalyx* liefert deshalb ein zusätzliches Argument für die selbständige Stellung der *Austrobaileyaceae* und *Trimeniaceae*.

164. Moraceae

Sträucher, Bäume oder selten Kräuter mit sehr verschieden gestalteten Blättern mit Nebenblättern. Blüten klein und unscheinbar, in mannigfaltigen Blütenständen vereinigt. Blüten eingeschlechtig, regelmässig. Blütenhülle oft aus 4 (auch mehr oder weniger) gleich gestalteten Blütenhüllblättern (freien oder am Grunde verwachsenen) bestehend. Staubblätter in gleicher Zahl wie die Blütenhüllblätter oder weniger. Fruchtknoten meist einfächerig, mit einer Samenanlage mit 2 Integumenten, oberständig, mittelständig oder unterständig. Steinfrüchte oder Nüsse, die oft durch fleischig werdende Gewebe der Blütenhülle, des Blütenbodens und der Infloreszenz zu mannigfaltigen Scheinfrüchten (z. B. Feigen) vereinigt werden. Samen in der Regel mit Endosperm.

Die Moraceen sind über die ganze Erde verbreitet und bevorzugen eindeutig tropische und subtropische Gebiete.

Systematische Gliederung

Etwa 1600 Arten und 60 Gattungen. Die systematisch schwierige Familie wird im Syllabus in die drei Unterfamilien der *Moroideae*, *Conocephaloideae* und *Cannaboideae* (vgl. *Cannabinaceae*, Bd. 3) unterteilt.

Bei den **Moroideae** werden weiterhin 6 Tribus unterschieden:

MOREAE:	10–15 Genera, worunter *Morus* und *Streblus*.
ARTOCARPEAE:	15 Genera, worunter *Artocarpus*, *Broussonetia*, *Maclura* (einschl. *Cudrania* und *Chlorophora)*, *Treculia*.
OLMEDIEAE:	18 Genera, worunter *Antiaris*, *Castilloa* und *Ogcodeia*.
BROSIMEAE:	8 Genera, worunter *Bosqueia* und *Brosimum*.
DORSTENIEAE:	Nur *Dorstenia* s. l.
FICEAE:	Nur *Ficus* s. l. mit mehr als der Hälfte der Arten der Moraceen.

Die u. a. durch grosse Nebenblätter gekennzeichneten **Conocephaloideae** umfassen nur die Gattungen *Cecropia*, *Conocephalus*, *Coussapoa*, *Musanga*, *Myrianthus*, *Prainea* und *Pourouma*.

Anatomische Merkmale

Verbreitet sind einzellige oder einzellreihige Deckhaare und Drüsenhaare mit einzelligem Stiel und mehrzelligem, ovalem Köpfchen. Ferner kommen allgemein Milchsaftschläuche und -zellen vor; daneben wurden vielfach ebenfalls Schleimzellen und Gerbstoffzellen beobachtet (z. B. Mohler 1936). Calciumoxalat tritt in der Form von Drusen und grossen Einzelkristallen auf. Calciumcarbonat und Kieselsäure werden reichlich in Blattzellen abgelagert; verkieselt und verkalkt sind die allgemein vorkommenden Cystolithen und ferner vielfach die Epidermiszellen der Blätter und die Deckhaare. Diese starke Mineralisierungstendenz stellt ein Merkmal der Ordnung der *Urticales (Cannabinaceae, Moraceae, Urticaceae, Ulmaceae)* dar (Bigalke 1933; Hiltz 1949; Hiltz-Pobeguin 1949; Rabiger 1951; Renner 1910; Satake 1929, 1930; Scott 1946; Werner 1931). Im Holz wird durch bestimmte Moraceen ebenfalls reichlich Kieselsäure abgelagert (Amos, l. c. B 3.13).

Literatur

Bigalke, H., Beitr. Biol. Pflanzen *21*, 1 (1933): Cystolithen bei den *Urticales*.

Hiltz, P., Compt. Rend. *228*, 194 (1949): Cytologie der Cystolithenzellen von *Ficus elastica*.

Hiltz, P., und Pobeguin, Th., Compt. Rend. *228*, 1049 (1949): Zusammensetzung der Cystolithen von *Ficus elastica*.

Mohler, P., *Beiträge zur Pharmakognosie der Urticales. Anatomie des Laubblattes*, Diss. Basel 1936.

Rabiger, F. H., Planta *40*, 121 (1951): Funktion der Cystolithen.

Renner, O., Beih. Botan. Centralblatt, 1. Abt. *25*, 183 (1910): Cystolithen der Gattung *Ficus*.

Satake, Y., Botan. Mag. (Tokyo) *43*, 210, 413 (1929); *44*, 113 (1930): Cystolithen bei den *Ulmaceae*, *Moraceae* und *Urticaceae*.

Scott, F. M., Botan. Gaz. *107*, 372 (1946): Cystolithen bei den *Urticales*.

Werner, O., Oesterr. Botan. Z. *80*, 81 (1931): Mineralisierung der Zellwände und Cystolithen bei den *Urticales*.

Chemische Merkmale

Von den annähernd 1600 Arten, wovon gegen 1000 zu *Ficus* gehören, wurden bisher nur einige wenige genauer untersucht. Die meisten Angaben liegen für die Milchsäfte der Moraceen vor (DE WILDEMAN 1949). Die Latices bilden ein charakteristisches Merkmal der Familie. In der chemischen Zusammensetzung sind sie jedoch ausserordentlich variabel. Kautschuk, Wachse, Triterpenwachse, Triterpenharze, Polyphenole, Cardenolide oder Proteine können je nach Sippe Hauptbestandteile der Milchsäfte sein; dementsprechend kommen in der Familie neben milchigtrüben, eigentlichen Milchsäften auch wasserklare, mehr oder weniger viskose „Milchsäfte“ vor (ULTÉE 1923; VREEDE 1949). Wasserlösliche Stoffe (Cardenolide, viele phenolische Verbindungen etc.) finden sich im Serum der Milchsäfte gelöst und nicht in den Coagula.

VREEDE (1949) beobachtete im Genus *Ficus* bei einer Reihe von Arten (*F. adenosperma* Miq., *F. edelfeltii* King, *F. glomerata* Roxb., *F. infectoria* Roxb., *F. leucanthatoma* Poir., *F. pseudoacamptophylla* Val., *F. retusa* L. var. *nitida* King, *F. truncata* Miq.) gelbe Milchsäfte; die Pigmente sind nach seinen Angaben im Serum gelöste flavonoide Verbindungen und nicht Carotenoide, wie sie durch MOLISCH (1916) für die gelben Hydatoden der Blätter von *Ficus javanica* Reinw. beschrieben wurden. Einige Milchsäfte (*Antiaris*, *Ogcodeia*, *Streblus*) sind toxisch; sie enthalten Herzgifte (Cardenolide). Eine *Brosimum*- oder *Piratinera*-Art von Suriname, die den Indianern als «Takini» bekannt ist, liefert einen rotgefärbten Milchsaft, dessen Genuss Schlaf mit Träumen und Halluzinationen erzeugen soll (STAHEL 1944).

Im Folgenden sollen Latexanalysen getrennt von Analysen von Blättern, Rinden, Holz und Früchten aufgeführt werden. Bei Extraktion ganzer Organe ist selbstverständlich nicht zu entscheiden, welche der isolierten Verbindungen aus dem Milchsaft stammen. Die Cardenolide werden in Abschnitt 5 besprochen.

1. *Die Milchsäfte der Moraceen*

Die spontan oder nach Zusatz von Alkohol koagulierenden Anteile bestehen zur Hauptsache aus Eiweiss, «Harz» und Kautschuk. Das Coagulum-«Harz» lässt sich weiterhin in Wachs (kristallisiert beim Erkalten alkoholischer Auszüge aus: Fettsäureester von Triterpenalkoholen; Cerotinsäureester von Wachsalkoholen) und Harz (freie Triterpenalkohole; Acetate und Cinnamate von Triterpenalkoholen) unterteilen (vgl. z. B. ULTÉE 1934).

Antiaris toxicaria Lesch.: Der Milchsaft enthält 8,56% Eiweiss und gesamthaft 26,4% feste Bestandteile, wovon 32,5% auf Eiweiss entfallen (ULTÉE 1923); ferner enthält der Milchsaft 0,55% und das Coagulum 2,08% Kautschuk (ULTÉE 1924). Antiarol (= 3,4,5-Trimethoxyphenol), Kaliumnitrat und kristallisierendes Antiarharz aus mit Methanol konserviertem Latex (KILIANI 1896); das Antiarharz besteht aus α-Amyrincinnamat und wenig α-Amyrinstearat (WINDAUS-WELSCH 1908). Cardenolide (Antiarin etc.) vide S. 119.

Artocarpus communis Forst.: Produziert einen eiweissarmen (etwa 2%) Milchsaft (ULTÉE 1923); Verseifung des Wachses des Latex liefert Cerotinsäure und vermutlich Cerylalkohol (ULTÉE 1925, 1949); im Harz β-Amyrinacetat und α-Amyrin (nach Verseifung) (ULTÉE 1949).

A. elastica Reinw.: Das Latexcoagulum enthält keinen Kautschuk (ULTÉE 1924), wohl aber ein cerotinsäurehaltiges Wachs (ULTÉE 1925); im Harz β-Amyrinacetat und Lupeol (vermutlich als Acetat) (ULTÉE 1949).

A. heterophylla Lamk. (=*A. integra* [Thunb.] Merr. = *A. integrifolia* L. f.): Latex mit 7,7% Eiweiss und gesamthaft 24,1% Trockenrückstand (ULTÉE 1923); das Latexwachs liefert bei Verseifung Cerotinsäure (ULTÉE 1925). Latex der Früchte mit 23,2% Wasser, 71,8% «Harz» und 5,04% einer Mischung von Kautschuk und Gutta (TAUCHICO-MAGPANTAY 1958). Cycloartenon (das frühere Artostenon), Cycloartenol und Butyrospermol aus dem verseiften Latex der Früchte (BARTON 1951).

A. lakoocha Roxb.: Latex mit 3,7% Kautschuk (The Wealth of India, l. c. B 5.4).

A. venenosa Zoll. et Mor. (= *Gymnartocarpus venenosa* Boerl.): Latex enthält toxische, alkohollösliche Bestandteile (BOORSMA 1899, l. c. B 3.01).

Broussonetia papyrifera Vent.: Latex mit 36,5% festen Anteilen; die letzteren frei von Kautschuk, mit 28,1% Eiwess (ULTÉE 1923, 1924); Verseifung des Coagulums liefert Cerotinsäure (ULTÉE 1925); im Harz Lupeol (nach Verseifung) und das Acetat eines nicht identifizierten Alkohols (ULTÉE 1949).

Castilloa elastica Cerv.: 0,1% Chlorogensäure aus Latex (GORTER 1912). Ein Cumarinderivat und Dambonit aus Latex (WEBER 1903; nach saurer Hydrolyse). Das Latexcoagulum enthält etwa 80% Kautschuk und 20% „Harz", aus der Harzfraktion β-Amyrinacetat, Lupeolacetat und nach Verseifung α-Amyrin (ULTÉE 1912). Aus dem verseiften Wachsanteil Cerotinsäure (ULTÉE 1925).

Ficus alba Reinw.: Das Latexcoagulum enthält nur Spuren von Kautschuk; es besteht zur Hauptsache aus einem Wachs mit β-Amyrinstearat und Lupeolstearat als Hauptbestandteilen (ULTÉE 1922).

F. anthelmintica Mart.: 0,013% Pseudopelletierin und 0,06% Santonin in frischem Latex (ALTMAN 1958).

F. bengalensis L.: Latex mit 12% Kautschuk; Harz mit α-Amyrinacetat; Wachs mit Stearinsäureestern (T. N. SANTHAKUMARI und P. P. PILLAY, C. A. *54*, 17933 [1960]).

F. benjamina L.: Latexcoagulum mit 6,3% Kautschuk, 80,1% „Harz", 10,3% Eiweiss und 0,6% Mineralen; „Harz" mit wenig cerotinsäurehaltigem Wachs und einer zur Hauptsache aus α-Amyrinacetat und α-Amyrin bestehenden Harzfraktion (ULTÉE 1934).

F. callosa Willd.: Latex mit 26,6% Eiweiss (= 90,8% der festen Anteile) (ULTÉE 1923).

F. cordifolia Blume: Latex mit 20,4% Eiweiss (= 79,1% der festen Anteile) (ULTÉE 1923).

F. elastica Roxb.: Spuren Chlorogensäure und reichlich Magnesiumsalz der Zuckersäure aus Latex (GORTER 1912); Coagulum besteht zu etwa 96% aus Kautschuk und 4% aus „Harz"; das eigentliche Harz enthält α-Amyrin und α-Amyrinacetat; die Wachsanteile enthalten Ester der Cerotinsäure (ULTÉE 1911, 1912, 1925).

F. fulva Reinw.: Das kautschukarme (± 1%) Coagulum besteht zur Hauptsache aus Stearinsäureestern von Triterpenen; β-Amyrinderivat in der Harzfraktion (ULTÉE 1922, 1934).

F. glabella Blume: Im Latex kommt ein cerotinsäurehaltiges Wachs vor (ULTÉE 1925); im Coagulum etwa 16% Kautschuk und viel „Harz"; in der Harzfraktion Zimtsäureester nicht identifizierter Alkohole (ULTÉE 1949).

F. glomerata Roxb.: 1,56% Eiweiss, 15,7% Kautschuk und 76,4% „Harz" im Coagulum; Wachsfraktion (1,25% des Coagulums) mit Cerotinsäureestern; Harzfraktion mit α-Amyrinacetat und geringeren Mengen von β-Amyrinacetat und Lupeolacetat (ULTÉE 1925, 1934).

F. macrophylla Desf.: Aus dem Milchsaft des Stammes Cycloartenylacetat und (nach Verseifung und Acetylierung) die Acetate von Lupeol und Butyrospermol (GALBRAITH et al. 1965).

F. superba Miq.: Kautschukfreies Coagulum mit 5,2% Eiweiss und 91% „Harz"; das Harz besteht zur Hauptsache aus Zimtsäureestern (ULTÉE 1934).

F. toxicaria L.: Latex nicht toxisch; Coagulum mit 0,2% Kautschuk und 94% „Harz"; „Harz" identisch mit demjenigen von *Ficus fulva*, i. e. grosse Mengen Stearinsäureester (Wachs) und geringe Mengen β-Amyrinacetat (Harz) (ULTÉE 1934).

F. variegata Blume: Das Milchsaft-Coagulum stellt die «Cera Fici» oder das «Gondang-Wachs» dar; es besteht zur Hauptsache aus β-Amyrinpalmitat und enthält daneben Lupeolacetat (ULTÉE 1915, 1924).

F. vogelii Miq.: Die Harzfraktion des Coagulums (25,9%) besteht zur Hauptsache aus α-Amyrinacetat und Lupeolacetat (ULTÉE 1921).

Für weitere Angaben über Kautschuk und „Harz"-Gehalte der Coagula der Latices von *Ficus*-Arten wird nach The Wealth of India (l. c. B 5.4) verwiesen.

Die Proteine der *Ficus*-Milchsäfte sind zum Teil papainartige Enzyme, die unter dem Namen Ficin bekannt geworden sind; sie haben die Eigenschaft parasitische Würmer (Versuche mit *Ascaris*) zu zerstören (im Gegensatz zu den tierischen Proteinasen). Botanisch identifizierte *Ficus*-Arten, deren Milchsäfte aktives Ficin enthalten, sind *Ficus carica* L., *F. glabrata* H. B. et K. (= *F. anthelmintica* Mart.?) und *F. ulmifolia* Lamk. (ROBBINS 1930; ROBBINS–LAMSON 1934; MOLITOR et al. 1941; TUBANGUI–BASCA 1947).

Einige Moraceen enthalten in den Latex-Coagula so viel Kautschuk, dass sie zeitweise zur technischen Kautschukgewinnung herangezogen wurden (z. B. *Castilloa elastica* Cerv., *Ficus elastica* Roxb., *Perebea guianensis* Aubl.). Für Übersichten über kautschukliefernde *Moraceae* wird nach WEHMER, WIESNER (beide l. c. B 3.01) und DE WILDEMAN (1949) verwiesen.

2. *Phenolische Verbindungen*

Sehr charakteristisch sind die Polyphenole von Blättern, Rinde, Holz und Früchten: Hydroxyzimtsäuren, flavonoide Verbindungen, Benzophenone, Xanthone, Stilbene, Cumarine und Gerbstoffe scheinen weit verbreitet zu sein. Im Holz vorläufig weniger Arten hat man insektizide und fungizide Stilbene (Chlorophorin) und Xanthone (vgl. bei *Maclura*) gefunden. Sie erklären die Tatsache, dass gewisse Moraceenhölzer (*Brosimum paraense*, *Chlorophora*-Arten, *Maclura pomifera*, *Piratinera guianensis*) termitenresistent sind und gleichzeitig von Pilzen kaum angegriffen werden. Die chemische Natur der durch SANDERMANN und DIETRICHS (1957) aus dem Holz von *Brosimum paraense* Huber isolierten zwei Wirkstoffe konnte noch nicht ermittelt werden.

2.1. HYDROXYZIMTSÄUREN UND CUMARINE: Nach Untersuchungen von BATE-SMITH (1962, l. c. Bd. 3, S. 40) enthalten hydrolysierte Blattextrakte (14 Arten untersucht) regelmässig mässige Mengen von Kaffeesäure und p-Cumarsäure, aber nur selten Ferula- oder Sinapinsäure. Aus frischen Blättern von *Morus bombycis* Koidz. («Mulberry Leaves») isolierten NAITO und HAYASHIYA (1965) 0,007% Chlorogensäure. Chlorogensäure ist ebenfalls aus den Milchsäften von *Castilloa elastica* und *Ficus elastica* bekannt (vgl. Abschnitt 1.).

Cumarine: Cumarin, das Umbelliferonderivat Xanthyletin und die Furanocumarine Bergapten und Psoralen wurden bisher in der Familie beobachtet:

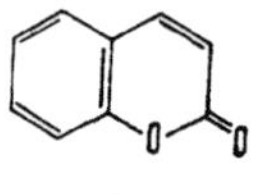

Cumarin

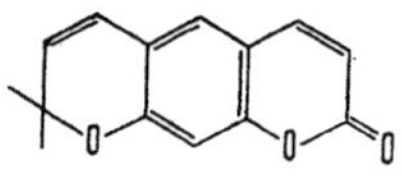

Xanthyletin

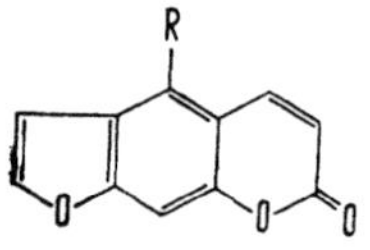

R = H : Psoralen (Ficusin)
R = OCH_3 : Bergapten

Brosimum spec. indet.: Aus Holz (aus der Provinz Loreto, Peru) Xanthyletin (Ausbeute an Rohkristallisat 2,8%) isoliert (CALDERÓN VELASCO et al. 1964).

Ficus carica L.: Psoralen (= Ficusin) und Bergapten aus Blättern (OKAHARA 1936); die Blätter enthalten noch 2 weitere Furanocumarine (FUKUSHI-TANAKA 1959); Isolation von Psoralen und Bergapten aus Blättern ferner beschrieben durch RODRIGHIERO et al. (C. A. *48*, 14116 [1954]; *54*, 10070 [1960]); KAMEL ATHNASIOS et al. (1962) und ABU-MUSTAFA et al. (1964 : 0,37% Psoralen und 0,59% Bergapten). Die Wurzeln lieferten ebenfalls Psoralen und Bergapten und 3 weitere Furanocumarine (FUKUSHI 1959, 1960).

F. salicifolia L.: Psoralen und Bergapten aus Blättern (ABU-MUSTAFA et al. 1964).

F. sycomorus L.: Aus Blättern 0,19% Psoralen (ABU-MUSTAFA et al. 1964).

F. radicans Desf.?: Blätter enthalten eine Verbindung, aus der beim Absterben Cumarin entsteht; dieser cumarinogene Stoff (Glucosid der o-Hydroxyzimtsäure?) kommt in Blättern von *F. elastica*, *F. religiosa* und *F. stipulata* nicht vor (MOLISCH 1931).

2.2. FLAVONOIDE VERBINDUNGEN: Nach BATE-SMITH (1962, l. c. Bd. 3, S. 40) kommen in Blättern Glykoside des Quercetins und Kaempferols recht häufig vor, nie aber solche des Myricetins (und ebenfalls nicht Ellagsäure). Leucocyanidin (nie Leucodelphinidin) beobachtete er bei *Ficus elastica* Roxb., *F. lyrata* Warb., *F. pumila* L., *F. sycomorus* L. und *Cecropia peltata* L. LEBRETON (1962, 1964) untersuchte weitere Arten auf ihre Blattphenole (hydrolysierte Extrakte); er fand Leucoanthocyane nur im Genus *Ficus* (Leucocyanidin und das seltene Leucopelargonidin); ferner beobachtete er ebenfalls häufiges Auftreten von Quercetin und Kaempferol; daneben fand er aber auch Myricetin bei *Cudrania tricuspidata* Bureau, *Artocarpus incisa* L., *Ficus elastica* L. und *F. heterophylla* Roxb. und Luteolin bei *Broussonetia papyrifera* Vent. und *Artocarpus bonnettii* Hort.

Neben diesen weitverbreiteten flavonoiden Verbindungen sind aus der Familie ebenfalls eine Reihe von höchst charakteristischen Vertretern dieser Stoffgruppe bekannt geworden; sie gehören zu den Leucoanthocyanen (Cyanomaclurin: CHAKRAVARTI-SESHADRI 1962), Flavonen, Isoflavonen und Flavonolen.

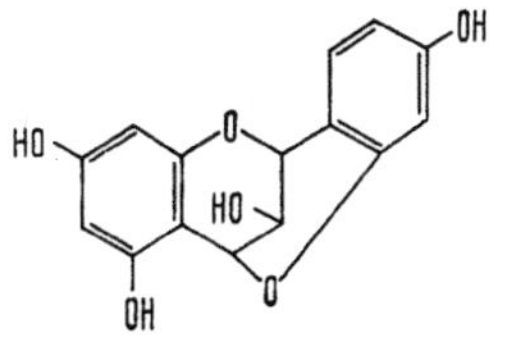

Cyanomaclurin (MADHAVAN-VENKATARAMAN 1963)

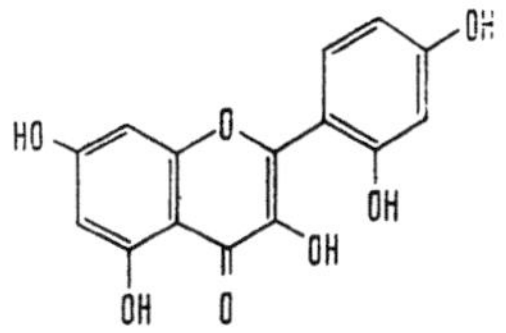

Morin
Dihydromorin ist das entsprechende Flavanonol (von ihm dürfte ein Weg zum Cyanomaclurin führen).

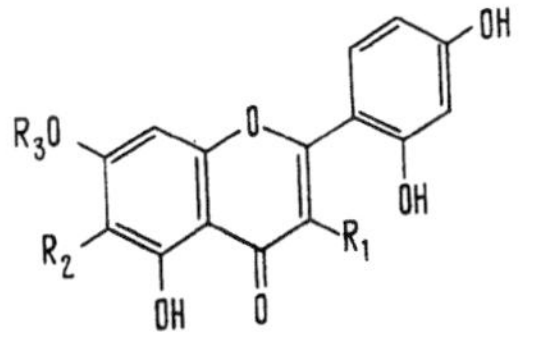

Artocarpetin: $R_1 = R_2 = H$; $R_3 = CH_3$
Artocarpanon : Dihydroartocarpetin

Artocarpin : $R_1 = R_2 =$ 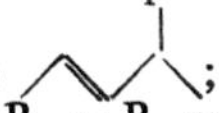; $R_3 = CH_3$
Norartocarpetin : $R_1 = R_2 = R_3 = H$

Artocarpesin : $R_1 = R_3 = H$; $R_2 =$ 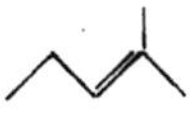

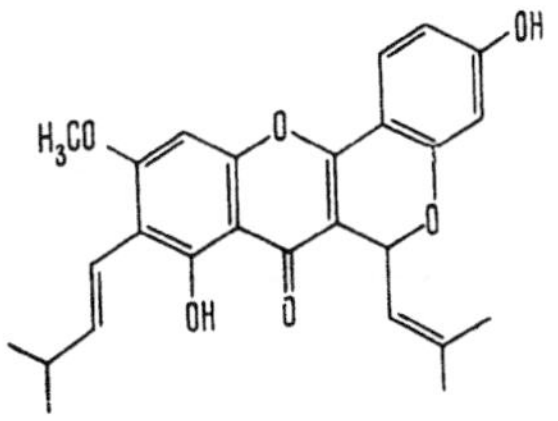

Cycloartocarpin
(= Isoartocarpin)
(NAIR et al. 1964)

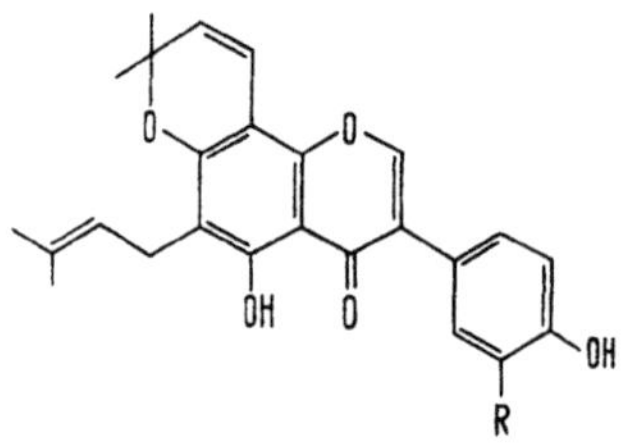

R = H : Osajin
R = OH : Pomiferin

HARMS (1915) beschreib eine Reaktion zum Nachweis von Morin in Moraceenhölzern. Positiv reagierten *Artocarpus heterophylla*, *Chlorophora tinctoria* und *Maclura pomifera*, negativ reagierte *Chlorophora excelsa;* diese Beobachtungen stimmen mit den Resultaten der präparativen Isolation der Holzphenole überein.

Rein isolierte flavonoide Verbindungen:

Artocarpus heterophylla Lamk.: Aus dem Kernholz Morin, Cyanomaclurin, Artocarpin, Artocarpetin, Artocarpanon, Cycloartocarpin (= Isoartocarpin), Norartocarpetin und Artocarpesin (DAVE et al. 1956, 1960, 1961, 1962; RADHAKRISHNAN et al. 1965; NAIR et al. 1965). Die Zusammensetzung der Flavonoide verschiedener Holzmuster kann recht unterschiedlich sein (DAVE et al. 1960; RADHAKRISHNAN et al. 1965). Dihydromorin wurde ebenfalls aus dem Holz isoliert (CHAKRAVARTI-SESHADRI 1962).

A. hirsuta Lamk.: Aus dem Holz Artocarpin, Cycloartocarpin (= Isoartocarpin) (DAVE et al. 1960, 1961, 1962), Cyanomaclurin und Morin (NAIR et al. 1965).

Chlorophora tinctoria (L.) Gaud. (= *Morus tinctoria* L. = *Maclura tinctoria* [L.] Gaud.): Das Holz dieser vielgestaltigen, weitverbreiteten mittel- und südamerikanischen Art stellt die erste Quelle des seit 1830 bekannten Morins dar. Neuere Isolationsarbeiten: Annähernd 1% Morin (HALEY-BASSIN 1951); neben Morin auch Dihydromorin und Dihydrokaempferol aus dem Holz gewonnen (LAIDLAW-SMITH 1959).

Ficus carica L.: Rutin aus Blättern (NAKAOKI et al. 1957; EL-SAYED EL-KHOLY und ABDEL MONEM SHABAN 1966).

Maclura affinis Miq.: 4,4% Morin aus dem Holz (PECKOLT 1891).

M. pomifera (Raf.) Schneid. (= *Toxylon pomiferum* Raf. = *Maclura aurantiaca* Nutt.): Morin aus dem Holz (WOLFROM-BHAT 1965); Dihydromorin aus Holz (LAIDLAW-SMITH 1959); Osajin und Pomiferin aus Früchten (WOLFROM et al. 1946; WOLFROM-BHAT 1965).

Morus alba L.: Wenig Dihydromorin und Dihydrokaempferol aus Stammholz (LAIDLAW-SMITH 1959); 0,3–0,44% Morin aus Zweigholz (SPADA et al. 1956, 1957).

M. bombycis Koidz.: Morin aus Holz (T. KONDO al., C. A. *52*, 12395 [1958]).

M. lactea Mildbr.: Aus dem Holz des ostafrikanischen Maulbeerbaumes isolierten CARRUTHERS et al. (1957) Dihydromorin und Morin; ersteres wird durch Luftoxydation in Morin überführt; neben Dihydromorin kommt im Holz Dihydrokaempferol vor (LAIDLAW-SMITH 1958).

Aus japanischen Maulbeerbäumen (in Japan kommen *M. bombycis* Koidz., *M. tiliaefolia* Makino und *M. australis* Poir. vor) sind ferner bekannt: Isoquercitrin aus Blättern (Y. HAMAMURA und K. NAITO, C. A. *51*, 18140 [1957]) und 0,03% Morin aus Holz (G. SUZUSHINO, C. A. *51*, 1396 [1957]).

Treculia africana Decne.: Morin, ein Flavonol, ein Flavanon und ein Cyanidinglucosid aus der Rinde (L. NOGUEIRA PRISTA und A. CORREIA ALVES, C. A. *61*, 11006 [1964]).

2.3. BENZOPHENONE UND XANTHONE: Im Holz wird Morin nicht selten von Benzophenonen und Xanthonen begleitet.

Mögliche Zusammenhänge zwischen den Benzophenonen und Xanthonen der Moraceen

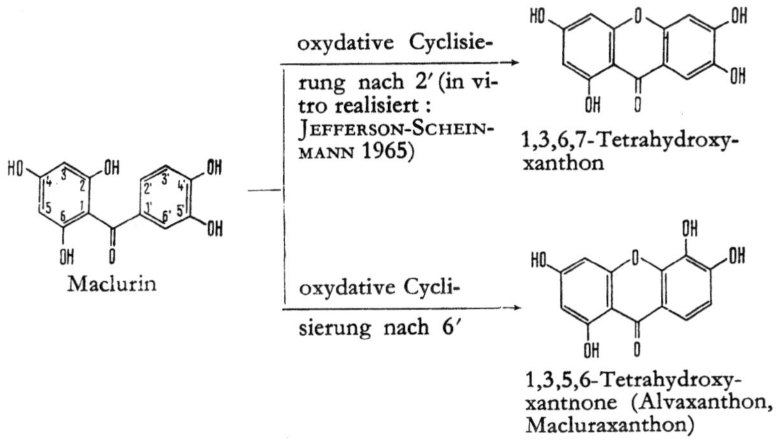

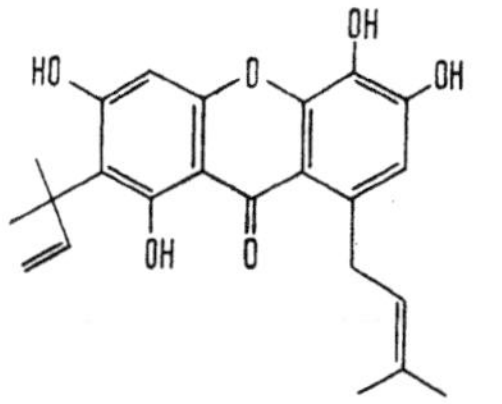

Alvaxanthon, $C_{23}H_{24}O_6$ (WOLFROM et al. 1965)

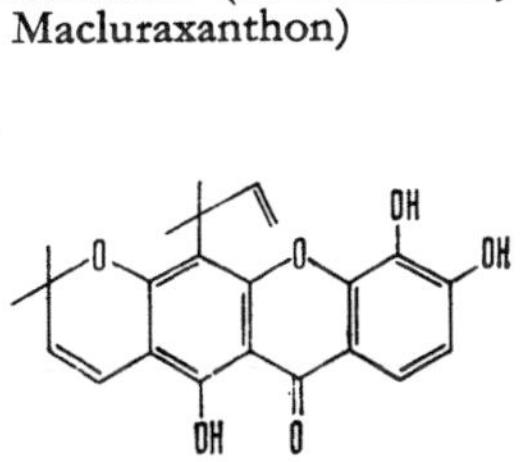

Macluraxanthon, $C_{23}H_{22}O_6$ (WOLFROM et al. 1963, 1964)

Wenn der für die Moraceenxanthone skizzierte Biogeneseweg zutrifft, müsste das dem Osajaxanthon entsprechende Benzophenon eine Tetrahydroxy-Verbindung sein. Tatsächlich ist ein Tetrahydroxybenzophenon aus der Familie bekannt (bei ihm steht jedoch die Hydroxylgruppe in 4′- und nicht in 3′ [oder 5′]-Stellung):

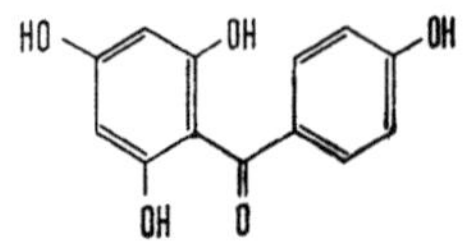

Morus alba-Benzophenon (2,4,4',6-Tetrahydroxy-benzophenon: SPADA et al. 1956)

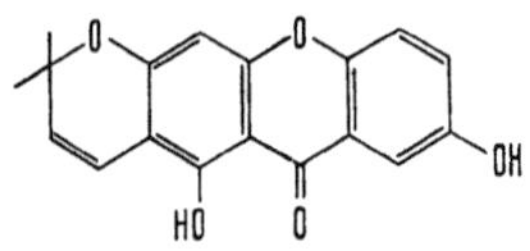

Osajaxanthon, $C_{18}H_{14}O_5$ (WOLFROM et al. 1965)

Bekannte Vorkommnisse:

Chlorophora tinctoria (L.) Gaud.: Das Holz stellt die altbekannte Quelle des Maclurins dar; Isolationen in neuerer Zeit: HALEY-BASSIN 1951 0,5%; LAIDLAW-SMITH 1959. JEFFERSON und SCHEINMANN (1965) wiesen das 1,3,6,7-Tetrahydroxyxanthon als Begleitstoff des Maclurins nach (in aus *Chlorophora tinctoria* gewonnenem Maclurin des Handels) und zeigten, dass sich Maclurin in vitro leicht zum Tetrahydroxyxanthon oxydieren lässt.

Maclura affinis Miq.: 5,6% Maclurin aus Holz (PECKOLT 1891).

M. pomifera (Rafin.) Schneid.: Im Holz kein Maclurin aber 0,09% 1,3,6,7-Tetrahydroxyxanthon (WOLFROM et al. 1965). Aus Wurzelrinde Alvaxanthon (I), Macluraxanthon (II) und Osajaxanthon (III) in sehr wechselnden Mengen (im Mittel 0,45% II, 0,15% I und 0,02% III; I und III können fehlen; in einem Rindenmuster 1,42% I und 0,36% II); I und II sind Fisch- und Insektengifte; sie wirken u. a. insektizid gegen tropische Termiten (WOLFROM et al. 1963, 1964).

Morus alba L.: Wenig Maclurin und 0,38% 2,4,4',6-Tetrahydroxybenzophenon aus Zweigholz (SPADA et al. 1956).

2.4. STILBENE: Bei einigen Arten werden Morin, Maclurin und verwandte Stoffe im Holz von Stilbenen begleitet oder durch solche ersetzt.

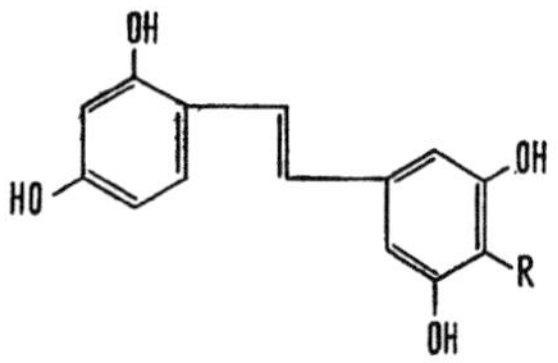

R = H : 2,4,3',5'-Tetrahydroxystilben (Hydroxyresveratrol), $C_{14}H_{12}O_4$
R = $CH_2.CH : C(CH_3).CH_2.CH_2.CH : C(CH_3)_2$: Chlorophorin, $C_{24}H_{28}O_4$

Bekannte Vorkommnisse:

Artocarpus lakoocha Roxb.: 2,4,3',5'-Tetrahydroxystilben aus Holz (MONGOLSUK et al. 1957).

Chlorophora excelsa Benth. et Hook. f.: 2 bis 8% Chlorophorin aus dem Kernholz; das Holz ist gegen Insekten- und Pilzbefall sehr resistent (KING-GRUNDON 1949, 1950; NUNN-RAPSON 1949).

Cudrania tricuspidata (Carr.) Bureau (= *C. triloba* [Hance] Forbes et Hemsl.): Das durch TASAKI (1925) aus dem Holz isolierte und als mutmassliches Benzophenonderivat erwähnte Cudranin ist nach KONDO et al. (C. A. *52*, 12395 [1958]) vermutlich ein Stilben (vgl. bei *Morus bombycis*).

Maclura pomifera (Rafin.) Schneid.: Das maclurinfreie Holz lieferte 1% 2,4,3',5'-Tetrahydroxystilben; diese Verbindung stellt den fungiziden Wirkstoff des Holzes dar (BARNES—GERBER 1955); das gleiche Stilben isolierten LAIDLAW und SMITH (1959) und WOLFROM und BHAT (1965: 0,08%) aus dem Holz.

Morus alba L.: 2% 2,4,3',5'-Tetrahydroxystilben aus Holz (LAIDLAW-SMITH 1959).

M. bombycis Koidz.: 0,62% Cudranin (angeblich $C_{13}H_{10}O_4$) aus Holz isoliert (G. SUZUSHINO, C. A. *51*, 1396 [1957]); 0,6% Hydroxyresveratrol aus Holz; das letztere ist vermutlich identisch mit Cudranin (T. KONDO et al., C. A. *52*, 12395 [1958]); demnach sollte Cudranin die Bruttoformel $C_{14}H_{12}O_4$ haben.

2.5. GERBSTOFFE: Echte Gerbstoffe kommen anscheinend bei den Moraceen nicht in grossen Mengen vor. Holz und Rinden sind allerdings reich an Polyphenolen. Gehaltsangaben für Rinden- und Holzgerbstoffe (vgl. z. B. DEKKER, l. c. B 3.09; The Wealth of India, l. c. B 5.4; z. B. *Artocarpus*, *Ficus*) sind unzweifelhaft zu hoch, da bei den älteren Bestimmungen die sub 2.2 bis 2.4 besprochenen Phenole teilweise miterfasst wurden. GNAMM (l. c. B 3.09) erwähnt keine einzige Moracee als technisch wichtige Gerbereipflanze. Wo Moraceenextrakte in der Gerberei verwendet wurden (angeblich Holzextrakte von *Maclura pomifera*), geschah dies wohl eher um deren färbende als um deren gerbende Eigenschaften. Für die angeblich von einer *Brosimum*-Art stammende Gateadorinde mit 12,6% Gerbstoff ist die Stammpflanze unsicher. Als zuverlässige neuere Angabe bleibt eine Bestimmung des Gerbstoffgehaltes des Holzes von *Chlorophora tinctoria* (L.) Gaud. var. *xanthoxyla* (Argentinien) übrig; E. RICCI (C. A. *51*, 9803 [1957]) fand 7,8% Gerbstoff.

Die wichtigsten Gerbstoffbausteine, Gallussäure, Ellagsäure, Catechine und Leucoanthocyane, wurden bisher in der Familie nicht eindeutig oder nur in geringen Mengen (Leucoanthocyane in den Blättern einiger *Ficus*-Arten) nachgewiesen, wenn wir von dem für die Familie charakteristischen Cyanomaclurin absehen.

3. *Triterpene, Sterine und Wachse*

Die Triterpene der Milchsäfte wurden bereits in Abschnitt 1 besprochen. Wo Organe extrahiert wurden, lässt sich meist nicht sicher beurteilen, ob isolierte Triterpene und Sterine aus dem Milchsaft oder aus den Geweben stammen.

Artocarpus heterophylla Lamk.: Cycloartenon aus Holz isoliert (NOGUEIRA PRISTA–CORREIA ALVES 1959).

A. lakoocha Roxb.: β-Amyrinacetat und Lupeol aus Rinde (KAPIL-JOSHI 1960).

Brosimum spec. indet.: Aus der aus Suriname stammenden Takinirinde isolierten BICK und CLEZY (1958) Friedelin und β-Sitosterin.

Cecropia peltata L.: Sterine und Ursolsäure aus Rinde (L. NOGUEIRA PRISTA und A. CORREIA ALVES, C. A. *61*, 12325 [1964]).

Ficus carica L.: β-Sitosterin, β-Amyrin und Lupeol aus Blättern (nach Verseifung) (ABU-MUSTAFA et al. 1964). Ein schwer verseifbares Wachs, $C_{60-62}H_{120-124}O_2$, ein Paraffin, $C_{34-36}H_{70-74}$, ein Pseudotaraxasterolester (Säure vermutlich Tiglinsäure), und ein freies Steroidsapogenin (Ficusogenin, $C_{27}H_{41}O_2[OH]_3$) aus Blättern (EL-SAYED EL-KHOLY und ABDEL MONEM SHABAN 1966). β-Sitosterin und Pseudotaraxasterol (nach Verseifung) aus Blättern (KAMEL ATHNASIOS et al. 1962).

F. macrophylla Desf.: Aus Blättern die Paraffine C_{29}, C_{30}, C_{31}, C_{32} und C_{33} und Wachsalkohole und das neue Triterpen Moretenol, $C_{30}H_{50}O$ (= 3 β-Hydroxy--21αH-hop-28-en) (GALBRAITH et al. 1965).

F. racemosa L. (= *F. glomerata* Roxb.): Aus Wurzelrinde Lupeol und β-Sitosterin (SHARMA et al. 1963).

F. salicifolia L.: β-Sitosterin und Lupeol aus Blättern (ABU-MUSTAFA et al. 1964).

F. sycomorus L.: Aus Oktoberblättern α-Amyrin, Lupeol und β-Sitosterin (ABU-MUSTAFA et al. 1964).

Maclura pomifera (Rafin.) Schneid.: Aus Früchten Lupeol, Butyrospermol und 3,20-Lupandiol (WAGNER–HARRIS 1952; LEWIS 1959). Lupeol, Butyrospermol, 3,20-Lupandiol und β-Sitosterin aus Wurzeln; das Lurenol von HARRIS und WAGNER war eine Mischung von Butyrospermol und Lupandiol (DOUGLAS-LEWIS 1966).

Morus alba L.: Aus Blättern β-Sitosterin, Sitosterylcaprat und Sitosterylpalmitat (oder -stearat) (BERGMANN et al. 1964).

M. bombycis Koidz.: Aus Blättern Lupeol und β-Sitosterinmonoglucosid (M. GOTO et al., C. A. *64*, 7045 [1966]); aus Blättern Palmitinsäure, Aethylpalmitat und Hentriakontan (NAITO et al. 1963).

Streblus asper Lour.: β-Sitosterin aus Blättern (S. K. ROY, C. A. *60*, 9601 [1964]).

4. *Saponine*

Saponine scheinen in der Familie selten aufzutreten. BOORSMA (1899, l. c. B 3.01) hat solche in Blättern von *Ficus hypogaea* King nachgewiesen (Schaumprobe; Hämolyse). PERNET (1959, l. c. Bd. 3, S. 673) hat in einigen *Ficus*-Arten von Madagascar Saponine beobachtet: *F. cocculifolia* Bak. (Rinde, Blatt), *F. megapoda* Bak. (Rinde, Blatt), *F. polyphlebia* Bak. (Blatt), *F. pyrifolia* Lamk. (Rinde, Blatt) und *F. scorceoides* Bak. Viele andere untersuchte Moraceen (vgl. z. B. SIMES et al.; WALL et al., l. c. B 4.5) waren saponinfrei. Für das sogenannte Steroidsapogenin (Ficusogenin) aus Blättern von *Ficus carica* wurde vorläufig nicht nachgewiesen, dass es tatsächlich als Aglykon von Saponinen in der Pflanze vorliegt.

5. *Cardenolide*

Der Milchsaft einiger Moraceen wird zu wirksamen Pfeilgiften verarbeitet. Als Wirkstoffe hat man digitaloide Verbindungen ermittelt; Cardenolide können ebenfalls in Samen in beträchtlichen Mengen auftreten. Wie bei den anderen Pflanzengruppen, die digitaloide Glykoside akkumulieren, kommen ebenfalls bei den Moraceen kaum familien- oder genusspezifische Vertreter dieser Verbindungsklasse vor.

Der Zucker Javose (= 6-Desoxy-2-O-methylallose) wurde erstmalig als Bestandteil der *Antiaris*-Samenglykoside, Strophanthojavosid (= Strophanthidin-javosid) und Antiarojavosid, beobachtet (MÜHLRADT et al. 1965). Antiarose (= D-Gulomethylose) ist der Zucker des α-Antiarins und des α-Antiosids. Die Genine Antiarigenin und Antiogenin (JUSLÉN et al. 1962) sind bisher nur von den Moraceen bekannt.

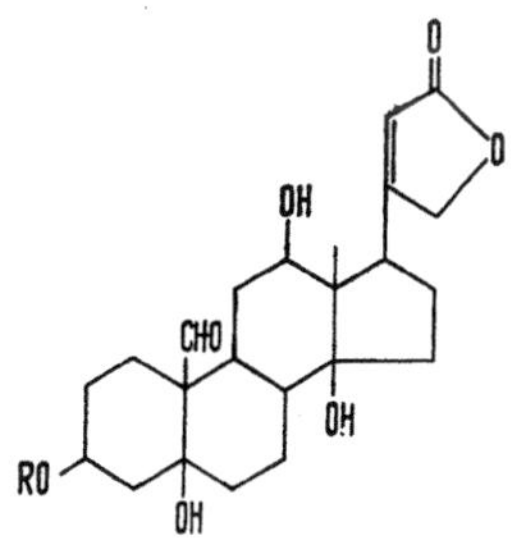

R = H : Antiarigenin
R = Rhamnosyl : β-Antiarin
R = Antiarosyl : α-Antiarin
R = 6-Desoxyallosyl : Antiallosid
R = Javosyl : Antiarojavosid

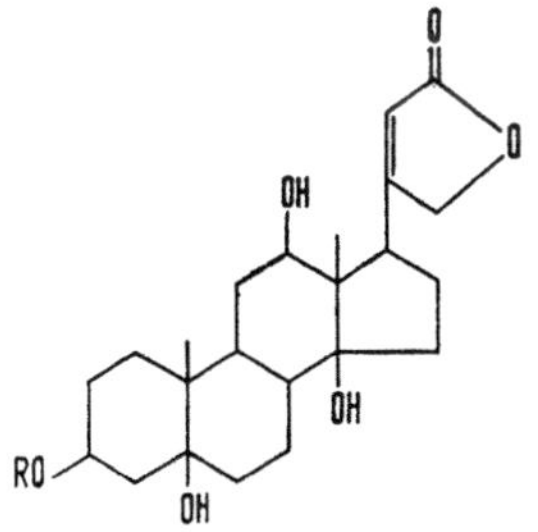

R = H : Antiogenin
R = Rhamnosyl : Antiosid
R = Antiarosyl : α-Antiosid
R = 6-Desoxyallosyl : Antiogosid

Antiaris africana Welw.: BISSET (1962) wies in Samen und im Milchsaft α-Antiarin, β-Antiarin, Convallatoxin (= Stoff A von DOLDER : JUSLÉN et al. 1962) und weitere Cardenolide nach. WEHRLI et al. (1962) beobachteten im Milchsaft die Stoffe A, A′, A″ (= Evomonosid), Convallatoxin, Malayosid (vermutlich) und zahlreiche weitere Cardenolide.

A. toxicaria Lesch.: Vielgestaltige Art von tropisch Asien, die unter den Namen «Upas» und «Ipoh» seit langem als sehr giftig bekannt ist. Umfassende Untersuchungen von REICHSTEIN und Mitarbeitern (DOEBEL et al. 1948; DOLDER et al. 1955; MARTIN-TAMM 1959; WEHRLI 1962; WEHRLI et al. 1962; JUSLÉN et al. 1962, 1963) haben gezeigt, dass der Milchsaft eine sehr komplexe Mischung von Cardenoliden (wenigstens 30) enthält und dass die Zusammensetzung der Cardenolide nicht konstant ist (individuelle Unterschiede; provenienzbedingte Unterschiede). Im Upas-Milchsaft wurden bisher die folgenden Cardenolide identifiziert und strukturell geklärt: α-Antiarin, β-Antiarin, α-Antiosid, Antiosid, Malayosid (= Cannogenin-rhamnosid), Convallatoxin (= Strophanthidin-rhamnosid), Convallatoxol (= Strophanthidol-rhamnosid), Evomonosid (= Digitoxigenin-rhamnosid), Desglucocheirotoxin (= Strophanthidin-gulomethylosid), Digoxigenin-rhamnosid (= Stoff γ), Antiarigenin-acofriosid; das Bogorosid ist das Rhamnosid eines Genins, dessen Struktur noch nicht geklärt wurde.

Bisset (1962) beobachtete, dass die Samen ebenfalls reichlich α-Antiarin, β-Antiarin, Antiosid und Convallatoxin enthalten; die gleichen Cardenolide fand er in der Rinde von Stamm und Wurzeln und im Holz von Stamm und Wurzeln; dagegen liessen sich Cardenolide in Blättern, ♂ Blüten und im Fruchtfleisch nicht nachweisen. Mühlradt et al. (1964, 1965) konnten in Samen nicht weniger als 34 Cardenolide (nach fermentativem Abbau zu den Monoglykosiden) nachweisen; 16 von ihnen wurden kristallisiert erhalten; sie sind Glykoside des Strophanthidins, Strophanthidols, Periplogenins, Antiarigenins und Antiogenins; als Zucker führen sie 6-Desoxyallose, 6-Desoxyglucose, Rhamnose, Cymarose und Javose.

A. welwitschii Engl.: α-Antiarin, β-Antiarin, Antiosid und Convallatoxin im Milchsaft nachgewiesen (Bisset 1962).

Antiaropsis decipiens K. Schum.: In Samen α-Antiarin, Antiosid und weitere Cardenolide nachgewiesen (Bisset 1957).

Castilloa (= *Castilla*) *elastica* Cerv.: Aus entfetteten Samen isolierten Adams und Wilkinson (1961) 0,76% Cymarin und 0,14% Periplocymarin. Brauchli et al. (1961) erhielten neben den bereits erwähnten Cardenoliden noch Cymarol, Helveticosid, Desglucocheirotoxin, Helveticosol, K-Strophanthin-β und 8 weitere Cardenolide aus den Samen; der Milchsaft dieser Art enthält nur geringe Mengen von Cardenoliden; Brauchli et al. wiesen Periplogenin, Strophanthidin, Periplocymarin, Cymarin, Cymarol und Helveticosid nach.

Ogcodeia ternstroemiiflora Mildbr.: Der Latex dieses den Indianern von Columbien als «Pacurú-Niaara» bekannten Baumes wird zu einem Pfeilgift verarbeitet (Mezey 1943; Mezey et al. 1948). Ein Glykosidgemisch aus dem Latex ist als Niaarin bekannt; es besitzt strophanthinähnliche Wirkung und wird wie dieses verwendet (Holland 1949). Nach Bisset (1957) enthält das aus Latex bereitete Niaarin Antiosid, α- und β-Antiarin, Convallatoxin und 4 weitere Cardenolide; die Samen enthalten nach dem gleichen Autor Antiosid, β-Antiarin, Convallatoxin und 9 weitere Cardenolide.

Streblus asper Lour.: In der Rinde wiesen Greshoff (1898, l. c. B 3.01) und Visser (1896) einen antiarinartigen, giftigen Bitterstoff nach. Reichstein und Mitarbeiter (Khare et al. 1962; Manzetti und Reichstein 1964) isolierten aus der Wurzelrinde zahlreiche (>30) Cardenolide; diese sind in erster Linie Glykoside des Digitoxigenins, Periplogenins und Strophanthidins und enthalten als wichtigste Zucker 2,3-Di-O-methylglucose und 2,3-Di-O-methylfucose. Mengenmässig überwiegen Asperosid (= Digitoxigenin-2,3-di-O-methylglucosid), Streblosid (= Strophanthidin-2,3-di-O-methylfucosid) und Glucostreblosid.

6. *Alkaloide*

Bis vor kurzem galt die Familie praktisch als alkaloidfrei. Immerhin hatte bereits GRESHOFF (1898, l. c. B 3.01) aus Blättern und Rinde von *Ficus hispida* King ein wenig toxisches Alkaloid isoliert. Für wenige weitere Moraceen wurden im Laufe der Zeit positive Alkaloidreaktionen beobachtet (WILLAMAN—SCHUBERT, l. c. B 3.11). Bei *Ficus carica* sollen Blätter und Rinde ebenfalls alkaloidhaltig sein (S. KUCHARSKI, C. A. *63*, 7346 [1965]). In jüngster Zeit wurden im Genus *Ficus* 3 sehr verschiedene Alkaloidtypen gefunden:

Ficus anthelmintica Mart.: Pseudopelletierin (ALTMAN 1958).

Ficus pantoniana King: Ficin (nicht verwechseln mit dem Enzym Ficin, S. 111) als Hauptalkaloid und Isoficin als Nebenalkaloid (JOHNS–RUSSEL 1965).

Ficus septica Burm. f.: (—)-Tylocrebrin (Hauptalkaloid), Tylophorin und Septicin (RUSSEL 1963).

Myrianthus arboreus P. Beauv.: Enthält ein Peptidalkaloid (PAIS et al. 1964).

Bisher bekannt gewordene Moraceenalkaloide (Formel Pseudopelletierin vgl. S. 414):

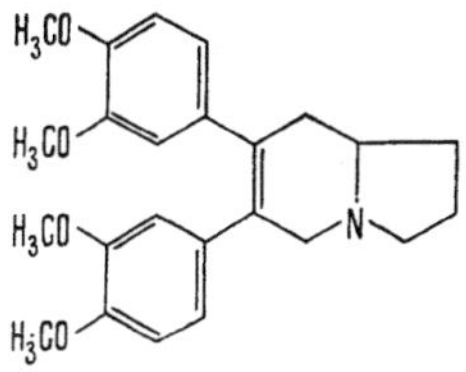

Septicin, $C_{24}H_{29}O_4N$
(Formeln von Tylophorin und Tylocrebrin vgl. Bd. 3, S. 202)

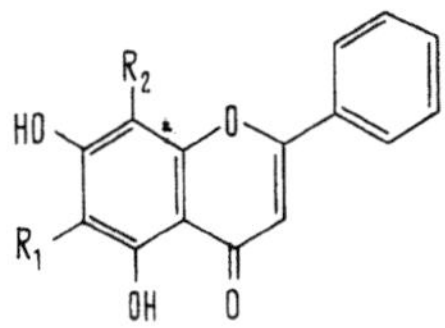

	R_1	R_2
Ficin, $C_{20}H_{19}O_4N$	H	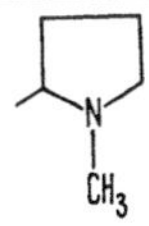
Isoficin $C_{20}H_{19}O_4N$	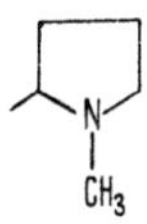	H

Die den C-Glucosyl-Flavonen vergleichbaren Verbindungen Ficin und Isoficin stellen die ersten Flavonoidalkaloide dar.

7. *Schleime*

Die Moraceen sind oft schleimreiche Pflanzen (vgl. S. 108). Chemische Untersuchungen der Schleime fehlen jedoch noch weitgehend.

Artocarpus heterophylla Lamk.: Die Sammelfrucht («Jackfruit») enthält eine Mischung von Pektin (1-4-α-Galakturan) mit einem Schleim, der im Prinzip ein Glucan darstellt (GUPTA-RAO 1963, 1965).

Ficus awkeotsang Makino: Die Achaenen liefern mit Wasser eine Gallerte, die nach Zufügen von Zucker auf Formosa als Speise («awkeotsang») dient. Hauptbestandteil ist ein Pektin (1-4-α-Galakturan; ODA-TANAKA 1966).

8. *Verschiedenes*

8.1. *Kohlenhydrate und Cyclite:* Aus dem Milchsaft von *Castilloa elastica* Cerv. gewann WEBER (1903) Dambonit (Formel Bd. 3, S. 155). K. NAITO und Y. HAMAMURA (C. A. *60*, 14765 [1964]) erhielten aus Maulbeerblättern (vermutlich *Morus bombycis*) 0,18% Mesoinosit. Allgemein ist Cyclitspeicherung bei den Moraceen nicht. PLOUVIER (1953, 1960) suchte in Arten der Genera *Broussonetia*, *Ficus*, *Maclura* und *Morus* vergeblich nach Quebrachit (kommt bei den Cannabinaceen vor), Dambonit und andern Cycliten.

Besondere Kohlenhydrate sind aus der Familie nicht bekannt. Untersuchungen japanischer Autoren (SAKAI 1961; Y. KASHIWADA, C. A. *59*, 11888 [1963]) über die Rolle der Zuckeralkohole und Zucker für die Frostresistenz bei *Morus bombycis* haben folgendes ergeben: In der Rinde kommen geringe Mengen Zuckeralkohole vor (0,07% Mannit, 0,03% Sorbit, 0,04% Glycerin); wichtiger sind die Zucker (4,3%): Glucose, Fructose, Saccharose und im Winter zusätzlich Stachyose und Raffinose; *Morus bombycis* scheint demnach die gleiche Frostschutzreaktion wie viele mitteleuropäische Holzgewächse zu besitzen (vgl. hierüber Bd. 4, S. 337).

8.2. *Die Samenöle:* Die Moraceen führen fettes Öl, Stärke und Eiweiss in wechselndem Verhältnis in den Samen. Eine Reihe von tropischen Arten erzeugt Samen, die reichlich Stärke und nur geringe Ölmengen enthalten: *Brosimum alicastrum* Sw. (Samen enthalten Stärke und daneben etwa 1% Öl und 10% Eiweiss: EARLE-JONES 1962, l. c. Bd. 3, S. 40); *Treculia africana* Decne. (viel Stärke; etwa 8% Öl, J. Z. 53: PEIRIER 1930); *T. perrieri* Jum. (Samen mit etwa 10% Öl, J. Z. 66: PEIRIER 1930); *Artocarpus communis* Forst. (etwa 5% Öi, 13,8% Eiweiss und 74,6% Kohlenhydrate: BUSSON 1965); ähnlich dürften sich die Samen von *Artocarpus hirsuta* verhalten (Samen mit 16% Öl, J. Z. 85: ECKEY, l. c. B 3.03). Die extratropischen Arten haben stärkefreie, ölreiche Samen; zudem liegen die Jodzahlen ihrer Öle viel höher. Es gibt aber ebenfalls tropische Arten, die zu diesem Typus gehören, wie die Analysen der Samen von 3 afrikanischen *Myrianthus*-Arten zeigen (BUSSON 1965):

Broussonetia papyrifera Vent.: 31,7% Öl (C. A. *51*, 15971 [1957]).
Ficus carica L.: 24–30% Öl; J. Z. 147–169: ECKEY, l. c. B 3.03.
Maclura pomifera (Raf.) Schneid.: 42% Öl in Samenkernen; J. Z. 135: ECKEY.
Morus alba L.: 33–36% Öl; J. Z. 140–143: ECKEY; 25,6% Eiweiss und 37,6% Öl (JONES-EARLE 1966, l. c. S. 124).
Myrianthus arboreus P. Beauv.: 45% Öl; J. Z. 158 und 30% Eiweiss: BUSSON.
M. libericus Rendle: 39% Öl; J. Z. 156 und 36% Eiweiss: BUSSON.
M. serratus Benth.: 32% Öl; J. Z. 148 und 31% Eiweiss: BUSSON.

Genaue Ölanalysen wurden für wenige Arten ausgeführt. HILDITCH (l. c. B 3.03) rechnet die Moraceensamenöle zum Linol-Linolensäure-Typus; dies gilt aber zweifellos nur für Arten mit Samen vom *Ficus carica*-Typus, nicht aber für die Arten mit ölarmen, stärkereichen Samen (*Treculia*-Typus):

Samenöle der Moraceen: Zusammensetzung der Fettsäuren (%) nach HILDITCH (l. c. B 3.03) und BUSSON (1965).

Art	Gesättigte Säuren			Öl-säure	Linol-säure	Linolen-säure
	C_{16}	C_{18}	$> C_{18}$			
Ficus carica-Typus:						
Broussonetia papyrifera	9—10		—	14—15	71—76	bis 1
Ficus carica	5,5	2,3	1,1	19,8	35,1	34,2
Maclura aurantiaca	9		—	14	72	—
Myrianthus arboreus	1,2	0,4	—	4,7	93,5	—
M. libericus	1,2	1,5	—	7,7	89,2	—
M. serratus	2,4	2,6	—	20,7	74,0	—
Treculia-Typus:						
Artocarpus communis	20	2,4	26,5	10,5	22,8	8,5
Treculia africana	24,1	11,7	—	46	18	—

Zukünftige Arbeiten ist es vorbehalten die Frage zu klären, ob bei den Moraceen Zusammenhänge zwischen Systematik und der Natur der Reservestoffe der Samen bestehen.

8.3. *Ätherische Öle:* Die Moraceen gehören nicht zu den eigentlichen Ätherisch-Öl-Produzenten. Flüchtige Geruchsstoffe kommen jedoch wie bei allen Pflanzen vor. Die Wurzel von *Ficus carica* enthält Sesquiterpene und ein Guajazulen (SH. FUKUSHI und H. TANAKA, C. A. *61*, 6853 [1964]) und im Öl der Blätter wies FUKUSHI (1960) Palmitinsäure, Isovaleriansäure, Guaiacol, p-Cymol, ein Sesquiterpen und Paraffine nach. Für Geruchsstoffe von Maulbeerblättern (vermutlich *Morus bombycis*) vgl. YAMAZAKI (1964, 1967).

9. *Ergänzende Angaben zu einigen Arten*

Artocarpus altilis (Parkinson) Fosberg (= *A. incisa* [Thunb.] L. f. = *A. communis* J. R. et G. Foster): «Brotbaum»; über seine Bedeutung für die Ernährung der Bevölkerung der Südseeinseln vgl. BARRAU (1957).

Cecropia: Über medizinische Verwendung verschiedener Arten und chemische Analyse der Blätter der als Antiasthmaticum und Sedativum verwendeten *C. peltata* L. vgl. PERROT (1905), CHOAY (1905), GILBERT-CARNOT (1905) und KING-HADDOCK (1959).

Ficus-Arten und *Morus nigra:* Papierbereitung aus Rinden (CHRISTENSEN 1963).

Ficus tinctoria Forst.: Produktion eines roten Farbstoffes in Kombination mit *Cordia*-Blättern (PÉTARD 1955).

Ficus bengalensis L. (BRAHMACHARI-AUGUSTI 1961: Rinde), *F. religiosa* L. (DHALLA et al. 1961; BRAHMACHARI-AUGUSTI 1962: Rinde) und *Morus alba* L. (SHARAF-MANSOUR 1964: Blätter) werden als Antidiabetica verwendet; oral wirksame hypoglykämische Stoffe wurden nachgewiesen.

Literatur

ABU-MUSTAFA, E. A., et al., Phytochemistry *3*, 701 (1964).
ADAMS, G. R., und WILKINSON, S., J. Pharm. Pharmacol. *13*, 279 (1961).
ALTMAN, R. F. A., Inst. Nac. de Pesquisas da Amazonia, Publ. № 3, Rio de Janeiro 1958.
BARNES, R. A., und GERBER, N. N., J. Am. Chem. Soc. *77*, 3259 (1955).
BARRAU, J., *L'arbre de pain en Océanie*, J. Agr. Trop. Botan. Appl. *4*, 117 (1957).
BARTON, D. H. R., J. Chem. Soc. *1951*, 1444.
BERGMANN, E. D., et al., J. Chromatography *15*, 204 (1964).
BICK, I. R. C., und CLEZY, P. S., Chemistry and Industry *1958*, 631.
BISSET, N. G., Annales Bogorienses *2*, 211, 219 (1957); Planta Medica *10*, 143 (1962).
BRAHMACHARI, H. D., und AUGUSTI, K. T., J. Pharm. Pharmacol. *13*, 381 (1961); *14*, 254 (1962).
BRAUCHLI, P., et al., Helv. Chim. Acta *44*, 904 (1961).
BUSSON, F., *Plantes alimentaires de l'Ouest Africaine*, S. 101–120, Imprimérie Leconte, Marseille 1965.
CALDERON, VELASCO R., et al., Ann. Chim. (Roma) *54*, 343 (1964).
CARRUTHERS, W. R., et al., J. Chem. Soc. *1957*, 4440.
CHAKRAVARTI, G., und SESHADRI, T., Tetrahedron Letters *1962*, 787.
CHOAY, E., Bull. Sci. Pharmacol. *11*, 75 (1905).
CHRISTENSEN, B., *Bark paper and witchcraft in Indian Mexico*, Econ. Botany *17*, 361 (1963).
DAVE, K. G., et al., J. Sci. Ind. Research (India) *15B*, 183 (1956); *19B*, 470 (1960); *20B*, 112 (1961); Tetrahedron Letters *1962*, 9.
DHALLA, N. S., et al., Indian J. Pharm. *23*, 74 (1961).
DOEBEL, K., et al., Helv. Chim. Acta *31*, 688 (1948).
DOLDER, F., et al., Helv. Chim. Acta *38*, 1364 (1955).
DOUGLAS, G. K., und LEWIS, K. G., Austral. J. Chem. *19*, 175 (1966).
EL-SAYED EL-KHOLY und ABDEL MONEM SHABAN, M., J. Chem. Soc. *1966C*, 1140.
FUKUSHI, SH., Bull. Agr. Chem. Soc. Japan *23*, A52 (1959); *24*, A5 (1960).
FUKUSHI, SH., und TANAKA, H., Bull. Agr. Chem. Soc. Japan *23*, A38 (1959).
GALBRAITH, M. N., et al., Austral. J. Chem. *18*, 226 (1965).
GILBERT, A., und CARNOT, P., Bull. Sci. Pharmacol. *11*, 200 (1905).
GORTER, K., Rec. Trav. Chim. Pays-Bas *31*, 281 (1912).
HALEY, TH. J., und BASSIN, M., J. Am. Pharm. Assoc. *40*, 111 (1951).
HARMS, H., *Fluoreszenzerscheinungen bei Auszügen von Hölzern der Moraceen*, Verhandl. Botan. Ver. Brandenburg *57*, 197 (1915).
HOLLAND, M. O., Am. J. Pharm. *121*, 493 (1949).
JEFFERSON, A., und SCHEINMANN, F., Nature *207*, 1193 (1965).
JOHNS, S. R., und RUSSEL, J. H., Tetrahedron Letters *1965*, 1987.
JONES, Q., und EARLE, F. R., *Chemical analysis of seeds II: Oil and protein content of 759 species*, Econ. Botany *20*, 127 (1966).
JUSLÉN, C., et al., Helv. Chim. Acta *45*, 2285 (1962); *46*, 117 (1963).
KAMEL, ATHNASIOS A., et al., J. Chem. Soc. *1962*, 4253.

KAPIL, R. S., und JOSHI, S. S., J. Sci. Ind. Research (India) *19B*, 498 (1960).
KHARE, M. P., et al., Helv. Chim. Acta *45*, 1515, 1534 (1962).
KILIANI, H., Arch. Pharm. *234*, 438 (1896).
KING, F. E., und GRUNDON, M. F., J. Chem. Soc. *1949*, 3348; *1950*, 3547.
KING, N. M., und HADDOCK, N., J. Am. Pharm. Assoc. *48*, 129 (1959).
LAIDLAW, R. A., und SMITH, G. A., Chemistry and Industry *1958*, 1325; *1959*, 1604.
LEBRETON, PH., *Contribution à l'étude des flavonoides chez Humulus lupulus L. et autres Urticales*, Thèse Univ. Lyon 1962; Bull. Soc. Botan. France *111*, 80 (1964).
LEWIS, K. G., J. Chem. Soc. *1959*, 73.
MADHAVAN, P., und VENKATARAMAN, K., Tetrahedron Letters *1963*, 317.
MARTIN, R. P., und TAMM, CH., Helv. Chim. Acta *42*, 696 (1959).
MANZETTI, A. R., und REICHSTEIN T., Helv. Chim. Acta *47*, 2303, 2320 (1964).
MEZEY, K., Am. J. Pharm. *115*, 326 (1943).
MEZEY, K., et al., J. Pharmacol. *93*, 223 (1948).
MOLISCH, H., *Ueber orangefarbene Hydathoden bei Ficus javanica*, Ber. Deut. Botan. Ges. *34*, 66 (1916); *49*, 138 (1931).
MOLITOR, H., et al., J. Pharmacol. Exptl. Therapeutics *71*, 20 (1941).
MONGOLSUK, S., et al., J. Chem. Soc. *1957*, 2231.
MÜHLRADT, P., Helv. Chim. Acta *47*, 2164 (1964); Ann. Chem. *685*, 253 (1965).
NAIR, P., et al., *Flavonoids of Artocarpus heterophyllus Lamk.*, Beiträge zur Biochemie und Physiologie von Naturstoffen. Festschrift K. Mothes zum 65. Geburtstag, S. 317–325, VEB G. Fischer, Jena 1965.
NAIR, P. M., et al., Tetrahedron Letters *1964*, 125.
NAITO, K., und HAYASHIYA, K., Agr. Biol. Chem. (Tokyo) *29*, A23 (1965).
NAITO, K., et al., Agr. Biol. Chem. (Tokyo) *27*, A36 (1963).
NAKAOKI, T., et al., J. Pharm. Soc. Japan *77*, 110 (1957).
NOGUEIRA PRISTA, L., und CORREIA ALVES, A., Anais Fac. Farm. Porto *19*, 100 (1959).
NUNN, J. R., und RAPSON, W. S., J. Chem. Soc. *1949*, 3151.
ODA, Y., und TANAKA, R., Agr. Biol. Chem. (Tokyo) *30*, 406 (1966).
OKAHARA, K., Bull. Chem. Soc. Japan *11*, 389 (1936).
PAIS, M., et al., Bull. Soc. Chim. France *1964*, 817.
PECKOLT, T., *Die Urticaceen der Flora Brasiliens*, Pharm. Rundschau (New York) *9*, 165, 219, 288 (1891).
PEIRIER, J. C., *Contribution à l'étude des plantes oléagineuses du Caméroun*, Thèse, Marseille 1930.
PERROT, E., Bull. Sci. Pharmacol. *11*, 10, 71, 206 (1905).
PÉTARD, H., J. Agr. Trop. Botan. Appl. *2*, 195 (1955).
PLOUVIER, V., Compt. Rend. *236*, 317 (1953); *251*, 131 (1960).
RADHAKRISHNAN, P. V., et al., Tetrahedron Letters *1965*, 663.
ROBBINS, B. H., J. Biol. Chem. *87*, 251 (1930).
ROBBINS, B. H., und LAMSON, P. D., J. Biol. Chem. *106*, 725 (1934).
RUSSEL, J. H., Naturwissenschaften *50*, 444 (1963).
SANDERMANN, W., und DIETRICHS, H. H., Holz als Roh- und Werkstoff *15*, 281 (1957).
SAKAI, A., Nature *189*, 416 (1961).
SEN GUPTA, U. K., und RAO, C. V. N., Bull. Chem. Soc. Japan *36*, 1863 (1963); *38*, 1074 (1965).
SHARAF A. und MANSOUR, M. Y., Planta Medica *12*, 71 (1964).
SHARMA, R. C., et al., Indian J. Chem. *1*, 365 (1963).
SPADA, A., et al., Gazz. Chim. Ital. *86*, 46 (1956); *87*, 35 (1957).
STAHEL, G., *De nuttige planten van Suriname*, Dept. Landbouwproefstation in Suriname, Bull. № 59, Aug. 1944 (2. Aufl.).
TASAKI, T., Acta Phytochim. (Tokyo) *2*, 46 (1925).
TAUCHICO, S. S., und MAGPANTAY, C. R., Philippine J. Sci. *87*, 149 (1958).
TUBANGUI, M. A., und BASCA, M., Philippine J. Sci. *77*, 19 (1947).
ULTÉE, A. J., Chem. Weekblad *8*, 403 (1911); *9*, 773 (1912); Ber. Deut. Chem. Ges. *54*,

784 (1921); Pharm. Weekblad *52*, 1097 (1915); *61*, 1118 (1924); *84*, 65 (1949); Bull. Jard. Botan. Buitenzorg [3] *5*, 105 *(Ficus fulva)*, 241 *(Ficus alba)* (1922); [3] *5*, 245 (1923): *Stickstoffreiche Milchsäfte;* [3] *6*, 264 (1924): *Kautschukfreie Milchsäfte;* [3], *7*, 444 (1925]: *Cerotinsäure in Milchsäften;* Rec. Trav. Chim. Pays-Bas *53*, 953 (1934).

Visser, H. C., Neederl. Tijdschrift v. Pharmacie *8*, 204 (1896).

Vreede, M. C., *Topography of the lactiferous system in the genus Ficus*, Ann. Botan. Garden Buitenzorg *51*, 125 (1949).

Wagner, J. G., und Harris, L. E., J. Am. Pharm. Assoc. *41*, 494, 497, 500 (1952).

Weber, C. O., Ber. Deut. Chem. Ges. *36*, 3108 (1903).

Wehrli, W., Helv. Chim. Acta *45*, 1207 (1962).

Wehrli, W., et al., Helv. Chim. Acta *45*, 1063 (1962).

Wildeman, de, E., *Les liquides lactifères et mucilagineux chez les Moracées*, Mém. Acad. Roy. Belg., Class. Sci. *24*, fasc. 3, 1–135 (1949).

Windaus, A., und Welsch, A., Arch. Pharm. *246*, 504 (1908).

Wolfrom, M. L., und Bhat, H. B., Phytochemistry *4*, 765 (1965).

Wolfrom, M. L., et al., J. Am. Chem. Soc. *68*, 406 (1946); Tetrahedron Letters *1963*, 749; J. Org. Chem. *29*, 689, 692 (1964); *30*, 144. 1088 (1965).

Yamazaki, M., Agr. Biol. Chem. (Tokyo) *28*, A10 (1964); *31*, A2 (1967).

Schlussbetrachtungen

Allgemein werden die Moraceen zusammen mit den Ulmaceen, Urticaceen und Cannabinaceen in der Ordnung der *Urticales* vereinigt. Die Zusammengehörigkeit dieser Familien wird ebenfalls durch anatomische Merkmale (z. B. Cystolithen) bestätigt. Chemisch sind die Ulmaceen und Urticaceen noch kaum erforscht. In der Flavonoidarbeit von Lebreton finden sich die ersten Ansätze für eine vergleichende Phytochemie der *Urticales*. Nach Lebreton indizieren die Phenolspektren der Blätter folgende Zusammenhänge:

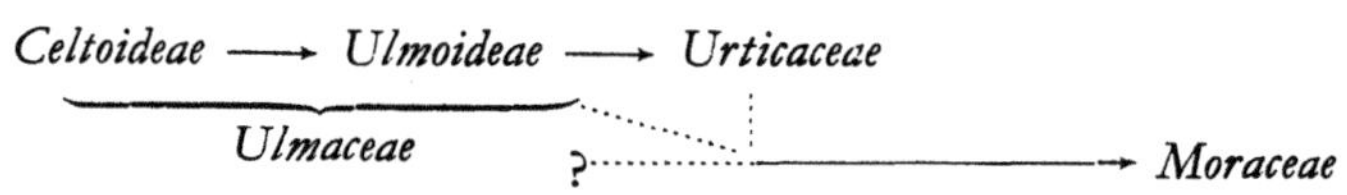

Der Anschluss der am stärksten abgeleiteten Moraceen erscheint problematisch. Trotzdem kann an der tatsächlichen Verwandtschaft der in den *Urticales* zusammengefassten Familien kaum gezweifelt werden.

Versucht man den Anschluss der *Urticales* im Lichte der chemischen Merkmale zu beurteilen, dann muss man sich vorläufig in erster Linie an die von den Moraceen bekannt gewordenen Tatsachen halten.

Die *Urticales* gehören zu den apetalen Angiospermen und werden oft zusammen mit anderen apetalen Sippen in der Überordnung der *Amentiferae* vereinigt.

Wettstein und der Syllabus beginnen das System der Dikotyledonen mit den Apetalen; Beziehungen zwischen den *Fagales* und den *Urticales* werden erwogen.

Andere Autoren (z. B. Hutchinson, Cronquist, Takhtajan) betrachten die Amentiferen als stark abgeleitete Pflanzen. Allgemein wird die Sequenz *Hamamelidales* → amentifere Ordnungen angenommen. Bei Cronquist umfassen die von den *Rosales* (in welche Ordnung dieser Autor die *Hamamelidales* einbezogen hat) abgeleiteten *Urticales* ebenfalls die *Fagales*, *Myricales* und *Balanopsidales*.

Durch letzterwähnte Autoren werden demnach für die *Urticales* Beziehungen zu den *Fagales* einerseits und zu den *Hamamelidales* andererseits angenommen. Verschieden beurteilt wird die Abstammung der *Hamamelidales* und *Rosales:*

HUTCHINSON: *Magnoliales* → *Dilleniales* → *Theales*
- *Dilleniales* ↗ *Bixales* → *Guttiferales*
- *Dilleniales* ↘ *Rosales* ↘ *Hamamelidales* → amentifere Ordnungen

CRONQUIST: *Ranales* → *Rosales* → *Urticales*

Dilleniales → *Guttiferales*

TAKHTAJAN: *Magnoliales* → *Hamamelidales* → amentifere Ordnungen
- *Magnoliales* | *Dilleniales* ↗ *Theales (Guttiferales)*
- *Dilleniales* ↘ *Rosales*

Nimmt man mit CRONQUIST an, dass die *Ranales* und die *Dilleniales* die zwei ursprünglichsten Ordnungen der Dikotyledonen darstellen, und folgt man andererseits HUTCHINSON in der Ableitung der *Rosales* von den *Dilleniales* (also nicht wie bei CRONQUIST von den *Ranales*), dann ergibt sich ein System, in welches sich die vorläufig bekannt gewordenen chemischen Tatsachen auf befriedigende Weise einreihen lassen (vgl. ebenfalls Bd. 4, S. 21–23):

Dilleniales → *Rosales* → *Hamamelidales* → *Fagales*
- *Hamamelidales* ↗ *Myricales*
- *Fagales* ↘ *Urticales*
- *Rosales* / *Hamamelidales* ···?··· → *Urticales*

Für diese Entwicklungslinie erscheinen charakteristisch:

Reichlich Ellagi- und Gallitannine (fehlen bei den *Ranales* praktisch gänzlich) neben von Leucoanthocyanen und Catechinen abgeleiteten kondensierten Gerbstoffen.

Freie Triterpene mit Lupan-, Oleanan- oder Ursanskelett (scheinen bei den *Ranales* nur in der Form von Sapogeninen aufzutreten).

Tendenz zur Akkumulation von Kieselsäure.

Durch weitgehenden Ausfall der verschiedenen Gerbstofftypen geben sich die *Urticales* als Entglied dieser Entwicklungslinie zu erkennen. In anderen chemischen Merkmalen erinnern die aus der Reihe der *Urticales* chemisch am besten bekannten Moraceen an Vertreter der in die skizzierte Entwicklungslinie aufgenommenen Ordnungen:

Stilbene: *Leguminosae*, *Fagaceae*.
Isoflavone: *Rosaceae*, *Leguminosae*, *Myricaceae*.
Furanocumarine: *Leguminosae*.

Isopentenylsubstituierte flavonoide Verbindungen: Kommen ebenfalls bei den *Cannabinaceae (Urticales)* und bei den Leguminosen vor.

Isopentenylsubstituierte Xanthone: Solche sind charakteristisch für die von allen Autoren von den *Dilleniales* abgeleiteten Guttiferen (in der Ordnung der *Guttiferales* oder *Theales*).

Prolin überwiegt mengenmässig unter den löslichen Stickstoffverbindungen des Astholzes von *Morus alba* L. Auch bei den Papilionaceen tritt Prolin allgemein als wichtiger N-Transportstoff auf (REUTER, l. c. B 3.03).

Vgl. auch die Diskussionen bei den Hamamelidaceen (Bd. 4, S. 245–246) und Myricaceen (S. 143).

165. Moringaceae

Bäume mit doppelt oder dreifach gefiederten, wechselständigen Blättern. Blüten zwittrig, schwach zygomorph, in rispigen Blütenständen. Blütenhülle der schüsselförmigen Blütenachse aufsitzend, aus 5 Kelch- und 5 Kronblätter bestehend; 5 fertile und 5 antherenfreie (Staminodien) Staubblätter; Fruchtknoten deutlich gestielt (Gynophor), einfächerig, mit 3 parietalen Plazenten mit vielen Samenanlagen mit 2 Integumenten. Kapselfrüchte. Samen ohne Endosperm.

In warmen Trockengebieten von Afrika und Asien (bis Indien); 2 Arten auf Madagaskar.

Systematische Gliederung

Die Familie wird nur durch die Gattung *Moringa* mit etwa 10 Arten gebildet.

Anatomische Merkmale

Die Zellen der Blattepidermis führen oft Schleim. Einzellige Deckhaare kommen vor. Charakteristisch sind Myrosinzellen; JADIN (1900) wies solche in Wurzel- und Stammrinde, Blattstiel, Blattlamina, Petalen und Filamenten nach (Material aus Aegypten frisch erhalten; also vermutlich *M. peregrina* [Forsk.] Fiori [= *M. arabica* Pers. = *M. aptera* Gaertn.]); 3 Monate alte Keimpflanzen von *Moringa hildebrandtii* Engl. und *M. drouhardii* Jumelle hatten Myrosinzellen ausschliesslich im knollig verdickten und stärkereichen Hypokotyl (EXBRAYAT-DURIVAUX 1930). Im Mark von Stamm und Zweigen alter Exemplare kommen 1 bis 4 lysigene Schleimgänge vor (*M. peregrina*, *M. drouhardii*, *M. hildebrandtii*, *M. oleifera* Lamk. [= *M. pterygosperma* Gaertn.]) (JADIN 1900; JADIN-BOUCHER 1908; EXBRAYAT-DURIVAUX 1930). Das sogenannte *Moringa*-Gummi wird in lysigenen Schleimlücken der Rinde, die erst nach Verwundung entstehen, gebildet (JADIN-BOUCHER 1908). Calciumoxalat wird in den Parenchymen in der Form von Drusen abgelagert.

Bei den zwei Arten von Madagaskar (*M. hildebrandtii*, *M. drouhardii*) ist die Keimung epigeisch, bei *M. oleifera* hypogeisch (EXBRAYAT-DURIVAUX 1930).

Literatur

EXBRAYAT-DURIVAUX, Ch., *Notes sur la germination des Moringa malgaches*, Ann. Musée Colon. Marseille *38* ([4] *8*), fasc. 2,5-21 (1930).

JADIN, F., *Localisation de la myrosine et de la gomme chez les Moringa*, Compt. Rend. *130*, 733 (1900).

JADIN, F., und BOUCHER, V., *Sur la production de la gomme chez Moringa*, Compt. Rend. *146*, 647(1908).

Chemische Merkmale

Scharfer, senf- oder rettichartiger Geschmack, Schleimproduktion im Stamm und ölreiche Samen charakterisieren alle diesbezüglich beobachteten Arten. Genaue Untersuchungen liegen allerdings nur für *Moringa oleifera* vor.

1. *Senfölartige Stoffe*

Der rettichartige Geschmack (*M. hildebrandtii*, *M. drouhardii* [JUMELLE 1930; EXBRAYAT-DURIVAUX 1930]; *M. oleifera*, *M. peregrina* [JADIN 1900]) und das Vorkommen von Myrosinzellen lassen vermuten, dass alle *Moringa*-Arten Senfölglucoside enthalten. Chemisch bearbeitet wurde vorläufig nur die indische Art *M. oleifera;* aus der Wurzel lassen sich stark antibiotisch wirksame Extrakte gewinnen (RAGHMANDANA 1946; KURUP-NARASIMHA RAO 1952); Hauptwirkstoff ist Benzylsenföl; abhängig von der Isolationsmethode werden Mischungen von Benzylsenföl, einem Oxyd des Benzylsenföls und Pterygospermin (Additionsprodukt von 2 Molekülen Benzylsenföl und einem Molekül p-Benzochinon) erhalten (DAS et al. 1954, 1957; KURUP-NARASIMHA RAO 1954). Es bleibt zu ermitteln welches die genuine Form des Benzylsenföles in der Pflanze ist (Glucotropaeolin?).

SCHRAUDOLF (1967) wies nach, dass in Keimpflanzen von Cruciferen, Capparidaceen, Resedaceen und Tovariaceen Glucobrassicin und Neoglucobrassicin regelmässig vorkommen. Diese Jugendglucosinolate fehlen andern senfölglucosidführenden Sippen (*Tropaeolum*, *Carica);* zu den Letzteren zählt ebenfalls *Moringa oleifera*. Das Merkmal „Vorkommen von Senfölglucosiden" kann deshalb nach der Ansicht des Autors kaum zur Argumentation für Eingliederung der Moringaceen in die *Capparidales* verwendet werden.

2. *Schleime*

Der Schleim (das Gummi) von *M. oleifera* wird in Indien in geringem Ausmasse technisch verwendet. Das gereinigte Gummi enthält 0,3% Asche und 5,3% Cellulose; der eigentliche Schleim wird durch Arabinose, Galaktose und Glucuronsäure im molaren Verhältnis 8 : 6 : 1 aufgebaut; Arabinose wird leicht abgespalten; als Grundskelett des Schleimes bleibt ein Glucuronogalaktan über: — Glucuronsäure-1β-[6 Galaktose 1β]$_5$-6 Galaktose — (INGLE-BHIDE 1951, 1954, 1962). Eine Studie über die im *Moringa*-Gummi enthaltenen Enzyme (Emulsin, Myrosin) stammt von VOLCY-BOUCHER (1908).

3. *Polyphenole*

Nach BATE-SMITH (1962, l. c. Bd. 3, S. 40) enthalten hydrolysierte Blattextrakte von *M. oleifera* Quercetin, Kaempferol und Kaffeesäure, nicht aber Anthocyanidine (aus Leucoanthocyanen), Myricetin und Ellagsäure. Das Holz ist frei von Gerbstoffen (DEKKER, l. c. B 3. 09). Die Blüten enthalten Glykoside des Quercetins und Kaempferols (PANKAJAMANI-SESHADRI 1952); Abends geerntete Blüten enthielten Kaempferol, ein Kaempferol-3-glykosid (Kaempferitrin?), Rhamnetin, ein Rhamnetin-3-glykosid (Xanthorhamnin?) und ein Quercetin-3-glykosid Isoquercitrin?) (NAIR-SANKARA SUBRAMANIAN 1962).

4. *Alkaloidartige Stoffe*

Aus Wurzelrinde von *M. oleifera* isolierten GOSH et al. (1935) 2 Alkaloide, die sie Moringin und Moringinin nannten. Moringin wurde später als Benzylamin erkannt (R. N. CHAKRAVARTI, C. A. *50*, 16891 [1956]). Moringinin lieferte keine kristallisierten Salze; es wirkt adrenalinartig. In der Stammrinde wiesen KINCL und GEDEON (1957) ebenfalls 2 Alkaloide nach (die Basen A und B). Ausserdem wurde für ganze Wurzeln noch ein Alkaloid, Spirochin, beschrieben (The Wealth of India, l. c. B 5.4). Benzylamin (und die andern Basen?) stellen möglicherweise Artefakte dar (aus Benzylsenföl und Pterygospermin in alkalischem Milieu entstanden?).

5. *Triterpene und Sterine*

Aus der Stammrinde von *M. oleifera* wurden β-Sitosterin (KINCL-GEDEON 1957) und Bauerenol (Formel Bd. 4, S. 117) (ANJANEYULU et al. 1965) isoliert.

6. *Samenöle*

Alle *Moringa*-Arten scheinen ölreiche Samen zu erzeugen: *M. hildebrandtii* Engl. 48,7% Öl in Samenkernen; *M. drouhardii* Jumelle 44% Öl in Samenkernen (JUMELLE 1930); *M. concanensis* Nimmo 38% Öl (J. Z. 79,2) im Samen (The

Wealth of India, l. c. B 5.4). Aus Samen von *M. peregrina* und *M. oleifera* wird das sogenannte Behenöl gewonnen; nach ECKEY (l. c. B 3.03) liefern die Samenkerne beider Arten ähnliche Ölausbeuten:

M. peregrina: 50%; J. Z. 71,2
M. oleifera: 30-49%; J. Z. 66–68

Die Fettsäuren wurden nur für das Öl von *M. oleifera* analysiert (vgl. ECKEY, l. c. B 3.03; SUBBA RAO et al. 1953): C 14:0 bis 1,6%; C 16:0 3,8–9,3%; C 18:0 7,4–11,3%; C 20:0 bis 2,7%; C 22:0 (= Behensäure) 1,2–8,6%; C 24:0 0,1–5,3%; C 16:1 bis 1%; C 18:1 66–76%; C 18:2 1–4%.

Wahrscheinlich enthalten die Samen zum Teil ebenfalls Senfölglucoside: *M. silvestris* Buch.-Ham. besitzt sehr bittere Samen; frische Samen von *M. peregrina* sollen scharf schmecken und hautrötend wirken; Presskuchen von *M. oleifera* schmecken bitter (vgl. JADIN 1900, l. c. S. 129; JUMELLE 1930; The Wealth of India, l. c. B 5.4).

7. *Verschiedenes*

Blätter, Blüten, Rinden und Früchte von *M. oleifera* werden in Indien als Gemüse, Gewürz und Arzneimittel verwendet. MOHAN DAS (1965) ermittelte die Carotenoid- und Aminosäurespektren frischer Blätter. Für weitere Angaben wird nach „The Wealth of India" verwiesen.

Literatur

AJANEYULU, B., et al., Indian J. Chem. *3*, 237 (1965).
DAS, P. R., et al., Naturwissenschaften *41*, 66 (1954); Indian J. Med. Research *45*, 191 (1957).
GOSH, S., et al., Indian J. Med. Research *22*, 785 (1935).
INGLE, T. R., und BHIDE, B. V., Current Sci. (India) *20*, 207 (1951); J. Indian Chem. Soc. *31*, 939 (1954); *39*, 623 (1962).
JUMELLE, *Les Moringa de Madagascar*, Ann. Musée Colon. Marseille *38*, ([4]*8*), fasc. 1,5-20 (1930).
KINCL, F. A., und GEDEON J., Arch. Pharm. *290*, 302 (1957).
KURUP, P. A., und NARASIMHA RAO, P. L., J. Indian Inst. Sci. *34*, 219 (1952); Indian J. Med. Research *42*, 85, 97, 101, 109, 115 (1954).
MOHAN DAS, J., Current Sci. (India) *34*, 374 (1965).
NAIR, A. G. R., und SANKARA SUBRAMANIAN, S., Current Sci. (India) *31*, 155 (1962).
PANKAJAMANI, K. S., und SESHADRI, T. R., Proc. Indian Acad. Sci. *36A*, 157 (1952).
RAGHMANDANA, R., Nature *158*, 746 (1946).
SCHRAUDOLF, H., Experientia *23*, 102 (1967).
SUBBA RAO, B. C., et al., J. Indian Chem. Soc. *30*, 476 (1953).
VOLCY-BOUCHER, Bull. Sci. Pharmacol. *15*, 394 (1908).

Schlussbetrachtungen

Die systematische Stellung der Familie hat öfters gewechselt (vgl. z. B. JUMELLE 1930) und ist noch stets zweifelhaft. Die modernen Autoren stellen die *Moringaceae* in die Nähe der *Capparidaceae*, gliedern sie also der Ordnung der *Capparidales* (oder *Brassicales* oder *Rhoeadales*) ein.

Vom chemischen Standpunkt aus erscheint der Zusammenschluss von *Cruciferae*, *Capparidaceae*, *Resedaceae* und *Moringaceae* vollkommen gerechtfertigt. In allen Familien scheinen Leucoanthocyane und Gerbstoffe weitgehend zu fehlen und Myrosinzellen und Senföle weitverbreitet zu sein (vgl. allerdings SCHRAUDOLF 1967). Gegen eine Annäherung der Moringaceen an die Leguminosen *(Caesalpinioideae)* spricht ganz eindeutig das Phenolspektrum von *Moringa*.

Vgl. ebenfalls die Diskussionen in Bd. 3, S. 364 und 605.

166. Myoporaceae

Sträucher bis kleine Bäume mit überwiegend wechselständigen, ungeteilten Blättern. Blüten zwittrig, fast regelmässig bis deutlich zygomorph, einzeln oder in cymösen Blütenständen. Kelch und Krone 5spaltig oder 5zipfelig; Staubblätter 4 (seltener 5); Fruchtknoten oberständig, meist 2fächerig mit 2 bis 8 Samenanlagen mit einem Integument in jedem Fache. Steinfrüchte. Reife Samen praktisch ohne Endosperm.

Die Myoporaceen sind fast ganz auf das südliche Halbrund beschränkt. Das Massenzentrum befindet sich in Australien.

Systematische Gliederung

Etwa 180 Arten in 5 Genera:

Myoporum mit etwa 35 Arten in Australien, Neuseeland, Ost-Asien, Südseeinseln.

Oftia (2 Arten) und *Zombonia* (1 Art) in Afrika.

Bontia mit einer Art in West-Indien.

Eremophila (= Pholidia) mit etwa 140 Arten in Australien.

Anatomische Merkmale

Einzellreihige und verzweigte, mehrzellige Deckhaare sind verbreitet. Drüsenhaare, die im Bau an diejenigen der Labiaten erinnern, kommen allgemein vorzum Teil führt jede der sezernierenden Zellen eine kleine Druse von Calcium;

oxalat (COLLINS 1920). Schizogene Exkretlücken (Blätter, Zweigen, Stamm) sind für die Myoporaceen charakteristisch; sie sollen nur bei *Oftia* fehlen. Calciumoxalat tritt in erster Linie in der Form von kleinen Drusen auf.

Literatur

COLLINS, N. J, *On the structure of the resin-secreting glands in some Australian plants. Myoporaceae,* Proc. Linn. Soc. N. S. Wales *45*, 334 (1920).

Chemische Merkmale

Untersuchungen liegen ausschliesslich für *Eremophila-* und *Myoporum-*Arten vor. Ätherische Öle, Harze, flavonoide Verbindungen, Blausäureglykoside und Mannit scheinen Charakterstoffe der Familie oder einiger ihrer Vertreter zu sein.

1. *Ätherische Öle und Harze*

Myoporum- und *Eremophila-*Arten erzeugen reichlich ätherisches Öl und Harz. Durch abgeschiedenes Harz haben viele Arten klebrige Zweige und Blätter (JEFFERIES et al. 1962); auch das Holz kann ausserordentlich harzreich sein. Die Harzbestandteile wurden noch wenig untersucht. In den ätherischen Ölen wurden in den meisten Fällen Monoterpene oder Sesquiterpene als mengenmässig überwiegende Bestandteile beobachtet. Eine Reihe von Ölkomponenten ist bisher nur aus der Familie der Myoporaceen bekannt geworden.

Im Einzelnen liegen folgende Beobachtungen vor (für weitere Literatur wird nach GILDEMEISTER-HOFFMANN, Bd. 7, S. 531–533, l. c. B 3.05 und Phytochem. Register Austral. Plants, l. c. B 5.5 verwiesen).

Eremophila fraseri F. Muell.: Getrocknete beblätterte Zweige liefern gegen 10% Harz, das überwiegend aus Diterpenen besteht; eine Hydroxysäure, $C_{20}H_{30}O_2$, wurde rein isoliert (etwa 12% der Harzfraktion) (JEFFERIES et al. 1962).

E. freelingii F. Muell.: Blätter liefern etwa 1% ätherisches Öl; aus dem letzteren lassen sich etwa 5% Eremolacton, $C_{20}H_{26}O_2$, ausfrieren (BIRCH et al. 1953).

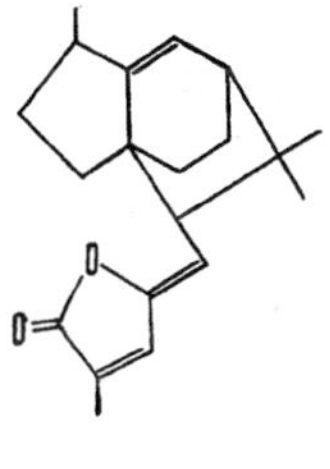

Eremolacton
(BIRCH et al. 1963, 1966; OH-MASLEN 1966).

Aus dem Holz wurde Freelingiin, das erste Sesquiterpen mit einer Acetylenbindung, isoliert (MASSY-WESTROPP et al. 1966).

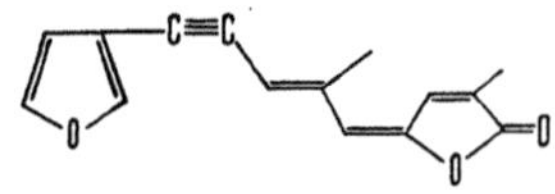

Freelingiin, $C_{15}H_{12}O_3$

E. longifolia F. Muell.: Lufttrockene Blätter lieferten 5,8% ätherisches Öl mit 97% Phenylpropanderivaten (Methyleugenol und Safrol im Verhältnis 4 : 1) (Della-Jefferies 1961).

E. mitchellii Benth.: Das Holz lieferte etwa 3,5 % ätherisches Öl mit Sesquiterpenen der Eremophilan-Reihe: Eremophilon, Hydroxyeremophilon, Hydroxydihydroeremophilon, 8α-Hydroxy-7αH-eremophila-1,11-dien-9-on (I) und 8α-Hydroxy-7αH-eremophila-10,11-dien-9-on (II) (Grant-Rogers 1956; Massy-Westropp und Reynolds 1966).

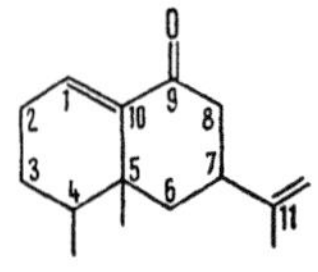

Eremophilon, $C_{15}H_{22}O$
II, $C_{15}H_{22}O_2$: OH
in 8 – Stellung

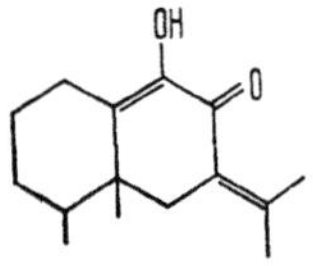

Hydroxyeremophilon, $C_{15}H_{22}O_2$

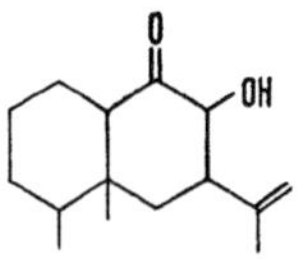

Hydroxydihydroeremophilon, $C_{15}H_{24}O$

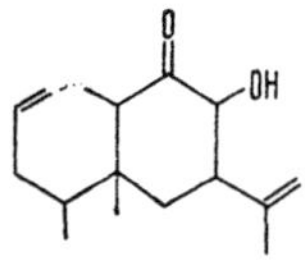

I, $C_{15}H_{22}O_2$

E. oppositifolia R. Br.: Trockene Blätter lieferten ein ätherisches Öl mit 5 verschiedenen Sesquiterpenalkoholen und daneben etwa 0,6% 5-Acetoxymethyl-trans-2,trans-4,trans-6-tetradecatriensäure, $C_{17}H_{26}O_4$ (Jefferies-Knox 1961):

$$H_3C—(CH_2)_6—HC\overset{t}{=}CH—\underset{\underset{CH_2—O—CO—CH_3}{|}}{C}\overset{t}{=}HC—HC\overset{t}{=}CH—COOH$$

Myoporum acuminatum R. Br.: Das ätherische Öl von Pflanzen des Goondiwindi Distrikts (Queensland) enthielt Ngaion und Furan-β-carbonsäure; zwei Öle von Pflanzen anderer Herkunft enthielten ähnliche Ketone, aber kein Ngaion (Birch et al. 1953). Ngaion ist enantiomer mit Ipomeamaron (Formel Bd. 3, S. 556) (Birch et al. 1954).

M. bontinoides A. Gray (einzige in Japan vorkommende Art des Genus): Frische Blätter lieferten etwa 0,2% ätherisches Öl mit wenig Ngaion und Myoporon als Hauptbestandteil (Kubota-Matsuura 1957, 1958; Kubota 1958). Myoporon ist gleich dem Ngaion ein furanoides Sesquiterpen.

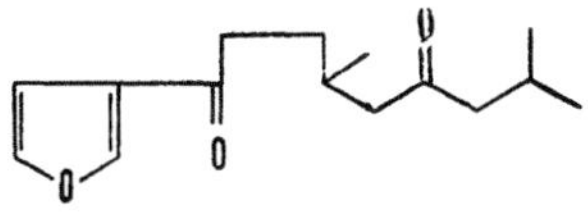

Myoporon, $C_{15}H_{22}O_3$

M. crassifolium Forst.: Art von Neukaledonien; ihr Holz ist dort unter dem Namen «Anime» (= Anyme) bekannt; aus ihm wurde ein ätherisches Öl gewonnen, dessen Hauptbestandteil ein Alkohol, $C_{15}H_{26}O$ (= Animol = Anymol), ist; Anymol ist stereoisomer mit Bisabolol (O'Brien et al. 1953, 1954; Engelmann-Rauer 1953).

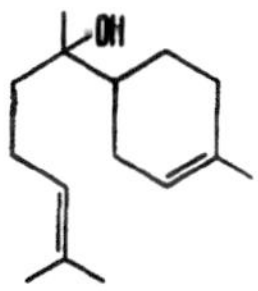

Anymol
Bisabolol } sind stereoisomer

M. deserti A. Cunn.: Blätter liefern etwa 0,5% ätherisches Öl mit 80% Ketonen (Ngaion?) (Albert 1934).

M. laetum Forst.: Art von Neuseeland; heisst dort «Ngaio»; beblätterte Zweige liefern ein ätherisches Öl, das 86% Ngaion enthält (McDowall 1925; Kubota 1958).

M. platycarpum R. Br.: Baumförmige Art; liefert ein Harz, das neben 25,1% Verunreinigungen zu 46,8% aus α-Harz (petrolätherlöslich) und 28,1% aus β-Harz (äthanollöslich) besteht (Maiden 1889); das Holz ist dermassen harzreich, dass es ohne weiteres als Fackel verwendet werden kann (Bennett 1882).

Myoporum: Im ätherischen Öl einer nicht näher präzisierten Art wurden Iridodial und der Methyläther des tautomeren Enollactols gefunden (Sutherland, ex Achmad-Cavill 1965).

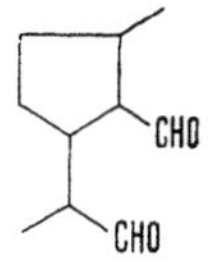

Iridodial

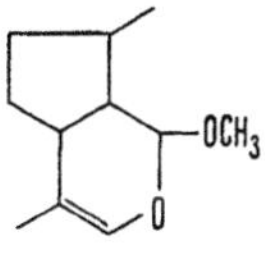

Methyläther des Iridodialenollactols

2. *Phenolische Inhaltstoffe*

2.1 *Hydroxyzimtsäuren und flavonoide Verbindungen:* Bate-Smith (1962, l. c. Bd. 3, S. 40) beobachtete in hydrolysierten Blattextrakten von *Myoporum laetum*, *M. serratum* R. Br. und *Oftia africana* Bocq. ex Baill. ausschliesslich Kaffeesäure und geringe Mengen p-Cumar-, Ferula- und Sinapinsäure. JEFFERIES et al. (1962) isolierten aus 3 westaustralischen *Eremophila*-Arten verschiedene Flavonole und Flavanonole:

E. alternifolia R. Br.: Pinobanksin (Formel Bd. 1, S. 382) und Galangin-3-methyläther (Formel Bd. 2, S. 466).

E. fraseri F. Muell.: 5,3',5'-Trihydroxy-3,6,7,4'-tetramethoxyflavon.

E. ramosissima Gardn.: Pinobanksin und Galangin-3-methyläther.

2.2 *Lignane:* Aus Blättern von *Eremophila glabra* R. Br. isolierten JEFFERIES et al. (1961) etwa 0,4% Lirioresinol-B-dimethyl-äther (Lirioresinol vgl. S. 18); ein in den Sanddünen südlich von Perth gesammeltes Blattmuster der gleichen Art lieferte nur Spuren dieses Lignans.

2.3 *Gerbstoffe:* Nach DEKKER (l. c. B 3.09) wurden Gerbstoffe für *Eremophila longifolia* F. Muell. (9,7% im Blatt und 5,1% in der Rinde), *E. oppositifolia* R. Br. (Blätter) und *Myoporum punctulatum* Schlecht. (wenig) nachgewiesen. Es bleibt zu ermitteln, ob in der Familie tatsächlich echte Gerbstoffe vorkommen.

3. *Cyanogene Glucoside*

Eremophila maculata F. Muell. gilt als sehr giftig. BRÜNNICH und SMITH (1910) zeigten, dass trockene Blätter bei Mazeration unter Zusatz von Emulsin reichlich Blausäure liefern; den Blättern selber fehlt das spaltende Enzym fast gänzlich. PETRIE (1912) bestätigte Cyanogenese für diese Art und beobachtete gleichzeitig, dass *Myoporum acuminatum* nicht cyanogen ist. FINNEMORE und COX (1929) und FINNEMORE (1931) fanden in trockenen Blättern von *E. maculata* bis 10% Prunasin; sie liefern bei dessen Spaltung bis 0,93% Blausäure; die Aktivität der spaltenden Enzyme im Blatt wechselt ausserordentlich stark; Blüten und Früchte sind ebenfalls cyanogen. *Eremophila goodwinii* F. Muell. dagegen ist nicht cyanogen. Nach GIBBS (1956/1957, l. c. Bd 2, S. 18) ist *Myoporum laetum* ebenfalls cyanogen; die toxischen Eigenschaften dieser Art beruhen jedoch, wie diejenigen von *M. acuminatum* R. Br., *M. deserti* A. Cunn. und *Eremophila latrobei* F. Muell., auf dem ätherischen Öl (Ngaion und Myoporon?) und nicht auf Blausäureabgabe (vgl. GARDNER-BENNETTS; CONNOR-ADAMS, beide l. c. B 5.5).

4. *Mannit*

Einzelne Myoporaceen produzieren unter bestimmten Bedingungen reichlich Manna. *Myoporum acuminatum* wird nach MAIDEN (1889) deshalb «Sugar tree» genannt. Manna von *M. acuminatum* wurde ebenfalls durch BENNETT (1882) beschrieben. HATT und HILLIS (1947) haben verschiedene Muster dieser Manna genau untersucht; frische Exsudate enthalten 9–54 % Mannit; nach Verdampfen des Wassers beträgt der Mannitgehalt der *Myoporum*-Manna 60–80%; daneben enthält sie 8% reduzierende Zucker, 4,2% Polysaccharide, 1,4% Eiweiss, 4,5% organische Säuren und 4,8% Asche.

Mannitspeicherung scheint in der Familie verbreitet zu sein:

Myoporum deserti A. Cunn.: Etwa 0,1% aus lufttrockenen Blättern (Albert 1934).

M. laetum Forst.: 0,2% aus frischen Blättern, 0,25% aus Holz; die Früchte enthalten ebenfalls Mannit (McDowall 1925).

Eremophila fraseri F. Muell.: 0,25% aus beblätterten Zweigen (Jefferies et al. 1962).

E. ramosissima Gardn.: 0,55% aus beblätterten Zweigen (Jefferies et al. 1962).

5. *Verschiedenes*

Nach Webb (1949, 1952, l. c. B 4.1) geben die meisten *Eremophila*- und *Myoporum*-Arten deutliche Alkaloidreaktionen. Der gleiche Autor (Webb 1953) erwähnt, dass White in *Eremophila drummondii* F. Muell. 0,02% und in *E. fraseri* F. Muell. 0,25% Totalalkaloide gefunden hat.

Eremophila mitchellii Benth. enthält vermutlich Saponine (Simes et al., l. c. B 4.5).

Literatur

Achmad, S. A., und Cavill, G. W. K., Austral. J. Chem. *18*, 1989 (1965).
Albert, H., J. Proc. Roy. Soc. N. S. Wales *68*, 144 (1934).
Bennett, K. H., Proc. Linn. Soc. N. S. Wales *7*, 349 (1882).
Birch, A. J., et al., Austral. J. Chem. *6*, 385 (1953); Chemistry and Industry *1954*, 902; J. Chem. Soc. *1963*, 2412; Tetrahedron Letters *1966*, 4749.
Brünnich, J. C., und Smith, F., Queensl. Agr. J. *25*, 291 (1910).
Della, E. W., und Jefferies, P. R., Austral. J. Chem. *14*, 663 (1961).
Engelmann, E., und Rauer, E., Naturwissenschaften *40*, 363 (1953).
Finnemore, H., J. Counc. Sci. Ind. Research (Australia) *4*, 220 (1931).
Finnemore, H., und Cox, C. B., J. Proc. Roy. Soc. N. S. Wales *63*, 172 (1929).
Grant, D. F., und Rogers, D., Chemistry and Industry *1956*, 278.
Hatt, H. H., und Hillis, W. E., J. Counc. Sci. Ind. Research (Australia) *20*, 207 (1947).
Jefferies, P. R., und Knox, J. R., Austral. J. Chem. *14*, 628 (1961).
Jefferies, P. R., et al., Austral. J. Chem. *14*, 175 (1961); *15*, 532 (1962).
Kubota, T., Tetrahedron *4*, 80 (1958).
Kubota, T., und Matsuura, T., Chemistry and Industry *1957*, 491; Bull. Chem. Soc. Japan *31*, 491 (1958).
Maiden, J. H., J. Chem. Soc., Trans., *55*, 665 (1889).
Massy-Westropp, R. A., und Reynolds, G. D., Austral. J. Chem. *19*, 303 (1966).
Massy-Westropp, R. A., et al., Tetrahedron Letters *1966*, 1939.
McDowall, F. H., J. Chem. Soc., Trans., *127*, 2200 (1925).
O'Brien, K. G. O., et al., Austral. J. Chem. *6*, 166 (1953); *7*, 298 (1954).
Oh, G.-L., und Maslen, E. M., Tetrahedron Letters *1966*, 3291.
Petrie, J. M., Proc. Linn. Soc. N. S. Wales *37*, 220 (1912).
Webb, L. J., J. Austral. Inst. Agr. Science *19*, 144 (1953).

Schlussbetrachtungen

Allgemein werden die Myoporaceen zum Formenkreis der Tubifloren gerechnet:

WETTSTEIN: Am Ende der *Tubiflorae;* an die Scrophulariaceen erinnernd.
HUTCHINSON: In *Lamiales.*
TAKHTAJAN: In *Scrophulariales;* aus den Scrophulariaceen hervorgegangen.
Syllabus: *Tubiflorae—Myoporineae.*

Der Chemismus der Familie ist noch wenig bekannt. Mannitspeicherung, Ersatz der normalen Flavonolglykoside durch methylierte Flavonole und durch Flavanonole und reichliche Bildung von Kaffeesäure sind bei Vertretern der *Tubiflorae* durchaus zu erwarten. Aucubinartige Glykoside hat man bei den Myoporaceen bisher nicht nachgewiesen; es ist in diesem Zusammenhange jedoch aufschlussreich, dass iridoide Verbindungen im ätherischen Öle einer *Myoporum*-Art vorkommen; damit ist für die Myoporaceen ein weiteres chemisches Charakteristicum der Tubifloren sichergestellt.

Aufschlussreich wäre zweifellos das Studium der sogenannten Gerbstoffe; sind die Myoporaceen echte Vertreter der Tubifloren, dann ist zu erwarten, dass es sich dabei um Depside der Kaffeesäure vom Typus der Labiatensäure, des Orobanchosides oder des Verbascosides handelt.

Cyanogenese kommt bei den Myoporaceen wie bei den Scrophulariaceen nur sehr sporadisch vor; in beiden Familien wurde das gleiche Glucosid, das Prunasin, nachgewiesen. Merkwürdig ist die Tatsache, dass gerade die Myoporaceen eine der stärksten cyanogenen Pflanzen hervorgebracht haben.

Vgl. ebenfalls die Diskussionen bei den Labiaten (Bd. 4, S. 345), Scrophulariaceen (folgender Band) und bei weiteren Familien der *Tubiflorae* (z. B. Acanthaceen und Bignoniaceen in Bd. 3 und Gesneriaceen, Globulariaceen und Lentibulariaceen in Bd. 4).

167. Myricaceae

Einhäusige oder zweihäusige Sträucher oder Bäume mit ganzrandigen bis fiederschnittigen, wechselständigen Blättern. Blüten in kätzchenförmigen Blütenständen. ♂ Blüten ohne Blütenhülle, mit 2 bis 20 Staubblättern, in der Achsel einer Braktee; ♀ Blüten aus einem einfächerigen Fruchtknoten mit einer Samenanlage mit einem Integument bestehend, an der Basis von mehreren, kleinen, kelchähnlichen Brakteen und Brakteolen umgeben. Steinfrüchte, zum Teil mit fettausscheidendem Mesokarp. Samen mit kräftig entwickeltem Embryo, meist gänzlich ohne Endosperm.

Die Familie ist im gemässigten und subtropischen Klima über die ganze Erde verbreitet.

Systematische Gliederung

Die Myricaceen umfassen nur die artenreiche (±50 Arten) Gattung *Myrica* und die zwei monotypischen Gattungen *Comptonia* (Nordamerika) und *Canacomyrica* (Neukaledonien).

Anatomische Merkmale

Einzellige, mehr oder weniger verholzte Haare kommen vor. Allgemein verbreitet sind ätherisches Öl und Harz produzierende Drüsenhaare, mit ein- bis zweizellreihigem Stiel und grossem vielzelligem Kopf; das Exkret liegt im subcuticularen Raum dieser Drüsenhaare; daneben kommen bei einigen Arten ebenfalles wenigzellige Drüsenhaare mit einzelligem Kopfe vor. In der Rinde führen einige Arten Idioblasten mit schlecht definiertem Inhalt (in der Literatur als Milchsaft, Kino, Schleim oder Harz beschrieben). Calciumoxalat wird in der Form von Drusen und Einzelkristallen abgelagert.

Chemische Merkmale

Einige Myricaceen erzeugen essbare Früchte. Bei andern sind die Früchte von einer dicken Fettschicht bedeckt; aus ihnen wird das sogenannte *Myrica*-Wachs, das jedoch kein Wachs, sondern ein Triglycerid ist, gewonnen. Blätter, Stamm- und Wurzelrinde verschiedener Arten wurden früher zum Färben und Gerben verwendet. Chemische Untersuchungen liegen vor allem für Arten, die dem Menschen einen gewissen Nutzen bringen, vor.

1. *Das Fruchtwandfett*

Myrica-Arten des Subgenus *Morella* scheiden auf der Oberfläche der Früchte Fett ab; bei einigen Arten geschieht dies in solchem Ausmasse, dass die Gewinnung des sogenannten Myricawachses («Bayberry wax») lohnend ist. Zu diesem Zwecke werden Zweige mit Fruchständen oder Früchte allein mit Wasser ausgekocht und das geschmolzene Fett abgeschöpft.

McKay (1948) untersuchte das Wachs der nördlichen «Bayberry»-Pflanze (vermutlich *Myrica pensylvanica* Loisel.); er fand als Fettsäuren ausschliesslich Myristinsäure (mengenmässig überwiegend), Palmitinsäure und Stearinsäure. Gleichartig sind andere genauer untersuchte *Myrica*-Fruchtwandfette zusammengesetzt: *M. cordifolia* L. (Südafrika) 0,3% Laurin-, 47% Myristin-, 51,8% Palmitin-, 0,3% Stearin- und 0,6% Ölsäure (ex Warth, l. c. B 3.03); *M. carolinensis* Mill. (= *M. cerifera* L.?) 99% Myristin- und Palmitinsäure, 1% Stearinsäure (Harlow et al. 1965).

Weitere zur Gewinnung von Myricawachs herangezogene Arten sind nach WILLIAMS (1958): *Myrica aethiopica* L. (Süd-Afrika), *M. microcarpa* Benth. (Venezuela, Columbien, Ecuador) und ferner eine Reihe von Formen (*M. arguta* H. B. et K., *M. caracasana* H. B. et K., *M. polycarpa* H. B. et K. [Venezuela, Columbien], *M. mexicana* Willd., *M. xalapensis* H. B. et K. [Mexico]), die *M. cerifera* L. zugerechnet werden können.

2. *Die Reservestoffe der Samen*

Nach Angaben von EARLE und JONES (1962, l. c. Bd. 3, S. 40), JONES und EARLE (1966, l. c. S. 124) und eigenen Beobachtungen sind die Samen von *Myrica*-Arten stärkefrei (Beobachtungen bei *M. cerifera* L., *M. heterophylla* Raf. und *M. pensylvanica* Loisel.); sie enthalten reichlich Aleuronkörner und fettes Öl. Das Öl von *M. carolinensis* Mill. (42,7% der Samenkerne) wurde durch HARLOW et al. (1965) untersucht; für seine Fettsäuren wurde folgende Zusammensetzung ermittelt (Mol%): C16:0 6,7; C 16:1 0,9; C 18:0 0,8; C 18:1 16,1 und C 18:2 75,5. Das Samenöl ist demnach auffallend linolsäurereich.

3. *Bestandteile einzelner Arten*

Comptonia peregrina (L.) Coult. (= *Myrica aspleniifolia* L. = *Liquidambar peregrina* L.): Wurde früher als Antidiarrhoicum verwendet. In der Rinde kommen Idioblasten mit rötlich gefärbtem Inhalt vor (BERINGER 1894). Rhizome enthalten reichlich Stärke, 4–6% Gerbstoff und Spuren Gallussäure; Blätter enthalten 7–10% Gerbstoff und ein angenehm nach Campher riechendes ätherisches Öl (PEACOCK 1892; MANGER 1894). BRAUN (1926) und DE NICOLA und LYNN (1939) erhielten 0,02 bis 0,05% ätherisches Öl aus frischen Blättern (0,14% bezogen auf Trockengewicht) mit heu- oder zimtartigem Geruch; nachgewiesen wurden Monoterpene (worunter 35% Cineol) und reichlich Sesquiterpene (worunter vermutlich Caryophyllen).

Myrica bojeriana Bak.: PERNET (1959, l. c. Bd. 3, S. 673) wies in dieser Art von Madagascar Chinone, flavonoide Glykoside und Saponine nach.

M. carolinensis Mill.: Blätter und Früchte enthalten 6,9% Gerbstoff (HAPPICH et al. 1954).

M. conifera Burm. f.: Trägt geniessbare Früchte; dagegen soll das Kauen der Blätter zu heftiger Irritation führen und Kopfschmerzen verursachen können (WATT und BREYER-BRANDWIJK, l. c. Bd. 2, S. 24).

M. esculenta Buch.-Ham. (= *M. nagi* auct. div. non Thunb.; *M. nagi* Thunb. ist nach BACKER [1951] eine *Podocarpus*-Art): Die Früchte sind geniessbar. Die gerbstoffreiche Rinde (32% Gerbstoff nach „The Wealth of India", l. c. B. 5.4) wird als Adstringens verwendet; ausserdem dient sie in bestimmten Gegenden von Indien als Fischgift. PERKIN und HUMMEL (1896) isolierten aus der Rinde (*M. nagi*) 0,23–0,27% Myricetin (erste Quelle; Name; nach Kochen der Extrakte mit

Schwefelsäure). LAUMAS und SESHADRI (1959), GANGULI und SESHADRI (1962) und KRISHNAMOORTHY und SESHADRI (1966) isolierten aus der Rinde Leucodelphinidin und ein dimeres Proanthocyanidin, das bei milder saurer Hydrolyse in (+)-Catechin und Delphinidin zerfällt:

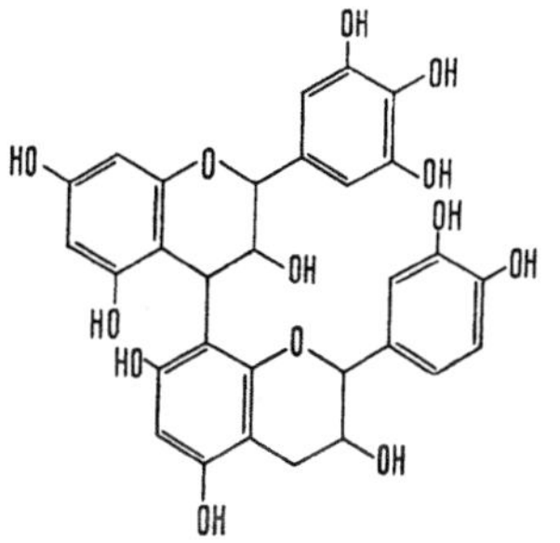

Proanthocyanidin aus der Rinde von *M. esculenta*, $C_{30}H_{26}O_{13}$

Angaben über Kino-Produktion durch „*M. nagi*" beruhen auf einem Irrtum; bereits HOOPER (1894) hat nachgewiesen, dass es sich bei dem von Dr. DYMOCK erhaltenen Kino-Muster um einen eingedampften, wässrigen Rindenextrakt handelte; dieser Trockenextrakt enthielt 60,8% Gerbstoff; HOOPER berichtete ferner, dass die Rinde an Wasser rote Farbstoffe abgibt und schlauchförmige Idioblasten enthält (er spricht von „lactiferous vessels").

Den für Fische toxischen Stoff gewannen KRISHNAMOORTHY et al. (1963) aus der Rinde; sie nannten ihn Myriconol und zeigten, dass er zur Gruppe der rotenoiden Verbindungen gehört; seine Toxizität für Fische ist geringer als die des Retonons.

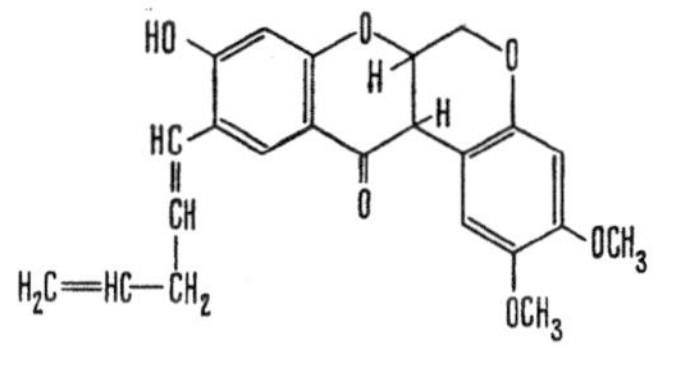

Myriconol, $C_{23}H_{22}O_6$ (Strukturvorschlag von KRISHNAMOORTHY et al. 1963)

AGARWAL et al. (1963) isolierten aus der Rinde Taraxerol, Myricadiol und β-Sitosterin und DESAI et al. (1966) erhielten aus Wurzeln Taraxeron, Myricadiol und β-Sitosterin.

M. gale L.: Nach PERROT (1910) enthält ein Alkoholextrakt aus Ganzpflanzen weder Alkaloide noch Glykoside, wohl aber reichlich Harz mit ausgesprochen emetischer, purgativer und abortiver Wirkung. Blätter lieferten etwa 0,3% (bezogen auf Trockengewicht) und Kätzchen 0,4–0,6% ätherisches Öl; im Blattöl wurden Dipenten, Cineol, Sesquiterpene, Paraffine und Fettsäuren und im Kätzchenöl Pinen, vermutlich (+)-α-Phellandren, Cineol, Sesquiterpene, worunter wahrscheinlich Caryophyllen, und ein schwerflüchtiger, in Nadeln kristallisierender Geruchstoff beobachtet (PICKLES 1911; ENKLAAR 1912); nach PERROT (1910) ist das ätherische Öl von *M. gale* ziemlich giftig.

Perkin (1900) isolierte aus Blättern 0,1% Myricetin; in der Rinde fand er überwiegend Gerbstoff und nur Spuren Myricetin. Nach Bate-Smith (1962, l. c. Bd. 3, S. 40) enthalten hydrolysierte Blattextrakte reichlich Myricetin und daneben Ellagsäure, Quercetin, p-Cumarsäure, Spuren Kaempferol und (aus Leucoanthocyanen entstanden) Delphinidin und Cyanidin.

Aus der Rinde wurden folgende Triterpene isoliert: Myricadiol (A. A. Ryabinin und L. G. Matyukhina, C. A. *54*, 8889 [1960]), Myricolal (Matyukhina-Ryabinin, C. A. *54*, 15431 [1960]) und Oleanol- und Ursolsäure (A. V. Borovkov und N. V. Belova, C. A. *58*, 9149 [1963]).

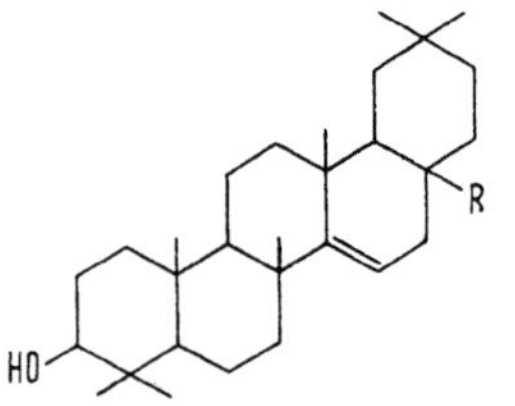

R = CH_3 : Taraxerol
R = CH_2OH : Myricadiol
R = CHO : Myricolal

M. rubra S. et Z. (= *M. nagi* DC. non Thunb.): Diese in Japan, China und auf Formosa vorkommende Art besitzt grosse (± 1,5 cm Durchmesser), rote, geniessbare Früchte. Perkin (1902) hat seine Myricetin-Untersuchungen mit einem aus Japan empfangenen Extrakt aus „*Myrica nagi*“ (also wahrscheinlich *M. rubra* S. et Z.) fortgesetzt; er isolierte Myricetin und daneben sein 3-Rhamnosid, das er Myricitrin nannte. Hattori und Hayashi (1931) gewannen aus der Rinde 3% Myricitrin und klärten dessen Struktur definitiv. Daneben enthält die Rinde 11–14% Gerbstoff (Dekker, l. c. B 3.09).

Aus frischen Blättern isolierten T. Takemoto et al. 0,1% Taraxerol (C. A. *49*, 4233 [1955]).

Literatur

Agarwal, K. P., et al., Indian J. Chem. *1*, 28 (1963).
Backer, C. A., *Myricaceae* in Flora Malesiana [I] 4, 277–279 (1951).
Beringer, G. M., Am. J. Pharm. *66*, 220 (1894).
Braun, H. A., J. Am. Pharm. Assoc. *15*, 336 (1926).
DeNicola, R., und Lynn, E. V., J. Am. Pharm. Assoc. *28*, 588 (1939).
Desai, D. P., et al., Indian J. Chem. *4*, 457 (1966).
Enklaar, C. J., Chem. Weekblad *9*, 219 (1912).
Ganguli, A. K., und Seshadri, T. R., J. Sci. Ind. Research (India) *17B*, 168 (1962).
Happich, M. L., et al., J. Am. Leather Chemists' Assoc. *49*, 760 (1954).
Harlow, R. D., et al., J. Am. Oil Chemists' Soc. *42*, 747 (1965).
Hattori, S., und Hayashi, K., Acta Phytochim. (Tokyo) *5*, 213 (1931).
Hooper, D., Am. J. Pharm. *66*, 209 (1894).
Krishnamoorthy, V., und Seshadri, T. R., Tetrahedron *22*, 2367 (1966).
Krishnamoorthy, V., et al., Current Sci. (India) *32*, 16 (1963).
Laumas, K. R., und Seshadri, T. R., Proc. Indian Acad. Sci. *49*A, 47 (1959).
Manger, Ch. C., Am. J. Pharm. *66*, 211 (1894).
McKay, A. F. , J. Org. Chem. *13*, 86 (1948).
Peacock, J. C. , Am. J. Pharm. *64*, 303 (1892).

PERKIN, G. A. , J. Chem. Soc., Trans., *77*, 429 (1900); *81*, 203 (1902).
PERKIN, G.A., und HUMMEL, J.J., J. Chem. Soc., Trans., *69*, 1287 (1896).
PERROT, E., Bull. Sci. Pharmacol.*17*, 253 (1910).
PICKLES, S.S., J. Chem. Soc., Trans., *99*, 1764 (1911).
WILLIAMS, L. O., *Bayberry wax and bayberries*, Econ. Botany *12*, 103 (1958).

Schlussbetrachtungen

Die Myricaceen gehören zu den amentiferen Familien. Sie werden beispielsweise wie folgt ins System eingereiht:

WETTSTEIN: *Myricales* (monotypisch) zwischen *Fagales* und *Juglandales*.

HUTCHINSON: *Myricales* (monotypisch); gleich den *Leitneriales*, *Balanopsidales*, *Fagales*, *Juglandales* und *Casuarinales* von den *Hamamelidales* abgeleitet.

CRONQUIST: *Urticales;* von den *Rosales* abgeleitet.

TAKHTAJAN: *Myricales* (monotypische Ordnung der *Amentiferae*), Ableitung von den *Hamamelidales*.

Syllabus: *Juglandales (Myricaceae* und *Juglandaceae)*. Ableitung noch unsicher.

Chemisch erinnern die Myricaceen in folgenden Merkmalen an andere Vertreter der *Amentiferae (Fagaceae, Betulaceae, Casuarinaceae):*

Reichliches Vorkommen von Polyphenolen: Myricetinglykoside, Leucoanthocyane, Ellagsäure; Gerbstoffe, deren Bausteine vermutlich einerseits Catechine und Leucoanthocyane (beide z. T. mit trisubstituiertem B-Ring) und andererseits Gallus- und Ellagsäure sind.

Reichliches Vorkommen von Triterpenen mit Taraxeran-, Ursan- und Lupanskelett.

Interessant ist das Auftreten von rotenoiden Isoflavonen (Myriconol), was einerseits Anklänge an die zu den *Rosales* gehörenden Leguminosen, andererseits an die Moraceen, von denen isopentenylsubstituierte Isoflavone und Xanthone bekannt sind, ergibt; es stellt sich zweifellos die Frage, ob der aliphatische C_5-Substituent des Myriconols nicht isoprenoid gebaut ist.

REUTER (l. c. B 3.04) hat für *Myrica cerifera* L. nachgewiesen, dass Arginin die Hauptform des löslichen Stickstoffes der winterlichen Zweige darstellt. Gleiche Verhältnisse herrschen bei den meisten *Rosaceae*, *Saxifragaceae* und bei den *Hamamelidaceae*, sodass sich in dieser Beziehung ebenfalls Anklänge an die *Rosales* feststellen lassen.

Abschliessend sei festgehalten, dass die bekannten chemischen Merkmale Einreihung der Myricaceen in die Überordnung der Amentiferen (sensu TAKHTAJAN) befürworten.

TAKHTAJAN leitet die verschiedenen Ordnungen der Amentiferen über die *Trochodendrales* und *Hamamelidales* von den *Magnoliales* ab, rechnet also die Amentiferen (inkl. *Hamamelidales*) und die Rosifloren zu verschiedenen Entwicklungslinien.

HUTCHINSON andererseits nimmt die Entwicklungslinie *Magnoliales*→*Dilleniales*→*Rosales*→*Hamamelidales*→ „*Amentiferae*“ an.

Die biochemischen Merkmale stimmen in grossen Linien besser mit den Ansichten von HUTCHINSON überein. Nähere Zusammenhänge zwischen *Dilleniales*, *Rosales* (sensu latissimo, d. h. inkl. *Cunoniales*, *Leguminales* und *Hamamelidales*) und den amentiferen Ordnungen erscheinen durchaus wahrscheinlich. Andererseits lassen sich Anklänge an die *Magnoliales* bisher kaum feststellen.

Vgl. ebenfalls die Diskussionen bei den Betulaceen, Dilleniaceen, Fagaceen, Juglandaceen und Moraceen.

168. Myristicaceae

Diöcische Bäume mit wechselständigen, ganzrandigen Blättern. Blüten regelmässig, in traubigen Blütenständen, mit einfacher, am Grunde verwachsener, meist 3zipfliger Blütenhülle. ♂ Blüten mit 3 bis vielen Staubblättern, deren Filamente meist miteinander verwachsen sind; ♀ Blüten mit einem oberständigen, einfächerigen Fruchtknoten mit einer Samenanlage mit 2 Integumenten. Früchte meist fleischig aber trotzdem 2klappig aufspringend. Samen mit fleischigem Arillus, kleinem Embryo und mächtigem, oft ruminiertem Endosperm.

Die Myristicaceen sind in den Tropen der Alten und Neuen Welt zu Hause.

Systematische Gliederung

Die etwa 250 Arten wurden früher oft alle im Genus *Myristica* vereinigt. In neuerer Zeit werden (in Übereinstimmung mit WARBURG) viele der früheren Sektionen als selbständige Gattungen behandelt. SINCLAIR (1958) anerkennt 15 Genera:

Gymnacranthera, *Horsfieldia*, *Knema* und *Myristica* in Asien.

Compsoneura, *Dialyanthera*, *Iryanthera*, *Osteophloeum* und *Virola* in Amerika.

Brochoneura, *Cephalosphaera*, *Coelocaryon*, *Pycnanthus*, *Scyphocephalium* und *Staudtia* in Afrika und auf Madagascar.

Literatur

SINCLAIR, J., *A revision of the Malayan Myristicaceae*, The Gardens' Bull. Singapore *16*, 205–472 (1958).

Anatomische Merkmale

Von den Myristicaceen sind nur Deckhaare bekannt; sie sind im Prinzip einzellreihig; Form und Orientierung der Glieder wechseln stark, was zu einer grossen Formenmannigfaltigkeit der Deckhaare in der Familie führt. Calciumoxalat tritt in erster Linie in der Form von kleinen Nädelchen auf; daneben wurden ebenfalls Drusen beobachtet. Höchst charakteristisch sind die in Blatt- und Achsenparenchymen, aber auch in Früchten und Samen vorkommenden grossen Ölzellen. Die Myristicaceen besitzen ausserdem noch ein zweites Exkretionssystem in der Form der sogenannten Gerbstoff- oder Kinoschläuche der Rinde, der Markstrahlen und des Markes und der Blattnerven; sie bilden ein anastomosierendes Schlauchsystem und enthalten in erster Linie eine Kombination von saurem Schleim und kondensierten, rotbildenden Gerbstoffen (CORDEMOY 1907; LEMESLE 1939, 1941).

Literatur

CORDEMOY, DE, H. J., *Le kino des Myristicacées. Recherches sur l'appareil sécréteur de kino de ces plantes*, Ann. Musée Colonial Marseille [2] *5*, 148 (1907).

LEMESLE, R., *De l'existence d'un complexe tanin-mucilage chez certaines Myristicacées*, Bull. Sci. Pharmacol. *46*, 272 (1939), Bull. Soc. Botan. France *88*, 424 (1941).

Chemische Merkmale

Die Myristicaceen sind aromatische Pflanzen; ihre grossen, runden Idioblasten enthalten in erster Linie ätherisches Öl. Ausserdem liefern viele Arten bei Verwundung ein Kino (rotbrauner bis roter visköser Saft, der bald zu glasigen Massen von gleicher Farbe erstarrt; solche glasige, rote Produkte, die zur Hauptsache aus saurem Schleim und kondensierten Gerbstoffen bestehen, sind in erster Linie von einigen Leguminosen und Myrtaceen bekannt; die Myristicaceen-Kinos haben kaum je technische Bedeutung erlangt). Schliesslich enthalten die grossen Samen der meisten Arten viel Öl von Fettkonsistenz; seine Gewinnung durch Pressung oder Extraktion liefert stets Fette, die reichlich andere lipoidlösliche Bestandteile (ätherische Öle, Lignane, Harze) der Samen enthalten.

1. *Die ätherischen Öle*

Rinde, Blätter, Arillus und Samenkerne können bei den Myristicaceen sehr ätherisch- öl-reich sein. Verschiedene Arten verhalten sich allerdings in dieser Beziehung ausserordentlich unterschiedlich. So kann beispielsweise der Arillus der Samen weiss bis dunkelrot gefärbt sein, sauer, adstringierend oder aromatisch schmecken oder vollständig geschmacklos sein, geruchlos sein oder aromatisch riechen und fleischige bis ledrige Konsistenz besitzen (GRESHOFF 1890). Der Geruch und Geschmack der Samen wechseln von kaum aromatisch (z. B. *Myristica malabarica*) bis stark aromatisch (z. B. *M. fragrans*). Gleiches gilt für die Blätter; nach EIJKMAN (1887) besass von den 12 durch ihn beobachteten *Myristica*-Arten des botanischen Gartens von Buitenzorg nur *M. fragrans* stark riechende Blätter und Samen. Umfassende Untersuchungen liegen nur für eine Art, *Myristica fragrans* Houtt. (Muskatnussbaum), vor. Blätter liefern 0,4–0,6% ätherisches Öl (frisch; getrocknet bis 1,6%) mit α-Pinen und Myristicin; aus der Rinde wurden nur geringe Mengen (0,14%) ätherisches Öl erhalten. Viel ölreicher sind der Arillus («Banda Macis») und die Samenkerne (Banda Muskatnüsse); ersterer liefert bei der Wasserdampfdestillation das Macisöl («Oleum Macidis») und letztere das Muskatnussöl («Oleum Nucis Moschati Aethereum»). Die Ausbeuten hangen sehr stark von der Provenienz und der Qualität der destillierten Produkte ab. In Indonesien, einem der Hauptproduktionsländer der Muskatnüsse, unterscheidet man 3 Hauptgruppen von Handelsqualitäten: Konsumptionsnüsse (consumptienoten; grosse, ausgereifte, unbeschädigte Samenkerne; Gewürzmuskatnüsse); PBL (= pistja, basa, lobang)- oder BWP (= brocken, wormy, punky)- Nüsse (zerbrochen oder durch Insekten angefressen; geeignet für Gewürzmühlen und zur Ätherisch-Öl-Gewinnung) und Rimpelnüsse (aus unreif geernteten Früchten, was stark rimpliges Eintrocknen der Samenkerne zur Folge hat; geeignet zur Ölgewinnung, da sehr gehaltreich). TAMMES (1949) ermittelte für indonesische Produkte, welche vermutlich ausschliesslich von *Myristica fragrans* stammten, folgende Ölgehalte:

Konsumptionsnüsse (2 Muster)	7,2–8,9%
B W P-Nüsse (3 Muster)	5 –8,3%
Rimpelnüsse (3 Muster)	12,4–13,4%
Sorte Padang (kleine Nüsse; 2 Muster)	19,3–20,3%

Macis enthält etwa 3–6 (–15)% ätherisches Öl. Qualitativ besitzen Nuss- und Macisöl die gleiche Zusammensetzung. Die Öle enthalten mehr als 90% Monoterpene (Camphen, Pinen, Dipenten, p-Cymen, Linalool, Terpinen-4-ol, Borneol, α-Terpineol, Geraniol) und 5–8% Phenylpropane (Myristicin, Safrol, Eugenol, Isoeugenol). SHULGIN (1963) und SHULGIN und KERLINGER (1964) haben in der Myristicinfraktion noch Elemicin, *trans*-Isoelemicin, Methoxyeugenol und Methylisoeugenol nachgewiesen; für eines der untersuchten Muskatöle ermittelten sie folgende Zusammensetzung: Monoterpene 90,8%; Elemicin 2,05%, Myristicin 5,33%, Isoeugenol 0,19%, *trans*-Isoelemicin 0,08%, Methoxyeugenol 0,25%, Myristinsäure 1,23%.

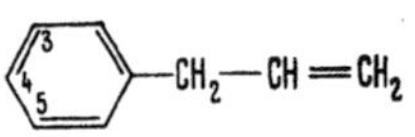

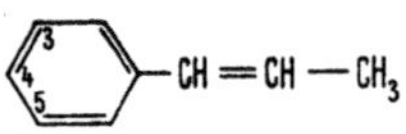

	3	4	5
Eugenol	OCH_3	OH	H
Safrol	O—CH_2—O		H
Myristicin	O—CH_2—O		OCH_3
Elemicin	OCH_3	OCH_3	OCH_3
Methoxyeugenol	OCH_3	OH	OCH_3

	3	4	5
Isoeugenol	OCH_3	OH	H
Methylisoeugenol	OCH_3	OCH_3	H
Isoelemicin	OCH_3	OCH_3	OCH_3

Seit langem ist bekannt, dass grössere Dosen Muskatnuss toxisch wirken; bei der Vergiftung treten ausgesprochen rauschartige Zustände auf; vermutlich sind dafür die Phenylpropane (Myristicin, Elemicin u. a.) verantwortlich; die Einzelheiten der Wirkungsweise sind jedoch noch ungeklärt (POWER-SALWAY 1908; WEIL 1965; SHULGIN 1966).

In geringerem Ausmasse liefern andere *Myristica*-Arten Macis und Muskatnüsse:

M. argentea Warb. (Neuguinea): Liefert die sogenannten Papuanüsse oder langen Muskatnüsse, die ölärmer sind. TAMMES (1949) fand für Papuanüsse 3–5,8% ätherisches Öl; dieses Öl riecht nach VAN DER WIELEN und HERMANS (1926) ausgesprochen nach Sassafrasöl.

M. malabarica Lamk. (Indien): Liefert die sogenannten Bombay-Nüsse und den Bombay-Macis, die beide ausgesprochene Verfälschungen darstellen, da sie kaum aromatisch sind; im Macis soll allerdings bis 0,7% ätherisches Öl vorhanden sein (Wealth of India, l. c. B 5.4).

M. succedanea Blume: Ist auf einigen Inseln der Molukken (Halmaheira, Ternate) heimisch und liefert Muskatnüsse und Macis, die den Produkten von *M. fragrans* nur wenig nachstehen sollen, also ebenfalls reichlich ätherische Öle von annähernd gleicher Zusammensetzung enthalten.

Ferner ist über die ätherischen Öle der Myristicaceen nur sehr wenig bekannt geworden.

Dialyanthera otoba Warb. (= *Myristica otoba* H. et B.): Die Samen liefern etwa 7% ätherisches Öl; Hauptbestandteile sind Sesquiterpene (GILDEMEISTER–HOFFMANN, l. c. B 3.05).

Cephalosphaera usambarensis Warb.: Das Holz enthält ein ätherisches Öl mit Terpinolen (Hauptbestandteil), Alloocimen, α- und β-Pinen, Limonen und Methylheptenon (COCKER et al. 1965).

2. *Polyphenole und Gerbstoffe*

Die Myristicaceen gehören zu den phenolreichen Pflanzen; leider fehlt eine genaue Kenntnis der chemischen Natur der phenolischen Inhaltstoffe weitgehend.

BATE-SMITH (1962, l. c. Bd. 3, S. 40) beobachtete in hydrolysierten Blattextrakten von *Myristica fragrans* und *M. surinamensis* Roland ex Rottb. (= *Virola surinamensis* Warb.) ausschliesslich Quercetin, Kaempferol und (aus Leucocyanidin entstanden) Cyanidin.

In der Rinde von *Pycnanthus angolensis* (Welw.) Exell (= *Myristica angolensis* Welw.) wiesen L. NOGUEIRA PRISTA et al. (C. A. *61*, 13628 [1964]) Flavone, Flavonole, Naringenin, Gerbstoffe und Chinone nach.

Die allgemein vorkommenden Gerbstoffschläuche (vgl. «Anatomische Merkmale») enthalten eine Mischung von Polyphenolen (vermutlich überwiegend Leucoanthocyane und Catechine), kondensiertem Gerbstoff und Schleim; der nach Verwundung ausfliessende Saft erstarrt zu Kino, ein brüchiges, glasartiges, wasserlösliches, stark adstringierend schmeckendes Produkt, das ab und zu auch als Drachenblut bezeichnet wird (z. B. Kino von *Dialyanthera gordoniifolia* Warb. in Ecuador nach SPAICH und KOETHKE 1955; über Drachenblut vgl. Bd. 2, S. 43).

Die meisten Myristicaceen liefern nach Verwundung Kino (Eijkman 1887: für 12 Arten des botanischen Gartens Buitenzorg [Java] beschrieben; The Wealth of India: *Horsfieldia kingii* [Hook. f.] Warb. Kino mit 30,2% Gerbstoff, *Knema angustifolia* [Roxb.] Warb. Kino mit 33,6% Gerbstoff; Braun 1925: *Cephalosphaera usambarensis* Warb. Kino mit 72,8% wasserlöslichen Anteilen, wovon 10,1% Gerbstoff). Schaer (1896) hat nachgewiesen, dass Kinomuster von *Myristica malabarica* Lamk., *M. succedanea* Blume, *M. fragrans* Houtt. und *Horsfieldia glabra* Warb. (= *M. glabra* Blume) in jeder Hinsicht dem Malabar Kino (stammt von der Leguminose *Pterocarpus marsupium*) gleichen; sie lassen sich jedoch durch folgende Eigenschaft von Malabarkino unterscheiden: Die Myristicaceen- Kinos enthalten Calciumtartrat; das letztere kristallisiert aus wässrigen oder verdünnt alkoholischen Kinolösungen bald aus, wodurch Trübung eintritt.

Eine ganz besondere Art von Kino liefern einige südamerikanische *Virola*-Arten. Der nach Ablösen der Rinde von *Virola calophylla* Warb., *V. calophylloidea* Markgraf und vielleicht ebenfalls von *V. elongata* Warb. an der Innenseite austretende rotbraune Saft wird von den Indianern des Nordwestlichen Amazonasgebietes zu einem berauschenden Schnupfmittel («Yakée» oder «Parica») verarbeitet; das Letztere soll sehr stark wirken und nur von den Medizinmännern verwendet werden. Im *Virola*-Schnupfmittel scheint N,N-Dimethyltryptamin vorzukommen (Schultes 1953, 1954, 1965).

Die aus den Samen gepressten Fette sind meist braun gefärbt; sie enthalten neben den Triglyceriden und ätherischen Ölen in vielen Fällen ebenfalls reichlich „Harz" sehr verschiedener Zusammensetzung. Nicht selten dürfte ein Teil dieser „Harze" aus Phenolen (Lignane, Gerbstoffe) bestehen. Genau untersucht wurde diese Fraktion des Samenfettes von *Dialyanthera otoba* (H. et B.) Warb. (= *Myristica otoba* H. et B.). Aus dem Unverseifbaren des Otobafettes isolierten Gilchrist et al. (1962) 6% Otobain (= das frühere Otobit), 1,7% Hydroxyotobain und 0,1% eines Gemisches von isomeren Phenolen (Ausbeuten bezogen auf das verarbeitete Fett), das nach Methylierung Isootobain (= das frühere Isootobit) lieferte (Wallace et al. 1963); die genannten Verbindungen sind Lignane.

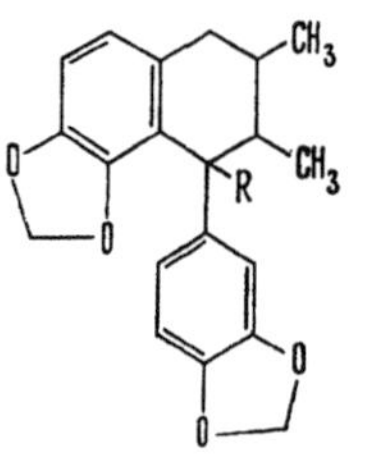

R = H : Otobain, $C_{20}H_{20}O_4$

R = OH : Hydroxyotobain, $C_{20}H_{20}O_5$

Stevenson 1962; Gilchrist et al. 1962; Bhacca-Stevenson 1963; Wallace et al. 1963; Brown-Stevenson 1964; Maclean-Stevenson 1965; Mc Murry-Kennedy-Skipton 1966.

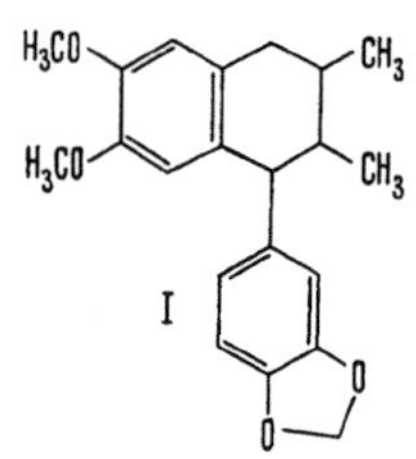

Phenolische Monomethyläther, $C_{19}H_{19}O_3.OCH_3$

↓ Methylierung

Dimethyläther = Isootobain (I), $C_{19}H_{18}O_2(OCH_3)_2$

Gilchrist et al. 1962; Wallace et al. 1963.

3. *Die Samenfette*

Die Fettgehalte der Samen wechseln; neben Fett treten allgemein Eiweiss und bei einzelnen Arten (z. B. *Myristica fragrans*) ebenfalls Stärke als Reservestoffe auf. *Virola guatemalensis* Warb. hat stärkefreie Samenkerne mit 11,2% Eiweiss und 70,7% fettem Öl (Fett) (JONES-EARLE 1966, l. c. S. 124).

Die folgende Liste von Fettgehalten der Samenkerne vermittelt einen Eindruck von den in der Familie in dieser Hinsicht vorkommenden Schwankungen. GRESHOFF (1890) fand: *Horsfieldia macrothyrsa* Warb. (= *Myristica macrothyrsa* Miq.) 44,9% (F 49°), *H. silvestris* Warb. (= *M. silvestris* Houtt.) 35,5–41,2% (F 40–45°), *Horsfieldia* spec. (= *M. aruana* Blume) 61,4% (F 41°), *Knema glauca* Warb. (= *M. glauca* Blume) 37% (F 40°), *K. linifolia* (Roxb.) Warb. (= *M. longifolia* Wall. p. p.) oder *K. angustifolia* (Roxb.) Wall. (= *M. longifolia* Wall. p. p.) 3%, *Myristica fragrans* Houtt. 27,5–42,8% (F 46–49°), *M. iners* Blume (aufgeführt als *M. corticosa* Hall. f. et T.; vgl. HEYNE, l. c. B 5.4) 22,2% (F 26°), *M. teysmannii* Miq. 3,5% und ferner für zwei als *M. laurifolia* Hall. f. et T. und *M. radja* Miq. aufgeführte Arten 32,8% (F 49°) und 10,2%. Für afrikanische Arten scheint hoher Fettgehalt Regel zu sein. PEIRIER (1930) berichtete über die Samen folgender Arten: *Pycnanthus kombo* (Baill.) Warb. 10,8–11% Eiweiss, 56,9–58,3% Fett (F 40–51°; Samenkerne allein 83% Fett); *Staudtia gabonensis* Warb. 4,7–5,8% Eiweiss, 13,5% Stärke, 31,7–34,7% Fett (F 42-46°); *Coelocaryon cuneatum* Warb. enthält Stärke im Endosperm, 6,3% Eiweiss, 47,0% Fett (F 41,5–44°). Die Samen von *Virola sebifera* Aubl. und *V. surinamensis* Warb. liefern in Südamerika das zur Seifen- und Kerzenfabrikation verwendete «Ucuhuba-Fett» (ECKEY, l. c. B 3.03; MARKLEY 1957); es wird in Ausbeuten von etwa 65% aus Samenkernen erhalten. Die Ochoco-Butter stammt aus den Samen des westafrikanischen *Scyphocephalium ochocoa* Warb. (*Ochocoa gabonii* Pierre); die Samenkerne liefern etwa 60% dunkelbraunes Fett; wird ausschliesslich das weisse Endosperm (= 84,7% der Samenkerne) extrahiert, dann werden 70% eines farblosen Fettes erhalten, das annähernd 98% Trimyristin enthält (LEWKOWITSCH 1908).

Charakteristisch für die Samenöle der meisten Myristicaceen ist der sehr hohe Gehalt an gesättigten Fettsäuren. Nach ECKEY und nach HILDITCH (beide l. c. B 3.03) wurden bisher folgende Hauptfettsäuren (>10% der Totalsäuren) in der Familie beobachtet:

Dialyanthera otoba Warb.	: C12:0 21%; C14:0 73%.
Horsfieldia irya (Gaertn.) Warb. (= *M. irya* Gaertn.)	: C12:0 25%; C14:0 67%.
Myristica fragrans Houtt.	: C14:0 60-77%; C16:0 10-32%; C18:1 etwa 10%.
M. malabarica Lamk.	: C14:0 39%; C16:0 13%; C18:1 44%.
Pycnanthus kombo Warb.	: C14:0 60%; 24% Tetradec-9-ensäure.
Virola surinamensis Warb.	: C12:0 15%; C14:0 73%.

Das Ucuhuba-Fett (*V. surinamensis*) besteht nach CULP et al. (1965) zu 50% aus Trimyristin und Laurodimyristin.

Wie neuere Untersuchungen in Indien gezeigt haben, überwiegt jedoch die Myristinsäure nicht in allen Fällen mengenmässig.

Gymnacranthera canarica Warb. (= *Myristica canarica* Bedd.): Samen liefern 72–73% Rohfett (frei von ätherischem Öl!); das nach Entfernen von 4% phenolischen (Kristalle, F 208–210°) und 15% sauren Anteilen verbleibende gereinigte Fett besteht nur zu 60% aus Triglyceriden (C12:0 72%; C14:0 28%); der Rest (etwa 40%) wird durch Ester unbekannter Natur (Harzsäureester) gebildet (KARTHA 1956).

Knema attenuata Warb. (= *Myristica attenuata* Wall.): Samen liefern 41% ätherischölfreies Rohfett; 41% davon sind «Harzsäuren»; das nach Entfernung der Letzteren verbleibende Fett besteht zu 60% aus Triglyceriden (78% C14:0 und 22% C18:1); der Rest entfällt auf das Unverseifbare (37% : 5% Sterine und 32% ungesättigte Paraffine) und harzige Anteile (3%) (KARTHA und NARAYANAN 1962).

Myristica beddomei King: Samenkerne liefern 25% ätherischölfreies Rohfett, das 1% Unverseifbares und 1% Harzsäuren enthält; das gereinigte Fett enthält 93% Triglyceride mit Stearinsäure (60%) und Ölsäure (35%) als Hauptfettsäuren (KARTHA und NARAYANAN 1958).

Myristica malabarica Lamk.: Das Rohfett (38–45% der Samenkerne) besteht nur etwa zu einem Viertel aus Triglyceriden (C14:0 69%, C16:0 10%, C18:1 21%); den Rest bilden phenolische Harze (Lignane?) mit guter fettkonservierender Wirkung (KARTHA 1954).

Bei den Myristicaceen können demnach ausser Myristinsäure auch Laurinsäure (*Gymnacranthera canarica*) oder Stearinsäure (*Myristica beddomei*) als Hauptfettsäuren der Glyceride auftreten. Ausserdem enthalten extrahierte Samenöle oft beträchtliche Mengen Nicht-Glyceride, über deren chemische Natur wir noch sehr ungenügend orientiert sind.

4. *Sterine, Triterpene und Wachse*

Cephalosphaera usambarensis Warb.: Aus dem Holz isolierten COCKER et al. (1965) Wachs, Paraffine (n-Eikosan bis n-Tritriakontan), β-Sitosterin und 2 tetracyclische Triterpene:

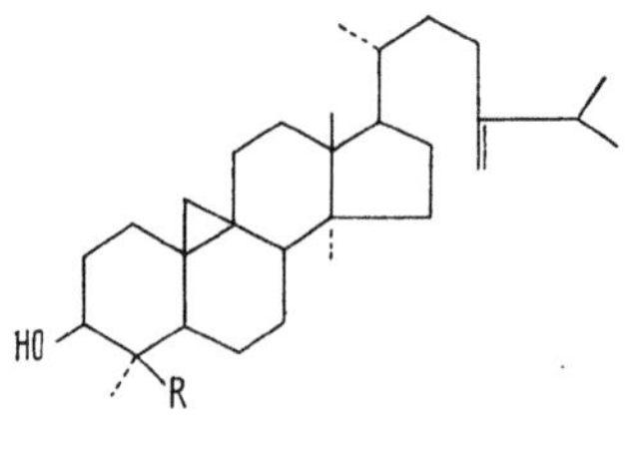

R = H : Cycloeucalenol
R = CH_3 : 24-Methylen-cycloartanol

Dialyanthera otoba Warb.: 0,15% β-Sitosterin aus Otoba-Fett (GILCHRIST et al. 1962).

Über weitere Sterine und wachsartige Stoffe in Samenfetten vgl. Abschnitt 3.

5. *Verschiedenes*

Aus der als Wundmittel verwendeten Rinde von *Pycnanthus angolensis* (Welw.) Exell isolierten L. NOGUEIRA PRISTA et al. 0,2% Allantoin (C. A. *61*, 15035 [1964])

Literatur

BHACCA, N. S., und STEVENSON, R., J. Org. Chem. *28*, 1638 (1963).
BRAUN, K., Arch. Pharm. *263*, 127 (1925).
BROWN, D., und STEVENSON, R., Tetrahedron Letters *1964*, 3213.
COCKER, W., et al., J. Chem. Soc. *1965*, 1962.
CULP, T. W., et al., J. Am. Oil Chemists' Soc. *42*, 974 (1965).
EIJKMAN, J. F., Nieuw Tijdschr. voor Pharm. in Nederl. [2] *20*, 134 (1887).
GILCHRIST, T., et al., J. Chem. Soc. *1962*, 1780.
GRESHOFF, M., Teysmannia *1*, 380 (1890).
KARTHA, A. R. S., J. Sci. Ind. Research (India) *13A*, 72 (1954); *15B*, 722 (1956).
KARTHA, A. R. S., und NARAYANAN, R., J. Sci. Ind. Research (India) *17B*, 283 (1958); *21B*, 494 (1962).
LEWKOWITSCH, J., The Analyst *33*, 313 (1908).
MACLEAN, I., und STEVENSON, R., Chemistry and Industry *1965*, 1379.
MARKLEY, K. S., *Fat and oil resources and industry of Brazil*, Econ. Botany *11*, 91 (1957).
MCMURRY, T. B. H., und KENNEDY-SKIPTON, H. K., Tetrahedron Letters *1966*, 975.
PEIRIER, J. C., Thèse, Marseille 1930, l. c. S. 125.
POWER, F. B., und SALWAY, H., Am. J. Pharm. *80*, 563 (1908).
SCHAER, E., Pharm. J. *57*, 117 (1896).
SCHULTES, R. H., *A new narcotic snuff from the Northwest Amazon*, Botan. Museum Leaflets Harvard Univ. *16*, 241 (1953); *Un nouveau tabac a priser de l'Amazone du Nord-Ouest*, J. Agr. Trop. Botan. Appl. *1*, 298 (1954); *Ein halbes Jahrhundert Ethnobotanik amerikanischer Halluzinogene*, Planta Medica *13*, 129 (1965).
SHULGIN, A. T., Nature *197*, 379 (1963); *Possible implication of myristicin as a psychotropic substance*, Nature *210*, 380 (1966).
SHULGIN, A. T., und KERLINGER, H. O., Naturwissenschaften *51*, 360 (1964).
SPAICH, W., und KOETHKE, G., Deut. Apoth. Z. *95*, 1193 (1955).
STEVENSON, R., Chemistry and Industry *1962*, 270.
TAMMES, P. L. M., *Sortering van nootmuskaat op hoog gehalte aan etherische olie*, Landbouw (Indonesia) *21*, 65 (1949).
WALLACE, R., et al., J. Chem. Soc. *1963*, 1445.
WEIL, A. T., *Nutmeg as a narcotic*, Econ. Botany *19*, 194 (1965).
WIELEN, VAN DER, P., und HERMANS, A.H. W. M., Festschrift Alexander Tschirch, S. 328–334, Tauchnitz, Leipzig 1926.

Schlussbetrachtungen

Alle Autoren sind sich darin einig, dass die Myristicaceen zu den holzigen *Polycarpicae (Magnoliales + Laurales* bei TAKHTAJAN) zu rechnen sind. Die Beziehungen innerhalb dieses Formenkreises sind jedoch noch unklar. Bei CRONQUIST und HUTCHINSON werden die *Myristicaceae* den *Laurales* (u. a. *Monimiaceae*, *Hernandiaceae*, *Lauraceae*) zugerechnet, während WETTSTEIN, TAKHTAJAN und der Syllabus eher nähere Verwandtschaft mit den Annonaceen und Magnoliaceen annehmen. MONEY et al. (l. c. S. 101) unterteilen die holzigen *Polycarpicae* (Ölzellen; prinzipiell monocolpate Pollen) in zwei grosse Gruppen:

A. Unilakunare Nodien		B. Trilakunare Nodien	
Austrobaileyaceae	Natürlicher Formenkreis	*Winteraceae*	Natürlicher Formenkreis
Amborellaceae		*Degeneriaceae*	
Trimeniaceae		*Himantandraceae*	
Monimiaceae		*Magnoliaceae*	
Gomortegaceae		*Annonaceae*	
Lauraceae		*Myristicaceae*	
Hernandiaceae		*Eupomatiaceae*	
		Canellaceae	
Chloranthaceae	Beziehungen unsicher	*Piperaceae*	Beziehungen unsicher
Calycanthaceae		*Saururaceae*	
Lactoridaceae			

Bei den *Annonaceae*, *Myristicaceae*, *Eupomatiaceae* und *Canellaceae* kommt ruminiertes Endosperm vor und in erstgenannten drei Familien sind Gerbstoffzellen oder -schläuche verbreitet. Alle diese Familien werden durch MONEY et al. der gleichen Gruppe der *Polycarpicae* zugeteilt; diese Gruppe entspricht in grossen Zügen den *Magnoliales* von TAKHTAJAN.

Es erscheint nicht ganz unnütz noch kurz einen Blick auf die Verbreitung der Isochinolinalkaloide im Formenkreis der *Polycarpicae* zu werfen. Sie sind aus holzigen (Monimiaceen, Lauraceen, Hernandiaceen, Magnoliaceen, Annonaceen) und aus ölzellenfreien, überwiegend krautigen Familien (Ranunculaceen, Menispermaceen, Berberidaceen, Papaveraceen, Nymphaeaceen im weiten Sinne, Aristolochiaceen) bekannt. Man erhält den Eindruck, dass Akkumulation von Isochinolinbasen in diesem Formenkreise an ein gewisses Entwicklungsniveau gebunden ist. Die primitivsten Vertreter (z. B. alle gefässlosen Sippen) scheinen noch keine Isochinolinalkaloide zu bilden. Im Zuge der weiteren Entwicklung entstanden Sippen, für welche Isochinolinalkaloide ein ausserordentlich charakteristisches Merkmal darstellen. In den meisten Entwicklungslinien ging dieses Merkmal später wieder verloren. Die Ranunculaceen und die Aristolochiaceen zeigen anschaulich, wie ein chemisches Merkmal abgewandelt und schliesslich vollständig unterdrückt werden kann. Der Weg führt vermutlich über quartäre

Isochinolinbasen (z. B. Magnoflorin; vgl. die Diskussionen bei den Aristolochiaceen und Ranunculaceen).

Wenn diese Hypothese den Tatsachen entspricht, dann stellen die Myristicaceen, denen Isochinolinalkaloide zu fehlen scheinen, vermutlich einen Zweig der *Polycarpicae* dar, in welchem Akkumulation von Isochinolinen bereits wieder verloren gegangen ist. Genaue Durchforschung der Familie auf eventuell vorkommende quartäre Basen würde eine dankbare Aufgabe darstellen.

169. Myrothamnaceae

Zweihäusige Sträucher mit gegenständigen, ledrigen, gezähnten Blättern mit fächeriger Nervatur und mit Nebenblättern. Blüten regelmässig, ohne Blütenhülle, in endständigen, kätzchenförmigen, aufrechten Blütenständen. ♂ Blüten durch 3–8 freie oder durch die Filamente säulig verwachsene Staubblätter, die in der Achsel einer Braktee stehen, gebildet. ♀ Blüten mit an der Basis 3fächrigem, an der Spitze 3hörnigem Fruchtknoten (3 nur an der Basis verwachsene Bälge) mit zahlreichen Samenanlagen in jedem Fach. Kapselfrüchte mit vielen kleinen Samen mit reichlich Endosperm.

Nur 2 Arten auf Madagascar (*Myrothamnus moschatus* Baill.) und im mittleren und südlichen Afrika (*M. flabellifolius* Welw.).

Anatomische Merkmale

Haare fehlen. Cuticula der Blattepidermis dick. In der Epidermis der Blätter runde, mehr oder weniger ins Mesophyll vorragende Balsamidioblasten. Calciumoxalat in der Form von Drusen.

Chemische Merkmale

Trotzdem der harzig-aromatische Strauch *M. flabellifolius* im südlichen und östlichen Afrika vielfältig medizinisch verwendet wird (Watt und Breyer-Brandwijk, l. c. Bd. 2, S. 24; Conde de Ficalho 1947), fehlen chemische Arbeiten praktisch gänzlich. Bate-Smith (1962, l. c. Bd. 3, S. 40) beobachtete in hydrolysierten Blattextrakten Ellagsäure, Quercetin, Kaempferol, p-Cumar-, Ferula-, Sinapin-, p-Hydroxybenzoe-, Vanillin- und Syringasäure und (aus Leucocyanidin entstanden) Cyanidin; Kaffeesäure, Myricetin und Leucodelphinidin fehlen. Frische Blätter lieferten 0,5% ätherisches Öl mit 18,5% Diosphenol und 23% Cineol (Gildemeister-Hoffmann, Bd. V, S. 206, l. c. B 3.05).

Literatur

CONDE DE FICALHO, *Plantas uteis da Africa Portugesa*, 2. Aufl., Agencia Geral das Colonias, Lisboa 1947.

Schlussbetrachtungen

Das früher zu den Hamamelidaceen gerechnete Genus *Myrothamnus* wird heute meist als selbständige Familie den *Hamamelidales* (HUTCHINSON, TAKHTAJAN) oder bei Einbezug der letzteren in die *Rosales* (CRONQUIST, Syllabus) den *Rosales* zugerechnet. WETTSTEIN andererseits rechnet die *Myrothamnaceae* bei gleichzeitiger Anerkennung einer Ordnung der *Hamamelidales* nicht zu den letzteren, sondern zu den *Rosales*. Im Prinzip lassen sich demnach 3 Auffassungen unterscheiden:

I. Die Hamamelidaceen gehören zu den *Rosales;* die Myrothamnaceen sind mit den Hamamelidaceen nah verwandt. (CRONQUIST; Syllabus; prinzipiell gleicher Auffassung ist ebenfalls HUTCHINSON, der seine *Hamamelidales* von den *Rosales* ableitet).

II. Die *Hamamelidales* sind mit den *Rosales* nicht näher verwandt; die *Myrothamnaceae* gehören zu den *Hamamelidales* (TAKHTAJAN).

III. *Hamamelidales* und *Rosales* stehen sich recht fern; die *Myrothamnaceae* gehören zu den *Rosales* (WETTSTEIN).

Von chemischer Seite lässt sich hierzu vorläufig allein bemerken, dass das Phenolspektrum (Ellagsäure, Leucocyanidin) sich mit allen 3 Auffassungen vereinigen lässt. Vgl. ebenfalls die Diskussionen bei den *Moraceae* und *Myricaceae*.

170. Myrsinaceae

Sträucher oder kleine Bäume mit ungeteilten, ledrigen, wechselständigen, nebenblattlosen Blättern. Blüten regelmässig, meist zwittrig, in traubigen, rispigen oder doldigen Blütenständen. Klechblätter 4 oder 5, frei oder am Grunde verwachsen; Kronblätter 4–5, am Grunde röhrig verwachsen; Staubblätter 4–5, vor den Kronblättern stehend; Fruchtknoten oberständig, einfächerig mit zahlreichen Samenanlagen (meist 2 Integumente) auf säulenförmiger, zentraler Plazenta. Ein- oder mehrsamige Steinfrüchte mit meist fleischigem Mesokarp. Samen mit oder ohne Endosperm.

Die Myrsinaceen sind über die Tropen und Subtropen beider Hemisphären verbreitet. Im Norden erreichen sie Japan und Florida und im Süden Südafrika und Neuseeland.

Systematische Gliederung

Etwa 1000 Arten in 33 Gattungen. Man unterscheidet 2–3 Unterfamilien (LEMÉE, Syllabus).

I **Myrsinoideae:** Rundliche, einsamige Steinfrüchte; Fruchtknoten oberständig; Samen mit Endosperm: Etwa 30 Genera, worunter *Ardisia* (inkl. *Blahia*), *Embelia*, *Myrsine* und *Rapanea*.

II **Maesoideae:** Rundliche, mehrsamige Steinfrüchte; Fruchtknoten mittelständig, Samen mit Endosperm: Nur *Maesa* mit etwa 100 Arten in den Tropen der Alten Welt.

III **Aegiceratoideae** (= *Aegicerataceae*: z. B. HUTCHINSON; TAKHTAJAN): Einsamige, zylindrische, ledrige Steinfrucht mit langem Samen ohne Endosperm; Sträucher oder kleine Bäume der Mangrove-vegetation: Nur *Aegiceras* mit 2 Arten in den Mangroven von Asien, Malesien und Australien.

Anatomische Merkmale

Mehr oder weniger in die Epidermis versenkte Drüsenhaare mit kurzem Stiel und vielzelligem, schildförmigem Kopf (zum Teil den Drüsenhaaren der Labiaten sehr ähnlich) sind weit verbreitet. Verschleimung der Wände der Blattepidermiszellen kommt oft vor. Calciumoxalat wird in der Form von Drusen und Einzelkristallen abgelagert. Sehr charakteristisch sind schizogene Exkretlücken im Mesophyll, im Blattstiel und in den Parenchymen der Achse (hier ebenfalls Gänge und Exkretzellen); der Inhalt wird als gelbe bis rotbraune kristallinische oder amorphe Masse beschrieben.

Chemische Merkmale

Benzochinone vom Typus des Embelins und Saponine stellen die auffallendsten für die Familie bekannt gewordenen chemischen Merkmale dar.

1. *Benzochinone*

Embelin (= Embeliasäure), Rapanon, Maesachinon und Vilangin wurden bisher für die Myrsinaceen nachgewiesen. Bezüglich der Chemie dieser Chinone wird nach THOMSON (l. c. B 3.10) verwiesen.

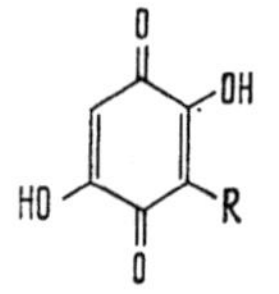

R = $[CH_2]_{10} \cdot CH_3$: Embelin
R = $[CH_2]_{12} \cdot CH_3$: Rapanon
Fieser–Chamberlain 1948

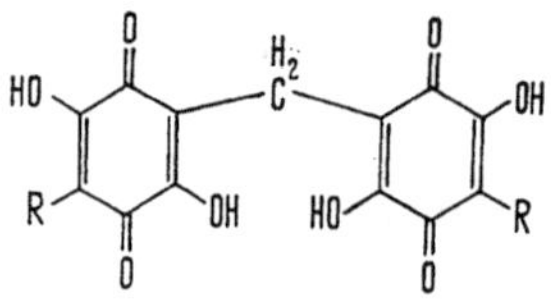

R = $-[CH_2]_{10}-CH_3$:
Vilangin (Bheemasankara Rao–Venkateswarlu 1961)

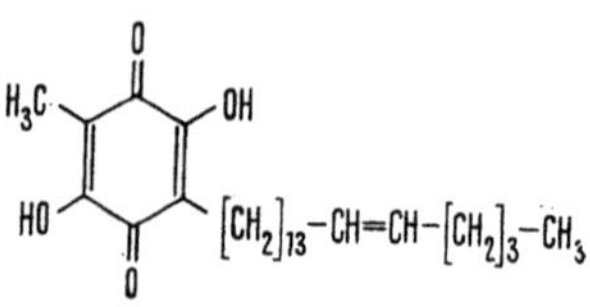

Maesachinon (Ogawa–Natori 1965)

Verschiedene Myrsinaceen werden als Anthelmintica verwendet; Embelin wird als deren wirksames Prinzip betrachtet (Paranjpé-Gokhalé 1932).

Benzochinone sind aus allen drei Unterfamilien bekannt geworden; sie bilden deshalb ein sehr charakteristisches Merkmal der Myrsinaceen und sprechen eher gegen eine Abtrennung der *Aegiceratoideae*.

Bekannte Vorkommnisse (für Literaturübersichten wird nach Rabenoro [1949] und Latour [1957] verwiesen):

Aegiceras corniculatum (Stickm.) Blanco (= *A. majus Gaertn.):* Rapanon aus Rinde von Pflanzen der australischen Küste (Hensens-Lewis 1965, 1966).

Ardisia fuliginosa Blume: Aus dem Harz (heisst in Indonesien «Getah Adjak»; gemischt mit Öl gegen Hautkrankheiten verwendet) des Baumes isolierten Greshoff und Sack (1903) α-Ardisiol, β-Ardisiol (beide angeblich $C_{35}H_{46}O_{10}$) und Hydroxyardisiol (angeblich $C_{35}H_{46}O_{11}$); alle drei Verbindungen geben Chinonreaktionen; die angegebenen Bruttoformeln deuten auf vilanginähnliche Körper.

A. macrocarpa Wall.: 1% Rapanon aus der Rinde und 2,6% aus Kernholz (Murthy et al. 1965).

Embelia barbeyana Mez (= *E. villosa* Bak. = *E. madagascariensis* DC.): Aus der Wurzel 3,2% Embelin; die Zweige enthalten ebenfalls Chinone, die Blätter nur Spuren (Rabenoro 1949; Paris-Rabenoro 1950). 2,4% Embelin aus Wurzeln (Latour 1957).

E. kilimandscharica Gilg: 7,58% Rohembelin aus Früchten (Merian-Schlittler 1948).

E. laeta Mez: Embelin aus Früchten (Tischmacher ex Rabenoro 1949).

E. ribes Burm. f.: Erste Quelle des Embelins; Früchte enthalten 2,3–3,1% Embelin (Sarin-Ray 1961; Shah-Khanna 1961; Bheemasankara Rao-Venkateswarlu 1962; Patel et al. 1964); daneben etwa 0,06% Vilangin (Bheemasankara Rao-Venkateswarlu 1961).

E. tsjeriam-cottam A. DC. (= *E. robusta* sensu C. B. Clarke non Roxb.): Früchte enthalten etwa 1,6% Embelin, also viel weniger als diejenigen von *E. ribes;* daneben kommt ebenfalls Vilangin vor (Lit.: sieh bei *E. ribes*).

Maesa emirensis DC. (= *M. lanceolata* Forsk. = *M. indica* auct. div.): Aus Früchten 1,36% Maesachinon und 0,6% eines zweiten Chinons; Blätter, Zweige und Wurzeln enthalten ebenfalls Chinone (Rabenoro 1949; Paris-Rabenoro 1950).

M. japonica (Thunb.) Moritzi: Erste Quelle des Maesachinons (Früchte); in frischen Früchten liegt das Maesachinon in Form eines Monoacetates vor (OGAWA-NATORI 1965).

Myrsine africana L.: 3% Embelin aus Früchten (KRISHNA-VARMA 1936). MERIAN und SCHLITTLER (1948) fanden 2,47% Rohembelin im Perikarp; die Samen waren frei von Chinonen.

M. capitellata Wall.: 1,6% Embelin aus Früchten (S. KRISHNA und B. S. VARMA, C. A. *37*, 3878 [1943]).

M. semiserrata Wall.: 0,4% Embelin aus Früchten (S. KRISHNA und B. S. VARMA, C. A. *37*, 3878 [1943]).

Rapanea maximowiczii Koidzumi: Aus Rinde und Holz wurde Rapanon erstmalig isoliert.

R. neurophylla Mez: 3,96% Rohembelin aus Früchten (MERIAN-SCHLITTLER 1948).

R. pulchra Gilg et Schellenb.: 0,39% Embelin aus Früchten, 2,8% Rapanon aus Wurzelrinde und 1,2% Rapanon aus Stammrinde (WILKINSON 1961).

Vgl. ebenfalls Nachträge.

2. *Saponine*

Saponine scheinen in der Familie vielfältig vorzukommen. Nach RABENORO (1949) wurden solche für *Aegiceras majus* Gaertn., *Maesa pyrifolia* Miq. und *Rapanea laetivirens* Mez nachgewiesen; er selber beobachtete Saponine in Wurzeln, Zweigen und Blättern (wenig) von *Embelia barbeyana* Mez und in Wurzeln, Zweigen und Blättern von *Maesa emirensis* DC. CAMBIE (1961, l. c. Bd. 3, S. 40) wies Saponine bei *Myrsine salicina* Hew ex Hook. f., *M. australis* Allan, *M. chathamica* F. Muell. und *M. divaricata* A. Cunn. nach und AMARASINGHAM et al. (1964) beobachteten Saponine in Wurzel, Blatt und Stamm von *Maesa ramentacea* Wall., nicht jedoch bei 5 andern untersuchten Myrsinaceen. Nach GEDEON und KINCL (1956) sind Samen, Blatt, Rinde und Wurzelrinde von *Aegiceras corniculatum* Blanco saponinreich; andererseits fanden diese Autoren bei *Ardisia solanacea* Roxb. (= *A. humilis* Vahl) und *Maesa indica* Wall. keine Saponine; Blätter und Früchte der letzterwähnten Art werden jedoch als Fischgift verwendet (The Wealth of India, l. c. B 5.4). PERNET (1957, l. c. B 5.3) berichtete über Saponinvorkommen bei *Embelia concinna* Bak. und *Oncostemon venulosum* Bak.

Aus den Mitteilungen in der Literatur erhält man den Eindruck, dass Saponine charakteristische Inhaltstoffe der Myrsinaceen sind; es sind allerdings meist nicht alle Organe saponinhaltig; einzelnen Arten fehlen Saponine möglicherweise gänzlich.

Chemische Arbeiten beschränken sich vorläufig auf die Saponine von *Aegiceras corniculatum* (Stickm.) Blanco (= *A. majus* Gaertn.). WEISS (1906) isolierte aus Rinde und Früchten stark hämolysierende, für Fische sehr toxische Saponine. KINCL und GEDEON (1956) erhielten aus Früchten bis 1,5% und aus Rinde und

Blättern bis 0,5% Saponin; nach Hydrolyse wurde ein neutrales Sapogenin erhalten (angeblich $C_{30}H_{52}O_3$; Kujalgin genannt). VENKATESWARA RAO und BOSE (1959) erhielten aus der Rinde 0,65% des gleichen Sapogenins, korrigierten die Formel nach $C_{30}H_{50}O_3$ und identifizierten es mit Primulagenin A. Die gleichen Autoren isolierten nach Hydrolyse der Rindensaponine später noch Aegiceradienol, Aegicerin und Aegiceradiol (1962, 1963, 1964). Anschliessend zeigten HENSENS und LEWIS (1956, 1966), dass Primulagenin A das genuine Sapogenin darstellt; Aegiceradienol und Aegiceradiol sind Artefakte; sie werden während der Saponinhydrolyse gebildet; Primulagenin A wird von geringen Mengen Echinocystsäure begleitet.

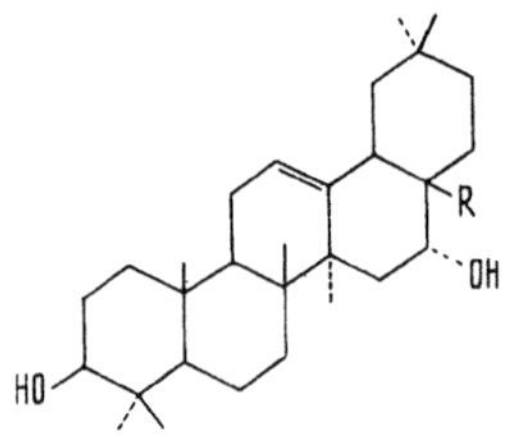

R = CH_2OH : Primulagenin A, $C_{30}H_{50}O_3$
R = COOH : Echinocystsäure, $C_{30}H_{48}O_4$

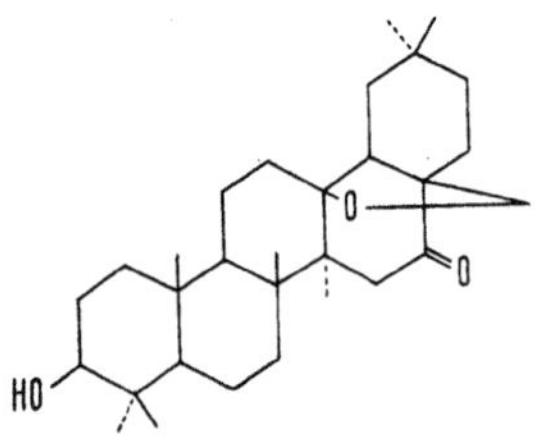

Aegicerin, $C_{30}H_{48}O_3$

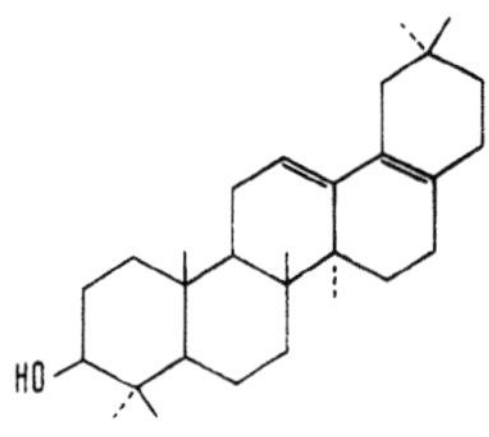

Aegiceradienol, $C_{29}H_{46}O$

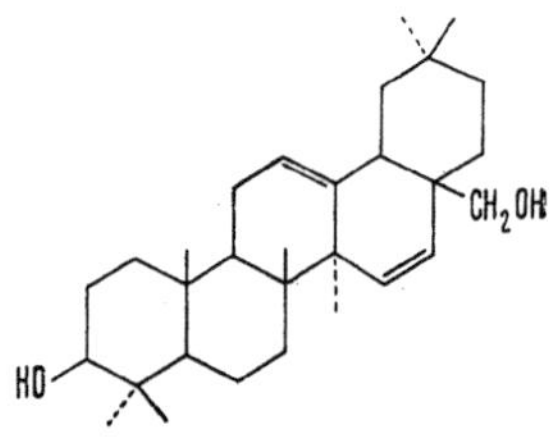

Aegiceradiol, $C_{30}H_{48}O_2$

3. *Phenole und Gerbstoffe*

Nach BATE-SMITH (1962, l. c. Bd. 3, S. 40) treten in hydrolysierten Blattextrakten folgende Phenole auf: Myricetin (*Myrsine africana* L.), aus Leucodelphinidin gebildetes Delphinidin (*Ardisia crispa* A. DC., *M. africana*), Quercetin (*Maesa chisia* D. Don, *A. crispa*), aus Leucocyanidin gebildetes Cyanidin (*Ardisia crispa*) und Kaempferol (*M. chisia, A. crispa*); Ellagsäure und Kaffeesäure fehlten. CAMBIE et al. (1961, l. c. Bd. 3, S. 40) beobachteten Leucoanthocyane in Blatt, Rinde und Holz von allen untersuchten *Myrsine*-Arten von Neuseeland (*M. australis* Allan, *M. chathamica* F. Muell., *M. divaricata* A. Cunn., *M. kermadecensis* Cheesem., *M. nummularia* Hook. f. und *M. salicina* Hew ex Hook. f.).

Die folgenden einfachen Phenole konnten bisher aus Myrsinaceen isoliert werden:

Aegiceras corniculatum Blanco (= *Ae. majus* Gaertn.): Isorhamnetin aus der Rinde (VENKATESWARA RAO und BOSE 1959); Syringasäure aus Rinde (K. VENKATESWARA RAO und P. K. BOSE, C. A. *57*, 16670 [1962]).

Ardisia hortorum Maxim.: Die Ardisiasäure ($C_{14}H_{20}O_{10}$) aus der chinesischen Droge «Kai-Ho-Chien» ist in Wirklichkeit Bergenin ($C_{14}H_{16}O_9.H_2O$) (SH.-H. HUNG und J.-H. CHU, C. A. *52*, 15827 [1958]).

A. japonica (Thunb.) Blume (= *Bladhia japonica* Thunb.): Quercetin, Myricitrin und Bergenin (Formel Bd. 4, S. 37) aus Blättern (ARITOMI 1963).

A. macrocarpa Wall.: (—)-3,4,5,7,3',4',5'-Heptahydroxyflavan ($C_{15}H_{14}O_8 \cdot 2\,H_2O$; ein Leucodelphinidin) aus Holz und Rinde (MURTHY et al. 1965).

A. sieboldii Miq. (*Bladhia sieboldii* [Miq.] Nakai): YEH und HUANG (1961) isolierten aus reifen Früchten Malvidin-3-galaktosid und Bladhianin (= Delphinidin-galaktosid).

Gerbstoffe: Nach GNAMM (l. c. B 3.09) stammt die in Brasilien als Gerbmittel verwendete «Capororocarinde» von Myrsinaceen (*Myrsine gardneriana* A. DC.; *Rapanea umbellata* Mez). DEKKER (l. c. B 3.09) berichtet, dass die Blätter von *Myrsine melanophloeos* R. Br. als Adstringens verwendet werden und dass deren Rinde 16% Gerbstoff enthält. RABENORO (1949) ermittelte für Wurzeln von *Maesa emirensis* 9% und für Zweige 0,2% Catechingerbstoffe und für *Embelia barbeyana* Mez 5,4% (Wurzeln) und 3,6% (Zweige) Catechingerbstoffe.

Man erhält den Eindruck, dass die Myrsinaceen in der Regel beträchtliche Mengen von Gerbstoffen akkumulieren. Über den Chemismus der Gerbstoffe liegen keine zuverlässigen Angaben vor. Die Tatsachen, dass Leucoanthocyane in der Familie allgemein vorkommen und dass gleichzeitig Bergenin auftritt, lassen vermuten, dass sowohl kondensierte Gerbstoffe als auch Tannine vom Typus der Galli- und Ellagitannine gebildet werden.

Vgl. ebenfalls Nachträge.

4. *Triterpene und Sterine*

Triterpene treten nicht nur als Aglykone von Saponinen (Abschnitt 2), sondern ebenfalls als Bestandteile von Blattwachsen auf. ARITOMI (1963) isolierte aus Blättern von *Ardisia japonica* (Thunb.) Blume (= *Bladhia japonica* Thunb.) Ilexol (Formel Bd. 3, S. 168).

Aus der Rinde von *Aegiceras corniculatum* Blanco (= *Ae. majus* Gaertn.) gewannen K. VENKATESWARA RAO und P. K. BOSE (C. A. *57*, 16670 [1962]) α-Spinasterin und Stigmasterin.

5. *Alkaloide*

Bei wenigen Arten wurden Stoffe beobachtet, die Alkaloidreaktionen geben: *Maesa ramentacea* Wall., *Myrsine variabilis* R. Br. (= *Rapanea variabilis* Mez) (WILLAMAN-SCHUBERT, l. c. B 4.1); *Embelia concinna* Bak., *Oncostemon leprosum* Mez, *O. venulosum* Bak. (krist. Base aus Blättern isoliert) (PERNET 1957, l. c. B 5.3). Früchte von *Embelia ribes* sollen das Alkaloid Christembin enthalten (The Wealth of India, l. c. B 5.4). Aus Blättern von *Maesa perlarius* (Lour.) Merrill isolierten ARTHUR et al. (1966) 0,1% Rohalkaloide; hieraus wurde Base M 1, $C_{26}H_{54}O_2N_4$, kristallisiert erhalten (F 64-65°; bildet ein Trihydrochlorid).

6. *Aluminium*

Nach CHENERY (l. c. B 3.13) kommen in den Genera *Suttonia* und *Rapanea* Aluminiumakkumulatoren vor (gesamthaft 4 positive Arten; 26 Arten untersucht). WEBB (1954, l. c. B 3.13) fand unter den 8 untersuchten Arten keine Akkumulatoren. Demnach kommt Aluminiumakkumulation in der Familie sporadisch vor.

7. *Cyclite*

Aus Früchten von *Myrsine africana* L. isolierten KRISHNA und VARMA (1936) 1% (+)-Quercit; der gleiche Cyclit wurde ebenfalls aus Früchten von *Embelia ribes* Burm. f. erhalten. Die gleichen Autoren untersuchten später (C. A. *37*, 3878 [1943]) noch Früchte von *Embelia tsjeriam-cottam* A. DC. (angegeben als *E. robusta* Roxb.), *Myrsine capitellata* Wall. und *M. semiserrata* Wall.; nur *M. semiserrata* lieferte (+)-Quercit (0,8%). PLOUVIER (1955) fand in den untersuchten Arten (Blätter, Zweige; nicht Früchte) keine Cyclite.

Es hat den Anschein, als ob bei den Myrsinaceen beträchtliche Mengen Quercit vor allem in Früchten auftreten; die Frequenz dieses Merkmales bleibt zu ermitteln.

8. *Reservestoffe der Samen*

Insofern Beobachtungen vorliegen (EARLE-JONES 1962, l. c. Bd. 3, S. 40; eigene Beobachtungen), erzeugen die Myrsinaceen stärkefreie Samen. Neben Eiweiss (Aleuronkörner) und stark wechselnden Mengen von fettem Öl tritt bei den meisten Arten reichlich Amyloid auf. Die Ölgehalte der „Samen" (meistens ganze Früchte extrahiert) werden mit 0,7 bis 5,2% angegeben (EARLE-JONES 1962; The Wealth of India, l. c. B 5.4); für *Ardisia crenata* Sims (*A. crenulata* Lodd.) ermittelten EARLE und JONES 7,5% Eiweiss. Hauptreservestoffe scheinen in den Myrsinaceensamen die Reservecellulosen zu sein; unter den letzteren kommt stets Amyloid vor. KOOIMAN (1959, l. c. B 3.02) hat solches in Samen von *Ardisia acuminata*

Willd., *A. crenata* Sims, *A. humilis* Vahl, *A. polycephala* Wall., *A. wallichii* DC., *Maesa alnifolia* Harv., *M. argentea* Wall., *M. indica* (Roxb.) Wall., *M. lanceolata* Forsk., *M. perlarius* (Lour.) Merr., *Myrsine africana* L., *Rapanea neriifolia* Mez und *R. urvillei* Mez nachgewiesen; bei den *Maesa*-Arten war die Amyloidreaktion schwach; aus Samen von *Ardisia crenata* Sims wurde das Amyloid isoliert; Hydrolyse lieferte die für Amyloid charakteristischen Bausteine Glucose, Galaktose und Xylose. Nach eigenen Beobachtungen enthalten Samen von *Ardisia montana* King et Gamble und *Embelia ribes* Burm. f. ebenfalls sehr reichlich Amyloid.

9. *Verschiedenes*

Aus Früchten von *Myrsine capitellata* Wall. wurde 0,15% Kaliumbioxalat isoliert (C. A. *37*, 3878 [1943]).

Myrsine africana L. soll ein Gummi liefern (The Wealth of India, l. c. B 5.4).

Blätter und Früchte von *Maesa indica* Wall. dienen als Fischgift (The Wealth of India); dies weist auf Vorkommen von Saponinen. Ausserdem gelten *M. indica* und *M. chisia* D. Don (Extrakte aus Blättern, Zweigen und Wurzeln) als insektizid wirksam (The Wealth of India). Möglicherweise wird die Wirkung auf Fische und Insekten durch die Kombination von Chinonen und Saponinen bedingt.

Literatur

Amarasingham, R. D., et al., Econ. Botany *18*, 270 (1964).

Arthur, H. R., et al., Phytochemistry *5*, 379 (1966).

Aritomi, M., J. Pharm. Soc. Japan *83*, 659 (1963).

Bheemasankara, Rao, Ch., und Venkateswarlu, V., Current Sci. (India) *30*, 259, 333 (1961); J. Org. Chem. *26*, 4529 (1961); Indian J. Pharm. *24*, 262 (1962).

Fieser, L. F., und Chamberlain, E. M., J. Am. Chem. Soc. *70*, 71 (1948).

Gedeon, J., und Kincl, F. A., Arch. Pharm. *289*, 162 (1956).

Greshoff, M., und Sack, J., Pharm. Weekblad *40*, 127 (1903).

Hensens, O. D., und Lewis, K. G., Tetrahedron Letters *1965*, 4639; Austral. J. Chem. *19*, 169 (1966).

Kincl, F. A., und Gedeon, J., Arch. Pharm. *289*, 221 (1956).

Krishna, S., und Varma, B. S., J. Indian Chem. Soc. *13*, 114 (1936).

Latour, R., *Contribution à l'étude de quelques quinones d'origine végétale*, Thèse (Pharm.) Univ. Paris 1957.

Merian, R., und Schlittler, E., Helv. Chim. Acta *31*, 2237 (1948).

Murthy, V. K., et al., Current Sci. (India) *34*, 16 (1965); Tetrahedron *21*, 1445 (1965).

Ogawa, H., und Natori, Sh., Chem. Pharm. Bull. (Tokyo) *13*, 511 (1965).

Paranjpé, A. S., und Gokhalé, G. K., Arch. Intern. Pharmacodynamie et Thérapie *42*, 212 (1932).

Paris, R. R., und Rabenoro, C., Ann. Pharm. Franç. *8*, 380 (1950).

Patel, R. P., et al., Indian J. Pharm. *26*, 168 (1964).

Plouvier, V., Compt. Rend. *240*, 113 (1955).

Rabenoro, C., *Recherches sur quelques Myrsinacées de Madagascar*, Thèse (Pharm.) Univ. Paris 1949.

Sarin, J. P. S., und Ray, G. K., Indian J. Pharm. *23*, 330 (1961).

SHAH, C. S., und KHANNA, P. M., Indian J. Pharm. *23*, 275 (1961).
VENKATESWARA RAO, K., und BOSE, P. K., J. Indian Chem. Soc. *36*, 358 (1959); J. Org. Chem. *27*, 1470 (1962); Tetrahedron *18*, 461 (1962); Chemistry and Industry *1963*, 1523; Tetrahedron *20*, 973 (1964).
WEISS, H., Arch. Pharm. *244*, 221 (1906).
WILKINSON, S., Planta Medica *9*, 121 (1961).
YEH, P.-Y., und HUANG, P.-K., Tetrahedron *12*, 181 (1961).

Schlussbetrachtungen

Bei WETTSTEIN, CRONQUIST, TAKHTAJAN und im Syllabus bilden die Myrsinaceen zusammen mit den *Primulaceae* und *Theophrastaceae* die Ordnung der *Primulales*. HUTCHINSON reiht seine *Myrsinales (Myrsinaceae, Theophrastaceae, Aegicerataceae)* den *Lignosae* und seine *Primulales (Plumbaginaceae* und *Primulaceae)* den *Herbaceae* ein.

Chemisch sind sich Myrsinaceen, Theophrastaceen und Primulaceen in folgenden Merkmalen ähnlich:

Allgemeines Vorkommen von Leucoanthocyanen.
Fast allgemeines Vorkommen von Saponinen; neutrale Sapogenine (Primulagenin) bei allen drei Familien.
Allgemeines Vorkommen von Amyloid in Samen.

Das häufige Auftreten von Leucoanthocyanen bei den krautigen Primulaceen spricht eindeutig gegen HUTCHINSONS Aufspaltung der Ordnung. Myrsinaceen und Primulaceen gehören zusammen!

Da bei *Aegiceras* Saponine vergesellschaftet mit den typischen Myrsinaceenchinonen (Rapanon) vorkommen, erscheint Abtrennung als selbständige Familie in biochemischer Hinsicht unnötig.

Die Herkunft der *Primulales* und die mögliche Verwandtschaft mit den *Plumbaginales* werden sehr verschieden beurteilt:

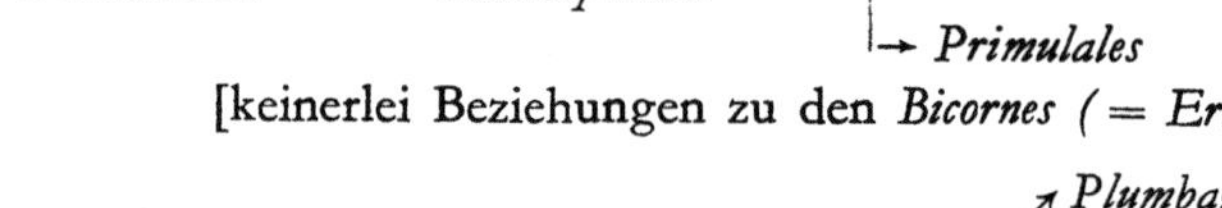

[keinerlei Beziehungen zu den *Bicornes* (= *Ericales*)]

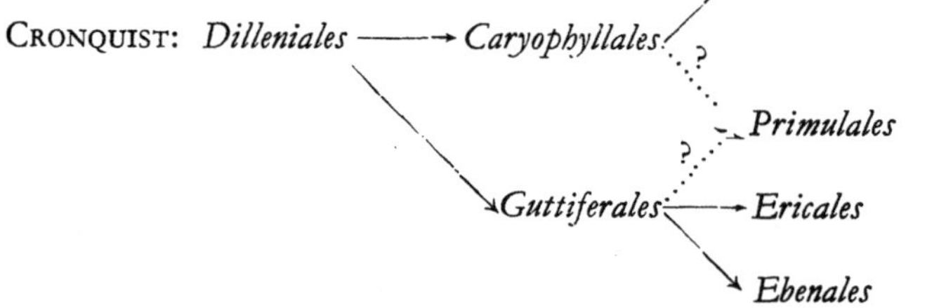

HUTCHINSON:

in *Herbaceae:* *Ranales* ↗ *Saxifragales* s. str. ↘ *Caryophyllales* ↗ *Gentianales* ↘ *Primulales* → *Plantaginales*

in *Lignosae:* *Myrsinales*, *Celastrales* und *Rhamnales* sind gleichen Ursprungs.

TAKHTAJAN: *Dilleniales* → *Theales* ↗ *Ebenales* → *Primulales* ↘ *Ericales*

| (von *Dilleniales*)

Magnoliales → *Ranales* → *Caryophyllales* → *Plumbaginales*

SYLLABUS: Abstammung von den Centrospermen oder aber von den Guttiferen möglich. Keine direkten Beziehungen zu den *Plumbaginales*.

Allgemein werden die Plumbaginaceen von den Centrospermen abgeleitet. WETTSTEIN und HUTCHINSON nehmen nähere Beziehungen zwischen Plumbaginaceen und *Primulales* an und leiten demnach die letzteren ebenfalls von den Centrospermen ab. Nach CRONQUIST ist Abstammung der *Primulales* von den *Guttiferales* wahrscheinlicher als Abstammung von den Centrospermen. Nach TAKHTAJAN ist an der Abstammung der *Primulales* von den Guttiferen *(Theales)* kaum zu zweifeln.

Die kurz angedeuteten Fragen lassen sich noch kaum ernsthaft von chemischer Seite diskutieren. Umfassende Analysen der Polyphenolspektren dürften wertvolle Anhaltspunkte liefern. Im Lichte unserer heutigen Kenntnisse erscheint Ableitung der *Primulales*, wie sie durch TAKHTAJAN angenommen wird, viel wahrscheinlicher (Bergenin bei den Myrsinaceen; sporadisches Vorkommen von Aluminiumakkumulation bei den Myrsinaceen) als Abstammung von den Centrospermen.

Vgl. ebenfalls die Diskussionen bei den Polygonaceen, Primulaceen und Plumbaginaceen.

171. Myrtaceae

Sträucher oder Bäume mit ungeteilten, meist gegenständigen und ledrigen Blättern ohne deutliche Nebenblätter. Blüten in der Regel regelmässig, zwittrig und auffallend gefärbt. Kelch und Krone meist 4- oder 5zählig; Krone in der Regel freiblättrig (bei *Eucalyptus* wird die vollständig verwachsenblättrige Krone beim Aufblühen als Mütze abgestossen). Staubblätter zahlreich, ihre Filamente bei vielen Sippen auffallend gefärbt. Fruchtknoten unterständig (mit der sogenannten Kelchröhre oder der hohlen Blütenachse vollständig verwachsen), 1–5-fächerig mit meist zahlreichen Samenanlagen mit 2 Integumenten in jedem Fache. Früchte beeren-, steinfrucht-, kapsel- oder nussartig. Samen mit kräftigem Embryo; Endosperm fehlend oder dünn (Aleuronschicht).

Die Myrtaceen bewohnen vor allem warme Gebiete; sie finden sich in den Tropen und Subtropen der Alten und Neuen Welt. Sehr viele Arten sind auf Australien beschränkt, wo beispielsweise die Riesengattung *Eucalyptus* (±600 Arten) heimisch ist. Das südliche Europa besitzt nur eine Art, *Myrtus communis* L.

Systematische Gliederung

Zur Familie werden etwa 3000 Arten und annähernd 100 Gattungen gerechnet. Manche Formenkreise sind komplex; die Sippen werden zum Teil taxonomisch verschieden beurteilt und in vielen Fällen wirken Nomenklatur und die reichliche Synonymie verwirrend.

Im Syllabus werden zwei Unterfamilien unterschieden:

I. **Leptospermoideae:** Früchte trocken; mit den Triben *Leptospermeae* (2–5fächerige Fruchtknoten; Kapselfrüchte) und *Chamaelaucieae* (1fächerige Fruchtknoten; nussartige Früchte).

II. **Myrtoideae:** Fleischige Früchte; mit den durch Merkmale des Embryos charakterisierten Triben der *Acmeneae*, *Cryptorhizeae*, *Eugenieae*, *Myrcieae*, *Myrteae* und *Plinieae*.

Anatomische Merkmale

Bicollaterale Gefässbündel und Exkretbehälter mit ätherischem Öl in Blättern und Achse sind hervorragende Merkmale der echten Myrtaceen (fehlen beispielsweise den Punicaceen und Lecythidaceen). Die Exkretbehälter von Blättern, Blüten, Früchten und Samen scheinen überwiegend schizogen zu entstehen (z. B. Petit 1908); für die Behälter der Rinde von *Eucalyptus*-Arten hat Chattaway (1955) lysigene Bildung beobachtet; vielen *Eucalyptus*-Arten fehlen Exkretbehälter in der Rinde gänzlich. Die Cuticula der Blätter ist dick und wachshaltig; oft sind Blätter und junge Zweige von einer Wachsschicht bedeckt. Einzellige, stark cutinisierte Deckhaare sind verbreitet; bei einer Reihe von Sippen wird ihr Lumen durch die innerste Cutinlamelle in zwei Kammern unterteilt (Doppelhaare: Solereder 1907). Gerbstoffidioblasten kommen in Blättern und Rinde allgemein vor. Viele *Eucalyptus*-Arten und einige Vertreter verwandter Gattungen produzieren Kino. Die Kinogänge entstehen nach Verwundung des Kambiums im anschliessend gebildeten Wundparenchym und sind deshalb mit traumatogenen

Harz- und Balsamgängen anderer Familien vergleichbar. Im Gegensatz zum normalen Gerbstoff (Ellagitannine) enthält der nach Verwundung gebildete Kino überwiegend Flavan-3,4-diolgerbstoffe (SKENE 1965: *Eucalyptus obliqua*). Calciumoxalat tritt in den Geweben der Myrtaceen reichlich auf: Drusen, Einzelkristalle. In Zellen der Markstrahlen des Holzes akkumulieren Vertreter der Gattungen *Callistemon*, *Callithamnus*, *Jambosa*, *Lysicarpus*, *Melaleuca*, *Metrosideros*, *Syncarpia*, *Tristania* und *Xanthostemon* Kieselsäure; die höchsten Kieselsäuregehalte wurden bei *Metrosideros eucalyptoides* F. Muell. und *Tristania grandiflora* Cheel beobachtet (AMOS, l. c. B 3.13: 3,44 und 3,45 % des Holzes).

Literatur

CHATTAWAY, M. M., *The anatomy of the bark.* II *Oil glands in Eucalyptus species*, Austral. J. Botany *3*, 21 (1955).

PETIT, L.-A., *Recherches sur la structure anatomique du fruit et de la graine des Myrtacées*, Thèse (Pharm.) Univ. Paris 1908.

SKENE, D. S., *The development of kino veins in Eucalyptus obliqua L'Hérit.*, Austral. J. Botany *13*, 367 (1965).

SOLEREDER, H., *Die Deckhaare der Pimentfrüchte und der Myrtaceen überhaupt*, Arch. Pharm. *245*, 410 (1907).

Chemische Merkmale

Die Familie liefert dem Menschen zahlreiche Produkte: Gewürze (Gewürznelken, Piment), zahlreiche Drogen, Holz (viele *Eucalyptus*-Arten; vgl. TURNBULL 1950), Gerbstoff (vor allem *Eucalyptus*-Rinden; vgl. TURNBULL 1950), geniessbare Früchte (Guayave) und eine sehr grosse Zahl von ätherischen Ölen. Dementsprechend hat sich das Interesse der Chemiker vorwiegend auf die ätherischen Öle und auf die Polyphenole und Gerbstoffe gerichtet.

1. *Die ätherischen Öle*

Die Myrtaceen gehören zu den hinsichtlich der ätherischen Öle am intensivsten bearbeiteten Sippen des Pflanzenreiches. Das trifft jedenfalls für die zahlreichen in Australien vertretenen Sippen zu. Mit dem Genus *Eucalyptus* (schätzungsweise etwa 600 Arten; vgl. BLAKELY 1955) wurde eine der ersten chemotaxonomischen Riesenarbeiten verrichtet. BAKER und SMITH, ein Botaniker und ein Chemiker, schlossen sich zusammen und versuchten in gemeinsamer Arbeit, die Entwicklungsgeschichte der Riesengattung *Eucalyptus* zu klären. Als chemisches Merkmal diente in erster Linie das allgemein vorkommende ätherische Öl (Blätter; Zusammensetzung des Öles). Diese faszinierende Arbeit wurde später durch PENFOLD und Mitarbeiter und durch MCKERN und Mitarbeiter fortgesetzt. Gleichzeitig wurden zahlreiche andere Sippen bearbeitet.

Eine ausführliche Besprechung der bekannten Tatsachen liegt ausserhalb des Rahmens dieses Buches. Für Einzelheiten wird insbesondere nach folgenden Artikeln und Werken verwiesen:

Literatur

R. T. BAKER und R. T. SMITH, *A research on the Eucalypts, especially in regard to their essential oils*, Government Printer, Sydney 1920 (2. Aufl.).

E. GILDEMEISTER und E. HOFFMANN, *Die ätherischen Öle*, 4. Auflage, Bd. IIIa–IIId (1960–1966) (Chemie der Ölbestandteile) und Bd. VI (1961), S. 63–346 (die ätherischen Öle einzelner Myrtaceenarten).

A. R. PENFOLD, *The volatile Oils of the Australian Flora*, The Liversidge Lecture, Austral. and New Zealand Assoc. Adv. Sci., H. H. Pimblett, Government Printer, Tasmania 1948.

A. R. PENFOLD und F. R. MORRISON, *The Eucalyptus oils; Tea Tree Oils (Leptospermum, Melaleuca)*: in E. GUENTHER, *The Essential Oils*, Vol. IV, S. 437–548, D. van Nostrand Company, New York 1950.

A. R. PENFOLD und J. L. WILLIS, *The Eucalypts. Botany, chemistry, cultivation and utilisation*, Leonard Hill Books, London 1961.

A Phytochemical Register of Australian Plants, Melbourne 1959; vollständiges Literaturverzeichnis australischer Arbeiten bis 1954.

J. L. WILLIS, H. H. G. MCKERN und R. O. HELLYER, *The volatile oils of the genus Eucalyptus. 1. Factors affecting the problem*, J. Proc. Roy. Soc. N. S. Wales *96*, 59 (1963).

Einige chemotaxonomisch wichtig erscheinende Punkte sollen ausführlicher besprochen werden.

1.1 EINIGE CHEMISCHE TENDENZEN DER MYRTACEENÖLE:

Im Buche von GILDEMEISTER und HOFFMANN werden, ohne *Eucalyptus*, die ätherischen Öle von 102 Arten, die 21 Gattungen vertreten, beschrieben. Dazu kommt noch die Gattung *Eucalyptus*, von welcher Angaben für etwa 220 Arten vorliegen. Aus diesen recht representativen Daten lassen sich folgende allgemeine Schlüsse ziehen:

a) Bei sehr vielen Myrtaceen sind Monoterpene Hauptbestandteile der ätherischen Öle. Häufig bis sehr häufig treten auf: 1,8-Cineol, α- und β-Pinen, Phellandren, Limonen oder Dipenten, Geraniol, Linalool, Myrtenol; Myrtenal, Cuminaldehyd, Phellandral, Crypton, Borneol, Citronellsäure und Dehydrocitronellsäure wurden ebenfalls in einigen Ölen beobachtet (vgl. Abb. 33).

b) Sesquiterpene sind oft in beträchtlichen Mengen vorhanden. Für die Familie erscheinen im Besondern die folgenden Vertreter charakteristisch: Aromadendren, Caryophyllen, Eudesmen (= Selinen), Metrosideren, und Alkohole des Aromadendrans, Alloaromadendrans und Aromadendrens (Globulol, Viridiflorol, Spathulenol) und des Eudesmans (Eudesmol) (Vgl. Abb. 33).

c) Öle vom Phenylpropan-Typus kommen in der Familie verhältnismässig selten vor. Da gerade drei der technisch wichtigen Myrtaceenöle zu diesem Typus gehören, fällt diese Tatsache nicht ohne weiteres auf. Folgende Myrtaceenöle gehören zum C_6–C_3-Typus:

Backhousia anisata Vickery: 60% Anethol.
Backhousia myrtifolia Hook. et Harv.: 4 Chemotypen:
Form I: 75-80% Elemicin.
Form II: Gegen 80% Isoelemicin.
Form III: Gegen 80% Methyleugenol.
Form IV: Gegen 80% Methylisoeugenol.
Eugenia caryophyllus (Spr.) Bullock et Harrison: Nelkenöl mit 70–90% Eugenol.
Melaleuca bracteata F. Muell.: 3 Chemotypen:
Form I: Gegen 90% Methyleugenol.
Form II: Elemicin ist Hauptbestandteil.
Form III: Methylisoeugenol ist Hauptbestandteil.
Melaleuca leucadendron L.: Breitblättrige Pflanzen von Amani liefern ein Öl mit gegen 80% Methyleugenol.
Pimenta officinalis Lindl.: Pimentöl mit etwa 75% Eugenol und 10% Methyleugenol.
Pimenta racemosa (Mill.) J. W. Moore: Bayöl mit gegen 60% Phenolen (Eugenol und Chavicol).

Zimtsäure (frei oder verestert) kommt in geringen Mengen in einigen Myrtaceenölen vor.

d) Charakteristisch für viele Myrtaceenöle sind Phloroglucinderivate vom Typus des Baeckeols, Eugenins und Tasmanons (Abb. 34 und 35). Sie entstehen aus 3 (Phloroglucide) oder 4 (2-Methylchromone) Malonyl-Coenzym A-Bausteinen und Essigsäure-, Isobuttersäure- oder Isovaleriansäure-Coenzym A als Starter; C-Methylierung des aromatischen Ringes und der Hydroxylgruppen erfolgen nachträglich (Birch et al. 1966).

e) Bei den Myrtaceen scheinen in der Regel die ätherischen Öle verschiedener Organe annährend gleiche Zusammensetzung zu haben (im Gegensatz zu den Lauraceen). Als Beispiele seien aufgeführt:

Eucalyptus macarthuri Dean et Maiden:

Blatt: $\geqq$ 60%
Rinde: Etwa 65% } Geranylacetat im Öl.

Eugenia caryophyllus (Spr.) Bullock et Harrison:

Blütenknospen: 70–90%
Blütenstiele: Etwa 85%
Früchte: Etwa 55%
Blätter: 80–90%
Wurzeln: 85–95% } Eugenol im Öl.

Pimenta officinalis Lindl.:

Früchte: Etwa 75%
Blätter: Etwa 95% } Eugenol im Öl.

Pimenta racemosa (Mill.) J. W. Moore:

Früchte: Etwa 60% Eugenol und Chavicol } im Öl.
Blätter: Etwa 75% Eugenol

f) Chemische Rassenbildung ist verhältnismässig häufig. Die Erscheinung erfordert eine nähere Analyse.

R = CH_2OH : Myrtenol (= Darwinol)
R = CHO : Myrtenal

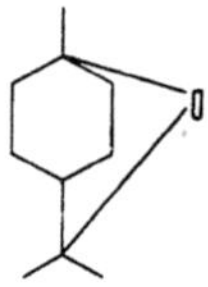

1,8-Cineol (= Cineol = Eucalyptol)

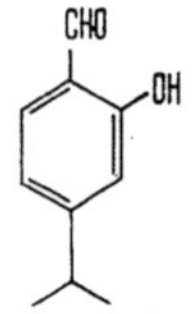

Macropon (= 4-Isopropyl-salicylaldehyd)

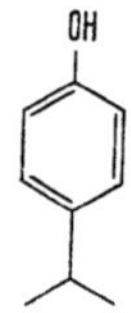

Australol (= p-Isopropyl-phenol)

Cuminal

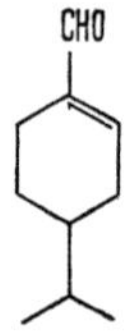

Phellandral

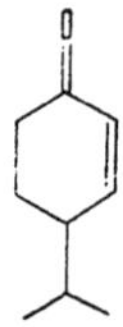

Crypton

Mischung füher als «Aromadendral» bekannt

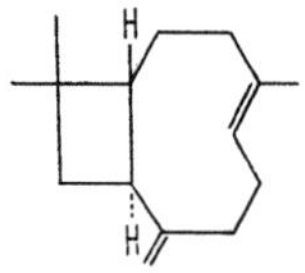

Caryophyllen

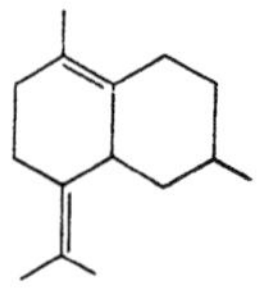

Metrosideren

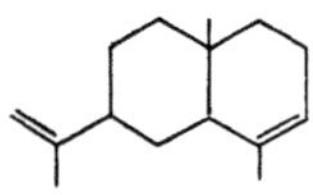

α-Selinen (= α-Eudesmen)

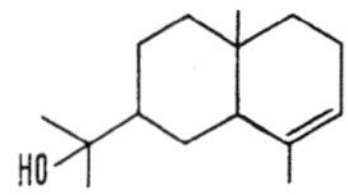

α-Eudesmol

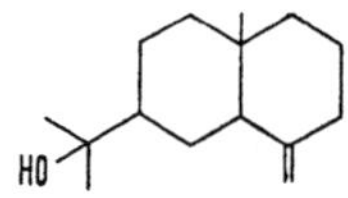

β-Eudesmol

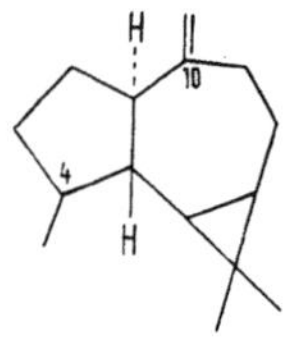

Aromadendren
Globulol : 10α-Hydroxydihydroaromadendren
Spathulenol: 4β-Hydroxyaromadendren

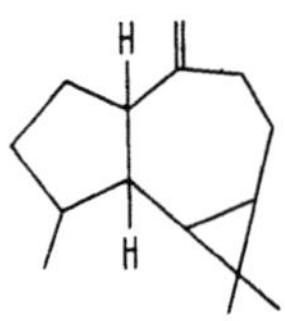

Alloaromadendren
Viridiflorol: 10 β-Hydroxydihydroalloaromadendren

Abb. 33. Mono- und Sesquiterpene mit von Myrtaceen abgeleiteten Namen.

Ableitung der Namen:

Myrtenol und Myrtenal: Nach *Myrtus* L.
Darwinol: Nach *Darwinia* Rudge
Eucalyptol: Nach *Eucalyptus* L'Hérit.
Macropon: Aus *Eucalyptus cneorifolia* DC. (Art der Känguruh Inseln; *Macropodidae*=

Familie der Känguruhs) erstmalig isoliert.
Australol: Nach Australien (Heimat der *Eucalyptus*-Arten)
Aromadendral und Aromadendren: Nach *Aromadendrum* Andr. (= *Eucalyptus*)
Caryophyllen: Nach *Caryophyllus* L.
Metrosideren: Nach *Metrosideros* Banks
Eudesmen und Eudesmol: Nach *Eudesmia* R. Br. (= *Eucalyptus*)
Globulol: Nach *Eucalyptus globulus* Labill.
Viridiflorol: Nach *Melaleuca viridiflora* Gaertn.
Spathulenol: Nach *Eucalyptus spathulata* Hook.

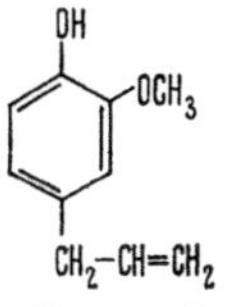

Eugenol

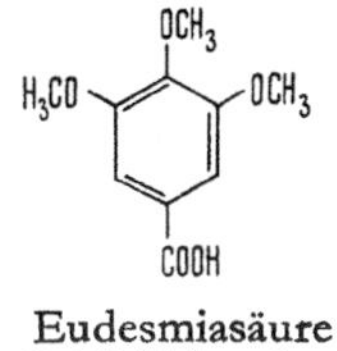

Eudesmiasäure (= 3,4,5-Trimethoxybenzoesäure)

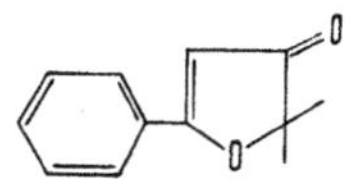

Bullatenon, $C_{12}H_{12}O_2$ (PARKER et al. 1958)

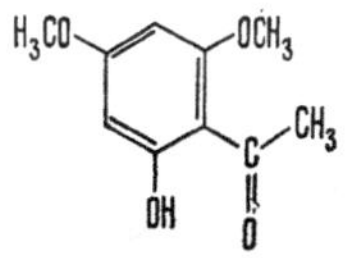

Phloracetophenon-dimethyläther

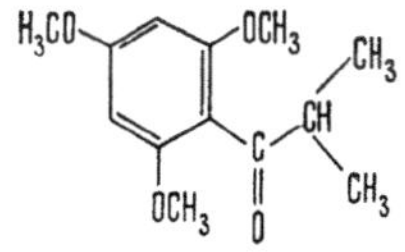

Conglomeron, $C_{13}H_{18}O_4$ (PENFOLD 1948, l. c. S. 166)

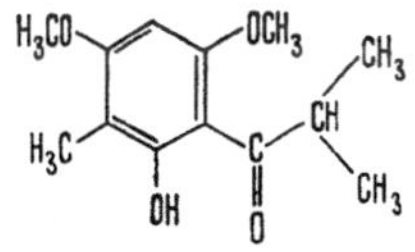

Baeckeol, $C_{13}H_{18}O_4$ (PENFOLD 1948, l. c. S. 166)

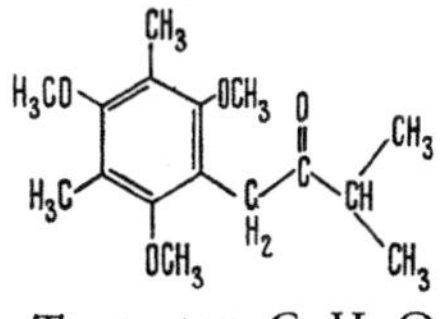

Torquaton, $C_{16}H_{24}O_4$ (BOWYER-JEFFERIES 1959, 1962)

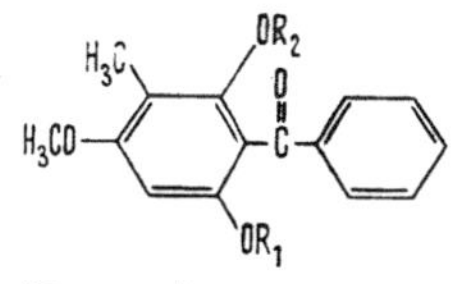

Benzophenone von *Leptospermum luehmannii*
A : R_1 = H, R_2 = CH_3
B : R_1 = CH_3, R_2 = H

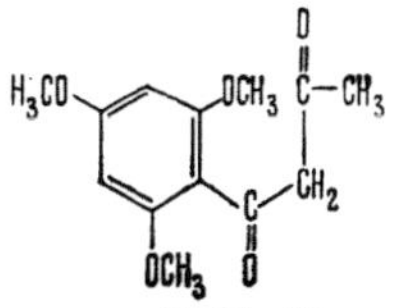

Eugenon, $C_{13}H_{16}O_5$ (MEIJER 1946; SCHMID-MEIJER 1948)

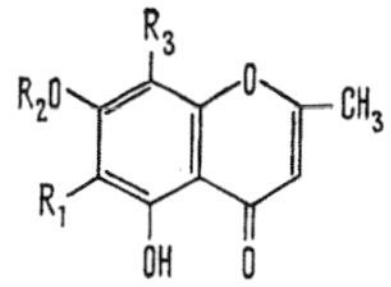

	R_1	R_2	R_3
Angustifolionol, $C_{13}H_{14}O_4$	CH_3	CH_3	CH_3
Eugenin, $C_{11}H_{10}O_4$	H	CH_3	H
Eugenitin, $C_{12}H_{12}O_4$	CH_3	CH_3	H
Isoeugenitin, $C_{12}H_{12}O_4$	H	CH_3	CH_3
Isoeugenitol, $C_{11}H_{10}O_4$	H	H	CH_3

Abb. 34. Charakteristische aromatische Verbindungen aus Myrtaceenölen.

Ableitung der Namen (Abb. 34):

Eugenol: Von *Eugenia caryophyllata* Thunb.
Eudesmiasäure: Von *Eudesmia* R. Br. = *Eucalyptus* L'Hérit.
Bullatenon: Von *Myrtus bullata* Banks et Sol.
Conglomeron: Von *Eucalyptus conglomerata* Maiden et Blak.
Baeckeol: Von *Baeckea* L. (*B. crenulata* DC.)
Torquaton: Von *Eucalyptus torquata* Luehm.
Eugenon*: Von *Eugenia caryophyllata* Thunb.
Angustifolionol: Von *Backhousia angustifolia* F. Muell. (BIRCH et al. 1954)
Eugenin:, Eugenitin*:, Isoeugenitin*:, Isoeugenitol*: Von *Eugenia caryophyllata* Thunb. (die mit* bezeichneten Stoffe wurden nicht aus dem ätherischen Öl, sondern durch Extraktion gewonnen: MEIJER 1946; SCHMID-MEYER 1948; SCHMID 1949; SCHMID-BOLLETER 1949, 1950).

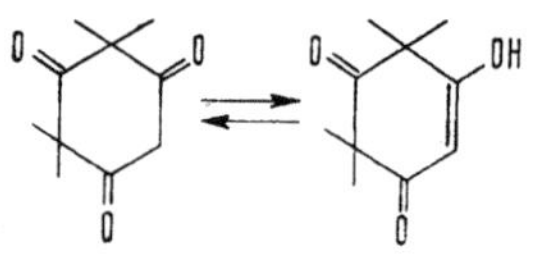

Syncarpiasäure (= 1,1,5,5 Tetramethylcyclohexan- 2,4,6-trion, $C_{10}H_{14}O_3$; HODGSON et al. 1960)

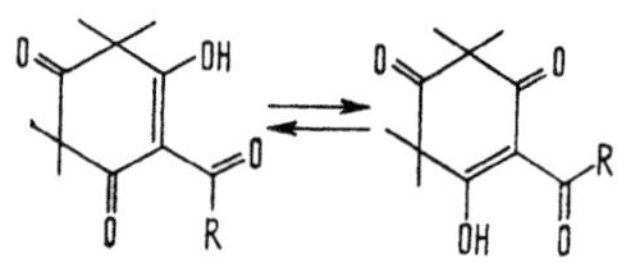

R = $CH_2-CH_2-C_6H_5$: Grandifloron, $C_{19}H_{22}O_4$ (HELLYER-PINHEY 1966)
R = $CH_2-CH(CH_3)_2$: Leptospermon, $C_{15}H_{22}O_4$ (BRIGGS et al. 1945)
R = $CH(CH_3)_2$: Flaveson, $C_{14}H_{20}O_4$ (BICK et al. 1965)

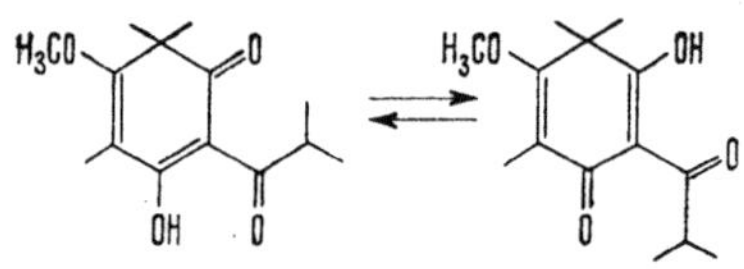

Tasmanon, $C_{14}H_{20}O_4$ (BIRCH-ELLIOT 1956; HELLYER et al. 1963)

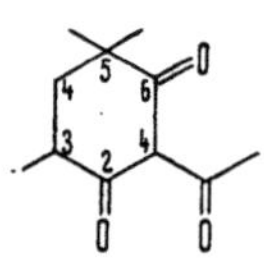

Angustion, $C_{11}H_{16}O_3$ (BIRCH 1951; CHAN-HASSALL 1955)
Dehydroangustion, $C_{11}H_{14}O_3$: $\Delta^{3,4}$(BIRCH-ELLIOT 1956)

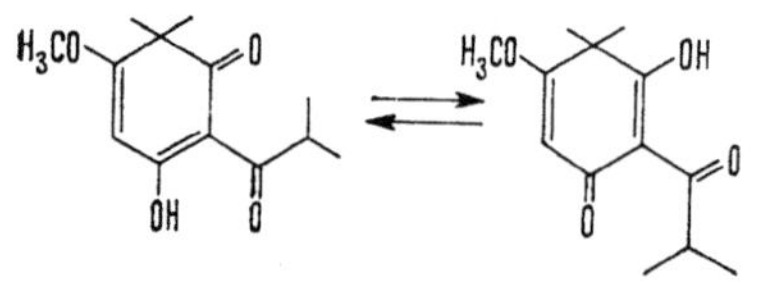

Agglomeron, $C_{13}H_{18}O_4$ (HELLYER 1964)

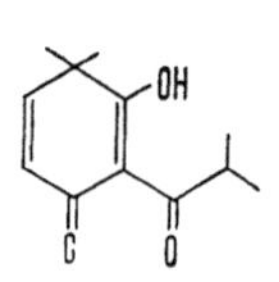

Xanthostemon, $C_{12}H_{16}O_3$ (BIRCH-ELLIOT 1956)

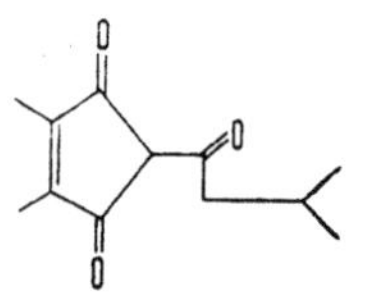

Calythron, $C_{12}H_{16}O_3$ (BIRCH-ELLIOT 1956)

Abb. 35. β-Triketone (oder deren Enole) aus Myrtaceenölen.

Ableitung der Namen:

Grandifloron: Nach *Leptospermum flavescens* Sm. var. *grandiflorum* (Lodd.) Benth.
Leptospermon: Nach *Leptospermum* Forst.
Flaveson: Nach *Leptospermum flavescens* Sm.
Syncarpiasäure: Nach *Syncarpia* Ten.; die Verbindung wurde nicht aus dem ätherischen Öl, sondern durch Extraktion gewonnen.
Tasmanon: Nach *Eucalyptus*-Arten von Tasmanien (z. B. *E. tasmanica* Blakely)
Angustion und Dehydroangustion: Nach *Backhousia angustifolia* F. Muell.
Agglomeron: Nach *Eucalyptus agglomerata* Maiden
Xanthostemon: Nach *Xanthostemon* F. Muell.
Calythron: Nach *Calythrix* Labill. *(=Calytrix=Calycothrix)*

1.2 ÄTHERISCH – ÖL – CHEMOTYPEN DER MYRTACEEN:

Baker und Smith (l. c. S. 166) massen dem Chemismus der ätherischen Öle grosse Bedeutung zu. Sie beschrieben einige morphologisch kaum charakterisierbare Chemotypen als neue *Eucalyptus*-Arten. Ähnlich handeln heute noch verschiedene Lichenologen und einige japanische Autoren (vgl. z. B. bei der Gattung *Orthodon*, Bd. 4, S. 309–310).

Penfold und Mitarbeiter haben seit dem Jahre 1924 bei australischen Myrtaceen zahlreiche Chemotypen entdeckt; sie erkannten, dass die herkömmliche Weise der taxonomischen Analyse und Behandlung komplexer Formenkreise den Verhältnissen besser entspricht, und ordneten deshalb alle reinen Chemotypen als var. A, B, C usw. in die entsprechenden morphologisch charakterisierbaren Arten ein.

Willis et al. (1963, l. c. S. 166) erörterten Probleme der chemischen Differenzierung im Genus *Eucalyptus*. Man kann den taxonomischen Wert von neu entdeckten Chemotypen erst dann ermessen, wenn:

a) Das Ausmass der Variation innerhalb der untersuchten Population bekannt ist (lebzeitbedingte Schwankungen; milieubedingte Schwankungen; Unterschiede zwischen gleichartigen Individuen [= genetisch bedingte Schwankungen]).

b) Die Unterschiede zwischen verschiedenen Populationen der gleichen Art bekannt sind (geographische und oekologische Differentiation).

c) Einflüsse von Hybridisation ausgeschlossen werden können oder genau analysiert wurden.

d) Die genetischen Grundlagen der abweichenden Chemotypen herausgearbeitet wurden (monofaktoriell bedingte Chemotypen können beispielsweise höchstens als Formen gewertet werden).

e) Die untersuchten Sippen taxonomisch genau bearbeitet sind (für zahlreiche polytypische Arten und Artengruppen fehlen vorläufig befriedigende taxonomische Bearbeitungen).

Tabelle 104 vermittelt einen Eindruck von den bisher bei den Myrtaceen eindeutig festgestellten Chemotypen.

Tabelle 104:

Ätherisch — Öl — Chemotypen der Myrtaceen

Art	Chemotypen und Hauptbestandteile ihrer Öle	Literatur
Backhousia angustifolia F. Muell.	Form I; Dehydroangustion mit Angustifolionol. Form II; Dehydroangustion ohne Angustifolionol. Form III; Angustion mit Angustifolionol.	1
B. citriodora F. Muell.	Typus; 90–97% Citral. Var. A; 62–80% Citronellal, Isopulegol.	2
B. myrtifolia Hook. et Harv.	Elemicin — Form (Typus). Isoelemicin — Form. Methyleugenol — Form. Methylisoeugenol — Form.	3, 4
Calythrix tetragona Labill.	Typus; β-Pinen, Sesquiterpene, $C_{12}H_{16}O_3$ (= Calythron?). Var. A; α-Pinen, Citronellol, Calythron.	5, 6
Eucalyptus amygdalina Labill.	Typus; 12–24% Cineol, α-Phellandren, Piperiton. Var. A; 36–46% Piperiton, α-Phellandren.	7
E. andreana Carr (= *E. lindleyana* DC.)	Typus; 5–10% Piperiton, 10–15% Piperitol, α-Phellandren Var. A; 40–50% Piperiton, α-Phellandren. Var. B; 20–30% Piperiton, Piperitol, 12–15% Cineol, α-Phellandren.	7
E. citriodora Hook.	Typus; 65–80% Citronellal, 15–20% Citronellol. Var. A; Citronellol + Ester ± 70%, 1–14% Citronellal. „Intermediate form"; 10–50% Citronellal, Guajol. „Hydrocarbon form"; Kohlenwasserstoffe, < 30% Aldehyde.	7,8
E. dives Schauer	Typus; Piperiton (40–56%), 20–30% α-Phellandren. Var. A; 60–80% α-Phellandren, 2–8% Piperiton. Var. B; 25–45% Cineol, α-Phellandren, 12–18% Piperiton. Var. C; 68–75% Cineol, Geraniol, Citral.	7
E. maculata Hook.	N. S. Wales; α-Pinen, 18% Cineol, Limonen, $C_{15}H_x$. Queensland; Pinen, Guajol, $C_{15}H_x$.	7
E. micrantha DC.	Typus; α-Phellandren, bis 33% Cineol, Piperitol. Var. A; 41–47% Piperiton, Piperitol, α-Phellandren. Fraser Island — Form; β-Phellandren, Δ^4-Caren, Phellandral, Crypton.	7

Art	Chemotypen und Hauptbestandteile ihrer Öle	Literatur
	Limonen — Form; Limonen, α-Pinen, α-Terpineol.	
E. pauciflora Sieb.	Phellandren — Form; α-Phellandren, Eudesmol, Piperiton. Pinen — Form; α-Pinen, Eudesmol, Cineol.	7
E. piperita Sm.	Typus; 40–50% Piperiton, α-Phellandren. Var. A; 10–20% Cineol, α-Phellandren, Piperiton, Eudesmol.	7
E. radiata Sieb. (= *E. australiana* Baker et Smith)	Typus; 65–72% Cineol, α-Pinen, α-Terpineol, Geraniol, Citral. Var. A; α- und γ-Terpinen, β-Phellandren, 1-Terpinen-4-ol. Var. B; 20–50% Cineol, α-Phellandren, Terpineol, Citral. Var. C; Piperiton, Piperitol, α-Phellandren, p-Cymol. Var. D; α-Phellandren, Cineol, Eudesmol.	7
E. viminalis Labill.	Typus; 28–41% Cineol, α-Pinen, *a*-Phellandren. Var. A; 48–60% Cineol, α-Pinen, Benzaldehyd.	7
Leptospermum citratum Challinor, Cheel et Penfold	Typus; Citral + Citronellal (75–85%). Var. A; γ-Terpinen; keine Aldehyde. Var. B; Aldehyde (15–30%), Geraniol, Citronellol.	9, 10, 11
L. liversidgei Baker et Smith	Typus; 35–50% Citral, Geraniol, α-Pinen. Var. A; 70–80% Citral, α-Pinen. Var. B; 30–40% Citronellal, 50–60% Isopulegol, α-Pinen.	12, 13
Melaleuca alternifolia Cheel	Typus; 6–8% Cineol. Var. A; 30–45% Cineol. Var. B; 54–64% Cineol.	14
M. bracteata F. Muell.	Form I; Methyleugenol. Form II; Elemicin. Form III; Methylisoeugenol.	15
M. viridiflora Gaertn. (inkl. *M. smithii* Baker und *M. maidenii* Baker)	Nerolidol — Form; 90–95% Nerolidol, Spuren Benzaldehyd; eine Subform enthält weniger Nerolidol, daneben aber etwa 30% Linalool. Viridiflorol — Cineol — Form; kein Nerolidol, 1–27% Viridiflorol, 0,4–38% Cineol, daneben α-Pinen, Limonen, α-Terpineol und wenig Benzaldehyd.	16

Literatur zu Tabelle 104

1) J. R. CANNON und N. H. CORBETT, Austral. J. Chem. *15*, 168 (1962).
2) A. R. PENFOLD et al., J. Proc. Roy. Soc. N. S. Wales *85*, 123 (1951; publ. 1952).
3) A. R. PENFOLD et al., J. Proc. Roy. Soc. N. S. Wales *87*, 102 (1953; publ. 1954).
4) R. O. HELLYER et al., J. Proc. Roy. Soc. N. S. Wales *89*, 30 (1955; publ. 1956).
5) A. R. PENFOLD et al., J. Proc. Roy. Soc. N. S. Wales *68*, 80 (1934; publ. 1935).
6) A. R. PENFOLD und J. L. SIMONSEN, J. Chem. Soc. *1940*, 412.
7) A. R. PENFOLD und J. L. WILLIS, *The Eucalypts*, S. 264–278, Leonard Hill Books, London 1961; vgl. auch A. R. PENFOLD und F. R. MORRISON, *Physiological forms of Australian essential oil yielding Flora*, Perfumery Essent. Oil Record *44*, 80 (1953).
8) A. R. PENFOLD und J. L. WILLIS, Nature *171*, 883 (1953); A. R. PENFOLD et al., Researches on essential oils of the Australian Flora *3*, 15–20, Museum of Technology and Appl. Sci., Sydney 1953; Die Nachkommenschaft der Citronellal—Form („Type") ist konstant; die Alkohol-Ester-Form (Var. A) spaltet auf: 41% Typus, 21% Alkohol-Ester-Form, 10% Kohlenwasserstoff-Form, 30% Zwischen-Form.
9) A. R. PENFOLD et al., J. Proc. Roy. Soc. N. S. Wales *76*, 93 (1942).
10) A. R. PENFOLD et al., Researches on essential oils of the Australian Flora *1*, 12–17, Museum of Technology and Appl. Sci., Sydney 1948: Typus und Var. A sind konstant; die Nachkommenschaft der Var. B spaltet auf.
11) A. R. PENFOLD et al., Researches on essential oils of the Australian Flora *2*, 5–7, Museum of Technology and Appl. Sci., Sydney 1950: Typus und Var. A besitzen eigene Areale.
12) A. R. PENFOLD, J. Proc. Roy. Soc. N. S. Wales *65*, 185 (1931; publ. 1932).
13) A. R. PENFOLD, Liversidge Lecture 1948, l. c. S. 166.
14) A. R. PENFOLD et al., Researches on essential oils of the Australian Flora, *1*, 5–8, 18–19, Museum of Technology and Appl. Sci., Sydney 1948.
15) A. R. PENFOLD et al., Researches on essential oils of the Australian Flora *2*, 8–11, Museum of Technology and Appl. Sci., Sydney 1950.
16) R. O. HELLYER und H. H. G. MCKERN, J. Proc. Roy. Soc. N. S. Wales *89*, 188 (1955; publ. 1956).

Der systematische Wert der in Tabelle 104 erwähnten Chemotypen ist zweifellos recht unterschiedlich. Einige bringen ausschliesslich die genetische Variation innerhalb von Populationen zum Ausdruck; sie wurden bei Einzelpflanzenanalysen, die bei den strauch- und baumförmigen Myrtaceen verhältnismässig leicht ausführbar sind, entdeckt. Eine solche chemische Variation ist etwa vergleichbar mit dem Auftreten von weissblühenden Individuen in Populationen von blaublühenden Arten. Derartige Varianten scheinen die Chemotypen von *Backhousia myrtifolia* und *Melaleuca bracteata* darzustellen (vgl. Tabelle 104; vgl. ebenfalls MCKERN 1965).

In andern Fällen konnten bereits für die verschiedenen Chemotypen einer Art eigene Areale nachgewiesen werden; möglicherweise stellen solche geographischen Varianten Oekotypen dar. Derartige Verhältnisse wurden bei *Leptospermum citratum* beobachtet (vgl. Tabelle 104).

Klinale chemische Variation bei weitverbreiteten polytypischen Arten erscheint ebenfalls möglich. Die Nerolidol-Linalool-Form von *Melaleuca viridiflora (= M. smithii ?)* stellt vielleicht die Variante der Südgrenze des Areals dar; sie wird nach Norden allmählich durch die Viridiflorol-Variante *(= M. maidenii ?)*

ersetzt, die ihrerseits zu Sippen mit noch cineolreicheren Ölen (Indonesien: Cajuputöl; Neukaledonien: Niaouliöl; beide stammen von der gleichen Sammelart: *Melaleuca quinquenervia* [Cav.] S. T. Blake [= *M. leucadendron* L. f. = *M. viridiflora* Gaertn. = *M. cajuputi* Roxb.]) überleitet (vgl. Tabelle 104). Allerdings ist zu bemerken, das die bisher ausgeführten 18 Individualanalysen eine solche Tendenz höchstens andeuten; in den beiden berücksichtigten Distrikten waren beide Rassen vertreten; die höchsten Cineolgehalte wurden aber im nördlicher gelegenen Taree-Distrikt gefunden.

Für einige der entdeckten Chemotypen konnte Hybridennatur nachgewiesen werden; die Nachkommenschaft zeigt komplizierte Aufspaltung (*Leptospermum citratum* var. B; *Eucalyptus citriodora* var. A; vgl. Tabelle 104).

1.3 ERGÄNZENDE ANGABEN ZU DEN ÄTHERISCHEN ÖLEN EINIGER MYRTACEEN:

Backhousia: Angustion, Dehydroangustion und Angustifolionol aus dem Öl von *B. angustifolia* F. Muell. (vgl. Tabelle 104).

Calythrix (= Calycothrix): Calythron aus den Ölen von *C. tetragona* Labill. var. A (vgl. Tabelle 104) und *C. virgata* A. Cunn. (Penfold-Simonsen 1940). Das bereits von *Agonis luehmannii* C. T. White, *Baeckea crenulata* DC. und *Darwinia grandiflora* Baker et Smith bekannte Baeckeol wurde ebenfalls im Blattöl von *C. angulata* Lindl. gefunden (Bowyer-Jefferies 1962).

Eucalyptus: Vgl. Penfold-Willis (1961, l. c. S. 166). Hier werden nur neue Arbeiten sowie die Verbreitung der in Abb. 34 und 35 aufgeführten Verbindungen berücksichtigt.

E. agglomerata Maiden: Blattöl mit 80% Agglomeron; das gleiche β-Triketon kommt im Blattöl von *E. mckieana* Blakely vor (Hellyer 1964).

E. aggregata Dean et Maiden: Frische Blätter liefern 0,13-0,33% ätherisches Öl mit etwa 90% Phenyläthylphenylacetat und daneben n-Amylphenylacetat, α-Pinen, Limonen, p-Cymol und die Methyl- und Phenyläthylester der Eudesmiasäure; drei Blattmuster lieferten identische Öle. Blattöle von *E. rodwayi* R. T. Bak. et H. G. Sm. haben jedoch eine ganz andere Zusammensetzung (63-70% Cineol; diese Sippe von Tasmanien wurde durch Blakely in *E. aggregata* einbezogen) (Hellyer et al. 1966).

E. amplifolia Naudin: Blattöl mit 57% Limonen, 20% Cineol, α-Pinen, α-Terpineol, Aromadendren, α- und β-Eudesmol und Isovaleraldehyd (Hellyer-McKern 1966).

E. caesia Benth.: Blattöl mit etwa 50% Torquaton und daneben Aromadendren und Globulol (Bowyer-Jefferies 1959).

E. camfieldii Maiden: Liefert Blattöl mit etwa 40% Tasmanon. Die früher bekannten Tasmanonquellen, Öle von *E. risdoni* Hook. var. *elata* (= *E. tasmanica* Blakely) und *E. linearis* Dehnh., enthalten nur Spuren bis 1% Tasmanon (Hellyer et al. 1963).

E. cneorifolia DC.: Nach Untersuchungen von BERRY et al. (1937) und BERRY (1947) enthält das Öl junger Blätter reichlich (—)-β-Phellandren, und (—)-α-Phellandren; p-Cymol, Crypton, Phellandral, Cuminal und Cineol entstehen vermutlich aus primär gebildeten Monoterpenkohlenwasserstoffen. Im Öl kommen ebenfalls Australol und Macropon vor (BIRCH-ELLIOT 1953).

E. crenulata Blakely et de Beuzeville: Hauptbestandteile des Blattöles sind γ-Terpinen, p-Cymol und Methyleudesmat (HELLYER et al. 1964).

E. decorticans Maiden: Leptospermon und Flaveson im Blattöl (BICK et al. 1965).

E. deglupta Blume: Blattöl mit 40% Monoterpenen (α-Pinen, α-Phellandren, p-Cymol, Ocimen), 45% Nerolidol, 1% Carvotanaceton, 1% Isovaleraldehyd und Humulen, Caryophyllen und Aromadendren (SUTHERLAND et al. 1960).

E. flocktoniae Maiden: Bestimmte Formen der Art enthalten Torquaton im Blattöl (BOWYER-JEFFERIES 1962).

E. kitsoniana Maiden: 52% Cineol, 27% Limonen und ferner α-Pinen, Aromadendren und Sesquiterpenalkohole im Blattöl (HELLYER-MCKERN 1966).

E. macarthuri Dean et Maiden: Die Eudesmol-Fraktion des ätherischen Öles enthält neben α- und β-Eudesmol ebenfalls Carisson (Formel Bd. 3, S. 148) (MCQUILLIN-PARRACK 1956).

E. mitchelliana Cambage; 33% α- und β-Eudesmol, 25% Cineol, 25% p-Cymol und α-Pinen, α-Phellandren, α-Terpineol und Piperiton im Blattöl (HELLYER-MCKERN 1963).

E. oblonga DC. (= *E. sparsifolia* Blakely): 74-97% α- und β-Eudesmol und ferner α-Pinen und Cineol im Blattöl (HELLYER-MCKERN 1963).

E. spathulata Hook. var. *grandiflora* Benth.: Torquaton im Blattöl bestimmter Herkünfte; ferner Spathulenol (BOWYER-JEFFERIES 1962, 1963).

E. staigeriana F. Muell. ex Bailey: Limonen, Citral, Neral, Geranylacetat und Methylester der *trans*-Geraniumsäure im Blattöl (F. PORSCH et al., C. A. *63*, 1650 [1965]).

E. torelliana F. Muell.: 47% (+)-α-Pinen, 4% (—)-β-Pinen, Ocimen, Aromadendren, Sesquiterpenalkohole und 1% Benzaldehyd im Blattöl (SUTHERLAND et al. 1960).

E. torquata Luehm.: Im Blattöl neben Cineol, Pinen und Eudesmol etwa 25% Torquaton (BOWYER-JEFFERIES 1959).

Eugenia caryophyllus (Sprengel) Bullock et Harrison (= *E. caryophyllata* Thunb. = *E. aromatica* [L.] O. K. = *Caryophyllus aromaticus* L. = *Myrtus caryophyllus* Sprengel = *Jambosa caryophyllus* [Spr.] Niedenzu = *Syzygium aromaticum* [L.] Merr. et Perry): Der auf den Molukken einheimische Gewürznelkenbaum wird auch andernorts (z. B. Sansibar, Pemba, Madagascar usw.) kultiviert (vgl. beispielsweise AL 1936). Seine Blütenknospen liefern die Gewürznelken und das Nelkenöl («Oleum Caryophylli»); Blütenstiele, Früchte (Mutternelken) und Blätter liefern ebenfalls eugenolreiche Öle. Interessant ist die Tatsache, dass im Laufe eines umfangreichen Selektionsprogrammes im früheren Niederländisch Indien eugenolfreie Nelkenöle entdeckt wurden: 150 Nelkenmuster, die von kultivierten Bäumen stammten, wiesen Gehalte von 16–23% ätherischem Öl mit 64–85% Eugenol auf; 10 Nelkenmuster von wildwachsenden Bäumen lieferten nur 3,6–7,5% ätherisches Öl, das zudem praktisch eugenolfrei war. Demnach stellt der kultivierte Gewürznelkenbaum einen durch den Menschen selektierten und veredelten Chemotypus von *Eugenia caryophyllus* dar. Einige der aus dem Wildmaterial gewonnenen ätherischen Öle schieden beim Aufbewahren Kristalle ab, die sich als identisch mit dem durch Extraktion von wilden Nelken von Ani in Ausbeuten von 2,4% erhaltenen Eugenin erwiesen. Wilde Nelken aus der Gegend Honipopu lieferten kein Eugenin, sondern 2,3% Eugenon (Meijer 1946). Später isolierten Schmid (1949) und Schmid und Bolleter (1949, 1950) aus wilden Nelken noch 0,2% Eugenitin, 0,004% Isoeugenitol und sehr geringe Mengen Isoeugenitin.

Leptospermum: Die Öle von *L. ericoides* A. Rich., *L. flavescens* Sm. und *L. scoparium* J. et G. Foster enthalten Leptospermon (0,2–14%; Briggs et al. 1938); daneben kommt bei *L. flavescens* Flaveson vor (Bick et al. 1965). Die Öle von *L. flavescens* var. *grandiflorum* (Lodd.) Benth. und *L. lanigerum* (Ait.) Sm. enthalten 8–20% Grandifloron und daneben ebenfalls wenig Leptospermon und Flaveson (Hellyer-Pinhey 1966). Aus dem Öl von *L. luehmannii* F. M. Bailey gewannen Powell und Sutherland (1963) 2 isomere Benzophenone: 2, 4-Dimethoxy-6-hydroxy-3-methylbenzophenon und 4, 6-Dimethoxy-2-hydroxy-3-methylbenzophenon im Verhältnis 13 : 1.

Melaleuca leucadendron L. f.: Die sehr veränderliche von Australien bis Indien reichende Art, von welcher zahlreiche Varianten als Arten beschrieben wurden (z. B. *M. cajuputi* Roxb., *M. maidenii* Baker, *M. minor* Sm., *M. saligna* Blume, *M. smithii* Baker, *M. viridiflora* Gaertn.; vgl. z. B. Morton 1966), wird heute *M. quinquenervia* (Cav.) S. T. Blake genannt. Sie liefert auf Neukaledonien das Niaouliöl 50–60% Cineol) und in Indonesien das Cajuputöl (60–65% Cineol).

Myrtus bullata Banks et Sol.: Brandt et al. (1954) isolierten aus dem Öl dieser neuseeländischen Art ein Keton, das später den Namen Bullatenon erhielt (Parker et al. 1958).

Psidium: Die artenreiche Gattung ist in Südamerika heimisch. *P. guajava* L. wird als Fruchtbaum in zahlreichen Varietäten überall in den Tropen kultiviert; die Blattöle enthalten Limonen, Caryophyllen und Sesquiterpenalkohole. In den Blattölen von *P. luridum* (Spreng.) Burret und *P. pubifolium* Burret wurden α-Pinen, Limonen und Cineol nachgewiesen (C. A. *62*, 12970 [1965]).

Xanthostemon: Hauptbestandteil des Blattöles von *X. oppositifolium* Bailey ist Xanthostemon (Birch-Elliot 1956). *X. chrysanthum* F. Muell. enthält Leptospermon im Blattöl (Hellyer-Pinhey 1966).

2. *Polyphenole und Gerbstoffe*

Die Myrtaceen gehören zu den phenolreichen Pflanzen. Gallussäure und Ellagsäure sind sehr verbreitet. Catechine (= Flavan-3-ole), Leucoanthocyane (= Flavan-3,4-diole), Flavanonole, Flavanone, Flavonole, Flavone, Stilbene, Lignane und selbst Dibenzofurane wurden für die Familie nachgewiesen. Gerbstoffe treten in mässigen bis sehr grossen Mengen auf; es handelt sich zum Teil um Galli- und Ellagitannine, zum Teil um kondensierte Gerbstoffe mit Catechinen und Leucoanthocyanen als Bausteinen.

Bate-Smith (1962, l. c. Bd. 3, S. 40) untersuchte hydrolysierte Blattextrakte von 14 Arten; Kaffee-, Ferula- und Sinapinsäure waren nur in Ausnahmefällen nachweisbar; ziemlich allgemein wurden Myricetin, Quercetin, Kaempferol, Leucodelphinidin, Leucocyanidin und Ellagsäure beobachtet. Bereits früher hatte der gleiche Autor (1956, l. c. B 4.4) allgemeines Vorkommen von Ellagsäure bei den Myrtaceen nachgewiesen.

Die folgende Übersicht über die aus Myrtaceen bisher isolierten Phenole macht keinen Anspruch auf Vollständigkeit; sie soll in erster Linie einen Eindruck von der Mannigfaltigkeit und gleichzeitigen Einheitlichkeit (z. B. fast universelles Vorkommen von Gallussäure und Ellagsäure) der Phenolspektren der Myrtaceen vermitteln. Für weitere Angaben wird imbesondern nach folgenden Werken verwiesen:

Verbreitung: Allgemein: Wehmer, Karrer (l. c. B 3.01); Phytochemical Register of Australian Plants (l. c. S. 166). Gerbstoffe: Dekker, Gnamm, Nierenstein (l. c. B 3.09).

Chemismus: Dean; Geissman; Hillis (alle l. c. Bd. 3, S. 40); Haslam (*The Chemistry of Vegetable Tannins*, Academic Press 1966).

Für die wasserdampfflüchtigen Phenole, die in ätherischen Ölen auftreten, wird nach Abschnitt 1 und nach den Abb. 34 und 35 verwiesen.

Angophora: Arten dieser Gattung produzieren ellagsäurehaltige Kinos. In *Kinos* wurden ausserdem nachgewiesen: Epicatechin und Aromadendrin (Hillis 1952: *A. intermedia* DC.); (—)-Farrerol und (±)-Angophorol (Birch et al. 1960: Aus Kino von *A. lanceolata* Cav. [= *A. costata* Domin]; 0,5% Totalflavanone isoliert). *Ellagsäure:* 0,023% aus dem Holz von *A. subvelutina* F. Muell. (Ritchie-Taylor 1961). *Eucalyptin:* Aus dem Blattwachs von *A. lanceolata* und *A. subvelutina* isoliert (Lamberton 1964). *Stilbenglucoside:* In Blättern von *A. cordifolia* Cav. nachgewiesen (Hillis-Isoi 1966).

Eucalyptus: Viele Arten liefern Kino und gerbstoffreiche Rinden. Ganz allgemein enthalten die Blätter reichlich Phenole; diese stellen nicht nur Inhaltstoffe der Blattparenchymzellen, sondern bei einzelnen Arten ebenfalls Bestandteile der Blattwachse dar. Nacheinander sollen für diese chemisch am intensivsten bearbeitete Gattung besprochen werden: Phenole des Blattwachses; Phenole der Blattzellen; Phenole der Rinde und des Holzes; Phenole der Kinos.

Phenole des Blattwachses: Eucalyptin (I) und 8-Desmethyleucalyptin (II) stellen stark methylierte Flavone des Blattwachses dar (HORN-LAMBERTON 1963; HORN et al. 1964; LAMBERTON 1964): *E. cinerea* F.Muell. I; *E. deglupta* Blume I; *E. globulus* Labill. I; *E. regnans* F. Muell. I; *E. risdoni* Hook. f. I; *E. torelliana* F. Muell. I und II; *E. urnigera* Hook. f. I und II; *E. viminalis* Labill. I. *E. sideroxylon* A.Cunn. enthält ebenfalls Eucalyptin im Blattwachs (HILLIS-ISOI 1965).

Phenole der Blattzellen: Nach den S. 178 bereits erwähnten Arbeiten von BATE-SMITH sind Ellagsäure, Kaempferol, Quercetin, Myricetin und Leucoanthocyane weitverbreitet. Ausserdem treten nach Arbeiten von HILLIS und Mitarbeitern in Blättern Gentisinsäure und Gallussäure regelmässig und Flavanonole, Flavone und Stilbene öfters auf. Die Gehalte an einzelnen Phenolen wechseln von Art zu Art stark. Sehr umfangreiche Untersuchungen über infraspecifische und interspecifische Variation der Phenolspektren der Blätter wurden durch HILLIS und ISOI (1965, 1966) durchgeführt. Wenn Hybridisation mit Sicherheit ausgeschlossen werden kann, ist innerhalb der einzelnen Arten das Phenolspektrum in der Regel konstant (nachgewiesen für 10 Arten; Ausnahmen: *E. sideroxylon* [Engelitin-Rasse]; *E. sieberiana* [Unterschied zwischen den Populationen von Australien und Tasmanien!]). Ausnahmen machen in dieser Beziehung die Leucoanthocyane (enorme Gehaltsschwankungen innerhalb der Arten), die Stilbene (bei vielen Arten stilbenfreie und stilbenhaltige Rassen) und die Flavonolglykoside (nicht deren Aglykone!), die innerhalb einer Art qualitativ verschieden sein können. Diese Verbindungstypen müssen deshalb bei *Eucalyptus* als taxonomisch unzuverlässige Blattmerkmale bewertet werden.

Am eingehendsten wurde *E. sideroxylon* A. Cunn. bearbeitet (HILLIS-ISOI 1965). Bei der Analyse zahlreicher Blattmuster liessen sich deutlich zwei Chemotypen unterscheiden. Hauptphenole der Blätter von Bäumen in Küstennähe waren Ellagsäure, Leucocyanidin, Quercetin, Kaempferol, Ferulasäure, Gentisinsäure, Gallussäure und 3 nicht identifizierte Phenole; einige Herkünfte führten zudem Leucodelphinidin und Myricetin. Der im trockeneren Binnenlande verbreitete Chemotypus enthält reichlich Stilbene, Leucocyanidin, Quercetin, Ellagsäure, Gentisinsäure, Gallussäure und vielleicht Leucopelargonidin. In den Blättern kommen die Phenole hauptsächlich in gebundener Form vor. Die Vermutung, dass die Stilben-Rasse den an trockene Standorte angepassten Oekotypus darstelle, hat sich in weiteren Untersuchungen bestätigt. HILLIS und ISOI (1966) fanden Stilbene in den Blättern von 28 *Eucalyptus*-Arten. Bei 12 Arten wurden gleichzeitig Exemplare mit stilbenfreien Blättern beobachtet:

E. papuana F. Muell.: Stilbenhaltig in Australien; stilbenfrei auf Neu Guinea
E. clavigera A. Cunn.: Stilbenfrei var. *diffusa*.
E. rugosa Blakely
E. kondininensis Maiden
E. dalrympleana Maiden: Stilbenfrei ssp. *heptantha*
E. glaucescens Maiden
E. smithii R. T. Baker
E. sideroxylon A. Cunn.: Vgl. Text
E. melliodora A. Cunn.

E. longicornis F. Muell.
E. oleosa F. Muell.
E. salmonophloia F. Muell.

Hinsichtlich des Auftretens von Stilbenen in Blättern von *Eucalyptus*-Arten gelten folgende Regeln: Sie finden sich in erster Linie bei Sippen trockener Standorte. Meistens ist in den Blättern der stilbenführenden Pflanzen der Gehalt an Gallus- und Ellagsäure erniedrigt und der Gehalt an Chlorogen- und p-Cumaroylchinasäure erhöht.

Bezüglich der individuellen Blattphenole seien folgende Beobachtungen erwähnt:

Gallus-, Ellag- und Gentisinsäure: Kommen im Genus universell vor (vermutlich zum Teil verestert; HILLIS-HINGSTON 1963; HILLIS-ISOI 1965, 1966).

Flavonolglykoside: Stellen bei vielen *Eucalyptus*-Arten Hauptphenole der Blätter dar. Nicht selten tritt Rutin in grossen Mengen auf. RODWELL (1950) fand bei *E. macrorhyncha* F. Muell. 6–24% (je nach Alter) und bei *E. youmani* Blakely et McKie 6,8–11% Rutin. HUMPHREYS (1964) untersuchte 85 Arten; er bezeichnet die Blätter von 6 weiteren Arten als sehr rutinreich: *E. alpina* Lindl., *E. baxteri* Maiden et Blakely, *E. blaxlandi* Maiden et Cambage, *E. caliginosa* Blakely et McKie, *E. cannoni* R. T. Baker, *E. delegatensis* R. T. Baker und *E. gigantea* Hook. f. Aus Blättern von *E. calophylla* R. Br. isolierten HILLIS und HINGSTON (1963) Quercitrin, Isoquercitrin, Myricitrin und Cannabiscitrin. Nicotiflorin (= Kaempferol-3-rutinosid), Quercitrin, Isoquercitrin und 0,4% Rutin wurden aus Blättern von *E. sideroxylon* isoliert (HILLIS-ISOI 1965).

Engelitin: Aus Blättern von *E. flocktoniae* Maiden und *E. salubris* F. Muell. isoliert (HILLIS-HINGSTON 1963); 0,4% aus Blättern von *E. sideroxylon* aus dem Gilgandra Distrikt (HILLIS-ISOI 1965; in dieser Lokalität ist Engelitin Hauptphenol der Blätter, fehlt jedoch bei allen anderen Herkünften dieser Art).

Methylierte Flavone: Aus dem Blattparenchym von *E. sideroxylon* isolierten HILLIS und ISOI (1965) 0,01% Sideroxylin (das verwandte Eucalyptin kommt im Blattwachs vor).

Stilbenglucoside: Astringin, Piceid und Rhapontin wurden aus Blättern von *E. salmonophloia* F. Muell. (HILLIS-HINGSTON 1963) und *E. sideroxylon* (HILLIS-ISOI 1965) isoliert. Blätter von *E. longicornis* F. Muell. lieferten ausschliesslich Astringin (HILLIS-HINGSTON 1963). Nach HILLIS und HASEGAWA (1962) und HILLIS und ISOI (1965) entstehen sowohl die flavonoiden Verbindungen als auch die Stilbene in *Eucalyptus*-Blättern aus einem Molekül Zimtsäure und 3 Molekülen Essigsäure (vgl. Abb. 36). Blattstilbene wurden bisher für folgende Arten nachgewiesen (HILLIS-ISOI 1966; vgl. ebenfalls S. 182).

Sektion *Macrantherae: E. papuana*, *E. grandifolia* R. Br., *E. clavigera*, *E. campaspe* S. M. Moore, *E. griffithsii* Maiden, *E. macrandra* F. Muell., *E. dundasi* Maiden, *E. rugosa*, *E. kondininensis*, *E. doratoxylon* F. Muell., *E. decurva* F. Muell., *E. melanoxylon* Maiden, *E. angophoroides* R. T. Baker, *E. dalrympleana*, *E. glaucescens*, *E. urnigera* Hook.f., *E. nitens* Maiden, *E. baeuerleni* F. Muell., *E. smithii.*

Sektion *Renantherae: E. guilfoylei* Maiden; da die Sektion sonst stilbenfrei ist, ist Überprüfung der Einreihung erwünscht (wird ebenfalls den *Macrantherae* zugerechnet; vgl. HATHWAY 1962).

Sektion *Terminales: E. sideroxylon* und *E. melliodora.*

Sektion *Graciles: E. gracilis* F. Muell.

Sektion *Platyantherae: E. umbrawarrensis* Maiden, *E. longicornis, E. oleosa, E. brockwayi* C. A. Gardn., *E. salmonophloia.*

Nur papierchromatographisch nachgewiesen wurden: Chlorogensäure, p-Cumaroylchinasäure, Shikimisäure, Catechin und Epicatechin (HILLIS-ISOI 1965: Blätter von *E. sideroxylon*).

Phenole von Rinde und Holz: Die Phenolspektren von Rinde, Kambium und Holz sind ausgesprochen artabhängig. Arbeiten von HILLIS (1955, 1956) und HILLIS und CARLE (1958, 1960, 1962) hatten zum Ziele die Phenole von Kernholz, Saftholz, Kambium, Rinde und Blättern miteinander zu vergleichen, um die Frage zu entscheiden, ob die verschiedenen Phenole der einzelnen Organe in situ entstehen oder aber antransportiert werden. Die Ergebnisse der Arbeiten lassen Synthese der Phenole in situ aus gespeicherten und antransportierten Kohlenhydraten wahrscheinlicher erscheinen als den Antransport der Phenole von primären Bildungszentren (junge Blätter, Kambium). So sind beispielsweise die Jugendanthocyane der Blätter verschieden von den Jugendanthocyanen der Zweige; bei *E. sieberiana* F. Muell. ist Chrysanthemin (= Cyanidin-3-glucosid) Hauptanthocyan der Rinde und Delphin (= Delphinidin-3,5-diglucosid) Hauptanthocyan der Blätter (HILLIS 1956). Ausserdem wurden die folgenden Verhältnisse beobachtet:

E. astringens Maiden: Catechin und Gallussäure kommen in allen Geweben vor. Hauptphenole der Rinde sind monomere und polymere Flavan-3,4-diole, Stilbenglucoside und Chlorogensäure. Im Kambium überwiegen Ellagitannine; ausserdem kommt Gallocatechin vor. Das Saftholz enthält Gallocatechin, monomere Flavan-3,4-diole und Ellagitannine. Im Kernholz wurden vor allem polymerisierte Ellagitannine, Chlorogensäure, Stilbene und Stilbenglucoside beobachtet (HILLIS-CARLE 1962).

E. gigantea Hook. f.: Ellagsäure in allen Geweben. Catechin in Rinde und Saftholz. Ellagitannine (Corilagin, Juglanin u. a.) in Rinde, Saft- und Kernholz (HILLIS-CARLE 1960).

E. marginata Sm.: Catechin und Gallussäure in allen Geweben. In der Rinde ausserdem viel Gallocatechin und Ellagitannine und daneben auch kondensierte Gerbstoffe. Reichlich Ellagitannine und daneben kondensierte Gerbstoffe im Kambium. Saft- und Kernholz enthalten überwiegend kondensierte Gerbstoffe, die im Saftholz von geringen Mengen Ellagitanninen und im Kernholz von Ellagsäure begleitet werden (HILLIS-CARLE 1962).

E. regnans F. Muell.: (+)-Catechin, (—)-Epichatechin, Shikimisäure, β-Glucogallin, Corilagin und weitere Ellagitannine im Kambium. Saft- und Kernholz enthalten (+)-Catechin, Ellagsäure, Gallussäure und polymerisierte Flavan-3,4-diole (HILLIS-CARLE 1958).

E. sieberiana F. Muell.: Gleiche Verhältnisse wie bei *E. regnans* (Hillis-Carle 1958). Die Rinde enthält neben Catechin und Ellagsäure Ellagi- und Gallitannine (Corilagin, Juglanin, β-Glucogallin); im Kernholz ist der Gehalt an freier und gebundener Ellagsäure höher als im Saftholz (Hillis-Carle 1960).

Eucalyptus-Arten führen demnach in Rinde und Holz Galli- und Ellagitannine und deren Bausteine und Leucoanthocyane und Catechine und davon abgeleitete kondensierte Gerbstoffe. Ausserdem kommen bei einzelnen Arten Stilbene (und davon abgeleitete Gerbstoffe?) vor. Auftreten und gegenseitiges Mengenverhältnis der einzelnen Komponenten hängen vom Organ, dessen Alter und von der Art ab.

Ellagsäure und Gallussäure scheinen in allen *Eucalyptus*-Hölzern aufzutreten. Rudman (1959) erhielt aus dem Holz von *E. microcorys* F. Muell. 0,1% Gallussäure, 2,4% Ellagsäure und 1,6% von zwei weiteren, nicht identifizierten Phenolen; ausserdem wies er in Hölzern von 15 weiteren Arten Gallus- und Ellagsäure nach. Michael und White (1955) isolierten Ellagsäure aus dem Holz von *E. diversicolor* F. Muell. und *E. regnans* F. Muell.

Der Gehalt an eigentlichen Gerbstoffen unterliegt im Genus *Eucalyptus* ausserordentlich grossen Schwankungen. Rinden können geringe Mengen (z. B. *E. globulus* Labill. 1%) bis sehr grosse Mengen (z. B. *E. astringens* Maiden 40–57%) enthalten. Die Hölzer sind in der Regel gerbstoffärmer als die Rinden (z. B. *E. astringens* 5%; *E. wandoo* Blakely 8–11% [bei einem Rindengerbstoffgehalt von 17–21%]) (vgl. Penfold-Willis, l. c. S. 166).

Stilbene kommen, wie bereits erwähnt, bei *Eucalyptus* nicht nur in Blättern, sondern öfters ebenfalls oder ausschliesslich in Holz und Rinde vor. Aus dem Holz von *E. wandoo* Blakely isolierten Hathway und Seakins (1959) erstmalig Resveratrol und Piceid. Hathway (1962) isolierte später die gleichen zwei Stilbene aus Holz von *E. gummifera* (Gaertn.) Hochr. und *E. astringens* Maiden und untersuchte papierchromatographisch Holzmuster von 57 Arten der Subsektion *Longiores* von Blakelys Sektion *Macrantherae*. Es zeigte sich, dass Arten, welche durch Blakely den Series *Corymbosae*, *Obliquae*, *Cornutae* und *Subcornutae* zugerechnet werden, oft Stilbene im Holz enthalten, während die Arten der Series *Transversae* stilbenfreie Hölzer besitzen. Die kritische Art *E. guilfoylei* Maiden sollte nach Hathway der Series *Transversae* der Sektion *Macrantherae* eingereiht werden (Blakely rechnet sie zu den *Renantherae;* in den Blättern führt die Art Stilbene, vgl. S. 181). Im Laufe dieser Untersuchungen wies Hathway bei den meisten Arten ein drittes Stilben nach. Hillis und Isoi (1965) beobachteten Stilbene ebenfalls in Hölzern von Vertretern der Sektionen *Platyantherae*, *Porantheroideae* und *Terminales*. Im Holz von *E. sideroxylon* A. Cunn. *(Terminales)* beobachteten sie neben viel Ellagsäure, geringeren Mengen von Gallussäure, Catechin und Ellagitanninen regelmässig reichlich Resveratrol und Piceid und geringe Mengen von Astringin.

Kinos: Nach Verwundung der Stämme erzeugen viele *Eucalyptus*-Arten Kino (vgl. «Anatomische Merkmale»). Eine umfassende Zusammenstellung der Kino-Literatur und eine ausführliche Besprechung von *Eucalyptus*-Kinos findet sich bei Mc Gookin und Heilbron (1926). Eine Reihe von Arbeiten über *Eucalyptus*-Kinos stammt von Hillis (1950, 1951, 1952, 1964).

Früher war Unterteilung der *Eucalyptus*-Kinos in drei Gruppen üblich:

«Turbid»: Konzentrierte wässrige Lösungen werden durch Auskristallisation von Aromadendrin und (oder) Eudesmin trübe (z. B. *E. calophylla*, *E. hemiphloia*).

«Gummi»: In Alkohol unvollständig löslich (Präzipitation beim Eingiessen wässriger Lösungen in Alkohol; schleimhaltig?; z. B. *E. sideroxylon*, *E. siderophloia*).

«Ruby»: In Wasser und Alkohol klar löslich; rubinfarbene Lösungen (z. B. *E. obliqua*, *E. regnans*).

Die Grundmasse aller *Eucalyptus*-Kinos scheint durch polymerisierte Flavan-3,4-diole gebildet zu werden. Je nach Abstammung werden diese kondensierten Gerbstoffe von wechselnden Mengen von monomeren flavonoiden Verbindungen, Gallussäure, Ellagsäure und Lignanen begleitet. Da das Kambium bei vielen Arten überwiegend Galli- und Ellagitannine enthält, muss Verwundung den Phenolstoffwechsel modifizieren; an Stelle von C_6-C_1-Körpern werden nach Verwundung grosse Mengen von C_6-C_3-C_6-Körpern gebildet (Hillis 1964: Untersuchungen mit *E. sieberiana*).

Die folgenden Verbindungen wurden in den letzten Jahren aus Mustern von *Eucalyptus*-Kino isoliert:

E. calophylla R. Br.: 5% Aromadendrin (= Katsuranin = Dihydrokaempferol), 1% Kaempferol und 0,2% Ellagsäure (Hillis 1952). 0,1% Pyrogallol, 0,1% (+)-Afzelechin, 0,02% (+)-Catechin; ferner papierchromatographisch nachgewiesen: (+)-Gallocatechin und (—)-Epicatechin (Hillis-Carle 1960). 2% Aromadendrin, 0,8% Sakuranetin und 3,3% Leucopelargonidin (Ganguly-Seshadri 1958, 1961).

E. citriodora Hook.: Ellagsäure, Aromadendrin-7-methyläther, Kaempferol-7-methyläther und das antibiotisch wirksame Citriodorol (S. S. Satwalekar, Biol. Abstr. *31*, 39466 [1957]; Ramaswamy et al. 1961).

E. corymbosa Sm. (= *E. gummifera* [Gaertn.] Hochr.): 0,3% Ellagsäure und 1,1 - 1,3% Aromadendrin (Hillis 1952).

E. gigantea Hook. f.: Polymere Leucodelphinidine bilden die Grundmasse; Spuren Leucocyanidin und Ellagsäure sind vorhanden; ebenso kommen geringe Mengen von Galli- und Ellagitanninen vor (Hillis-Carle 1960).

E. globulus Labill.: Ellagsäure (Biol. Abstr. *31*, 39466 [1957]).

E. hemiphloia F. Muell.: Etwa 0,3% Ellagsäure, Spuren Gallussäure, etwa 1% (+)-Hemiphloin, etwa 0,1% Isohemiphloin, etwa 7% (—)-Eudesmin, etwa 2% Aromadendrin, etwa 0,04% Kaempferol und etwa 1% Engelitin (Hillis-Carle 1963).

E. maculata Hook.: 0,1 -0,5% Ellagsäure, 0,3 -1,7% Aromadendrin-7-methyläther, 0 -0,6% p-Cumarsäure und 0–0,2% Naringenin (nur in einem von 4 untersuchten Mustern gefunden; Gell et al. 1958).

E. pilularis Sm.: Ellagsäure (Biol. Abstr. *31*, 39466 [1957]). 2% (+)-Leucodelphinidin (Ganguly et al. 1958).

E. robusta Sm.: Ellagsäure (Biol. Abstr. *31*, 39466 [1957]).

E. sieberiana F. Muell.: Die Grundmasse besteht aus polymerisiertem Leucodelphinidin; Spuren Leucocyanidin, Ellagsäure, Galli- und Ellagitannine sind vorhanden (Hillis-Carle 1960; Hillis 1964).

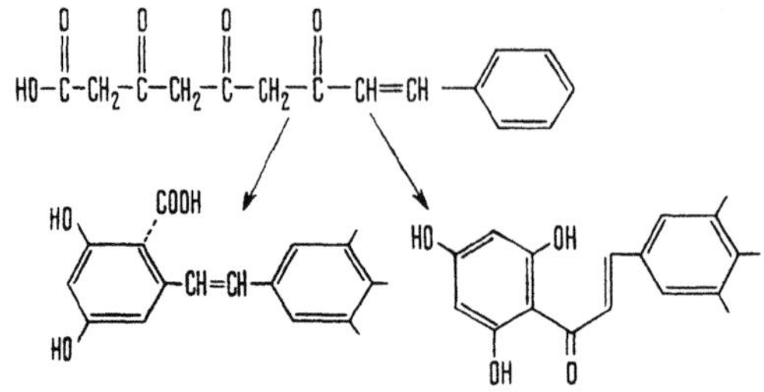

Stilbene Chalkone

↓

flavonoide Verbindungen

Biogenetische Zusammenhänge nach Hillis und Isoi (1965)

Catechine und Flavan-3,4-diole:

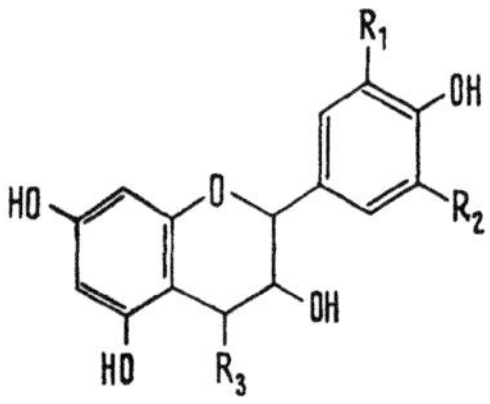

	R_1	R_2	R_3
Afzelechin	H	H	H
Catechin; Epicatechin	OH	H	H
Gallocatechin	OH	OH	H
Leucopelargonidin	H	H	OH
Leucocyanidin	OH	H	OH
Leucodelphinidin	OH	OH	OH

Flavanonole und Flavanone:

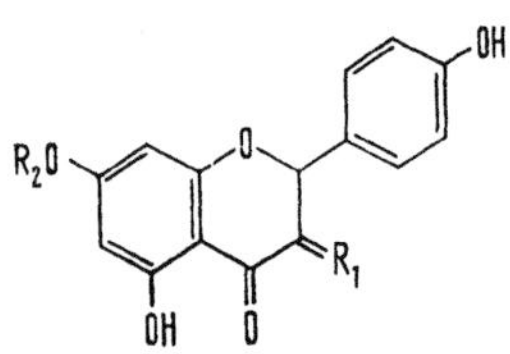

	R_1	R_2
Aromadendrin (I)	H, OH	H
I-7-methyläther	H, OH	CH_3
Naringenin	H_2	H
Sakuranetin	H_2	CH_3

Engelitin = I-3-rhamnosid

C-Methylierte Flavanone:

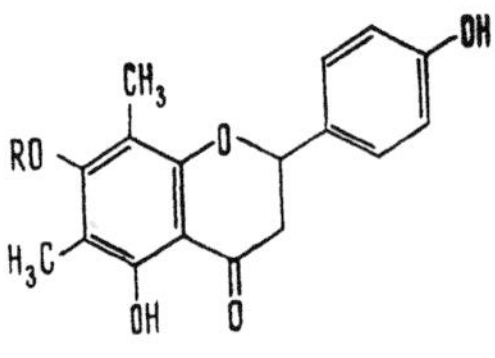

Farrerol: R = H
Angophorol: R = CH_3

C-Methylierte Flavone:

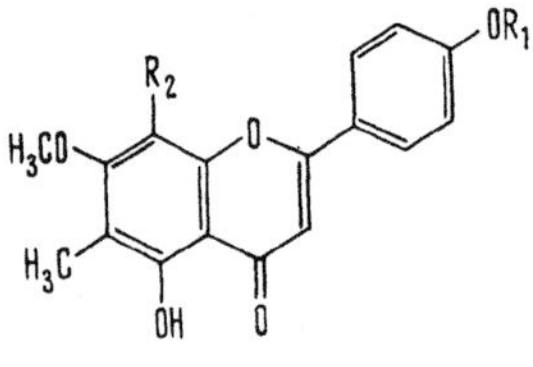

	R_1	R_2
Eucalyptin	CH_3	CH_3
8-Desmethyleucalyptin	CH_3	H
Sideroxylin	H	CH_3

Abb. 36. Flavonoide Verbindungen,

C-Glucoflavanone:

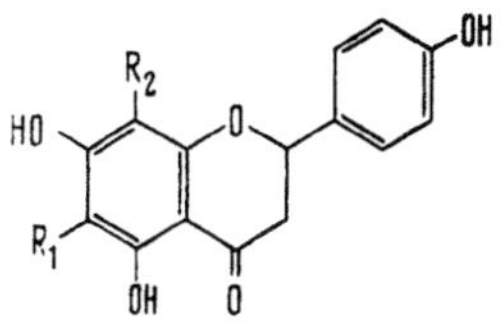

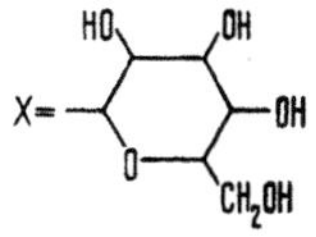

	R_1	R_2
Hemiphloin	X	H
Isohemiphloin	H	X

Flavonole:

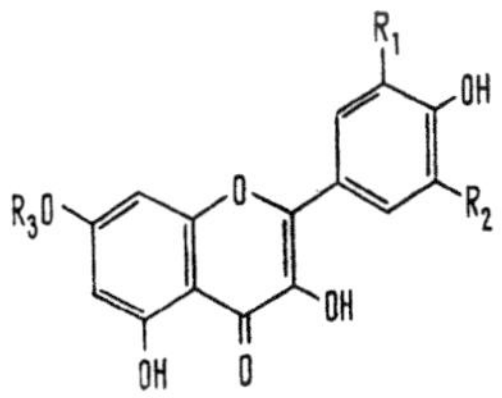

	R_1	R_2	R_3
Kaempferol (II)	H	H	H
II-7-methyläther	H	H	CH_3
Quercetin (III)	OH	H	H
Myricetin	OH	OH	H

Avicularin = III-3-arabinofuranosid
Guajaverin = III-3-arabinopyranosid

Stilbene:

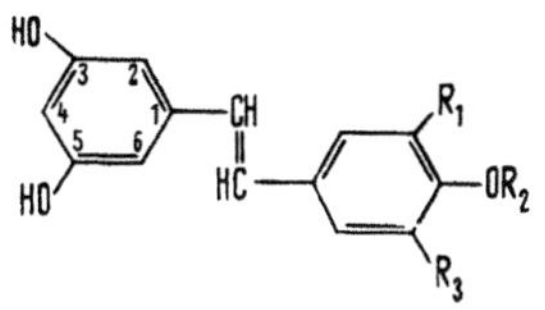

	R_1	R_2	R_3
Resveratrol (IV)	H	H	H
Rhapontigenin (V)	OH	CH_3	H
Astringenin (VI)	OH	H	OH

Piceid = IV-3-glucosid
Rhapontin = V-3-glucosid
Astringin = VI-3-glucosid
(wahrscheinliche Struktur)

Lignane:

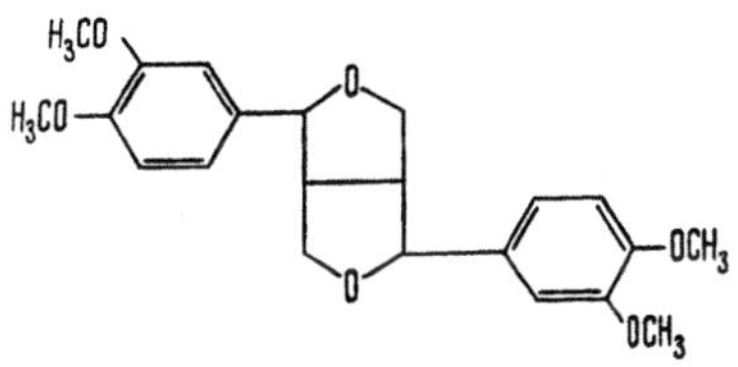

Eudesmin

Stilbene und Lignane der Myrtaceen

Eugenia: Gewürznelken (Blütenknospen von *E. caryophyllus*) enthalten etwa 10% Galloylgerbstoffe. Alle Organe von *E. jambolana* Lamk. (= *Syzygium jambolana* DC.) enthalten reichlich Galli- und Ellagitannine; Blüten und Früchte enthalten als Hauptpigment ein Cyanidinrhamnoglucosid (VENKATESWARLU 1952); 0,1% Ellagsäure, Quercetin, Kaempferol, Myricetin und Isoquercitrin aus Blüten und geringe Mengen von Ellagsäure und Myricetin aus Rinde (NAIR-SANKARA SUBRAMANIAN 1962). *E. maire* A. Cunn. lieferte 0,65% (Rinde) und 0,03% (Holz) 3,3',4-Trimethylellagsäure und aus Blättern 0,11% Gallussäure und etwas Methylgallat (BRIGGS et al. 1961).

Leptospermum: Ellagsäure, 3-Methylellagsäure, 3,3'-Dimethylellagsäure und 3,3',4-Trimethylellagsäure aus der Rinde von *L. scoparium* J. R. et G. Forst. (CAIN 1963).

Metrosideros: 0,67% Gallussäure, 0,04% Methylgallat, 1% Ellagsäure (frei und gebunden), Oenin (= Malvidin-3-glucosid) und Delphinidin-3-glucosid aus Blüten von *M. excelsa* Sol. ex Gaertn. (CAMBIE-SEELYE 1961). Im Holz von *M. umbellata* Cav. wurden 5,8% kondensierte Gerbstoffe, aber keine Ellagsäure nachgewiesen (CORBETT-BAILEY 1963).

Psidium: Alle Organe des viel kultivierten *Psidium guajava* L. sind phenolreich. *Blätter:* Quercetin, Avicularin und Guajaverin (ELKHADME-MOHAMMED 1958); Quercetin, Guajaverin, viel Leucocyanidin, wenig Ellagsäure und viel Amritosid (SESHADRI-VASISHTA 1963, 1965); 7,8% Pyrogallolgerbstoffe (OSIMA-KANEKO 1939). *Stammrinde:* 0,4% einer Mischung von stereoisomeren Leucocyanidinen, wenig Ellagsäure und viel Amritosid (SESHADRI-VASISHTA 1963, 1965); 13,5% Pyrogallolgerbstoffe (OSIMA-KANEKO 1939); nur 0,8% freie Ellagsäure neben Spuren von Myricetin und Leucoanthocyanen (NAIR 1964; im Dezember von 3-jährigen Bäumen geerntete Rinde). *Wurzelrinde:* Viel Galloylgerbstoffe (SESHADRI-VASISHTA 1963). *Unreife Früchte:* Reichlich Quercetin, Guajaverin, Gallussäure, 0,1% Leucocyanidine, 0,1% eines Arabinose-Hexahydroxydiphensäureesters und wenig freie Ellagsäure (SESHADRI-VASISHTA 1964). *Reife Früchte:* Reichlich freie Ellagsäure und wenig Leucocyanidin (SESHADRI-VASISHTA 1964).

Rhodomyrtus: Aus getrockneten Früchten der giftigen *R. macrocarpa* Benth. 1% des gelbgefärbten, phenolischen Rhodomyrtoxins; es ist ein Diisovaleroylbenzfuranderivat; frische Früchte lieferten eine isomere Verbindung mit sehr ähnlichen Eigenschaften (TRIPPETT 1957).

Syncarpia glomulifera (Sm.) Niedenzu (= *S. laurifolia* Ten.): Aus dem Holz 2,1% Ellagsäure (RITCHIE-TAYLOR 1961). Syncarpiasäure vgl. S. 170.

Gallussäure, Ellagsäure und Leucoanthocyane und Derivate dieser einfachen Phenole stellen ausgesprochen charakteristische Inhaltstoffe der Myrtaceen dar. Die Tendenz zur Alkylierung des Phloroglucinringes findet sich sowohl bei flüchtigen Phenolen (Abb. 34 und 35) als bei den nichtflüchtigen Phenolen (Abb. 36 und 37).

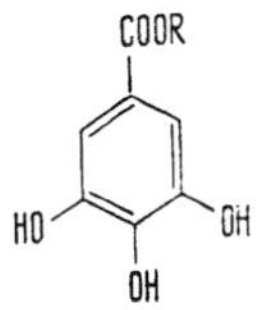

R = H : Gallussäure
R = CH_3 : Methylgallat

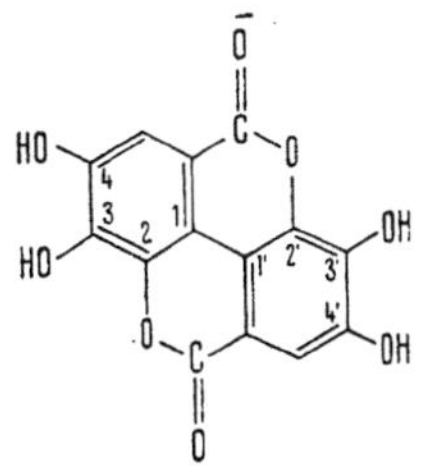

Ellagsäure (I)
I – 3'-methyläther
I – 3,3'-dimethyläther
I – 3,3',4-trimethyläther
I – 4-gentiobiosid = Amritosid

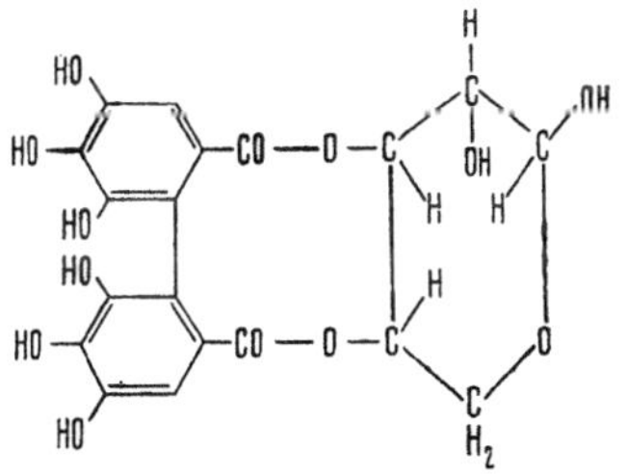

Arabinoseester der Hexahydroxy-diphensäure (unreife Früchte von *Psidium guajava*)

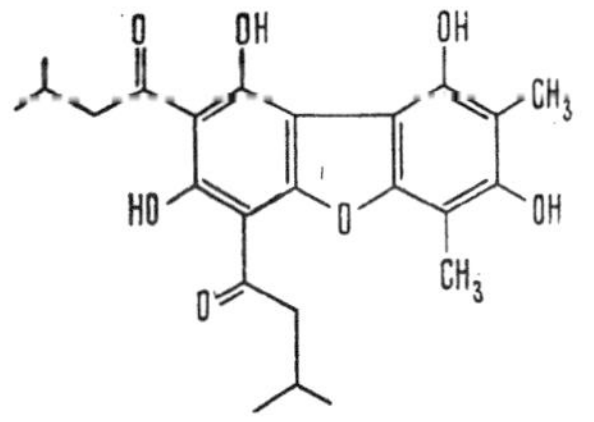

Rhodomyrtoxin, $C_{24}H_{28}O_7$ (mögliche Struktur)

Abb. 37. C_6–C_1-Phenole und Benzofurane der Myrtaceen

3. *Triterpene, Saponine und Sterine*

Triterpene werden reichlich gebildet. Sie sind in erster Linie Bestandteile der Blüten- und Blattwachse und von Rinde und Holz. Triterpenglykoside (Saponine) scheinen bei einzelnen Vertretern der Familie ebenfalls vorzukommen; doch sind die Myrtaceen, im Gegensatz zu den Lecythidaceen, keine typischen Saponinpflanzen.

3.1 FREIE TRITERPENE UND STERINE:

Angophora subvelutina F. Muell.: 0,025% Sitosterin, 0,014% 24-Methylencycloartanol, 0,001% Tetrakosansäure und 0,021% 24-Hydroxytetrakosansäure aus dem Holz (RITCHIE-TAYLOR 1961).

Backhousia angustifolia F. Muell.: Annähernd 0,8% Triterpensäuren aus beblätterten Zweigen: Ursolsäure, Oleanolsäure, 2α-Hydroxyoleanolsäure (= Crataegolsäure = Maslinsäure) (POTTS-ROY 1965).

Callistemon rigidus R. Br.: Mehr als 2% Betulinsäure (= Melaleucin) aus Blättern (T. TAKEMOTO und N. YAHAGI, C. A. *49*, 10588 [1955]).

Eucalyptus: Acetat der Oleanolsäure aus Rinde von *E. calophylla* R. Br., Acetat des 11,12-Dehydroursolsäurelactons aus dem Blattwachs von *E. cinerea* F. Muell., *E. globulus* Labill., *E. risdoni* Hook. f. und *E. urnigera* Hook. f. (HORN-LAMBERTON 1964). Viel Cycloeucalenol aus dem Holz von *E. microcorys* F. Muell. (COX et al. 1956, 1959). 20% Triterpene aus der Rinde von *E. papuana* F. Muell.; überwiegend Morolsäure (HART-LAMBERTON 1965). Ursolsäure aus Blättern von *E. rostrata* Schlecht. (= *E. camaldulensis* Dehnh.) (PH. THEODOSSIU, C. A. *58*, 2654 [1963]).

Eugenia: Gewürznelken *(E. caryophyllus)* stellen eine der ersten und besten Quelle der Oleanolsäure (= Caryophyllin) dar (RUZICKA-HOFMANN 1936). Blüten von *E. jambolana* Lamk. (= *E. cumini* Merr.) lieferten 0,3% Acetyloleanolsäure, 0,3% Eugenia-TriterpenA und 0,5% Eugenia-TriterpenB (NAIR-SANKARA SUBRAMANIAN 1962) oder Oleanol- und Crataegolsäure (SENGUPTA-DAS 1965); aus der Rinde wurden Betulinsäure, Friedelin, Epifriedelinol, β-Sitosterin und Eugenin (ein Ester des Epifriedelinols mit einer langkettigen Fettsäure, $C_{27}H_{55}COOH$; nicht zu verwechseln mit dem 2-Methylchromon Eugenin [Abb. 34]) gewonnen (SENGUPTA-DAS 1965). *E. maire* A. Cunn. enthält in der Rinde β-Sitosterin und Betulinsäure (= Mairin; 0,07%) und in den Blättern neben wenig Oleanolsäure 0,82% Betulinsäure (BRIGGS et al. 1961).

Leptospermum: Betulinsäure, Ursolsäure, Acetat der Ursolsäure und eine neue Triterpensäure, $C_{30}H_{48}O_4$, aus der Rinde von *L. ericoides* A. Rich. (CORBETT-MCCRAW 1959). Rinde von *L. scoparium* J. R. et G. Forst. enthält gegen 2,8% Triterpensäuren (Betulinsäure, Oleanolsäure, Acetat der Ursolsäure) und daneben β-Sitosterin und ein Triterpendiol (vermutlich Betulin) (CORBETT-MCDOWELL 1958; CORBETT et al. 1964).

Melaleuca: Melaleucin (identisch mit Betulinsäure: ANSTEE et al. 1952; TAKEMOTO und YAHAGI, C. A. *49*, 10588 [1955]) aus der Borke von *M. leucadendron* L. (ISII-OSIMA 1939). Betulinsäure aus der Borke von *M. cuticularis* Labill., *M. leucadendron*, *M. parviflora* Lindl., *M. pubescens* Schau., *M. raphiophylla* Schau. und *M. viminea* Lindl. (ANSTEE et al. 1952). Die Borke von *M. cuticularis*, *M. raphiophylla* und *M. viminea* enthält neben Betulinsäure Melaleucinsäure (ARTHUR et al. 1956; CHOPRA et al. 1963, 1965).

Metrosideros: 1,1% Ursolsäure und 0,01% Betulinsäure aus Blüten von *M. excelsa* Sol. ex Gaertn. (CAMBIE-SEELYE 1961). Arjunolsäure aus dem Holz (2,5 % Rohprodukt) von *M. umbellata* Cav. (CORBETT-BAILEY 1963).

Psidium guajava L.: Psidiolsäure aus Blättern von in Ägypten kultivierten Bäumen (SOLIMAN-FARID 1952); Blätter von Bäumen von Hongkong lieferten ein Triterpensäuregemisch mit den Eigenschaften der Psidiolsäure, das sich in Ursol-, Oleanol-, Crataegol- und Guajavolsäure, $C_{30}H_{48}O_4$, auftrennen liess (ARTHUR-HUI 1954); Blätter von Bäumen von Uttar Pradesh (Indien) lieferten ausschliesslich Crataegol- und Guajavolsäure und ein neutrales Triterpen (VARSHNEY-SHAMSUDDIN 1964).

Syncarpia glomulifera (Sm.) Niedenzu (= *S. laurifolia* Ten.): β-Sitosterin aus Rinde und Holz; 1,2% Betulinsäure und 0,6% Ursolsäure aus dem Holz (HODGSON et al. 1960; RITCHIE-TAYLOR 1961).

Tristania conferta R. Br.: Aus dem Holz 3,5% Arjunolsäure und (nach Verseifung) 0,3% β-Sitosterin, 0,004% Cycloeucalenol und 0,12% 24-Methylencycloartanol (RITCHIE et al. 1961).

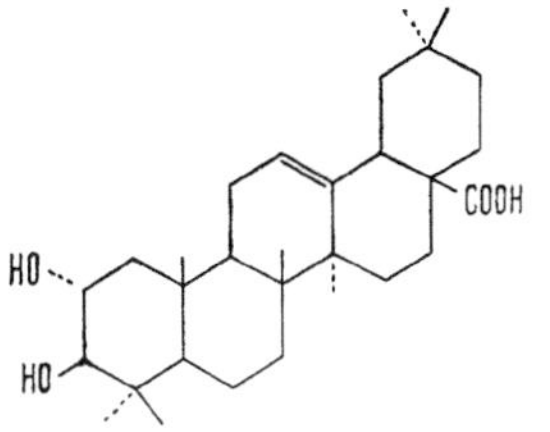

Crataegolsäure (= Maslinsäure = 2α Hydroxyoleanolsäure)

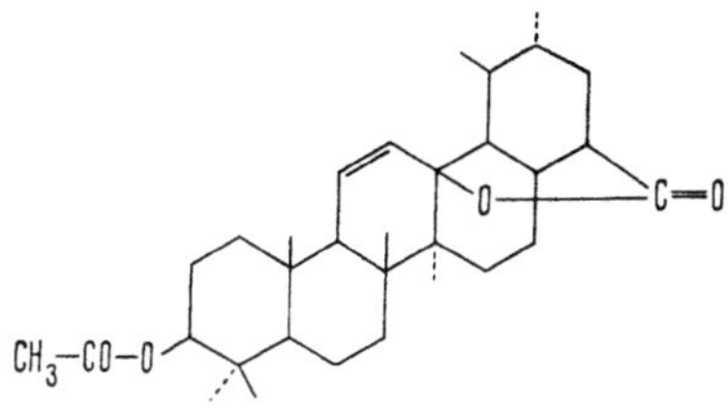

Acetat des 11, 12-Dehydroursolsäurelactons

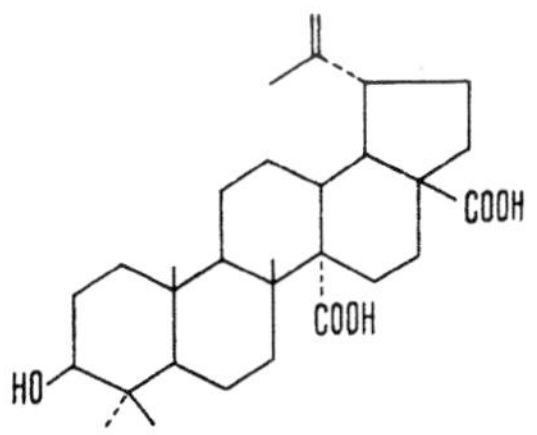

Melaleucinsäure

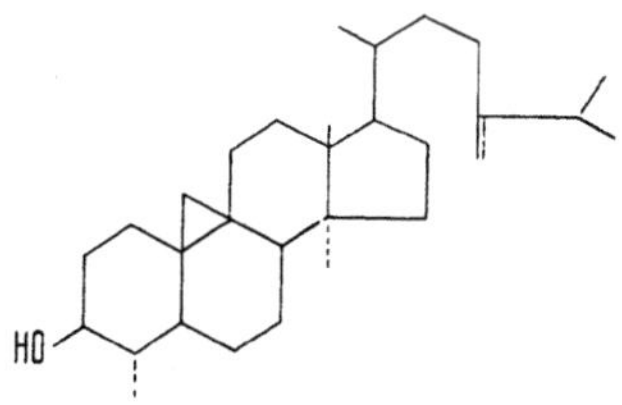

Cycloeucalenol (= 4β-Demethyl-24-methylencycloartanol)

Oleanolsäure, Ursolsäure, Morolsäure, Friedelin, Epifriedelinol } Formeln Bd. 4, S. 86

Betulin, Betulinsäure } Formeln Bd. 4, S. 51
Arjunolsäure: Formel Bd. 3, S. 444
24-Methylencycloartanol: Formel Bd. 4, S. 459

Abb. 38. Triterpene der Myrtaceen

3.2 SAPONINE: Scheinen bei den Myrtaceen nur selten aufzutreten. RICARDI et al. (l. c. Bd. 2, S. 24) fanden unter 38 untersuchten Arten von Chile nur eine saponinhaltig. Höher scheint der Anteil an saponinhaltigen Myrtaceen in der Flora von Australien zu sein; nach SIMES et al. (l. c. B 4.5) waren von den annähernd 70 geprüften Arten 17 mutmasslich saponinhaltig.

4. *Wachse*

Eigentliche Wachsanalysen liegen nur für *Angophora*- und *Eucalyptus*-Blattwachse und für *Leptospermum*- Rindenwachse vor.

BARBER (1955) beobachtete bei *Eucalyptus*-Arten von Tasmanien Beziehungen zwischen Menge und Eigenschaften der Wachse der Blätter und jungen Zweige und der Oekologie und Systematik der Arten. Bei verschiedenen Arten steigt die Wachsmenge mit der Frosthäufigkeit des Standortes an (klinale Variation). Arten der Sektion *Macrantherae* erzeugen Blattwachse mit einem Schmelztrajekt von 57–61° und die Wachse der Sektion *Renantherae* haben Schmelztrajekte von 45–54°; die am niedrigsten schmelzenden Wachse (45–48°) wurden in deren Series *Piperitales* beobachtet. HORN und LAMBERTON (1962) stellten im Wachs junger *Eucalyptus*-Blätter reichlich β-Diketone fest. HORN et al. (1964) analysierten ein hochschmelzendes Wachs (*E. globulus* Labill.; Sektion *Macrantherae*, Series *Globulares*) und ein niedrig schmelzendes Wachs (*E. risdoni* Hook. f.; Sektion *Renantherae*, Series *Piperitales*) genau und fanden die folgende Zusammensetzung:

	E. globulus	*E. risdoni*
β-Diketone	56–57%	49–50
Paraffine	2,1	3
Freie Säuren	6	8
Freie Alkohole	9	9
Ester	14–15	18
Eucalyptin	2,8	wenig
Triterpene	2	4

Anschliessend wurden die Wachse von etwa 30 Arten orientierend untersucht (Anordnung nach BLAKELY):

	β-Diketone
Sektion MACRANTHERAE	
Series *Globulares:* 8 Arten	reichlich
Series *Argyrophyllae:* 2 Arten	reichlich
Series *Paniculatae: E. gamophylla* F. Muell.	reichlich
E. intertexta R. T. Baker	0
Series *Viminales: E. viminalis* Labill.	mässige Mengen
Series *Subexsertae: E. alba* Reinw.	reichlich
Series *Corymbosae: E. aspera* F. Muell.	0
Series *Corymbosae Peltatae:* 4 Arten	0
Sektion RENANTHERAE	
Series *Piperitales:* 2 Arten	reichlich
Series *Myrtiformes: E. deglupta* Blume	0
Series *Pachyphloiae: E. regnans* F. Muell.	wenig
Sektion PORANTHEROIDEAE	
Series *Buxales: E. behriana* F. Muell.	viel
Series *Siderophloiae: E. melanophloia* F. Muell.	reichlich
Sektion TERMINALES	
Subseries *Rhodoxyla: E. sideroxylon* A. Cunn. ex Benth.	mässige Mengen
Series *Melliodorae: E. melliodora* A. Cunn.	0
Series *Heterophloiae: E. polyanthemos* Schau.	reichlich
Sektion PLATYANTHERAE	
Series *Leptopodae: E. crucis* Maiden	viel
Series *Xylocarpae: E. macrocarpa* Hook.	reichlich

Genaue Analyse der β-Diketone von 8 Arten ergab folgendes:
Macrantherae: 6 Arten; vor allem n-$C_{15}H_{31}$-CO-CH_2-CO-$C_{15}H_{31}$.
Renantherae: 2 Arten der Series *Piperitales:* Mischung von n-$C_{15}H_{31}$-CO-CH_2-CO-$C_{13}H_{27}$ und n-$C_{15}H_{31}$-CO-CH_2-CO-$C_{11}H_{23}$.

Die Paraffine kommen in den Blattwachsen in Mengen von 0,7–3% vor; mengenmässig überwiegen je nach der Art C_{23}, C_{25}, C_{27}, C_{29} oder C_{31}.

Die Ester liefern bei der Verseifung normale Fettsäuren; im Wachs von *E. risdoni* überwiegt Palmitinsäure und im Esteranteil von *E. globulus* kommen die Säuren C_{16}, C_{18}, C_{20}, C_{22}, C_{24} und C_{26} reichlich vor. Die veresterten Alkohole stellen komplexe Mischungen dar, deren Komponenten sich zwei Reihen einfügen

	a) CH_3-$[CH_2]_n$-CH_2OH	b) CH_3-CHOH-$[CH_2]_n$-CH_3
E. globulus	n = 14, 26, *28*	n = 8, 10, *12*, 14
E. risdoni	n = 22, *24*, 26	n = 6, *8*, 10

Die Blattwachse von *Angophora intermedia* DC., *A. lanceolata* Cav. und *A. subvelutina* F. Muell. enthalten keine β-Diketone; ihre Zusammensetzung gleicht derjenigen der Blattwachse der *Eucalyptus*-Arten der Series *Corymbosae* und *Corymbosae Peltatae;* sie enthalten in erster Linie freie Alkohole und Ester (Lamberton 1964) und daneben Flavone (vgl. Abschnitt 2).

Das Wachs der Rinde von *Leptospermum scoparium* J. R. et G. Forst. enthält neben Triterpensäuren (vgl. Abschnitt 3) vor allem neutrale Ester (C_{24}, C_{26}, C_{28} Säuren; C_{18}, C_{20}, C_{22}, C_{24}, C_{26}, C_{28} n-Alkan-1-ole) und phenolische Ester (p-Cumarsäure mit den gleichen Alkanolen verestert (Corbett et al. 1964).

Blatt- und Rindenwachse stehen ohne Zweifel in Beziehung zur Oekologie der Arten. Da die gleiche Schutzwirkung durch Wachse sehr verschiedener Zusammensetzung erreicht werden kann, ergeben sich gleichzeitig gewisse Beziehungen zwischen dem Chemismus der Wachse und der systematischen Stellung der Sippen. Im Genus *Eucalyptus* scheint vor allem reichliches Auftreten von β-Diketonen ein Indikator für Verwandtschaften zu sein; die vorliegenden Angaben genügen jedoch noch keineswegs für eine angemessene taxonomische Beurteilung des Merkmales.

5. *Verschiedenes*

Für die Myrtaceen liegen nur sporadisch Untersuchungen vor, die sich mit anderen als den 4 behandelten Stoffgruppen beschäftigen.

5.1 *Cyanogene Verbindungen:* Die wenig aromatische Art *Eucalyptus cladocalyx* F. Muell. (= *E. corynocalyx* F. Muell.) ist giftig. Finnemore und Cox (1928) beobachteten, dass ihre Blätter cyanogen sind; beinahe trockene Blätter lieferten 0,18% HCN. Später isolierten Finnemore et al. (1935) Prunasin aus zwei verschiedenen Blattmustern (Ausbeuten 0,04 und 3,65%); quantitative Untersuchungen mit verschiedenen Blattmustern ergaben 0,11% (7 Jahre gelagerte getrocknete Blätter) —0,59% HCN (berechnet auf Trockensubstanz). Da Baker und Smith im ätherischen Öle von *E. viminalis* Labill. Benzaldehyd nachgewiesen hatten, wurde diese Art ebenfalls auf Cyanogenese untersucht; von 3 untersuchten Blattmustern waren 2 cyanogen; im einen, das möglicherweise nicht von *E. viminalis*, sondern von der verwandten Art *E. dalrympleana* Maiden stammte, fanden diese Autoren 0,09% HCN.

5.2 *Alkaloide:* Sind in der Familie anscheinend selten und wurden chemisch noch nicht bearbeitet. WILLAMAN und SCHUBERT (l. c. B 4.1) erwähnen 16 Arten, bei welchen Alkaloidreaktionen beobachtet wurden.

5.3 *Zucker und Cyclite:* Glucose, Saccharose und Stärke sind vermutlich die Hauptkohlenhydrate der Myrtaceen. Aus Blättern von *Eucalyptus populnea* F. Muell. (= *E. populifolia* Hook.) isolierte PLOUVIER (1961) 0,55% L-Quercit. *Eugenia jambolana* Lamk. soll ebenfalls Quercit enthalten (POTTIEZ 1899, ex PLOUVIER 1961). Bei 17 anderen untersuchten Myrtaceen fand PLOUVIER (1951, 1961) keine Cyclite; in einigen Fällen wurde kristallisierte Saccharose erhalten.

5.4 *Organische Säuren:* Aus jungen Blättern von *Eucalyptus citriodora* Hook. isolierten ANET et al. (1957) Shikimisäure, Chinasäure, Glutarsäure, Bernsteinsäure, Äpfelsäure und Citronensäure.

5.5 *Reservestoffe der Samen:* In den Samen der Myrtaceen spielen mutmasslich vor allem Kohlenhydrate eine wichtige Rolle als Reservestoffe. EARLE und JONES (1962, l. c. Bd. 3, S. 40) beobachteten 3,1–5,8% Eiweiss, 0,8–3,8% Öl und bei 3 von den 4 untersuchten Arten Stärke; Stärke und (oder) Reservecellulosen sind wohl die eigentlichen Reservestoffe der Samen. Samen von *Psidium guajava* L. enthalten 10% fettes Öl mit 15% gesättigten Fettsäuren und Öl- und Linolsäure als Hauptfettsäuren (SUBRAHMANYAM-ACHAYA 1957).

5.6 *Mineralstoffe:* Die Früchte von *Feijoa sellowiana* Berg enthalten reichlich Jod (EVEREINOFF 1955). Der Presssaft wird in Russland medizinisch verwendet; er enthält 110–185 mg Ascorbinsäure und 57–72 mg Jod pro 100 g (ALIEV-RACHIMOVA 1965, 1966).

5.7 *Hypoglykämische Stoffe:* Die den Samen von *Eugenia jambolana* Lamk. nachgesagte hypoglykämische Wirkung wurde in jüngster Zeit durch pharmakologische Untersuchungen bestätigt (BRAHMACHARI-AUGUSTI 1961); der Chemismus der Wirkstoffe ist noch unbekannt.

Literatur

AL, J., *De geschiedenis, de economische betekenis en het pharmaceutisch onderzoek van kruidnagelen*, Diss. Amsterdam 1936.

ALIEV, R. K., und RACHIMOVA, A. CH., Pharm. Zentralhalle *104*, 164 (1965); Pharmazie *21*, 175 (1966).

ANET, E. F. L. J., et al., Austral. J. Chem. *10*, 93 (1957).

ANSTEE, J. R., et al., J. Chem. Soc. *1952*, 4065.

ARTHUR, H. R., und HUI, W. H., J. Chem. Soc. *1954*, 1403.

ARTHUR, H. R., et al., Chemistry and Industry *1956*, 926.

BARBER, H. N., *Adaptative gene substitution in Tasmanian Eucalyptus*, Evolution *9*, 1 (1955).

Berry, P. A., Austral. Chem. Inst. J. Proc. *14*, 173, 176, 383 (1947).
Berry, P. A., et al., J. Chem. Soc. *1937*, 1443.
Bick, I. R. C., et al., J. Chem. Soc. *1965*, 3690.
Birch, A. J., J. Chem. Soc. *1951*, 3026.
Birch, A. J., und Elliot, P., Austral. J. Chem. *6*, 369 (1953); *9*, 95, 238 (1956).
Birch, A. J., et al., Austral. J. Chem. *7*, 169 (1954): Angustifolionol; J. Chem. Soc. *1960*, 2063; *1966C*, 1337.
Blakely, W. F., *A Key to the Eucalypts*, Publ. by Forestry and Timber Bureau Commonwealth of Australia, second edition, Melbourne 1955.
Bowyer, R. C., und Jefferies, P. R., Austral. J. Chem. *12*, 442 (1959); *15*, 145 (1962); Chemistry and Industry *1963*, 1245.
Brahmachari, H. D., und Augusti, K. T., J. Pharm. Pharmacol. *13*, 381 (1961).
Brandt, C. W., et al., J. Chem. Soc. *1954*, 3245.
Briggs, L. H., et al., J. Chem. Soc. *1938*, 1193; *1945*, 706; *1961*, 642, 4684.
Cain, B. F., New Zeal. J. Sci. *6*, 264 (1963).
Cambie, R. C., und Seelye, R. N., New Zealand J. Sci. *4*, 189 (1961).
Chan, W. R., und Hassall, C. H., J. Chem. Soc. *1955*, 2860.
Chopra, C. S., et al., Tetrahedron Letters *1963*, 1847; Tetrahedron *21*, 1529 (1965).
Corbett, R. E., und Bailey, C. R., Austral. J. Chem. *16*, 191 (1963).
Corbett, R. E., und Mc Craw, E. H., J. Sci. Food Agr. *10*, 29 (1959).
Corbett, R. E., und Mc Dowell, M. A., J. Chem. Soc. *1958*, 3715.
Corbett, R. E., et al., J. Chem. Soc. 1283.
Cox, J. S. G., et al., J. Chem. Soc. *1956*, 1384; *1959*, 514.
El Khadme, H., und Mohammed, Y. S., J. Chem. Soc. *1958*, 3320.
Evereinoff, V. A., J. Agr. Trop. Botan. Appl. *2*, 323 (1955).
Finnemore, H., und Cox, H., J. Proc. Roy. Soc. N. S. Wales *62*, 377 (1928).
Finnemore, H., et al., J. Proc. Roy. Soc. N. S. Wales *69*, 209 (1935; publ. 1936).
Ganguly, A. K., und Seshadri, T. R., J. Sci. Ind. Research (India) *17B*, 168 (1958); J. Chem. Soc *1961*, 2787.
Ganguly, A. K., et al., Tetrahedron *3*, 225 (1958).
Gell, R. J., et al., Austral. J. Chem. *11*, 372 (1958).
Hart, N. K., und Lamberton, J. A., Austral. J. Chem. *18*, 115 (1965).
Hathway, D. E., Biochem. J. *83*, 80 (1962).
Hathway, D. E., und Seakins, J. W. T., Biochem. J. *72*, 369 (1959).
Hellyer, R. O., Austral. J. Chem. *17*, 1418 (1964).
Hellyer, R. O., und McKern, H. H. G., Austral. J. Chem. *16*, 515 (1963); *19*, 1541 (1966).
Hellyer, R. O., und Pinhey, J. T., J. Chem. Soc. *1966C*, 1496.
Hellyer, R. O., et al., Austral. J. Chem. *16*, 703 (1963); *17*, 283 (1964); *19*, 1765 (1966).
Hillis, W. E., Austral. J. Appl. Sci. *2*, 385 (1951); Austral. J. Sci. Research *A5*, 379 (1952); Nature *166*, 195 (1950); *175*, 597 (1955); Austral. J. Biol. Sci. *9*, 263 (1956); Austral. J. Chem. *9*, 544 (1956); Biochem. J. *92*, 516 (1964).
Hillis, W. E., und Carle, A., Holzforschung *12*, 136 (1958); Biochem. J. *74*, 607 (1960); *82*, 435 (1962); Austral. J. Chem. *13*, 390 (1960); *16*, 147 (1963).
Hillis, W. E., und Hasegawa, M., Chemistry and Industry *1962*, 1330; Biochem. J. *83*, 503 (1962).
Hillis, W. E., und Hingston, F. J., J. Sci. Food Agric. *14*, 866 (1963).
Hillis, W. E., und Horn, D. H. S., Austral. J. Chem. *18*, 531 (1965).
Hillis, W. E., und Isoi, K., Phytochemistry *4*, 541, 905 (1965); *5*, 541 (1966).
Hodgson, D., et al., Austral. J. Chem. *13*, 385 (1960).
Horn, D. H. S., und Lamberton, J. A., Chemistry and Industry *1962*, 2036; *1963*, 691; Austral. J. Chem. *17*, 477 (1964).
Horn, D. H. S., et al., Austral. J. Chem. *17*, 464 (1964).
Humphreys, F R., *The Occurrence and industrial production of rutin in Southeastern Australia*, Econ. Botany *18*, 195 (1964).

Isii, M., und Osima, Y., Bull. Agr. Chem. Soc. Japan *15*, 130 (1939).
Lamberton, J. A., Austral. J. Chem. *17*, 692 (1964).
McGookin, A., und Heilbron, I. M., *Tannin occurring in the kino of Eucalyptus calophylla*, J. Pharmacol. Exptl. Therapeutics *26*, 421–446 (1926).
McKern, H. H. G., *Volatile Oils and Plant Taxonomy*, J. Proc. Roy. Soc. N. S. Wales *98*, 1 (1964; publ. 1965).
McQuillin, F. J., und Parrack, J. D., J. Chem. Soc. *1956*, 2973.
Meijer, Th. M., Rec. Trav. Chim. Pays-Bas *65*, 843 (1946).
Michael, M., und White, D. E., Austral. J. Appl. Sci. *6*, 359 (1955).
Morton, J. F., *The Cajuput Tree – A boon and an affliction*, Econ. Botany *20*, 31 (1966).
Nair, A. G. R., Indian J. Pharm. *26*, 140 (1964).
Nair, A. G. R., und Sankara Subramanian, S., J. Sci. Ind. Research (India) *21B*, 457 (1962).
Osima, Y., und Kaneko, Y., Bull. Agr. Chem. Soc. Japan *15*, 19, 108 (1939).
Parker, W., et al., J. Chem. Soc. *1958*, 3871.
Penfold, A. R., und Morrison, F. R., J. Proc. Roy. Soc. N. S. Wales *84*, 87 (1950).
Penfold, A. R., und Simonsen, J. L., J. Chem. Soc. *1940*, 412.
Plouvier, V., Compt. Rend. *232*, 1239 (1951); *253*, 3047 (1961).
Potts, K. T., und Roy, S. K., Austral. J. Chem. *18*, 767 (1965).
Powell, V. H., und Sutherland, M. D., Austral. J. Chem. *16*, 282 (1963).
Ramaswamy, A. S., et al., Perfumery Essent. Oil Record *52*, 487 (1961).
Ritchie, E., und Taylor, W. C., Austral. J. Chem. *14*, 473, 660 (1961).
Ritchie, E., et al., Austral. J. Chem. *14*, 471 (1961).
Rodwell, C. N., Nature *165*, 773 (1950).
Rudman, P., Holzforschung *13*, 112 (1959).
Ruzicka, L., und Hofmann, K., Helv. Chim. Acta *19*, 114 (1936).
Schmid, H., Helv. Chim. Acta *32*, 813 (1949).
Schmid, H., und Bolleter, A., Helv. Chim. Acta *32*, 1358 (1949); *33*, 1970 (1950).
Schmid, H., und Meijer, Th. M., Helv. Chim. Acta *31*, 748, 1603 (1948).
Sengupta, P., und Das, P. B., J. Indian Chem. Soc. *42*, 255, 539 (1965).
Seshadri, T. R., und Vasishta, K., Current Sci. *32*, 499 (1963); *33*, 334 (1964); Phytochemistry *4*, 317, 989 (1965).
Soliman, G., und Farid, M. K., J. Chem. Soc. *1952*, 134.
Subrahmanyam, V. V. R., und Achaya, K. T., J. Sci. Food Agric. *8*, 657 (1957).
Sutherland, M. D., et al., Austral. J. Chem. *13*, 357 (1960).
Trippett, S., J. Chem. Soc. *1957*, 414.
Turnbull, R. F., *The taxonomy, harvesting, processing and utilization of Eucalyptus trees in Australia*, Econ. Botany *4*, 96 (1950).
Varshney, I. P., und Shamsuddin, K. M., Indian J. Chem. *2*, 377 (1964).
Venkateswarlu, G., J. Indian Chem. Soc. *29*, 435 (1952).
White, D. E., und Zampatti, L. S., J. Chem. Soc. *1952*, 5040.

Schlussbetrachtungen

In allen Systemen ist die Ordnung der *Myrtales* vertreten; zu ihr werden fast allgemein ausser den Myrtaceen die Familien der *Combretaceae*, *Melastomataceae*, *Lythraceae*, *Oenotheraceae* (vgl. ebenfalls die Diskussionen bei diesen) und eine wechselnde Zahl weiterer Familien gerechnet.

Gallussäure und Ellagsäure und davon abgeleitete Gerbstoffe, sowie kondensierte Gerbstoffe, die sich von Flavan-3-olen und Flavan-3,4-diolen ableiten, sind charakteristisch für die *Myrtales*. Innerhalb der *Myrtales* stellen die Myrtaceen die einzige Sippe mit reichlicher Produktion von ätherischem Öl dar.

Die Ableitung der *Myrtales* wird verschieden vorgenommen:

WETTSTEIN und CRONQUIST:

Polycarpicae → *Rosales* → *Myrtales*

HUTCHINSON:

Rosales → *Cunoniales*
↗
Dilleniales → *Guttiferales* → *Myrtales*
(eventuell *Bixales*) (und *Theales*)

TAKHTAJAN:

Rosales
↗
Dilleniales → *Cunoniales* → *Myrtales*

Zum Teil wird demnach Abstammung von den *Rosales* angenommen, andererseits werden aber auch enge Beziehungen zu den *Guttiferales* oder *Cunoniales* erwogen.

Mann muss ohne Umwände zugeben, dass der Chemismus vorläufig keinen entscheidenden Beitrag zur Frage der Abstammung der *Myrtales* zu liefern vermag. Polyphenolspektren und Triterpenspektren ähnlicher Prägung finden sich bei den *Cunoniales*, *Guttiferales (Theales)*, *Rosales* und *Myrtales*.

172. Myzodendraceae

(= Misodendraceae)

Halbstrauchige bis strauchige, zweihäusige Halbparasiten; überwiegend auf *Nothofagus*-Arten. Blätter klein, wechselständig, ledrig (Sektion oder Subgenus *Eumyzodendron*) oder fehlend (Sektion oder Subgenus *Gymnophyton* mit artikulierten Zweigen). Blüten klein, eingeschlechtig, oft in kätzchenartigen Blütenständen vereinigt. ♂ Blüten ohne Blütenhülle, durch 2 bis 4 Staubblätter gebildet. Die Interpretation der ♀ Blüten ist uneinheitlich: Ohne Perianth, mit 3 Staminodien und oberständigem Fruchtknoten (Syllabus); mit 3zipfliger Blütenhülle (Kelch), unterständigem Fruchtknoten, ohne Staminodien, aber mit 3 Borsten (Setae) an der Basis (HUTCHINSON). Fruchtknoten einfächerig mit drei integumentlosen Samenanlagen. Früchte nussartig, durch die langauswachsenden, gefiederten Setae an Windverbreitung angepasst. Samen mit reichlich Endosperm.

Nur eine Gattung mit 11 Arten im gemässigten Chile.

Anatomische und chemische Merkmale

Die Cuticula der Blätter und Stengel ist dick. Einzellige Deckhaare kommen vor. In den Epidermiszellen von Blatt und Achse wurden gelbliche, kristallinische Massen chemisch unbekannter Zusammensetzung beobachtet. Kristalle von Calciumoxalat sind verbreitet. Im Mesophyll der blatt-tragenden Arten kommen Gruppen von verkieselten Zellen vor.

Chemische Untersuchungen fehlen leider für diese höchst interessante Sippe gänzlich.

Schlussbetrachtungen

Die Familie wird allgemein zu den *Santalales* gerechnet. Neben den morphologischen Merkmalen stehen Lebensweise, Ausfall der Integumente und Kieselkörper in Blattzellen mit dieser Einreihung ins System der Blütenpflanzen in Übereinstimmung.

In chemischer Hinsicht würde man von den Myzodendraceen reichlich Triterpene (als Bestandteile der Cuticula, sowie der Blatt- und Achsenzellen) und Samenöle und Blattlipoide mit Acetylenfettsäuren erwarten; der Nachweis dieser Verbindungsklassen ergäbe zusätzliche Argumente für die tatsächliche nahe Verwandtschaft mit den Santalaceen und Loranthaceen.

Vgl. ebenfalls die Diskussionen bei den Loranthaceen (Bd. 4, S. 438), Olacaceen (S. 231) und Santalaceen (folgen im 6. Band).

Literatur

SKOTTSBERG, C., *Bemerkung zur Systematik der Gattung Myzodendron*, Botan. Jahrb. *25*, 384 (1914).

173. Nepenthaceae

Krautige bis halbstrauchige, zweihäusige Pflanzen mit wechselständigen Blättern und aktinomorphen Blüten mit einfacher, meist 4blättriger Blütenhülle. ♂ Blüten mit 4–24 Staubblättern, deren Filamente röhrig verwachsen sind. ♀ Blüten mit oberständigem, 4fächerigem Fruchtknoten mit zahlreichen zentralwinkelständigen Samenanlagen mit 2 Integumenten. Kapselfrüchte. Samen mit Endosperm.

Die mit Rhizomen perennierenden, terrestrischen oder epiphytischen Nepenthaceen sind in den Tropen von Asien und Nordaustralien zu Hause (Massenzentrum in Indonesien). Vielfach sind die Blätter in basale Spreite, Blattranke (bei Blattklimmern) und endständige Kanne mit Deckel differenziert. Wie bei den Sarraceniaceen werden in den Kannen gefangene Insekten verdaut; die Nepenthaceen gehören zu den carnivoren Pflanzen.

Systematische Gliederung

Nur *Nepenthes* mit annähernd 80 Arten.

Anatomische und Chemische Merkmale

Deckhaare, Drüsenhaare und in den Kannen sogenannte Verdauungsdrüsen kommen in der Familie vor. Drusen von Calciumoxalat finden sich mit geringer Frequenz in Blatt und Achse. Sekretzellen mit mutmasslich gerbstoffartigem Inhalt scheinen verbreitet zu sein. Nach Dekker (l. c. B 3.09) besitzen *Nepenthes*-Arten adstringierende Blätter, was ebenfalls für gerbstoffähnlichen Inhalt spricht.

Leider wurden bisher aus *Nepenthes*-Arten keine Inhaltstoffe isoliert. Papierchromatographische Beobachtungen an hydrolysierten Blattextrakten von *N. distillatoria* L. und *N. rafflesiana* Jack. ergaben Vorkommen von Quercetin, Kaempferol und Leucocyanidin und von Cumarinen mit den Eigenschaften von Umbelliferon und Scopoletin (Bate-Smith 1962, l. c. Bd. 3, S. 40); vicinal trihydroxylierte Phenole wurden nicht beobachtet.

Schlussbetrachtungen

Die verschiedenen Auffassungen über die engere Verwandtschaft der stark spezialisierten Nepenthaceen zeigen, dass durch die Hilfswissenschaften der systematischen Botanik noch viel Arbeit zu leisten ist. Die folgenden Hinweise sollen vor Augen führen, dass umfassende chemische Bearbeitung wünschenswert erscheint:

Wettstein: *Sarraceniaceae*, *Nepenthaceae* und *Cephalotaceae* werden am Ende der *Polycarpicae* eingefügt.

Cronquist: Die *Sarraceniales* (*Nepenthaceae*, *Sarraceniaceae*, *Droseraceae* und *Byblidaceae*) stammen von den *Guttiferales* ab.

Takhtajan: Zu den von den *Ranales* abstammenden *Sarraceniales* gehören nur *Nepenthaceae* und *Sarraceniaceae*. *Droseraceae* und *Cephalotaceae* gehören zu den *Saxifragales*.

Hutchinson: Die *Nepenthaceae* gehören zu den *Aristolochiales*, die von den *Berberidales* abstammen. Die *Cephalotaceae* gehören zu den *Saxifragales* s. str., von welchen die *Sarraceniales (Droseraceae + Sarraceniaceae)* abstammen.

In der Morphologie des Pollens (u. a. Tetraden) stimmen die Nepenthaceen vollständig mit den Droseraceen überein; die Sarraceniaceen andererseits besitzen gänzlich anders gebauten Pollen (R. K. Basak und K. Subramanyam, Phytomorphology *16*, 334 [1966]).

174. Nolanaceae

Kräuter oder Zwergsträucher mit meist wechselständigen Blättern mit blattachselständigen, verhältnismässig grossen, zwittrigen Blüten. Kelch 5zählig, am Grunde verwachsen; Krone sympetal, regelmässig, 5zipflig; Staubblätter 5, ungleich lang; Fruchtknoten oberständig, gefächert und zum Teil die Fächer weiterhin in Klausen unterteilt; Samenanlagen mit einem Integument, eine bis mehrere pro Fach oder Klause. Spaltfrüchte. Samen mit Endosperm.

Die Nolanaceen sind überwiegend Strandpflanzen des westlichen Südamerikas, wo sie von Peru bis Chile reichen.

Systematische Gliederung

Nur *Alona* und *Nolana* (inklusiv *Dolia* und *Bargemontia*) mit gesamthaft etwa 80 Arten.

Anatomische und chemische Merkmale

Verzweigte Deckhaare, Kristallsand und Fehlen von Latexzellen nähern die *Nolanaceae* weit mehr den *Solanaceae* als den *Convolvulaceae*, zu welchen sie zuweilen gerechnet werden (Solereder, Metcalfe). Gleich den Convolvulaceen und Solanaceen besitzen die Nolanaceen bicollaterale Gefässbündel.

Isolation von Inhaltstoffen steht aus. In hydrolysierten Blattextrakten von *Nolana humifusa* (Gouan) I. M. Johnston beobachtete Bate-Smith (1962, l. c. Bd. 3, S. 40) ausschliesslich Quercetin, Kaempferol und Kaffeesäure. Blätter und weitere Organe von *Alona coelestis* Lindl. und *Nolana elegans* (Phil.) Reiche hämolysieren; bei zwei weiteren *Alona*-Arten und bei 13 *Nolana*-Arten wurden saponinartige Stoffe nicht beobachtet (Ricardi et al., l. c. Bd. 2, S. 24).

Schlussbetrachtungen

Heute wird meist enge Verwandtschaft mit den Solanaceen angenommen. Ausserdem werden nahe Beziehungen zu den Boraginaceen (Wettstein, Syllabus), Convolvulaceen (Hutchinson, Syllabus; vgl. auch im vorigen Abschnitt) und Scrophulariaceen (Takhtajan) erwogen.

175. Nyctaginaceae

Kräuter oder Holzpflanzen mit gegenständigen (selten wechselständigen), ungeteilten, nebenblattlosen Blättern. Blüten einzeln oder in verschieden gestalteten Blütenständen vereinigt; die letzteren zum Teil mit prächtig gefärbten Hochblatthüllen (z. B. Pseudanthien bei *Bougainvillea*). Einzelblüten meist regelmässig, klein und unscheinbar bis gross und prächtig gefärbt, zwittrig oder durch Reduktion eingeschlechtig; Blütenhülle einfach (bei *Mirabilis* durch kelchartige Hochblatthülle scheinbar doppelt), meist 5zählig und an der Basis röhrig verwachsen; Staubblätter in wechselnder Zahl, 5 (oder mehr) —1; Fruchtknoten oberständig mit einer Samenanlage mit 2 Integumenten. Nussfrüchte, die von der bleibenden, sich zu einem sogenannten Anthokarp entwickelnden Basis der Blütenröhre umschlossen werden. Samen meist mit reichlichem Nährgewebe (Perisperm).

Die Familie bevorzugt warme Gebiete; sie ist in den Tropen und Subtropen der Neuen Welt reich entfaltet. Verhältnismässig wenige Nyctaginaceen sind in Asien und Afrika einheimisch. Nur eine Art, *Boerhavia plumbaginea* Cav. (= *Commicarpus plumbagineus* [Cav.] Standley) erreicht in Südspanien Europa. Einige *Boerhavia*-Arten sind über beide Hemisphären verbreitete Ruderalpflanzen.

Systematische Gliederung

Die etwa 300 Arten und 30 Gattungen werden durch Heimerl (Natürl. Pflanzenfamilien, 2. Aufl., Bd. 16c, 86–134 [1934]) wie folgt gegliedert:

a) Krautige bis strauchige Pflanzen mit zwittrigen Blüten; Fruchtknoten kahl:

Drei durch Merkmale des Embryos charakterisierte Triben:

Mirabileae: 16 Gattungen, worunter *Abronia*, *Boerhavia*, *Bougainvillea*, *Hermidium*, *Mirabilis* und *Nyctaginia*.

Colignonieae: Nur *Colignonia*.

Boldoeae: Nur *Boldoa*, *Cryptocarpus* und *Salpianthus*.

b) Holzpflanzen mit meist eingeschlechtigen Blüten; Fruchtknoten kahl:

Pisonieae: 6 Gattungen, worunter *Neea* und *Pisonia*.

c) Holzpflanzen mit sternförmig behaartem Fruchtknoten:

Leucastereae: *Andradea*, *Leucaster*, *Ramisia* und *Reichenbachia*.

Anatomische Merkmale

Verschieden gestaltete Deckhaare (bei den *Leucastereae* sternförmig) und Drüsenhaare sind verbreitet. Calciumoxalat tritt in der Form von Raphiden auf; daneben Styloide, kleinere Prismen und bei den *Leucastereae* Kristallsand. In der Epidermis der Blätter und in den Parenchymen der Achse kommen Idioblasten mit chemisch unzulänglich charaktersiertem, gefärbtem Inhalt vor. Abnormales sekundäres Dickenwachstum ist weitverbreitet (SOLEREDER, METCALFE).

Chemische Merkmale

Bisher wurden nur die Pigmente der Nyctaginaceen intensiv bearbeitet.

1. *Betacyane und Betaxanthine*

Gleich den anderen Familien der Centrospermen sind die Nyctaginaceen durch das Fehlen von Anthocyanen und durch das Auftreten von Betacyanen und Betaxanthinen ausgezeichnet. Die Kenntnis dieser bereits in Bd. 3 (S. 66–67, 630–631) besprochenen Chromoalkaloide konnte in der Zwischenzeit erheblich erweitert werden. Gleich den Anthocyanen und flavonoiden Verbindungen treten sie in der Regel nicht solitär sondern vergesellschaftet auf. Für rezente Übersichten wird nach MABRY (1964, 1966) verwiesen.

Die roten Betacyane und die gelben Betaxanthine sind Immoniumderivate der Betalaminsäure (WILCOX et al. 1965):

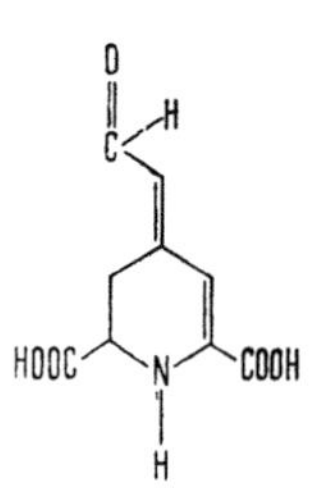

Betalaminsäure

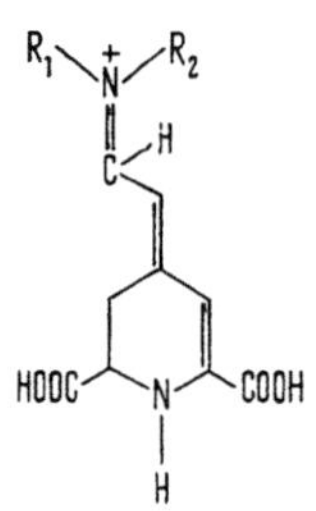

Betacyane und Betaxanthine

Bei der Bildung der Pigmente kondensiert die Aldehydgruppe der Betalaminsäure mit der primären oder secundären Aminogruppe einer Aminosäure oder eines biogenen Amins. Im Falle der roten Betacyane stellt das aus Dihydroxyphenylalanin (= Dopa) entstandene Leukodopachrom (= 5,6-Dihydroxy-2,3-dihydroindol-2-carbonsäure) die Aminosäure dar. Bei den gelben Betaxanthinen wurden bisher Prolin, Glutaminsäure, Glutamin, Methioninsulfoxyd, Asparaginsäure, Tyramin und Dopamin als Partner der Betalaminsäure beobachtet.

Demnach lassen sich die Strukturen der heute bekannten Centrospermenpigmente durch die folgenden allgemeinen Formeln wiedergeben (WILCOX et al. 1965; PIATELLI et al. 1964, 1965, 1966; MINALE et al. 1967):

Betacyane:

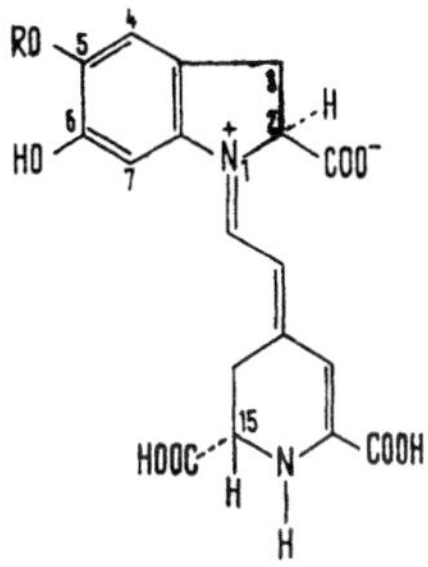

Betanidin (R = H) und
Glykoside (R = Glykosyl)
des Betanidins

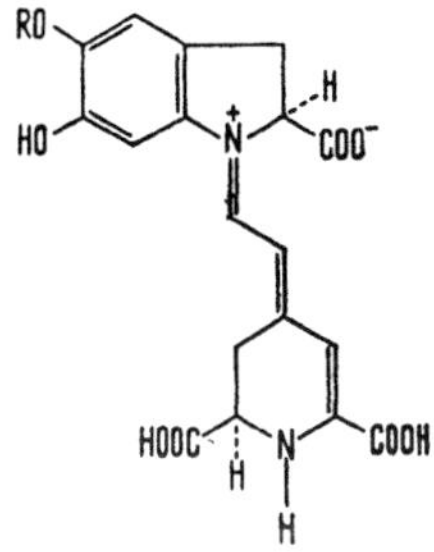

Isobetanidin (R = H) und
Glykoside (R = Glykosyl)
des Isobetanidins

Betaxanthine:

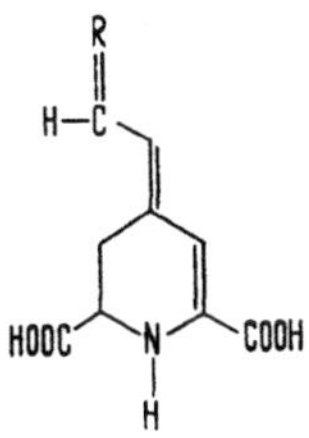

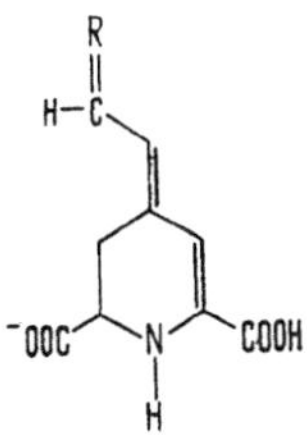

Indicaxanthin:

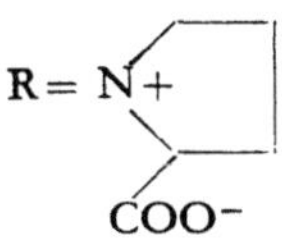

Miraxanthin-III:

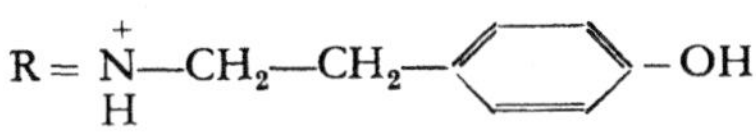

Vulgaxanthin-I:

$$R = \overset{+}{N}H—CH(COO^-)—CH_2—CH_2—C(=O)—NH_2$$

Miraxanthin-V:

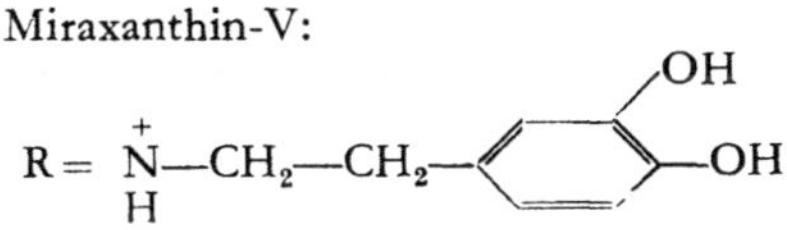

Vulgaxanthin-II:

$$R = \overset{+}{N}H—CH(COO^-)—CH_2—CH_2—COOH$$

Miraxanthin-I:

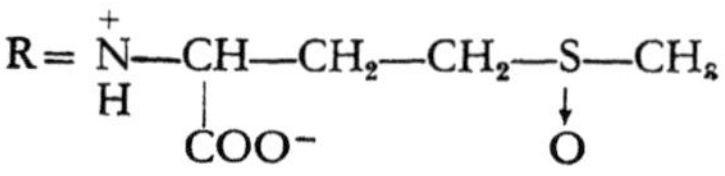

Miraxanthin-II:

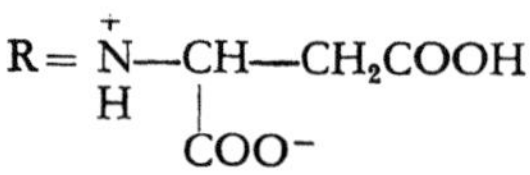

Portulacaxanthin:

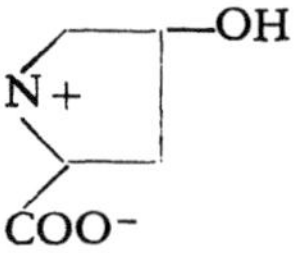

Betalaminsäure und Leukodopachrom entstehen aus Dopa. Die Betacyane werden demnach aus zwei Molekülen Dopa und die Betaxanthine aus einem Molekül Dopa und aus einer weiteren Aminosäure aufgebaut (Minale et al. 1965). Die Natur der zweiten Aminosäure bedingt die Unterschiede zwischen den einzelnen Betaxanthinen. Die Betacyane dagegen sind Glykoside des Betanidins. Bei ihnen werden die Unterschiede zwischen den einzelnen Vertretern der Gruppe durch 4 Faktoren bedingt (Piatelli et al. 1966):

1. Natur der Zuckerkomponente.
2. Stellung des Zuckerrestes am Leukodopachrom (5 oder 6).
3. Acylierung von Hydroxylgruppen der Zucker.
4. Veresterung von Carboxylgruppen des Betanidins.
5. Ausserdem scheint jedes Betanidinderivat in den Pflanzen von dem entsprechenden Isobetanidinderivat begleitet zu werden.

Die Zusammensetzung der folgenden Betacyane ist bekannt:

a) Betanin und Isobetanin: Betanidin- und Isobetanidin-5-β-glucosid.

b) Phyllocactin und Isophyllocactin: Malonsäureester von a; OH (6) der Glucose verestert.

c) Amaranthin und Isoamaranthin: Glucuronide von a; pyranoide Form der Glucuronsäure β-glucosidisch mit Hydroxyl (5) der Glucose verknüpft.

d) Celosianin und Isocelosianin: Diester von c; p-Cumarsäure an OH (6) der Glucose und Ferulasäure an OH (2 oder 3) der Glucuronsäure.

e) Iresinin-I und Isoiresinin-I (= Iresinin-II): 3-Hydroxy-3-methylglutarsäureester von c; OH (6) der Glucose verestert.

f) Iresinin-III: Tetraester von c; 1 p-Cumarsäure, 1 Ferulasäure, 1 Sinapinsäure, 1 Kaffeesäure; verestert sind die Hydroxylgruppen der Glucose und eine Carboxylgruppe des Betanidins.

g) Iresinin-IV: Ferula- und Sinapinsäureester von c.

h) Gomphrenin I: 6-β-Glucosid des Betanidins.

i) Gomphrenin II: 6-β-Glucosid des Isobetanidins.

k) Gomphrenin III: cis-p-Cumarsäureester von h; OH (6) der Glucose verestert.
l) Gomphrenin V: trans-Ferulasäureester von h; OH (6) der Glucose verestert.
m) Gomphrenin VI: trans-Ferulasäureester von i; OH (6) der Glucose verestert.

Für die folgenden Nyctaginaceen ist Vorkommen von Betacyanen und Betaxanthinen sichergestellt (REZNIK 1955, 1957; DREIDING 1961; beide l. c. Bd. 3, Seite 75; ferner MABRY et al. 1963; PIATELLI et al. 1964, 1965):

Abronia ameliae Lundell, *A. cycloptera* Gray, *A. fragrans* Nutt., *A. villosa* Wats.: Betacyane.

Allionia incarnata L.: Betacyane.

Boerhavia coccinea Mill., *B. erecta* L., *B. intermedia* Jones, *B. scandens* L., *B. spicata* Choisy: Betacyane.

Bougainvillea glabra Choisy, *B. spectabilis* Willd.: Betacyane (Bougainvillein-I bis -XVI) und Betaxanthine.

Cryptocarpus pyriformis H. B. et K.: Betacyane.

Cyphomeris gypsophiloides Standley: Betacyane.

Mirabilis himalaica (Edgew.) Heimerl, *M. lindheimeri* (Standl.) Shinners, *M. nyctaginea* (Michx.) MacMillan (= *Oxybaphus nyctagineus* Sweet = *Allionia nyctaginea* Michx.).

Am eingehendsten bearbeitet wurde *Mirabilis jalapa* L.; die rotblühende Form enthält Betanin und Isobetanin als Pigmente und aus der gelbblühenden Form wurden die Betaxanthine Miraxanthin-I,-II,-III,-IV,-V und -VI, Indicaxanthin und Vulgaxanthin-I isoliert (PIATELLI et al. 1964, 1965).

2. *Polyphenole*

BATE-SMITH (1962, l. c. Bd. 3, S. 40) beobachtete allgemeines Vorkommen von Kaempferol, p-Cumar-, Ferula- und Sinapinsäure und vollständiges Fehlen von Myricetin, Leucodelphinidin und Ellagsäure in hydrolysierten Blattextrakten von Nyctaginaceen. Quercetin (Q), Leucocyanidin (L-Cy) und Kaffeesäure (Kaff) waren mit unterschiedlicher Häufigkeit nachweisbar: *Bougainvillea glabra* Choisy Q; *Mirabilis jalapa* L. Q, Kaff; *Pisonia cuspidata* Heimerl Q, L-Cy; *P. eggersiana* Heimerl Q, *P.* cf. *salicifolia* Heimerl L-Cy.

Aus den Brakteen von *Bougainvillea glabra* Choisy isolierten PRICE und ROBINSON (1937) Quercetin und bei *Mirabilis*-Arten wies REZNIK (1955, 1957, l. c. Bd. 3, S. 75) Rutin, weitere Quercetin-3-glykoside, Chlorogensäure und Kaffeesäure nach.

Echte Gerbstoffe scheinen bei den Nyctaginaceen nicht in grösseren Mengen aufzutreten; geringe Mengen sind bei den leucoanthocyanführenden Arten zu erwarten.

3. *Alkaloidartige Verbindungen*

Ausser den Chromoalkaloiden (Abschnitt 1) treten bei den Nyctaginaceen alkaloidartige Körper anscheinend nicht selten auf. Zum Teil dürfte es sich bei den letzteren um Bausteine der Betacyane und Betaxanthine handeln. So führen beispielsweise gelbe Blüten von *Mirabilis jalapa* neben Miraxanthin-III und -V ebenfalls Tyramin und Dopamin (PIATELLI et al. 1965). Dopamin wurde früher bereits aus Wurzeln von *Hermidium alipes* Wats. isoliert (BUCLOW-GISVOLD 1944: 11,2 g Hydrochlorid aus 2,1 kg getrockneten Wurzeln). Das getrocknete Kraut von *Mirabilis jalapa* lieferte 0,05% Trigonellinchlorid (YOSHIMURA-TRIER 1912).

Alkaloidhaltig sind ebenfalls verschiedene *Boerhavia*-Arten. Das getrocknete Kraut von *B. diffusa* L. wird in Indien als Diureticum verwendet; die Droge ist unter dem Namen «Punarnava» bekannt (PRASAD 1948). Aus ihr wurden 0,04% Punarnavin, $C_{17}H_{22}ON_2$, isoliert (BASU-SHARMA 1947). Die *Boerhavia*-Arten sind variabel; je nach Auffassungen werden in der Gattung 3 bis etwa 40 Arten unterschieden, was Anlass zu einer umfangreichen Synonymie gegeben hat (vgl. beispielsweise STEMMERIK 1964). Die weissblühende Form von *B. diffusa* wurde kürzlich als *B. punarnava* beschrieben; zwischen den zwei Sippen scheinen deutliche chemische Unterschiede zu bestehen (SUBRAMANIAN-RAMAKRISHNAN 1965). Die Droge «Punarnava» stammt zum Teil auch von der Aizoacee *Trianthema portulacastrum* (vgl. Bd. 3, S. 71).

Neea theifera Oerst. wird in der Literatur öfters als coffeinhaltig aufgeführt. Nachprüfungen dieser Angaben durch PECKOLT (1896) und MOLISCH (briefl. Mitteil. an HEIMERL; Angabe in natürl. Pflanzenfam.) führten übereinstimmend zu negativen Ergebnissen.

Positive Alkaloidreaktionen wurden ferner bei *Heimerliodendron brunonianum* Skottsb. (= *Pisonia umbellifera* [Forst.] Seem.) beobachtet (CAMBIE et al., l. c. Bd. 3, S. 40).

4. *Saponine*

Saponine kommen in der Familie vor; sie sind anscheinend weniger häufig als bei andern Vertretern der Centrospermen. *Heimerliodendron brunonianum* Skottsb. und *Bougainvillea spectabilis* Willd. enthalten saponinartige Verbindungen (BRANDT, l. c. Bd. 3, S. 75; SIMES et al., l. c. B 4.5; CAMBIE et al., l. c. Bd. 3, S. 40). Keimpflanzen von *Mirabilis dichotoma* L. sind gleichfalls saponinhaltig (SOLACOLU-WELLES 1933). Andererseits konnten bei verschiedenen untersuchten Arten aus den Gattungen *Abronia*, *Boerhavia*, *Bougainvillea*, *Mirabilis*, *Nyctaginia* und *Pisonia* Saponine nicht nachgewiesen werden (BRANDT; RICARDI et al., l. c. Bd. 2, S. 24).

5. *Kohlenhydrate und Cyclite*

Über den Zuckerstoffwechsel der Familie ist wenig bekannt.

Interessant ist die Tatsache, dass Blätter und Stengel von *Bougainvillea glabra* Choisy, *Mirabilis jalapa* L., *M. longiflora* L., und *M. viscosus* Cav. *(= Oxybaphus viscosus)* Pinit enthalten (PLOUVIER 1954, 1957), weil dieser Cyclit auch in anderen Familien der Centrospermen (Phytolaccaceen, Caryophyllaceen) auftritt.

In unterirdischen Organen tritt bei den Nyctaginaceen Stärke in grösseren Mengen auf. Frische Wurzeln (Wassergehalt 83,3%) von *Mirabilis dichotoma* L. enthalten 3% und frische Wurzeln (Wassergehalt 47,2%) von *Boerhavia hirsuta* Willd. 15,8% Stärke (PECKOLT 1896). Die auf Untersuchungen von STIEGER (1913) beruhenden Angaben (WEHMER) über ein Galaktose und Arabinose enthaltendes Kohlenhydrat der Wurzeln von *Mirabilis jalapa* L. betreffen Membranstoffe (Hemicellulosen) und nicht Zellinhaltstoffe.

6. *Reservestoffe der Samen*

Die meisten Nyctaginaceen scheinen ölarme Samen mit mehligem (Stärke, Aleuron) Nährgewebe zu besitzen. Samen von *Mirabilis dichotoma* L. enthalten 18,7% Stärke und 0,4% Öl (PECKOLT 1896). EARLE und JONES (l. c. Bd. 3, S. 40) fanden in Früchten von *Mirabilis jalapa* L. und *M. nyctaginea* (Michx.) MacM. Stärke, 17–21% Eiweiss und 4–7% Öl. Früchte von *Boerhavia diffusa* L. enthalten 5,8% Lipoide, 9,2% Eiweiss und 56,3% Kohlenhydrate (BUSSON, l. c. S. 124). Für zwei Arten, *Mirabilis jalapa* L. und *Boerhavia diffusa* L., wurden die aus Früchten in geringen Mengen erhaltenen Öle untersucht; Palmitin-, Öl- und Linolsäure sind Hauptfettsäuren (KOYAMA und TOYAMA, C. A. *51*, 15971 [1957]; BUSSON).

7. *Verschiedenes*

Alle Nyctaginaceen scheinen Calciumoxalat zu akkumulieren (anatomisch festgestellt; z. T. Raphiden; vgl. z. B. FUCHS [1898]). Daneben scheinen wie bei den Aizoaceen, Amaranthaceen und Chenopodiaceen ebenfalls lösliche Oxalate vorzukommen (MOLISCH 1918: *Mirabilis jalapa* L.). Die Blätter von *Bougainvillea spectabilis* enthalten eine Oxalsäureoxydase (SRIVASTAVA-KRISHNAN 1962).

Möglicherweise gehören die Nyctaginaceen, gleich andern Vertretern der Centrospermen, zu den Nitratakkumulatoren; aus *Boerhavia diffusa* wurden 6,4% KNO_3 isoliert (CHOPRA, ex BASU-SHARMA 1947). Frische Blätter von *Neea theifera* lieferten 0,27% KCl (PECKOLT 1896).

Mirabilis multiflora Britton et Rusby enthält in den frischen Wurzeln ein Glykoprotein mit tumorhemmenden Eigenschaften (ULUBELEN-COLE 1966).

Literatur

BASU, N. K., und SHARMA, S. N., Quart. J. Pharm. Pharmacol. *20*, 41 (1947).
BUCLOW, W. B., und GISVOLD, O., J. Am. Pharm. Assoc. *33*, 270 (1944).
FUCHS, P. C. A., Oesterr. Botan. Z. *48*, 325 (1898).
MABRY, T. J., *The betacyanins, a new class of red-violet pigments, and their phylogenetic significance*, Taxonomic Biochemistry and Serology (edited by CH. A. LEONE), S. 239–254, Ronald Press Comp., New York 1964; *The betacyanins and betaxanthins*, Comparative Phytochemistry (edited by T. SWAIN), S. 231–244, Academic Press, London–New York 1966.
MABRY, T. J., et al., Phytochemistry *2*, 61 (1963).
MINALE, L., et al., *On the biogenesis of indicaxanthin and betanin in Opuntia ficus-indica Mill.*, Phytochemistry *4*, 593 (1965) (vgl. auch L. HÖRHAMMER et al., *Zur Biosynthese der*

Betacyane, Biochem. Z. *339*, 398 (1964)); Phytochemistry *6*, 703 (1967): Struktur der Gomphrenine.
MOLISCH, H., Flora (Jena) N. F. *11*, 60 (1918).
PECKOLT, T., *Medicinal Plants of Brazil. Nyctaginaceae*, Pharm. Review (Milwaukee) *14*, 51, 80, 154 (1896).
PIATELLI, M., et al., Phytochemistry *3*, 547 (1964): Isolation von 44 Betacyanen; Tetrahedron *20*, 2325 (1964): Indicaxanthin; Ann. Chim. (Roma) *54*, 963 (1964): Amaranthin und Isoamaranthin; Rend. Acad. Sci. Fis. e Math., Soz. Naz. Sci., Lettere ed Arti in Napoli [IV] *32*, 55 (1965): Portulacaxanthin; Phytochemistry *4*, 817 (1965); *5*, 1037 (1966).
PLOUVIER, V., Compt. Rend. *239*, 1678 (1954); *244*, 382 (1957).
PRASAD, S., J. Am. Pharm. Assoc. *37*, 103 (1948).
PRICE, J. R., und ROBINSON, R., J. Chem. Soc. *1937*, 449.
SOLACOLU, TH., und WELLES, E., Compt. Rend. Soc. Biol. *112*, 1007 (1933).
SRIVASTAVA, S. K., und KRISHNAN, P. S., Biochem. J. *85*, 33 (1962).
STEMMERIK, J. F., *Nyctaginaceae* in: Flora Malesiana Ser. I, Vol. 6, 450–468 (1964).
STIEGER, A., Z. Physiol. Chem. *86*, 270 (1913).
SUBRAMANIAN, S. S., und RAMAKRISHNAN, S., Indian J. Pharm. *27*, 41 (1965).
ULUBELEN, A., und COLE, J. R., J. Pharm. Sci. *55*, 1368 (1966).
WILCOX, M. E., et al., Helv. Chim. Acta *48*, 1134, 1922 (1965).
YOSHIMURA, K., und TRIER, G., Z. Physiol. Chem. *77*, 296 (1912).

Schlussbetrachtungen

In chemischer Hinsicht sind die Nyctaginaceen typische Vertreter der Centrospermen (hinsichtlich Umgrenzung vgl. Bd. 3, S. 76): Sie erzeugen an Stelle der Anthocyane Betacyane und Betaxanthine. Soweit andere Beobachtungen vorliegen (Raphiden, Phenolgarnituren, Vorkommen von Saponinen und Protoalkaloiden, Akkumulation von KNO_3, Pinit), sind diese ebenfalls in bester Übereinstimmung mit Einreihung der Familie in die Centrospermen.

Wichtig erscheint die Tatsache, dass aus allen diesbezüglich untersuchten Nyctaginaceen Pinit isoliert werden konnte. In diesem Merkmale scheinen sie gänzlich mit der von der Mehrzahl der Centrospermen durch das Fehlen von Betacyanen abweichenden Familie der Caryophyllaceen übereinzustimmen. Dies zeigt wiederum, dass die *Caryophyllaceae* in biochemischer Hinsicht weniger stark von den übrigen Centrospermen abweichen als dies bei Überbetonung des Pigmentmerkmales anscheinend der Fall zu sein scheint.

Vgl. ebenfalls die Diskussionen bei den *Aizoaceae*, *Amaranthaceae*, *Caryophyllaceae* und *Chenopodiaceae* in Bd. 3 und bei den *Phytolaccaceae* (S. 310) und *Portulacacea* (S. 387).

176. Nymphaeaceae

(Mit Einschluss der *Barclayaceae*, *Euryalaceae* und *Nelumbonaceae; Cabombaceae* vgl. Bd. 3, S. 323.)

Perennierende Wasser- oder Sumpfpflanzen mit kräftigen Rhizomen, grossen herzförmigen bis peltaten, in der Regel schwimmenden Blättern und mit grossen, schön gefärbten, zwittrigen, regelmässigen Einzelblüten. Blütenhülle meist vielzählig, mehr oder weniger deutlich in Kelch und Krone gegliedert; Staubblätter meist zahlreich, zum Teil von kronblattartigen Staminodien begleitet; Gynaecium vielgestaltig, durch 5 bis viele, freie oder in verschiedener Weise verwachsene Fruchtblätter gebildet, ober-oder unterständig, mit 1 bis vielen Samenanlagen mit 2 Integumenten pro Fach. Früchte Kapseln (z. T. ± fleischig) oder Sammelfrüchte mit in die Blütenachse eingebetteten Nüssen *(Nelumbo)*. Samen oft mit Arillus, meist mit Nährgewebe (im besondern Perisperm).

Die Nymphaeaceen sind in der gemässigten Zone, in den Subtropen und Tropen über beide Welthälften verbreitet.

Systematische Gliederung

In weitester Fassung zählen die Nymphaeaceen etwa 80 Arten in 8 Gattungen. Diese werden im Syllabus wie folgt gegliedert:

	I. **Cabomboideae:**	*Brasenia* und *Cabomba* mit zusammen 8 Arten. Vgl. *Cabombaceae*, Bd. 3, S. 323.
	II. **Nymphaeoideae:**	Kapselfrüchte; Samen mit kleinem Embryo und reichlich Perisperm; monocolpate Pollen.
Nymphaeaceae s. str.	NUPHAREAE:	Mit rein korollinischer Blütenhülle. Nur *Nuphar* mit mehreren Arten (oder mit einer sehr polytypischen Art).
Nymphaeaceae s. str.	NYMPHAEEAE:	Blütenhülle deutlich in Kelch und Krone gegliedert: *Nymphaeinae:* Gynaecium oberständig. Nur *Nymphaea* mit etwa 40 Arten. *Euryalinae (= Euryalaceae):* Gynaecium unterständig. *Euryale* mit einer und *Victoria* mit 2 Arten.
	BARCLAYEAE	*(=Barclayaceae):* Kronblätter an der Basis röhrig verwachsen; Staubfäden mit der Kronröhre verwachsen. Nur *Barclaya* mit 3 Arten.
	III. **Nelumbonoideae**	*(= Nelumbonaceae)*: In den Blütenboden eingebettete Nüsse; Samen mit grossem Embryo, ohne Perisperm; tricolpate Pollen. Nur *Nelumbo (= Nelumbium)* mit 2 Arten.

Im Syllabus bilden die Nymphaeaceen zusammen mit den Ceratophyllaceen die Unterreihe *Nymphaeineae* der *Ranunculales.*

H. L. Li (*Classification and phylogeny of Nymphaeaceae and allied families*, Am. Middland Naturalist *54*, 33–41 [1955]) betrachtet die *Nymphaeaceae* in der skizzierten Umgrenzung als eine sehr unnatürliche Sippe; er schlug die nachfolgende Gliederung vor:

Nelumbonaceae:	In der monotypischen Ordnung der *Nelumbonales;* sehr ursprünglich; scheint den Stammformen der Monokotylen und Dikotylen nahe zu stehen.
Cabombaceae *Nymphaeaceae* s. str.	} Familien der *Ranales*
Euryalaceae *Barclayaceae*	} Bilden die Ordnung der *Euryales* (Tendenz zur Hypogynie und Sympetalie), die den *Papaverales* nahe steht.

Neuere Autoren folgen der durch Li vertretenen Aufteilung der Familie mehr oder weniger weitgehend. Takhtajan behandelt die Nymphaeaceen wie folgt:

NYMPHAEALES	(5. Ordnung der *Polycarpicae*):	
	Cabombaceae (Bd. 3, S. 323) *Nymphaeaceae* s. str. *Barclayaceae* *Ceratophyllaceae* (Bd. 3, S. 408)	} Zahlreiche Anklänge an die Mokotyledonen.
NELUMBONALES	(6. Ordnung der *Polycarpicae*):	
	Nelumbonaceae: Deutliche Dikotyledonen-Affinität; den *Ranales* und *Papaverales* nahe stehend.	

Anatomische Merkmale

Einzellreihige Deckhaare und wenigzellige, schleimabsondernde Drüsenhaare sind in der Familie weit verbreitet. Milchsaftzellen und -schläuche kommen allgemein vor. Calciumoxalat wird in der Form von kleinen prismatischen Kristallen den Zellwänden angelagert oder in der Form von Drusen *(Nelumbo)* abgelagert. Sternförmigverzweigte Sklereiden, die in die grossen Interzellularräume vorragen, kommen bei den *Nymphaeaceae* s. str. und bei den *Euryalaceae* vor (sogenannte interne Haare; vgl. hierüber beispielsweise J. Gaudet, *Ontogeny of the foliar sclereids of Nymphaea odorata*, Am. J. Botany *47*, 525 [1960]).

Die Nymphaeaceen gehören zu den gefässlosen Angiospermen; ihre Leitbündel enthalten ausschliesslich Ring- und Spiraltracheiden.

Chemische Merkmale

Die in den Blütenmerkmalen sehr vielgestaltige, vielleicht unnatürliche Familie (vgl. LI 1955) wurde in chemischer Hinsicht noch sehr unvollständig bearbeitet. Zwei grundverschiedene Alkaloidtypen und Galli- und Ellagitannine sind aus ihr bekannt geworden. Bei der lückenhaften und zum Teil nur oberflächlichen chemischen Bearbeitung von Vertretern dieses heterogenen Formenkreises erscheint es angebracht, die bisherigen Ergebnisse nach systematischen Gesichtspunkten geordnet zu besprechen. Der folgenden Übersicht über die chemischen Merkmale wird die Auffassung von TAKHTAJAN (4 Familien) zu Grunde gelegt.

Allgemein gilt für die Nymphaeaceen im weiten Sinne, dass sie in Gewächshäusern und im Freien vielfach als Zierpflanzen gezogen werden, und dass ihre stärkereichen Rhizome und Samen vielerorts als Nahrung verwendet werden (vgl. hierüber z. B. FERNALD-KINSEY, l. c. B 5.6; BUSSON, l. c. S. 124; PECKOLT 1897).

1. **Cabombaceae**

Wenig untersucht; reichliche Schleimproduktion; Gallussäure tritt auf; Alkaloide bisher nicht gefunden. Vgl. Bd. 3, S. 323.

2. **Nymphaeaceae** (sensu TAKHTAJAN)

Umfassen die Gattungen *Euryale*, *Nuphar*, *Nymphaea* und *Victoria*. Viele Vertreter werden medizinisch verwendet (Indien, China, Japan [vgl. die sub B 5.4 zitierten Werke], Südamerika [PECKOLT 1897], Europa [vgl. GESSNER, l. c. B 5.2; SPEGG 1956; BULAJEWSKI-MODRAKOWSKI 1934; MODRAKOWSKI 1933, 1935, 1936; MODRAKOWSKI-SIKORSKI 1933; LEYKO-MODRAKOWSKI 1934]).

Alkaloide und Galli- und Ellagitannine stellen die auffallendsten bisher bekannt gewordenen chemischen Merkmale der Sippe dar.

2.1 ALKALOIDE: Die Erforschung der Alkaloide der europäischen Vertreter setzte bereits im vorigen Jahrhundert ein.

Nuphar luteum (L.) Sm.: 0,4% „Nupharin“ aus getrockneten Rhizomen (GRÜNING 1882; Blüten ebenfalls alkaloid-führend; Samen frei von Alkaloiden). Alkaloidgemische mit ähnlichen Eigenschaften erhielten später FRIDOLIN (1884), GORIS und CRÉTÉ (1910) und MODRAKOWSKI (1936: Auftrennung des „Nupharins“ in zwei Fraktionen, die beide sedativ bis narkotisch wirken). Anschliessend gewannen ACHMATOWICZ und MOLLOWNA (1939) zwei isomere Reinalkaloide, α- und β-Nupharidin, $C_{15}H_{23}ON$; sie vergegenwärtigen 12% der Totalalkaloide der Rhizome.

Nymphaea alba L.: GRÜNING (1882) erhielt aus Wurzeln (nicht aus Rhizomen, Blüten und Samen) dem „Nupharin“ ähnliche Alkaloidgemische; KEEGAN (1915:

Rhizome) und Modrakowski (1935: Blüten; 1936: Sedative Alkaloidfraktionen aus Blüten und Rhizomen) erhielten ähnliche Alkaloide. Bures und Hoffmann (1934) und Bures und Plzak(1935) gewannen aus Rhizomen das Reinalkaloid Nymphaein (angeblich $C_{14}H_{32}O_2N$), das gleichfalls hypnotische Wirkung hat und ausserdem für Fische sehr toxisch ist (Köcher 1937). In vielen Eigenschaften gleichen sich die *Nuphar*- und *Nymphaea*-Alkaloide.

Ähnliche Alkaloide isolierte Raymont-Hamet (1941) aus den als Sedativum verwendeten Rhizomstücken einer nicht identifizierten Nymphaeacee.

Die Struktur der *Nuphar*-Alkaloide wurde in Japan mit aus Rhizomen von *Nuphar japonicum* DC. gewonnenen Basen ermittelt (Arata et al.: Vgl. Boit 1961, l. c. B 3.11). Sie stellen im biogenetischen Sinne keine Alkaloide, sondern isoprenoide Verbindungen dar; die *Nuphar*-Basen sind stickstoffhaltige Sesquiterpene (also Pseudoalkaloide; vgl. Bd. 3, S. 18). Die auf Grund der Struktur vermutete isoprenoide Herkunft der *Nuphar*-Basen konnte experimentell bereits bestätigt werden (Schütte-Lohfeldt 1965: Mevalonsäure ist ein direkter Vorläufer des Thiobinupharidins in Rhizomen von *Nuphar luteum*). Aus Rhizomen von *Nuphar japonicum* konnten bisher die folgenden Alkaloide isoliert werden:

Nupharidin, $C_{15}H_{23}O_2N$ }
Desoxynupharidin, $C_{15}H_{23}ON$ } vgl. Boit.
Nupharamin, $C_{15}H_{25}O_2N$ }
Nuphamin, $C_{15}H_{23}O_2N$: Arata-Ohashi 1965.
Dehydrodesoxynupharidin, $C_{15}H_{21}ON$: Arata 1964, 1965.
Anhydronupharamin: Arata et al. 1967.

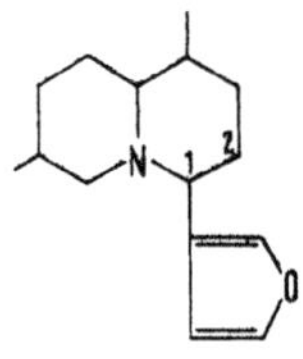

Desoxynupharidin(I)
Nupharidin: N-Oxyd von I
Dehydrodesoxy-nupharidin: I mit $\Delta^{1,2}$

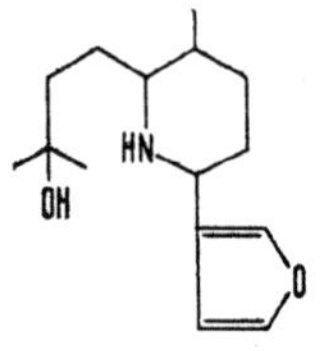

Nupharamin

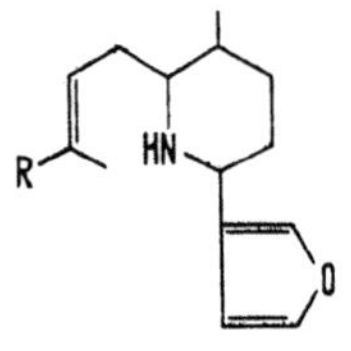

Nuphamin: R = CH_2OH
Anhydronupharamin } R = CH_3; sind stereoisomer;
Nuphenin } Barchet-Forrest 1965

Im Anschluss an die japanischen Arbeiten konnten auch die Strukturen anderer *Nuphar*-Basen geklärt werden. Achmatowicz und Bellen (1962) wiesen darauf hin, dass die strukturell bekannten Basen der Rhizome von *Nuphar japonicum* und *Nuphar luteum* (α-Nupharidin = Desoxynupharidin) nur etwa 12% der Totalalkaloide darstellen; sie isolierten aus Rhizomen von *Nuphar luteum* Thiobinupharidin als Hauptalkaloid und Desoxynupharidin, β-Desoxynupharidin, Allothiobinupharidin, Pseudothiobinupharidin und Thiobidesoxynupharidin als Nebenalkaloide; diesen fügten Achmatowicz und Wrobel (1964) noch das

Neothiobinupharidin zu. Nuphenin wurde aus Rhizomen von *Nuphar variegatum* isoliert (BARCHET-FORREST 1965).

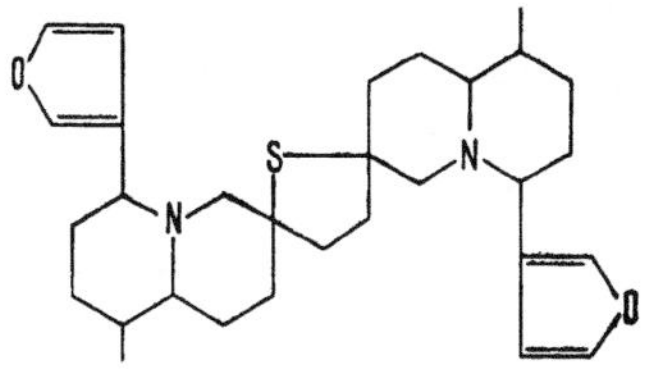

Thiobinupharidin, Neothiobinupharidin: $C_{30}H_{42}O_2N_2S$; sind stereoisomer; ACHMATOWICZ et al. 1964; BIRNBAUM 1965.

2.2 GERBSTOFFE: Wurzelstöcke und Samen von *Euryale ferox* Salisb., von *Nuphar*- und *Nymphaea*-Arten werden als Adstringentia verwendet (PECKOLT 1897; DEKKER, l. c. B 3.09). Der Gerbstoffgehalt kann recht beträchtlich sein. Nach Untersuchungen von GRÜNING (1882) und FRIDOLIN (1884) führen die Nymphaeaceen in erster Linie Galli- und Ellagitannine. GRÜNING ermittelte für getrocknete Organe folgende Gerbstoffgehalte (%):

	Wurzel	*Rhizom*	*Samen*
Nuphar luteum	—	2,3	6,7
Nymphaea alba	8,7	10,0	1,1

Bei der Spaltung der Gerbstoffe entstehen Gallussäure, Ellagsäure und nicht identifizierte Produkte (worunter auch Phlobaphene).

FRIDOLIN fand bei der Hydrolyse von isolierten Gerbstoff-Fraktionen die folgenden Gehalte an Gallus- und Ellagsäure (% des Gerbstoffes):

	Ellagsäure	*Gallussäure*
Samengerbstoffe von *Nuphar luteum*	2,1–15,1	29,9–34,5
Rhizomgerbstoffe von *Nymphaea alba*	18–45	23–36
Rhizomgerbstoffe von *Nymphaea odorata*	23,9–27,6	40,2–46,7

Da bei *Nymphaea*-Arten auch Leucocyanidin und Leucodelphinidin vorkommen (BATE-SMITH 1962, l. c. Bd. 3, S. 40) und bei der Gerbstoffhydrolyse ebenfalls phlobaphenartige Massen entstehen, ist wohl anzunehmen, dass die hydrolysierbaren Gerbstoffe in der Familie von geringeren Mengen von kondensierten Gerbstoffen begleitet werden.

2.3 FÜR EINZELNE ARTEN NACHGEWIESENE INHALTSTOFFE

Euryale ferox Salisb.: Die stärkereichen Samen werden gegessen (The Wealth of India, l. c. B 5.4) und ebenfalls medizinisch verwendet (DEKKER, l. c. B 3.09; ROI, l. c. B 5.4).

Nuphar advena (Ait.) Ait.: Aus den Rhizomen ein Alkaloidgemisch („Nupharin“) isoliert (FRIDOLIN 1884).

N. japonicum DC.: Alkaloide aus Rhizomen (vgl. 2.1). Ellagsäure aus Rhizomen (Y. NAYA und M. KOTAKE, C. A. *63*, 16244 [1965]). β-Sitosterin, Palmitin- und Ölsäure aus Rhizomen (ARATA-MATSUDA 1960).

N. luteum (L.) Sm.: Alkaloide (vgl. 2.1) und Gerbstoffe (vgl. 2.2). Ellagsäure und mutmasslich Luteolin in hydrolysierten Blattextrakten (BATE-SMITH 1962, l. c. Bd. 3, S. 40). Ein Paraffin, Sitosterin und Stigmasterin aus Blüten und ein Paraffin, β-Sitosterin, viel Gallussäure und eine nicht identifizierte Phenolfraktion aus Samen (VAN EIJK 1962). β-Sitosterin, Stigmasterin, β-Sitosterylpalmitat und β-Sitosterylglucosid aus Rhizomen (ACHMATOWICZ-BELLEN 1960). Nymphalin (vgl. sub *Nymphaea alba*) aus Blüten und Samen, nicht aus Rhizomen (BULAJEWSKI-MODRAKOWSKI 1934). Etwa 20% Stärke in lufttrockenen Rhizomen und 44% in Samen (GRÜNING 1882). Die Blätter sind reich an gelöster Oxalsäure (MOLISCH 1918).

N. variegatum Engelm.: Nupharidin, Desoxynupharidin, Nuphenin und weitere Basen aus Rhizomen (BARCHET-FORREST 1965).

Nymphaea alba L.: In Rhizomen und Blüten Basen, die den *Nuphar*-Alkaloiden sehr ähnlich sind (vgl. 2.1); in Blättern und Wurzeln ebenfalls Alkaloide nachgewiesen (H. BUKOWIECKI und M. FURMANOWA, C. A. *62*, 12152 [1965]). Gerbstoffe in Rhizomen (vgl. 2.2); reichlich Galloylgerbstoffe aus Rhizom und Blatt und Myricitrin aus Blatt (KEEGAN 1915). Petalen enthalten Glykoside des Kaempferols und Quercetins (ROLLER 1956). Aus getrockneten Petalen 0,1% Nymphalin, eine angeblich glykosidische Verbindung mit digitalisartiger Wirkung, die allerdings chemisch noch ganz unzulänglich charakterisiert ist (MODRAKOWSKI 1933; MODRAKOWSKI-SIKORSKI 1933; LEYKO-MODRAKOWSKI 1934). Ein Paraffin aus Blüten (VAN EIJK 1962). In lufttrockenen Rhizomen etwa 20% und in Samen etwa 47% Stärke (GRÜNING 1882). Im Samenöl (Gehalt sehr niedrig!) etwa 8% Fettsäuren mit conjugierten Doppelbindungen (KAUFMANN 1948).

N. candida Presl: Blätter, Blüten und Wurzeln enthalten von den *Nuphar*-Alkaloiden verschiedene Basen (H. BUKOWIECKI und M. FURMANOWA, C. A. *62*, 12152 [1965]). Petalen enthalten das 3-Glucosid des Kaempferols (ROLLER 1956).

N. capensis Thunb.: Ellagsäure, Myricetin, Kaffee, p-Cumar-, Ferula- und Sinapinsäure und Delphinidin (aus Leucodelphinidin entstanden) in hydrolysierten Blattextrakten (BATE-SMITH 1962, l. c. Bd. 3, S. 40).

N. lotus L.: Samen mit 2,3% Lipoiden und 79% Kohlenhydraten; getrocknete Rhizome enthalten ebenfalls gegen 80% Kohlenhydrate (BUSSON, l. c. S. 124). Getrocknete Rhizome angeblich mit 28,1% Stärke, 10,2% Pentosanen, 1,04% Inulin (nicht eindeutig identifiziert!), 4% reduzierenden Zuckern, 1,4% Saccharose, 4,8% Mannit und Raffinose (HUJJATULLAH et al. 1967).

N. odorata Ait.: Galli- und Ellagitannine in Rhizomen (vgl. 2.2). Rhizome und Wurzeln gaben keine Alkaloidreaktionen; β-Sitosterin und 1-Hexakosanol wurden isoliert (SEGAL 1965).

N. tetragona Georgi var. *angusta* Casp.: Ellagsäure aus Rhizomen (Y. NAYA und M. KOTAKE, C. A. *63*, 16244 [1965]).

Victoria: Die stärkereichen Samen von *V. amazonica* (Poepp.) Sowerby (= *V. regia* Lindl.) und von *V. cruziana* Orbign. werden gegessen (PECKOLT 1897).

3. **Barclayaceae**

Chemisch bisher nicht untersucht.

4. **Nelumbonaceae**

Für diese Sippe sind Isochinolinalkaloide charakteristisch: Benzyltetrahydroisochinoline, Aporphine, Proaporphine, Bisbenzyltetrahydroisochinoline und das quartäre Lotusin wurden bisher isoliert:

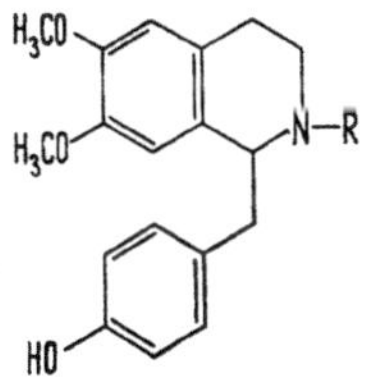

$R = CH_3$: Armepavin
$R = H$: N-Norarmepavin

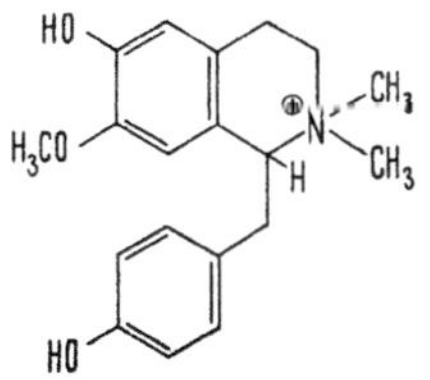

Lotusin

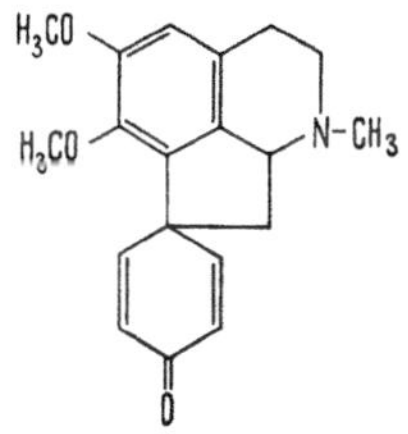

Pronuciferin

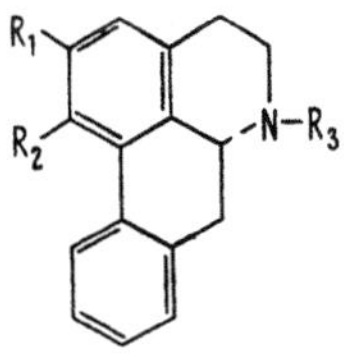

	R_1	R_2	R_3
Roemerin	O–CH_2–O		CH_3
Nuciferin	OCH_3	OCH_3	CH_3
Nornuciferin	OH	OCH_3	CH_3
N-Nornuciferin	OCH_3	OCH_3	H
Annonain	O–CH_2–O		H

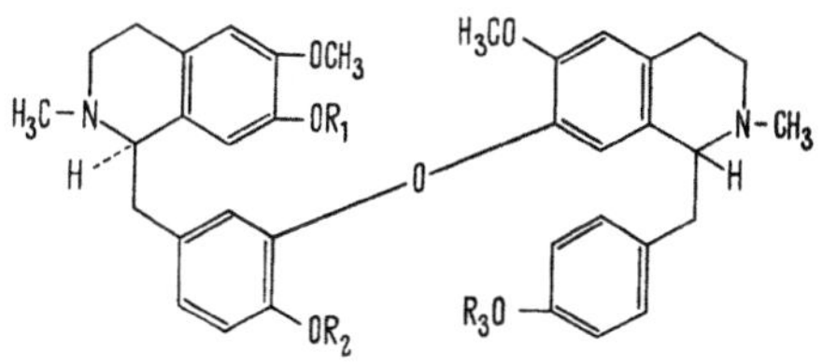

	R_1	R_2	R_3
Liensinin	CH_3	H	H
Isoliensinin	H	H	CH_3
Neferin	CH_3	H	CH_3

Nelumbo lutea (Willd.) Pers. (= *Nelumbo pentapetala* [Walt.] Fern.): Nordamerikanische Art. Nuciferin, Armepavin, N-Norarmepavin und N-Nornuciferin aus Blättern (Kupchan et al. 1962, 1963). Wachsanalyse (A. M. Horner, C. A. *37*, 2203 [1943]).

N. nucifera Gaertn. (= *Nelumbium speciosum* Willd.): Polytypische, in Asien weitverbreitete Art. Die stärkereichen Rhizome und Kotyledonen werden gegessen; sie sind alkaloidfrei oder alkaloidarm. Verschiedene Teile der Pflanze, besonders die Embryonen (die chinesische Droge «Lien-Tze-Hsin»), aber auch

Blätter und Blüten werden medizinisch verwendet. LEERMAN (1933) beschrieb die pharmakologischen Eigenschaften einer aus Blüten der in Südrussland wachsenden Form (*Nelumbium caspicum* Eichwald) bereiteten Tinktur. Alkaloidhaltig sind die Blätter, Blütenstiele und die bitteren Anteile (Radicula, Hypokotyl und Plumula) des Embryos. Bereits GRESHOFF (1898, l. c. B 3.01) und BOORSMA (1899, l. c. B 3.01) isolierten aus den bittern Anteilen des Embryos Alkaloide („Nelumbin"). BOORSMA zeigte ausserdem, dass der Milchsaft der Blatt- und Blütenstiele alkaloidhaltig ist. GUILLON (1933) fand ebenfalls Alkaloide. ARTHUR und CHEUNG isolierten aus Pflanzen von Hong Kong das erste reine Alkaloid (1959: 0,02% Nuciferin aus frischen Blättern). TOMITA et al. (1961) gewannen Roemerin und Nornuciferin aus Blattstielen und Nuciferin, Nornuciferin und Roemerin aus der Blattlamina; quartäre Basen wurden nicht beobachtet. Die gleichen Alkaloide wurden aus Blättern der var. *prolifera* Miyoshi isoliert (TOMITA et al. 1961). Später wurde aus den Mutterlaugen noch Armepavin erhalten (TOMITA et al. 1961). Verschiedene in Japan unterschiedene Formen der Pflanze enthalten alle die gleichen Blattalkaloide; nur das Armepavin scheint der var. *prolifera* zu fehlen (KUNITOMO et al. 1964).

Die Alkaloidführung der Embryonen scheint variabler zu sein. Bisher liegen folgende Befunde über Alkaloide der Droge «Lien-Tze-Hsin» vor:

Herkunft	*Alkaloide*	*Autoren*
China	Liensinin	PAN P.-CH. et al. 1962; CHAO T.-Y. et al. 1962
Formosa	Isoliensinin	TOMITA et al. 1964; 1965
	Lotusin	FURUKAWA et al. 1965
Hong Kong	Isoliensinin Neferin	FURUKAWA 1965
	Nuciferin Pronuciferin Lotusin	FURUKAWA 1966
	Nuciferin Nornuciferin Pronuciferin Roemerin Armepavin Annonain	BERNAUER 1963; 1964
Japan	Liensinin Neferin keine quartäre Basen	FURUKAWA 1965
Nepal	Neferin Liensinin	FURUKAWA 1966

Andern Inhaltstoffen der Pflanze hat man bisher wenig Beachtung geschenkt. Nach DEKKER (l. c. B 3.09) werden die Blüten als Adstringens verwendet, was Gerbstoffe erwarten lässt. Aus frischen Blättern isolierten NAKAOKI et al. (1961)

0,1% des neuen Quercetinglykosides Nelumbosid (Monoglucuronid des Isoquercitrins). In Blüten von Pflanzen von Nordindien wurde Kaempferol-3-galaktorhamnosid als Hauptflavon beobachtet (RAHMAN et al. 1962). Bei Pflanzen von Pondicherry wurden andererseits keine Kaempferolderivate, sondern die folgenden flavonoiden Verbindungen beobachtet (NAGARAJAN et al. 1966):

	Petalen	*Staubblätter*	*Blütenboden*	*Blätter*
Quercetin	+	+	+	+
Isoquercitrin	+	+	+	+
Luteolin	+	+	−	−
Glucoluteolin	+	+	−	−
Leucocyanidin				−
Leucodelphinidin				+

Aus Rhizomen isolierten M. KITAHARA et al. (C. A. *54*, 25070 [1960]) Raffinose und Stachyose.

Literatur

ACHMATOWICZ, O., und BELLEN, Z., Roczniki Chem. *34*, 93–102 (1960); Tetrahedron Letters *1962*, 1121.

ACHMATOWICZ, O., und MOLLOWNA, M., Roczniki Chem. *19*, 493 (1939).

ACHMATOWICZ, O., und WROBEL, J. T., Tetrahedron Letters *1964*, 129.

ACHMATOWICZ, O., et al., Tetrahedron Letters *1964*, 927.

ARATA, Y., Chem. Pharm.Bull. (Tokyo) *12*, 1395 (1964); *13*, 907 (1965).

ARATA, Y., und MATSUDA, H., Ann. Report Fac. Pharm. Kanazawa Univ. *10*, 35 (1960).

ARATA, Y., und OHASHI, T., Chem. Pharm. Bull. (Tokyo) *13*, 393, 1247, 1365 (1965).

ARATA, Y., et al., J. Pharm. Soc. Japan *87*, 1094 (1967).

ARTHUR, H. R., und CHEUNG, H. T., J. Chem. Soc. *1959*, 2306.

BARCHET, R., und FORREST, T. P., Tetrahedron Letters *1965*, 4229.

BERNAUER, K., Helv. Chim. Acta *46*, 1783 (1963); *47*, 2119, 2123 (1964); Experientia *20*, 380 (1964).

BIRNBAUM, G. I., Tetrahedron Letters *1965*, 4149.

BULAJEWSKI, M., und MODRAKOWSKI, J., Bull. Intern. Acad. Polon. Sci. Lettres, Cl. Med. *1934*, 437.

BURES, E., und HOFFMANN, M., Časopis Českoslov. Lékarnictva *14*, 129 (1934).

BURES, E., und PLZAK, F., Časopis Českoslov. Lékarnictva *15*, 223, 243 (1935).

CHAO, T.-Y., et al., Scientia Sinica *11*, 216 (1962).

EIJK, VAN, J. L., Pharm. Weekblad *97*, 82 (1962).

FRIDOLIN, A., *Gerbstoffe der Nymphaea alba und odorata, Nuphar luteum und advena, Caesalpinia coriaria, Terminalia chebula und Punica granatum*, Diss. Dorpat 1884.

FURUKAWA, H., J. Pharm. Soc. Japan *85*, 335, 353 (1965); *86*, 75 (1966).

FURUKAWA, H., et al., J. Pharm. Soc. Japan *85*, 472 (1965).

GORIS, A., und CRÉTÉ, L., Bull. Sci. Pharmacol. *17*, 13 (1910).

GRÜNING, W., *Beiträge zur Chemie der Nymphaeaceae*, Arch. Pharm. *220*, 589 (1882).

GUILLON, P.-J., *Contribution à l'étude historique, botanique et chimique du Nelumbium speciosum Willd.*, Thèse (Pharm.) Univ. Lyon 1933.

HUJJATULLAH, S., et al., J. Sci. Food Agric. *18*, 470 (1967).

KAUFMANN, H. B., Ber. Deut. Chem. Ges. *81*, 159 (1948).

KEEGAN, P. Q., Chem. News *111*, 290 (1915); *112*, 204 (1915).

KÖCHER, Zd., Ber. Gesamte Physiol. Exptl. Pharmakol. *102*, 326 (1937): Referat.

KUNITOMO, J., et al., J. Pharm. Soc. Japan *84*, 1141 (1964).

KUPCHAN, S. M., et al., J. Am. Pharm. Assoc. *51*, 599 (1962); Tetrahedron *19*, 227 (1963).
LEERMAN, J. A., Arch. Intern. Pharmacodynamie et Thérapie *46*, 347 (1933).
LEYKO, E., und MODRAKOWSKI, J., Bull. Intern. Acad. Polon. Sci. Lettres, Cl. Med. *1934*, 327.
MODRAKOWSKI, J., Bull. Intern. Acad. Polon. Sci. Lettres, Cl. Med. *1933*, 201; *1935*, 539; *1936*, 61.
MODRAKOWSKI, J., und SIKORSKI, H., Bull. Intern. Acad. Polon. Sci. Lettres, Cl. Med. *1933*, 365.
MOLISCH, H., Flora (Jena) N. F. *11*, 60 (1918).
NAGARAJAN, S., et al., Current Sci. *35*, 176 (1966).
NAKAOKI, T., et al., J. Pharm. Soc. Japan *81*, 1158 (1961).
PAN, P.-CH., et al., Sci. Sinica (Pecking) *11*, 321 (1962).
PECKOLT, T., Ber. Deut. Pharm. Ges. *7*, 283 (1897).
RAHMAN, W., et al., Naturwissenschaften *49*, 327 (1962).
RAYMONT-HAMET, Compt. Rend. *213*, 386 (1941).
ROLLER, I., Z. Botanik *44*, 477 (1956).
SCHÜTTE, H. R., und LOHFELDT, J., Arch. Pharm. *298*, 461 (1965).
SEGAL, A., Diss., New York University 1965; Diss. Abstr. *27B*, 419 (1966).
SPEGG, H., Deut. Apoth. Z. *96*, 317 (1956): Rhizoma Nupharis und Rhizoma Nymphaeae.
TOMITA, M., et al., J. Pharm. Soc. Japan *81*, 469, 942, 1202, 1644 (1961); Tetrahedron Letters *1964*, 2637; Chem. Pharm. Bull. (Tokyo) *13*, 39 (1965).

Schlussbetrachtungen

Die bekannten Tatsachen genügen nicht für eine Beurteilung der Verwandtschaft der in der Familie vereinigten Sippen (vgl. S. 207) auf Grund ihrer chemischen Eigenschaften. Zusammenfassend lässt sich folgendes über die chemischen Merkmale sagen:

Cabombaceae: Gallussäure kommt vor.

Nymphaeaceae s. str.: Gallus- und Ellagsäure; Leucoanthocyane (in *Nymphaea*-Blättern nach MOLISCH [l. c. B 3.01] ebenfalls Myriophyllin [vgl. hierüber ebenfalls Bd. 2, S. 11–18]); Flavonolglykoside; eventuell Flavonglykoside; Sesquiterpenalkaloide.

Barclayaceae: Nichts bekannt.

Nelumbonaceae: Isochinolinbasen; Flavonole, Flavone, Leucoanthocyane.

Zwischen den einzelnen Sippen kommen offenbar beträchtliche biochemische Unterschiede vor. Isochinolinalkaloide sind beispielsweise bisher nur von den Nelumbonaceen bekannt. Ob Gallus- und Ellagsäure bei den Barclayaceen und Nelumbonaceen vorkommen, bleibt zu ermitteln.

Allgemein kann folgendes gesagt werden. Vorkommen von Galli- und Ellagitanninen passt schlecht in den Formenkreis der rezenten *Polycarpicae*, bei welchen bisher ausschliesslich Leucoanthocyane und davon abgeleitete kondensierte Gerbstoffe beobachtet wurden. Andererseits passt das Alkaloidspektrum der *Nelumbo*-Arten ausgezeichnet in die Reihe der *Polycarpicae*.

Intensive Erforschung der chemischen Merkmale der zweifellos ursprünglichen, aber durch Adaptation an das Leben im Wasser in den vegetativen Merkmalen stark modifizierten, Nymphaeaceen im weiten Sinne verspricht Resultate, die zu einem besseren Verständnis des Formenkreises Wesentliches beitragen könnten.

Vgl. ebenfalls die Diskussionen bei den übrigen Familien der *Polycarpicae*, insbesondere bei den Monimiaceen (S. 107), Myristicaceen (S. 152) und Ranunculaceen (Bd. 6).

177. Nyssaceae

(inklusiv *Davidiaceae*)

Sträucher oder Bäume mit wechselständigen, nebenblattlosen, ungeteilten Blättern. Blüten klein, eingeschlechtig oder zwittrig, in kopfigen, doldigen oder traubigen Blütenständen. Kelch rudimentär, 5zähnig; Krone fehlend *(Davidia)* oder 5- oder mehrzählig, frei. Staubblätter oft doppelt so viele wie Kronblätter; Fruchtknoten unterständig, ein- oder 6–10fächerig mit einer Samenanlage mit 1 oder 2 Integumenten pro Fach. Steinfrüchte oder *(Camptotheca)* geflügelte Nüsse. Samen mit Endosperm.

Die Familie besitzt ein stark disjunktes Areal: Südöstliches Nordamerika; westliches China, Malakka, Indonesien.

Systematische Gliederung

Nur drei Gattungen:
Camptotheca: Monotypisch; *C. acuminata* im westlichen China und in Tibet.
Davidia: Monotypisch; *D. involucrata* im westlichen China und in Tibet.
Nyssa: 2 Arten in Asien und 6 Arten in Amerika.

Anatomische Merkmale

Ein- bis mehrzellige Deckhaare, einzellige Drüsenhaare, verschleimte Blattepidermiszellen und Mesophyllsklereiden kommen bei den Nyssaceen vor. Calciumoxalat wird in der Form von Drusen oder Einzelkristallen abgelagert.

Chemische Merkmale

Wenig untersucht da ökonomisch kaum wichtig. Die sauren, zum Teil aber gleichzeitig stark bitter schmeckenden Früchte nordamerikanischer *Nyssa*-Arten werden gegessen. Das leichte, poröse Holz von *Nyssa*-Arten (Tupelo-Holz) findet mannigfache Verwendung; «Lignum Tupelo» oder Tupelo-Stifte wurden früher in der Chirurgie gleich den Laminarienstiften als Schwellstifte verwendet (MOELLER 1883).

BATE-SMITH (1962, l. c. Bd. 3, S. 40) wies in hydrolisierten Blattextrakten von *Davidia involucrata* Baill. var. *vilmoriniana* (Dode) Wangerin Ellagsäure, Quercetin, Kaempferol, reichlich Kaffeesäure, p-Cumarsäure, Leucodelphinidin, Leucocyanidin und vermutlich Gallussäure nach. CHASLOT (1955, l. c. Bd. 3, S. 34) untersuchte diese Art auf Aucubin; das letztere liess sich nicht nachweisen. Cyclite konnten bei *Davidia involucrata* und *Nyssa sylvatica* Marsh. ebenfalls nicht nachgewiesen werden (PLOUVIER 1951). Bei *Camptotheca acuminata* Decne. beobachteten WALL et al. (1966) in jüngster Zeit tumorhemmende Alkaloide in Früchten, Holz und Rinde; das Hauptalkaloid, Camptothecin, wurde isoliert und strukturell geklärt:

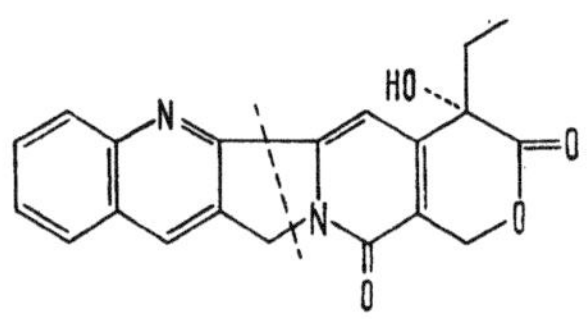

Camptothecin, $C_{20}H_{16}O_4N_2$

Camptothecin lässt sich formal in ein 3-Methylchinolinfragment und einen Körper mit dem Gerüst des Bakankosins (Formel Bd. 3, S. 33) zerlegen. Entspricht diese Betrachtungsweise den biogenetischen Tatsachen, dann kommen bei den Nyssaceen iridoide Verbindungen vor.

Die Samen der Nyssaceen scheinen in erster Linie Reservecellulosen zu speichern; EARLE und JONES (1962, l. c. Bd. 3, S. 40) fanden bei *Nyssa ogeche* Marsh. 5,6 % Eiweiss und 7,4 % fettes Öl; Stärke fehlt.

Literatur

MOELLER, J., *Lignum Tupelo (Tupelo-wood)*, Pharm. Zentralhalle *24*, 545 (1883).
PLOUVIER, V., Compt. Rend. *232*, 1239 (1951).
WALL, M. E., et al., The Chemistry of Natural Products, IUPAC, Stockholm 1966, Abstract Book, p. 103; J. Am. Chem. Soc. *88*, 3888 (1966).

Schlussbetrachtungen

Bei HUTCHINSON, TAKHTAJAN, CRONQUIST und im Syllabus werden die Nyssaceen zusammen mit den Alangiaceen und Cornaceen einer Ordnung eingereiht. Verschieden sind der Umfang und die Ableitung dieser Ordnung:

HUTCHINSON: In *Araliales* (vgl. Bd. 3, S. 184).

TAKHTAJAN: In *Cornales;* diese von den *Cunoniales* abstammend; an die *Cornales* schliessen die *Araliales* an.

CRONQUIST: In *Cornales;* diese von den weit gefassten *Rosales* abstammend; keinerlei Beziehungen zu den *Umbellales* (entsprechen den *Araliales* von TAKHTAJAN [nicht den *Araliales* von HUTCHINSON!]).

Syllabus: In *Umbelliflorae* (= *Cornales* + *Araliales* sensu TAKHTAJAN).

WETTSTEIN andererseits ordnete die *Alangiaceae* und *Nyssaceae* seinen *Myrtales* ein.

Hinsichtlich der Nyssaceen lassen sich demnach im Prinzip 3 Auffassungen unterscheiden:

a) Enge Verwandtschaft mit den Cornaceen und den Araliaceen: TAKHTAJAN, Syllabus, HUTCHINSON (schliesst allerdings die Umbelliferen aus).

b) Enge Verwandtschaft mit den Cornaceen, aber keine näheren Beziehungen zu den Araliaceen und Umbelliferen: CRONQUIST.

c) Keine näheren Beziehungen zu den Cornaceen und Araliaceen: WETTSTEIN.

Da *Cornus*, *Nyssa*, *Davidia* und *Garrya* nach FAIRBROTHERS und JOHNSON (1964) und FAIRBROTHERS (1966) serologisch eindeutig miteinander verwandt sind, darf man wohl annehmen, dass Cornaceen, Nyssaceen und Garryaceen tatsächlich zusammengehören. Das Phenolspektrum von *Davidia* erinnert ebenfalls an die Phenolspektren der *Cornus*-Arten. Sehr interessant ist das Camptothecin; ist ein Teil seines Gerüstes tatsächlich isoprenoider (iridoider) Herkunft, dann weist dieses Merkmal in der gleichen Richtung.

Zusammenfassend lässt sich sagen, dass die vorläufig spärlichen chemischen Daten sich am besten mit der Umgrenzung der *Cornales* im Sinne von TAKHTAJAN und ausserdem mit einer intermediären Stellung der letzteren zwischen den Saxifragaceen im weitesten Sinne und einer Reihe von sympetalen Familien (z. B. Loganiaceen, Rubiaceen) vereinigen lassen.

Vgl. ferner die Diskussionen in Bd. 3, S. 81 und 676, 184, 568-569 und Abb. 29, S. 544.

Literatur

FAIRBROTHERS, D. E., *Comparative serological studies in plant systematics,* The Serological Museum, Rutgers State Univ., Bull. *35*, 2-6 (1966).

FAIRBROTHERS, D. E., und JOHNSON, M. A., *Comparative serological studies within the Cornaceae and Nyssaceae*, Taxonomic Biochemistry and Serology (edited by CH. A. LEONE), 305-318, Ronald Press Comp., New York 1964.

178. Ochnaceae

Bäume oder Sträucher (selten Kräuter) mit wechselständigen, meist ungeteilten, deutlich fiedernervigen Blättern mit Nebenblättern. Blüten zwittrig, meist aktinomorph, ansehnlich, oft in rispigen Blütenständen. Kelch und Krone freiblättrig, oft 5zählig (auch mehr oder weniger); Staubblätter in wechselnder Zahl, wenige bis viele, zum Teil von Staminodien begleitet; Fruchtknoten oberständig, durch 2 bis 15 mehr oder weniger verwachsene Fruchtblätter gebildet, mit wenigen bis vielen Samenanlagen mit 2 Integumenten pro Fach. Steinfrüchte, Beeren oder Kapseln. Samen mit oder ohne Endosperm.

Die Ochnaceen sind in den Tropen und Subtropen beider Welthälften verbreitet.

Systematische Gliederung

Die etwa 400 Arten und 28 Gattungen werden im Syllabus über 5 Triben verteilt: *Ochneae*, *Lophireae*, *Elvasieae*, *Luxemburgieae* und *Euthemideae*.

Anatomische Merkmale

Die Ochnaceen sind überwiegend kahle Pflanzen. Bei vielen Vertretern der Familie kommen in Mark, Rinde und Blättern Schleimzellen und -gänge vor. Idioblasten mit mutmasslich gerbstoffartigem Inhalt scheinen in den Geweben der Achse ebenfalls verbreitet zu sein. Calciumoxalat tritt in der Form von Drusen auf. Blattsklereiden sind ziemlich verbreitet.

Chemische Merkmale

Leider ist vom Chemismus dieser in verschiedener Hinsicht intressanten Sippe (zum Teil Apokarpie; Holzanatomie: vgl. J. M. Dekker, *Wood anatomy and phylogeny of Luxemburgieae*, Phytomorphology *16*, 39 [1966]) noch sehr wenig bekannt.

In Brasilien werden nach Peckolt (1897) verschiedene Ochnaceen medizinisch verwendet. *Sauvagesia erecta* L. und *S. tenella* Lamk. sollen vor allem bei Cystitis und *Lavradia ericoides* St. Hil. zur Wundbehandlung im Gebrauche sein. Es bleibt zu ermitteln, ob die nachgesagten Wirkungen auf einem Reichtum an Polyphenolen beruhen. Nach Dekker (l. c. B 3.09) besitzen *Ochna*-Arten gerbstoffreiche Rinden und Hoehne (l. c. B 5.7) bezeichnet die brasilianischen Ochnaceen als stark adstringierend wirkende Pflanzen, deren Gerbstoffgehalt jedoch niedriger ist als derjenige der Dilleniaceen.

Bate-Smith (1962, l. c. Bd. 3, S. 40) konnte in hydrolysierten Blattextrakten von *Ochna serrulata* (Hochst.) Walp. nur Cyanidin (aus Leucocyanidin entstanden) und p-Cumarsäure nachweisen. Lebreton und Bouchez (1966) fanden in hydrolysierten Blattextrakten von *Ochna multiflora* DC. Luteolin, Apigenin und Cyanidin (aus Leucocyanidin). Demnach kommen bei *Ochna*-Arten Leucoanthocyane vor; Ellagsäure scheint zu fehlen und die Flavonole sind anscheinend durch Flavone ersetzt.

Delle Monache et al. (1967) isolierten aus den Wurzeln einer brasilianischen *Ouratea*-Art 3 % Ourateacatechin, $C_{16}H_{16}O_7$, und 1% dimeres Ouratealeucoanthocyan, $C_{31}H_{28}O_{12}$:

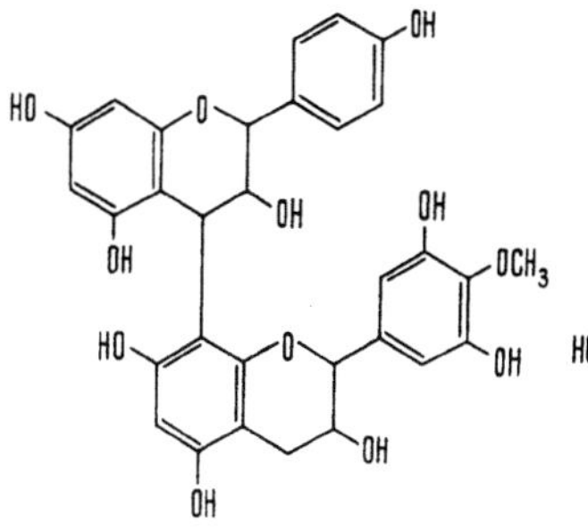

Ouratealeucoanthocyan

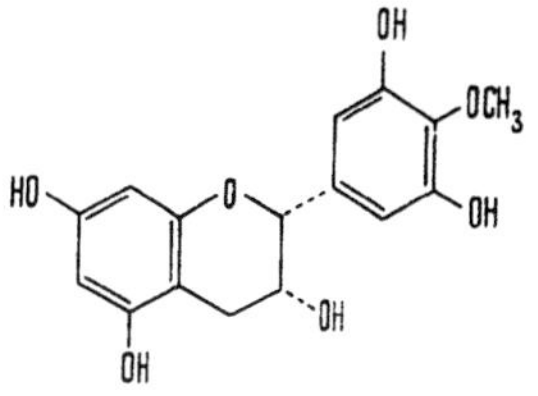

Ourateacatechin

Die Wurzeln der afrikanischen *Lophira lanceolata* van Tiegh. dienen als Arzneimittel bei verschiedenen Erkrankungen und zur Erleichterung von Menstrualschmerzen; die Droge ist alkaloid- und gerbstoffhaltig; Benzamid (0,05%; ist kein Artefakt) wurde isoliert (Persinos et al. 1967).

Fruchtwand und Samen der Ochnaceen sind oft ölreich. Das südamerikanische Batiputafett (J. Z. 56) stellt nach Eckey (l. c. B 3.03) das Perikarpfett von *Ouratea parviflora* Baill. (= *Gomphia parviflora* DC.) dar. Bei der afrikanischen *Ochna pulchra* Hook. f. enthalten Perikarp und Samenkerne etwa gleich viel ($\pm$35 %) Glyceride; beide Öle haben niedrige Jodzahlen (<75 %). Eingehend untersucht wurden bisher nur die Samenöle afrikanischer *Lophira*-Arten; sie werden in Ausbeuten von 30–40% erhalten und sind durch den hohen Gehalt an Palmitin- und Behensäure ausgezeichnet (Hilditch, l. c. B3.03; Busson, l. c. S. 124):

	C 16 : 0	*C 22 : 0*	*C 18 : 1*	*C 18 : 2*
Lophira alata Banks (Niamfett)	27–29%	14–34%	14%	12–33%
L. lanceolata van Tiegh.	40	12	11	30
L. procera A. Cheval.	38	21	12	26

Literatur

Delle Monache, F., et. al., Tetrahedron Letters *1967*, 4211.

Lebreton, Ph., und Bouchez, M.-P., *Distribution of phenolic compounds in the Parietales sensu lato*, The Chemistry of Natural Products, IUPAC, Stockholm 1966, Abstract Book, S. 181; Phytochemistry *6*, 1601 (1967).

Peckolt, Th., *Heil- und Nutzpflanzen Brasiliens. Ochnaceae*, Ber. Deut. Pharm. Ges. *7*, 288 (1897).

Persinos, G. J., et al., Planta Medica *15*, 361 (1967).

Schlussbetrachtungen

Ziemlich allgemein werden nahe Beziehungen zwischen Ochnaceen und Dilleniaceen angenommen. Dementsprechend wird die Familie den *Guttiferales* (WETTSTEIN, CRONQUIST, Syllabus), *Ochnales* (HUTCHINSON; über die *Theales* von den *Dilleniales* abgeleitet) oder *Dilleniales* (TAKHTAJAN; von diesen stammen die *Theales* ab) eingereiht.

Da umfassende chemische Arbeiten fehlen, ist eine chemotaxonomische Beurteilung der Familie heute nicht möglich.

179. Octoknemaceae

Die durch PH. VAN TIEGHEM (J. Botan. *19*, 45 [1905]) von den Olacaceen abgespaltenen Octoknemaceen werden heute gleich den Olacaceen zu den *Santalales* (TAKHTAJAN) oder *Olacales* (HUTCHINSON) gerechnet, oder sogar wiederum mit den Olacaceen vereinigt (WETTSTEIN, CRONQUIST, Syllabus).

Die Sippe wird durch die afrikanische Gattung *Octoknema*, die etwa 7 Arten zählt, gebildet. Es handelt sich um Bäume oder Sträucher mit ungeteilten, nebenblattlosen Blättern, die durch Reduktion eingeschlechtige Blüten mit einfacher, 5zähliger Blütenhülle tragen. ♂ Blüten mit 5 Staubblättern und mit einem Pistillodium; ♀ Blüten mit unterständigem, einfächerigem Fruchtknoten mit 3 Samenanlagen. Die Früchte sind einsamige Nüsse; Samen mit kleinem Embryo und stärke- und ölreichem Endosperm (VAN TIEGHEM).

Die Octoknemaceen tragen charakteristische büschelige bis sternförmige Deckhaare, lagern Calciumoxalat in der Form von Einzelkristallen ab und akkumulieren Aluminium (CHENERY, l. c. B 3.11; alle 3 untersuchten Arten). Weitere Einzelheiten sind nicht bekannt.

Durch die Aluminiumakkumulation unterscheiden sich die Octoknemaceen von den Olacaceen, denen sie nach der Auffassung der Mehrzahl der Systematiker nahestehen. VAN TIEGHEM nahm Verwandtschaft mit den *Corylaceae* (= *Betulaceae* p. p.) an.

Vgl. ebenfalls die Diskussion bei den *Olacaceae*.

180. Oenotheraceae

(= *Onagraceae;* exklusiv *Trapaceae* [= *Hydrocaryaceae*])

Meist krautige Pflanzen mit ungeteilten gegen- oder wechselständigen Blättern. Blüten meist auffallend gefärbt, oft gross, regelmässig oder seltener zygomorph, zwittrig, einzeln oder in traubigen Blütenständen. Kelch und Krone frei, in der

Regel 4zählig, dem Fruchtknoten oder der darüber hinaus verlängerten Blütenröhre aufsitzend; Staubblätter in gleicher oder doppelter Zahl wie die Kronblätter, am Rande der Blütenröhre inseriert; Fruchtknoten unterständig, ein- bis mehrfächerig mit wenigen bis vielen Samenanlagen mit 2 Integumenten. Kapseln, Nüsse oder Beeren. Samen ohne Endosperm.

Die Oenotheraceen besitzen kosmopolitische Verbreitung, vermeiden jedoch die Tropen weitgehend.

Systematische Gliederung

Im Syllabus werden die annähernd 650 Arten und 20 Gattungen über 9 Triben verteilt.

Anatomische Merkmale

Einzellige oder einzellreihige Deckhaare sind verbreitet. Raphidenzellen kommen allgemein vor (Fuchs 1898, l. c. Bd. 2, S. 11; Solereder; Molisch 1920); ihr Fehlen bei *Trapa* (Calciumoxalatdrusen) bildet eines der Argumente für den Ausschluss der Gattung aus den Oenotheraceen. Allerdings hat Kidwai (1965) mit Recht daraufhingewiesen, dass die Blätter von *Jussieua repens* L. ebenfalls Drusen enthalten; auch in der Gattung *Ludwigia* kommen neben Raphiden Drusen vor. Auffallend für viele Oenotheraceen sind die durch Stein (1915) beschriebenen Ölkörper (nicht «oil cells»: Metcalfe-Chalk) in Zellen der Epidermis von Blättern und Stengeln; sie dürften, wenigstens teilweise, aus Mischungen von Sterinen, Triterpenen und Kautschuk bestehen (vgl. Abschnitt 2). Ähnliche Ölkörper beobachtete Stein bei den Melastomataceen, nicht aber bei den Haloragaceen und Gunneraceen. Bei *Trapa* andererseits kommen ebenfalls kleine Ölkörper vor. Da die Oenotheraceen gerbstoffreiche Pflanzen sind, dürften Gerbstoffzellen weitverbreitet sein; solche wurden durch Kern (1959) für *Epilobium*-blätter beschrieben.

Wie andere Familien der *Myrtales* sind die Oenotheraceen durch bicollaterale Gefässbündel ausgezeichnet.

Literatur

Kern, H., *Zur quantitativen Bestimmung von Gerbstoffen*, Pharmazie *14*, 563 (1959).

Kidwai, P., *Stomatal ontogeny in some Onagraceae and Trapa*, Current Sci. (India) *34*, 260 (1965).

Molisch, H., *Aschenbild und Pflanzenverwandtschaft*, Sitz. ber. Akad. Wiss. Wien, Math.-Naturw. Kl., Abt. 1, *129*, 261 (1920).

Stein, F., *Ueber Oelkörper bei Oenotheraceen*, Oesterr. Botan. Z. *65*, 43 (1915).

Chemische Merkmale

Die Oenotheraceen gehören zu den Polyphenolakkumulatoren. In anderer Hinsicht wurden sie bisher kaum untersucht.

1. *Polyphenole und Gerbstoffe*

Hydrolysierte Blattextrakte enthalten stets Ellagsäure; daneben sind meistens Quercetin und p-Cumarsäure und oft Kaempferol und Kaffeesäure nachweisbar; Myricetin wurde nur bei *Chamaenerion dodonaei* Schur, *Epilobium hirsutum* L. und *Jussieua repens* L. (hier ebenfalls Leucodelphinidin) beobachtet; Leucoanthocyane, Ferula- und Sinapinsäure fehlten mit je einer Ausnahme gänzlich; untersucht wurden 11 Arten aus den Genera *Chamaenerion* (= *Epilobium* p. p.), *Circaea*, *Epilobium*, *Fuchsia*, *Gaura*, *Jussieua* (= *Jussiaea*), *Lopezia* und *Oenothera* (BATE-SMITH 1962, l. c. Bd. 3, S. 40). Da auch CAMBIE (l. c. Bd. 3, S. 40) bei 23 *Epilobium*- und 2 *Fuchsia*-Arten keine Leucoanthocyane beobachtete, steht wohl fest, dass solche in der Familie nur ausnahmsweise vorkommen.

Getrocknete Blüten von *Godetia whitneyi* Hort. (eine Hybride *G. amoena* × *G. grandiflora*) enthalten etwa 1,5% Flavonoide; Hyperin (0,32%) und Quercitrin (0,27%) wurden isoliert (G. G. ZAPESOCHNAYA et al., C. A. *64*, 3960 [1966]). Die Blütenpigmente von *Oenothera suaveolens* Pers. (grossblumige Varietät von *Oe. biennis* L.) sind Carotinoide (SCHÖTZ 1962).

Aus lufttrockenen Pflanzen von *Oenothera lavandulaefolia* Torr. et Gray isolierte KAGAN (1967) etwa 0,5% Myricetin-3-β-galaktosid.

Nach DEKKER und GNAMM (beide l. c. B 3.09) kommen bei den Oenotheraceen mässige bis grosse Mengen Gerbstoff vor. KERN (l. c. S. 223) fand in getrockneten *Epilobium*-Blättern etwa 6% echte Galloylgerbstoffe. HAPPICH et al. (1954) bestimmten den Gerbstoffgehalt ganzer Pflanzen von *Oenothera biennis* L. mit 11%. ZINSMEISTER et al. (1965) ermittelten für *Oenothera hookeri* Torr. et Gray folgende Gehalte an hydrolysierbaren Gerbstoffen: Früchte und Blätter 10–16%, Stengel und Blüten etwa 8%, Wurzeln und Samen 2–6%. In Samen scheinen grössere Gerbstoffmengen nicht selten aufzutreten; EARLE und JONES (1962, l. c. Bd. 3, S. 40) und JONES und EARLE (1966, l. c. S. 124) führen Samen von Arten der Gattungen *Clarkia*, *Gaura*, *Godetia*, *Jussieua* und *Oenothera* als gerbstoffhaltig auf.

In jüngster Zeit charakterisierten BROWN et al. (1965, 1966) die Gerbstoffe von *Chamaenerion angustifolium* (L.) Scop. (= *Epilobium angustifolium* L.); es handelt sich um Mischungen von Polygalloylglucosen mit Penta-O-galloylglucose als gemeisamem Grundbaustein; zusätzlich sind damit 2 bis 8 weitere Galloylreste depsidisch verknüpft; im Mittel enthält der Gerbstoff 10 Gallussäuremoleküle pro Molekül Glucose.

2. *Sterine, Triterpene und Kautschuk*

Die auf Seite 223 erwähnten Ölkörper dürften neben Glyceriden Sterine, Triterpene und Kautschuk enthalten. Bisher sind allerdings nur wenige Einzelheiten bekannt geworden.

Das Polyisopren der Blätter von *Oenothera biennis* L. wurde durch HENDRICKS et al. (1946) eindeutig als Kautschuk identifiziert. Aus Blättern von *Chamaenerion angustifolium* (L.) Scop. isolierten GLEN et al. (1965) ein Gemisch von Triterpensäuren; 2α-Hydroxyursolsäure wurde rein gewonnen und eindeutig charakterisiert; später isolierten die gleichen Autoren (1967) noch Ursol-, Oleanol- und 2α-Hydroxyoleanolsäure (= Maslininsäure = Crataegolsäure); trockene Blätter enthalten 1,3–1,9% Triterpen. HUNECK (1967) fand im blühenden Kraut der gleichen Art n-Nonakosan, Cerylalkohol, β-Sitosterin und als einziges Triterpen Ursolsäure (nach Verseifung des Aetherextraktes). Bei gleicher Aufarbeitung fand HUNECK in *Epilobium obscurum* Schreb. ausschliesslich n-Nonakosan, Cerylalkohol und β-Sitosterin.

Aus Wurzeln von 5 *Oenothera*-Arten isolierten TSUKAMOTO et al. (1955; ebenfalls C. A. *49*, 14786 [1955]; *50*, 533 [1956]) reichlich β-Sitosterin. β-Sitosterin aus Samen von *Oenothera erythrosepala* Borb. (= *Oe. lamarckiana)* (T. MITSUHASHI und D. YOSHIDA, C. A. *60*, 7868 [1964]).

3. *Reservestoffe der Samen*

Nach EARLE und JONES (1962, l. c. Bd. 3, S. 40) und JONES und EARLE (l. c. S. 124) sind die Samen der Oenotheraceen stärkefrei; sie enthalten 12–35% Eiweiss und 15–40% fettes Öl; untersucht wurden Arten der Gattungen *Clarkia*, *Circaea*, *Gaura*, *Godetia*, *Jussieua* und *Oenothera*. Nach HEGER (1948) und DIECKMANN (1948) könnte Anbau von *Oenothera biennis* L. als Gemüse- und Ölpflanze erwogen werden; es wird mit einem Ölertrag von 200 kg pro ha gerechnet.

Die Samenöle von *Oenothera*-Arten enthalten wenig (meist $<10\%$) gesättigte Fettsäuren, 5–25% Ölsäure, 60–70% Linolsäure und an Stelle der Linolensäure 3–10% Isolinolensäure (= γ-Linolensäure = C 18 : 3; $\Delta^{6,9,12}$) (HILDITCH, l. c. B 3.03). Im ähnlich zusammengesetzten Samenöl von *Clarkia elegans* Dougl. (= *C. unguiculata* Lindl.) ist die γ-Linolensäure durch Vernolsäure (= 12,13-Epoxyölsäure) ersetzt (SMITH et al. 1960).

4. *Verschiedenes*

4.1 *Cyanogene Verbindungen: Gaura biennis* L. (MIRANDE 1913: Blätter von Jungpflanzen), *Jussieua longifolia* und *J. suffruticosa* L. (DOMINGUEZ, ex ROSENTHALER 1921: Stengel, Blätter, Blüten, Früchte) und *Oenothera biennis* L. (ROSENTHALER 1923, 1929) sind cyanogen. Frische Blätter von *Jussieua bonariensis* Micheli sollen 39-72 mg HCN pro 100 g abgeben (A. J. BAUDONI, C. A. *35*, 277 [1941]). Die Chemie der cyanogenen Verbindungen der Oenotheraceen ist noch gänzlich unbekannt.

4.2 *Alkaloide:* Bisher wurden keine Alkaloide aus Oenotheraceen isoliert. Nach ORECHOFF (1934, l. c. B 4.1) ist *Epilobium angustifolium* L. alkaloidhaltig. Samenextrakte geben vereinzelt ebenfalls Alkaloidreaktionen: *Gaura parviflora* Dougl. ex Hook., *Oenothera erythrosepala* Borb. (= *Oe. lamarckiana* de Vries), *Clarkia amoena* (Lehm.) Nels. et Macbr. (EARLE-JONES, l. c. Bd. 3, S. 40; JONES-EARLE, l. c. S. 124).

4.3 *Saponine:* Nach CAMBIE et al. (l. c. Bd. 3, S. 40) sind *Epilobium*-Arten oft saponinhaltig. RICARDI et al. (l. c. Bd. 2, S. 24) beobachteten Saponine ausschliesslich bei *Oenothera stricta* Ledeb. ex Link; bei 29 weiteren Vertretern der Familie aus den Genera *Boisduvalia*, *Epilobium*, *Fuchsia*, *Gayophytum*, *Godetia*, *Jussieua* und *Oenothera* wurden hämolysierende Stoffe nicht beobachtet.

4.4 *Zucker und zuckerähnliche Stoffe:* PLOUVIER (1951) suchte in Blättern von *Epilobium hirsutum* L., *Fuchsia globosa* Lindl., *Gaura biennis* L., *Lopezia coronata* Andr. und *Oenothera speciosa* Nutt. vergeblich nach Cycliten; er erhielt ausschliesslich Saccharosekristalle.

4.5 *Organische Säuren:* Die Oenotheraceen erzeugen reichlich Oxalsäure; sie wird in erster Linie in der Form von Calciumoxalat (Raphiden) in den Geweben deponiert. MOLISCH (1918) hat gezeigt, dass daneben gelöste Oxalate reichlich vorhanden sind *(Circaea lutetiana, Fuchsia globosa, Oenothera biennis);* in dieser Hinsicht gleicht die Familie den *Melastomataceae.*

Literatur

BROWN, B. R., et al., Chem. Commun. *1965*, 22; Biochem. J. *100*, 733 (1966).
DIECKMANN, A., Pharmazie *3*, 275 (1948).
GLEN, A. T., et al., Chemistry and Industry *1965*, 1908; J. Chem. Soc. *1967 C*, 510.
HAPPICH, M. L., et al., J. Am. Leather Chemists Assoc. *49*, 760 (1954).
HEGER, E. F., Pharmazie *3*, 273 (1948).
HENDRICKS, S. B., et al., Rubber Chem. and Technol. *19*, 501 (1946).
HUNECK, S., Phytochemistry *6*, 1149 (1967).
KAGAN, J., Phytochemistry *6*, 317 (1967).
MIRANDE, M., Compt. Rend. Soc. Biol. *75*, 434 (1913).
MOLISCH, H., Flora (Jena) N. F. *11*, 60 (1918).
PLOUVIER, V., Compt. Rend. *232*, 1239 (1951).
ROSENTHALER, L., Schweiz. Apoth. Z. *59*, 466 (1921); Biochem. Z. *134*, 215 (1923); Pharm. Acta Helv. *4*, 196 (1929).
SCHÖTZ, F., Planta *58*, 411 (1962).
SMITH, C. R., et al., J. Org. Chem. *25*, 218 (1960); J. Am. Oil Chemists' Soc. *37*, 320 (1960).
TSUKAMOTO, T., et al., Planta Medica *3*, 151 (1955).
ZINSMEISTER, H. D., et al., Planta *66*, 301 (1965).

Schlussbetrachtungen

Ganz allgemein werden die Oenotheraceen zu den *Myrtales* (WETTSTEIN, CRONQUIST, TAKHTAJAN), *Myrtiflorae* (Syllabus) oder bei engerer Umgrenzung der Ordnungen zu den *Lythrales* (HUTCHINSON) gerechnet.

Da chemisch noch wenig untersucht, lässt sich vorläufig nur folgendes feststellen: Die Polyphenolführung (Ellagsäure, Gallussäure) ist mit dieser Einreihung ins System der Dikotyledonen in guter Übereinstimmung.

181. Olacaceae

(einschliesslich *Erythropalaceae*)

Holzpflanzen mit wechselständigen, ganzrandigen Blättern, mit kleinen, meist zwittrigen Blüten. Kelch meist klein, 3-6zähnig; Krone 3-6zählig, frei- oder verwachsenblättrig; Staubblätter oft in gleicher oder doppelter Zahl wie die Kronblätter; Fruchtknoten in der Regel oberständig, oft unvollständig gefächert, mit wenigen Samenanlagen mit 0, 1 oder 2 Integumenten. Häufig Steinfrüchte. Samen mit gut entwickeltem Endosperm.

Die strauchigen oder baumförmigen Olacaceen sind zum Teil Wurzelparasiten (grüne Halbparasiten). Sie sind über die Subtropen und Tropen beider Welthälften verbreitet.

Systematische Gliederung

Die etwa 30 Gattungen und 250 Arten werden verschieden angeordnet. Für eine Reihe von Gattungen ist Zugehörigkeit zur Familie strittig. Es werden oft 2 bis 3 Unterfamilien unterschieden (vgl. LEMÉE; Syllabus):

I. **Schoepfioideae:**	Fruchtknoten unterständig. Nur *Schoepfia.*
II. **Dysolacoideae:**	Fruchtknoten oberständig; Samenanlagen mit 1 oder 2 Integumenten. Mit 4 Triben:
1. COULEAE:	*Coula*, *Eganthus*, *Endusa*, *Minquartia* und *Ochanostachys.*
2. HEISTERIEAE:	*Aptandropsis* und *Heisteria.*
3. ANACOLOSEAE:	10 Gattungen, worunter nach dem Syllabus ebenfalls *Erythropalum* (= *Erythropalaceae* anderer Autoren; bei TAKHTAJAN in *Santalales*, bei HUTCHINSON in *Celastrales*).
4. XIMENIEAE:	Nur *Ximenia.*
III. **Olacoideae:**	Fruchtknoten ober- oder mittelständig; Integumente fehlen.
5. OLACEAE:	*Liriosma* (= *Dulacia*), *Olax*, *Ptychopetalum.*
6. APTANDREAE	(= *Aptandraceae* bei HUTCHINSON): *Aptandra*, *Harmandia*, *Ongokea.*

Bei HUTCHINSON, TAKHTAJAN und im Syllabus werden die *Dipentodontaceae* (nur *Dipentodon sinicus* Dunn) den Olacaceen angeschlossen. Die Stellung dieser Sippe ist jedoch noch sehr zweifelhaft; so werden ebenfalls Beziehungen zu den *Celastraceae*, *Flacourtiaceae* und *Hamamelidaceae* erwogen.

Im Syllabus werden nur 2 Unterfamilien anerkannt (*Schoepfioideae* [inkl. *Dysolacoideae*] und *Olacoideae*). Ausserdem werden die *Octoknemaceae* (vgl. S. 222) als Tribus zu den *Schoepfioideae* gerechnet.

Anatomische Merkmale

In anatomischer Hinsicht ist die Familie recht heterogen. Ziemlich allgemein treten Calciumoxalatdrusen und -einzelkristalle auf. Ebenfalls recht häufig findet sich starke Verkieselung von Zellgruppen der Blätter. Blattsklereiden wurden bei einer Reihe von Gattungen beobachtet. Schleimzellen, -lücken und -gänge, Harzzellen und -lücken und gegliederte und ungegliederte Milchsaftschläuche kommen in einzelnen Sippen vor. Schizogene Harztaschen in Blatt und Rinde und Milchsaftschläuche im Mark, in der Rinde und in den Blättern scheinen für die Tribus der *Couleae* charakteristisch zu sein. Bei *Heisteria (Heisterieae)* wurden ausschliesslich Milchröhren beobachtet. Der Inhalt der Exkretlücken der *Couleae* wird durch Javellewasser blau gefärbt (METCALFE). Haare finden sich in erster Linie in der Form einzelliger Deckhaare.

Chemische Merkmale

Die *Olacaceae* wurden bisher nur wenig untersucht. Die wenigen verfügbaren Daten lassen es wahrscheinlich erscheinen, dass die Familie in ihren chemischen Merkmalen ebenfalls recht heterogen ist. Das Bekannte soll dementsprechend geordnet nach systematischen Gesichtspunkten besprochen werden.

Schoepfioideae

Bisher chemisch nicht bearbeitet.

Dysolacoideae — *Couleae*

Coula edulis Baill.: Liefert anscheinend vollkommen ungitfige Samen mit etwa 26% Öl und 72% Kohlenhydraten; Hauptfettsäure des Öles ist Ölsäure (89–95%) (HILDITCH, l. c. B 3.03; BUSSON, l. c. S. 124).

Minquartia guianensis Aubl.: Liefert ein brasilianisches Sandelöl; junge Zweige sollen 0,65–0,80% ätherisches Öl liefern, das nach Zimt riecht und schmeckt (FREISE 1933).

Dysolacoideae — *Heisterieae*

Heisteria parvifolia Smith (= *H. elegans* A. Chev.): Erzeugt ungiftige Samen, die 72% Öl enthalten; Hauptfettsäuren sind Ölsäure (60,7%) und eine unbekannte Fettsäure (23%) (BUSSON l. c. S. 124).

Dysolacoideae — *Anacoloseae*

Tetrastylidium engleri Schwacke: PECKOLT (1901) untersuchte Früchte und Holz; Harz, Gallussäure und Gerbstoffe im Perikarp; Samen mit 16% bitterem Öl; Holz, frei von ätherischem Öl, enthält reichlich eisenbläuende Gerbstoffe.

Dysolacoideae — *Ximenieae*

Ximenia americana L.: Alle Organe sind giftverdächtig. Unreife Früchte sind cyanogen (ERNST 1867); das Fruchtfleisch reifer Früchte wird genossen (BUSSON; LIGTHELM et al. 1954). Getrocknete Blätter lieferten 0,31% Blausäure; Sambunigrin, Pinit und ein nicht identifiziertes flavonoides Glykosid wurden isoliert (FINNEMORE et al. 1938); die Pflanze verursacht Vergiftungen des Viehs (WEBB, l. c. B 5.5). Die Rinde enthält gegen 17% Gerbstoff (GNAMM, l. c. B 3.09). Die Samen enthalten etwa 63% Öl (PIERAERTS 1917; EARLE-JONES, l. c. Bd. 3, S. 40) und 20% Eiweiss (EARLE-JONES). Sehr auffallend ist die Zusammensetzung der Fettsäuren des Samenöles (LIGTHELM et al. 1952, 1954): Etwa 7,5% gesättigte Fettsäuren (C_{16}–C_{28}), 36% Ölsäure, 33% einfach ungesättigte Säuren mit 20–30 C-Atomen und 22% Ximeninsäure (= Santalbinsäure), $CH_3—[CH_2]_5—$ $—CH{=}CH—C{\equiv}C—[CH_2]_7—COOH$. Die einfach ungesättigten Säuren besitzen die allgemeine Formel $CH_3—[CH_2]_7—CH{=}CH—[CH_2]_x—COOH$; im Öl wurden nachgewiesen:

x = 7 : Ölsäure	x = 15 : Ximensäure
x = 9 : 11-Eicosensäure	x = 17 : 19-Octacosensäure
x = 11 : Erucasäure	x = 19 : Lumequesäure
x = 13 : 15-Tetracosensäure	

Die Samen geben ebenfalls Alkaloidreaktionen (EARLE-JONES).

Das Holz und die Rinde der Wurzeln enthalten ebenfalls Glyceride mit Acetylenfettsäuren; Hauptfettsäuren der Wurzelglyceride sind 2 C_{18}-Säuren: *trans*-13-en-9,11-diin und *trans*-11, *trans*-13-dien-9-in; daneben kommt in geringeren Mengen Ximeninsäure vor (HATT et al. 1960, 1967).

Ximenia caffra Sond.: Blätter der var. *caffra* und der var. *natalensis* Sond. sind cyanogen; neben HCN wird ebenfalls Benzaldehyd abgespalten (HEGNAUER 1961). Beide Varietäten erzeugen ölreiche Samen (etwa 65% Öl in Samenkernen); die Öle besitzen die gleiche Zusammensetzung wie bei *X. americana* (LIGTHELM et al. 1952, 1954). LIGTHELM (1954) isolierte aus Samenöl noch 8-Hydroxyximeninsäure.

Olacoideae - *Olaceae*

Liriosma: Eine in Europa als Potenzholz («Lignum Muira-puama») bekannt gewordene Droge aus Brasilien (Holz von Wurzeln und Stamm) wurde ursprünglich *Liriosma*-Arten zugeschrieben (KLEESATTEL 1893; PECKOLT 1901; WEIGEL

1908). Wurzeln von *Liriosma ovata* Miers enthalten nach PECKOLT 0,055% Muyrapuamin (kristallisiertes, bitteres Alkaloid), amorphe Bitterstoffe, Harze und Polyphenole, aber kein ätherisches Öl. GRIEBEL (1912) beschrieb eine Identitätsreaktion für Muira-Puama-Extrakte. Vgl. ebenfalls unter *Ptychopetalum*.

Olax benthamiana Miq.: Die Blätter dieser westaustralischen Pflanze sind giftig; die Symptome bei Viehvergiftungen erinnern an HCN-Vergiftung (GARDNER-BENNETTS, l. c. B 5.5).

Olax dissitiflora Oliv.: Blätter cyanogen; gleichzeitig wird Benzaldehyd abgespalten (HEGNAUER 1961).

Olax scandens Roxb.: Soll alkaloidhaltig sein (WILLAMAN-SCHUBERT, l. c. B 4.5).

Olax stricta R. Br.: Die Lipide von Wurzeln, Stamm und Blatt enthalten Dienmonoin-Fettsäuren (HATT et al. 1967).

Ptychopetalum: ANSELMINO (1933) wies darauf hin, dass die brasilianische Pharmakopoe *P. olacoides* Benth. als Stammpflanze der Muira-Puama-Droge aufführt; eigene umfangreiche botanische Arbeiten brachten ihn zu der Überzeugung, dass Muira-Puama tatsächlich durch 2 *Ptychopetalum*-Arten geliefert wird: *P. olacoides* Benth. und *P. uncinatum* Anselmino (vgl. ebenfalls FREISE 1934).

Olacoideae-*Aptandreae*

Aptandra spruceana Miers: Wurzeln und Rinde liefern 0,3–1,5% ätherisches Öl, das nach Sassafrasöl riecht; es wurde in Brasilien als Ersatz des Sandelöles verwendet und ebenfalls unter dem Namen «Sandalo do Maranhão» ausgeführt (FREISE 1933, 1934).

Ongokea gore Engl. *(= O. klaineana* Pierre = *Onguekoa gore):* Besitzt sehr ölreiche Samen, aus denen das sogenannte Isanoöl oder Bolekoöl gewonnen wird. Dieses Öl wurde durch SEHER (1954), GUSTONE und SEALY (1963), MORRIS (1963) und BADAMI und GUSTONE (1963) sehr eingehend untersucht. Neben 6% gesättigten Fettsäuren, 14% Öl- und 5% Linolsäure enthält es eine Reihe von Acetylenfettsäuren und 8-Hydroxyacetylenfettsäuren, die alle 18 C-Atome besitzen (zusammen etwa 73% Acetylenfettsäuren) und 2% 9,10-Dihydroxystearinsäure. MORRIS (1963) hat zusätzlich 9,10-Epoxystearinsäure nachgewiesen. Hauptfettsäuren sind (neben der Ölsäure) die Isansäure (= Octadeca-17-en-9,11-diinsäure: etwa 30%), die Isanolsäure (= 8-Hydroxyisansäure: etwa 15%) und die Octadeca-9,11-diinsäure (etwa 10%); in Mengen von 1–6% kommen 3 weitere Acetylenfettsäuren und 3 weitere 8-Hydroxyderivate vor.

Literatur

ANSELMINO, E., *Die Stammpflanze von Muirapuama*, Arch. Pharm. *271*, 296 (1933).
BADAMI, R. C., und GUSTONE, F. D., J. Sci. Food Agric. *14*, 863 (1963).
ERNST, G. A., Arch. Pharm. *181*, 222 (1867).
FINNEMORE, H., et al., J. Soc. Chem. Ind., Transactions *57*, 167 (1938).

FREISE, F. W., *Brasilianische Sandelöle*, Pharm. Zentralhalle *74*, 517 (1933); *Brasilianische Pflanzendrogen des Welthandels*, Der Tropenpflanzer *37*, 469 (1934).
GRIEBEL, C., Zeitschr. Untersuch. Nahrungs- u. Genussmittel *24*, 687 (1912).
GUSTONE, F. D., und SEALY, A. J., J. Chem. Soc. *1963*, 5772.
HATT, H. H., et al., Austral. J. Chem. *13*, 488 (1960); *20*, 2285 (1967).
HEGNAUER, R., Pharm. Weekblad *96*, 590 (1961).
KLEESATTEL, H., *Ueber Muira Puama*, Ber. Deut. Pharm. Ges. *3*, 67 (1893).
LIGTHELM, S. P., Chemistry and Industry *1954*, 249.
LIGTHELM, S. P., et al., J. Chem. Soc. *1952*, 1088; J. Sci. Food Agric. *5*, 281 (1954).
MORRIS, L. J., J. Chem. Soc. *1963*, 5779.
PECKOLT, T., *Heil- und Nutzpflanzen Brasiliens. Olacaceae*, Ber. Deut. Pharm. Ges. *11*, 40 (1901).
PIERAERTS, J., Bull. Sci. Pharmacol. *24*, 210 (1917).
SEHER, A., Arch. Pharm. *287*, 548 (1954).
WEIGEL, G., *Lignum et radix Muira-puama*, Pharm. Zentralhalle *49*, 139, 973 (1908).

Schlussbetrachtungen

Die Olacaceen werden allgemein (WETTSTEIN, CRONQUIST, TAKHTAJAN Syllabus) an den Anfang der *Santalales* gestellt; sie sind in verschiedener Hinsicht weniger spezialisiert (z. B. Samenanlagen zum Teil mit Integumenten; zum Teil noch vollständig autotrophe Lebensweise). HUTCHINSON stellt seine kleine Ordnung der *Olacales* den *Santalales* voran. Nach HUTCHINSON und TAKHTAJAN stammt dieser Formenkreis mutmasslich von den *Celastrales* ab. Auch im Syllabus wird auf mögliche Beziehungen zu den *Celastrales (Icacinaceae)* und *Rhamnales* hingewiesen.

Vom Chemismus der Olacaceen ist leider nur wenig bekannt. Im Aufbau der Triglyceride spezialisierter Vertreter (*Ximenia* ein Halbschmarotzer; *Ongokea* eine Gattung der Olacoideen mit nackten Samenanlagen) erinnern sie ganz eindeutig an die Santalaceen (Acetylenfettsäuren). In der Verkieselungstendenz von Blattzellen zeigen sie ebenfalls grosse Übereinstimmung mit den *Loranthaceae* und *Santalaceae*. Im übrigen ist jedoch für eine gewinnbringende chemotaxonomische Auswertung vom Chemismus noch viel zu wenig bekannt.

Vgl. ebenfalls die Diskussionen bei den Balanophoraceen (Bd. 3, S. 224), bei den Loranthaceen (Bd. 4, S. 438) und bei den Santalaceen.

182. Oleaceae

Bäume oder Sträucher mit in der Regel gegenständigen, nebenblattlosen, ungeteilten oder gefiederten Blättern. Blüten meist zwittrig, regelmässig, oft auffallend gefärbt, in arm- bis vielblütigen Blütenständen. Kelch und Krone oft 4zählig, beide frei oder an der Basis röhrig verwachsen. Staubblätter meist 2, der Kronröhre eingefügt, wenn eine solche vorhanden; Fruchtknoten oberständig, 2fächerig, mit 1, 2 oder mehr Samenanlagen mit einem Integument pro Fach. Kapseln, Steinfrüchte, Beeren oder geflügelte Nüsse *(Fraxinus)*. Samen mit oder ohne Endosperm.

Die Oleaceen besitzen weltweite Verbreitung.

Systematische Gliederung

Die annähernd 600 Arten und 30 Gattungen werden heute auf Grund von cytologischen Arbeiten (Taylor 1945; Johnson 1957; Maekawa 1962) in 2 Unterfamilien und 7 Tribus unterteilt. Der Syllabus hat die Einteilung von Johnson übernommen:

I. **Jasminoideae:** 1 bis viele Samenanlagen pro Ovarfach; Haploidzahlen der Chromosomen 11, 13 (26) oder 14.

1. JASMINEAE: *Menodora*, *Jasminum*
2. FONTANESIEAE: *Fontanesia*
3. FORSYTHIEAE: *Abeliophyllum*, *Forsythia*
4. SCHREBEREAE: *Comoranthus*, *Schrebera*
5. MYXOPYREAE: *Myxopyrum*

II. **Oleoideae:** 2 hängende Samenanlagen pro Ovarfach. Haploidzahlen der Chromosomen: (24), 23 (46, 69), (22).

6. FRAXINEAE: *Fraxinus*
7. OLEEAE: 18 (Johnson) - 25 Gattungen.

Die Gattungen *Dimetra* und *Nyctanthes*, die vielfach den *Oleaceae-Jasminoideae* zugerechnet werden, wurden durch Airy Shaw (1952) nach den Verbenaceen (Subfam. *Nyctanthoideae*) versetzt. Johnson (1957) und der Syllabus (1964) haben diese Auffassung übernommen. Für *Dimetra* fehlen chemische Arbeiten; *Nyctanthes* andererseits wurde verhältnismässig intensiv bearbeitet; da die bekannten chemischen Merkmale Einreihung in die Verbenaceen kaum befürworten, soll diese Gattung hier bei den Oleaceen belassen werden.

Literatur

Airy Shaw, H. K., *Note on the taxonomic position of Nyctanthes L. and Dimetra Kerr*, Kew Bull. *1952*, 271.

Johnson, L. A. S., *A review of the family Oleaceae*, Contr. N. S. Wales National Herbarium *2*, 395 (1957).

Maekawa, F., *Major polyploidy with special reference to the phylogeny of Oleaceae*, J. Japanese Botany *37*, 25 (1962).

Taylor, J. H., *Cytotaxonomy and Phylogeny of Oleaceae*, Brittonia *5*, 337 (1945).

Anatomische Merkmale

Für viele Oleaceen sind schildförmige Deckhaare und Mesophyllsklereiden (vgl. ARZEE 1953) charakteristisch. Drüsenhaare mit einzelligem Stiel und vier- bis mehrzelligem Kopf (Typus der Labiatendrüse!) kommen ebenfalls vor. Calciumoxalat wird in erster Linie in der Form von zahlreichen kleinen Nädelchen (nicht Raphiden!; METCALFE-CHALK, Vol. 2, S. 894; Text zu Abb. 207) und Prismen abgelagert. Intraxyläres Phloem fehlt (im Gegensatz zu den Gentianaceen, Loganiaceen, Asclepiadaceen und Apocynaceen). Nach STANT (1952) befürworten die anatomischen Merkmale von *Dimetra craibiana* Kerr und *Nyctanthes arbor-tristis* L. (einzellige Deckhaare, Drüsenhaare mit 4zelligem Kopf, Fehlen von schildförmigen Deckhaaren, Mesophyllsklereiden und extrafloralen Nektarien und Vorkommen von Cystolithen bei *Dimetra*) Einreihung dieser Sippen in die Verbenaceen. Sehr überzeugend wirken die Argumente nicht, zumal nach ANANDA RAO (1947) *Nyctanthes arbor-tristis* L. Blattsklereiden führt.

Literatur

ANANDA RAO, T., *The occurrence of sclerosed palisade cells in the leaves of Nyctanthes arbor-tristis L.*, Current Sci. (India) *16*, 123 (1947).

ARZEE, T., *Morphology and anatomy of foliar sclereids of Oleaceae*, Am. J. Botany *40*, 680, 745 (1953).

STANT, M. Y., *Anatomical evidence for including Nyctanthes and Dimetra in the Verbenaceae*, Kew Bull. *1952*, 273.

Chemische Merkmale

Neben zahlreichen Zierpflanzen *(Forsythia, Jasminum, Ligustrum, Syringa)* liefert die Familie dem Menschen wertvolles Holz (*Fraxinus*-Arten), Eschen-Manna (*Fraxinus ornus* L.; vgl. über Mannagewinnung beispielsweise HUBER 1953) und Oliven und Olivenöl (stammen von *Olea europaea* L.; vgl. hierüber beispielsweise TURRILL 1951; VAZQUEZ RONCERO 1963, 1964, 1965). Eine recht grosse Zahl von Oleaceen findet ausserdem in der Heilkunde Verwendung, wobei allerdings zu bemerken ist, dass die meisten Oleaceendrogen nur eine sehr lokale Bedeutung besitzen (diesbezügliche Angaben in den sub B5 zitierten Werken).

In chemischer Hinsicht wurden die Oleaceen verhältnismässig intensiv bearbeitet. Mannit, reichliches Vorkommen von freien Triterpensäuren und eine grosse Zahl von phenolischen Glykosiden charakterisieren die Oleaceen. STEINEGGER und STEIGER (1959) gaben eine ausführliche Zusammenfassung der phytochemischen Oleaceen-Literatur; nach dieser Arbeit wird für zahlreiche zusätzliche Einzelheiten und Literaturhinweise verwiesen.

1. *Oleuropein und verwandte Stoffe*

Glykoside und Zuckerester von Monoterpenen und von phenolischen Säuren und Alkoholen sind vermutlich charakteristisch für die Familie. Sie treten vergesellschaftet auf, sind säure- und alkaliunbeständig und bereiten erhebliche Schwierigkeiten bei der Reindarstellung. Oft wurden nur Mischungen oder Abbauprodukte der genuinen Pflanzenstoffe erhalten. Nur für eine Art, *Olea europaea* L., konnten bisher die Verhältnisse weitgehend geklärt werden (PANIZZI et al. 1958, 1960, 1965; BEYERMAN et al. 1961). Die «Oleuropeine» von BOURQUELOT und VINTILESCO (1908, 1910), CRUESS und ALSBERG (1934) und SHASHA und LEIBOWITZ (1959, 1960, 1961) stellten Stoffgemische dar (z. B. Oleuropein + Verbascosid; Oleuropein + Saccharoseester der Oleuropeinsäure). Erst die italienischen Forscher konnten den Bitterstoff Oleuropein rein gewinnen und seine Struktur abklären. Bei kalter, saurer Verseifung zerfällt das Oleuropein in Glucose, 3,4-Dihydroxyphenylaethylalkohol und den Methylester einer Dicarboxylsäure mit einer enolisierbaren Aldehydgruppe; das Enolhalbacetal dieser Säure stellt das eigentliche Aglykon des Oleuropeins dar. Das Elenolid von VEER et al. (1957) ist das Lacton obiger Säure; es bildet sich bei der Vacuumsublimation.

Säure $C_{11}H_{14}O_6$

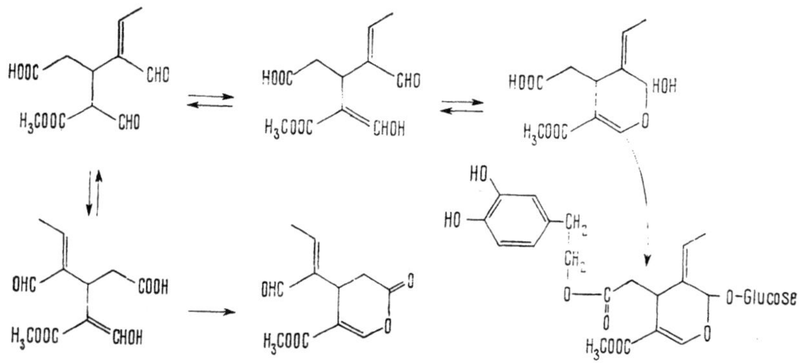

Elenolid, $C_{11}H_{12}O_5$ Oleuropein, $C_{25}H_{32}O_{13}$

Das Oleuropein ist gleichzeitig ein Vertreter der iridoiden Verbindungen vom Gentianintypus (vgl. Bd. 3, S. 33; i. e. ein Monoterpen) und der Alkylphenole vom Brenzcatechintypus (z. B. Kaffeesäure). Es kommt in Wurzel, Stamm, Blatt und Früchten des Ölbaumes *(Olea europaea)* vor und soll das hypotensiv wirksame Prinzip der Olivenblätter darstellen (PANIZZI et al. 1958, 1960). Oleuropein wird bei *Olea* in allen Organen von einem Saccharoseester der Oleuropeinsäure (MECHOULAM et al. 1962) begleitet; Blätter und unreife Früchte enthalten gleichzeitig reichlich Verbascosid (= Orobanchin, vgl. S. 251) (PANIZZI et al. 1965; SCARPATI und TROGOLO 1966). Verbascosidhaltige Oleuropeine wurden mutmasslich verschiedentlich aus Oleaceen isoliert (amorphe Bitterstoffe; amorphe Glykoside; «Gerbstoffe»); insbesondere könnte es sich beim Syringopikrin, Ligustropikrin, Jasmipikrin und Jasmiflorin um dergleiche Stoffgemische gehandelt haben (Literaturzusammenstellung bei STEINEGGER-STEIGER 1959). Die labilen Glykoside von LISITSYN (C. A. *46*, 10310 [1952]; *47*, 696 [1953]) in Blättern von *Syringa vulgaris* L. und *Fraxinus excelsior* L. gehören mutmasslich ebenfalls hierher.

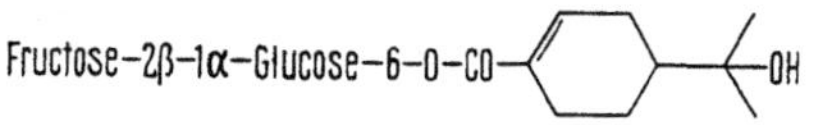

6-O-Europeylsaccharose, $C_{22}H_{36}O_{13}$

BIRKHOFER et al. (1961) isolierten aus weissen Fliederblüten einen Kaffeesäureester, der nach HARBORNE (1966) mit Verbascosid identisch ist. Die nach Hydrolyse von Extrakten bei Oleaceen regelmässig nachgewiesene (BATE-SMITH 1962, l. c. Bd. 3, S. 40) oder aus ihnen isolierte (0,3%: beblätterte Stengel von *Jasminum nudiflorum* Lindl.; CHARAUX 1910) Kaffeesäure dürfte zur Hauptsache aus verbascosidähnlichen Verbindungen und nicht aus Chlorogensäure stammen. GORTER (1909) konnte bei den 4 untersuchten Oleaceen Chlorogensäure nicht nachweisen. Aus zwei Oleaceen wurde kürzlich Tyrosol (p-Hydroxyphenylaethylalkohol) isoliert; möglicherweise liegt letzteres gleich dem 3,4-Dihydroxyphenylaethylalkohol in den Pflanzen als Glykosid vor. Tyrosol wurde aus Blüten von *Osmanthus fragrans* Lour. (T. ISHIGURO et al., C. A. *49*, 16358 [1955]) und aus Blättern von *Ligustrum ovalifolium* Hassk. (VEER et al. 1957) isoliert. Bei alkalischer Extraktion von Blättern von *Ligustrum japonicum* Thunb. konnten PASSERINI und PAPINI (1951) p-Cumarsäure isolieren.

Die in der Literatur vielfach sich vorfindenden Angaben über Gerbstoffgehalte der Oleaceen sind kritisch zu betrachten; die nachgewiesenen Polyphenole dürften in den meisten Fällen verbascosidähnliche Verbindungen sein. Jedenfalls konnten bisher die charakteristischen Gerbstoffbausteine Catechine und Leucoanthocyane und Gallussäure und Ellagsäure nicht eindeutig nachgewiesen werden, obwohl recht intensiv nach ihnen gesucht wurde (BATE-SMITH 1962, l. c. Bd. 3, S. 40; CAMBIE et al. 1961, l. c. Bd. 3, S. 40; GIBBS 1956/57, l. c. Bd. 2, S. 18 [100 Arten aus 15 Gattungen reagierten negativ beim Methanol-HCl-Test]). Das in der Literatur stets wieder genannte Vorkommen von Gallussäure bei *Olea europaea* L. geht auf eine Mitteilung von CANZONERI (1906) zurück; der Befund bedarf der Bestätigung. Protocatechusäure fehlt dem Ölbaum, im Gegensatz zu anderslautenden Angaben, ebenfalls (PANIZZI et al. 1965). Allerdings führen neuerdings DAS und RAO (1966) Gallussäure, Protocatechusäure und Chlorogensäure als regelmässige Bestandteile von Oleaceen an; diese Ergebnisse von chromatographischen Untersuchungen mit Blattextrakten bedürfen der Bestätigung mit Hilfe von anderen Methoden.

2. *Syringin und Coniferin*

Syringinspeicherung in Rinden ist charakteristisch für viele Oleaceen und kann deshalb als ein Familienmerkmal angesehen werden. Ausnahmsweise enthalten Blätter (immergrüne Arten) ebenfalls reichlich Syringin. Coniferin konnte bisher ausschliesslich aus der Rinde von *Fraxinus quadrangulata* Michx. isoliert werden (0,6%; Plouvier 1954). Syringin kommt in den Gattungen *Fontanesia*, *Forestiera*, *Fraxinus*, *Jasminum*, *Ligustrum*, *Notelaea*, *Osmanthus*, *Phillyrea*, *Siphonosmanthus* und *Syringa* vor; auch aus dem intergenerischen Bastard ×*Osmarea burkwoodii* wurde es isoliert; andererseits konnte es bisher in den Gattungen *Forsythia* und *Olea* nicht nachgewiesen werden (Vintilesco 1906; Kramer 1933; Plouvier 1948, 1952, 1962; weitere Literaturhinweise bei Steinegger-Steiger 1959).

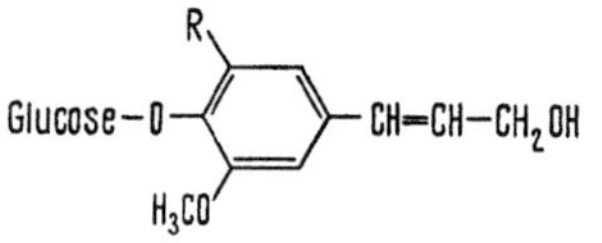

R = H : Coniferin
R = OCH_3 : Syringin

3. *Lignane und Lignanglucoside*

Phillyrin (= Phillyrosid = Forsythiosid = Chionanthin) konnte für verschiedene Oleaceen nachgewiesen werden. Es ist das Monoglucosid des Phillygenins (= Phillygenol = Forsythigenol). Es tritt in zwei Modifikationen auf (F 154° und F 187–188°: Eijkman 1886; Sosa 1947) und löst sich überraschend gut in Chloroform (Eijkman 1886; Steinegger-Jacober 1959). In der Gattung *Olea* hat man Phillyrin nicht gefunden; aus dem Harz und Holz der Stämme erhielt man zwei andere Lignane, den Olivil aus *Olea europaea* L. (Vanzetti 1929) und den Isoolivil aus *Olea cunninghamii* Hook. f. (Briggs-Frieberg 1937).

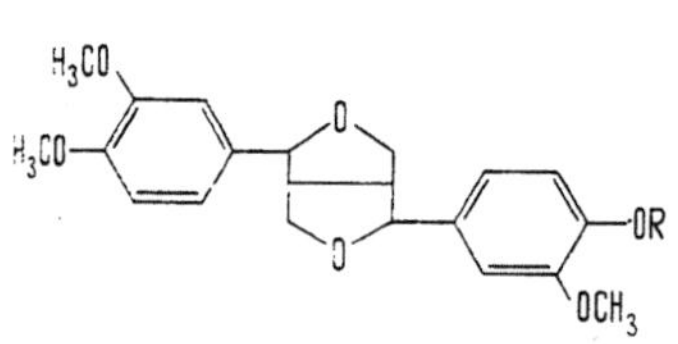

R = H : Phillygenin
R = Glucosyl : Phillyrin

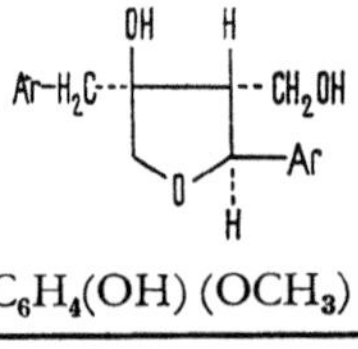

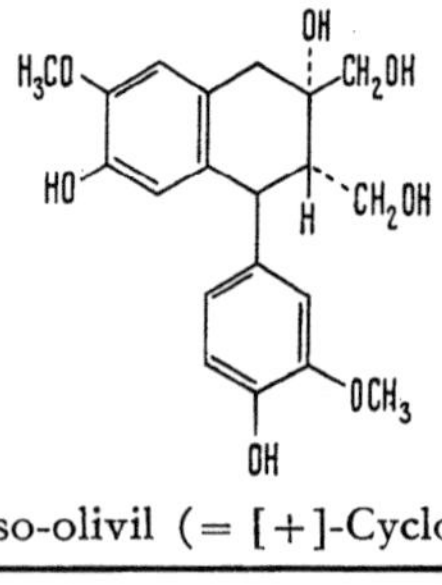

Ar = $C_6H_4(OH)(OCH_3)$: Olivil (+)-Iso-olivil (= [+]-Cycloolivil)

(Traverso 1960; Freudenberg-Weinges 1962; Smith 1963; Kato 1964; Ayres. Mhasalkar 1964, 1965).

Phillyrin konnte bisher aus folgenden Arten isoliert werden:

Chionanthus virginicus L.: Vor allem reichlich in Wurzeln (Steinegger-Jacober 1959).

Forsythia koreana Nakai: Forsythin aus Blättern (S. Kunimine und Sh. Suzuki, Chem. Centr. *1938 II*, 697) ist identisch mit Phillyrin (T. Kaku et al., Chem. Centr. *1940 I*, 2803; Gripenberg 1949).

F. suspensa Vahl: Blätter (Eijkman 1886; Sosa 1947; Steinegger-Jacober 1959).

Jasminum beesianum Forrest et Diels: Zweige (Steinegger-Jacober 1959).

Ligustrum acuminatum Koehne: Die Blätter enthalten mutmasslich Phillyrin (Steinegger-Jacober 1959).

L. ibota S. et Z.: Isolierte Kristalle waren wahrscheinlich Phillyrin (Eijkman 1886).

L. japonicum Thunb.: Blätter enthalten vermutlich Phillyrin (Steinegger-Jacober 1959).

Osmanthus fragrans Lour.: Blätter (Eijkman 1886; Steinegger-Jacober 1959).

O. ilicifolius Mouillef. (= *O. heterophyllus* [G. Don] P. S. Green = *O. aquifolium* Benth. et Hook.): Blätter (Steinegger-Jacober 1959).

Phillyrea latifolia L.: 1,6% aus frischer Rinde (Kramer 1933; fehlt bei *Ph. decora* L.); Blätter, Wurzeln, Zweige (Steinegger-Jacober 1959).

Gleich dem Syringin ist das Phillyrin ein für die Oleaceen charakteristisches Glucosid; es kommt allerdings ebenfalls nicht allgemein vor; in Olivenblättern (*Olea europaea* L.) konnte es beispielsweise nicht nachgewiesen werden (Steinegger-Jacober 1959).

4. *Cumarine*

Cumarine sind charakteristische Inhaltstoffe vieler *Fraxinus*-Arten. Lingelsheim (1916) hat wässrige Rindenauszüge aller Arten der Gattung auf blaue oder blaugrüne Fluoreszenz (Cumarine und Cumaringlucoside) geprüft und das Merkmal bei der systematischen Gliederung verwendet:

Sectio *Ornus* (Neck.) DC.
- Subsectio *Bracteatae* Lingelsh.: Nicht fluoreszierend.
- Subsectio *Ebracteatae* Lingelsh. }
- Subsectio *Ornaster* Koehne et Lingelsh. } Fluoreszierend.

Sectio *Fraxinaster* DC.
- Subsectio *Dipetalae* Lingelsh. (inkl. *F. anomala* Torr.): Fluoreszierend.
- Subsectio *Pauciflorae* Lingelsh.: Nicht fluoreszierend.
- Subsectio *Sciadanthus* Coss. et Dur.: Fluoreszierend.
- Subsectio *Melioides* Endl.: Nicht fluoreszierend.
- Subsectio *Bumelioides* Endl.: Fluoreszierend.

Plouvier (1954) hat dieses Verhalten bei 26 Arten bestätigt und darauf hingewiesen, dass in der Gattung *Fraxinus* Syringin und Cumarine in der Rinden vikariierend auftreten.

Aesculetin und seine Glucoside Aesculin und Cichoriin und Fraxetin und sein Glucosid Fraxin sind die hauptsächlichsten fluoreszierenden Inhaltstoffe von Eschenrinden; sie können von Fraxidin, Isofraxidin und Fraxinol begleitet werden:

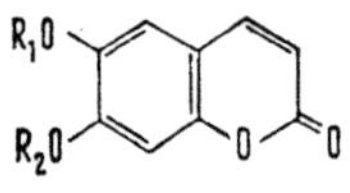

	R_1	R_2
Aesculetin	H	H
Aesculin	Glucosyl	H
Cichoriin	H	Glucosyl

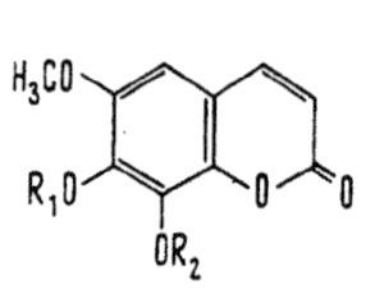

	R_1	R_2
Fraxetin	H	H
Fraxin	H	Glucosyl
Fraxidin	CH_3	H
Isofraxidin	H	CH_3

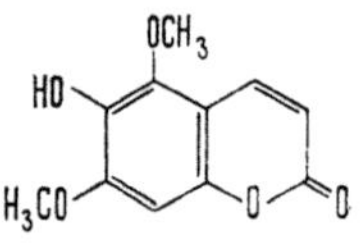

Fraxinol

Aus folgenden *Fraxinus*-Arten konnten bisher reine Cumarine isoliert werden.

Fraxinus angustifolia Vahl (= *F. oxycarpa* Willd. = *F. oxyphylla* M. Bieb.): Aesculin aus Rinde (PARIS-STAMBOULI 1961).

F. apertisquamifera Hara (= *F. sambucina* Koidz.): Fraxin und Aesculetin (H. SHIMADA, C. A. *46*, 9262 [1952]).

F. excelsior L.: Fraxin, Fraxetin, Fraxinol, Fraxidin und Isofraxidin aus Rinde (WESSELY-DEMMER 1928, 1929; SPÄTH-JERZMANOWSKA 1937). PARIS und STAMBOULI (1960) wiesen daneben noch Aesculin und Aesculetin nach und zeigten, dass Blätter und Holz ebenfalls geringe Mengen von Cumarinen enthalten.

F. japonica Blume (= *F. kantonensis* Koidz.) var. *stenocarpa* (Koidz.) Owi (= *F. spaethiana* sensu auct. japon. non Lingelsh.) und var. *intermedia* (Nakai) Hara (= *F. intermedia* Nakai): Aesculetin und Fraxetin (H. SHIMADA, C. A. *46*, 6328 [1952]; N. MORITA und M. HORI, C. A. *48*, 7008 [1954]).

F. longicuspis S. et Z. (= *F. borealis* Nakai): Aesculin, Fraxin, Aesculetin, Fraxetin (H. SHIMADA, C. A. *46*, 9262 [1952]).

F. mandshurica Rupr. var. *mandshurica* und var. *japonica* Maxim. (= *F. excelsissima* Koidz.): Fraxinol (H. SHIMADA, C. A. *46*, 6326 [1952]).

F. nigra Marsh.: Fraxin, Aesculin, Fraxetin und Aesculetin in Rinde und Holz nachgewiesen (PARIS-STAMBOULI 1960).

F. ornus L.: Cichoriin aus Blüten, Aesculetin aus Blättern und Aesculin aus Rinde (STEINEGGER-BRANTSCHEN 1959). PARIS und STAMBOULI (1960) fanden Cichoriin ebenfalls in Blüten und Früchten und Aesculin und Fraxin in allen Organen.

F. potamophila Herd.: KH. A. ABDUMAZINOV et al. (C. A. *57*, 5024 [1962]) isolierten 0,69% Kristalle der angeblichen Zusammensetzung $C_8H_{10}O_2$.

F. rhynchophylla Hance (= *F. sinensis* Roxb. var. *rhynchophylla* Hemsl.): Aesculin und Aesculetin aus der Rinde (= chinesische Droge «Chin Pie») (P.-F. MEI et al., C. A. *59*, 12591 [1963]).

F. sieboldiana Blume: Aesculin und Aesculetin (H. SHIMADA, C. A. *46*, 6328 [1952]).

F. sinensis Roxb. (= *F. chinensis* Roxb.): Fraxetin aus Rinde (YANG 1948).

F. spaethiana Lingelsh. (= *F. commemoralis* Koidz. = *F. verecunda* Koidz.): Keine Cumarine sondern Syringin (H. SHIMADA, C. A. *46*, 6328, 9262 [1952]).

5. *Flavonoide Verbindungen*

Catechine und Leucoanthocyane fehlen den Oleaceen anscheinend (vgl. S. 235). Flavonole und Flavonolglykoside scheinen verbreitet zu sein. BATE-SMITH (1962, l. c. Bd. 3, S. 40) beobachtete regelmässig Quercetin und Kaempferol in hydrolysierten Blattextrakten. Quercetin ist wahrscheinlich das Hauptflavonol vieler Oleaceen und Rutin das am häufigsten auftretende Glykosid.

Bereits EIJKMAN (1886) isolierte Quercetin aus Blättern von *Forsythia suspensa* Vahl und *Osmanthus fragrans* Lour.

Rutin wird für folgende Arten angegeben:

Fraxinus angustifolia Vahl (= F. *oxyphylla* M. Bieb.) (PARIS-STAMBOULI 1961; Blätter), *F. excelsior* L., *nigra* Marsh. und *ornus* L. (PARIS-STAMBOULI 1960; alle Blätter).

Forestiera acuminata Poir. (2,3%) und *F. neomexicana* Gray (1,4%) (PLOUVIER 1964; beide Blätter).

Ausserdem wurde Rutin aus Blüten und Blütenstaub von *Forsythia europaea* Deg. et Bald., *F. japonica* Makino, *F. koreana* Nakai, *F. ovata* Nakai, *F. suspensa* Vahl, *F. viridissima* Lindl. und *F.* × *intermedia* Zabel isoliert (PLOUVIER-SOSA 1948; FUJITA et al. 1960; KUHN-LÖW 1960 [Rektifikation von früheren Befunden mit von MÖWUS geliefertem Pollen: Quercitrin und Milchzucker kommen im Blütenstaub von *F.* × *intermedia* nicht vor]).

Die Blätter von *Olea europaea* führen hauptsächlich Luteolin, Luteolin-7-glucosid, Olivin und Olivin-4′-diglucosid; Olivin soll ein Tetrahydroxy-monomethoxy-β-methylchalkon sein (BOCKOVA et al. 1964).

6. *Zucker und Mannit*

Die meisten Oleaceen speichern reichlich Mannit in Blättern, Rinden, Wurzeln und Früchten (POWER-TUTIN 1908; VINTILESCO 1910; PLOUVIER 1948, 1952, 1954; PARIS-STAMBOULI 1960, 1961). Aus vielen Arten aus den Gattungen *Chionanthus*, *Forestiera*, *Forsythia*, *Fraxinus*, *Jasminum*, *Ligustrum*, *Notelaea*, *Olea*, *Phillyrea*, *Osmanthus*, *Syringa* und aus ×*Osmarea burkwoodii* wurde Mannit isoliert. Eschenmanna (stammt von *Fraxinus ornus* L.) besteht zur Hauptsache aus Mannit. Auch die in Indien als «Gum Mokka» bekannte Manna von *Schrebera swietenioides* Roxb. enthält etwa 70% Mannit und daneben Fructose, Galaktose und das Digalaktosid Swietenose (INGLE-BHIDE 1954, 1958).

In Blatt und Rinde wird Mannit meistens von Saccharose und im Winter von Raffinose und Stachyose (vgl. Jeremias, l. c. Bd. 4, S. 339) begleitet. Bei *Fontanesia fortunei* Carr. und *F. phillyreoides* Labill. fand Plouvier (1948) keinen Mannit; aus diesen Arten liess sich ausschliesslich Saccharose isolieren. Desgleichen erwiesen sich die Blüten von *Forsythia*-Arten als mannitfrei (Plouvier-Sosa 1948). Aus Winterzweigen von *Jasminum officinale* L. isolierte Vintilesco (1910) Stachyose. In Blättern führen die Oleaceen oft geringe Mengen ($<$0,2%) Sedoheptulose (U. Kull 1965; und briefl. Mitteilung; nachgewiesen für *Fraxinus excelsior* und *F. ornus*, *Olea europaea* und *Syringa vulgaris*).

7. *Triterpene, Sterine und Wachse*

Oleanolsäure (= Oleanol) ist das Haupttriterpen der Blätter von *Olea europaea* L. (Power-Tutin 1908: 3,4%; Huneck 1961); es wird von Erythrodiol (= Homoolestranol) begleitet (Huneck 1961; Huneck-Lehn 1963). In den Früchten kommt Crataegolsäure (= Maslinsäure; Formel S. 189) vor (Cagliotti et al. 1960, 1961, 1962).

Bei vielen Oleaceen scheint Ursolsäure die mengenmässig überwiegende freie Triterpensäure der Blätter zu sein (Pourrat et al. 1954): *Chionanthus virginicus* L. 0,3%; *Forsythia viridissima* Lindl. 0,2%; *Fraxinus excelsior* L. 0,7%; *F. ornus* L. 1,1% (daneben Ornol, $C_{30}H_{48(50)}O_2$); *Jasminum fruticans* L. 0,7%; *J. officinale* L. 0,2%; *Ligustrum japonicum* Thunb. 0,2%; *Osmanthus fragrans* Lour. 0,4% (ebenfalls T. Kariyone et al., C. A. *44*, 2068 [1950]); *Phillyrea angustifolia* L. 0,4%; *Ph. latifolia* L. 0,4%; *Syringa persica* L. 0,5%; *S. vulgaris* L. 0,4%.

Blätter von *Jasminum odoratissimum* L. enthalten Oleanol- und Ursolsäure (Shimano et al. 1957). Aus Früchten von *Ligustrum japonicum* Thunb. wurden Ursol-, Oleanol- und Acetyloleanolsäure isoliert (T. Takemoto et al., C. A. *50*, 3492 [1956]; Passerini et al. 1953, 1954) und aus den Samen Oleanolsäure (K.-T. Kuo et al., C. A. *63*, 15222 [1965]) und Lupeol, Nonakosanol und β-Sitosterin (T. Takemoto und T. Sai, ex Kariyone, Ann. Rep. 1958, l. c. Bd. 3, S. 41). Das Perikarp von *Forsythia suspensa* Vahl enthält annähernd 1% Oleanolsäure (Murakami 1957). Aus Blüten von *Osmanthus fragrans* Lour. var. *aurantiacus* Makino isolierten Ishiguro et al. (1958) Oleanolsäure, Ursolsäure und Uvaol.

Stigmasterin wurde aus Wurzeln von *Ligustrum neilgherrense* Wight isoliert (Anjaneyulu et al. 1965).

Neben freien Triterpensäuren und Triterpenalkoholen hat man in Blatt- und Fruchtwachsen vorläufig in erster Linie Paraffine nachgewiesen. Pourrat (1955) erhielt aus Blättern von 8 Arten 0,2–0,6% Paraffine mit den Eigenschaften des Heptakosans. Bei einzelnen Arten wurden daneben Säuren, Wachsalkohole und Sterine charakterisiert (vgl. z. B. Power-Tutin 1908; Sosa 1947; Plouvier-Sosa 1953; Steinegger-Steiger 1959).

8. *Saponine*

Grössere Mengen von freier Ursol- und Oleanolsäure sind charakteristisch für die Oleaceen. Neben freien Triterpenen kommen in der Familie vermutlich ebenfalls Triterpenglykoside vor; jedenfalls wurden für einzelne Arten Saponine nachgewiesen; deren chemische Charakterisierung steht allerdings noch aus.

Als saponinhaltig gelten:

Chionanthus virginicus L.: Wurzelrinde; etwa 1,1% Rohsaponin mit einem hämolytischen Index von 1100–1250 (Youngken-Feldman 1942).

Forsythia × *intermedia* Zabel: Blätter (Greshoff 1909).

F. suspensa Vahl: Die Früchte werden in China und Japan medizinisch verwendet (Murakami 1957; Schramm 1958); sie sind gleich den Samen saponinhaltig (Greshoff 1909; Koo 1954).

Blätter von *Phillyrea media* L. (Greshoff 1909) und Samen von *Forsythia europaea* Deg. et Bald. und *Jasminum odoratissimum* L. (Villar Palasi, l. c. B 4.5) enthalten ebenfalls hämolysierende Stoffe.

9. *Alkaloide*

Für viele Oleaceen wird Vorkommen von Alkaloiden angegeben (vgl. Willaman-Schubert, l. c. B 4.1); chemisch definierte Alkaloide wurden jedoch bisher nicht beschrieben. Steinegger und Steiger (1959) berichten, dass sich bei den meisten Oleaceen (Ausnahme *Forsythia*-Arten) Alkaloide nachweisen lassen, wenn alkoholische Extrakte erst mit 5% Schwefelsäure erwärmt und anschliessend mit Ammoniak alkalisch gemacht und mit Chloroform ausgeschüttelt werden; ohne vorabgehende Säurebehandlung lassen sich Alkaloide nicht nachweisen. Es ist demnach denkbar, dass in vielen Fällen die nachgewiesenen alkaloidähnlichen Körper der Oleaceen Artefakte und nicht genuine Inhaltstoffe darstellen. Sie könnten sich beispielsweise aus oleuropeinartigen Heterosiden bilden (vgl. Gentianin, Bd. 4, S. 181–186 und 426). Für die Wurzelrinde der im subtropischen Yunnan heimischen *Fraxinus malacophylla* Hemsl. («Pei Chiang Kan»; als Malariamittel verwendet) wurde das Alkaloid Sinin angegeben; spätere Untersuchungen konnten Sinin-Vorkommen nicht bestätigen (Yang 1948); möglicherweise hatten jedoch nicht alle Forscher Material der gleichen *Fraxinus*-Art in Händen. *Forestiera pubescens* Nutt. und *Syringa vulgaris* L. führen in den Samen vermutlich Alkaloide (Jones-Earle 1966, l. c. S. 124). Vgl. Nachträge.

10. *Ätherische Öle*

Verschiedene Oleaceen besitzen sehr intensiv riechende Blüten. Aus verschiedenen *Jasminum*-, *Osmanthus*- und *Syringa*-Arten werden die Geruchstoffe gewonnen (Extraktion; Enfleurage; Wasserdampfdestillation). Die technisch wichtigsten Produkte liefern Jasminblüten. Hauptbestandteile des mediterranen Jasminblütenöles (von *Jasminum grandiflorum* L.) sind Linalool (15–25%) und Benzylacetat

(72–84%). Für den charakteristischen Geruch ist in erster Linie die Ketonfraktion verantwortlich (etwa 4% des Öles); sie enthält als Hauptgeruchsträger Jasmon und Methyljasmonat; ausserdem enthält die Ketonfraktion das 5′-Hydroxyjasmonsäurelacton und 6,10,14-Trimethylpentadekan-2-on (DEMOLE et al. 1962, 1964). Zu den Geruchsträgern des Jasminöles gehört weiterhin das Jasminlacton (WINTER et al. 1962). In Indien werden ausser *J. grandiflorum* auch *J. sambac* (L.) Ait. (inkl. *J. ajonicum*) und *J. auriculatum* Vahl zur Gewinnung von Jasminprodukten herangezogen (GUPTA-CHANDRA 1957). In Ostasien (China, Japan) werden die Blütenduftstoffe von *Osmanthus fragrans* Lour. var. *aurantiacus* Makino (= *O. aurantiacus* [Makino] Nakai var. *aurantiacus*) gewonnen. ISHIGURO et al. (1957) isolierten aus den Blüten Osman. SISIDO et al. (1966, 1967) beobachteten Linalooloxide, β-Ionon und γ-Decanolid als mengenmässig überwiegende Bestandteile des *Osmanthus*-Öles; Osman konnten diese Untersucher nicht zurückfinden; es ist nach ihrer Meinung ein Bestandteil des zur Extraktion verwendeten Petroläthers. Für weitere Angaben über Oleaceenduftstoffe wird nach GILDEMEISTER-HOFFMANN (Bd. VI, S. 554–575) verwiesen.

Osman, $C_{10}H_{20}$

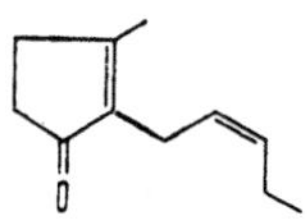

Jasmon, $C_{11}H_{16}O$

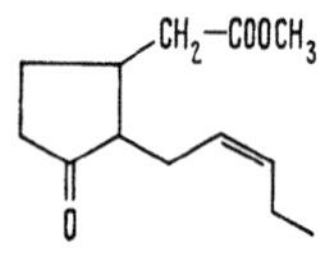

Methyljasmonat, $C_{13}H_{20}O_3$

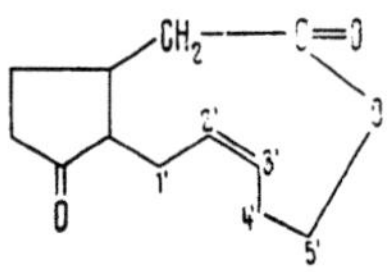

5′-Hydroxyjasmonsäurelacton, $C_{12}H_{16}O_3$

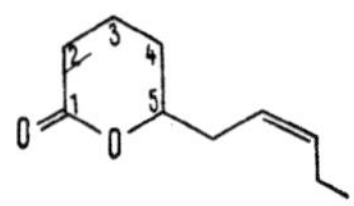

Jasminlacton, $C_{10}H_{16}O_2$

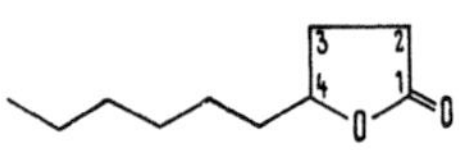

γ-Decalacton, $C_{10}H_{18}O_2$ (= Decanolid-1,4)

Charakteristische Bestandteile von Oleaceenblütenölen

11. *Reservestoffe der Samen*

Die Oleaceen besitzen stärkefreie Samen, die 10–25% Eiweiss und 13–33% Öl enthalten (EARLE-JONES 1962, l. c. Bd. 3, S. 40; JONES-EARLE 1966, l. c. S. 124; untersucht: *Fraxinus americana* L., *Forestiera pubescens* Nutt., *Jasminum fruticans* L., *Ligustrum japonicum* Thunb., *Phillyrea latifolia* L. und *Syringa vulgaris* L.). Ölanalysen liegen bisher nur für die Samenöle von *Olea europaea* L. und *Ligustrum japonicum* Thunb. vor. In beiden Fällen ist Ölsäure die Hauptfettsäure; sie wird von Linolsäure (5–25%) und etwa 10% gesättigten Säuren begleitet (HILDITCH; ECKEY, l. c. B 3.03; Y. KOYAMA und Y. TOYAMA, C. A. *51*, 15971 [1957]; *53*, 2649 [1959]; T. KASHIMOTO, C.A.*53*, 23006 [1959]). Die Samenöle der Oleaceen haben keine ökonomische Bedeutung. Das Olivenöl, eines der vorzüglichsten Speiseöle, ist das Fruchtwandöl von *Olea europaea* L. Ölbildung im Perikarp ist bei den Oleaceen vermutlich weiter verbreitet; POLITIS (1946) beobachtete sie ebenfalls bei *Jasminum officinale* L., *Ligustrum vulgare* L. und *Syringa vulgaris* L.

Umfangreiche Untersuchungen liegen über den Ölbaum und das Olivenöl vor (vgl. z. B. TURRILL 1951; VAZQUEZ RONCERO 1963, 1964, 1965; HILDITCH, l. c. B 3.03). *Olea europaea* L. (und andere Oleaceen?) gehört zu den wenigen Pflanzen, bei welchen in den Samen und im Perikarp gleichartige Öle gebildet werden. Im Olivenöl ist ebenfalls Ölsäure Hauptfettsäure; sie wird von 4–20% Linolsäure und 10–20% gesättigten Fettsäuren begleitet. Das Olivenöl enthält geringe Mengen von oleuropeinähnlichen Verbindungen; darauf basieren die Identitätsreaktionen von DIAZ BLASCO und PIZZORNO (C. A. *53*, 17539 [1959]) und SCHMIDT und HEBBEL (C. A. *53*, 23006 [1959]).

12. *Verschiedenes*

12.1 *Nyctanthes:* Die Gattung wurde durch AIRY SHAW nach den Verbenaceen versetzt (vgl. S. 232). Aus *Nyctanthes arbor-tristis* L. sind folgende Inhaltstoffe bekannt:

Blätter: Mannit, β-Amyrin, β-Sitosterin, Hentriakontan, Benzoesäure, Kaempferol-3-glucosid, Kaempferol-3-rhamnoglucosid (SEN-SINGH [1964]; S. P. SINGH et al., C. A. *66*, 26562 [1967]). Ferner wiesen DAS und RAO (1966) mit chromatographischen Methoden 10 Benzoe- und Zimtsäurederivate nach und wiesen Übereinstimmung des Phenolcarbonsäurespektrums mit demjenigen anderer Oleaceen (*Linociera zeylanica* Gamble, *Ligustrum perrottetii* A. DC. und *Jasminum calophyllum* Wall.) nach. Die Spektra der Oleaceen unterscheiden sich angeblich von denjenigen der Verbenaceen durch Fehlen von Phloretin-, o-Protocatechu- und Syringasäure. Definitive Identifikation der durch die indischen Autoren beobachteten Säuren steht allerdings aus (vgl. ebenfalls S. 235).

Samen: Nyctanthinsäure (= Nyctosterin), β-Sitosterin und 15% fettes Öl (TURNBULL et al. 1957; WHITHAM 1959; ARIGONI et al. 1960).

Blüten: Mannit und Crocetin (= Nyctanthin) (HILL-SIRKAR 1907; KUHN-WINTERSTEIN 1929; LAL 1936).

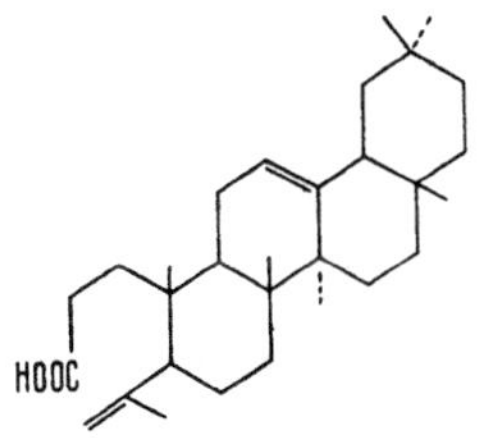

Nyctanthinsäure (ist ein 3,4-seco-β-Amyrinderivat)

Im reichlichen Vorkommen von Mannit und in den Chromatogrammbildern der phenolischen Säuren der Blätter (DAS-RAO 1966) passt *Nyctanthes arbor-tristis* besser zu den Oleaceen als zu den Verbenaceen. Für die endgültige Abklärung der Verwandtschaftsverhältnisse der Gattung *Nyctanthes* dürften umfangreichere chemische Arbeiten von Bedeutung sein.

12.2 *Zwei Oleaceendrogen von Europa:*

Fraxinus excelsior L. liefert «Folia Fraxini», die als mildes Laxans gelten. Nach BREITWIESER (1944) sind Mannit, Calciummalat, Quercetinglykoside und Cumaringlucoside gesamthaft für die Wirkung verantwortlich (vgl. auch PARIS-STAMBOULI 1960).

Olea europaea L.: «Folia Oleae» sind in letzter Zeit als Droge mit blutdrucksenkender Wirkung bekannt geworden (Sammelreferate: D. CAVANNA, Boll. Chim. Farm. *89*, 3 [1950]; I. ESDORN, Planta Medica *5*, 145 [1954]; J. A. JULIUS-BIJLSMA, Pharm. Weekblad *96*, 417 [1961]; G. SAMUELSSON, Coll. Pharm. Suecica *6*, [1951]). Als Wirkstoff wird das Oleuropein angesehen (PANIZZI et al. 1960).

12.3 *Strukturell nicht abgeklärte Stoffe:*

Jasminum mesnyi Hance (= *J. primulinum* Hemsl.): Primulinosid ist ein nicht-phenolisches Heterosid (PLOUVIER 1965).

Olea europaea L.: Aus der Rinde gewannen POWER und TUTIN (1908) Olenitol ($C_{14}H_{10}O_8$; F 265°; fluoresziert in Lösung blau; kein OCH_3; vermutlich o-diphenolisch); gleichzeitig wiesen sie Olenitolglykoside nach.

Literatur

ANJANEYULU, B., et al., Indian J. Chem. *3*, 237 (1965).

ARIGONI, D., et al., J. Chem. Soc. *1960*, 1900.

AYRES, D. C., und MHASALKAR, S. E., Tetrahedron Letters *1964*, 335; J. Chem. Soc. *1965*, 3586.

BEYERMAN, H. C., et al., Bull. Soc. Chim. France *1961*, 1812.

BIRKHOFER, L., et al., Z. Naturforsch. *16b*, 249 (1961).

BOCKOVA, H., et al., Coll. Czechoslov. Chem. Commun. *29*, 1484 (1964).

BOURQUELOT, E., und VINTILESCO, J., J. Pharm. Chim. [6] *28*, 303 (1908); [7] *1*, 292 (1910).

BREITWIESER, K., Deut. Heilpflanze *10*, 3 (1944).

BRIGGS, L. H., und FRIEBERG, A. G., J. Chem. Soc. *1937*, 271.

CAGLIOTTI, L., et al., Atti Accad. Nazl. Lincei, Rendo, Classe Sci. Fis. e Mat. *29*, 544 (1960); Chim. e Ind. (Milano) *43*, 278 (1961); Tetrahedron *18*, 1061 (1962).

CANZONERI, F., Gazz. Chim. Ital. *36 II*, 372 (1906): Gallussäure und Gerbsäure als Bestandteile der Blätter erwähnt; experimentelle Angaben fehlen.

CHARAUX, C., J. Pharm. Chim. [7] *2*, 292 (1910).

CRUESS, W. V., und ALSBERG, C. L., J. Am. Chem. Soc. *56*, 2115 (1934).

DAS, V. S. R., und RAO, K. N., Naturwissenschaften *53*, 439 (1966).

DEMOLE, E., et al., Helv. Chim. Acta *45*, 675 (1962); *47*, 1153 (1964).

EIJKMAN, J. F., Rec. Trav. Chim. Pays-Bas *5*, 127 (1886).

Freudenberg, K., und Weinges, K., Tetrahedron Letters *1962*, 1077.
Fujita, M., et al., Chem. Pharm. Bull. (Tokyo) *8*, 1124 (1960).
Gorter, K., Arch. Pharm. *247*, 184 (1909).
Greshoff, M., Kew Bull. *1909*, 397.
Gripenberg, J., Acta Chem. Scand. *3*, 898 (1949).
Gupta, G. N., und Chandra, G., *Indian Jasmin*, Econ. Botany *11*, 178 (1957).
Harborne, J. B., Z. Naturforsch. *21b*, 604 (1966).
Hill, E. G., und Sirkar, A. P., J. Chem. Soc. *91*, 1501 (1907).
Huber, B., *Die Gewinnung des Eschenmanna, eine Nutzung von Siebröhrensaft*, Ber. Deut. Botan. Ges. *66*, 340 (1953).
Huneck, S., Naturwissenschaften *48*, 73 (1961).
Huneck, S., und Lehn, J.-M., Bull. Soc. Chim. France *1963*, 321.
Ingle, T. R., und Bhide, B. V., J. Indian Chem. Soc. *31*, 943 (1954); *35*, 516 (1958).
Ishiguro, T., et al., J. Pharm. Soc. Japan *77*, 566 (1957); *78*, 287 (1958).
Kato, Y., Chem. Pharm. Bull. (Tokyo) *12*, 512 (1964).
Koo, W.-Y., Proc. Eigth Pacific Sci. Congr. 1953, Vol. *IV A*, S. 40; Quezon City, Philippines (1954).
Kramer, A., Bull. Soc. Chim. Biol. *15*, 665, 764 (1933).
Kuhn, R., und Löw, I., Chem. Ber. *93*, 1009 (1960).
Kuhn, R., und Winterstein, A., Helv. Chim. Acta *12*, 496 (1929).
Kull, U., Beitr. Biol. Pflanzen *41*, 231 (1965).
Lal, J. B., Proc. Natl. Inst. Sci. India *2*, 57 (1936).
Lingelsheim, A., *Die Fluoreszenz wässriger Rindenauszüge von Eschen in ihrer Beziehung zur Verwandtschaft der Arten*, Ber. Deut. Botan. Ges. *34*, 665 (1916).
Mechoulam, R., et al., Tetrahedron Letters *1962*, 709.
Murakami, M., J. Pharm. Soc. Japan, *77*, 403, 437 (1957).
Panizzi, L., et al., Riccerca Sci. *28*, 994 (1958); Gazz. Chim. Ital. *90*, 1449 (1960); *95*, 1279 (1965).
Paris, R., und Stambouli, A., Am. Pharm. Franç. *18*, 873 (1960); Compt. Rend. *253*, 313 (1961).
Passerini, M., et al., Ann. Chim. (Roma) *43*, 201, 204 (1953); *44*, 783 (1954); Lo Sperimentale, Sez. Chim. Biol. *1*, 253 (1949/51).
Passerini, M., und Papini, P., Lo Sperimentale, Sez. Chim. Biol. *2*, 72 (1951).
Plouvier, V., Compt. Rend. *227*, 604 (1948); *234*, 1577 (1952); *238*, 1835 (1954); *254*, 4196 (1962); *257*, 4061 (1964); *261*, 1757 (1965).
Plouvier, V., und Sosa, A., Bull. Soc. Chim. Biol. *30*, 273 (1948); *35*, 477 (1953).
Politis, J., *Recherches cytologiques sur la formation de l'huile d'olive*, Compt. Rend. *222*, 1308 (1946).
Pourrat, H., Ann. Pharm. Franç. *13*, 171 (1955).
Pourrat, H., et al., Ann. Pharm. Franç. *12*, 59 (1954).
Power, F. B., und Tutin, F., J. Chem. Soc. *93*, 891, 904 (1908).
Scarpati, M. L., und Trogolo, C., Tetrahedron Letters *1966*, 5673.
Schramm, G., Pharmazie *13*, 436 (1958).
Sen, A. B., und Singh, S. P., J. Indian Chem. Soc. *41*, 192 (1964).
Shasha, B., und Leibowitz, J., Bull. Research Council Israel *A8*, 92 (1959); *A9*, 92 (1960); J. Org. Chem. *26*, 1948 (1961).
Shimano, T., et al., J. Pharm. Soc. Japan *77*, 1038 (1957).
Sisido, K., et al., Perfumery Essent. Oil Record *57*, 557 (1966); *58*, 212 (1967).
Smith, M., Tetrahedron Letters *1963*, 991.
Sosa, A., Bull. Soc. Chim. Biol. *29*, 918 (1947).
Sosa, A., und Plouvier, V., Bull. Soc. Chim. Biol. *30*, 266 (1948).
Späth, E., und Jerzmanowska, Z., Ber. Deut. Chem. Ges. *70*, 698 (1937).
Steinegger, E., und Brantschen, A., Pharm. Acta Helv. *34*, 334 (1959).
Steinegger, E., und Jacober, H., Pharm. Acta Helv. *34*, 585 (1959).

STEINEGGER, E., und STEIGER, K. E., *Chemisch-taxonomische Charakteristik der Oleaceen*, Pharm. Acta Helv. *34*, 521–542 (1959).
TRAVERSO, G., Gazz. Chim. Ital. *90*, 792, 808 (1960).
TURNBULL, J. H., et al., J. Chem. Soc. *1957*, 569.
TURRILL, W. B., *Wild and cultivated olives*, Kew Bull. *1951*, 437–442.
VANZETTI, B. L., Monatshefte für Chemie *52*, 163 (1929).
VAZQUEZ RONCERO, A., *Quimica del olivio*, Grasas y Aceites *14*, 262 (1963); *15*, 87 (1964); *16*, 292 (1965).
VEER, W. L. C., et al., Rec. Trav. Chim. Pays-Bas *76*, 810, 839 (1957).
VINTILESCO, J., *Recherches sur les glucosides de quelques plantes de la famille des Oléacées*, Thèse (Pharm.) Univ. Paris 1906.
VINTILESCO, J., *Recherches biochimiques sur quelques sucres et glucosides*, Thèse (Sci. Nat.) Univ. Paris 1910.
WESSELY, F., und DEMMER, E., Ber. Deut. Chem. Ges. *61*, 1279 (1928); *62*, 120 (1929).
WHITHAM, G. H., Proc. Chem. Soc. *1959*, 271.
WINTER, M., et al., Helv. Chim. Acta *45*, 1250 (1962).
YANG, S. T., J. Am. Pharm. Assoc. *37*, 458 (1948).
YOUNGKEN, H. W., und FELDMAN, J., J. Am. Pharm. Assoc. *31*, 129 (1942).

Schlussbetrachtungen

Die Oleaceen werden entweder zu den *Gentianales* (= *Apocynales* = *Contortae*) gerechnet (CRONQUIST, TAKHTAJAN; im Prinzip ebenfalls HUTCHINSON: *Buddleaceae* + *Loganiaceae* s. l. + *Oleaceae* = *Loganiales*), oder aber in einer selbständigen Ordnung (*Ligustrales* = *Oleales*) untergebracht (WETTSTEIN, PULLE, Syllabus). Nach WETTSTEIN sind einerseits Beziehungen zu den *Celastrales* und andererseits solche zu den *Tubiflorae* anzunehmen. Nach dem Syllabus bestehen keine näheren Beziehungen zu anderen Sippen der Sympetalen; Abstammung von den *Celastrales* wird möglich geachtet.

Im Bestand der chemischen Merkmale erinnern die Oleaceen an Vertreter der *Gentianales* und der *Tubiflorae* (Orobanchin = Verbascosid; Mannitspeicherung; freie Triterpensäuren [vermutlich als Bestandteile der Cuticularwachse]); das dem Gentiopikrin und Swertiamarin ähnliche Oleuropein weist in Richtung der Gentianaceen und Loganiaceen und das Orobanchin in Richtung der Buddlejaceen und verschiedener Familien der *Tubiflorae*.

In den chemischen Merkmalen bestehen jedenfalls sehr deutliche Beziehungen zu anderen Sippen der Sympetalen. Man erhält den Eindruck, dass eine Vertiefung der Kenntnis der chemischen Merkmale das Verständnis der gegenseitigen Beziehungen der *Contortae*, *Tubiflorae* und *Rubiales* (alle sensu WETTSTEIN) fördern würde.

R. TOURNAY und A. LAWALRÉE (Bull. Soc. Botan. France *99*, 262 [1952]) haben vorzüglich auf Grund von embryologischen Merkmalen die folgende Umgrenzung der *Ligustrales* und *Contortae* vorgeschlagen: LIGUSTRALES: *Oleaceae*, *Buddlejaceae*, *Menyanthaceae;* CONTORTAE: *Loganiaceae*, *Gentianaceae*, *Apocynaceae*, *Asclepiadaceae*.

Die durch GIBBS (1956/57, l. c. Bd. 2, S. 18) angeführten phytochemischen Argumente für Verwandtschaft von Aquifoliaceen und Oleaceen und die durch KORTE (1954, l. c. Bd. 4, S. 183) vertretene Auffassung, dass der Chemismus der Oleaceen deren Ausschluss aus den *Contortae* erfordert, erscheinen mir in keiner

Weise überzeugend (die Oleaceen führen oft Bitterstoffe; Oleuropein ist gentiopikrinartig gebaut).

Zukünftige Arbeiten haben zu entscheiden, welcher der verschiedenen Vorschläge für die Einreihung der Oleaceen ins System der Dicotyledonen am natürlichsten ist.

183. Oliniaceae

Die nur durch die afrikanische Gattung *Olinia* (8–10 Arten) gebildete Familie umfasst Bäume und Sträucher mit 4–5zähligen, aktinomorphen Zwitterblüten, deren morphologische Interpretation noch unsicher ist. Die Blüten haben einen 3–5 fächerigen, unterständigen Fruchtknoten mit wenigen zentralwinkelständigen Samenanlagen in jedem Fache und eine becher- bis röhrenförmige Blütenhülle mit 5(4)blättrigem Saume (= Kelchblätter?; = Kronblätter?); dem Schlunde der Röhre sind 5(4) mit den Perianthblättern alternierende Schuppen (= Petalen?; = Ligularbildungen?) eingefügt, die die 5(4) fertilen Staubblätter bedecken. Die Früchte sind steinfruchtartig und enthalten mehrere Steinkerne mit je einem endospermlosen Samen. Die Blätter sind gegenständig und besitzen rudimentäre Nebenblätter (F. Weberling, Botan. Jahrb. *82*, 119 [1963]).

Anatomische und chemische Merkmale

Es liegen nur wenige, durchwegs ältere Angaben vor. Bicollaterale Gefässbündel und Einzelkristalle von Calciumoxalat (Blatt, Achse) scheinen allgemein vorzukommen (Solereder). Nach J. Hofmeyr und E. P. Phillips (Bothalia *1*, 97 [1922]) riechen verwundete Organe der in Südafrika heimischen Arten *Olinia cymosa* Thunb. (Blätter, Achse) und *O. radiata* Hofmeyr et Phillips intensiv nach bittern Mandeln (prunasinartige cyanogene Glykoside?). Die Rinde der letzterwähnten Art enthält nach Gnamm (l. c. B 3.09) 17,2% Gerbstoff.

Schlussbetrachtungen

Die Verwandtschaftsverhältnisse der Sippe sind noch nicht eindeutig abgeklärt. Unterständiger Fruchtknoten, bikollaterale Gefässbündel, rudimentäre Stippeln und gerbstoffreiche Rinden weisen in Richtung der *Myrtales*. Früher wurde die Gattung *Olinia* zu den *Lythraceae* (Familie der *Myrtales*) gerechnet.

Gegenwärtig wird die Sippe zu den *Myrtales* im engen Sinne (d. h. mit Ausschluss der *Thymelaeales*) (Cronquist, Takhtajan, Syllabus), zu den *Thymelaeales* (Wettstein, Pulle, Airy Shaw in Willis) oder zu den *Cunoniales* (Hutchinson) gerechnet.

184. Opiliaceae

Holzige Wurzelparasiten (alle Vertreter?) mit wechselständigen, ganzrandigen, grünen, nebenblattlosen Blättern. Blüten klein, regelmässig, in der Regel zwittrig, 4- oder 5zählig, mit Diskus. Kelch fehlend oder schwach ausgebildet; Kronblätter frei oder am Grunde röhrig verwachsen; Staubblätter 4 oder 5, vor den Petalen stehend, frei oder mit den letztern mehr oder weniger verwachsen; Fruchtknoten ober- oder mittelständig, einfächerig, mit einer integumentlosen Samenanlage. Steinfrüchte mit endospermreichen Samen.

Die Familie bewohnt die Tropen der Alten und Neuen Welt.

Systematische Gliederung

Die sich von den Olacaceen in erster Linie durch Reduktion des Kelches und durch die Gestalt des Diskus unterscheidenden Opiliaceen wurden (und werden) vielfach den ersteren zugerechnet. Für die etwa 60 Arten der Sippe werden 7–8 Gattungen angenommen. Der Syllabus unterscheidet eine altweltliche und eine neuweltliche Tribus:

Opilieae: Alte Welt; etwa 50 Arten: *Cansjera*, *Champereia*, *Melientha*, *Lepionurus*, *Opilia*, *Rhopalopilia*.

Agonandreae: Neue Welt; nur *Agonandra* mit etwa 12 Arten.

Anatomische Merkmale

Starke Verkieselung in Blatt und Achse (Cystolithen) ist charakteristisch für die Familie. Calciumoxalat scheint zu fehlen. Im Mesophyll treten oft Schleimzellen und faserartige Blattsklereiden auf.

Chemische Merkmale

Bisher liegen nur orientierende Untersuchungen vor.

Blüten und Blätter von *Lepionurus sylvestris* Blume sind vermutlich alkaloidhaltig (Amarasingham et al. 1964).

Agonandra brasiliensis Benth. et Hook. liefert nach Freise (1933) bei der Wasserdampfdestillation der Rinde 3–3,8% ätherisches Öl (schmeckt brennend; enthält kein Santalol), das in Brasilien an Stelle von Sandelöl verwendet wurde. Die ölreichen Samen enthalten ein Öl mit Öl-, Linol- und Ricinolsäure (47%) als Hauptfettsäuren (Hilditch, l. c. B 3.03).

Cansjera leptostachya Benth.: Enthält in den Blättern vermutlich reichlich freie Triterpene (SIMES et al., l. c. B 4.5). In den Lipiden von Wurzel, Stamm und Blatt kommen Monoen-diin-Fettsäuren vor; bei *Opilia amentacea* Roxb. andererseits wurden Acetylenfettsäuren nicht beobachtet (HATT et al. 1967, l. c. S. 231).

Literatur

AMARASINGHAM, R. D., et al., Econ. Botany *18*, 270 (1964).
FREISE, F. W., Pharm. Zentralhalle *74*, 517 (1933).

Schlussbetrachtungen

Die Opiliaceen werden allgemein zu den *Santalales* (HUTCHINSON: *Olacales*) gerechnet. Damit ist Vorkommen von Acetylenfettsäuren bei *Cansjera* in bester Übereinstimmung. Im übrigen sind sie in chemischer Hinsicht nicht erforscht; eine weitere Diskussion erübrigt sich.

185. Orobanchaceae

Fleischig-krautige, chlorophyllfreie Wurzelparasiten mit schuppenförmigen Blättern. Blüten zwittrig und zygomorph, oft in ährigen Blütenständen. Kelch 2–5teilig; Krone sympetal, mehr oder weniger deutlich zweilippig; Staubblätter 4; Fruchtknoten oberständig, einfächerig, mit vielen Samenanlagen mit einem Integument auf wandständigen Plazenten. Kapselfrüchte. Samen klein, mit wenig entwickeltem Embryo und ölhaltigem Endosperm.

Die *Orobanchaceae* sind vorzüglich in den gemässigten Gebieten von Eurasien und Nordamerika verbreitet, reichen aber vereinzelt bis in die Tropen und fehlen auch dem Südlichen Halbrund nicht gänzlich.

Systematische Gliederung

Zur Familie zählen rund 180 Arten, die über 13–14 Gattungen verteilt werden. Etwa 2/3 der Arten gehören zu der Gattung *Orobanche*. Die überwiegend mediterrane Gattung *Cistanche* (15–20 Arten) besitzt eine beinahe radiäre Krone und die asiatische Gattung *Phelipaea* Desf. (= *Anoplanthus* Endl.) ist durch ein- bis zweiblütige Blütenstände ausgezeichnet (4–5 Arten).

Anatomische Merkmale

Drüsenhaare sind allgemein verbreitet; im Bau stimmen sie mit den Haaren der *Scrophulariaceae–Rhinantheae* überein. Calciumoxalatkristalle scheinen den meisten Arten zu fehlen. Stärke tritt in den knollig verdickten, fleischigen Stengelbasen von *Orobanche*-Arten reichlich auf (Wosolsobe und Zellner 1914; Zellner 1919; l. c. S. 254).

Chemische Merkmale

Alle Orobanchaceen sind Parasiten; nur selten wurden Wirt und Schmarotzer gleichzeitig untersucht, so dass öfters kaum zu entscheiden ist, ob nachgewiesene Stoffe nicht letztenendes aus der Wirtspflanze stammen. Wosolsobe und Zellner (1914) und Zellner (1919) konnten keinen Übergang von Nicotin und Prunasin aus Wirtspflanzen in darauf schmarotzende *Orobanche*-Arten nachweisen.

Nach bisherigen Erfahrungen scheinen Mannit und Orobanchin Charakterstoffe der Familie zu sein. Aucubin konnte im Gegensatz zu Angaben in der rezenten Literatur (Handb. der Pflanzenphysiologie), die auf mikrochemische Untersuchungen von Mirande (1907) zurückgehen, bei *Orobanche*-Arten nicht eindeutig nachgewiesen werden (vgl. Bridel-Charaux 1924, 1925).

1. *Mannit*

Bereits im vorigen Jahrhundert wurde mit mikrochemischen Methoden Mannit bei *Orobanche*-Arten nachgewiesen. Wosolsobe und Zellner (1914) isolierten einige Prozente Mannit aus *Orobanche mutelii* Schultz (Wirtspflanze: Tabak) und wiesen solchen ebenfalls bei *O. ramosa* L. (Wirtspflanze: Tabak) nach. Haller (1949) isolierte aus ebenfalls auf Tabak schmarotzenden Pflanzen der letzterwähnten Art reichlich Mannit. Kiesel (1923) gewann aus frischem Material von *O. cumana* Wallr. (Wirtspflanze: *Helianthus annuus*) 0,5% Mannit. In den bisher erwähnten Fällen können die grossen Mannit-Mengen nicht aus den Wirtspflanzen stammen. Weniger deutlich sind die Verhältnisse im Falle von *Christisonia bicolor* Gardn. (Wirtspflanze in der Regel *Vitex negundo*), bei welcher Sen und Singh (1964) 0,8% Mannit beobachteten; einerseits besteht hier die Möglichkeit, dass Mannit aus der Wirtspflanze stammt (Auftreten von reichlich Mannit ist für einzelne Verbenaceen nachgewiesen) und andererseits ist Verwechslung mit einer parasitischen Scrophulariacee (*Alectra*-Art) nicht ausgeschlossen (Sen-Singh 1964).

2. *Orobanchin*

Bridel und Charaux (1924, 1925) zeigten, dass die beim Trocknen von *Orobanche*-Arten eintretende dunkle Verfärbung nicht durch Aucubin sondern durch ein neues Chromogen, das sie Orobanchin nannten, bedingt wird. Orobanchin wurde aus den knollig verdickten Stengelbasen von *Orobanche rapum-genistae* Thuill. in Mengen von 11,4% des Trockengewichtes isoliert; es wird durch Glykosidasen nicht hydrolysiert und durch Pilzoxydasen ohne vorabgehende Spaltung oxydiert (neuer Typus der Melanogenese in absterbendem Pflanzenmaterial). Alkalische Hydrolyse von Orobanchin liefert 24,5% Kaffeesäure und saure Hydrolyse 46,3% reduzierende Zucker (Glucose und Rhamnose); etwa 30% des Orobanchins blieben unbekannt. Orobanchin konnte ebenfalls aus *O. cruenta* Bert. und *O. minor* Sm. isoliert (1924) und mit Hilfe von biochemischen und chemischen Reaktionen (1924, 1925) für *O. purpurea* Jacq. (= *Phelipaea caerulea* C. A. Mey.), *O. amethystea* Thuill., *O. epithymum* DC. und *O. picridis* F. W. Schultz ex Koch wahrscheinlich gemacht werden. Nach den Ergebnissen von BRIDEL und CHARAUX stellt Orobanchin einen Komplexen Zuckerester der Kaffeesäure dar. Bereits im Jahre 1910 hatte CHARAUX aus *Orobanche*-Arten nach alkalischer Hydrolyse der Extrakte reichlich Kaffeesäure isoliert; sie dürfte aus Orobanchin und nicht wie vermutet aus Chlorogensäure abgespalten sein. CHARAUX hatte folgende Kaffeesäuregehalte (% Trockengewicht) ermittelt: *O. rapum-genistae* Thuill. Blüten 1%, Stengel 2,5%, unterirdische Teile 10%; *O. epithymum* DC. Stengel 4,3%; *Cistanche phelipaea* (L.) P. Cout. (= *Phelipaea lutea)* reichlich. Die in der Literatur erwähnten gerbstoffartigen Verbindungen von *Orobanche*-Arten (S. S. KAMEL, C. A. *53*, 17242 [1959]: *O. minor* Sm.) und Phenolglykoside (J. SUSPLUSGAS et al., C. A. *52*, 15778 [1958]; *53*, 22272 [1959]: *O. hederae* Duby) dürften zur Hauptsache Orobanchin darstellen.

Nach HARBORNE und CORNER (1961) und HARBORNE (1966) kommen in anderen sympetalen Familien ebenfalls komplexe Ester der Kaffeesäure vor, die dem Orobanchin sehr ähnlich oder selbst damit identisch sind. HARBORNE nimmt an, dass Orobanchin und Verbascosid (SCARPATI-MONACHE 1963; *Verbascum sinuatum*) identisch sind; für das letztere haben die italienischen Autoren bewiesen, dass es aus je einem Molekül Glucose, Rhamnose, Kaffeesäure und 3,4-Dihydroxyphenylaethylalkohol aufgebaut ist. Damit finden die durch BRIDEL und CHARAUX bei der Orobanchinspaltung vermissten 30% des Ausgangsmateriales eine Erklärung. Das seit längerer Zeit bekannte Echinacosid (Bd. 3, S. 522) besitzt die gleichen Bausteine; es gehört demnach gleichfalls zur Gruppe der orobanchinähnlichen Ester der Kaffeesäure:

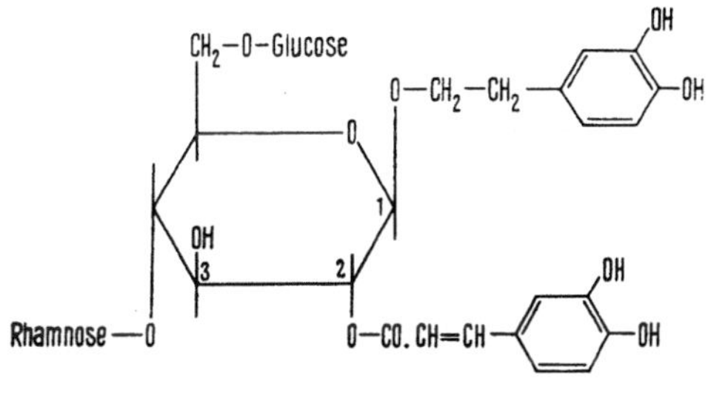

Echinacosid (die Kaffeesäure könnte ebenfalls mit OH[3] verestert sein)

1 Rhamnose, 1 Glucose: beide in pyranoider Form in einem Disaccharid.

1 Kaffeesäure: Verestert mit einem der Hydroxyle des Disaccharides.

1 Dihydroxyphenylaethylalkohol (das alkoholische Hydroxyl ist mit dem glykosidischen Hydroxyl des Disaccharides veräthert).

Verbascosid (= Orobanchin = Buddleosid)

Nach HARBORNE (1966) kommt Orobanchin (orobanchinähnliche Verbindungen) bei folgenden Familien der *Tubiflorae* vor:

Orobanchaceae: Allgemein; Chlorogensäure scheint in der Familie zu fehlen. HARBORNE und CORNER (1961) hatten bereits darauf hingewiesen, dass die durch PRIVAT (1959) aus *O. hederae* Duby isolierte «Chlorogensäure» Orobanchin war.

Acanthaceae: In den Gattungen *Asystasia* und *Pseuderanthemum;* fehlt in anderen Gattungen.

Bignoniaceae: Catalpa bignonioides (= Ester V von BIRKHOFER 1961) und ferner in den Gattungen *Campsis*, *Eccremocarpus* und *Pandorea.*

Buddlejaceae: Buddleja variabilis Hemsl. (= Buddleosid von YÜ [1932, 1933]; vgl. Bd. 3, S. 309).

Gesneriaceae: Scheint allgemein vorzukommen (46 Arten geprüft).

Globulariaceae: In den Gattungen *Globularia* und *Lytanthus.*

Scrophulariaceae: Speziell bei den Gattungen *Digitalis*, *Scrophularia* und *Verbascum* (= Verbascosid); fehlt den andern untersuchten Gattungen gänzlich.

Verbenaceae: In den Gattungen *Clerodendron*, *Lantana* und *Lippia.*

Ausserdem ist Orobanchin (= Verbascosid) aus der Familie der Oleaceen bekannt (vgl. S. 235) und bei den Compositen tritt das orobanchinähnliche Echinacosid auf.

3. *Flavonoide Stoffe*

Verschiedene *Orobanche*-Arten sind bläulich oder violett gefärbt; die blauen und roten Pigmente sind Anthocyane. *O. minor* Sm. enthält nach J. BARLOY (C. A. *59*, 11885 [1963]) Glykoside des Cyanidins, Petunidins und Malvidins; die Anthocyane sind teilweise durch Kaffeesäure acyliert.

Aus Samen von *Orobanche ramosa* L. (= *Phelipaea ramosa* C. A. Mey.) isolierten IZARD und MASQUELIER (1958) Phelypeon; das letztere ist nach HARBORNE (1958) identisch mit Tricin (Formel Bd. 2, S. 163). Tricin kommt ebenfalls in Samen von *O. arenaria* Borkh., nicht aber in Samen von 9 weiteren untersuchten Arten vor (HARBORNE-HALL 1964).

4. *Iridoide Verbindungen*

Wie bereits erwähnt, scheinen den Orobanchaceen aucubinartige Pseudoindikane zu fehlen; iridoide Stoffe kommen in der Familie trotzdem vor. *Boschniakia rossica* (Cham. et Schlechtend.) B. Fedtsch. erzeugt Stoffe, die katzenartige Raubtiere erregen; wie bei *Actinidia* (Bd. 3, S. 60–61), *Nepeta* (Bd. 4, S. 294–295) und *Valeriana* gehören die auf Katzen wirkenden Inhaltstoffe der Orobanchaceen zur Gruppe der iridoiden Verbindungen. Vorläufig sind das Boschnialacton und das Boschniakin bekannt (SISIDO et al. 1967; SAKAN et al. 1967).

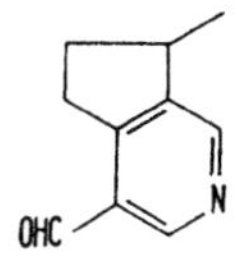

Boschniakin, $C_{10}H_{11}ON$

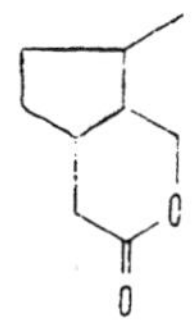

Boschnialacton, $C_9H_{14}O_2$

5. *Verschiedenes*

5.1 *Mineralstoffe:* Aschenanalysen liegen für *Orobanche mutelii* Schultz, *O. ramosa* L. und *O. gracilis* Smith (= *O. cruenta* Bertol.) vor (Wosolsobe-Zellner 1914; Zellner 1919). Auffallend ist der hohe Kaliumgehalt (32–47% K_2O in der Asche), was anscheinend für chlorophyllfreie Parasiten charakteristisch ist. Ausserdem wurde reichlich Kieselsäure (10–30% SiO_2 in der Asche) gefunden, was jedoch zum Teil auf Verunreinigungen mit Bodenpartikeln zurückzuführen sein dürfte (Zellner 1919).

5.2 *Besondere Pigmente:* Aus unterirdischen Organen von *Christisonia bicolor* Gardn. isolierten Singh et al. (1963) und Sen und Singh (1964) neben Mannit 0,1% Azafrin und ein amorphes Glykosidgemisch. Azafrin ist nur noch aus zwei Gattungen (*Escobedia, Alectra*) der *Scrophulariaceae–Rhinanthoideae* (Tribus der *Buchnereae* [= *Gerardieae*], in welcher ebenfalls Vollparasiten vorkommen) bekannt; es ist nicht ausgeschlossen, dass in Indien *Alectra-* und *Christisonia-*Arten verwechselt werden.

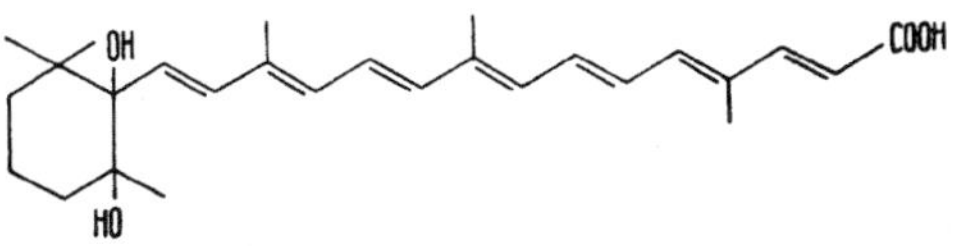

Azafrin (= Escobedin), $C_{27}H_{38}O_4$

5.3 *Alkaloidartige Verbindungen:* Orobanchamin, $C_{20}H_{31}O_{14}N$, stammt aus *Orobanche lutea* Baumbg. (0,07%; M. M. Rubinstein et al., C. A. *48*, 696 [1954]). Bereits früher hatte Koeppen (1893) für *Epifagus virginiana* (L.) Bart. (= *Epiphegus virginiana*) alkaloidartige Körper nachgewiesen (neben Stärke, gerbstoffartigen Verbindungen [= Orobanchin?], organischen Säuren und Glykosiden).

5.4 *Saponine:* Wurden bisher in der Familie nicht gefunden (Villar-Palasi, l. c. B 4.5; Ricardi et al., l. c. Bd. 2, S. 24).

Literatur

Birkhofer, L., et al., Z. Naturforsch. *16B*, 249 (1961).

Bridel, M., und Charaux, C., *L'orobanchine, glucoside nouveau, retiré des tubercules de l'Orobanche rapum Thuill.*, Bull. Soc. Chim. France [4] *34*, 1153 (1924); *Sur le processus de noircissement des Orobanches au course de leur dessication*, Bull. Soc. Chim. Biol. *7*, 474 (1925).

Charaux, C., J. Pharm. Chim. [7] *2*, 292 (1910).
Haller, R., Ber. Schweiz. Botan. Ges. *59*, 155 (1949).
Harborne, J. B., Chemistry and Industry *1958*, 1590; *Caffeic acid ester distribution in higher plants*, Z. Naturforsch. *21b*, 604 (1966).
Harborne, J. B., und Corner, J. J., Biochem. J. *81*, 242 (1961).
Harborne, J. B., und Hall, E., Phytochemistry *3*, 421 (1964).
Izard, C., und Masquelier, J., Compt. Rend. *246*, 1454 (1958).
Kiesel, A. ,Z. Physiol. Chem. *126*, 257 (1923).
Koeppen, A. C., Am. J. Pharm. *65*, 276 (1893).
Mirande, M., *Sur la rinanthine*, Compt. Rend. *145*, 439 (1907).
Privat, G., Compt. Rend. *249*, 456 (1959).
Sakan, T., et al., Tetrahedron *23*, 4635 (1967).
Scarpati, M. L., und delle Monache, F., Ann. Chim. (Roma) *53*, 356 (1963).
Sen, A. B., und Singh, S. P., J. Indian Chem. Soc. *41*, 228 (1964).
Singh, S. P., et al., J. Indian Chem. Soc. *40*, 925 (1963).
Sisido, K., et al., Tetrahedron Letters *1967*, 1553.
Wosolsobe, F., und Zellner, J., Monatsh. f. Chemie *35*, 1511 (1914).
Zellner, J., Monatsh. f. Chemie *40*, 293 (1919).

Schlussbetrachtungen

Allgemein werden die Orobanchaceen in der Nähe der Scrophulariaceen oder der Gesneriaceen der Ordnung der *Tubiflorae* eingegliedert. Nach Crété (Phytomorphology *5*, 422 [1955]) stehen die Orobanchaceen den Gesneriaceen näher als den Scrophulariaceen; sie liessen sich auf Grund ihrer embryologischen Merkmale ohne weiteres als heterotropher Zweig den Gesneriaceen eingliedern. Andererseits ist bekannt, dass einige Autoren (z. B. Airy Shaw in Willis) *Lathraea (Scrophulariaceae)* wegen dem einfächerigen Fruchtknoten zu den *Orobanchaceae* rechnen. Diese vollparasitische Gattung vermittelt recht zwanglos zwischen den beiden Familien. Auch in Indien scheinen orobancheähnliche Vollparasiten der Scrophulariaceengattung *Alectra (Melasma)* öfters mit Orobanchaceen verwechselt zu werden; Sen und Singh (l.c. supra) sprachen die Vermutung aus, dass *Alectra parasitica* A. Rich. und *Christisonia bicolor* Gardn. (beide auf *Vitex* parasitierend) identisch sein könnten.

Chemisch zeichnen sich die Orobanchaceen in erster Linie durch Mannit- und Orobanchinspeicherung und durch das Fehlen von aucubinartigen Glucosiden aus. In dieser Hinsicht stehen sie den Gesneriaceen (allgemeines Vorkommen von Orobanchin; aucubinartige Körper nicht bekannt) sicher näher als den Scrophulariaceen. *Lathraea* sollte auf Grund des reichlichen Vorkommens von Aucubin eher zu den Scrophulariaceen als zu den Orobanchaceen gerechnet werden.

Die hohen Kieselsäuregehalte von *Orobanche*-Arten (wenn die Analysenresultate nicht durch Verunreinigung mit Bodenpartikel verfälscht sind) würden ebenfalls eher für sehr nahe Beziehungen zwischen Orobanchaceen und Gesneriaceen sprechen.

Vgl. im weiteren die Diskussionen bei den Gesneriaceen und Scrophulariaceen

186. Oxalidaceae

Überwiegend perennierende Kräuter (Rhizome, Zwiebeln, Knollen, Rüben) mit finger- oder fiederteiligen Blättern. Blüten zwittrig und aktinomorph, mit 5 Kelchblättern, 5 freien Kronblättern, 10 Staubblättern (1 Kreis zuweilen staminodial) und oberständigem, meist 5fächerigem Fruchtknoten mit freien Griffeln und vielen bis wenigen zentralwinkelständigen Samenanlagen (2 Integumente) in jedem Ovarfach. Meist Kapselfrüchte; selten Beeren. Samen mit Endosperm. Die vorwiegend tropischen und subtropischen Oxalidaceen sind mit geringerer Artenzahl ebenfalls in der gemässigten Zone des Nördlichen und Südlichen Halbrundes verbreitet.

Systematische Gliederung

Von den 850–1000 Arten gehören etwa 90% zu den krautigen Gattungen *Oxalis* (850 Arten), *Biophytum* (50) und *Eichleria* (2); diese bilden zusammen die Oxalidaceen im engeren Sinne. Die restlichen, artenarmen, überwiegend holzigen Gattungen werden neuerdings öfters in anderen (allerdings nächst verwandten) Familien untergebracht (vgl. Airy Shaw 1966):

Averrhoaceae:	*Averrhoa* (2 Arten), *Dapania* (2) und *Sarcotheca* (15); Holzgewächse in den Tropen Asiens und Malesiens.
Lepidobotryaceae:	Nur die monotype, afrikanische Gattung *Lepidobotrys;* holzig.
Hypseocharitaceae:	Nur *Hypseocharis* mit 8 Arten; perennierende Kräuter in den Anden.

Literatur

Airy Shaw, H. K., Revised 7th edition of *A dictionary of flowering plants and ferns* by J. C Willis, Univ. Press, Cambridge 1966.

Knuth, R., *Oxalidaceae* in Engler-Prantl, Natürl. Pflanzenfamilien, 2. Aufl., Bd. 19a, Engelmann, Leipzig 1931.

Young, D. P., *Oxalis in the British Isles,* Watsonia *4,* 51–69 (1958).

Anatomische Merkmale

Einzellreihige Deckhaare und gestielte Drüsenhaare mit einzelligem Kopfe sind verbreitet. Calciumoxalat findet sich hauptsächlich in Form von Einzelkristallen, kommt aber bei *Oxalis*-Arten nach Patschovsky (1920) ebenfalls in

Form von Drusen vor; die Hauptmenge der Oxalsäure liegt bei vielen Arten in löslicher Form vor (Patschovsky 1920; Molisch 1918). In den Laub- und Zwiebelblättern vieler *Oxalis*-Arten kommen Exkretlücken mit chemisch noch kaum definiertem Inhalt vor (vgl. S. 257); andern Arten (z. B. der einheimischen *Oxalis acetosella* L.) fehlen sie. Gerbstoffidioblasten kommen nach Beobachtungen von Patschovsky (1920) vor allem bei *Oxalis*-Arten, die gelöste Oxalate in verhältnismässig geringen Konzentrationen führen, vor.

Die Systematik der Gattung *Oxalis* ist schwierig; Fehlbestimmungen und reichliche Synonymie tragen dazu bei, dass viele Literaturangaben schwierig zu beurteilen sind. Neue anatomische und phytochemische Arbeiten sollten ausschliesslich mit botanisch richtig dokumentiertem Material vorgenommen werden.

Literatur

Molisch, H., Flora (Jena) N. F. *11*, 60 (1918).
Patschovsky, N., 1920, l. c. Bd. 3, S. 65.

Chemische Merkmale

Leider ist die Familie in dieser Hinsicht noch ganz unzulänglich bekannt.

1. *Lösliche Oxalate*

Seit langem ist bekannt, dass *Oxalis acetosella* L. und andere *Oxalis*-Arten in Blättern, Stengeln und vegetativen Speicherorganen saure Alkalioxalate anhäufen. Bei *Oxalis pes-caprae* L. (= *O. cernua* Thunb.) können die Oxalsäuregehalte 16% des Trockengewichtes erreichen (Millerd et al. 1963) und frische Petalen enthalten mehr als 1% saure Kaliumoxalate (Shimokoriyama-Geissman 1962). Millerd und Mitarbeiter (1962, 1963) haben bei dieser Art den Oxalsäurestoffwechsel untersucht. Die Pflanze besitzt das Enzym Isocitratlyase, das Isocitronensäure in Bernsteinsäure und Glyoxylsäure zerlegt; die letztere kann zu Oxalsäure oxydiert oder zu Glykolsäure reduziert werden:

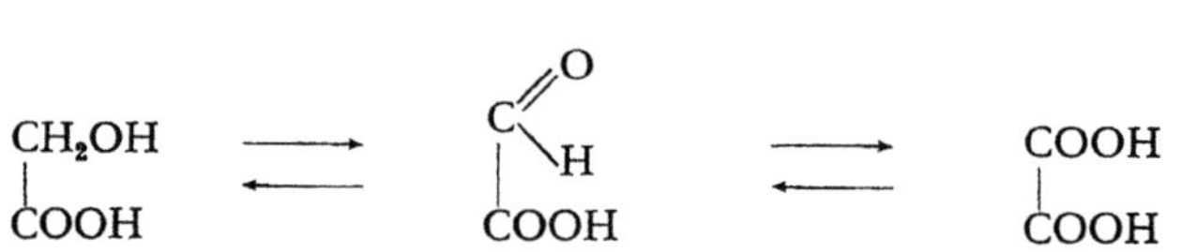

Glykolsäure — Glyoxylsäure (= Glyoxalsäure) — Oxalsäure

Für weitere Angaben über die Verbreitung löslicher Oxalate vgl. Molisch und Patschovsky (beide l.c. supra).

2. *Flavonoide Verbindungen*

Nach Beobachtungen von BATE-SMITH (1962, l. c. Bd. 3, S. 40) und CAMBIE et al. (1961, l. c. Bd. 3, S. 40) kommen bei einzelnen *Oxalis*-Arten Leucoanthocyane (Leucocyanidin, Leucodelphinidin) vor, während solche anderen Arten fehlen; die leucoanthocyanpositiven Arten dürften den gerbstoffhaltigen Arten von PATSCHOVSKY entsprechen. Leucoanthocyane kommen ebenfalls in Blättern von *Averrhoa carambola* L. vor.

Als Blütenpigmente sind Cernuosid, Aureusin und Orientin bekannt (*O. cernua* Thunb. = *O. pes-caprae* L.: BALLIO u. MARINI-BETTOLO 1955; GEISSMAN-HARBORNE 1955; SHIMOKORIYAMA und GEISSMAN 1962). Aus 316 g frischen Petalen wurden 1,42 g Cernuosid, 0,28 g Aureusin und 0,36 g Orientin erhalten.

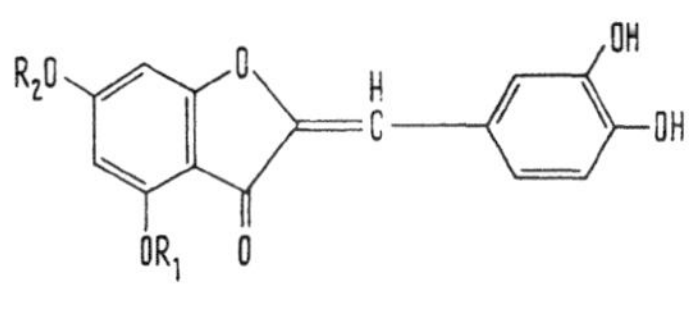

	R_1	R_2
Cernuosid	Glucose	H
Aureusin	H	Glucose

3. *Chinone*

Aus den Zwiebeln von einer *Oxalis*-Art (*Oxalis purpurata* Jacq.?, *O. purpurea* Thunb.?, *O. anthelmintica* A. Rich.?) isolierten O. FERNANDEZ und A. PIZARROSO (C. A. *42*, 8888 [1948]) ein gelbes chinoides Pigment, das durch FIESER und CHAMBERLAIN (1948) mit Rapanon identifiziert wurde; die untersuchte Art gehört vermutlich zu der Gruppe der *Oxalis*-Arten mit Exkretlücken und Rapanon dürfte in den letzteren lokalisiert sein.

4. *Reservestoffe*

Die vegetativen Speicherorgane der *Oxalis*-Arten enthalten reichlich Stärke (vgl. z. B. PATSCHOVSKY 1920; FERNANDEZ und PIZARROSO; MILLERD et al. 1963). Weitere Einzelheiten über Speicherstoffe sind kaum bekannt.

Die Samen von *Oxalis europaea* Jord. enthalten 21,9% Eiweiss und 47,6% fettes Öl; Stärke fehlt (JONES-EARLE 1966, l. c. S. 124).

Literatur

BALLIO, A., und MARINI-BETTOLO, G. B., Gazz. Chim. Ital. *85*, 1319 (1955).
FIESER, L. F., und CHAMBERLAIN, E. M., J. Am. Chem. Soc. *70*, 71 (1948).
GEISSMAN, T. A., und HARBORNE, J. B., J. Am. Chem. Soc. *77*, 4622 (1955).
MILLERD, A., et al., Nature *196*, 955 (1962); Biochem. J. *86*, 57 (1963); *88*, 276, 281 (1963).
SHIMOKORIYAMA, M., und GEISSMAN, T. A., in T. S. GORE, et al. (1962), S. 255–259; l. c. Bd. 3, S. 40.

Schlussbetrachtungen

Für eine chemotaxonomische Beurteilung der Verwandtschaftsverhältnisse im Rahmen der Gattung *(Oxalis!)*, der Familie (vgl. S. 255) und der Ordnung sind noch viel zu wenig Einzelheiten bekannt. Auch die Zahl der untersuchten Sippen ist ganz unzureichend.

Allgemein werden die Oxalidaceen in die Nähe der Geraniaceen (z. B. TAKHTAJAN: zwischen *Linaceae* und *Geraniaceae* in der Ordnung der *Geraniales*) gestellt; früher wurden sie sogar zu den Geraniaceen gerechnet. Eine chemotaxonomische Diskussion der Sippe wird erst sinnvoll, wenn wir besser über die chemischen Merkmale orientiert sind.

Vgl. ebenfalls *Geraniaceae* und *Linaceae* (Bd. 4, S. 193 und 393).

187. Paeoniaceae

Perennierende Kräuter oder Sträucher mit zerteilten Blättern und grossen, aktinomorphen Zwitterblüten. Blütenhülle mit Kelch und Krone, jedoch Übergangsformen häufig und Gliederzahl wechselnd; Staubblätter zahlreich; Fruchtblätter 2–5, jedes einen einblättrigen Fruchtknoten bildend (Apokarpie). Mehrsamige Balgfrüchte. Samen mit stark entwickeltem Endosperm und kleinem Embryo.

Die auf die Gattung *Paeonia* mit etwa 30 Arten beschränkte Familie reicht, unter Vermeidung der Tropen, vom Mittelmeergebiet bis ins westliche Nordamerika (Californien). Im Mittelmeergebiet wachsen etwa 10 Arten.

Anatomische Merkmale

Einzellige Deckhaare und grosse Drusen von Calciumoxalat kommen vielfältig vor. Exkretzellen und Exkreträume fehlen (SOLEREDER; METCALFE und CHALK; G. MAUE, *Zur Pharmakognosie der Ranunculaceen und Berberidaceen. Anatomie des Laubblattes*, Diss. Basel 1926).

Chemische Merkmale

Wurzeln, Rhizome und Blüten von *Paeonia*-Arten werden arzneilich verwendet (China, Japan, früher ebenfalls in Europa); den verschiedenen Drogen werden in erster Linie sedative, hypotensive, spasmolytische und adstringierende Wirkungen zugeschrieben. Da *Paeonia*-Arten in zahlreichen Cultivars, die überwiegend hybridogener Herkunft sind, als Zierpflanzen kultiviert werden, ist bei phytochemischen Publikationen oft nicht mit Sicherheit zu entscheiden, welche Sippe untersucht wurde. Ausserdem kommt Verwechslung von Arten recht häufig vor; der Name *Paeonia officinalis* wurde im Laufe der Zeit für wenigstens 5 verschiedene Arten verwendet.

In chemischer Hinsicht wurden bisher in erster Linie die flavonoiden Blütenpigmente bearbeitet. Nur bei 3 Arten wurden auch die Wurzeln untersucht.

Paeonia lactiflora Pall. (= *P. albiflora* Pall.): Diese ostasiatische Art ist Elterart zahlreicher Gartenhybriden; in Europa ausgeführte Untersuchungen mit „*P. lactiflora*" dürften sich grossen Teils auf hybridogenen Gartenformen beziehen.
Unterirdische Organe: Die Wurzeln werden in China und Japan als Analgeticum und Antispasmodicum bei gastrointestinalen Störungen verwendet; sie stellen nach Hübotter (1957) die chinesische Droge «Pai-shao» dar. Die Droge enthält 1,1% Benzoesäure (Ch.-Sh. Ling et al., C. A. *52*, 6716 [1958]) und neben Benzoesäure ebenfalls Glucose, Gallussäure und Ester der Benzoesäure (T. Ohta und T. Miyazaki, C. A. *49*, 9228 [1955]). Aus der Lipoidfraktion wurden β-Sitosterin und eine Triterpen (mutmasslich)-Mischung isoliert (I. Inagaki et al., C. A. *53*, 5420 [1959]). Neben reichlich Saccharose 3,1% Paeoniflorin, das bei saurer Hydrolyse Benzoesäure, Glucose und ein verharztes Aglykon liefert (Shibata et al., 1963, 1964).

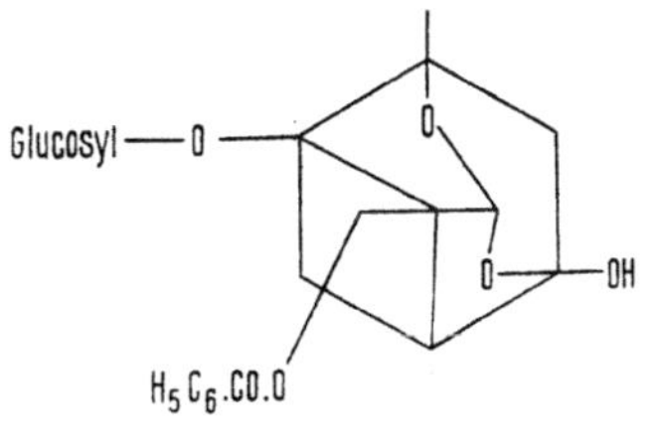

Paeoniflorin, $C_{23}H_{28}O_{11}$
(Aglykon: Benzoesäureester eines Trihydroxy-dioxido-pinanderivates)

Blätter: Kaempferol und Quercetin und deren 7-Glucoside (Egger 1959). Bezogen auf Frischgewicht 2–4% Galloylgerbstoffe, die als Heptagalloylglucosen charakterisiert wurden (Jachymczyk 1963; cv. „festiva maxima").

Blüten: Aus weissen Petalen (cv. „hortensis") Astragalin (= Kaempferol-3-glucosid) und Paeonosid (= Kaempferol-3,7-diglucosid) (Egger 1961; der Name ist unglücklich gewählt; vgl. Anthocyan Paeonin und Paeonosid von Kariyone); daneben ebenfalls Populnin (= Kaempferol-7-glucosid) (Saad Al-Rawi 1963; cv. „festiva maxima"). Petalen des cv. „festiva maxima" enthalten etwa 10% Galloylgerbstoffe und 0,13% Pyrethrin (Chmielewska-Kasprzyk 1962; bezogen auf Trockengewicht); das Gerbstoffgemisch besteht zur Hauptsache aus Hexagalloylglucosen (70%) und Glucogallin (30%) (JACHYMCZYK et al. 1964). Lipoidextrakte der Petalen von weiss-, rosa- und rotblühenden Formen (cv. „festiva maxima", „Sarah Bernhardt" und „nobilissima") enthalten Pentakosan, 13-Methylmyristinsäure und β-Sitosterin (KASPRZYK et al. 1962). Das Vorkommen von Pyrethrinen in Petalen konnte durch GODIN et al. (1967) nicht bestätigt werden; diese enthalten zudem keinerlei insektizid wirksame Bestandteile (verschiedene Herkünfte [cultivars?] geprüft). Ein Exsudat der Blütenknospen besteht zur Hauptsache aus Saccharose und enthält daneben reichlich Mesoinosit (SPRINGER-DESAI 1966).

Paeonia peregrina Mill. (= *P. decora* Anders.): Paeonol, Benzoesäure und einen Ester der Benzoesäure aus knolligen Wurzeln; bei Behandeln mit Ammoniak entsteht aus dem Benzoesäureester Benzamid (GÜVEN et al. 1964).

Paeonia suffruticosa Andr. (= *P. moutan* Sims = *P. arborea* Donn): Strauchige Art, deren Wurzelrinde in Japan und China als Antispasmodicum Verwendung findet. Die Droge enthält Paeonol (NAGAI 1891; TAHARA 1891; Formel Bd. 2, S. 314). PÉRON (1911) zeigte, dass Paeonol in der Form eines Monoglucosides (= Glucopaeonol) vorkommt. KARIYONE et al. (1956) isolierten Paeonosid (= Paeonol-β-glucosid) und Paeonolid (= Paeonol-β-arabinoglucosid). Aus Petalen (*P. arborea* hort.) isolierten EGGER (1961) und EGGER und KEIL (1965) Kaempferol-3,7-diglucosid, Apigenin-7-glucosid und Apigenin-7-rhamnoglucosid. Blätter enthalten Kaempferol- und Quercetinderivate (BATE-SMITH 1962, l. c. Bd. 3, S. 40).

Verschiedene Arten:

Blütenpigmente: Hauptpigment rotblühender *Paeonia*-Arten ist das Anthocyan Paeonin (bei 7 Arten nachgewiesen); es wird von Cyanin begleitet (HARBORNE 1967). Bei gelbblühenden Sippen sind entweder Carotenoide (*P. lutea* Franch.) oder Chalkone (*P. trollioides* Stapf = *P. potaninii* Kom. var. *trollioides* [Stapf] Stern: Isosalipurposid) Hauptfarbstoffe (HARBORNE 1966).

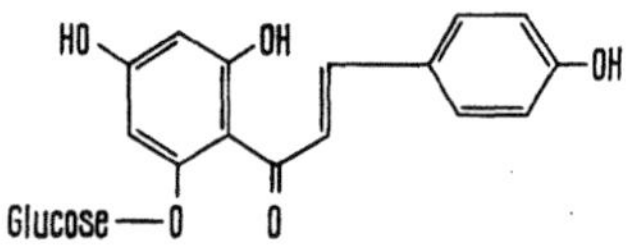

Isosalipurposid

Blüten von *P. tenuifolia* L. führen Kaempferol und Quercetin und deren 7-glucoside (EGGER 1959).

Flavonoide der Blätter: Bei *P. arietina* Anders. und *P. tenuifolia* L. sind ebenfalls Glykoside von Kaempferol und Quercetin Hauptflavone (EGGER 1959; BATE-SMITH 1962, l. c. Bd. 3, S. 40).

Reservestoffe der Samen: Paeonia-Samen sind stärkefrei und enthalten reichlich Eiweiss und fettes Öl; bei *P. brownii* Dougl. ex Hook. wurden 18,7% und bei *P. peregrina* Mill. 38,3% fettes Öl beobachtet (EARLE-JONES 1962, l. c. Bd. 3, S. 40; JONES-EARLE 1966, l. c. S. 124). Im Endosperm führen alle *Paeonia*-Arten

(24 Sippen geprüft) Amyloid; im Falle von *P. delavayi* Franch. und *P. officinalis* L. wurde nachgewiesen, dass die Reservecellulose der Samen tatsächlich die für Amyloid charakteristische Zusammensetzung (Glucose, Galaktose, Xylose) besitzt (KOOIMAN 1959, l. c. B 3.02).

Alkaloidartige Stoffe: Solche kommen nach älteren Angaben in Samen und Wurzeln von *Paeonia*-Arten vor (u. a. Peregrinin); ihre Charakterisierung steht jedoch aus (vgl. WEHMER; WILLAMAN-SCHUBERT, l. c. B 4.01).

Pharmakologische Eigenschaften: Nach Beobachtungen von WENZEL und HASKELL (1952) besitzen alkoholische Wurzelextrakte von *P. officinalis* L. (cv. „number 4 pink") digitalisartige und uteruskontrahierende, jedoch keine analgetische und antiepileptische Wirkung. Wurzeln und Kraut von *P. anomala* L. werden in Russland als Sedativum mit gutem Erfolg verwendet; die Wurzeln sollen Gerbstoff, Harz, reichlich Zucker, 0,3% Salicylsäure und 1,59% ätherisches Öl (paeonolhaltig?) enthalten (KONOVALOV 1963).

Schlussbetrachtungen

Die früher zu den Ranunculaceen gerechnete Gattung *Paeonia* wird heute ziemlich allgemein als monogenerische Familie behandelt und oft in die Nähe der Dilleniaceen gestellt (PULLE in *Clusiales;* CRONQUIST und TAKHTAJAN in *Dilleniales;* Syllabus in *Guttiferales-Dilleniineae*). HUTCHINSON verwirft diese Auffassung und betrachtet *Paeonia* als Bindeglied zwischen den Magnoliaceen und Ranunculaceen (z. B. *Helleborus*); andere Autoren halten Einreihung der *Paeoniaceae* in die holzigen *Polycarpicae* (= *Magnoliales*) für richtig.

Centripetale Entwicklung der Staubblätter, Bau der Pollenkörner und der Integumente, embryologische Merkmale (vgl. JOHRI 1963), der Bau der Gefässe (vgl. LEMESLE 1948) und der Bau und die Entwicklung der Keimpflanzen (hypogäische Keimung und Wurzeln mit tetrarchem Xylem bei *Paeonia;* DAVEZAC 1957) rechtfertigen ohne jeden Zweifel Ausschluss von *Paeonia* aus den Ranunculaceen. Die genannten Argumente werden durch die folgenden phytochemischen Befunde bekräftigt: Reichlich Galloylgerbstoffe bei *Paeonia* (fehlen den Ranunculaceen gänzlich); Fehlen von Ranunculin und Magnoflorin bei *Paeonia* (sind für viele *Ranunculaceae* [vgl. Bd. 6] charakteristisch).

Die Verwandtschaftsverhältnisse von *Paeonia* sind andererseits noch keineswegs geklärt. Nach KUBITZKI und REZNIK (1966) lassen sich die Flavonoidspektren der Blätter der Paeoniaceen (Kaempferol, Quercetin und angeblich ebenfalls Isorhamnetin) besser mit deren Einreihung in die holzigen *Polycarpicae* als mit der Einbeziehung in die *Dilleniales* (bei denen Myricetin häufig auftritt) vereinigen. Dem wäre entgegenzuhalten, dass die Galloylgerbstoffe von *Paeonia* eher in Richtung der *Dilleniales* weisen. Zukünftigen Arbeiten bleibt es vorbehalten, um überzeugendere Argumente für die tatsächliche biochemische Verwandtschaft der *Paeoniaceae* beizubringen. In erster Linie ist Erweiterung der Kenntnis über die chemischen Merkmale der *Magnoliaceae*, *Annonaceae*, *Paeoniaceae* und *Dilleniaceae* von Bedeutung.

Literatur

CHMIELEWSKA, I., und KASPRZYK, Z., Nature *196*, 776 (1962).
DAVEZAC, TH., *La place systématique du genre Paeonia et forme de jeunesse de P. lusitanica Mill.*, Bull. Soc. Hist. Nat. Toulouse *92*, 197 (1957).
EGGER, K., Z. Naturforsch. *14b*, 401 (1959); *16b*, 430 (1961).
EGGER, K., und KEIL, M., Ber. Deut. Botan. Ges. *78*, 153 (1965).
GODIN, P. J., et al., Nature *214*, 319 (1967).
GÜVEN, K. C., et al., Folya Farmasötika (Istanbul) *5*, 15 (1964).
HARBORNE, J. B., Phytochemistry *5*, 111 (1966); *Comparative biochemistry of the flavonoids*, Academic Press, London–New York 1967.
HÜBOTTER, F., *Chinesisch-Tibetische Pharmakologie und Rezeptur*, Karl F. Haug Verlag, Ulm 1957.
JACHYMCZYK, W., Bull. Acad. Polon. Sci., Ser. Sci. Biol. *11*, 337 (1963).
JACHYMCZYK, W., et al., Bull. Acad. Polon. Sci., Ser. Sci. Biol. *12*, 11 (1964).
JOHRI, M., *Embryology and Taxonomy*, in P. MAHESHWARI, *Recent Advances in the Embryology of Angiosperms*, Delhi 1963.
KARIYONE, T., et al., J. Pharm. Soc. Japan *76*, 917, 920 (1956).
KASPRZYK, Z., et al., Bull. Acad. Polon. Sci., Ser. Sci. Biol. *10*, 457 (1962).
KONOVALOV, N. M., *Ueber Erfahrungen mit Paeonia anomala in der psychiatrischen Klinik*, Herba Hungarica *2*, 286 (1963).
KUBITZKI, K., und REZNIK, H., *Flavonoidmuster der Polycarpicae als systematisches Merkmal. I Uebersicht über die Familien*, Beitr. Biol. Pflanzen *42*, 445 (1966).
LEMESLE, R., Compt. Rend. *226*, 2172 (1948); *227*, 221 (1948).
NAGAI, W. N., Ber. Deut. Chem. Ges. *24*, 2847 (1891).
PÉRON, G., J. Pharm. Chim. [7] *3*, 238 (1911).
SAAD AL-RAWI, Bull. Acad. Polon. Sci., Ser. Sci. Biol. *11*, 315 (1963).
SHIBATA, SH., und NAKAHARA, M., Chem. Pharm. Bull. (Tokyo) *11*, 372 (1963).
SHIBATA, SH., et al., Tetrahedron Letters *1964*, 1991.
SPRINGER, G. F., und DESAI, P. R., Naturwissenschaften *53*, 277 (1966).
TAHARA, Y., Ber. Deut. Chem. Ges. *24*, 2459 (1891).
WENZEL, D. G., und HASKELL, A. R., *Pharmacological Action of Paeonia officinalis (var. number 4 pink)*, J. Am. Pharm. Assoc. *41*, 162 (1952).

188. Pandaceae

Umfassen bei den meisten Autoren (z. B. HUTCHINSON, TAKHTAJAN, Syllabus) nur die monotypische Gattung *Panda* mit *Panda oleosa* Pierre in tropisch West-Afrika. Die Art ist ein zweihäusiger Baum mit zweireihig-wechselständigen, einfachen, lederigen Blättern mit sehr kleinen Nebenblättern. Blüten mit becherförmigem Kelch und 5 freien Petalen, 10 Staubblättern (♂ Blüten) und oberständigem, 3–4fächerigem Fruchtknoten mit einer Samenanlage in jedem Fach (♀ Blüten). Grosse Steinfrüchte mit 3–4kammerigem Steinkern mit 1–4 kleinen Samen. Endosperm kräftig entwickelt.

Seit ihrer Beschreibung im Jahre 1896 wird die Gattung *Panda* als Vertreter einer Familie betrachtet. Die Auffassungen über die Verwandtschaft der *Pandaceae* divergieren stark. Beziehungen zu den *Aquifoliaceae*, *Burseraceae*, *Celastraceae*, *Chailletiaceae*, *Euphorbiaceae*, *Rhamnaceae* und *Sapindaceae* wurden und werden erwogen. Erst in neuester Zeit wurden die meist zu den Euphorbiaceen gerechneten Gattungen *Centroplacus*, *Galearia* und *Microdesmis* in die *Pandaceae* einbezogen (FORMAN 1966; AIRY SHAW 1966, l. c. S. 255) und damit Definition und Abgrenzung der Familie geändert. Die Aufführung von *Microtropis (Celastraceae)* bei den *Pandaceae* bei AIRY SHAW beruht anscheinend auf einem Druckfehler (sollte *Microdesmis* sein).

Anatomische Untersuchungen von METCALFE (in FORMAN) und METCALFE und PARAMESWARAN (in FORMAN) ergaben weitgehende Übereinstimmung zwischen *Panda oleosa* und *Galearia celebica:* Exkretionsorgane fehlen; Calciumoxalat wird in der Form von Drusen und Einzelkristallen (z. T. im Lumen von Sklereiden) abgelagert.

Die chemischen Merkmale der erwähnten Sippen sind kaum bekannt. Nur für *Panda oleosa* liegen einige Beobachtungen vor. Die kleinen Samen werden in West-Afrika gegessen; sie enthalten gegen 30% Eiweiss und 46–48% fettes Öl mit Palmitin-, Öl- und Linolsäure als Hauptfettsäuren (PEIRIER 1930, l. c. S. 125; BUSSON 1965, l. c. S. 124). Aus der Wurzelrinde isolierten PAIS et al. (1964, 1966) 0,3% kristallisierte Alkaloide. Pandamin ist Hauptalkaloid; es wird von Pandaminin begleitet; beide Basen gehören zur Gruppe der Peptidalkaloide.

$R = -CH(CH_3)-CH_2-CH_3$: Pandamin, $C_{31}H_{44}O_5N_4$

$R = -CH(CH_3)-CH_3$: Pandaminin, $C_{30}H_{42}O_5N_4$

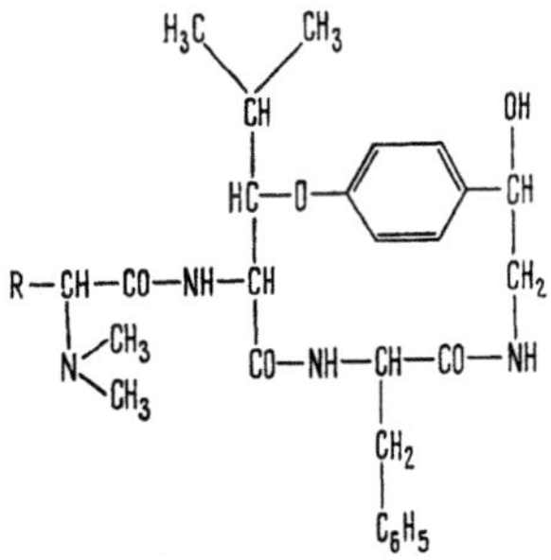

Dergleiche cyclische Peptidalkaloide kennt man vorläufig vor allem aus den Rhamnaceengattungen *Ceanothus*, *Scutia* und *Zizyphus*.

Zur Beurteilung der Verwandtschaftsverhältnisse der *Pandaceae* im engen oder im erweiterten Sinne mit Hilfe der chemischen Merkmale fehlen heute die Unterlagen.

Literatur

FORMAN, L. L., *The reinstatement of Galearia Zoll. et Mor. and Microdesmis Hook. f. in the Pandaceae;* with Appendices of C. R. METCALFE and N. PARAMESWARAN, Kew Bull. *20*, 309–321 (1966).

PAIS, M., et al., Bull. Soc. Chim. France *1964*, 817; Ann. Chim. (Paris), tome 1, 1966, 83–105.

189. Papaveraceae

(inklusiv *Fumariaceae*)

Einjährige oder perennierende Kräuter, seltener (*Dendromecon*, *Boconia* p. p.) Sträucher mit meist wechselständigen, oft stark zerteilten Blättern ohne Nebenblätter. Blüten zwittrig, auffallend, aktinomorph oder zygomorph. Kelch 3- oder meist 2blättrig; Krone frei, 4-, seltener 3blättrig. Androeceum verschieden gestaltet, vielzählig, 4zählig oder diadelphisch *(Fumarioideae);* Fruchtknoten oberständig, aus 2 oder mehreren Fruchtblättern gebildet, meist einfächerig mit mehr oder weniger vorspringenden, wandständigen Plazenten mit vielen (selten nur einer) Samenanlagen mit 2 Integumenten. Kapselfrüchte (selten Nüsse) mit vielen Samen mit kleinem Embryo und mächtig entwickeltem Endosperm.

Die Familie ist überwiegend auf die gemässigte und subtropische Zone des Nördlichen Halbrundes beschränkt.

Systematische Gliederung

Etwa 700 Arten und 50 Gattungen, die über 3 Unterfamilien verteilt werden:

Papaveroideae: Blüten aktinomorph; Staubblätter meist viele; milchsaftführend. 5 Triben: PLATYSTEMONEAE (starke Anklänge an die *Polycarpicae* durch 3zählige Blütenhüllen und partielle Apokarpie; *Meconella* [inklusiv *Hesperomecon* = *Platystigma*], *Platystemon*); ROMNEYEAE (mit *Arctomecon* und *Romneya* mit 3- oder 2zähligen Perianthwirteln und vielen Staubblättern); ESCHSCHOLZIEAE (mit 2zähligen Perianthwirteln und schotenartigen Früchten; *Dendromecon*, *Eschscholzia*, *Hunnemannia*); CHELIDONIEAE (in erster Linie durch gefärbten Milchsaft sich von der vorabgehenden Tribus unterscheidend; *Bocconia* [inkl. *Macleaya*], *Chelidonium*, *Dicranostigma*, *Sanguinaria*, *Stylophorum* und einige weitere Gattungen); PAPAVEREAE (mit weissem oder gelbem Milchsaft und über den Plazenten sitzenden Narben; *Argemone*, *Canbya*, *Glaucium*, *Meconopsis*, *Papaver* und *Roemeria*).

Die ersten drei Triben haben wasserklaren „Milchsaft“ und bei den ersten 4 Triben alternieren die Narben mit den Plazenten.

Hypecooideae: 2 Kelchblätter, 4 Kronblätter, 4 Staubblätter, keine Milchsaftschläuche: *Hypecoum* und *Pteridophyllum*.

Fumarioideae *(= Fumariaceae):* Zygomorphe Blüten und diadelphisches Androeceum, das durch 2 dreiteilige Bündel gebildet wird; keine Milchsaftschläuche aber Alkaloididioblasten: *Adlumia*, *Corydalis*, *Dicentra* (mit mehrsamigen, aufspringenden Früchten) und *Fumaria* und *Rupicapnos* mit einsamigen, nussartigen Früchten.

Anatomische Merkmale

Haare nur durch Deckhaare vertreten. Charakteristisch sind gegliederte Milchsaftschläuche; sie werden in einzelnen Gattungen durch Milchsaftzellen und bei den Fumarioideen durch Alkaloididioblasten (ZOPF 1891) vertreten. Kristalle von Calciumoxalat sind in der Familie eher selten; in der Samenschale kommt jedoch bei allen Papaveraceen eine Kristallzellenschicht vor. Bei *Fumaria* fehlt die letztere den reifen Samen; GREGER (1931) hat jedoch bei *Fumaria officinalis* nachgewiesen, dass diese Schicht im Beginne der Entwicklung vorhanden ist und erst beim Ausreifen der Samen wiederum verschwindet.

Literatur

GREGER, J., *Über Kalkoxalatkristalle in der Samenschale von Fumaria officinalis* L., Planta *12*, 49 (1931).
ZOPF, W., *Zur physiologischen Deutung der Fumariaceen-Behälter*, Ber. Deut. Botan. Ges. *9*, 107 (1891).

Chemische Merkmale

Alle Papaveraceen führen Alkaloide; ihre Erforschung setzte früh ein, da das von *Papaver somniferum* L. stammende Opium ein Produkt der Familie ist. Morphin, das Hauptalkaloid des Opiums, stellt die erste in der Literatur beschriebene organische Pflanzenbase dar (SERTÜRNER 1806). Abgesehen von der Opium- und Mohnsamen-Produktion (beide *Papaver somniferum* L.) spielen die Papaveraceen nur eine geringe Rolle in der Ökonomie des Menschen; sie liefern eine grosse Zahl von nur lokal bekannten Arzneidrogen und ausserdem viele Zierpflanzen. Die chemischen Kenntnisse beschränken sich zur Hauptsache auf Alkaloide. Die übrigen Inhaltstoffe wurden jeweilen nur bei wenigen Arten ausführlicher bearbeitet. Acetylornithin, cyanogene Verbindungen und spezielle organische Säuren, die zur Neutralisation der Alkaloide in den Zellen verwendet werden, kommen in einzelnen Sippen vor. Wie die Alkaloide sollen diese Verbindungsgruppen zusammenfassend besprochen werden. Anschliessend werden, systematisch geordnet, Angaben über die Inhaltstoffe einzelner Sippen gebracht.

1. *Alkaloide*

1.1 BENZYLISOCHINOLINBASEN: Alle Papaveraceen sind alkaloidhaltig. Die Basen sind hauptsächlich in den Milchsäften und bei den Fumarioideen in Alkaloididioblasten lokalisiert. Nach GREATHOUSE (1938, 1939) bedingen einige der Papaveraceenalkaloide die Resistenz gegen phytopathogene Organismen (z. B. *Phymatotrichium omnivorum*). Alkaloidchemisch gehören die Papaveraceen eindeutig zu den *Polycarpicae (Ranales)*. Ihre Alkaloide stellen Benzyltetrahydroisochinoline und biogenetisch davon ableitbare Varianten dar. Mit Ausnahme der Bisbenzylisochinolinbasen und Hasubanane sind von den Papaveraceen alle bereits bei den Menispermaceen (S. 76) dargestellten Typen der Isochinolinbasen bekannt geworden. Zusätzlich treten in der Familie einige Varianten auf, die man als charakteristische Papaveraceenalkaloide betrachten kann, da sie anderweitig fehlen oder jedenfalls nur sporadisch vorkommen. Es handelt sich um folgende Alkaloidtypen:

1. *Protopin-Typus.*

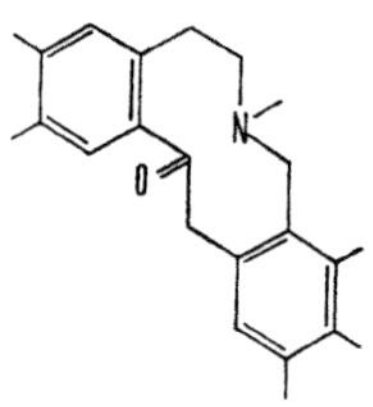

z. B. Protopin, Cryptopin, Allocryptopin (= β- und γ-Homochelidonin = α-Fagarin), Corycavin, Fagarin-II, Hunnemannin, Muramin (= Cryptopalmatin)

Vorkommen: Bei den Papaveraceen allgemein verbreitet; ausserhalb der Familie be *Nandina domestica* (Bd. 3, S. 245) und bei einigen *Fagara*- und *Zanthoxylum* Arten (α-Fagarin; Fagarin-II; *Rutaceae*).

2. *Cularin-Typus* (vgl. z. B.: Manske 1966; Kametani-Shibuya 1965; Kametani et al. 1966).

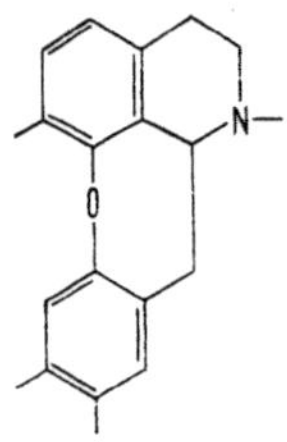

z. B. Cularin
Cularimin
Cularicin
Cularidin

Vorkommen: *Corydalis*, *Dicentra*

3. *Phthalidisochinoline.*

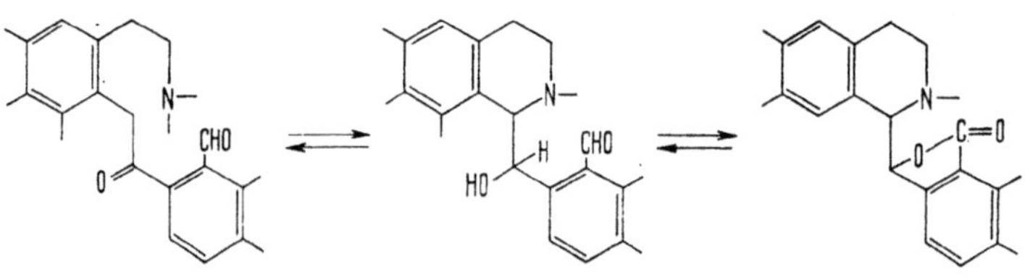

z. B. Narcein — z. B. Bicucin — z. B. Narcotin, Narcotolin, Bicucullin, Adlumin

Vorkommen: *Adlumia*
Corydalis
Dicentra
Papaver
Ausserhalb der Familie: *Hydrastis* (*Ranunculaceae*)

4. *Rhoeadin (= Porphyroxin = Papaverrubin)-Typus* (vgl. z. B. PFEIFER 1962, 1965, 1966; PFEIFER-MANN 1965; ŠANTAVÝ et al. 1965, 1966; HUGHES et al. 1967; MATUROVÁ et al. 1967; GUGGISBERG et al. 1967).

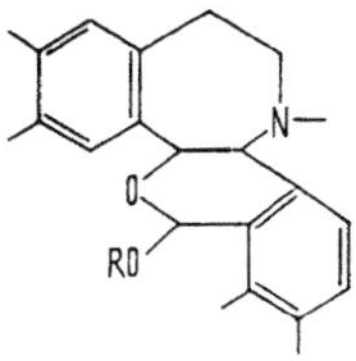

R = H oder CH_3

z. B. Porphyroxin (= Papaverrubin D)
Rhoeadin
Alpinin
Glaudin etc.

Vorkommen: Vor allem in der Gattung *Papaver* weitverbreitet.

5. *Pavin-Typus* (vgl. z. B. BATTERSBY-BINKS 1954; MARTELL et al. 1963; BAKER-BATTERSBY 1967; MASION et al. 1967; SOINE-KIER 1963; STERMITZ et al. 1963; STERMITZ-SEIBER 1966).

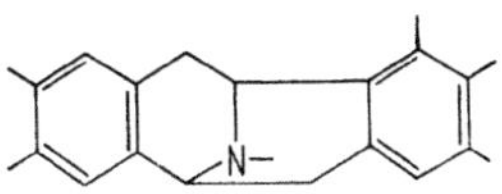

z. B. Argemonin
Eschscholzin
Eschscholzidin
Munitagin
Norargemonin
Bisnorargemonin
(= Rotundin)

Vorkommen: *Argemone*
Eschscholzia

6. *Isopavin-Typus* (vgl. z. B. ŠANTAVÝ et al. 1966; M. S. YUNUSOV et al., C. A. *67*, 11625 [1967]).

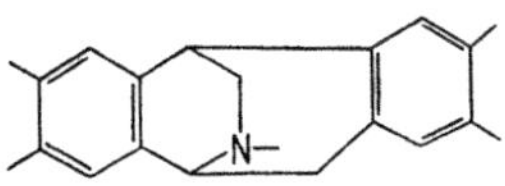

z. B. Amurensin
Amurensinin
Roemrefin

Vorkommen: *Papaver*, *Roemeria*.

7. *Ochotensin-Typus* (vgl. z. B. MCLEAN et al. 1964, 1966).

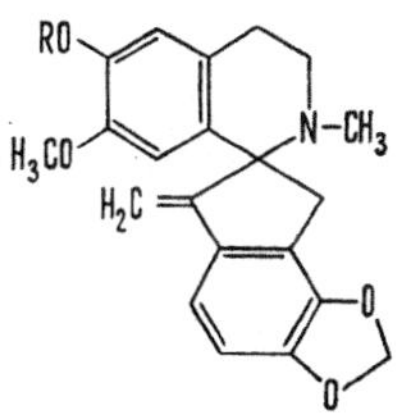

R = H : Ochotensin
R = CH_3 : Ochotensinin

Vorkommen: *Corydalis*

8. *Sendaverin-Typus* (KAMETANI et al. 1965, 1966, 1967).

Sendaverin

Vorkommen: *Corydalis*

9. *Chelidonin-Typus* (Benzophenanthridine).

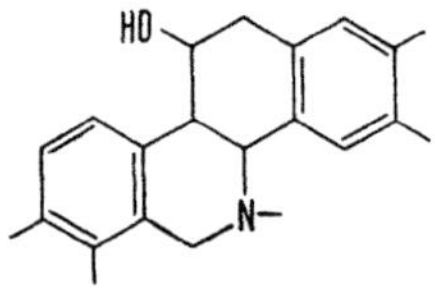

z. B. Chelidonin
α-Homochelidonin

Vorkommen: *Chelidonium*
Dicranostigma?
Glaucium
Stylophorum

10. *Chelerythrin-Typus* (Benzophenanthridine).

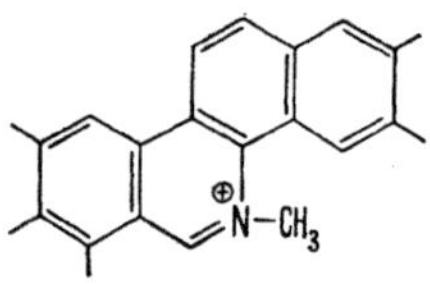

z. B. Chelerythrin
Sanguinarin
Nitidin
Avicin

Vorkommen: Bei den Papaveraceen allgemein verbreitet; ausserhalb der Familie bei einigen Gattungen der *Rutaceae:* Avicin und Nitidin sind beispielsweise *Zanthoxylum*-Alkaloide.

11. *Alkaloidglykoside:* Phenolische oder alkoholische Hydroxylgruppen von Isochinolinbasen können glykosidiert sein. Bisher sind zwei derartige Glykoalkaloide bekannt geworden:

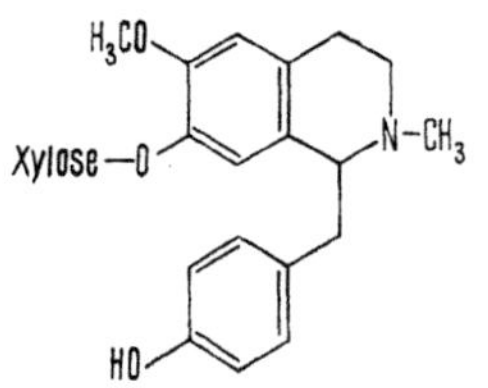

Latericin, $C_{23}H_{29}O_7N$ (PREININGER et al. 1966) *(Papaver lateritium, P. monanthum* und *P. pilosum)*

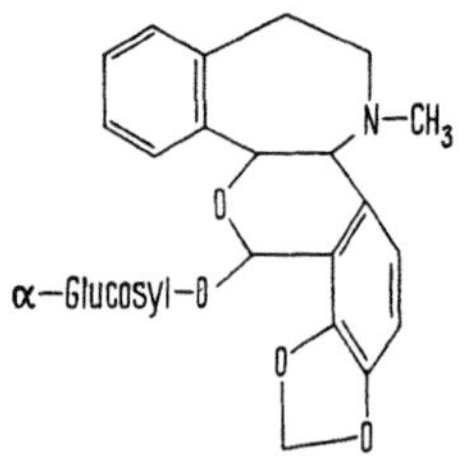

Alkaloid R-C aus *Papaver rhoeas* (NEMECKOVÁ et al. 1967)

Protopin, Sanguinarin und Coptisin (Alkaloid des Berberintypus) sind in der Familie sehr weit verbreitet (HAKIM et al. 1961; MANSKE 1944); man kann diese Basen deshalb als Familienmerkmale bezeichnen. Die restlichen Alkaloide und

Alkaloidtypen charakterisieren nicht selten bestimmte Gruppen von Arten oder von sich nahe stehenden Gattungen. Ohne allen Zweifel kann die Alkaloidchemie einen Beitrag zur Lösung mancher taxonomisch schwieriger Probleme liefern; man sollte jedoch mit Schlussfolgerungen vorsichtig sein und nie vergessen, dass die Alkaloidführung verschiedener Organe einer Art recht verschieden sein kann, und dass auch heute noch die Alkaloidspektren der einzelnen Sippen ungenügend bekannt sind.

1.2 ANDERE ALKALOIDTYPEN: Neben den Benzyltetrahydroisochinolinen treten in einzelnen Arten geringe Mengen von einfachen Tetrahydroisochinolinen (Corypallin, Hydrohydrastinin, Hydrocotarnin) auf; sie stellen möglicherweise sekundäre Umwandlungsprodukte von primär gebildeten Benzyltetrahydroisochinolinen dar.

Im Genus *Roemeria* treten Ephedrin und Pseudoephedrin auf.

Chelidonium majus führt neben reichlich Benzylisochinolinen geringe Mengen von Spartein. Die Verhältnisse liegen demnach hier ähnlich wie bei der Berberidaceengattung *Leontice* (Bd. 3, S. 243 und 247) und bei der Monimiacee *Peumus boldus* (S. 104).

Die Literatur über Chemie und Verbreitung von Papaveraceenalkaloiden ist sehr umfangreich; es wird insbesondere nach den Handbüchern der Alkaloidchemie (BOIT; HENRY; MANSKE-HOLMES, l. c. B 3.11) und nach der Zusammenstellung von WILLAMAN und SCHUBERT (l.c. B 4.1) verwiesen.

2. *Freie Aminosäuren*

Im Laufe der Untersuchung der Alkaloide isolierte MANSKE (1937, 1940) aus 3 *Corydalis*-Arten δ-Acetylornithin. Die gleiche Aminosäure fanden VIRTANEN und LINKO (1955) in einer finnischen *Corydalis*-Art (*C. bulbosa;* muss demnach *C. solida* Swartz sein). REUTER (1957/58) hat später nachgewiesen, dass Acetylornithin bei den *Fumarioideae (Adlumia, Corydalis, Dicentra, Fumaria)* die Transportform des Stickstoffes darstellt; sie wird von geringeren Mengen von Arginin und Glutamin begleitet. Die *Papaveroideae* verhalten sich in dieser Beziehung anders; Acetylornithin fehlt meistens oder tritt nur in geringen Mengen auf; löslicher Stickstoff wird in der Form von Glutaminsäure, Glutamin und Arginin gespeichert und transportiert. Möglicherweise sind diese Unterschiede zwischen den zwei Unterfamilien nicht scharf; bei *Corydalis nobilis* Pers. konnte MANSKE (1940) jedenfalls kein Acetylornithin nachweisen (REUTER fand es allerdings später ebenfalls bei dieser Art) und andererseits konnte es durch BÖHM et al. (1966) im Milchsaft mehrjähriger Pflanzen von *Papaver bracteatum* Lindl. eindeutig nachgewiesen werden; es ist Hauptaminosäure im Latex von grünen Kapseln, von Herbsttrieben und von Frühlingsblättern; im Milchsaft der Wurzeln und in den Geweben der Pflanze tritt es nur spurenweise auf.

3. *Cyanogene Stoffe*

Einige Papaveraceen sind cyanogen. Im Falle von *Eschscholzia californica* Cham. wies ROSENTHALER (1926) in Destillaten neben HCN Aceton nach und schloss hieraus auf Vorkommen von Linamarin. Vor Kurzem fand ABROL (1966) in Keimpflanzen von *Papaver nudicaule* L. Linamarin und Lotaustralin; demnach kommt in der Familie der Linamarin-Typus der Cyanogenese vor. Blausäureabspaltung konnte bisher für folgende Sippen nachgewiesen werden:

Dicentra spectabilis Lem.: Schwach cyanogen (MIRANDE 1913; HEGNAUER 1958).

Eschscholzia californica Cham. s. l. und *E. minutiflora* s. l.: Alle durch mich geprüften Pflanzen dieser polytypischen Sammelarten (vgl. S. 275) waren stark cyanogen (bis 50 mg HCN/kg Frischpflanze). Die geprüften Muster (frisches Material von kultivierten Pflanzen; aus Californien stammendes Herbariummaterial) vertreten die folgenden Sippen (MUNZ, *A Californian Flora*, 1959): *E. californica* Cham., *E. caespitosa* Benth., *E. glyptosperma* Greene, *E. lobbii* Greene, *E. minutiflora* Wats. Folgende Autoren beschrieben Cyanogenese bei *Eschscholzia:* ROSENTHALER 1926; WEBB 1949; HEGNAUER 1958, 1961; RUIJGROK 1967: *E. lobbii* enthält cyanogene Verbindungen, die in den geprüften Eigenschaften mit denjenigen der cyanogenen Ranunculaceen übereinstimmen.

Meconopsis cambrica Vig.: Ist cyanogen (ROSENTHALER 1926).

Papaver nudicaule-alpinum-radicatum-Komplex: Die arctisch-alpinen, perennierenden Mohne der Sektion *Scapiflora* Rchb. sind systematisch sehr schwierig. Der echte *Papaver nudicaule* L. ist rein asiatisch und meistens diploid; *Papaver alpinum* L. sensu lato stellt einen diploiden Formenkreis der europäischen Gebirge dar. *Papaver radicatum* Rottb. sensu lato umfasst die circumpolaren polyploiden (tetraploid bis dodecaploid) Sippen (vgl. Flora Europaea, Vol. I, S. 249 und G. KNABEN, Opera Botanica Soc. Botan. Lundensi *2* : 3 und *3* : 3 [1959]). Als Zierpflanze werden in erster Linie Formen von *P. nudicaule* und von *P. alpinum* kultiviert (FABERGÉ 1942, 1943). Unglücklicherweise ist der kultivierte diploide *P. nudicaule* als „Iceland Poppy“ in der angelsächsischen gärtnerischen Literatur bekannt, was ebenfalls zur Verwirrung beitragen dürfte (in Island kommt nur der polyploide *P. radicatum* s. l. vor). Angaben über Vorkommen oder Fehlen von Cyanogenese bei den Haupt- und Kleinarten dieses Aggregates sind vorläufig mit Vorsicht zu bewerten. Die diploiden, alpinen Mohne sind nicht cyanogen (MIRANDE 1913; HEGNAUER 1961). Nach MIRANDE (1913) liefern Bastarde zwischen *P. nudicaule* und *P. alpinum* im Mittel 31 (rotorange blühend), 33 (weissblühend) und 51 mg (gelb blühend) HCN pro kg Frischpflanze. DILLEMANN (1953) untersuchte 2 diploide und 2 tetraploide Cultivars von *P. nudicaule;* nur die weissblühende tetraploide Rasse war cyanogen. Ausserdem ist nach diesem Autor *P. lapponicum* (Tolm.) Nordh. (gehört zu *P. radicatum* s. l.) cyanogen. HEGNAUER (1958, 1961) beobachtete starke Cyanogenese ausschliesslich bei diploiden und tetraploiden Vertretern von *P. nudicaule; P. alpinum* (diploid) und Jungpflanzen von *P. radicatum* s. l. (tetraploid, octoploid, decaploid) waren nicht oder nur äusserst schwach cyanogen.

4. *Spezielle Säuren*

Im Milchsaft oder in den Vakuolen der Alkaloidzellen sind die Alkaloide bei den Papaveraceen in vielen Fällen an Fumarsäure, seltener an Chelidon- oder Mekonsäure gebunden. Fumarsäure konnte aus Vertretern der Gattungen *Corydalis*, *Dicentra*, *Fumaria* (Name!), *Glaucium* und *Papaver* isoliert werden. Mekonsäure (Mekon ist die griechische Bezeichnung der Mohnpflanze) kommt reichlich im Milchsaft von *Papaver somniferum* vor und bildet dementsprechend ebenfalls einen der Hauptbestandteile des Opiums. Bei anderen *Papaver*-Arten scheint sie zu fehlen oder jedenfalls in viel geringeren Mengen aufzutreten. Nach Pavesi (1911) kann sie in frischen Milchsäften von *Papaver rhoeas* und *P. dubium* nachgewiesen werden. Chelidonsäure verdankt ihren Namen dem Vorkommen im Milchsaft von *Chelidonium majus*. Sie wurde ebenfalls aus *Stylophorum diphyllum* isoliert, kommt aber bei anderen Papaveraceen nicht vor (Ramstad 1945, 1953: 116 Arten aus 16 Gattungen untersucht).

Die γ-Pyronsäuren, Chelidon- und Mekonsäure, geben charakteristische Reaktionen, die zum Nachweis von Papaveraceendrogen herangezogen werden. Mekonsäure hat phenolische Eigenschaften und gibt mit Ferrichlorid intensive Rotfärbung; sie lässt sich aus mineralsaurem Milieu mit Aether ausschütteln und anschliessend durch die Eisenreaktion nachweisen (Nachweis in opiumhaltigen Präparaten nach Bourquelot [1902]). Chelidonsäure gibt die Filzreaktion nach Molisch oder die Xanthochelidonsäurereaktion nach Ramstad (1941; vgl. auch Bd. 2, S. 62–63, 279–282). Alkaloidmekonate und -chelidonate geben mit 5–10prozentigen Lösungen von türkischem oder chinesischem Tannin die merkwürdige Flagellocystenreaktion (Werdermann 1922; Griebel 1949; Kwasniewski 1952), die zum mikroskopischen Nachweis von Opium und der «Herba Chelidonii» Verwendung findet.

Corydalis ochotensis enthält geringe Mengen Maltol.

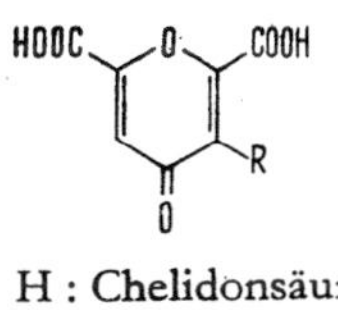

R = H : Chelidonsäure
R = OH : Mekonsäure

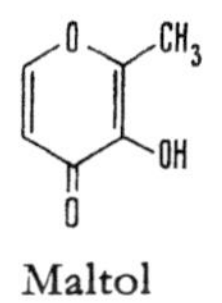

Maltol

5. *Polyphenole*

Nach Bate-Smith (1962, l. c. Bd. 3, S. 40) enthalten die Papaveraceen ziemlich allgemein Derivate von Kaempferol, Quercetin und Kaffeesäure und recht häufig Ferula- und Sinapinsäure; Leucoanthocyane, Myricetin und Ellagsäure fehlen gänzlich. Echte Gerbstoffe kommen in der Familie ebenfalls nicht vor.

Flavonole und Anthocyanidine scheinen die häufigsten flavonoiden Verbindungen der Papaveraceen zu sein. Die Flavonolderivate Rutin (*Eschscholzia*,

Hypecoum), Kaempferol-3-rhamnoglucosid *(Romneya)*, Isorhamnetinglykoside (*Argemone;* vielleicht ebenfalls *Dicentra peregrina*), Quercetagetin-7-glucosid (*Papaver nudicaule;* HARBORNE 1965) und verschiedene Quercetinglykoside *(Papaver somniferum)* wurden bisher aus Vertretern der Familie isoliert.

Die Blütenanthocyane wurden fast ausschliesslich für die Gattung *Papaver* bearbeitet. Mecocyanin ist Cyanidin-3-sophorosid; es wird öfters von Pelargonidin-3-sophorosid begleitet. Das orange gefärbte Orientalin aus Petalen von *P. orientale* und *P. nudicaule* ist Pelargonidin-3-sophorosid-7-glucosid (vgl. HARBORNE 1967).

Einige gelbblühende Papaveraceen enthalten ein stickstoffhaltiges Pigment, das als Nudicaulin bekannt ist (PRICE et al. 1939; FABERGÉ 1942, 1943). Es wurde ursprünglich (PRICE et al. 1939) als stickstoffhaltiges Anthocyan beschrieben, stellt aber nach HARBORNE (1965, 1967) weder eine flavonoide Verbindung noch ein Betaxanthin, sondern höchstwahrscheinlich ein Glykosid eines gelb gefärbten Alkaloides dar (über Alkaloidglykoside vgl. S. 268). Möglicherweise handelt es sich beim Nudicaulin nicht um einen Einzelstoff, sondern um eine Gruppe nächst verwandter, wasserlöslicher gelber Verbindungen. Nudicaulin wurde in Kronblättern von gelb oder orange blühenden Pflanzen von *Papaver alpinum*, *P. nudicaule*, *P. radicatum* (inkl. *P. alboroseum*), *P. heldreichii*, *P. bracteatum* und von *Meconopsis cambrica* beobachtet (PRICE et al. 1939; FABERGÉ 1942, 1943; HARBORNE 1967). Bei andern gelbblühenden Papaveraceen *(Argemone mexicana, Chelidonium majus, Eschscholzia californica, Glaucium flavum, Hunnemannia fumariaefolia)* kommt Nudicaulin nicht vor (FABERGÉ 1942); diese Arten dürften ihre Blütenfarben in erster Linie carotenoiden Pigmenten verdanken.

In der Gattung *Papaver* scheinen einzelne Sektionen durch bestimmte Spektra von Blütenpigmenten charakterisiert zu sein (ACHESON 1956, 1962; HARBORNE 1967). Am auffallendsten ist das Auftreten von Nudicaulin in den Sektionen *Macrantha*, *Pilosa* uns *Scapiflora*. Die Verhältnisse sind allerdings noch keineswegs geklärt. Für die systematisch sehr schwierige Sektion *Scapiflora* liegen widersprechende Angaben vor. Nach FABERGÉ (1942, 1943) sind folgende Blütenpigmente für die Hauptarten charakteristisch:

P. alpinum s. l. (Blüten weiss, gelb oder orange bis rot; gelbe Blüten werden beim Trocknen orange): Nudicaulin, Pelargonidinglykoside und niemals Cyanidinglykoside (letztere wohl in durch Anthocyane gefärbten Blättern, Stengeln und Kapseln).

P. nudicaule s. l. (gleiche Blütenfarben und gleiches Verhalten beim Trocknen wie *P. alpinum*): Nudicaulin, Pelargonidinglykoside und bei einigen rotblühenden Rassen ebenfalls Cyanidinglykoside.

P. radicatum s. l. (schwefelgelbe Blüten, die beim Trocknen grünschwarz verfärben): Gossypetinglykoside aber kein Nudicaulin. Eine schwefelgelbe Rasse ist allerdings ebenfalls vom Alpenmohn bekannt (*P. buseri* var. *sulphurellum;* verfärbt beim Trocknen wie *P. radicatum*); mutmasslich enthalten ihre Petalen die für *P. radicatum* charakteristischen Pigmente (FABERGÉ 1943).

Ein gelbes Flavonolglykosid wurde durch HARBORNE (1965) in Petalen von *P. nudicaule* (nicht *P. radicatum*) neben Nudicaulin beobachtet und als Quercetagetin (nicht Gossypetin-)-7-glucosid charakterisiert. Der gleiche Autor (1967) wies ausserdem Nudicaulin bei *P. radicatum* s. l. nach. Die Blütenpigmentuntersuchungen wurden allerdings bisher fast ausschliesslich mit Gartenpflanzen durchgeführt. Erst die vergleichende Analyse von zahlreichen Wildsippen dürfte uns ein genaueres Bild der Variationsbreite der Blütenpigmentspektren innerhalb der drei Sammelarten verschaffen können. Vgl. Nachträge S. 454.

6. *Verschiedenes*

6.1 *Wachse, Triterpene und Sterine:* Die Cuticularwachse scheinen wie bei den *Polycarpicae* arm an Triterpenen zu sein. Die Lipoidfraktionen der Milchsäfte enthalten, soweit bekannt, ebenfalls keine nennenswerte Menge von Triterpenen. Wachsalkohole *(Bocconia, Chelidonium, Papaver)*, Wachsketone, Paraffine *(Fumaria)*, Sterine, Sterolglykoside *(Corydalis, Papaver)* und Fettsäureester von Sterinen *(Papaver)* konnten bisher nachgewiesen werden. Aus dem Milchsaft von *Papaver somniferum* (Opium) wurden ausserdem die 2 tetracyclischen Triterpene Cyclolaudenol und Cycloartenol erhalten.

6.2 *Fette Öle der Samen:* Die Papaveraceen besitzen Samen mit ölreichem Endosperm. Die Ölgehalte der Samen schwanken zwischen 31 und 48%; Stärke fehlt und Eiweiss ist in Mengen von 15–25% vorhanden (Earle-Jones 1962, l. c. Bd. 3, S. 40; Jones-Earle 1966, l. c. S. 124; untersucht Vertreter von *Adlumia, Argemone, Bocconia* (inkl. *Macleaya*), *Dicentra, Eschscholzia* und *Papaver*). Genauer untersucht sind die Öle von *Argemone*-Arten, *Dicentra ochroleuca* Engelm., *Macleaya cordata* R. Br., *Papaver rhoeas* L. und *P. somniferum* L.; in allen Fällen waren Linolsäure (48–73%) und Ölsäure (11–33%) Hauptfettsäuren; daneben kommen etwa 10% Palmitin- und 1–6% Stearinsäure vor (vgl. Hilditch, l. c. B 3.03, 4. Aufl., 1964).

6.3 *Mineralstoffe:* Für einzelne Sippen (*Argemone*- und *Fumaria*-Arten, *Meconopsis cambrica*) wurde Akkumulation von Nitraten, Chloriden und Sulfaten nachgewiesen.

Literatur

Abrol, Y. P., Indian J. Chem. *4*, 251 (1966).

Acheson, R. M., et al., Nature *178*, 1283 (1956); New Phytologist *61*, 256 (1962).

Baker, A. C., und Battersby, A. R., Tetrahedron Letters *1967*, 137; J. Chem. Soc. *1967*C, 1317.

Battersby, A. R., und Binks, R., Chemistry and Industry *1954*, 1455.

Böhm, H., et al., Flora (Jena) *156*, 445 (1966).

Bourquelot, E., J. Pharm. Chim. [6] *15*, 344 (1902).

Dillemann, G., *Recherches biochimiques sur la transmission des hétérosides cyanogénétiques par hybridisation interspécifique dans le genre Linaria*, Thèse (Sci. Nat.), Univ. Paris (1953), S. 105–106.

Fabergé, A. C., *The genetics of the Scapiflora section of Papaver.* I *The garden Iceland Poppy;* II *The alpine Poppy*, J. Genetics *44*, 167–193 (1942); *45*, 139–170 (1943).

GREATHOUSE, G. A., *Suggested role of alkaloids in plants resistant to Phymatotrichium omnivorum*, Phytopathol. *28*, 592 (1938); *The alkaloids from Sanguinaria canadensis and their influence on growth of Phymatotrichium omnivorum*, Plant Physiol. *14*, 377 (1939).

GRIEBEL, C., *Tanninlösung als Mikroreagenz auf Alkaloidmekonate*, Pharm. Z. *85*, 116 (1949).

GUGGISBERG, A., et al., Helv. Chim. Acta *50*, 621 (1967).

HAKIM, SHORAB, A. E., et al., *Distribution of certain Poppy-Fumaria-alkaloids and a possible link with the incidence of glaucoma*, Nature *189*, 198, 201 (1961).

HARBORNE, J. B., Phytochemistry *4*, 647 (1965); (1967), l. c. S. 262.

HEGNAUER, R., Pharm. Weekblad *93*, 801 (1958); *96*, 577 (1961).

HUGHES, D. W., et al., J. Chem. Soc. *1967C*, 444.

KAMETANI, T., und SHIBUYA, S., Tetrahedron Letters *1965*, 1897.

KAMETANI, T., et al.,Tetrahedron Letters *1965*, 3345, 4317; *1966*, 985, 3215; J. Chem. Soc. *1966C*, 715; Chem. Pharm. Bull. (Tokyo) *15*, 608 (1967).

KWASNIEWSKI, W., *Ueber einen neuen Mikronachweis der Alkaloidchelidonate des Schöllkrautes*, Pharm. Z. *88*, 49 (1952); *Reaktion auf mekonsaure Alkaloide mit Gerbstofflösung*, Arch. Pharm. *285*, 445 (1952).

MANSKE, R. H. F., Canad. J. Research *15B*, 84 (1937); *18B*, 75, 288 (1940); *Papaveraceous Alkaloids*, Ann. Rev. Biochem. *13*, 541 (1944); Canad. J. Chem. *44*, 561 (1966).

MARTELL, M. J., et al., J. Am. Chem. Soc. *85*, 1022 (1963).

MASION, S. F., et al., Tetrahedron Letters *1967*, 137.

MATUROVÁ, M., et al., Coll. Czechoslov. Chem. Commun. *32*, 419 (1967).

MCLEAN, S., et al., Tetrahedron Letters *1964*, 3819; *1966*, 185; Canad. J. Chem. *44*, 2449 (1966).

MIRANDE, M., Compt. Rend. *157*, 727 (1913); Compt. Rend. Soc. Biol. *75*, 434 (1913).

NEMECKOVÁ, A., et al., Naturwissenschaften *54*, 45 (1967).

PAVESI, V., *Studi comparativi su tre specie di papaveri nostrali*, Atti Reale Ist. Bot. Univ. Pavia [2] *9*, 183–220 [Juli 1905] (1911).

PFEIFER, S., *Ueber Rotfärbungs-Alkaloide der Gattung Papaver*, Pharmazie *17*, 298–301 (1962); *20*, 45 (1965); J. Pharm. Pharmacol. *18*, 133 (1966).

PFEIFER, S., und MANN, I., Pharmazie *20*, 643 (1965).

PREININGER, V., et al., Coll. Czechoslov. Chem. Commun. *31*, 3345 (1966).

PRICE, J. R., et al., J. Chem. Soc. *1939*, 1465.

RAMSTAD, E., Pharm. Acta Helv. *16*, 15, 40 (1941); *20*, 145 (1945); *28*, 45 (1953).

REUTER, G., Flora (Jena) *145*, 326 (1957/58).

ROSENTHALER, L., Pharm. Acta Helv. *1*, 166 (1926).

RUIJGROK, H. W. L., Diss. Univ. Leiden 1967.

ŠANTAVY, F., et al., Chem. Commun. *1966*, 36; Coll. Czechoslov. Chem. Commun. *30*, 335, 3479 (1965); *31*, 4286 (1966); *32*, 461 (1967).

SOINE, T. O., und KIER, L. B., J. Pharm. Sci. *52*, 1013 (1963).

STERMITZ, F. R., und SEIBER, J. N., Tetrahedron Letters *1966*, 1177; J. Org. Chem. *31*, 2925 (1966).

STERMITZ, F. R., et al., J. Am. Chem. Soc. *85*, 1551 (1963).

VIRTANEN, A. I., und LINKO, P., Acta Chem. Scand. *9*, 531 (1955).

WEBB, L. J., (1949), l. c. B4.1.

WERDERMANN, E., *Zur mikroskopischen Erkennung von Opium*, Angew. Botanik *4*, 92 (1922).

7. Die Inhaltstoffe einzelner Gattungen und Arten (Literaturhinweise am Ende der einzelnen Gattungen).

I Papaveroideae

1. PLATYSTEMONEAE

Platystemon: Nur die polytypische Art *P. californicus* Benth. im westlichen Nordamerika: Ganzpflanzen enthalten 0,15% Alkaloide; Protopin, Sanguinarin, Chelerythrin, Berberin und Coptisin wurden isoliert (J. SLAVÍK, Coll. Czechoslov. Chem. Commun. *28*, 1917 [1963]).

2. ROMNEYEAE

Romneya: Ein bis zwei halbstrauchige Arten in Californien.

R. *coulteri* Harv.: Kaempferol-3-rhamnoglucosid aus Blüten[1].

R. *trichocalyx* Eastw. (= R. *coulteri* var. *trichocalyx* Jepson): Enthält Protopin, Coulteropin, Romneyin und Reticulin[2].

[1] V. PLOUVIER, Compt. Rend. *262D*, 1368 (1966).
[2] F. R. STERMITZ et al., Tetrahedron *22*, 1095 (1966); Tetrahedron Letters *1967*, 1601.

3. ESCHSCHOLZIEAE

Dendromecon: 3 Arten in Californien und Mexico; immergrüne Sträucher.

D. rigidum Benth.: Protopin und Allocryptopin (R. H. F. MANSKE, Canad. J. Research *27B*, 653 [1949]).

Eschscholzia (= Echscholtzia): Je nach Artabgrenzung 2 bis viele Arten in Californien und den angrenzenden Staaten. Die sehr plastischen und polytypischen Hauptarten, die einjährige *E. minutiflora* Wats. und die einjährige oder perennierende *E. californica* Cham. umfassen zahlreiche Oecotypen und mehrere Cytotypen; sie stellen taxonomisch schwierige Sippen dar, die je nach Auffassung in Kleinarten aufgelöst oder aber als Sammelarten behandelt werden[1, 2, 3].

Aus getrockneten Petalen von *E. californica* wurde annähernd 5% Rutin erhalten[4]. Hauptpigmente der Petalen sind Carotinoide (Lutein, Violaxanthin, Zeaxanthin, Eschscholziaxanthin). Alle bisher untersuchten Kleinarten erwiesen sich als cyanogen (vgl. S. 270). Die Zusammensetzung der Alkaloide hängt stark vom untersuchten Pflanzenmuster ab[5]; dies dürfte wenigstens teilweise auf unterschiedliche Alkaloidführung der Kleinarten zurückzuführen sein. Jedenfalls weisen Untersuchungen mit *E. glauca* Greene, *E. lobbii* Greene und *E.* cf. *oregana* Greene in dieser Richtung[6]. Folgende Alkaloide sind aus *E. californica* sensu lato bekannt: Protopin, Allocryptopin, Sanguinarin, Chelerythrin, Chelirubin, Chelilutin, Coptisin, Eschscholziin[5], Eschscholzidin[5], Lauroscholzin (= N-Methyllaurotetanin)[5], Eschscholamin[6], Eschscholin[7] und Californidin[7]. Quartäre wasserlösliche Basen sind reichlich vorhanden[6]. Das Kraut enthält 0,06–0,29% und die Wurzel 0,3–2,7% Alkaloide[6, 8].

[1] S. A. Cook, *Genetic system, variation and adaptation in E. californica*, Evolution *16*, 278 (1962).
[2] H. Lewis und R. Snow, *A cytotaxonomic approach to Eschscholzia*, Madroño *11*, 141 (1951/52).
[3] T. Mosquin, *Eschscholzia covillei Greene, a tetraploid species from the Mojave Desert*, Madroño *16*, 91 (1961).
[4] Ch. E. Sando und H. H. Bartlett, J. Biol. Chem. *41*, 495 (1920); vgl. auch C. A. *64*, 13084 (1966).
[5] R. H. F. Manske und Kju Hi Shin, Canad. J. Chem. *43*, 2180, 2183 (1965); *44*, 1259 (1966).
[6] L. Slavíková und J. Slavík, Coll. Czechoslov. Chem. Commun. *31*, 3362 (1966).
[7] H. Gertig, C. A. *62*, 12069, 13507 (1965); *64*, 3954, 8636, 11547 (1966).
[8] J. Slavík und L. Slavíková, Coll. Czechoslov. Chem. Commun. *20*, 27 (1955).

Hunnemannia: Nur *H. fumariaefolia* Sweet in Mexico. Enthält 2,16% Alkaloide im Kraut und 1,74% in der Wurzel; reichlich Hunnemannin, Allocryptopin, Protopin und Base HF-1 (möglicherweise identisch mit Scoulerin); Chelerythrin, Sanguinarin, Chelirubin, Chelilutin, Coptisin, Berberin und Corysamin sind Nebenalkaloide (L. Slavíková und J. Slavík, Coll. Czechoslov. Chem. Commun. *31*, 1355 [1966]).

4. CHELIDONIEAE

Bocconia: Die Gattung zählt etwa 12 Arten, die vorzüglich in Mittelamerika vorkommen (z. T. Sträucher und Bäume). Die 2 krautigen ostasiatischen Arten werden meist in der selbständigen Gattung *Macleaya* vereinigt.

B. cordata Willd. (= *Macleaya cordata* [Willd.] R. Br.): Wurzeln 1,54% Alkaloide; Kraut 0,33%. Protopin und α-Allocryptopin sind Hauptalkaloide; Chelerythrin, Sanguinarin, Oxysanguinarin, Chelirubin, Chelilutin, Macarpin, Coptisin, Berberin und Corysamin treten als Nebenalkaloide auf[1, 2]. Sanguinarin, Chelerythrin und Bocconin haben nematozide Wirkung[3].

B. microcarpa Maxim. (= *Macleaya microcarpa* [Maxim.] Fedde): Wurzeln 1,23% Alkaloide; Blätter 0,6%. Protopin, α- und β-Allocryptopin, Chelerythrin und Sanguinarin sind Hauptalkaloide; Cryptopin, Chelirubin, Chelilutin, Coptisin, Berberin und Macarpin kommen vor[4].

B. arborea S. Wats., *B. frutescens* L., *B. latisepala* S. Wats. und *B. pearcei* Hutchins. enthalten Protopin, Allocryptopin und Chelerythrin; als Nebenalkaloide wurden Sanguinarin *(B. frutescens, B. latisepala, B. pearcei)*[5, 6], Oxysanguinarin *(B. lati-*

sepala)[5], Chelirubin und Coptisin *(B. pearcei)*[6] beobachtet. Die Samen enthalten nur Chelerythrin und Sanguinarin *(B. latisepala)*[5].

Stammrinde, Zweige und Blätter von *B. latisepala* lieferten ferner Cerylalkohol[5].

[1] J. SLAVÍK et al., Coll. Czechoslov. Chem. Commun. *30*, 887 (1965).
[2] CH. TANI und S. TAKAO, J. Pharm. Soc. Japan *82*, 755 (1962).
[3] M. ONDO et al., Agr. Biol. Chem. (Tokyo) *29*, A17 (1965).
[4] J. SLAVÍK und L. SLAVÍKOVÁ, Coll. Czechoslov. Chem. Commun. *20*, 356 (1955).
[5] X. A. DOMINGUEZ et al., Canad. J. Chem. *43*, 679 (1965); C. TANI und S. TAKAO, J. Pharm. Soc. Japan *87*, 699 (1967).
[6] R. A. LABRIOLA und D. GIACOPELLO, C. A. *66*, 44234 (1967).

Chelidonium (inkl. *Hylomecon*): 2 Arten in Europa und Asien.

Ch. majus L.: Umfangreiche Literatur, da medizinisch verwendet[1]. Die ganze Pflanze ist stark alkaloidhaltig. Nach neuesten Ergebnissen enthält das Kraut etwa 0,3% Alkaloide; Chelidonin, Stylopin, Sanguinarin, Chelerythrin, Protopin und Coptisin sind Hauptalkaloide [2,3]; α-Allocryptopin und Chelirubin kommen in geringen Mengen vor[3]. Wurzelstöcke enthalten etwa 2% Alkaloide; alle Alkaloide des Krautes kommen in ihnen vor; ausserdem wurden noch Homochelidonin, β-Allocryptopin, Berberin, Chelilutin, Chelamin, Chelamidin, (±)-Chelidonin (= Diphyllin), (±)-Stylopin (= Chelidamin[4]) und Corysamin nachgewiesen[3,5]. Früchte enthalten viel Cholin und etwa je 0,15% Chelidonin und (±) Stylopin und die Samen führen ausschliesslich Coptisin[6].

Die Benzophenanthridinbasen werden durch die Pflanze aus Benzyltetrahydroisochinolinen über Tetrahydroberberine synthetisiert (Reticulin→Stylopin→Chelidonin)[7,8].

Im Kraut (nicht in Wurzelstöcken) werden die Papaveraceenalkaloide von sehr geringen Mengen von Spartein begleitet[9,10]; letzteres wird mutmasslich wie bei *Lupinus (Papilionaceae)* aus 3 Molekülen Cadaverin aufgebaut[10].

Ausser Alkaloiden sind aus *Ch. majus* bekannt: Chelidonsäure (S. 271); Cholin, Methylamin, Histamin, Tyramin[11]; ein Flavonol[11]; Saponine[11]; annähernd 1% 10-Nonakosanol (= Chelidoniol; möglicherweise identisch mit Ginnol)[12].

Ch. japonicum Thunb. (= *Hylomecon japonicum* [Thunb.] Prantl): Im Kraut wurden nur 0,02 % Totalalkaloide beobachtet[13].

[1] H. SCHINDLER, Arzneimittelforschung *2*, 442 (1952).
[2] F. J. BANDELIN und W. MALESH, J. Am. Pharm. Assoc. *45*, 702 (1956).
[3] J. SLAVÍK und L. SLAVÍKOVÁ, Coll. Czechoslov. Chem. Commun. *20*, 21, 198 (1955).
[4] T. F. PLATONOVA et al., C. A. *50*, 13960 (1956).
[5] J. SLAVÍK et al., Coll. Czechoslov. Chem. Commun. *30*, 3697 (1965).
[6] R. LAVENIR und R.-R. PARIS, Ann. Pharm. Franç. *23*, 307 (1965).
[7] A. R. BATTERSBY et al., Chem. Commun. *1965*, 89.
[8] E. LEETE und J. B. MURRILL, Phytochemistry *6*, 231 (1967).
[9] E. SPÄTH und F. KUFFNER, Ber. Deut. Chem. Ges. *64*, 1127 (1931).
[10] H. R. SCHÜTTE und H. HINDORF, Naturwissenschaften *51*, 463 (1964).
[11] V. KWASNIEWSKI, Pharmazie *13*, 363 (1958): Amine; Arzneimittelforschung *8*, 245 (1958): Flavonol; Arch. Pharm. *291*, 209 (1958): Saponin.

[12] SEOANE E., Chemistry and Industry *1961*, 1080; Anales Real Soc. Espan. Fis. Quim. (Madrid) *B58*, 69 (1962).
[12] J. HAGINAWA und M. HARADA, J. Pharm. Soc. Japan *80*, 1231 (1960).

Dicranostigma: 2-3 Arten im Himalaya-gebirge und im westlichen China.

D. franchetianum (Prain) Fedde: MANSKE[1] hatte aus dieser Art die gleichen Alkaloide wie aus *Stylophorum diphyllum* isoliert (i.e. Protopin, Chelidonin und Stylopin); er betrachtete Fehlen von Chelidonin als charakteristisches Merkmal der Gattung *Dicranostigma* und schlug deshalb Versetzung der Art in die Gattung *Stylophorum* vor: *Stylophorum franchetianum* (Prain) Manske. Fünf Jahre später wurde die gleiche Art erneut untersucht[2]; das Kraut lieferte 0,57% Alkaloide mit Isocorydin als Hauptalkaloid und Protopin, α-Allocryptopin, Berberin und Coptisin als Nebenalkaloiden; aus der Wurzel wurden 1,35% Alkaloide erhalten; Protopin war Hauptalkaloid und Sanguinarin, Chelerythrin, α-Allocryptopin, Chelirubin, Berberin und Coptisin konnten ebenfalls isoliert werden; Chelidonin und Stylopin wurden nicht gefunden. Die Erklärung für diese Diskrepanz steht aus. Immerhin zeigen die besprochenen Ergebnisse sehr deutlich, dass nach der Analyse eines einzigen, vielleicht nicht einmal sicher identifizierten, Pflanzenmusters niemals taxonomische Schlüsse gezogen werden sollten.

D. lactucoides (Baill.) Hook. f. et Thoms.: Enthält Protopin, Isocorydin, Sanguinarin und Chelerythrin, aber kein Chelidonin[1]. Ferner Allocryptopin, Chelirubin, Oxysanguinarin, Coptisin und Berberin; Isocorydin ist Hauptalkaloid des Krautes und Chelerythrin und Sanguinarin sind Hauptalkaloide der Wurzel[3].

Biochemisch gehört die Gattung *Dicranostigma* nicht zur *Chelidonium*-Gruppe (*Chelidonium, Stylophorum, Hylomecon*), welche durch das gemeinsame Vorkommen von Chelidonin, Stylopin und Protopin charakterisiert ist; durch das reichliche Vorkommen von Aporphinen (Isocorydin) erinnert *Dicranostigma* an *Glaucium*.

[1] R. H. F. MANSKE, Canad. J. Chem. *32*, 83 (1954).
[2] L. SLAVÍKOVÁ und J. SLAVÍK, Coll. Czechoslov. Chem. Commun. *24*, 559 (1959).
[3] J. SLAVÍK und L. SLAVÍKOVÁ, Coll. Czechoslov. Chem. Commun. *26*, 1839 (1961).

Sanguinaria: Nur *S. canadensis* L. in Nordamerika: Wurzelstöcke enthalten etwa 3% Alkaloide mit Sanguinarin, Chelerythrin, Protopin und α-Allocryptopin; als Nebenalkaloide kommen Oxysanguinarin, Chelirubin, Chelilutin, Sanguirubin, Sanguilutin, Coptisin und Berberin vor[1]. Samen enthalten etwa 0,1% Alkaloide und 28% fettes Öl; bei der Extraktion wird ein sanguinarinhaltiges Öl erhalten[2].

[1] J. SLAVÍK und L. SLAVÍKOVÁ, Coll. Czechoslov. Chem. Commun. *25*, 1667 (1960).
[2] J. CULLY, Am. J. Pharm. *66*, 189 (1894).

Stylophorum: Nur *Stylophorum diphyllum* (Michx.) Nutt. in Nordamerika: Enthält gleich *Chelidonium majus* Chelidonsäure, Chelidonin, Sanguinarin, Protopin und Stylopin[1]; ferner Coptisin, Chelirubin und Macarpin; Diphyllin ist razemisches Chelidonin; Wurzeln 1% und Kraut 0,23% Totalalkaloide[2]. Coptisin und Stylopin sind Hauptalkaloide von Wurzel und Kraut; Coptisin bedingt die gelbe Farbe des Milchsaftes; Chelidonin tritt nur in Wurzeln auf; alle *Stylophorum*-Alkaloide besitzen ausschliesslich Dioxymethylen-Substitution an den aromatischen Ringen; durch Auftreten von (+)-Chelidonin, Protopin und (—)-Stylopin erinnert *Stylophorum* an *Chelidonium;* allerdings überwiegen bei *Stylophorum* Berberine und bei *Chelidonium* Phenanthridine[2].

[1] J. O. Schlotterbeck und H. C. Watkins, Ber. Deut. Chem. Ges. *35*, 21 (1902).
[2] J. Slavík, Coll. Czechoslov. Chem. Commun. *26*, 2933 (1961).

5. PAPAVEREAE

Argemone: Etwa 10 Arten in den südlichen Vereinigten Staaten und in Mittelamerika. *Argemone mexicana* L. ist als Unkraut auch in der Alten Welt weitverbreitet. In der Gattung lassen sich hinsichtlich der Alkaloidführung zwei Hauptgruppen unterscheiden[1]. *A. aenea* Ownbey[2], *A. albiflora* Hornem. (= *A. alba* Sweet[3]), *A. mexicana* L.[4, 5, 6, 7], *A. ochroleuca* Sweet[8, 9] und *A. squarrosa* Greene[10] akkumulieren Alkaloide der Protopingruppe (Protopin, Allocryptopin); als Nebenalkaloide treten Vertreter der Berberingruppe (Coptisin, Berberin) und der Sanguinaringruppe (Sanguinarin, Chelerythrin) auf. Bei *A. hispida* Gray[11, 12, 13] und *A. munita* Dur. et Hilg. ssp. *rotundata* Ownbey[11, 13] wurden fast ausschliesslich Alkaloide der Argemoningruppe (Argemonin, Norargemonin, Bisnorargemonin [= Rotundin], Munitagin) gefunden; erstgenannte Art enthält ebenfalls Reticulin und letztgenannte Art Cryptopin, Muramin (= Cryptopalmatin[14]) und Reticulin[13]. *A. platyceras* Link et Otto verhält sich intermediär[1, 15]. Im Kraut kommen Platycerin, Argemonin, Norargemonin, Protopin, Coptisin, Berberin und Sanguinarin vor und in der Wurzel tritt zusätzlich Allocryptopin auf.

Ausser den Alkaloiden sind folgende Verbindungen aus *Argemone*-Arten bekannt:

10,11-Triakontandiol (= Aeneadiol) und 2 weitere Wachsbestandteile aus Blüten von *A. aenea*[2]. Cerylalkohol und β-Sitosterin aus *A. mexicana*[5, 6] und *A. ochroleuca*[9].

Äpfel-, Bernstein-, Citronen- und Weinsäure aus *A. mexicana*[6] und *A. ochroleuca*[9].

Isorhamnetin und Isorhamnetinglykoside aus Petalen von *A. mexicana*[16, 17] und *A. ochroleuca*[9].

Kaliumnitrat und Calciumsulfat aus *A. mexicana* (1,8%; 0,4%)[6] und *A. ochroleuca* (2,5%; 0,6%)[9].

Das Samenöl von *A. mexicana* soll ausser den normalen C_{18}-Säuren 8–10% Ricinolsäure enthalten[18]. Das Öl enthält ebenfalls geringe Mengen von Dihydrosanguinarin und Sanguinarin[19]; deshalb ist es als Speiseöl nicht geeignet (Sanguinarin kann die Ursache schwerer Augenerkrankungen sein: Hakim et al., l. c. S. 274).

[1] J. SLAVÍK und L. SLAVÍKOVÁ, Coll. Czechoslov. Chem. Commun. *28*, 1728 (1963).
[2] X. A. DOMINGUEZ und V. BARRAGAN, J. Org. Chem. *30*, 2049 (1965).
[3] L. SLAVÍKOVÁ et al., Coll. Czechoslov. Chem. Commun. *25*, 756 (1960).
[4] B. C. BOSE et al., J. Pharm. Sci. *52*, 1172 (1963).
[5] B. MAJUMDAR et al., J. Indian Chem. Soc. *33*, 351 (1956).
[6] P. S. MISRA et al., J. Sci. Ind. Research (India) *20B*, 186 (1961).
[7] L. SLAVÍKOVÁ und J. SLAVÍK, Coll. Czechoslov. Chem. Commun. *21*, 211 (1956).
[8] F. GIRAL und A. SOTELA, Ciencia (Mexico) *19*, 67 (1959).
[9] S. N. SRIVASTAVA et al., Current Sci. (India) *35*, 313 (1966).
[10] T. O. SOINE und R. E. WILLETTE, J. Am. Pharm. Assoc. *49*, 368 (1960).
[11] L. W. SCHERMERHORN und T. O. SOINE, J. Am. Pharm. Assoc. *40*, 19 (1951); L. B. KIER und T. O. SOINE, ibid. *49*, 187 (1960); T. O. SOINE und L. B. KIER, J. Pharm. Sci. *52*, 1013 (1963).
[12] F. R. STERMITZ und J. N. SEIBER, Tetrahedron Letters *1966*, 1177.
[13] F. R. STERMITZ und J. N. SEIBER, J. Org. Chem. *31*, 2925 (1966).
[14] D. GIACOPELLO und V. DEULOFEU, Tetrahedron Letters *1966*, 2859.
[15] H.-G. BOIT und H. FLENTJE, Naturwissenschaften *47*, 323 (1960).
[16] W. RAHMAN und M. ILYAS, Compt. Rend. *252*, 1974 (1961); J. Org. Chem. *27*, 153 (1962).
[17] M. KRISHNAMURTI et al., Indian J. Chem. *3*, 270 (1965).
[18] O. PRAKASH et al., C. A. *51*, 13420 (1957).
[19] S. N. SARKAR, Nature *162*, 265 (1948).

Glaucium: Etwa 25 Arten; die Gattung reicht vom Mittelmeergebiet bis nach Zentralasien. Aporphinbasen stellen bei den meisten Arten der Gattung die Hauptalkaloide des Krautes dar. Daneben kommen meistens reichlich Protopin und Alkaloide der Benzophenanthridingruppe vor.

G. corniculatum (L.) Rud. (= *G. corniculatum* Curtis): Allocryptopin und Protopin sind Hauptalkaloide; Corydin, Isocorydin, Chelidonin, Chelerythrin, Sanguinarin, Chelirubin, Coptisin und Berberin kommen vor[1].

G. elegans Fisch. et Mey.: Reichlich Corydin im Kraut; ferner in Wurzel und Kraut Protopin und in der Wurzel Sanguinarin, Chelerythrin und Chelirubin vorhanden[2].

G. fimbrilligerum Boiss.: Corydin, Protopin, Allocryptopin, Sanguinarin und Chelerythrin (BOIT, l. c. B 3.11).

G. flavum Crantz: Protopin ist Hauptalkaloid in der Wurzel; es wird von Allocryptopin, Chelirubin, Chelerythrin, Sanguinarin und Norchelidonin begleitet[3, 4]. Ähnliche Verhältnisse finden sich bei den Varietäten *fulvum*[4] und *leiocarpum*[5]. Im Kraut ist Glaucin Hauptalkaloid; daneben kommen Corydin, Isocorydin, Aurotensin, Protopin, Sanguinarin, Chelerythrin, Chelirubin, Chelidonin und Norchelidonin vor[4]. Das Leitalkaloid der *Polycarpicae*, das Magnoflorin, wurde in dieser Art ebenfalls gefunden[6].

G. oxylobum Boiss. et Buhse: Corydin und Protopin sind Hauptalkaloide von Wurzel und Kraut; im Kraut kommen ausserdem Aurotensin, Domesticin und Protopin vor und in der Wurzel Berberin, Coptisin, Chelerythrin, Chelirubin, Chelilutin und Sanguinarin[7].

G. serpieri Heldr.: Isocorydin, Glaucin, Aurotensin und Protopin (BOIT, l. c. B 3.11).

G. squamigerum Kar. et Kir.: Je nach Muster sind Corydin, oder aber Protopin und Allocryptopin Hauptalkaloide; Berberin, Coptisin, Chelerythrin und Sanguinarin sind vorhanden[8].

G. vitellinum Boiss. et Buhse: Im Kraut sind Isocorydin, Corydin und Protopin Hauptalkaloide; Corytuberin, Allocryptopin, Sanguinarin und Chelerythrin kommen vor; die Wurzeln führen Protopin, Cryptopin, Sanguinarin und Chelerythrin als Hauptalkaloide. Alkaloidchemisch vermittelt die Art zwischen den Gattungen *Glaucium* und *Dicranostigma*[9].

[1] J. Slavík und L. Slavíková, C. A. *50*, 16801 (1956).
[2] J. Slavík, Coll. Czechoslov. Chem. Commun. *25*, 1698 (1960).
[3] J. Slavík, Coll. Czechoslov. Chem. Commun. *20*, 32 (1955); *24*, 3601 (1959).
[4] J. Slavík und L. Slavíková, Coll. Czechoslov. Chem. Commun. *24*, 3141 (1959).
[5] V. Ivanov und L. Ivanova, C. A. *53*, 17421 (1959).
[6] H. Gertig et al., C. A. *64*, 18028 (1966); *66*, 17042 (1967).
[7] J. Slavík und L. Slavíková, Coll. Czechoslov. Chem. Commun. *28*, 2530 (1963).
[8] L. Slavíková, Coll. Czechoslov. Chem. Commun. *31*, 4181 (1966).
[9] J. Slavík, Coll. Czechoslov. Chem. Commun. *24*, 3999 (1959).

Meconopsis. Etwa 40 Arten, wovon eine in Europa und die restlichen in Gebirgen Asiens. Protopin ist Hauptalkaloid der asiatischen Arten *M. aculeata* Royle, *M. betonicifolia* Franch., *M. horridula* Hook. f. et Thoms., *M. latifolia* Prain, *M. paniculata* Prain und *M. rudis* Prain; es wird bei allen Arten von Sanguinarin und bei *M. paniculata* zusätzlich von Coptisin begleitet[1]. Die europäische Art *M. cambrica* (L.) Vig. besitzt ein anderes Alkaloidspektrum[2]. Die Proaporphinbase Mecambrin (= Fugapavin)[2, 3] ist Hauptalkaloid in Wurzel und Kraut; das entsprechende Aporphin, das Mecambrolin[2, 3], kommt reichlich vor und ebenso das merkwürdig substituierte Mecambridin (= Oreophilin) mit Tetrahydroberberingerüst[2, 4]; Protopin, Chelerythrin, Sanguinarin, Berberin und Coptisin liessen sich nicht nachweisen[2]. Nitrate kommen reichlich vor (Wehmer). Blüten enthalten Nudicaulin (vgl. S. 272).

[1] J. Slavík, Coll. Czechoslov. Chem. Commun. *25*, 1663 (1960).
[2] J. Slavík und L. Slavíková, Coll. Czechoslov. Chem. Commun. *28*, 1720 (1963).
[3] J. Slavík, Coll. Czechoslov. Chem. Commun. *30*, 914 (1965); *31* 4184 (1966).
[4] S. Pfeifer et al., Tetrahedron Letters *1967*, 83.

Papaver: Weitverbreitete, artenreiche Gattung, die alkaloidchemisch durch allgemeines Vorkommen von Basen der Rhoeadingruppe charakterisiert ist; zu dieser Gruppe gehören ebenfalls die sogenannten Rotfärbungsalkaloide oder die Papaverrubine; sie stellen N-Desmethylrhoeadine dar und werden beim Erwärmen mit Mineralsäure in intensiv rotgefärbte Basen verwandelt[1] (für weitere Literatur vgl. S. 267).

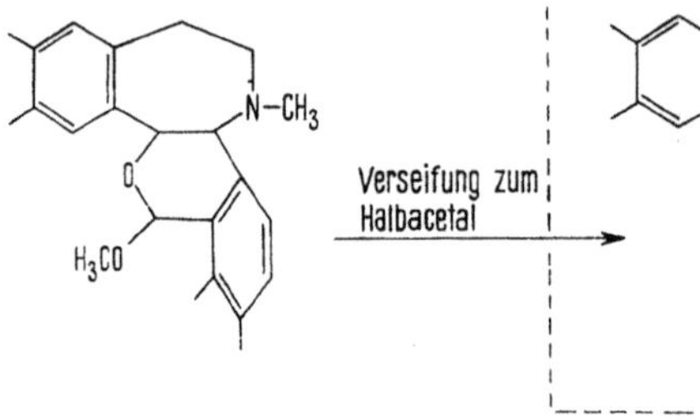

Rhoeadin-Typus	N-Desmethylrhoeadin-Typus	Rhoeagenin-Typus
Rhoeadin	Papaverrubin E	Rhoeagenin
Isorhoeadin	Papaverrubin A	—
Glaudin	Papaverrubin B	Glaucamin
Oreodin	Papaverrubin F	Oreogenin
—	Porphyroxin (= Papaverrubin D)	—
—	Papaverrubin C (= Epiporphyroxin)	—
Alpinin	Papaverrubin G	Alpinigenin (= Alkaloid E aus *P. bracteatum*)

Ausser den Alkaloiden der Rhoeadingruppe hat man bei *Papaver*-Arten bisher Vertreter der folgenden Alkaloidtypen nachgewiesen:

Tetrahydroisochinoline: Hydrocotarnin.
Benzyltetrahydroisochinoline: z. B. Reticulin.
Benzylisochinoline: z. B. Papaverin.
Morphinane: z. B. Morphin, Codein, Thebain.
Protopin-Typus: z. B. Protopin (in vielen Arten).
Proaporphine: z. B. Mecambrin (= Fugapavin).
Aporphine: z. B. Isothebain, Mecambrolin, Roemerin.
Phthalidisochinoline: z. B. Narcotin.
Berberin-Typus: Berberin, Coptisin (in vielen Arten), Palmatin.
Tetrahydroberberin-Typus: Sinactin.
Isopavin-Typus: Amurensin, Amurensinin.
Benzophenanthridin-Typus: Sanguinarin (in vielen Arten), Chelerythrin.

In vielen Fällen weisen morphologisch verwandte Arten ähnliche Alkaloidspektren auf. So kommt beispielsweise Morphin anscheinend nur bei den 2 nächstverwandten Arten *P. somniferum* L. und *P. setigerum* DC. vor[2].

Aus Opium (getrockneter Milchsaft von unreifen Früchten von *Papaver somniferum*) isolierte SERTÜRNER vor 160 Jahren zum ersten Male ein reines Alkaloid (Morphin). Seither haben sich ununterbrochen Phytochemiker mit den Alkaloiden der Mohnpflanzen beschäftigt. Die Literatur über Alkaloide der Gattung *Papaver* ist dementsprechend sehr umfangreich. Für Einzelheiten wird nach den Handbüchern der Alkaloidchemie und nach zusammenfassenden Berichten von PFEIFER und Mitarbeitern[3], ŠANTAVY und Mitarbeitern[4] und SLAVÍK und Mitarbeitern[5] verwiesen. Hier können nur noch einige Hinweise auf mögliche systematische Bedeutung der Alkaloidspektren, sowie die wenigen Arbeiten über nicht alkaloidische Inhaltstoffe der Gattung *Papaver* aufgeführt werden.

P. alpinum-nudicaule-radicatum-Komplex: Sehr schwieriger Formenkreis (vgl. S. 270). Die Morphinane Amurin und Nudaurin, Protopin und das verwandte Muramin, Mecambridin (= Oreophilin), Berberin, Sanguinarin und Alkaloide der Rhoeadingruppe sind aus Vertretern der Sammelart bekannt; die bisherigen Ergebnisse sind allerdings unzureichend für eine taxonomische Auswertung.

Einige Kleinarten sind cyanogen (vgl. S. 270). Nudicaulin und weitere Blütenpigmente vgl. S. 272.

P. caucasicum M. Bieb. (inkl. *P. fugax* Poir.): Die Art ist reich an Proaporphinen: Mecambrin (= Fugapavin), Pronuciferin (= Miltanthin), N-Methylcrotonosin, Glaziovin. Die entsprechenden Aporphine Mecambrolin, Nuciferin, Nuciferolin und Roemerin und ferner Armepavin, Coptisin, Palmatin, Protopin, Sanguinarin und Porphyroxin wurden ebenfalls isoliert. Mecambrin und Pronuciferin kommen bei allen Vertretern der Sektion *Miltantha* vor[6].

P. commutatum Fisch. et Mey.: Papaverin und Isocorydin sind Hauptalkaloide. Ferner kommen Coptisin und Alkaloide der Rhoeadingruppe vor. Die Art gehört zur Sektion *Orthorhoeades;* Papaverin ist demnach nicht auf die Sektion *Papaver (= Mecones)* beschränkt[7].

P. dubium L.: Komplexe Sammelart, innerhalb welcher mehrere Kleinarten unterschieden werden (vgl. Flora Europaea, Vol. I, S. 248). Die Alkaloide von 3 Kleinarten wurden untersucht:

P. albiflorum (Bess.) Pacz. (= ssp. *albiflorum* [Boiss.] Dost): Alkaloidgehalt niedrig; Berberin ist Hauptalkaloid[8].

P. dubium L. s. str. (= ssp. *dubium*): (+)-Roemerin (= Aporhoein), Mecambrin; Berberin fehlt; der Milchsaft ist weiss[9].

P. lecoquii Lamotte (= ssp. *lecoquii* [Lamotte] Fedde): Sehr wenig Alkaloide; Berberin ist Hauptalkaloid; der Milchsaft ist gelb[8, 10].

P. feddei Schwz.: Gehört zur Sektion *Pilosa;* Hauptalkaloide sind die Aporphine Glaucin und (+)-Roemerin und das Morphinan Amurin. Das Alkaloidspektrum weicht von demjenigen anderer *Pilosae* stark ab[10].

P. glaucum Boiss. et Hausskn.: Gehört zur Sektion *Papaver (= Mecones)*, weicht aber alkaloidchemisch stark ab; Glaudin ist Hauptalkaloid[10].

P. oreophilum Rupr. (Sektion *Pilosa* oder aber *Pseudopilosa*): Hauptalkaloide sind Basen der Rhoeadingruppe (u. a. Oreodin); daneben Protopin, Isocorydin, Oreophilin und Sanguinarin[11]. Oridin (= Oreolin) ist ein Proaporphin (Hexahydroglaziovin)[11a]. Papaverrubin F[11b].

P. orientale L. (inkl. *P. bracteatum* Lindl.): Variable, perennierende Art, bei welcher hinsichtlich der Alkaloidführung verschiedene Chemotypen festgestellt wurden. Während der Entwicklung der Pflanzen ändert sich das Alkaloidspektrum stark. Erwachsene Pflanzen führen als Hauptalkaloid das Morphinan Thebain oder aber das Aporphin Isothebain. Bei Thebainrassen[12] kommen Oripavin (= O-Desmethylthebain) und Alpinigenin (= Alkaloid E)[13] als Nebenalkaloide vor. Für Isothebainrassen[14] wurden Protopin, Thebain, Bractavin, Orientalin, Orientalinon, Dihydroorientalinon und Salutaridin als Nebenalkaloide[15] nachgewiesen. Es ist wahrscheinlich, dass das Methylierungsmuster der primär gebildeten Tetrahydroxybenzyltetrahydroisochinoline (Orientalin oder Reticulin) die anschliessenden Sekundärprozesse (Orientalin → Isothebain; Reticulin → Thebain) bestimmt (BATTERSBY et al.)[15].

P. rhoeas L.: Rhoeadin und andere Alkaloide der Rhoeadingruppe überwiegen[16]. Protopin[16] und die Tetrahydroberberinbase (—)-Sinactin[17] treten als Nebenalkaloide auf.

P. somniferum L.: Ist die Stammpflanze des Opiums und wird zur Opiumgewinnung in sehr zahlreichen Varietäten angebaut. In Mitteleuropa wird die Pflanze ausserdem zur Gewinnung der ölreichen Mohnsamen kultiviert. Alle Formen des Schlafmohns stellen cultigene Sippen dar. Die mediterrane Wildsippe *P. setigerum* DC. wird in der Flora Europaea als Unterart in *P. somniferum* einbezogen. *Papaver somniferum* gehört zu den in jeder Hinsicht intensiv bearbeiteten Pflanzen. Da viele der gewonnenen Erkenntnisse ganz allgemein für die taxonomische Auswertung chemischer Merkmale bedeutungsvoll sind, soll auf einige Ergebnisse kurz hingewiesen werden.

a) SYSTEMATIK: Einteilung der cultigenen Formen nach ökologischen Gesichtspunkten in 7 Oekotypen (ssp. *subspontaneum*, *tianshanicum*, *indicum*, *anatolicum*, *centro-asiaticum*, *mongolicum*, *eurasiaticum*): M. VESSELOVSKAYA, *The Poppy, its classification and its importance as an oleiferous crop*, Bull. Appl. Botany, Genetics, Plant Breed., 56th Suppl., 213 S. (russ.) + XXII S. (engl. Zusammenfassung), Leningrad 1933.

Systematische Stellung von *P. somniferum* und Beschreibung von 4 Varietätengruppen (convar.) und 52 Varietäten; die convar. *orientale* Danert entspricht der in der Flora Europaea aufgenommenen ssp. *songaricum* Basil. und umfasst die ssp. *centro-asiaticum* Vess., *mongolicum* Vess., *anatolicum* Vess., *tianshanicum* Basil. em. Vess. und *indicum* Vess.: S. DANERT, *Zur Systematik von Papaver somniferum L.*, Die Kulturpflanze *4*, 61–88 (1958).

b) ANATOMIE: J. W. FAIRBAIRN und L. D. KAPOOR, *The lactiferous vessels of Papaver somniferum*, Planta Medica *8*, 49–61 (1960).

c) ALKALOIDCHEMISCHE RASSENUNTERSCHIEDE UND DARAUF FUSSENDE ZÜCHTUNGSVERSUCHE: Innerhalb der Gesamtart *P. somniferum* kommen grosse quantitative und qualitative Unterschiede in der Alkaloidführung vor; vgl. z. B.:

K. H. BAUER, *Sortenkundliche Untersuchungen zur Frage der Opiumgewinnung in Deutschland*, Pharm. Zentralhalle *80*, 533–539 (1939).

B. DANOS, *Wirkung der Hybridisierung auf die Gestaltung des Alkaloidgehaltes des Mohns*, Pharmazie *20*, 727–730 (1965).

K. L. HILLS und C. N. RODWELL, *The suitability of a number of varieties of opium poppy for the production of morphine from the ripe capsule*, J. Council Sci. Ind. Research (Australia) *19*, 177–186 (1946); *The recombination of some varietal characters in the opium poppy*, Austral. J. Agr. Research *1*, 118–131 (1950).

G. KLEINSCHMIDT und K. MOTHES, *Zur Züchtung eines Arzneimohns*, Pharmazie *13*, 357–360 (1958).

E. KOPP, *Weitere Versuche zur Züchtung einer alkaloidreichen Mohnsorte*, Pharmazie *16*, 224 (1961).

W. KÜSSNER, *Ueber den Alkaloidgehalt der Mohnkapseln*, Merck's Jahresb. *54*, 29–40 (1940): Erster deutlicher Beweis des Vorkommens verschiedener Chemotypen hinsichtlich der Alkaloide.

J. F. REITH et al., *Over her voorkomen van morphine en nevenalkaloiden in blauwmaanzaadrassen van Nederlandse proefvelden*, Pharm. Weekbl. *82*, 582–591 (1947); *Het gehalte aan morphine en bijalkaloiden in het bolkaf van blauwmaanzaadrassen*, ibid. *83*, 449–459 (1948).

S. SÁRKÁNY et al., *Studien über Papaver somniferum L. und Selektionsversuche von Mohnsorten mit grösserer Leistungsfähigkeit für Morphin- und Samenertrag*, Acta Botan. Acad. Sci. Hungaricae *5*, 97–202 (1959).

P. TÉTÉNYI et al., *Untersuchung der infraspezifischen chemischen Differenzen beim Mohn; Beitrag zur Charakterisierung der Hybriden von P. somniferum L.×P. orientale L.*, Pharmazie *16*, 426–433 (1961).

d) EINFLÜSSE DER UMWELT AUF MORPHIN- UND ALKALOIDGEHALT: In den meisten der sub c aufgeführten Publikationen werden solche Einflüsse, vor allem klimatische, ausführlich analysiert; vgl. ferner:

H. E. ANNETT, *Factors influencing alkaloidal content and yield of latex in the opium poppy (Papaver somniferum)*, Biochem. J. *14*, 618–636 (1920).

K. HEYDENREICH et al., *Der Alkaloidstoffwechsel in Papaver somniferum L.*, Sci. Pharm. (Wien) *29*, 221–249 (1961).

K. HEYDENREICH und S. PFEIFER, *Die Alkaloidverteilung in dekapitierten Pflanzen* (die Demethylierung von Thebain zum Morphin findet hauptsächlich in unreifen Früchten statt; bei Entfernung der unreifen Früchte ist der Thebaingehalt der Pflanzen viel höher als bei Normalpflanzen), Sci. Pharm. (Wien) *30*, 17–25 (1962).

S. PFEIFER, *Mohn. Arzneipflanze seit mehr als 2000 Jahren*, Pharmazie *17*, 467–479, 536–554 (1962).

e) ENTWICKLUNGS- UND ORGANABHÄNGIGKEIT DER ALKALOIDSPEKTRA: Im Laufe der Entwicklung der Pflanze kann sich die Zusammensetzung ihrer Alkaloide stark ändern; dies gilt in gleicher Weise für ganze Pflanzen und für ihre einzelnen Organe; vgl. beispielsweise:

K. HEYDENREICH und S. PFEIFER, *Tageszeitlich bedingte Schwankungen des Alkaloidgehaltes in Papaver somniferum*, Sci. Pharm. (Wien) *30*, 164–173 (1962).

M. G. J. M. KERBOSCH, *Bildung und Verbreitung einiger Alkaloide in P. somniferum L.*, Arch. Pharm. *248*, 536–567 (1910).

R. MIRAM und S. PFEIFER, *Ueber Veränderungen im Alkaloidgehalt der Mohnpflanze während einer Vegetationsperiode*, Sci. Pharm. (Wien) *27*, 34–53 (1959); *28*, 15–28 (1960); das untersuchte Cultivar war auffallenderweise in allen Stadien gänzlich frei von Narcotolin und Narcotin.

D. NEUBAUER, *Zum Auftreten der wichtigsten Alkaloide des Mohns in den einzelnen Organen und in verschiedenen Entwicklungsstadien*, Planta Medica *12*, 43–50 (1964).

S. PFEIFER und K. HEYDENREICH, *Ueber das Alkaloidspektrum keimender Mohnpflanzen*, Naturwissenschaften *48*, 222 (1961).

S. PFEIFER und K. HEYDENREICH, *Die Akkumulation der Mohnalkaloide zwischen Blüte und biologischer Reife*, Pharmazie *17*, 107–114 (1962).

S. SÁRKÁNY und B. DÁNOS, *Ueber die Veränderung im Morphin- und Nebenalkaloidgehalt in den verschiedenen Organen der Mohnpflanze während der Vegetationsperiode*, Acta Botan. Acad. Sci. Hungaricae *3*, 293–316 (1957).

P. TÉTÉNYI und D. VÁGUJFALVI, *Veränderungen des Alkaloidgehaltes von Papaver somniferum L.*, Pharmazie *20*, 731–734 (1965).

Inhaltstoffe von Papaver somniferum und Opium:

a) *Alkaloide:* Neben den seit langem bekannten Hauptalkaloiden Morphin, Thebain, Codein, Papaverin, Narcotin, Narcein und Laudanin und etwa 15 Nebenalkaloiden wurden in den vergangenen 10 Jahren aus Opium noch eine ganze Reihe von weiteren Alkaloiden isoliert; 0,03–0,06% Narcotolin[18], (±)-Reticulin[19], (+)-Reticulin[20], Glaudin[21], Corytuberin und Magnoflorin[22], Codamin[23], 6-Methylcodein[24], (−)-Scoulerin[25], α-Allocryptopin[26]. Samen enthalten nur 0,009% Alkaloide; Thebain, Codein, Morphin, Papaverin, Narcotin und die Papaverrubine B, C, D und E wurden nachgewiesen[27].

b) *Nichtalkaloidische Inhaltstoffe:* Kaffeesäure und p-Cumarsäure in Kapseln[28]; Isoquercitrin und Quercetin-3-gentiobiosid aus Petalen der weissblühenden var. *mursellii* Blar.[29]. Über Anthocyane rot- und violettblühender Varietäten vgl. ACHESON, l. c. S. 273. Freie Aminosäuren im Milchsaft und im Opium[30]. Aus der Lipoidfraktion des Opiums (Bestandteile des Wachses der Kapseln und des Milchsaftes) Nonakosan-10-ol (= Ginnol)[31, 32], Cyclolaudenol[31, 32], Cycloartenol[32], β-Sitosteringlucosid[32] und β-Sitosteringlucosidmonopalmitat[32]. SCHMID und KARRER[33] und SCHMID[34] isolierten ferner aus 2000 kg Mohnstroh p-Hydroxybenzaldehyd, Vanillin, p-Hydroxystyrol, Fumarsäure, (±)-Milchsäure, Benzoesäure, p-Hydroxyzimtsäure, Vanillinsäure, 2-Hydroxycinchoninsäure, Phthalsäure, Hemipinsäure, m-Hemipinsäure, Mekonin, 11-Methoxy-12,13-dihydroxyoctadecadien-9,16-säure und einige nicht eindeutig identifizierte Stoffe; die meisten dieser Verbindungen stellen Spurenstoffe dar, die nur dank der Verarbeitung riesiger Materialmengen isoliert werden konnten. Mohnsamen sind ölreich; neben den in Glyceriden vorhandenen C_{18}-Fettsäuren enthalten sie noch 11-Oxotriakontansäure, $C_{30}H_{58}O_3$[35].

[1] S. PFEIFER, Pharmazie *17*, 298 (1962); S. PFEIFER und I. MANN, Pharmazie *20*, 643 (1965); S. PFEIFER und S. K. BANERJEE, Pharmazie *19*, 286 (1964).

[2] G. KLEINSCHMIDT, Arch. Pharm. *291*, 109 (1958).

[3] S. PFEIFER, J. Chromatography *24*, 364 (1966); L. KÜHN und S. PFEIFER, *Die Gattung Papaver und ihre Alkaloide, eine Uebersicht*, Pharmazie *18*, 819–843 (1963); eid. ibid. *20*, 520 (1965).

[4] F. ŠANTAVY, *Rhoeadin als das verbreitetste Alkaloid der Gattung Papaver, seine Konstitution und biogenetische Bedeutung*, Abhandl. Deut. Akad. Wiss. Berlin, Kl. Chem. Geol. Biol., Jahrgang 1963 N° 4, 235–245; F. ŠANTAVY et al., Planta Medica *8*, 167 (1960); M. MATUROVÁ et al., Planta Medica *10*, 345 (1962); *14*, 22 (1966); A. NEMECKOVÁ und F. ŠANTAVY, Coll. Czechoslov. Chem. Commun. *27*, 1210 (1962); Vl. PREININGER et al., Planta Medica *10*, 124 (1962).

[5] J. SLAVÍK und J. APPELT, Coll. Czechoslov. Chem. Commun. *30*, 3687 (1965).

[6] L. KÜHN et al., Naturwissenschaften *51*, 556 (1964); S. PFEIFER und L. KÜHN, Pharmazie *20*, 394 (1965); L. KÜHN und S. PFEIFER, Pharmazie *22*, 58 (1967).

[7] J. SLAVÍK et al., Coll. Czechoslov. Chem. Commun. *30*, 3961 (1965).

[8] J. SLAVÍK, Coll. Czechoslov. Chem. Commun. *29*, 1314 (1964).

[9] J. SLAVÍK, Coll. Czechoslov. Chem. Commun. *28*, 1738 (1963).

[10] W. EGELS, Arch. Pharm. *290*, 124 (1957); Planta Medica *6*, 167 (1958); *7*, 92 (1959).

[11] S. PFEIFER und I. MANN, Pharmazie *19*, 786 (1964).

[11a] F. ŠANTAVY und M. MATUROVÁ, Planta Medica *15*, 311 (1967); I. MANN und S. PFEIFER, Pharmazie *22*, 124 (1967).

[11b] I. MANN und S. PFEIFER, Pharmazie *21*, 700 (1966).

[12] D. NEUBAUER und K. MOTHES, Planta Medica *11*, 387 (1963); N. SHARGI und I. LALEZARI, Nature *213*, 1244 (1967).

[13] A. GUGGISBERG et al., Helv. Chim. Acta *50*, 621 (1967).

[14] R. F. DAWSON und C. JAMES, Lloydia *19*, 59 (1956); G. KLEINSCHMIDT, Arch. Pharm. *294*, 254 (1961).

[15] K. HEYEDNREICH und S. PFEIFER, Pharmazie *20*, 521 (1965); *21*, 121 (1966); A. R. BATTERSBY et al., Chem. Commun. *1965*, 230; A. R. BATTERSBY und T. H. BROWN, Chem. Commun. *1966*, 170.

[16] F. ŠANTAVY et al., Acta Chim. Acad. Sci Hungaricae *18*, 457 (1959).

[17] S. PFEIFER und V. HANUS, Pharmazie *20*, 394 (1965).

[18] S. PFEIFER, Arch. Pharm. *290*, 209 (1957).

[19] E. BROCHMANN-HANSSEN und T. FURUYA, J. Pharm. Sci. *53*, 575 (1964).

[20] E. Brochmann-Hanssen und B. Nielsen, Tetrahedron Letters *1965*, 1271.
[21] S. Pfeifer, Pharmazie *20*, 240 (1965).
[22] M. M. Nijland, Pharm. Weekblad *100*, 88 (1965).
[23] E. Brochmann-Hanssen et al., J. Pharm. Sci. *54*, 1531 (1965).
[24] E. Brochmann-Hanssen und B. Nielsen, J. Pharm. Sci. *54*, 1393 (1965).
[25] E. Brochmann-Hanssen und B. Nielsen, Tetrahedron Letters *1966*, 2261.
[26] E. Brochmann-Hanssen und B. Nielsen, J. Pharm. Sci. *55*, 743 (1966).
[27] Vl. Preininger et al., Pharmazie *20*, 439 (1965).
[28] K.-H. Frömming et al., Deut. Apoth. Z. *102*, 1276 (1962).
[29] A. Sosa und C. Sosa-Bourdouil, Compt. Rend. *262D*, 1144 (1966).
[30] A. Jabbar und E. Brochmann-Hanssen, J. Am. Pharm. Assoc. *50*, 406 (1961).
[31] H. R. Bentley et al., J. Chem. Soc. *1955*, 596; J. A. Henry et al., ibid. *1955*, 1607.
[32] K. Matsui, Chem. Pharm. Bull. (Tokyo) *10*, 872 (1962).
[33] H. Schmid und P. Karrer, Helv. Chim. Acta *28*, 722 (1945).
[34] H. Schmid, Helv. Chim. Acta *28*, 1187 (1945).
[35] T. Takemoto und Y. Kondo, J. Pharm. Soc. Japan *84*, 474 (1964).

Roemeria: Einige Arten vom Mittelmeergebiet bis Zentralasien.

R. hybrida DC.: 0,8% Totalalkaloide; Protopin, Roemeridin (T. F. Platonova et al., C. A. *50*, 13960 [1956]).

R. refracta DC.: Etwa 0,2% Totalalkaloide; Ephedrin, Pseudoephedrin, Roemerin, Isoroemerin, Annonain, Roemrefin (quartäre Base mit Isopavinstruktur) und das Oxim des Liriodenins (eines der Leitalkaloide der *Polycarpicae*) (M. S. Yunusov et al., C. A. *60*, 16209 [1964]; *65*, 13781 [1966]; *67*, 11625 [1967]).

R. rhoeadiflora Boiss. (= *R. refracta* DC.): Coptisin (Hakim et al., l. c. S. 274).

II **Hypecooideae**

Hypecoum: Etwa 15 Arten vom Mittelmeergebiet bis ins nördliche China.

H. leptocarpum Hook. f. et Thoms.: Etwa 0,4% Alkaloide (Ganzpflanzen); Hauptalkaloid ist Protopin[1].

H. pendulum L.: Die Blätter enthalten reichlich Rutin[2].

H. procumbens L. (inkl. *H. grandiflorum* Benth.): Sanguinarin (Hakim et al., l. c. S. 274). Etwa 0,25% Totalalkaloide (Ganzpflanzen); Hauptalkaloid ist Protopin; daneben Allocryptopin, Sanguinarin, Chelirubin und Chelerythrin und Coptisin in Spuren[1].

H. trilobum Trautv.: 0,3% Totalalkaloide; Protopin und wenig Sanguinarin und Chelerythrin[3].

[1] J. Slavík und L. Slavíková, Coll. Czechoslov. Chem. Commun. *26*, 1472 (1961).
[2] C. Charaux, Bull. Soc. Chim. Biol. *6*, 641 (1924).
[3] S. Yu. Yunusov et al., C. A. *53*, 3606 (1959).

Pteridophyllum: Monotypische Gattung; Japan; nach Airy Shaw (l. c. S. 255) *Pteridophyllaceae;* diese nur entfernt verwandt mit den *Papaveraceae* (i. e. *Hypecoum*).
P. racemosum S. et Z. enthält 1,06% Totalalkaloide[1] mit reichlich Protopin und

Allocryptopin[2], was wohl eindeutig gegen die durch AIRY SHAW vertretene Auffassung spricht.

[1] J. HAGINAWA und M. HARADA, J. Pharm. Soc. Japan *80*, 1231 (1960).
[2] K. KOJIMA und Y. ANDO, ibid. *71*, 625 (1951); C. A. *45*, 10508 (1951).

III **Fumarioideae**

Vielfach als selbständige Familie *(Fumariaceae)* aufgefasst. Ohne Ausnahme alkaloidhaltig; Protopin ist wie bei den *Papaveroideae* weitverbreitet. Recht charakteristisch sind ferner Aporphine (Corydin, Isocorydin, Corytuberin, Bulbocapnin), Phthalidisochinoline (Adlumidin, Adlumin, Corlumidin, Bicucullin, Capnoidin, Cordrastin, Corlumin, Corlumidin etc.) und Tetrahydroberberine, worunter ebenfalls 13-Methylderivate:

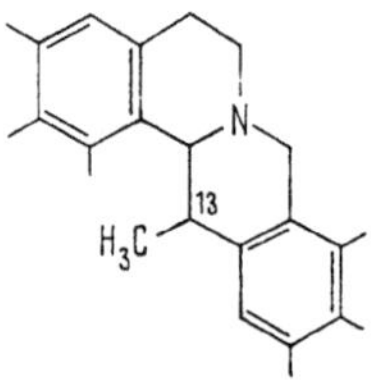

z. B.: Corybulbin
Isocorybulbin
Corydalin
Thalictrifolin

Über Acetylornithin vgl. ebenfalls S. 269.

1. CORYDALEAE

Adlumia: 2 Arten; Ostasien und östliches Nordamerika.

A. fungosa (Ait.) Greene (= *A. cirrhosa* Raf.): Die Alkaloide Protopin, Allocryptopin, Adlumin, Adlumidin und Bicucullin kommen vor (BOIT).

Corydalis: Sehr artenreiche Gattung im extratropischen Gürtel des nördlichen Halbrundes. Etwa 30 Arten wurden bisher auf Alkaloide untersucht (BOIT; WILLAMAN-SCHUBERT; vgl. dort); neuere Befunde und Beobachtungen über nichtalkaloidische Bestandteile liegen für folgende Sippen (viele polytypische Arten; Meinungsunterschiede hinsichtlich der Umgrenzung der Arten; Nomenklatur durch viele Synonyme und Homonyme unübersichtlich) vor:

C. ambigua Cham. et Schlecht. var. *amurensis* Maxim.: Protopin, Corydalin, Base II (stereoisomer mit Thalictrifolin), Canadin, (±)-Tetrahydropalmatin und die quartären Basen Palmatin, Dehydrocorydalin, Dehydrocorybulbin und Dehydrobase II aus den unterirdischen Organen[1].

C. angustifolia (Bieb.) DC.: Protopin und (±)-Tetrahydropalmatin[2].

C. aurea Willd.: Corpaverin ist ein Gemisch von Capaurin und Alkaloid F-28; letzteres wird jetzt Sendaverin genannt (vgl. S. 268).

C. bulbosa DC. (vermutlich zum Formenkreis von *C. cava* oder von *C. solida* gehörend): Ist Stammpflanze einer chinesischen, ebenfalls in Japan verwendeten, Droge mit 0,19–0,89% Alkaloiden (Knollen); Protopin, Corydalin, Tetrahydropalmatin, Tetrahydrocoptisin, Tetrahydrocolumbamin und die den letztgenannten 4 Alkaloiden entsprechenden quartären Dehydrobasen (als Nitrate und Chloride in den Knollen vorhanden) kommen vor[3]. Die alkaloidärmere (0,21–0,41%) koreanische Droge[3] soll von der var. *typica* Regel (= *C. remota* Maxim.) stammen[4, 5]; Protopin, Allocryptopin, Berberin, Palmitinsäure, Stigmasterin[4]; Stigmasteringlucosid[5]; ausserdem Tetrahydrocolumbamin, Tetrahydrocoptisin, (—)-Canadin[3].

C. cava (L.) Schweigger et Koerte (= *C. bulbosa* [L.] Pers. = *C. tuberosa* DC.): Knollen und Kraut enthalten sehr verschiedene Alkaloide; Hauptalkaloid des Krautes ist Bulbocapnin; daneben enthält es ebenfalls (+)-Stylopin und Corydalin[6]. Die Samen enthalten 12,5% fettes Öl und 0,45% Alkaloide, worunter Bulbocapnin[7].

C. claviculata (L.) DC.: Reichlich Protopin; Hauptalkaloid ist aber das für *Dicentra*-Arten charakteristische Cularin[8]; es wird von Cularicin und Cularidin begleitet (vgl. S. 266).

C. cornuta Royle: Sehr alkaloidarme Form; 0,03% Protopin, 0,02% (+)-Stylopin und 0,02% Acetylornithin aus Ganzpflanzen[9].

C. decipiens Schott, Nym. et Kotschy (= *C. pumila* Koch): 0,06% Alkaloide in Wurzelknollen; vor allem Protopin; daneben Corydalin[2] (untersucht wurden aus Holland stammende Knollen; also vermutlich *C. decipiens* Hort. = *C. solida* [L.] Swartz var. *decipiens* Boom).

C. fedtschenkoana Regel: 3 Alkaloide aus dem Kraut[10].

C. fimbrillifera Korsch.: Kraut mit 1,4–1,5% und unterirdische Organe mit 1,9–2% Alkaloiden[10].

C. gigantea Trautv.: 0,02% Protopin aus Kraut[11].

C. gartschakovii Schrenk: Protopin und 2 Aporphinalkaloide aus dem Kraut[12].

C. humosa Migo: Aus Knollen (= chinesische Droge «Yen-Hu-So») 0,2–0,3% Protopin, 0,04% Tetrahydrocoptisin, Bicucullin, Humosin A und B[13].

C. incisa Pers.: In japanischen Pflanzen Coptisin, Corysamin (ein 13-Methylberberinderivat), Protopin, Sanguinarin und als Hauptalkaloid Corynolin (ein neues Alkaloid mit Chelidoningerüst)[14].

C. ledebouriana Kar. et Kir.: Kraut 0,53% Alkaloide; Protopin und andere Basen[15]; in Knollen Protopin, Allocryptopin und Sanguinarin[11].

C. nobilis (L.) Pers.: 13 Alkaloide aus Ganzpflanzen aber kein Acetylornithin[16].

C. ochotensis Turcz.: 10% Acetylornithin aus Knollen[17]; ebenfalls Fumarsäure und wenig Maltol isoliert[18]; Protopin ist Hauptalkaloid der Wurzeln; im Kraut sind reichlich Protopin und Ochotensin (vgl. S. 267) und als Nebenalkaloid Ochotensinin vorhanden[18].

C. pseudoadunca Popov: Protopin, Coramin (ein neues Tetrahydroberberinalkaloid) und weitere Alkaloide aus dem Kraut[12, 19].

C. sibirica (L. f.) Pers.: Acetylornithin[18] und eine ganze Reihe von Alkaloiden (u. a. Bicucullin, Cheilanthifolin, Ochotensin).

C. solida (L.) Swartz (= *C. bulbosa* DC.): Sehr wechselnder Alkaloidgehalt

(0,06%[20]; 0,63%[21]); Protopin, Allocryptopin, Corydalin, (+)-Stylopin, (±)-Tetrahydropalmatin, Aurotensin[20]; Bulbocapnin, (+)-Tetrahydropalmatin, (+)-Tetrahydrocoptisin, Corydalin, (+)-Canadin[21]. Acetylornithin (vgl. S. 269).

C. stricta Steph.: Etwa 1% Alkaloide im Kraut (Protopin) und 1–1,2% in Wurzeln (Protopin und Sanguinarin)[10].

[1] H. Taguchi und I. Imaseki, J. Pharm. Soc. Japan *83*, 578 (1963); *84*, 773, 955 (1964).
[2] H.-G. Boit und H. Ehmke, Naturwissenschaften *46*, 427 (1959).
[3] J. Iwasawa et al., J. Pharm. Soc. Japan *86*, 396, 437 (966).
[4] T. Takemoto, J. Pharm. Soc. Japan *84*, 721 (1964).
[5] K. Kondo et al., J. Pharm. Soc. Japan *85*, 664 (1965).
[6] C. H. Trabert und U. Schneidewind, Pharm. Zentralhalle *98*, 447 (1959).
[7] Eid., ibid. *99*, 2 (1960).
[8] R. H. F. Manske, Canad. J. Research *18B*, 97 (1940).
[9] R. H. F. Manske, Canad. J. Research *24B*, 66 (1946).
[10] K. Sh. Baisheva et al., C. A. *65*, 4262 (1966).
[11] B. K. Rostotskii und I. L. L'vova, C. A. *61*, 3417 (1964).
[12] M. S. Yunusov et al., C. A. *63*, 5695 (1965).
[13] Sh.-H. Chao et al., C. A. *65*, 5301 (1966).
[14] Ch. Tani et al., J. Pharm. Soc. Japan *82*, 595, 598, 748, 751 (1962); *84*, 1217 (1964); N. Takao, Chem. Pharm. Bull. (Tokyo) *11*, 1306, 1312 (1963).
[15] S. B. Davidyants und M. S. Yunusov, C. A. *61*, 13628 (1964).
[16] R. H. F. Manske, Canad. J. Research *18B*, 288 (1940).
[17] R. H. F. Manske, Canad. J. Research *15B*, 84 (1937).
[18] R. H. F. Manske, Canad. J. Research *18B*, 75 (1940).
[19] M. S. Yunusov et al., C. A. *66*, 85906 (1967).
[20] R. H. F. Manske, Canad. J. Chem. *34*, 1 (1956).
[21] A. Gheorghiu et al., Ann. Pharm. Franç. *20*, 468 (1962); *22*, 594 (1964).

Dicentra: Etwa 20 Arten im östlichen Asien und in Nordamerika. 10 Arten wurden auf Alkaloide untersucht. Die Aporphine Glaucentrin (= Corydin[1]) und Dicentrin (= Eximin), die Cularinalkaloide Cularin, Cularidin und Cularicin[2] und das Phthalidisochinolin Bicucullin treten verhältnismässig häufig auf (vgl. Boit; Willaman-Schubert). In der häufig als Zierpflanze kultivierten *Dicentra spectabilis* (L.) Lem. wurden 0,76% Alkaloide in Wurzeln und 0,17% im Kraut gefunden; Hauptalkaloid war Protopin; es wird in beiden Organen von Sanguinarin, Coptisin, Chelerythrin und Chelilutin begleitet[3].

D. peregrina (Rudolph) Makino (= *D. pusilla* S. et Z.): Dicentrin, Protopin und Monomethyläther des Quercetins (sehr wahrscheinlich Isorhamnetin) aus Kraut[4].

[1] M. Shamma und W. A. Slusarchyk, Tetrahedron *23*, 2563 (1967).
[2] R. H. F. Manske, Canad. J. Chem. *43*, 989 (1965).
[3] J. Slavík, Coll. Czechoslov. Chem. Commun. *24*, 2506 (1959).
[4] Y. Asahina, Arch. Pharm. *247*, 201 (1909).

2. FUMARIEAE

Etwa 100 Arten in den Gattungen *Fumaria* (eurasiatisch) und *Rupicapnos* (westmediterran). Annähernd 10 Arten wurden auf Alkaloide untersucht (Boit; Willaman-Schubert). Protopin (= Fumarin) scheint im allgemeinen Hauptalkaloid zu sein[1, 2]. Die 8 im Süden von Frankreich vorkommenden *Fumaria*-Arten wiesen folgende Alkaloidgehalte auf[2]:

Art	% Alkaloide bezogen auf Trockengewicht bei Extraktion von:	
	getrockneten Pflanzen	Frischpflanzen
F. agraria Lag.	0,47	0,56
F. capreolata L.	0,17	0,30
F. muralis Sonder	0,28	0,31
F. micrantha Lag. (= *F. densiflora* DC.)	0,19	0,24
F. officinalis L.	0,27	0,30
F. parviflora Lamk.	0,19	0,27
F. spicata L. (= *Platycapnos spicata* Bernh.)	0,26	0,31
F. vaillantii Loisel.	0,24	0,30

Demnach tritt beim Trocknen der Pflanzen Alkaloidverlust auf; im Fall von *F. vaillantii* liess sich Protopin nur im Frischpflanzenextrakt nachweisen[2].

Die Struktur der Alkaloide Fumaridin, Fumaramin, Fumarinin und Fumaritin (*F. schleicheri* Soyer-Willemet) ist noch unbekannt.

F. judaica Boiss.: Protopin in allen Organen (0,17% Wurzel; 0,11% Stengel; 0,05% Blatt); daneben 0,03-0,045% Fumajudain und mutmasslich Aurotensin[3].

F. officinalis L.: Neben Fumarsäure und den Alkaloiden Protopin, Scoulerin, Sinactin und Tetrahydrocoptisin wurden in neuerer Zeit gefunden: Corydalin und Bulbocapnin im Pressaft der Pflanze[4]; 0,3% KCl, 0,7% KNO_3, 0,5% $C_{35}H_{72}$[5]; Loliolid[6].

F. parviflora Lamk.: 0,5% $C_{35}H_{72}$, 1,3% KCl + KNO_3 und Fumarsäure[7].

1 T. F. Platonova et al., C. A. *50*, 13960 (1956).
2 J. Susplusgas, Volume Commémoratif du Centenaire de L. Braemer, publ. par Fac. Pharm. Univ. Strasbourg 1958, S. 127–131.
3 M. R. I. Saleh und O. Gaber, J. Pharm. Sci. U. A. R. *6*, 61 (1965).
4 J. Susplusgas et al., C. A. *57*, 2331 (1962).
5 R. R. Agarwal, Proc. Natl. Inst. Sci. India *3*, 320 (1937).
6 R. Hodges und A. L. Pork, Tetrahedron *20*, 1463 (1964).
7 M. A. Wahid, Pakistan J. Sci. Ind. Research *4*, 121 (1961).

Schlussbetrachtungen

Eine nur annähernd vollständige Aufzählung der phytochemischen, insbesondere alkaloidchemischen, Literatur war bei den sehr intensiv bearbeiteten Papaveraceen gänzlich unmöglich. Auf Grund der vorliegenden Beobachtungen lassen sich die Papaveraceen folgendermassen charakterisieren:

1. Alkaloide treten allgemein auf; Aporphine, Morphinane, Benzophenanthridine, Protopine, Phthalidisochinoline und Tetrahydroberberine (= Tetrahydroprotoberberine) sind recht charakteristisch für die Familie. Nach den Ergebnissen der Biogeneseforschung (vgl. z.B. I. D. SPENSER, *Biosynthesis of the alkaloids related to norlaudanosolin*, Lloydia *29*, 71–89 [1966]; G. W. KIRBY, *Biosynthesis of the morphine alkaloids*, Science *155*, 170–173 [1967]) sind die charakteristischen Papaveraceenalkaloide Umwandlungsprodukte primär gebildeter Benzyltetrahydroisochinoline. Biochemisch betrachtet stellt die Familie eine Climax-Gruppe im Formenkreis der *Polycarpicae* und keineswegs die ursprünglichste Sippe der praktisch alkaloidfreien *Rhoeadales* dar (vgl. hierüber ebenfalls: R. HEGNAUER, *Die Gliederung der Rhoeadales sensu Wettstein im Lichte der Inhaltstoffe*, Planta Medica *9*, 37–46 [1961]). Die Alkaloidtypen der Papaveraceen sind stark abgeleitet:

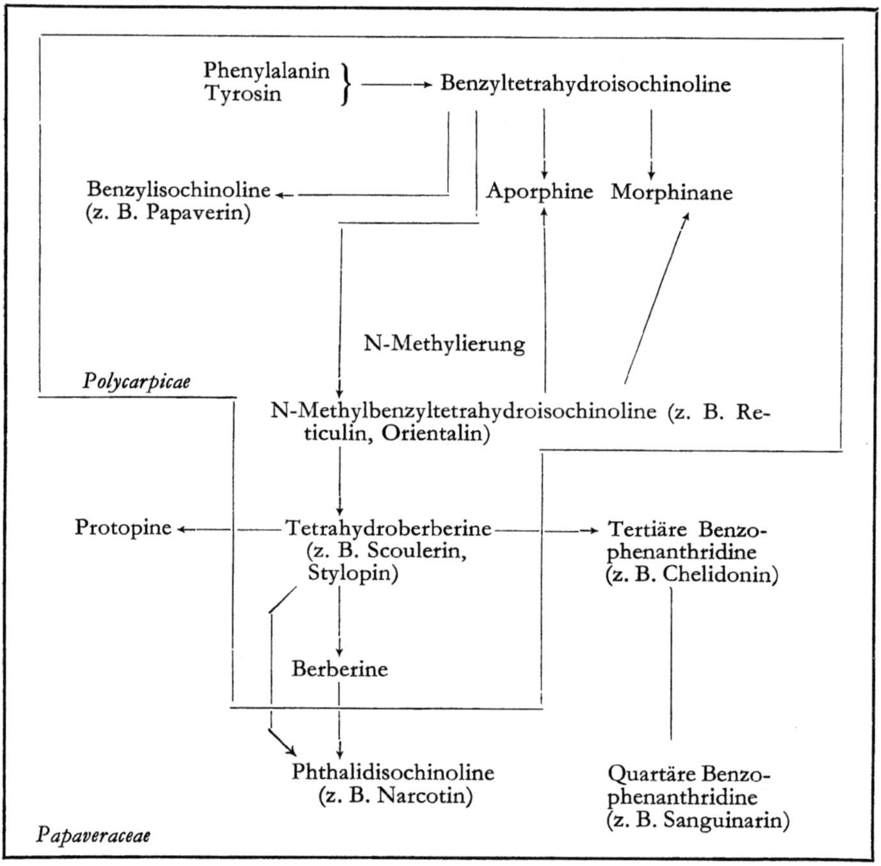

Die charakteristischen Papaveraceenalkaloide der Protopingruppe, die Phthalidisochinoline und Benzophenanthridine stellen mutmasslich Endprodukte eines über Tetrahydroberberine laufenden Biosyntheseweges dar. Das Vorkommen von charakteristischen Alkaloiden der *Polycarpicae*, wie Magnoflorin (*Glaucium*, *Papaver*), Domesticin (*Glaucium*) und Liriodeninoxim (*Roemeria*) bei den Papaveraceen einerseits, sowie das Auftreten von Protopin bei den Berberidaceen (*Nandina*) andererseits, weisen ebenfalls auf enge Beziehungen.

2. Fehlen von echten Gerbstoffen und praktisch ausschliessliches Vorkommen von Anthocyanen und Flavonolen als Vertreter der flavonoiden Pflanzenstoffe.

3. Über die restlichen Inhaltstoffe sind wir ungenügend orientiert. Folgende Tendenzen beginnen sich abzuzeichnen:

a) Ölreiche Samen; Öle mit Öl- oder Linolsäure als Hauptfettsäure.

b) Pflanzenwachse, denen pentacyclische Triterpene weitgehend fehlen.

c) Speicherung und Transport des Stickstoffes in Form des Acetylornithins bei den *Fumarioideae*.

d) Sippencharakteristische Verbreitung von Cyanogenese vom Linamarintypus (*Papaver nudicaule*) und von einem chemisch noch nicht geklärten Typus (*Eschscholzia:* vgl. RUIJGROK 1967, l. c. S. 274), der ebenfalls bei den Ranunculaceen auftritt.

e) Gänzliches Fehlen von Senfölglucosiden (auch der nichtflüchtigen; ebenfalls in Keimpflanzen: H. SCHRAUDOLF, Experientia *20*, 520 [1965]).

Alle diese Tatsachen weisen daraufhin, dass die Papaveraceen im weiten Sinne nicht mit den Cruciferen und Capparidaceen in einer Ordnung (*Rhoeadales*, *Papaverales* sensu Syllabus, *Brassicales* sensu lato) vereinigt werden sollten; biochemisch gehören sie den *Polycarpicae* an.

Diese Verwandtschaft wurde in jüngster Zeit von Seite der Pflanzenmorphologie bestätigt und damit erneut der Beweis erbracht, dass Embryologie, Palynologie, Serologie (vgl. D. FROHNE, Planta Medica *10*, 283–297 [1962]) und Phytochemie der Pflanzensystematik sehr wertvolle Fingerzeige für die Ausarbeitung des natürlichen Systems vermitteln können. Auch in morphologischer Beziehung schliessen die Papaveraceen an die *Polycarpicae* an, die *Capparidales* sensu TAKHTAJAN dagegen an die *Parietales* (H. MERXMÜLLER und P. LEINS, *Die Verwandtschaftsbeziehungen der Kreuzblütler und Mohngewächse*, Botan. Jahrb. *86*, 113 [1967]).

Vgl. ebenfalls die Diskussionen bei den *Cruciferae* und den Familien der *Polycarpicae* (insbesondere *Berberidaceae*, *Menispermaceae* und *Ranunculaceae*).

190. Passifloraceae

Überwiegend holzige, oft mit Ranken klimmende Pflanzen mit wechselständigen, ganzrandigen oder mehr oder weniger eingeschnittenen Blättern mit Nebenblättern. Blüten meist gross, zwittrig oder eingeschlechtig, aktinomorph, mit einem durch Brakteen und Brakteolen gebildeten kelchartigen Involucrum und mit mannigfach gestaltetem, oft hohlem Blütenboden, der innerhalb der Kronblätter eine oder mehrere Nebenkronen (Coronae) trägt. Kelch und Krone meist 5blättrig, die letztere zuweilen fehlend; oft beide korollinisch, frei oder am Grunde verwachsen. Staubblätter 5 (oder mehr) auf dem Blütenboden oder auf einem Androgynophor *(Passiflora)* stehend. Fruchtknoten kürzer oder länger gestielt (Gynophor oder Androgynophor), einfächerig mit meist 3 parietalen Plazenten mit zahlreichen Samenanlagen mit je 2 Integumenten. Kapsel- oder Beerenfrüchte. Samen meist mit Arillus und mit reichlich Endosperm.

Die Passifloraceen sind in den Tropen und Subtropen der Alten und Neuen Welt verbreitet.

Anatomische Merkmale

Einfach gebaute Deck- und Drüsenhaare sind weitverbreitet. Sogenannte Gerbstoffzellen und -lücken (vgl. S. 296) kommen allgemein vor; letztere insbesondere bei *Adenia* Sectio *Ophiocaulon*. Calciumoxalat tritt in der Form von Drusen und Einzelkristallen auf (METCALFE).

Systematische Gliederung

Die etwa 600 Arten werden über 12 Gattungen verteilt, von denen *Passiflora* (inkl. *Tacsonia;* etwa 400 Arten; überwiegend Tropen der Neuen Welt) und *Adenia* (inkl. *Modecca* und *Ophiocaulon;* etwa 100 Arten; mit zahlreichen, z. T. bizarr gebauten Xerophyten in Afrika; ebenfalls in Asien) am umfangreichsten sind.

Chemische Merkmale

Bisher wurden fast ausschliesslich einige *Passiflora-* und *Adenia-*Arten untersucht. Cyanogene Verbindungen kommen fast ausnahmslos vor und Alkaloide scheinen ebenfalls verbreitet zu sein. Die übrigen Inhaltstoffe sind kaum bekannt.

1. *Cyanogene Verbindungen*

VAN ROMBURGH (1897, l. c. Bd. 3, S. 40) fand in Destillaten von 4 Passifloraceen (*Passiflora laurifolia* L.; *P. princeps* Lodd.; *P.*-Hybride „Impératrice Eugénie“; *Tacsonia* spec. indet.) Blausäure. DEKKER (1906) wies nach, dass Destillate der Blätter von *P. coerulea* L. neben HCN ebenfalls Aceton enthalten. PLOUVIER (1942) bestätigte diese Beobachtung und wies darauf hin, dass keine äquimolaren Mengen Aceton gebildet werden; die Cyanogenese der Blätter kann demnach keineswegs durch ausschliessliches Vorkommen von Linamarin bedingt sein. SACK (1911) untersuchte unreife Früchte und unreife Samen von *P. foetida* L., *P. laurifolia* L. und *P. quadrangularis* L. Alle lieferten Blausäure und daneben gleichzeitig Aceton;

beim Ausreifen dieser Organe verschwinden die cyanogenen Stoffe. Alle weiteren Beobachtungen beschränken sich auf qualitative und quantitative Erfassung der Blausäuregehalte (GUIGNARD 1906; TREUB 1907, 1909; PETRIE 1912, 1917; SMITH-WHITE 1918); die Blätter vieler Arten liefern reichlich HCN (bis 0,09% des Frischgewichtes); meistens nimmt der Gehalt beim Altern der Blätter stark ab (TREUB 1907); eine Ausnahme auf diese Regel macht *P. coerulea* L., bei welcher GUIGNARD (1906) folgende Blausäuregehalte (bezogen auf Frischgewicht; mg pro 100 g) ermittelte: Juliblätter 48, Novemberblätter 47, Blütenknospen 13, Blüten 2, Wurzeln 54. In der Literatur werden die folgenden Passifloraceen als cyanogen qeschrieben:

Adenia: A. cissampeloides Harms (= *Ophiocaulon cissampeloides)* ist eine Liane mit 0,06–0,09% HCN (angeblich frei) im Stamm (FICKENDEY 1910). *A. digitata* Engl. (= *Modecca digitata)* ist toxisch und enthält in den fleischigen frischen Wurzeln ein labiles cyanogenes Glykosid (0,04% HCN aus frischen Wurzeln) und daneben das sehr giftige Toxalbumin Modeccin (GREEN-ANDREWS 1923). *A. firingalavensis* Harms und *A. sphaerocarpa* Clav. enthalten in den knollig verdickten Stammbasen cyanogene Glykoside (PERNET 1959, l. c. Bd. 3, S. 673). *A. glauca* Schinz hat stark cyanogene Blätter (STEYN 1929). Frische Blätter von *A. gummifera* Harms (= *Ophiocaulon gummifer)* lieferten 4 mg, und solche von *A. wightiana* Engl. (= *Modecca wightiana* Wall.) 11 mg HCN pro 100 g (GUIGNARD 1906).

Passiflora: Die meisten untersuchten Arten erwiesen sich als cyanogen. Eine mehrfach bestätigte Ausnahme macht *P. incarnata* L. (PLOUVIER 1942). Die grosse Zahl von Synonymen und die häufig vorkommenden Verwechslungen von Arten bedingen, dass viele Angaben der Literatur in botanisch-systematischer Hinsicht wenig zuverlässig erscheinen. Immerhin beweisen die vorliegenden Beobachtungen das sehr häufige Vorkommen von Cyanogenese in der Gattung; bei der folgenden Aufzählung bedeuten Zahlen ohne nähere Andeutung mg HCN pro 100 g frische Blätter:

GUIGNARD 1906: *P. actinea* Hook. 12–21; *P. adenopoda* DC. 51; *P. alata* (Dryand.) Ait. 6; *P. edulis* Sims 4; *P. foetida* L. 9; *P. laurifolia* L. 6; *P. maculata* Scanag. 14; *P. quadrangularis* L. 9–20; *P. racemosa* Brot. 31, Wurzel 32; *P. suberosa* L. 29; *P. van-volxemii* (Hook.) Harms (= *Tacsonia van-volxemii* Hook.) 64 (in Destillaten dieser Art ebenfalls Aceton: DEKKER 1913, l. c. B 3.09).

TREUB 1907: *P. amabilis* Hook. 47 (sehr jung) → 0 (vor dem Abfallen); *P. ambigua* Hemsl. 25 → 6; *P. foetida* L. 85 → 6; .*P. herbertiana* Lindl. 143 → 34 (erwachsen); *P. holosericea* L. 62 → 0; *P. lunata* Willd. 90 → 0; *P. minima* L. 87 → 2; *P. pulchella* H. B. et K. 78; *P. quadrangularis* L. 91 → 3; *P racemosa* Brot. 63 → 6; *P. violacea* Vell. 68.

TREUB 1909: *P. adenopoda* DC. 44 → 1; *P. foetida* L., je nach Alter, 110 → 2; *P. hybrida* 43 → 3; *P. pulchella* H. B. et K. 44 → 1; *P. violacea* Vell 71 → 0.

PETRIE 1912: Cyanogen waren die australischen Arten *P. brachystephana* F. Muell., *P. cinnabarina* Lindl., *P. herbertiana* Lindl. und die eingeführten Arten *P. amabilis* Hook., *P. filamentosa* Cav., *P. lutea* L., *P. suberosa* L. und *P. vespertilio* L.

PETRIE 1917: Ebenfalls cyanogen waren die in Australien naturalisierten Arten *P. alba* Link. et Otto und *P. mixta* L. (= *Tacsonia mixta* [L.] Juss.).

Smith-White 1918: *P. aurantia* Forst., *P. aurantia* var. *pubescens* F. M. Bail., *P. brachystephana* F. Muell. und *P. herbertiana* Lindl. sind cyanogen. Dagegen ist nach diesen Autoren die in Australien eingebürgerte *P. alba* nicht cyanogen, wohl aber stark giftig.

Neugebauer 1949: Cyanogen waren die Blätter von *P. bryonioides* H. B. et K., *P. capsularis* L., *P. coerulea* L., *P. digitata* L. und *P. tuberosa* Jacq.; dagegen waren die Blätter von Gewächshauspflanzen von *P. alba*, *P. edulis*, *P. gracilis* und *P. incarnata* nicht cyanogen.

2. *Polyphenole und Gerbstoffe*

Die S. 294 erwähnten Gerbstoffzellen enthalten mutmasslich keine echten Gerbstoffe, sondern phenolische Gerbstoffbausteine; nach Ambühl (1966) geben sie schwach die Myriophyllinreaktion; sie sind demnach zur Gruppe der Inklusenzellen (vgl. Bd. 2, S. 11–18) zu rechnen. Dekker (1913, l. c. B 3.09) weiss nichts über Gerbstoffe zu berichten und beobachtete bei *P. van-volxemii* keine Gerbstoffreaktionen. Bate-Smith (1962, l. c. Bd. 3, S. 40) beobachtete in Blättern von 3 *Passiflora*-Arten keine Leucoanthocyane; dagegen konnte er solche in Stengeln von *P. edulis* Sims nachweisen (BS.-M. 1957, l. c. B 4.4). Lebreton und Bouchez (1966, l. c. S. 221) teilten mit, dass Leucocyanidin (*P. alba* Link et Otto, *P. coerulea* L., *P. subpeltata* Ortega) und Ellagsäure *(P. alba*, *P. subpeltata)* in Blättern von *Passiflora*-Arten auftreten. Fellow und Smith (1938) geben Gallussäure für das Kraut von *P. incarnata* L. an; sie wurde allerdings nur durch einige Farbreaktionen nachgewiesen. Peckolt (1909) fand in frischen Blättern von *P. alata* Ait. und *P. edulis* Sims 0,32 und 0,40% eisenschwärzendes „Passiflortannoid"; ausserdem isolierte er Salicylsäure aus frischen Blättern von *P. alata* (0,08%), *P. actinea* Hook. (0,025%) und *P. eichleriana* Mast. (0,02%).

Quercetin und Kaempferol, aber nicht Myricetin, kommen in Blättern von *Passiflora*-Arten vor (Lebreton-Bouchez 1966). Flavonoide Verbindungen mit trihydroxyliertem B-Ring sind bisher nur aus Blüten und Früchten bekannt; nach Gascoigne et al. (1948, l. c. Bd. 4, S. 64) enthalten Petalen von *P. foetida* L. Malvidinglykoside und die Brakteen Glykoside des Delphinidins; die Blüten von *P. herbertiana* Lindl. führen Paeonidinglykoside; Früchte von *P. edulis* Sims enthalten Delphinidin-3-glucosid und ein Pelargonidinglykosid (Harborne 1967, l. c. S. 262).

3. *Alkaloide*

Relativ gut wasserlösliche Alkaloide scheinen in der Familie recht verbreitet zu sein; sie bilden die Hauptwirkstoffe der durch Homoeopathie und Allopathie in gleicher Weise als Sedativum geschätzten Droge „Herba Passiflorae" (*P. incarnata* L.), über welche in jüngster Zeit Schindler (1955) und Ambühl (1966) zusammenfassend berichteten.

Bereits Peckolt (1909) fand in einigen *Passiflora*-Arten Brasiliens alkaloidähnliche Stoffe (das kristallisierende Passiflorin und das amorphe Maracugin). Neu

(1954, 1956) gewann aus *P. incarnata* L. Harman und vermutete Indentität mit Passiflorin; gleichzeitig isolierte er Harman aus *P. alba* Link et Otto, *P. bryonioides* H. B. et K., *P. capsularis* L., *P. edulis* Sims, *P. quadrangularis* L. und *P. suberosa* L. Am intensivsten bearbeitet wurde *Passiflora incarnata* L. («Herba Passiflorae»); neben Harman wurden nachgewiesen: Harmin, Harmol und weitere Basen (LUTOMSKI 1959, 1960, 1967; AMBÜHL 1966); Harmol, Harmalol, Harmalin (HULTIN 1965).

Alkaloide wurden ebenfalls in *Adenia firingalavensis* Harms und in *A. sphaerocarpa* Clav. (MEYER-PERNET 1957) und in *Tetrapathaea tetrandra* Cheesem. (CAMBIE et al. 1961, l. c. Bd. 3, S. 40) nachgewiesen. Mutmasslich kommen sie demnach in der Familie ziemlich allgemein vor.

Neben Harman und Harmanderivaten kommen bei *Passiflora*-Arten vermutlich noch andere Basen vor. NEUGEBAUER (1949) beobachtete bei einigen Arten basische Stoffe, die leicht Ammoniak abspalten; sie sollen die sedativ wirksame Fraktion dieser Pflanzen darstellen und mit dem von PECKOLT (1909) beschriebenen Maracugin identisch sein.

4. *Verschiedenes*

Die restlichen phytochemischen Arbeiten beschränken sich auf die essbare Früchte liefernden *Passiflora*-Arten: *P. edulis* Sims («Purple Granadilla»), *P. edulis* Sims var. *flavicarpa* Degener („Yellow Passion Fruit"), *P. quadrangularis* L. („Giant Granadilla"), *P. ligularis* Juss. („Water-lemon"; „Sweet Granadilla"), *P. laurifolia* L. („Bell-apple"), *P. maliformis* L. („West Indian Sweet Calabash") und *P. (= Tacsonia) mollissima* Bailey („Banana Passion Fruit"). *P. edulis* besitzt die grösste Bedeutung; ihre Früchte enthalten Anthocyane, reichlich Citronensäure, wenig Äpfelsäure, Glucose, Fructose und Saccharose und wenig Stärke (PRUTHI 1958, 1963; MOLLENHAUER 1962).

Die Samen der Passifloraceen enthalten 10–40% Öl. Linolsäure ist Hauptfettsäure (*P. edulis:* HILDITCH; ECKEY, l. c. B 3.03). *Tetrapathaea tetrandra* Cheesem.: 39,8% Öl; 19,5% gesättigte Säuren, wovon 2,2% Margarinsäure (n-Heptadecansäure), 22,6% Öl- und 54,1% Linolsäure; das extrahierte Öl ist dunkelrot gefärbt (BROOKER 1960).

Pinit und andere Cyclite wurden durch PLOUVIER (1958) bei *P. coerulea* L. und *P. edulis* L. im Zuge seiner Untersuchungen von Sippen der *Parietales* nicht beobachtet.

Literatur

AMBÜHL, H., *Anatomische und chemische Untersuchungen an Passiflora coerulea L. und P. incarnata* L., Diss., ETH. Zürich, 1966.

BROOKER, S. G., Trans. Roy. Soc. New Zealand *88*, 158 (1960).

DEKKER, J., Pharm. Weekblad *43*, 942 (1906).

FELLOWS, E. J., und SMITH, C. S., J. Am. Pharm. Assoc. *27*, 565 (1938); vgl. ebenfalls G. H. RUGGY und C. S. SMITH, ibid. *29*, 207 (1940).

FICKENDEY, E. Z., Angew. Chemie *23*, 2167 (1910).

GREEN, H., und ANDREWS, W. H., 9th and 10th Rep. Director Vet. Educ. and Research (Pretoria) 1923, S. 381.

GUIGNARD, L., Bull. Sci. Pharmacol. *13*, 603 (1906).

HULTIN, E., Acta Chem. Scand. *19*, 1431 (1965).

LAWRENCE, G. H. M., *Identification of cultivated passion flowers*, Baileya *8*, 121–132 (1960).

LUTOMSKI, J., Biul. Inst. Roslin Leczniczych *5*, 197 (1959); *6*, 209 (1960); Herba Polon. *13*, 44 (1967).
MEYER, G., und PERNET, R., Le Naturaliste Malgache *9*, 203 (1957).
MOLLENHAUER, H. P., *Die Grenadilla*, Deut. Apoth. Z. *102*, 1097 (1962).
NEU, R., Arzneimittelforschung *4*, 601 (1954); *6*, 94 (1956).
NEUGEBAUER, H., Pharmazie *4*, 176 (1949).
PECKOLT, TH., Ber. Deut. Pharm. Ges. *19*, 343 (1909).
PETRIE, J. M., Proc. Linn. Soc. N. S. Wales *37*, 220 (1912); *42*, 113 (1917).
PLOUVIER, V., Bull. Sci. Pharmacol. *49*, 48 (1942); Compt. Rend. *247*, 2423 (1958).
PRUTHI, J. S., J. Sci. Ind. Research (India) *17B*, 238 (1958); *Physiology, Chemistry and Technology of Passion Fruit*, Adv. in Food Research *12*, 203–282 (1963).
SACK, J., Pharm. Weekblad *48*, 311 (1911).
SCHINDLER, H., Arzneimittelforschung *5*, 491 (1955).
SMITH, F., und WHITE, C. T., Proc. Roy. Soc. Queensland *30*, 84 (1918).
STEYN, D. G., 15th Rep. Director Vet. Serv. Union of South Africa 1929, Vol. II, Sect. VI, S. 799.
TREUB, M., Ann. Jard. Botan. Buitenzorg [2] *6*, 80 (1907); *8*, 85 (1909).

Schlussbetrachtungen

TAKHTAJAN vereinigte in seiner Ordnung der *Passiflorales* eine Reihe von Familien (Passifloraceen, Turneraceen, Malesherbiaceen, Caricaceen, Achariaceen), die ziemlich allgemein als nah verwandt betrachtet werden und deren Abstammung von den Flacourtiaceen recht wahrscheinlich ist.

Bei WETTSTEIN bildet dieser Verwandtschaftskreis (inklusiv Flacourtiaceen) eine Familiengruppe innerhalb der *Parietales* und im Syllabus (1964) finden sich alle erwähnten Sippen in der Unterordnung der *Flacourtiineae* der Ordnung der *Violales*.

Eine Entwicklungslinie, die von den Capparidaceen über die Flacourtiaceen nach den abgeleiteteren Familien (Passifloraceen, Caricaceen etc.) führt, erscheint durchaus wahrscheinlich.

Da die in Betracht kommenden Sippen in chemischer Beziehung noch sehr ungenügend bekannt sind, ergibt sich vorläufig aus dem Vergleich der biochemischen Merkmale wenig taxonomisch Brauchbares.

Sehr auffallend ist die ausgesprochene Tendenz zur Akkumulation cyanogener Verbindungen (Flacourtiaceen, Passifloraceen, Malesherbiaceen, Turneraceen). Nachdem kürzlich das Flacourtiaceenglucosid Gynocardin (vgl. Bd. 4, S. 161) chemisch erneut bearbeitet wurde und jetzt ein Strukturvorschlag vorliegt, zählt die vergleichende Analyse der cyanogenen Verbindungen der erwähnten Sippen zu den dringendsten Aufgaben der Chemotaxonomie.

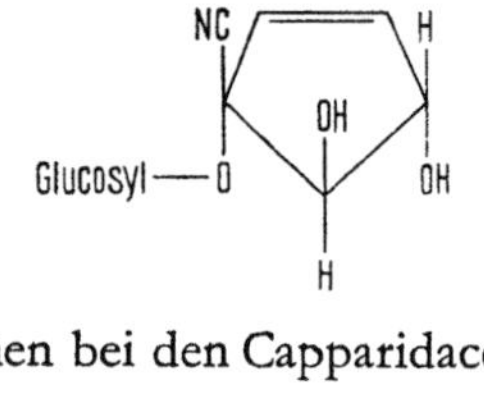

Gynocardin nach COBURN und LONG, J. Org. Chem. *31*, 4312 (1966)

Vgl. ferner die Diskussionen bei den Capparidaceen, Flacourtiaceen und Malesherbiaceen.

191. Pedaliaceae

Krautige, seltener strauchige Pflanzen mit gegen- oder wechselständigen ganzrandigen oder mehr oder weniger fiederschnittigen Blättern und blattachselständigen Einzelblüten oder armblütigen Blütenständen. Blüten zwittrig und zygomorph. Kelch 5zähnig; Krone sympetal, mehr oder weniger deutlich 2lippig; Staubblätter 4 (das 5. noch als kleines Staminodium angedeutet); Fruchtknoten oberständig (nur bei *Trapella* unterständig; diese Gattung mit nur 2 fertilen Staubblättern wird durch einige Autoren in der monotypischen Familie der *Trapellaceae* untergebracht), 2fächerig mit scheidewandständigen Plazenten, oder aber durch falsche Scheidewände 4- oder mehrkammerig und mit zentralwinkelständigen Plazenten; 1 bis viele Samenanlagen mit einem Integument pro Fach oder Kammer. Kapselfrüchte oder Schliessfrüchte. Samen mit wenig Endosperm.

Verbreitung: Tropen und Substropen der Alten Welt. Die Pedaliaceen sind oft Strand- oder Wüstenpflanzen; *Trapella* hat hydrophytische Lebensweise.

Systematische Gliederung

Ohne die Martyniaceen (S. 48), welche oft als Tribus *(Martynieae)* oder Unterfamilie *(Martynioideae)* den Pedaliaceen zugerechnet werden, zählt die Familie etwa 50 Arten, die über 16 kleine Gattungen verteilt werden. Nur *Pterodiscus* (15 Arten) und *Sesamum* (20–30 Arten) sind verhältnismässig reich an Arten.

Anatomische Merkmale

Schleimproduzierende Haare sind charakteristisch für die Pedaliaceen (Solereder); sie sind im Prinzip gleich gebaut wie die Drüsenhaare vieler Tubiflorenfamilien (*Labiatae*, *Verbenaceae*, *Martyniaceae*, *Gesneriaceae* etc.); ihr Kopf ist in der Regel nur 4zellig und ihr Stiel einzellig; von ähnlichen Haaren bei Martyniaceen und Gesneriaceen unterscheiden sie sich durch die Natur des Exkretes (Schleim bei den Pedaliaceen). Durch diese Schleimhaare unterscheiden sich die Pedaliaceen von den neuweltlichen Martyniaceen. Neben den kurzgestielten Schleimhaaren kommen noch langgestielte Drüsenhaare und einzellreihige Deckhaare vor. Calciumoxalat fehlt oder tritt in Form von zahlreichen kleinen Kristallen, die auch zu Drusen vereint sein können, auf; grosse Drusen oder Einzelkristalle wurden seltener beobachtet. Die knollig verdickten Wurzeln sind anscheinend stärkefrei (*Harpagophytum procumbens;* Volk, l. c. S. 302).

Chemische Merkmale

Zur Familie gehören die Ölpflanze *Sesamum indicum* DC. (= *S. indicum* L. + *S. orientale* L.; in zahlreichen Varietäten und Cultivars angebaut; vgl. Johnson-Raymond 1964) und die in Afrika als Heilpflanze geschätzte Art *Harpagophytum procumbens* DC. Unsere phytochemischen Kenntnisse von den Pedaliaceen beruhen grössten Teils auf Untersuchungen mit den genannten Arten. Iridoide Glykoside, Lignane, Blattphenole und besondere Reservestoffe sind aus der Familie bekannt geworden.

1. *Iridoide Glykoside (Pseudoindikane)*

Die in Scheiben geschnittenen, getrockneten knolligen Wurzeln von *Harpagophytum procumbens* DC. sind in den letzten Jahren auch in Europa als Droge (Harpago-Tee) bekannt geworden (Volk 1964). Die Droge enthält weder Alkaloide noch Saponine. Auffallende Bestandteile sind die Glucoside Harpagosid (schmeckt sehr bitter; Tunmann-Lux 1962), Harpagid (schmeckt schwach süss; Tunmann-Lux 1962) und Procumbid (Tunmann-Stierstorfer 1964). Die Strukturen von Harpagid und Harpagosid wurden durch Lichti und von Wartburg (1964, 1966) und Scarpati et al. (1965) geklärt:

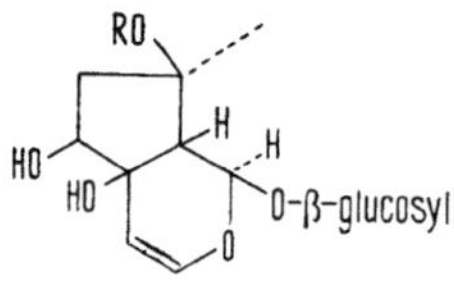

R = H : Harpagid, $C_{15}H_{24}O_{10}$
R = Cinnamoyl: Harpagosid, $C_{24}H_{30}O_{11}$

2. *Lignane* (vgl. Budowski 1964)

Das aus Samen von *Sesamum indicum* DC. (inklusiv *S. orientale* L.) gewonnene Sesamöl besitzt 2 auffallende Eigenschaften: (1) Es gibt die sogenannte Baudoin-Reaktion (Rotfärbung der Wasserphase bei Schütteln des Öles mit Saccharose und konzentrierter Salzsäure; Fructose [als Bestandteil der Saccharose] kann durch Furfural ersetzt werden [Probe nach Villavecchia]); (2) es potenziert die insektizide Wirkung von Pyrethrumextrakten. Beide Eigenschaften werden durch Lignane und lignanartige Bestandteile des Unverseifbaren des Samenöles bedingt.

Sesamin und Sesamolin und ein Spaltprodukt des Letzteren (Sesamol) kommen im Sesamöl vor. Sesamol und Sesamolin geben die Rotfärbungsreaktion des Öles; Sesamolin und in viel schwächerem Masse auch Sesamin potenzieren die Pyrethrinwirkung (Suarez et al. 1952; Beroza 1954, 1955). Die Struktur des

Sesamolins wurde erst 1955 definitiv ermittelt (Beroza; Carnmalm et al. [auch biogenetische Hypothese]; Haslam-Haworth):

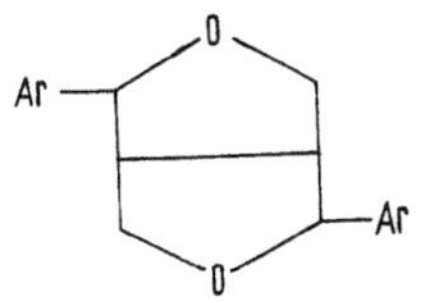

Sesamin

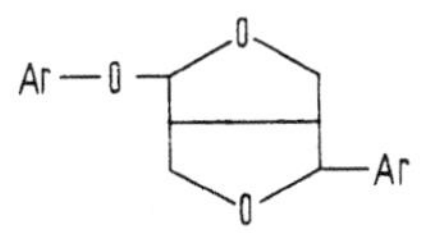

Sesamolin (gibt nach Spaltung die Rotfärbungsreaktion)

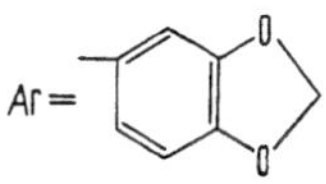

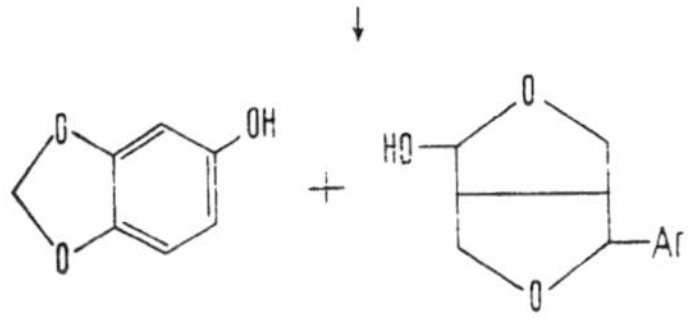

Sesamol (gibt die Rotfärbungsreaktion) Samin

Sesamöle enthalten im Mittel 0,70% (0,34–1,13) Sesamin, 0,41% Sesamolin (0,13–0,59) und 0–0,0004% Sesamol; die Gehalte sind rassenabhängig und werden durch die Umwelt wenig modifiziert (Beroza-Kinman 1955). Sesamöle von Assam und West-Bengalen enthalten 3,5–4% unverseifbare Anteile, 2,5% Sesamin, 0,15% Sesamolin + Sesamol; sie weichen durch den sehr hohen Sesamingehalt von normalen Ölen ab (J. A. Barve und J. G. Kane, C. A. *64*, 4857 [1966]). Sesamolin kommt ebenfalls in Samen von *Sesamum angustifolium* Engl. (vgl. Eckey, l. c. B 3.03) und im Öl von *S. angolense* Welw. vor; im letzteren wird es von Monomethoxysesamin (= Sesangolin) begleitet (Jones et al. 1962). Das Öl von *Ceratotheca sesamoides* Endl. enthält kein Sesamolin (Eckey).

3. *Blattphenole*

Gorter (1909) wies Chlorogensäure (Kaffeesäurederivate) in Blättern von *Sesamum orientale* L. nach. Das et al. (1966) fanden mit chromatographischen Methoden in Extrakten aus frischen Blättern von *Pedalium murex* L. und *Sesamum indicum* Kaffee-, Protocatechu-, p-Cumar-, o-Cumar und Ferulasäure; die gleichen Säuren wurden auch in den Früchten nachgewiesen.

Aus getrockneten Blättern von *S. indicum* erhielt Morita (1960) 0,3% Pedaliin:

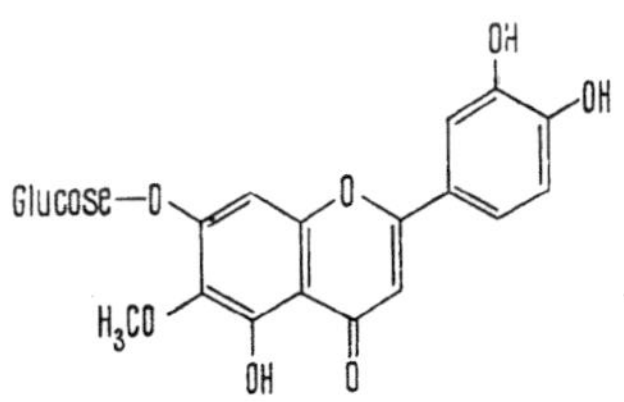

4. *Reservestoffe*

Samen: Samenkerne enthalten 30–55% fettes Öl mit Öl- und Linolsäure als Hauptfettsäuren (*Sesamum indicum;* einzige Art, deren Öl genau untersucht wurde). Daneben enthalten die Samen der Pedaliaceen die Reservecellulose Amyloid (*Ceratotheca triloba* E. Mey., *Harpagophytum peglerae* Stapf, *Josephinia imperatricis* Vent. und 3 *Sesamum*-Sippen; Kooiman 1959, l. c. B 3.02) und Oligosaccharide. Hatanaka (1959) isolierte aus entfetteten Samen von *Sesamum indicum* die folgenden Zucker:

Glucose:	Spuren
Saccharose (Fru-Glu):	1%
Planteose (Gal-Fru-Glu):	0,5%
Lychnose (Gal-Fru-Glu-Gal)	} 0,1%
Sesamose (Gal-Gal-Fru-Glu)	
Pentasaccharid	} wenig
Hexasaccharid	

Unterirdische Organe: Die oft knollig verdickten Wurzeln enthalten anscheinend keine Stärke. In Harpago-Tee (vgl. S. 300) wurden 0,3% Raffinose, 0,6–0,8% Stachyose und ausserdem Saccharose, Glucose und Fructose gefunden (Volk 1964).

Literatur

Beroza, M., Anal. Chem. *26*, 1173 (1954); J. Am. Chem. Soc. *77*, 3332 (1955).

Beroza, M., und Kinman, M. L., *Sesamin, sesamolin and sesamol content of sesame seed as affected by strain, location grown, ageing and frost damage*, J. Am. Oil Chemists' Soc. *32*, 348 (1955).

Budowski, P., *Recent research on sesamin, sesamolin and related compounds*, J. Am. Oil Chemists' Soc. *41*, 280 (1964).

Carnmalm, H., et al., Acta Chem. Scand. *9*, 1111 (1955).

Das, V. S. R., et al., Current Sci. (India) *35*, 160 (1966).

Gorter, K., Arch. Pharm. *247*, 184 (1909).

Haslam, E., und Haworth, R. D., J. Chem. Soc. *1955*, 827.

Hatanaka, Sh.-I., Arch. Biochem. Biophys. *82*, 188 (1959).

Johnson, R. H., und Raymond, W. D., *The chemical composition of some tropical food plants.* III *Sesame seed*, Tropical Sci. *6*, 173–179 (1964).

Jones, W. A., et al., J. Org. Chem. *27*, 3232 (1962).

Lichti, H., und v. Wartburg, A., Tetrahedron Letters *1964*, 835; Helv. Chim. Acta *49*, 1552 (1966).

Morita, N., Chem. Pharm. Bull. (Tokyo) *8*, 59, 66 (1960).

Scarpati, M. L., et al., Tetrahedron Letters *1965*, 3439.

Suarez, C., et al., Anal. Chem. *24*, 668 (1952).

Tunmann, P., und Lux, R., Deut. Apoth. Z. *102*, 1274 (1962).

Tunmann, P., und Stierstorfer, N., Tetrahedron Letters *1964*, 1697.

Volk, O., *Zur Kenntnis von Harpagophytum procumbens DC.*, Deut. Apoth. Z. *104*, 573 (1964).

Schlussbetrachtungen

Ganz allgemein werden die Pedaliaceen den *Tubiflorae* zugerechnet. Unabhängig von dem Umfang, den die einzelnen Autoren den Ordnungen in diesem Formenkreis zukennen, werden enge Beziehungen zu den Martyniaceen, Gesneriaceen, Bignoniaceen, Scrophulariaceen und Acanthaceen angenommen.

Aucubinartige Glucoside, Stachyose als Reservezucker, Flavone an Stelle von Flavonolen, reichliches Vorkommen von Derivaten der Kaffeesäure und stärkefreie, ölreiche Samen stellen biochemische Merkmale dar, welche die Pedaliaceen mit vielen anderen Familien der Tubifloren gemeinsam haben. Im Vorkommen von Amyloid gleichen sie den Acanthaceen und die Harpagidsynthese haben sie mit den Labiaten gemein. Sesamin und Sesamolin scheinen nur ein Gattungsmerkmal, keineswegs aber ein Familienmerkmal der Pedaliaceen, darzustellen.

Die Frage, ob die Martyniaceen tatsächlich Familienrang verdienen, oder aber als Tribus oder Unterfamilie den Pedaliaceen eingereiht werden sollten, kann vorläufig im Blickfelde der biochemischen Merkmale kaum diskutiert werden, da umfangreiche vergleichende Arbeiten gänzlich fehlen.

Vgl. ebenfalls bei den in der Diskussion erwähnten Familien.

192. Penaeaceae

Etwa 20 Arten in 5 Gattungen in Südafrika. Kleine Sträucher oder Halbsträucher mit ledrigen, ganzrandigen und gegenständigen Blättern. Wegen des an *Daphne* erinnernden Blütenbaues werden die *Penaeaceae* vielfach (z.B. Hutchinson, Syllabus 1964) den *Thymelaeales* eingereiht. Wettstein, Cronquist, Takhtajan und Airy Shaw (in Willis 1966) dagegen rechnen die *Penaeaceae* zu den *Myrtales*. Dafür spricht unter anderen das Vorkommen von rudimentären Stipeln, die den Thymelaeaceen gänzlich fehlen (F. Weberling, Botan. Jahrb. *82*, 119 [1963]).

Bicollaterale Gefässbündel und gänzliches Fehlen von internen Exkretionsorganen sprechen nach Solereder für Verwandtschaft mit den *Thymelaeaceae* (könnte jedoch ebenfalls auf Verwandtschaft mit den Lythraceen hindeuten). Calciumoxalat tritt in der Form von Drusen auf und Blattsklereiden (vgl. hierüber ebenfalls T. Ananda Rao, Sci. and Culture [India] *31*, 380 [1965]) scheinen ziemlich allgemein vorzukommen. Leider sind die chemischen Merkmale gänzlich unbekannt, was bei einer Sippe zweifelhafter Stellung zu bedauern ist. Untersuchungen über Polyphenole und Triterpene dürften wertvolle Hinweise ergeben. Bestehen tatsächlich Beziehungen zu den *Myrtales*, dann ist Vorkommen von Galli- und Ellagitanninen, von kondensierten Gerbstoffen und von pentacyclischen Triterpenen wahrscheinlich.

193. Pentaphylacaceae

Nur *Pentaphylax* mit 1 oder mehreren Arten in Ostasien. Immergrüne Sträucher oder Bäume, die ziemlich allgemein (Hutchinson; Takhtajan; Airy Shaw in Willis 1966) zu den *Theales* gerechnet werden, nach dem Syllabus (1964) jedoch eher zu den *Celastrales* gehören. Wettstein gliederte sie am Ende seiner *Terebinthales* ins System der Angiospermen ein. Einzellige Deckhaare, verschleimte Blattepidermiszellen, Schleimzellen in der Cortex, Oxalatdrusen im Mark und Einzelkristalle in den Blättern wurden bei *Pentaphylax euryoides* Gardn. et Champ. beobachtet (Solereder). Die Blätter akkumulieren Aluminium (Chenery 1948, l. c. B 3.12), was eher für Verwandtschaft mit den Theaceen als für solche mit den Celastraceen spricht.

194. Peripterygiaceae

(= Cardiopterygaceae = Cardiopteridaceae)

Milchsafthaltige, krautige Klimmpflanzen mit sympetalen, tetracyclischen, aktinomorphen Blüten. Nur *Peripterygium (= Cardiopteris = Cardiopteryx)* mit 3 Arten in Ostasien und Australien. Systematische Stellung noch sehr unsicher:

Hutchinson: In *Celastrales*.
Takhtajan: In *Santalales*.
Syllabus 1964: In *Celastrales* (nach den *Icacinaceae*).
Airy Shaw 1966 (in Willis): Verwandt mit den *Convolvulaceae*.

Oft wird die Gattung *Cardiopteris* zu den *Icacinaceae* (vgl. Bd. 4, S. 275) gerechnet. Nach Metcalfe (sub *Icacinaceae*) kommen bei *C. rumphii* einzellige, blasenförmige Haare und bei *C. lobata* artikulierte Milchsaftschläuche im Blattstiel und in den Blattnerven vor. An der Peripherie des Markes sind lysigene Schleimgänge vorhanden. Der Milchsaft der Stengel von *C. moluccana* Bl. soll schwach bitter schmecken; die Blätter sind stark schleimhaltig; sie werden in Indonesien wie diejenigen von *C. lobata* Wall. als Gemüse gegessen (Heyne l. c. B 5.4.) Leider fehlen chemische Beobachtungen gänzlich; von ihnen sind wertvolle Hinweise auf die tatsächlichen Verwandtschafsverhältnisse dieser Sippe incertae sedis zu erwarten.

195. Phrymataceae

(= Phrymaceae)

Monotypische Familie (nur *Phryma* mit zwei Arten in Ostasien und im östlichen Nordamerika). Kräuter mit sympetalen 2lippigen Blüten. Allgemein zu den *Tubiflorae* gerechnet; innerhalb der Letzteren werden in erster Linie nahe Beziehungen zu den Verbenaceen angenommen (Syllabus 1964; AIRY SHAW in WILLIS 1966). Die kleinen Drüsenhaare erinnern an diejenigen von *Verbena* und *Lippia* (METCALFE).

Chemisch noch vollständig unerforschte Sippe.

196. Phytolaccaceae

(exklusiv *Gyrostemonaceae:* Bd. 4, S. 233)

Kräuter, Sträucher oder Bäume mit wechselständigen, ganzrandigen Blättern. Blüten meist zwittrig, verhältnismässig klein, in reichblütigen Infloreszenzen. Blütenhülle einfach, 4–5zählig. Staubblätter 4, 5 oder mehr. Fruchtknoten meistens oberständig, durch 4–12 Fruchtblätter gebildet, die mehr oder weniger miteinander verwachsen sind (Apokarpie und Synkarpie in der Familie); ebensoviele Fächer wie Fruchtblätter, jedes mit einer Samenanlage mit 2 Integumenten. Früchte oft fleischig. Samen mit Perisperm und Endosperm.

Die Familie findet sich vorwiegend in den Tropen und Subtropen beider Welthälften. *Phytolacca americana* ist in den Vereinigten Staaten heimisch und in Europa vielerorts eingebürgert.

Systematische Gliederung

Ohne *Gyrostemonaceae* 12–17 Gattungen mit 100–150 Arten. Die kleinere Anzahl Gattungen nehmen Autoren an (z. B. AIRY SHAW in WILLIS 1966), die *Agdestis (Agdestidaceae)*, *Barbeuia (Barbeuiaceae)*, *Stegnosperma (Stegnospermataceae)* und eventuell auch *Microtea (Chenopodiaceae)* und *Lophiocarpus* ausgliedern. Im Syllabus werden die 17 Gattungen über 3 Unterfamilien verteilt:

I. **Phytolaccoideae:** Blütenhülle einfach; 4 Tribus, die unter anderem durch die Form, in welcher Oxalat in den Blättern abgelagert wird, charakterisiert werden (PHYTOLACCEAE [Raphiden]; BARBEUIEAE [Drusen oder Sphaerite]; RIVINEAE [Styloide; daneben zuweilen Kristallsand]; AGDESTIDEAE [Raphiden]).

II. **Stegnospermatoideae:** Blüten mit Kelch und Krone; nur *Stegnosperma* (Oxalatdrusen oder Sphaerite).

III. **Microteoideae:** Blütenhülle einfach; Fruchtknoten einfächerig mit nur einer Samenanlage. Nur *Microtea* und *Lophiocarpus*. Calciumoxalat fehlt oder tritt in der Form von Sphaeriten auf.

Anatomische Merkmale

Sehr charakteristisch für viele Vertreter der *Phytolaccaceae* ist das sogenannte abnormale sekundäre Dickenwachstum der Achsen (mehrere Ringe von Gefässbündeln oder alternierende Phloem- und Xylemzonen). Haare sind nur durch einzellreihige Deckhaare in der Familie vertreten und interne Exkretionsorgane fehlen, mit Ausnahme der im vorigen Abschnitt bereits erwähnten Kristallidioblasten und von sogenannten Gerbstoffzellen bei einigen Sippen, gänzlich (Solereder; Metcalfe).

Chemische Merkmale

Betacyane und Saponine sind nach den bisher vorliegenden Befunden recht charakteristisch für die Phytolaccaceen, über deren chemische Merkmale wir allerdings vorläufig nur äusserst oberflächlich unterrichtet sind.

1. *Betacyane und Betaxanthine*

Wie bei anderen Familien der Centrospermen scheinen Anthocyane gänzlich zu fehlen; sie sind durch Betacyane ersetzt; die letzteren können von gelben Betaxanthinen begleitet sein. Für Besprechungen dieser Pigmente und weitere Literaturhinweise wird nach Bd. 3, S. 66, 82, 331, 411, 630 und nach S. 200 des vorliegenden Bandes verwiesen.

Wyler und Dreiding zeigten 1961, dass das Phytolaccanin, der rote Farbstoff der Kermesbeeren (reife Früchte von *Phytolacca americana* L. [= *Ph. decandra* L.]), im wesentlichen mit Betanin identisch ist; das bei saurer Hydrolyse erhaltene Phytolaccanidin stellt eine 7 : 3-Mischung von Betanidin und Isobetanidin dar; neben Betanin (ca. 95% des roten Farbstoffes) liessen sich geringe Mengen von Isobetanin, Prebetanin und Isoprebetanin isolieren. Die zwei letzterwähnten Farbstoffe sind Schwefelsäure-halbester von Betanin und Isobetanin, bei welchen die Schwefelsäure mit der OH-Gruppe von C_6 der Glucose verestert ist (Wyler et al. 1967).

Nach Beobachtungen von Reznik (1955, 1957, l. c. Bd. 3, S. 75), Mabry et al. (1953, l. c. Bd. 3, S. 391), Mabry (1966, l. c. S. 205) und Piatelli und Minale

(1964, l. c. S. 206) hat man Betanin und verwandte Chromoalkaloide bisher bei den folgenden Vertretern der Familie nachgewiesen:

PHYTOLACCOIDEAE:

Phytolacca americana L. (= *Ph. decandra* L.): Früchte (vgl. S. 306).

Rivina humilis L.: Betanin, Isobetanin und Rivinanin in Früchten; daneben Betaxanthine.

R. *aurantiaca* (eine Form von R. *humilis*): 2 Betacyane und 6 Betaxanthine in Früchten.

Trichostigma peruvianum H. Walter: Betacyane in Blättern.

STEGNOSPERMATOIDEAE:

Stegnosperma halimifolium Benth.: Betacyane vorhanden.

2. *Zimtsäuren und flavonoide Verbindungen*

Bate-Smith (1962, l. c. Bd. 3, S. 40) beobachtete in hydrolysierten Blattextrakten von *Phytolacca clavigera* W. W. Smith Kaempferol, p-Cumar-, Ferula- und Sinapinsäure; bei *Rivina humilis* L. Kaempferol und Ferulasäure und bei *Trichostigma peruvianum* H. Walter p-Cumar- und Ferulasäure. Nach Reznik (1955, l. c. Bd. 3, S. 75) enthalten Blätter der letzterwähnten Art ebenfalls Chlorogensäure. Aus Blättern von *Phytolacca dioica* L. (ein in Argentinien „Ombú" genannter Baum) isolierten Deulofeu et al. (1950, 1952; vgl. ebenfalls Marini-Bettolo 1955) Rutin und Ombuosid, das 3-Rutinosid von 7,4'-Dimethylquercetin (= Ombuin). Blätter von *Phytolacca americana (= Ph. decandra)* enthalten Isoquercitrin und Astragalin, die 3-Glucoside von Quercetin und Kaempferol (Hattori ex Geissman, l. c. Bd. 3, S. 40).

3. *Saponine*

Phytolacca-Arten sind seit langem als saponinhaltig bekannt. Trimble (1893) und Frankforter (1897) isolierten Saponine aus Wurzeln von *Ph. americana* L. und Greshoff (1909) beobachtete Saponine in weiteren *Phytolacca*-Arten. Brandt (1926, l. c. Bd. 3, S. 75) und Ricardi et al. (l. c. Bd. 2, S. 24) beschrieben weitere Saponinvorkommnisse in der Familie. Bestandteile mit Saponineigenschaften wurden für folgende Sippen nachgewiesen:

Anisomeria coriacea D. Don: Ricardi et al. (Zweige, Blätter, Blüten, Früchte); 1,95% aus frischen beblätterten Zweigen (H. H. Appel und M. de la Horra, C. A. *64*, 13092 [1966]).

A. littoralis Poepp. et Endl.: Blüten (Ricardi et al.).

Ercilla spicata (Bert.) Moq.: Zweige, Blätter, Blüten, Früchte (Ricardi et al.).

Phytolacca: Vermutlich sind alle Arten saponinhaltig.

Ph. abyssinica Moq. (= *Ph. dodecandra* l'Hérit.): Früchte (Greshoff); aus den als Bandwurmmittel und Waschmittel verwendeten Früchten Saponin isoliert (Kueny 1914).

Ph. americana L. (= *Ph. decandra* L.): Blätter, Wurzeln und Samen saponinhaltig (GRESHOFF; vgl. ebenfalls unten).

Ph. acinosa Roxb. (inkl. var. *esculenta* Maxim. = *Ph. esculenta* van Houtte = *Ph. kaempferi* A. Gray): Blätter, Wurzeln und Samen (GRESHOFF).

Ph. bogotensis H. B. K.: Blätter (GRESHOFF); Blätter, Blüten (RICARDI et al.).

Ph. dioica L.: Samen, Wurzeln (GRESHOFF); Zweige, Blätter (RICARDI et al.).

BRANDT untersuchte zusätzlich je eine *Rivina*- und *Petiveria*-Art; die ihm vorliegenden Organe waren saponinfrei.

Bisher wurde ausschliesslich das Wurzelsaponin von *Phytolacca americana* chemisch untersucht. AHMED et al. (1949) beschrieben ein wasserlösliches Saponin und nahmen für sein Sapogenin sarsasapogeninähnliche Struktur an. Erst STOUT et al. (1964) gelang die Strukturermittlung. Sie isolierten eine Saponinmischung (Phytolaccatoxin; verschieden von dem Phytolaccatoxin aus *Ph. esculenta;* vgl. S. 309) aus der Wurzel; Hydrolyse lieferte neben Glucose und Xylose das Triterpensapogenin Phytolaccagenin; es ist der Monomethylester einer C_{30}-Dicarbonsäure:

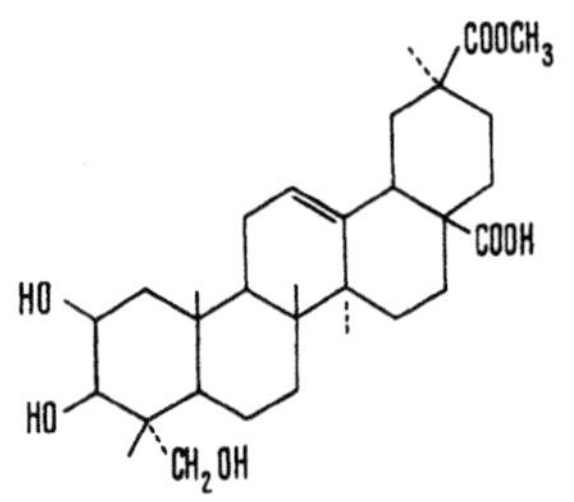

Phytolaccagenin, $C_{31}H_{48}O_7$

Die toxischen Eigenschaften vieler Phytolaccaceen werden, wenigstens teilweise, mit den Saponinen in Beziehung gebracht. Allerdings kommen in der Familie zweifellos ebenfalls nicht oder wenig toxische Saponine vor, denn die jungen Sprosse von *Phytolacca*-Arten (insbesondere *Ph. esculenta* van Houtte) werden gegessen (vgl. über sogenannte Nahrungsmittelsaponine KOBERT 1914, l. c. Bd. 3, S. 75).

4. *Verschiedenes*

4.1 *Schwefelhaltige Verbindungen:* Nach PECKOLT (1895) riechen alle Teile der brasilianischen Arten *Gallesia gorazema* (Vell.) Moq. und *Petiveria alliacea* L. nach Knoblauch und Asa Foetida; Blüten, Blätter und Wurzeln werden ähnlich wie Senfmehl und Senfpflaster verwendet. PIETSCHMANN (1924) hat mit mikrochemischen Methoden in Destillaten aus frischen Wurzeln und Stengeln von *Petiveria alliacea* wasserdampfflüchtige Senföle nachgewiesen; die Destillate der Blätter reagierten nicht oder nur äusserst schwach. Andererseits konnten KJAER et al. (1953) in den ebenfalls knoblauchähnlich riechenden Samen dieser Art weder Myrosinase noch Senfölglucoside finden. Die Kritik der Arbeit PIETSCHMANNS durch ETTLINGER und KJAER (1967) erscheint ungerechtfertigt; mikrochemische Arbeiten sind keineswegs „meaningless", sondern, wenn richtig ausgeführt und interpretiert, ausgezeichnet brauchbar zur Orientation über die Verbreitung bestimmter Gruppen von Pflanzenstoffen. Bei den mit den Phytolaccaceen nächst verwandten Gyrostemonaceen (Bd. 4, S. 233) kommen jedenfalls Verbindungen, die wasserdampfflüchtige Senföle abspalten, vor. Solange der Chemismus und die Verbreitung der sekundären Schwefelverbindungen der Phytolaccaceen ungeklärt sind, kann allerdings gar nichts über ihre taxonomische Bedeutung ausgesagt werden.

4.2 *Alkaloide:* Gut definierte Basen sind nicht bekannt. In wenigen Fällen gaben Extrakte Alkaloidreaktionen (vgl. WILLAMAN-SCHUBERT, l. c. B 4.1). Getrocknete Blätter von *Gallesia gorazema* (Vell.) Moq. enthalten nach FREISE (1935) 0,25–0,42% Coffein.

4.3 *Cyclite:* PLOUVIER hatte aus Caryophyllaceen, Aizoaceen und Nyctaginaceen Pinit isoliert, konnte diesen jedoch bei *Phytolacca dioica* nicht finden (1957); später gelang die Isolation aus reifen Früchten von *Ph. americana* L. (1964).

4.4 *Oxalsäure:* Nach PATSCHOVSKY (l. c. Bd. 3, S. 65) gleichen *Phytolacca*-Arten im Vorkommen von wasserlöslichen Oxalaten (vor allem in den Zellen der Blattepidermis) und im vollständigen Fehlen von Gerbstoffen den Chenopodiaceen.

4.5 *Kalisalze:* Wurzeln von *Phytolacca americana* enthalten auffallend viel Kalisalze, vor allem KNO_3 (FRANKFORTER 1897).

4.6 *Reservestoffe:* In unterirdischen Organen treten Stärke *(Ph. americana)* und sehr reichlich Saccharose (*Ph. americana; Anisomeria coriacea* [9,4% des Frischgewichtes: APPEL-DE LA HORRA, l. c. S. 307]) auf. Samen enthalten Stärke, etwa 10% Eiweiss und 11–13% fettes Öl (*Ph. americana:* EARLE-JONES 1962, l. c. Bd. 3, S. 40; S. UNEO und K. MATSUSHIMA, C. A. *50,* 15102 [1956]).

4.7 *Phytolacca-Drogen:* Die Wurzeln von *Phytolacca americana (= Ph. decandra)* wurden als Antirheumaticum, Purgativum und Emeticum — vor allem in den Vereinigten Staaten («Poke Root» oder «Phytolacca») — verwendet; frische Wurzeln galten ausserdem als Mittel gegen Brustkrebs (HOLMES 1920; COATES 1921). Die Beeren dienten zum Färben von Lebensmitteln und die Blätter wurden ab und zu zur Verfälschung der «Folia Belladonnae» verwendet; in gleicher Weise hat man in Indien Blätter von *Ph. acinosa* Roxb. als Verfälschungsmittel indischer Belladonnablätter beobachtet (KHANNA-ATAL 1960). In Japan wird die Wurzel von *Ph. acinosa* Roxb. var. *esculenta* Maxim. medizinisch verwendet (Diureticum); die frischen Wurzeln sollen ziemlich giftig sein; das für die Droge beschriebene Phytolaccatoxin soll aber nach IWAKAWA (1912) aus der mit *Phytolacca* verwechselten Wurzel von *Cynanchum caudatum (Asclepiadaceae)* stammen. Der Pressaft frischer Blätter von *Phytolacca acinosa* soll ein virushemmendes Glucoprotein enthalten (GUPTA 1964) und aus der frischen Wurzel von *Phytolacca americana* isolierten BÖRJESON et al. (1966) ein Hämagglutinin mit ähnlichen Eigenschaften wie das aus Bohnensamen bereits bekannte Hämagglutinin. GLADE et al. (1967)

zeigten, dass *Phytolacca dodecandra* L'Hérit. (African Pockweed) in Früchten, Stengeln und Wurzeln ein mit dem mitogen wirksamen Phytohämagglutinin von *Ph. americana* identisches, cystinreiches Glykoprotein enthält.

Literatur

AHMED, Z. F., et al., J. Am. Pharm. Assoc. *38*, 443 (1949).
BÖRJESON, J., et al., J. Exptl. Med. *124*, 859 (1966).
COATES, U. A., Am. J. Pharm. *93*, 232 (1921).
DEULOFEU, V., et al., Gazz. Chim. Ital. *80*, 63 (1950); *82*, 726 (1952).
ETTLINGER, M., und KJAER, A., *Sulfur Compounds in Plants*, in: „Recent Advances in Phytochemistry" edited by T. J. MABRY, R. E. ALSTON and V. C. RUNECKLES, Appleton Century-Crofts, New York 1968.
FRANKFORTER, G. B., Am. J. Pharm. *69*, 134, 281 (1897).
FREISE, F. W., Pharm. Zentralhalle *76*, 704 (1935).
GLADE, P. R., et al., Nature *216*, 795 (1967).
GRESHOFF, M., Kew Bull. *1909*, 414.
GUPTA, D. R., Naturwissenschaften *51*, 111 (1964).
HOLMES, E. M., Pharm. J. *105*, 417 (1920).
IWAKAWA, I., Arch. Exptl. Pathol. Pharmakol. *67*, 119 (1912).
KHANNA, K. L., und ATAL, C. K., J. Pharm. Pharmacol. *12*, 365 (1960).
KJAER, A., et al.,Acta Chem. Scand. *7*, 1276 (1953).
KUENY, R., Arch. Pharm. *252*, 350 (1914).
MARINI-BETTÓLO, G. B., *Recent advances in the chemistry of natural products from Latin American Flora*, Svensk Farm. Tidskr. *59*, 25 (1955).
PECKOLT, TH., Pharm. Rundschau (New York) *13*, 215 (1895).
PIETSCHMANN, A., Mikrochemie *2*, 33 (1924).
PLOUVIER, V., Compt. Rend. *244*, 382 (1957); *258*, 2921 (1964).
SCHINDLER, H., Arzneimittelforschung *5*, 551 (1955).
STOUT, G. H., et al., J. Am. Chem. Soc. *86*, 957 (1964).
TRIMBLE, H., Am. J. Pharm. *65*, 273 (1893).
WYLER, H., und DREIDING, A. S., Helv. Chim. Acta *44*, 249 (1961).
WYLER, H., et al., Helv. Chim. Acta *50*, 545 (1967).

Schlussbetrachtungen

Vielfach werden heute die Phytolaccaceen als ursprünglichste Sippe der *Centrospermae* aufgefasst. Durch die zum Teil noch vorkommende Apokarpie vermitteln sie den Anschluss an die *Ranales* (TAKHTAJAN; HUTCHINSON) oder an die *Dilleniales* (CRONQUIST).

Betacyane und Betaxanthine, Saponinvorkommen und Akkumulation von löslichen Oxalaten und von Nitraten, sowie Auftreten von Pinit, sind biochemische Eigenarten, welche die Phytolaccaceen mit zahlreichen anderen Vertretern der Centrospermen gemeinsam haben; durch die Kombination dieser Merkmale geben sie sich auch in ihrem Stoffwechsel als eine typische Centropermen-Sippe zu erkennen.

Die Frage der Herkunft der Centrospermen ist mit Hilfe der chemischen Merkmale noch kaum zu beurteilen, weil sowohl die Phytolaccaceen selbst als auch die Dilleniaceen phytochemisch noch viel zu wenig bekannt sind.

197. Picrodendraceae

Nur *Picrodendron* mit 3 Arten in Westindien. Bäume mit 3teiligen Blättern und zweihäusigen Blüten, die zu kätzchenförmigen Infloreszenzen vereinigt sind; einsamige Steinfrüchte mit endospermlosen Samen. Systematische Stellung sehr unsicher:

CRONQUIST; HUTCHINSON: In *Juglandales*.

TAKHTAJAN; Syllabus 1964: In *Rutales*.

AIRY SHAW in WILLIS 1966 (Addenda XII): Mit den Euphorbiaceen verwandt.

METCALFE (sub *Simaroubaceae*) erwähnt paracytische Stomata und markständige Exkretkanäle.

Die anscheinend sehr bitteren (Name) Pflanzen sollten chemisch untersucht werden. Wenn sie limonoide Bitterstoffe (= Meliacine) führen, würde dies für Verwandtschaft mit Sippen der *Rutales* sprechen.

198. Piperaceae

Oft fleischige Kräuter (z. T. Epiphyten), Halbsträucher, Sträucher (vielfach klimmend) oder kleine Bäume mit wechsel-, gegen- oder wirtelständigen Blättern mit oder ohne Nebenblätter. Blüten klein, zwittrig oder eingeschlechtig, in den Achseln von verschieden und oft sehr merkwürdig gestalteten Brakteen in ährigen oder kolbigen Blütenständen vereinigt. Blütenhülle fehlt; Staubblätter 1–10; Fruchtknoten oberständig, einfächerig, mit einer Samenanlage mit 2 *(Piper)* oder nur einem *(Peperomia)* Integument. Beerenfrüchte. Samen mit mehligem Nährgewebe (überwiegend Perisperm).

Die Familie bewohnt die Tropen und Subtropen beider Welthälften.

Systematische Gliederung

Die zwei Hauptgattungen sind *Piper* (700–2000 Arten) und *Peperomia* (600–1000 Arten). Die anderen Gattungen (nicht allgemein anerkannt) sind klein und gruppieren sich um *Piper* (z. B. *Ottonia* und *Potomorphe* [= *Heckeria*]) oder um *Peperomia* (z. B. *Piperanthera* und *Verhuellia*). Einzelne Systematiker betrachten weitere Untergattungen und Sektionen der Riesengattung *Piper* (z. B. *Artanthe*,

Chavica, Cubeba) als selbständige Gattungen (vgl. z. B. T. G. YUNCKER, *The Piperaceae- A family profile*, Brittonia *10*, 1–7 [1958]).

Die zwei Formenkreise werden auch als selbständige Familien aufgefasst:

Piperaceae: Unter anderem durch Vorkommen von Nebenblättern gekennzeichnet.

Peperomiaceae: Nebenblätter fehlen.

Anatomische Merkmale

Im Habitus erinnern einzelne Piperaceen ausgesprochen an gewisse Araceen. Auch in den anatomischen Merkmalen zeigen sie Anklänge an die Monokotyledonen; die Gefässbündel sind beispielsweise bei bestimmten Sippen nach Art der Monokotyledonen über den Stengelquerschnitt verstreut (vgl. z. B. ROUSSEAU 1927; MURTY 1960). In allen Organen (Wurzel, Stengel, Blätter, Früchte) führen die Piperaceen Öl- oder Harzzellen; in diesem Merkmale erinnern sie einerseits an die *Magnoliales* und andererseits an gewisse Monokotyledonen (*Araceae* p. p.; *Zingiberales*). Lysigene Schleimgänge kommen im Mark der Stengelinternodien, in Blattstielen und in Blattnerven von Arten der Gattung *Piper* vielfach vor (VAN TIEGHEM 1908). Das Haarkleid ist bei den Piperaceen eher schwach entwickelt; einfache Deck- und Drüsenhaare (Hydathoden nach MURTY [1960]) wurden in der Familie beobachtet. Calciumoxalat tritt in der Form von Drusen, kleinen Nadeln und Kristallsand auf. Starke Verkieselung von Blattzellen scheint vor allem bei Vertretern der Gattung *Piper* vorzukommen.

Literatur

MURTY, Y. S., *Studies in the order Piperales.* I *A contribution to the study of vegetative anatomy of some species of Peperomia*, Phytomorphology *10*, 50–59 (1960).

ROUSSEAU, D., *Contribution à l'anatomie comparée des Piperacées*, Mém. Acad. Roy. Belg., Cl. Sci. *9*, fasc. 6,1–45 (1927).

TIEGHEM, VAN, PH., *Sur les canaux a mucilage des Piperées*, Ann. Sci. Nat., Botanique, [9] *7*, 117 (1908).

Chemische Merkmale

Blätter, Wurzeln, Stengel und Früchte vieler *Piper*-Arten schmecken scharf und riechen aromatisch. Die Gattung liefert eine Reihe von Gewürzen, Genussmitteln und Drogen. Die wichtigsten sind schwarzer und weisser Pfeffer, Cubeben, langer Pfeffer, Kawa-Wurzeln und -Stengel, Betel-Blätter und Matico-Blätter. Ueber die erwähnten Produkte und ihre Stammpflanzen und über Verwechslungen und Verfälschungen mit anderen Piperaceen liegt eine umfangreiche Literatur vor (vgl. insbesondere TSCHIRCH, l. c. B 5.1; WEHMER, l. c. B 3.01; WIESNER, l. c. B 3.01). Unsere heutigen Kenntnisse über Inhaltstoffe der Piperaceen verdanken wir in erster Linie Untersuchungen mit den genannten Produkten. Ätherische Öle, Lignane, scharfschmeckende Amide und weitere alkaloidähnliche Verbindungen und eine ganze Reihe von höchst charakteristischen Zimtsäurederivaten sind bisher bekannt geworden. Die meisten dieser Verbindungen dürften in den Pflanzen in den Öl- und Harzidioblasten lokalisiert sein.

1. *Ätherische Öle*

Wie die Ölzellen, kommen auch die ätherischen Öle in allen Organen vor. Die Ölgehalte schwanken stark; sie hängen von der Frequenz der Idioblasten und von der Zusammensetzung ihres Inhaltes (Verhältnis der flüchtigen und nichtflüchtigen Bestandteile) ab. Die nicht scharfen Cubeben liefern beispielsweise gegen 20% ätherisches Öl und schwarzer Pfeffer 1–3%.

Familiencharakteristische Ölbestandteile sind nicht bekannt. Je nach Art und Organ können Monoterpene, Sesquiterpene oder Phenylpropane Hauptkomponenten der ätherischen Öle sein. Biogenetisch sind die Phenylpropane mutmasslich mit den Lignanen und anderen Zimtsäurederivaten (Kawalactone, Piperin- und Piperettinsäure) der ebenfalls in den Idioblasten abgelagerten Pfefferharze verwandt. Die folgenden Phenylpropane wurden bisher bei den Piperaceen nachgewiesen:

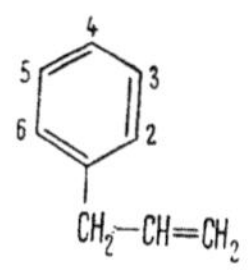

	2	3	4	5	6
Chavicol	H	H	OH	H	H
Esdragol (= Methylchavicol)	H	H	OCH_3	H	H
Allylbrenzcatechin	H	OH	OH	H	H
Chavibetol (= Betelphenol)	H	OH	OCH_3	H	H
Eugenol	H	OCH_3	OH	H	H
Methyleugenol	H	OCH_3	OCH_3	H	H
Elemicin	H	OCH_3	OCH_3	OCH_3	H
Myristicin	H	$O-CH_2-O$		OCH_3	H
Apiol	OCH_3	$O-CH_2-O$		OCH_3	H
Dillapiol	H	$O-CH_2-O$		OCH_3	OCH_3

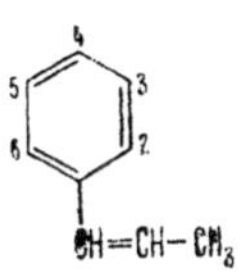

	2	3	4	5	6
Anethol	H	H	OCH_3	H	H
Asaron	H	OCH_3	OCH_3	H	OCH_3

Für weitere Einzelheiten über die ätherischen Öle der Piperaceen wird nach Guenther (Vol. V. S. 135–161) und Gildemeister-Hoffmann (Bd. IV, S. 512–533) und nach den Abschnitten 6 und 7 verwiesen.

2. *Lignane*

Aus Früchten von Vertretern der Sektion *Cubeba* sind die Lignane Cubebin, Sesamin (= Pseudocubebin), Aschantin und Yangambin bekannt geworden (HÄNSEL-ZANDER 1961; HÄNSEL et al. 1966):

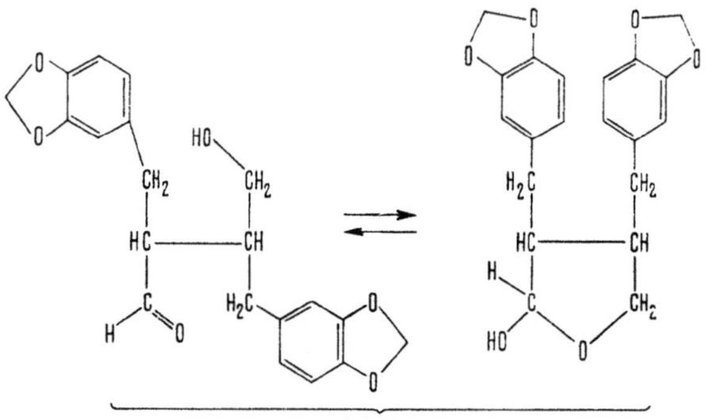

Cubebin

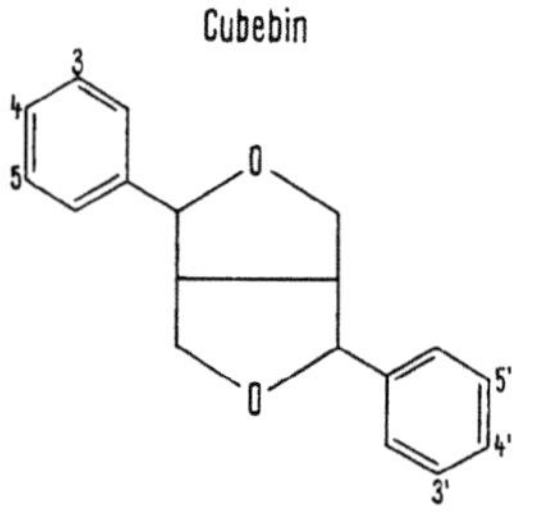

	3	4	5	3′	4′	5′
Pseudocubebin (= [+]-Sesamin)	H	$O-CH_2-O$		H	$O-CH_2-O$	
Aschantin	H	$O-CH_2-O$		OCH_3	OCH_3	OCH_3
Yangambin	OCH_3	OCH_3	OCH_3	OCH_3	OCH_3	OCH_3

Vgl. ferner Abschnitt 6.

3. *Amide (Scharfstoffe) und weitere alkaloidähnliche Stoffe*

Piperin, Chavicin und Piperettin sind die scharfschmeckenden Stoffe des Pfeffers (Früchte von *Piper nigrum*). Piperin wurde ausserdem aus Congo-Cubeben (bestimmte Rassen von *P. guineense*), langem Pfeffer *(P. longum)* und aus Früchten von *P. chaba* und *P. lowong* isoliert. KLEIN und KRISCH (1929) versuchten mit mikrochemischen Methoden Piperin in verschiedenen *Piper*-Arten nachzuweisen; sie fanden es ausschliesslich in Früchten von *P. nigrum*, *P. guineense*, *P. longum* und *P. officinarum*. In Blättern und Stengeln von 10 Arten, sowie in Früchten von

P. cubeba, liess sich Piperin nicht nachweisen. Aus Stengeln von *P. longum* wurden Piplartin und aus dessen Wurzeln Piperlongumin und Piperlonguminin isoliert (Chatterjee-Dutta 1967). Piperovatin, $C_{16}H_{21}O_2N$, ist ein strukturell noch nicht bekanntes, schleimhautanästhesierendes Amid aus Wurzeln, Stengeln und Blättern von *Piper ovatum* (Dunstan-Garnett 1895) und Jaborandin, $C_{18}H_{28}O_2N_2$, ist eine einsäurige Base, die das anästhesierend wirkende Prinzip von *Piper jaborandi* darstellt (O. Ribeiro et al., C. A. *46*, 11585 [1952]; Wiesner 1951).

Die strukturell bekannten stickstoffhaltigen Sekundärstoffe der Gattung *Piper* sind Amide der folgenden aromatischen Säuren:

$$R-[CH=CH]_n-COOH$$

Säure	R	n	Mögliche Biogenese
I Piperinsäure: trans, trans	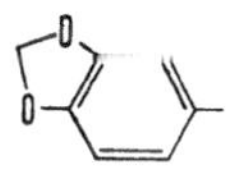	2	Zimtsäure + 1 Acetat
II Chavicinsäure: cis, cis		2	
III Piperettinsäure		3	Zimtsäure + 2 Acetat
IV Trimethoxyzimtsäure	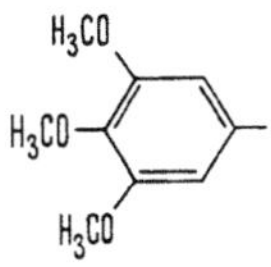	1	

Als Amine wurden bisher beobachtet:

V Piperidin

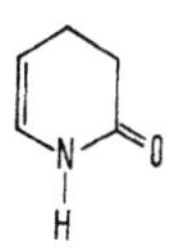

VI Δ^5-Piperidin-2-on

$H_3C-CH(CH_3)-CH_2-NH_2$

VII Isobutylamin

I + V ($-H_2O$)	:	Piperin, $C_{17}H_{19}O_3N$
I + VII ($-H_2O$)	:	Piperlonguminin, $C_{16}H_{19}O_3N$
II + V ($-H_2O$)	:	Chavicin, $C_{17}H_{19}O_3N$
III + V ($-H_2O$)	:	Piperettin, $C_{19}H_{21}O_3N$
IV + VI ($-H_2O$)	:	Piplartin, $C_{17}H_{23}O_4N$
IV + VI ($-H_2O$)	:	Piperlongumin, $C_{17}H_{19}O_5N$

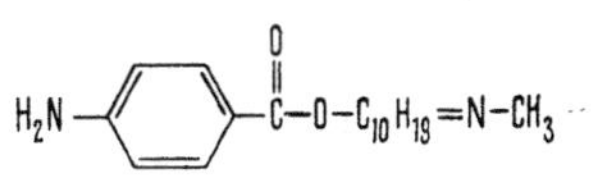

Jaborandin

Alkaloidartige Stoffe kommen ebenfalls bei *Macropiper excelsum* Miq., *Peperomia tetraphylla* Hook. et Arn. und *P. urvilleana* A. Rich. vor (Cambie et al. 1961, l. c. Bd. 3, S. 40; für weitere Angaben vgl. Willaman-Schubert, l. c. B 4.1).

Vgl. ferner Abschnitte 6 und 7.

4. *Zimtsäurederivate und verwandte Polyphenole*

Neben den bereits erwähnten Lignanen und Amiden, an deren Aufbau Zimtsäurederivate beteiligt sein können, sind aus der Familie einfache Zimtsäuren und die Kawa-Lactone und -Chalkone (vgl. Abschnitt 6 sub Kawa-Rhizome) bekannt geworden. Unsere Kenntnisse über die Verbreitung derartiger Stoffe, sowie flavonoider Verbindungen, bei den Piperaceen sind jedoch noch ganz ungenügend. BATE-SMITH (1962, l. c. Bd. 3, S. 40) untersuchte hydrolysierte Blattextrakte von *Macropiper excelsum* Miq., *Peperomia tithymaloides* A. Dietr., *Piper chaba* Hunter und *P. futokadsura* Sieb.; Kaffee-, p-Cumar-, Ferula- und Sinapinsäure waren die einzigen nachweisbaren Phenole; Leucoanthocyane und Flavonole fehlten (ebenfalls nach Beobachtungen von CAMBIE et al. 1961 [l. c. Bd. 3, S. 40] bei verschiedenen Organen von *Macropiper excelsum* und 2 *Peperomia*-Arten). Echte Gerbstoffe scheinen in der Familie nicht in nennenswerten Mengen gebildet zu werden (DEKKER, l. c. B 3.09).

5. *Reservestoffe*

Soweit bekannt führen die Piperaceen in Samen und vegetativen Organen in erster Linie Stärke als Reservestoff.

6. *Piperaceen-Drogen und -Gewürze*

CUBEBEN: «Fructus Cubebae» oder «Cubebae» stellen die ausgewachsenen, noch unreifen Früchte von *Piper cubeba* L. f. (= *Cubeba officinalis* Miq.) dar. Die Art ist in Indonesien heimisch und die Droge gelangte hauptsächlich aus Java in den Handel und wurde von wilden und kultivierten Pflanzen gewonnen. Die Droge diente in erster Linie zur Behandlung von Erkrankungen des Urogenitalsystemes, wurde und wird aber ebenfalls als Gewürz verwendet (vgl. WILCZEK 1929). Zeitweise hohe Preise der Droge (veranlassten Verfälschung), sowie Verwechslung mit anderen *Piper*-Arten beim Sammeln der Früchte von wildwachsenden Pflanzen, waren die Ursache oft mangelhafter Qualität der Handelsprodukte. Es besteht eine umfangreiche Literatur über die sogenannten unechten oder falschen Cubeben (vgl. z. B. PEINEMANN 1896; HARTWICH 1898; ZÖRNIG, l. c. B 5.1).

ECHTE CUBEBEN (auf Java unter dem Namen «Rinu Katuntjar» bekannt) enthalten 10 bis gegen 20% ätherisches Öl mit Monoterpen- und Sesquiterpenkohlenwasserstoffen und -alkoholen (u. a. Cubeben, Cubebol, Copaen und Cadalinderivate: vgl. z. B. RAZDAN-BHATTACHARYYA 1954, 1955; OHTA et al. 1966, 1967). Daneben enthält die Droge Harz und etwa 2,5% Cubebin (vgl. S. 314; gibt mit Schwefelsäure von $\geqq 80\%$ eine schöne karminrote Färbung; die Reaktion wird als Kriterium für Echtheit der Droge verwendet; Anfärben der Öl- oder Harzzellen in Schnitten; da auch Piperin durch Schwefelsäure rotgefärbt wird [mehr braunrote Nuance], ist der Ausfall der Reaktion mit angemessener Vorsicht zu beurteilen), aber kein Piperin.

FALSCHE CUBEBEN: Substitutionen und Verfälschungen von Cubeben stammen hauptsächlich von verwandten asiatischen und afrikanischen Sippen; verschiedene indonesische falsche Cubeben dürften von Varietäten (Chemotypen?) oder Unterarten von *Piper cubeba* stammen.

Meistens ist der Ätherisch-Ölgehalt von falschen Cubeben niedriger als bei echten Cubeben; zudem scheinen in falschen Cubebenölen Monoterpene zu fehlen; Copaen, Calamen, Cadinen, δ-Cadinol, Ledol und Cubebol (Cubeben-Campher) wurden in einem falschen Cubebenöl des Handels nachgewiesen (VONÁSEK et al. 1960). Cubebin fehlt in der Regel in falschen Cubeben und die nichtflüchtigen Bestandteile wechseln mit der Abstammung; bekannt sind:

Piper lowong Blume: Etwa 12% ätherisches Öl, 1,5% Piperin und 0,7% Pseudocubebin (PEINEMANN 1896).

Piper ribesioides Wall.: Früchte geben nach PEINEMANN (1896) und GOESTER (1927) die Cubebin-Reaktion; anderslautende Angaben beruhen auf einem Irrtum von HARTWICH (1898).

Congo-Cubeben, afrikanische Cubeben, Aschantipfeffer oder Kissipfeffer: Stammen von der polytypischen westafrikanischen Art *Piper guineense* Schumacher et Thonn. (inkl. *P. clusii* DC. [*Cubeba clusii* Miq.]). Bereits STENHOUSE (1854/55) isolierte aus Früchten *(P. clusii)* Piperin. HERLANT (1894) fand in Früchten 5–8% Piperin (lokalisiert in Harzidioblasten des Nährgewebes, nicht jedoch in den Ölzellen des Perikarps) und wies letzteres ebenfalls in den Harzzellen der Wurzeln nach. *P. famechonii* C. DC. gehört ebenfalls zum Formenkreis von *P. guineense;* seine Früchte sind als Kissipfeffer bekannt; sie enthalten 3,7% Piperin und 4,5% ätherisches Öl mit azulenogenen Sesquiterpenen und methoxylhaltigen Verbindungen (Phenylpropanen) (BARILLÉ 1902; SABETAY-TRABAUD 1946). Andere Autoren (z. B. HADORN-JUNGKUNZ 1951) fanden in Congo-Cubeben nur Spuren Piperin. HÄNSEL und ZANDER (1961) und HÄNSEL et al. (1966) isolierten aus Congo-Cubeben Pseudocubebin und zwei neue Lignane (Aschantin und Yangambin: vgl. S. 314) und fanden ausserdem, dass die Sammelart *P. guineense* mindestens 2 Chemotypen umfasst:

a) Viel Sesamin (Pseudocubebin); wenig Aschantin; kein Piperin und Yangambin.

b) Viel Piperin und Yangambin; wenig Aschantin; kein Sesamin.

Damit finden Widersprüche in der Literatur über das Vorkommen von Piperin bei Congo-Cubeben ihre zwanglose Erklärung.

BETEL-BLÄTTER: Die Blätter von *Piper betle* L. bilden ein wichtiges Ingrediens des Betelkauens (vgl. Bd. 2, S. 410 und KRENGER 1942). Nachgewiesen wurden 0,7–2,6% ätherisches Öl, das 60–80% Phenylpropane (Allylbrenzcatechin [o-Hydroxychavicol], Chavicol, Chavibetol, Esdragol, Eugenol, Methyleugenol), Carvacrol, Cineol, p-Cymol, Terpinen und Sesquiterpene enthält (E. UEDA und T. SASAKI, C. A. *45*, 9137 [1951]; S. DUTT, C. A. *51*, 674 [1957]; S. S. NIGAM und R. M. PUROHIT, C. A. *57*, 11326 [1962]). Das Allylbrenzcatechin besitzt gute antioxydative und conservierende Wirkung (SETHI-AGGARWAL 1956).

KAWA-RHIZOME UND WATI: Aus den Rhizomen von *Piper methysticum* Forst. wird auf den Südseeinseln (von Neuguinea bis Hawai) ein schwach stimulierendes, in grösseren Dosen berauschendes Getränk, der Kawa-Trank, bereitet. Im westlichen Neuguinea werden an Stelle der Wurzeln die Stengel zur Bereitung des Genussmittels (hier als «Wati» bekannt) verwendet. *Piper methysticum* wird auf den verschiedenen Inseln in zahlreichen Varietäten, die sich zum Teil nicht unerheblich in der Wirkung unterscheiden, kultiviert. Die Verwendung als Genussmittel, sowie die ausgesprochen sedativen, analgetischen und antibiotischen Eigenschaften des Kawa-Harzes (Oleoresina) haben das Interesse der westlichen Welt für die Kawa- oder Wati-Pflanze geweckt. Zusammenfassende Berichte verdankt man unter anderen SCHÜBEL (1924), VOGEL (1929), VAN VEEN (1938), KLOHS et al. (1959), KELLER und KLOHS (1963), HÄNSEL (1963, 1964); weitere Einzelheiten über die Pflanze und ihre Verwendung enthalten Artikel von LLOYD (1900), GATTY (1956) und BARRAU (1957).

Aus verschiedenen Organen (Rhizomen; vor allem aus «Radix Kawae-Kawae» des Handels; Stengeln) wurden bisher folgende Verbindungen isoliert:

A. KAWA-LACTONE (α-PYRONE; DERIVATE DER PIPERETTINSÄURE [vgl. S. 315]?):

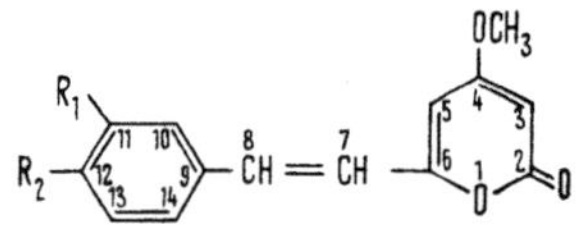

	R_1	R_2
Yangonin	H	OCH_3
Desmethoxyyangonin (= 5,6-Dehydrokawain)	H	H
11-Methoxyyangonin	OCH_3	OCH_3
11-Methoxynoryangonin	OCH_3	OH

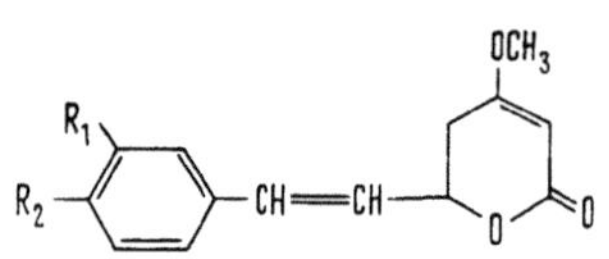

	R_1	R_2
Kawain	H	H
Methysticin	O–CH_2–O	

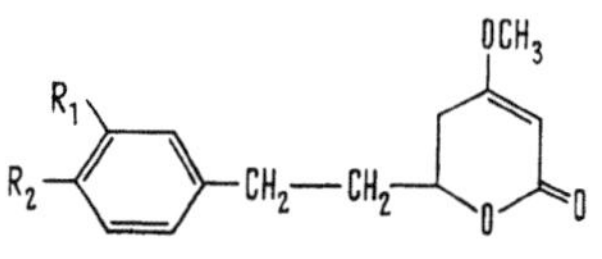

	R_1	R_2
Dihydrokawain (= Marindinin)	H	H
Dihydromethysticin	O–CH_2–O	

B. CHALKONE:

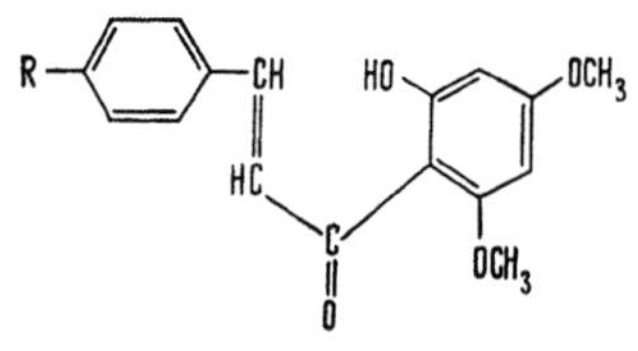

Flavokawin A : R = OCH_3
Flavokawin B : R = H

Sedativ und hypnotisch wirksam sind einzig Dihydrokawain (= Marindinin) (VAN VEEN 1939) und Dihydromethysticin (HÄNSEL-BEIERSDORF 1958, 1959). Das ebenfalls von *Aniba firmula* (*Lauraceae*, vgl. Bd. 4, S. 368) bekannte 5,6-Dehydrokawain (= Desmethoxyyangonin) wurde durch KLOHS et al. (1959) isoliert; 11-Methoxyyangonin und 11-Methoxynoryangonin gewannen HÄNSEL und KLAPROTH (1966) aus Rhizomen von Pflanzen von Neuguinea und die Chalkone Flavokawin A und B beschrieben HÄNSEL et al. (1961, 1963); Flavone konnten diese Autoren in der Kawa-Droge nicht nachweisen. Alkaloide fehlen der Droge ebenfalls (FURGIUELE et al. 1962). Die stark sortenabhängige Zusammensetzung des Lactongemisches der Kawa-Pflanzen wurde kürzlich durch YOUNG et al. (1966) bestätigt. *Piper methysticum* umfasst zweifellos zahlreiche Chemotypen; die meisten dürften alte, auf Art und Intensität der Wirkung selektierte Rassen darstellen, die leicht im Stande gehalten werden können, da die Pflanzen ausschliesslich vegetativ vermehrt werden. Charakteristisch für den Formenkreis von *Piper methysticum* ist Akkumulation von α-Pyronen (Zimtsäure + 2 Acetat) und Chalkonen (Zimtsäure + 3 Acetat) in den Öl- oder Harzidioblasten; getrocknete Kawa-Rhizome liefern 15–17% Ätherextrakt («Oleoresina Kawae»); 45–80% des letzteren wird durch die Kawa-Lactone gebildet (YOUNG et al. 1966).

MATICO-BLÄTTER: Ätherischölreiche Blätter südamerikanischer *Piper* (= *Artanthe*)-Arten wurden als «Folia Matico» ebenfalls in Europa medizinisch verwendet (Infuse und Dekokte zur Wund- und Gonorrhoe-Behandlung). Ursprünglich stammte die Droge angeblich von *Piper angustifolium* R. et P. (= *Artanthe elongata* Miq.). Später gelangten Blätter anderer südamerikanischer Arten in den Handel. THOMS (1904, 1909) sortierte Blätter von Handelsdrogen und liess diese durch Botaniker (GILG; C. DE CANDOLLE [Monograph der Piperaceen]) bestimmen. Die betreffenden Matico-Blätter stammten von den nachfolgend erwähnten Sippen ab: *P. acutifolium* R. et P. var *subverbascifolium* C. DC. (Droge von blühenden Pflanzen: 0,8% Öl mit gegen 80% Dillapiol, wenig Pinen, Sesquiterpenen, Säuren und Phenolen; Droge von jungen nichtblühenden Sprossen: 0,8% Öl mit etwa 20% Pinen, 55% Sesquiterpenen und nur 15% Dillapiol); *P. angustifolium* R. et P. (je nach Drogenmuster Asaron oder aber Dillapiol + Apiol Hauptbestandteil der Öle); *P. angustifolium* var. *ossanum* C. DC. (Droge mit 0,88% Öl, das nur Spuren von Phenoläthern enthält; Campher und Borneol sind im Öl mutmasslich vorhanden); *P. camphoriferum* C. DC. (Droge mit 1,11% Öl mit reichlich Campher, Borneol und Sesquiterpenalkoholen); *P. lineatum* R. et P. (Droge mit 0,44% Öl, das vermutlich zur Hauptsache aus Sesquiterpenen besteht). Weitere Arten wurden in Handelsdroge angetroffen, doch fehlen Angaben über Inhaltstoffe.

SCHWARZER UND WEISSER PFEFFER: Beide Gewürze und Drogen stammen von *Piper nigrum* L., eine als Gewürzpflanze in Indien und Indonesien seit langem kultivierte Art. Schwarzer Pfeffer (unreife Früchte) und weisser Pfeffer (reife geschälte Früchte) enthalten 5–10% Piperin, etwa 0,3% Chavicin (OTT-EICHLER 1922) und Piperettin (SPRING-STARK 1950) als Scharfstoffe und

1–2,5% ätherisches Öl. Beim gut kristallisierenden Piperin hängt die Intensität des scharfen Geschmackes stark vom Verteilungsgrad ab (OTT-EICHLER 1922; STAUDINGER-SCHNEIDER 1923; GRIEBEL 1952). Das Pfefferöl enthält etwa 95% Kohlenwasserstoffe (Pinen, Camphen, Limonen, Sabinen, Phellandren, Caryophyllen, Humulen, Selinen und andere) und ferner unter anderen Dihydrocarveol, Piperonal, Crypton und geringe Mengen Piperidin (nicht α-Methylpyrrolin) und Phenylessigsäure (HASSELSTRÖM et al. 1957; M. C. NIGAM und K. L. HANDA, C. A. *65*, 6993 [1966]).

LANGER PFEFFER: In der indischen Heilkunde spielen einige Pfefferarten, die unter den Namen «Piplamool», «Pipli» und «Peepal» bekannt sind, eine wichtige Rolle (u. a. als Expectorans und hustenstillende Mittel verwendet). Als Drogen finden sich sowohl die nicht ausgereiften getrockneten Fruchtstände (ebenfalls als Gewürz verwendet: langer Pfeffer), als auch die Stengel und die Rhizome im Handel. Nach ATAL und OJHA (1965) stammen die Drogen des indischen Marktes von wenigstens 3 Arten ab. *Piper longum* L. (= *Chavica roxburghii* Miq.), eine Art Indiens, liefert „Small Peepal"; die Drogen werden wild gesammelt; Kultur in kleinem Ausmasse findet ebenfalls statt. Die von wilden und kultivierten Pflanzen stammende Droge „Navsari Peepal" dürfte von einer Varietät von *P. longum* geliefert werden. *Piper peepuloides* Roxb. wächst in Assam und liefert die ausschliesslich eingesammelte Droge „Savali Peepal". *Piper retrofractum* Vahl (= *P. officinarum* C. DC. = *Chavica officinarum* Miq. = *Ch. refracta* Miq.) wächst in Indonesien; die Droge („Large Peepal") wird zur Hauptsache von wilden Pflanzen gesammelt und über Singapur in grossen Mengen nach Indien exportiert; nach Europa gelangte fast ausschliesslich der von *P. retrofractum* stammende lange Pfeffer.

In Indien hat man sich in den vergangenen Jahren für die Bestandteile dieser Drogen interessiert. Nach ATAL und OJHA (1965) enthalten Früchte von *P. peepuloides* kein Piperin, sondern ein anderes Alkaloid. *P. retrofractum* enthält in den Fruchtständen reichlich Piperin und daneben ein piperlonguminähnliches Amid und die Rhizome *(Chavica officinarum)* führen Piplartin und wenig Piperin. Die meisten Arbeiten waren dem langen Pfeffer von Indien („Small Peepal": *P. longum* L.) gewidmet. Fruchtstände enthalten Piplartin, Piperin, 2 weitere Amide, Piplasterin und Sesamin (ATAL-OJHA 1965; ATAL et al. 1966); ausserdem enthalten sie 0,6–0,7% ätherisches Öl mit Sesquiterpenkohlenwasserstoffen als Hauptbestandteilen, etwas α-Thujen, Terpinolen, p-Cymol und Dihydrocarveol und reichlich Paraffinen (C_{16}–C_{21}) (S. S. NIGAM und C. RADHAKRISHNAN, C. A. *64*, 12455, 12457 [1966]; K. L. HANDA et al., C. A. *60*, 9095 [1964]). Stengel enthalten Harz, Piperin, Piplartin, Triakontan und 22,23-Dihydrostigmasterin (ATAL-BANGA 1961, 1962, 1963; BISHT 1963); dem Piplartin scheint die hustenstillende Wirkung der Droge zuzukommen (BANGA et al. 1964). Rhizome enthalten Piperin, 0,2–0,25% Piperlongumin und etwa 0,002% Piperlonguminin (CHATTERJEE-DUTTA 1963, 1966, 1967).

7. *Bestandteile weiterer Arten*

Macropiper: Einige Arten auf Inseln des stillen Oceans. *M. excelsum* Miq. (Neuseeland) liefert ätherisches Öl mit Myristicin, Elemicin, (+)-α-Pinen, Aromadendren, (—)-Cadinen und weiteren Bestandteilen. Der Maori Name der Pflanze ist Kawakawa (BROOKER-COOPER, l. c. B 5.5; ferner BROOKER et al. 1963).

Peperomia: Chemische Angaben sehr spärlich. Einige Arten werden als Zierpflanzen häufig kultiviert. Die mehr oder weniger succulenten *Peperomia*-Arten weisen möglicherweise einen Säurestoffwechsel vom Crassulaceen-Typus (vgl. Bd. 3, S. 573–575) auf; nach SODERSTROM (1962, l. c. Bd. 3, S. 583) enthalten *P. langsdorfia* Miq., *P. obtusifolia* A. Dietr. und *P. verticillata* Sessé et Moc. 1,1, 1,0 und 0,6% Isocitronensäure (bezogen auf Trockengewicht der Blätter). *P. pellucida* H. B. et K., *P. transparens* Miq. und *P. hodoracea* Miq. werden in Brasilien arzneilich verwendet (PECKOLT 1894). Das Kraut von *P. pellucida* (L.) H. B. et K. liefert ein ätherisches Öl mit Apiol (oder Dillapiol) als Hauptbestandteil; daneben enthält es Caryophyllen, einen Sesquiterpenalkohol und 2,4,5-Trimethoxystyren (OLIVEIROS-BELARDO 1967).

Piper (inkl. *Artanthe*, *Chavica*, *Cubeba* und *Ottonia;* viele Arten in der Alten und Neuen Welt): Isocitronensäure wurde bei *P. betle* L. nicht beobachtet (SODERSTROM, sub *Peperomia*).

Einige *Piper*-Arten werden im Amazonas-Gebiet bei der Curare-Bereitung verwendet, z. B. *P.* cf. *obliquum* R. et P. durch die Tecunas und *P.* cf. *cinereonervosum* Trel. und *P.* cf. *tumidicondyli* Trel. durch die Javas; diese *Piper*-Arten enthalten aber keine curarisierend wirkenden Stoffe (FOLKERS 1938).

Für eine Art von Costa Rica *(P. acuminatissimum)* wird in der Literatur Vorkommen von Saponinen angegeben (HEPBURN-STROH 1924).

In Brasilien werden Pflanzen mit diaphoretischen Eigenschaften unter dem Namen «Jaborandi» zusammengefasst; zu dieser Gruppe von Heilpflanzen gehören auch zahlreiche Pfefferarten (vgl. TSCHIRCH, l. c. B 5.1; HOEHNE, l. c. B 5.7). Nach MORS und RIZZINI (1966) sind in der Gegend von Rio de Janeiro *P. corcovadensis* C. DC. (= *Ottonia anisum* Mart. ex Miq.) und *P. jaborandi* Vell. (= *Ottonia anisum* Spreng.) als Jaborandi bekannt. Nach PECKOLT (1894) zählt *P. geniculatum* Sw. (= *Artanthe geniculata* Miq.) ebenfalls zu den viel verwendeten Jaborandi-Pflanzen Brasiliens. Die echte Jaborandi-Droge stammt von *Pilocarpus*-Arten; die erwähnten Pfeffer-Arten werden auch «falsche Jaborandi» genannt; in ihnen kommen neben schweisstreibenden und speichelflussstimulierenden Bestandteilen ebenfalls schleimhautanästhesierend wirkende Stoffe vor.

Piper amalago L.: γ-Aminobuttersäure (blutdrucksenkendes Prinzip) aus Blättern isoliert; in frischen Blättern ebenfalls Dopamin (wirkt blutdruckerhöhend) nachgewiesen (DURAND et al. 1962).

Piper chaba Hunter: β-Sitosterin, Piperin und Piplartin aus Stengeln (MISHRA-TIWARI 1964).

Piper geniculatum Sw. (= *Artanthe geniculata* Miq.): 0,03–1,09% Piperin, 1% KNO_3 und 2,5% Harz aus der Rinde frischer Wurzeln (Rhizome) (PECKOLT 1894).

Piper jaborandi Vell. (= *Ottonia anisum* Spreng.): Aus getrockneten Wurzeln (Rhizomen?) 0,01% ätherisches Öl, 1% KCl, 0,21% Weinsäure, 2,8% harzartige Stoffe mit anästhesierenden Eigenschaften und etwa 0,01% kristallisiertes Ottonin (PECKOLT 1894); stark schleimhautanästhesierendes Alkaloid Jaborandin (O. RIBEIRO et al., C. A. *46*, 11585 [1952]; WIESNER 1951).

Piper marginatum Jacq.: Aus Blättern 6,97% und aus Früchten 7,62% ätherisches Öl, dessen Geruch an Safrol erinnert; daneben alkaloidartige Stoffe in Blättern (HOYO DE NUÑEZ und JOHNSON 1943: Pflanzen von Puerto Rico). Die gleiche Art wächst ebenfalls in Wäldern von Suriname; sie ist als Anisblatt (Geruch nach Anis nach Zerreiben frischer Blätter) bekannt; die Blätter werden zu Umschlägen verwendet (gleichen Geruch und gleiche Verwendung in Suriname kennzeichnen ebenfalls *P. hispidum* Sw., *P. arboreum* Aubl. und *Potomorphe peltata* Miq. (OSTENDORF 1962).

Piper ovatum Vahl (= *Ottonia vahlii* Kunth): Alle Organe dieser Art von Trinidad enthalten Stoffe, die den Speichelfluss stimulieren und die Zunge anästhesieren; Wirkstoff scheint das nicht basische Amid Piperovatin zu sein (DUNSTAN-GARNETT 1895).

Piper volkensii C. DC.: Aus Blättern etwa 0,3% ätherisches Öl mit vermutlich Bisabolen und Phenylpropanen als Hauptbestandteilen (SCHMIDT-WEILINGER 1906).

Potomorphe (= *Heckeria;* umfasst südamerikanische Arten mit zu doldigen Gesamtblütenständen vereinten Ähren):

P. peltata (L.) Miq. (= *Piper peltatum* L. = *Heckeria peltata* [L.] Kunth): Besitzt nach Anis riechende Blätter; im Blattöl (1,5%) hat SURIE (1899) Anethol nachgewiesen. Die Art ist seit langem in Westafrika eingebürgert; ihre Blätter werden als Gemüse gegessen; trockene Blätter liefern 20,3% Aetherextrakt und 10,6% Asche; der Aluminiumgehalt ist hoch (0,13% des Blatttrockengewichtes) (BUSSON, l. c. S. 124).

P. umbellata (L.) Miq. (= *Piper umbellatum* L. = *Heckeria umbellata* [L.] Kunth): Die Wurzel gilt in Brasilien als kräftiges Diureticum; aus frischen Blättern gewann PECKOLT (1894) 0,05% ätherisches Öl, 0,018% kristallisiertes, brennend schmekkendes Potomorphin und 0,74% Harz.

Literatur

ATAL, C., und BANGA, S. S., Symp. Prod. Utiliz. Med. Arom. Plants in India, Jammu 1961, S. 23; Indian J. Pharm. *24*, 29, 105 (1962); Current Sci. (India) *32*, 354 (1963).

ATAL, C. K., und OJHA, J. N., *Studies on the genus Piper*. IV. *Long peppers of Indian commerce*, Econ. Botany *19*, 157–164 (1965).

ATAL, C. K., et al., Indian J. Chem. *4*, 252 (1966).

BANGA, S. S., et al., Indian J. Pharm. *26*, 139 (1964).

BARILLÉ, A., J. Pharm. Chim. [6] *16*, 106 (1902).

BARRAU, J., *A propos du Piper methysticum*, J. Agr. Trop. Botan. Appl. *4*, 270–273 (1957).
BISHT, B. S., *Pharmacognosy of „Piplamul", the root and stem of Piper longum L.*, Planta Medica *11*, 410 (1963).
BROOKER, S. G., et al., *A New Zealand Phytochemical Register*. I and II, Trans. Roy. Soc. New Zealand (General) *1*, № 7, 61–87 (1963); *1*, № 20, 205–231 (1966).
CHATTERJEE, A., und DUTTA, C. P., Sci. Cult. (Calcutta) *29*, 568 (1963); Tetrahedron Letters *1966*, 1797; Tetrahedron *23*, 1769 (1967).
DUNSTAN, W. R., und GARNETT, H., J. Chem. Soc., Transactions, *67*, 94, 100 (1895).
DURAND, E., et al., J. Pharm. Pharmacol. *14*, 562 (1962).
FOLKERS, K., J. Am. Pharm. Assoc. *27*, 689 (1938).
FURGIUELE, A. R., et al., J. Pharm. Sci. *51*, 1156 (1962).
GATTY, R., *Kava-Polynesian beverage shrub*, Econ. Botany *10*, 241–249 (1956).
GOESTER, L. E., Pharm. Weekblad *64*, 870 (1927).
GRIEBEL, C., Z. Lebensmittel-Untersuch. und Forsch. *95*, 327 (1952).
HADORN, H., und JUNGKUNZ, R., Pharm. Acta Helv. *26*, 25 (1951).
HÄNSEL, R., *Kawa-Wirkstoffe; katalytische Reduktion von 6-Styryl-4-methoxy-α-pyronen*, Planta Medica *11*, 317–324 (1963); *Piper methysticum, der Rauschpfeffer. Geschichte und gegenwärtiger Stand der Wirkstoff-Forschung*, Deut. Apoth. Z. *104*, 459–464, 496–501 (1964).
HÄNSEL, R., und BEIERSDORFF, H. U., Naturwissenschaften *45*, 573 (1958); Arzneimittel-forsch. *9*, 581 (1959).
HÄNSEL, R., und KLAPROTH, L., Arch. Pharm. *299*, 299 (1966).
HÄNSEL, R., und ZANDER, D., Arch. Pharm. *294*, 699 (1961).
HÄNSEL, R., et al., Arch. Pharm. *294*, 739 (1961); Z. Naturforsch. *18b*, 370 (1963); Z. Naturforsch. *21b*, 530 (1966).
HARTWICH, C., Arch. Pharm. *236*, 172 (1898).
HASSELSTRÖM, T., et al., Agric. Food Chem. *5*, 53 (1957).
HEPBURN, J. S., und STROH, R. H., Am. J. Pharm. *96*, 804 (1924).
HERLANT, Bull. Acad. Roy. Méd. Belg. [4] *8*, 832 (1894).
HOYO DE NUNEZ, E., und JOHNSON, C. H., J. Am. Pharm. Assoc. *32*, 234 (1943).
KELLER, F., und KLOHS, M. W., *A review of the chemistry and pharmacology of the constituents of Piper methysticum*, Lloydia *26*, 1–15 (1963).
KLEIN, G., und KRISCH, M., Oesterr. Botan. Z. *78*, 257 (1929).
KLOHS, M. W., et al., *Chemical and pharmacological investigations of Piper methysticum Forst.*, J. Med. Pharm. Chem. *1*, 95–103 (1959).
KRENGER, W., Ciba Zeitschrift (Basel) *7*, № 84, 2922–2952 (1942).
LLOYD, G. C., *The use of Kava by the Samoan islanders*, Pharm. Rev. (New York) *18*, 261–266 (1900).
MISHRA, S. S., und TIWARI, J. P., J. Pharm. Sci. *53*, 1423 (1964).
MORS, W. B., und RIZZINI, C. T., *Useful Plants of Brazil*, Holden-Day Inc., San Francisco, London, Amsterdam 1966.
OHTA, Y., et al., Tetrahedron Letters *1966*, 6365; *1967*, 2073.
OLIVEIROS-BELARDO, L., Perfumery Essent. Oil Record *58*, 359 (1967).
OSTENDORF, F. W., *Nuttige planten en sierplanten in Suriname*, Landbouwproefstation in Suriname, Bull. № 79, Mei 1962.
OTT, E., und EICHLER, F., Ber. Deut. Chem. Ges. *55*, 2653 (1922).
PECKOLT, T., Pharm. Rundschau (New York) *12*, 240, 285 (1894).
PEINEMANN, K., Arch. Pharm. *234*, 204 (1896).
RAZDAN, R. K., und BHATTACHARYYA, S. C., Perfumery Essent. Oil Record *45*, 181 (1954); *46*, 8 (1955).
SABETAY, S., und TRABAUD, L., Industrie de la Parfumerie *1*, 44 (1946).
SCHMIDT, R., und WEILINGER, K., Ber. Deut. Chem. Ges. *39*, 656 (1906).
SCHÜBEL, K., *Zur Chemie und Pharmakologie der Kawa-Kawa*, Arch. Exptl. Pathol. Pharmakol. *102*, 250–282 (1924).
SETHI, S. C., und AGGARWAL, J. S., J. Sci. Ind. Research (India) *15B*, 35 (1956).

SPRING, F. S., und STARK, J., J. Chem. Soc. *1950*, 1177.
STAUDINGER, H., und SCHNEIDER, H., Ber. Deut. Chem. Ges. *56*, 699, 711 (1923).
STENHOUSE, J., Pharm. J. *14*, 363 (1854/55).
SURIE, J. S., Nederl. Tijdschr. Pharm. *11*, 61 (1899).
THOMS, H., Apoth. Z. *49*, 811 (1904); Arch. Pharm. *242*, 328 (1904); *247*, 591 (1909).
VEEN, VAN, A. G., *Over de bedwelmende stof uit de Kawa-Kawa- of Watiplant*, Geneesk. Tijdschr. Nederl. Indië *78*, 1941–1953 (1938); Rec. Trav. Chim. Pays-Bas *58*, 521 (1939).
VOGEL, W., *Versuche mit dem Rauschgift Kawa-Kawa*, Diss. Berlin, 1929.
VONÁSEK, F., et al., Coll. Czechoslov. Chem. Commun. *25*, 919 (1960).
WIESNER, K., Canad. J. Chem. *29*, 352 (1951).
WILCZEK, E., Pharm. Acta Helv. *4*, 51 (1929).
YOUNG, R. L., et al., Phytochemistry *5*, 795 (1966).

Schlussbetrachtungen

In neuerer Zeit werden die *Piperales (Piperaceae, Chloranthaceae, Saururaceae)* oft als Seitenzweig der *Magnoliales* aufgefasst.

Als heute bekannte chemische Merkmale der Piperaceen haben zu gelten:

1. Ätherische Öle, in welchen Monoterpene, Sesquiterpene und Phenylpropane mit ähnlicher Frequenz reichlich auftreten.

2. Scharfschmeckende Säureamide, welche z. T. ebenfalls anästhesierende Wirkung besitzen.

3. Fehlen oder jedenfalls nur spurenweises Vorkommen von Gerbstoffen, Leucoanthocyanen, Flavonolen und pentacyclischen Triterpenen.

4. Oft reichliches Vorkommen von Lignanen in Früchten.

5. Stärkeakkumulation in Samen und Rhizomen.

6. Häufiges Vorkommen von Methylendioxysubstitution an aromatischen Ringen (z. B. Cubebin, Sesamin, Piperinsäure, Piperettinsäure, Apiol, Dillapiol, Methysticin).

7. Tendenz zur Mineralspeicherung in Blättern (Verkieselung; Aluminiumakkumulation; beide im Formenkreis der *Polycarpicae* von den *Lauraceae* und *Monimiaceae* bekannt).

Speicherung von Isocitronensäure scheint ein Merkmal der succulenten *Peperomia*-Arten zu sein. Über die Verbreitung von Verbindungen vom Typus der Kawa-Lactone (sind ebenfalls aus der Lauraceen-Gattung *Aniba* bekannt) und Kawa-Chalkone in der Familie wissen wir vorläufig gar nichts.

Die erwähnten chemischen Eigenarten, sowie Anklänge an die Monokotyledonen in den anatomischen Merkmalen, sind verständlich, wenn die *Piperales* mit CRONQUIST als „*a ranalian offshoot tending toward reduced, clustered unisexual flowers*“ aufgefasst werden. Er sagt weiterhin: „*They retain monocolpate (or in any case not tricolpate) pollen and the well developed etherial oil cells. These latter characters tend to ally them also with the Laurales*“. Die heute bekannten chemischen Merkmale der Piperaceen stimmen mit dieser Interpretation ihrer systematischen Stellung gut überein.

Vgl. ebenfalls bei den in der Diskussion erwähnten Sippen.

199. Pittosporaceae

Sträucher (z. T. windend) oder Bäume mit ungeteilten, nebenblattlosen, wechsel- oder wirtelständigen Blättern. Blüten solitär oder in traubigen oder doldigen Blütenständen vereinigt, aktinomorph und zwittrig (z. T. jedoch funktionell eingeschlechtig wegen Sterilität der Staubblätter oder Fruchtknoten). Kelch-, Kron- und Staubblätter 5, die Kelch- und Kronblätter frei oder am Grunde mehr oder weniger röhrig verwachsen. Fruchtknoten oberständig, einfächerig oder mehr oder weniger vollständig gefächert, mit zahlreichen, oft parietalen Samenanlagen mit einem Integument. Kapsel- oder Beerenfrüchte. Samen mit viel Endosperm.

In den Tropen, Subtropen und in warmgemässigten Gebieten der Alten Welt verbreitet. Das Mannigfaltigkeitszentrum liegt in Australien (hier alle Gattungen).

Systematische Gliederung

200–250 Arten in 9 Gattungen, die im Syllabus nach dem Bau der Früchte in die PITTOSPOREAE mit Kapseln (z. B. *Bursaria*, *Cheiranthera* und *Pittosporum* [mit 4/5 aller Arten]) und die BILLARDIEREAE mit Beeren (z. B. *Billardiera* und *Sollya*) unterteilt werden.

Anatomische Merkmale

Schizogene Exkretgänge kommen in Wurzeln, Achse und Blättern allgemein vor; sie sind im Pericykel und im Phloem älterer Zweige und Stämme lokalisiert. Charakteristische Deckhaare mit 2–3 kurzen Fusszellen und einer sehr langen Endzelle, die senkrecht (Geisselhaare) oder wagrecht (T-Haare) auf dem Fuss sitzt, kommen ziemlich allgemein vor. Eine Reihe von Arten besitzt zusätzlich kleine Drüsenhaare. Calciumoxalat wird reichlich abgelagert; die Blätter führen Drusen und Einzelkristalle und in den Achsen kommen zusätzlich Styloide vor (SOLEREDER).

Chemische Merkmale

Wenig untersucht; vermutlich ätherische Öle und Harze bei allen und Saponine bei vielen Arten auftretend.

1. *Zimtsäuren, flavonoide Verbindungen und Gerbstoffe*

Nach Bate-Smith (1962, l. c. Bd. 3, S. 40) lassen sich in hydrolysierten Blattextrakten Quercetin, Kaempferol, Kaffeesäure und Sinapinsäure regelmässig nachweisen; Leucoanthocyane, Myricetin und Ellagsäure fehlten immer (*Pittosporum dallii* Cheesem., *P. eugenioides* A. Cunn., *P. patulum* Hook. f., *P. tenuifolium* Banks et Soland., *P. tobira* [Thunb.] Ait., *P. undulatum* Vent., *Sollya heterophylla* Lindl.). Cambie et al. (1961, l. c. Bd. 3, S. 40) konstatierten ebenfalls gänzliches Fehlen von Leucoanthocyanen bei 19 *Pittosporum*-Arten von Neuseeland. Jay (1967; untersucht: 9 nichtgenannte Arten aus 4 Gattungen) beobachtete Quercetin, Kaempferol, Isorhamnetin (mutmasslich), ausnahmsweise Leucocyanidin und gänzliches Fehlen von Leucodelphinidin, Myricetin und Ellagsäure. Ein Leucocyanidin hatten bereits Cornforth und Earl (1938) in Früchten von *P. undulatum* nachgewiesen. Die vorliegenden Beobachtungen lassen es wahrscheinlich erscheinen, dass in der Familie echte Gerbstoffe nicht in nennenswerten Mengen auftreten; Gallussäure, Ellagsäure und Leucoanthocyane scheinen zu fehlen oder jedenfalls selten zu sein. Die in der Literatur (Wehmer; Nierenstein, l. c. B 3.09) gemeldeten Gerbstoff- und Gallussäuregehalte der Rinde von *P. undulatum* gehen auf Angaben bei Dekker (l. c. B 3.09) zurück; es handelt sich um sehr alte Beobachtungen, die der Bestätigung bedürfen; Dekker selber konnte in Früchten von *P. phillyraeoides* DC. und in beblätterten Zweigen von *P. tobira* Ait. Gerbstoffe nicht nachweisen. Andererseits gibt Greshoff (1909) für 8 *Pittosporum*-Arten (worunter *P. tobira*) Blattgerbstoffe an; es ist durchaus wahrscheinlich, dass Derivate der Kaffeesäure durch Greshoff mit echten Gerbstoffen verwechselt wurden.

Das einzige bisher aus Pittosporaceen rein isolierte Zimtsäurederivat stellt das Cumaringlucosid Aesculin dar; es kommt in Blättern von *Bursaria spinosa* Cav. in Mengen von 4–5% des Trockengewichtes vor; in jungen Zweigen ist es ebenfalls vorhanden, fehlt aber in Rinde und Holz älterer Äste (Dick 1943).

2. *Saponine*

Stark schäumende und hämolysierend wirkende Stoffe sind in der Familie verbreitet. Die Verwendung von *Pittosporum*-Rinden als Expectorans (Pharm. J. *72*, 588 [1904]), sowie von Früchten, Blättern und Zweigen von *Pittosporum*-Arten als Waschmittel und Fischbetäubungsmittel (Greshoff 1909), wird durch den Saponingehalt erklärt. Nach Beobachtungen von Greshoff (1909), Cambie et al. (1961, l. c. Bd. 3, S. 40) und Simes et al. (l. c. B 4.5) kommen Saponine bei den folgenden Arten vor: *Billardiera longiflora* Labill., *Pittosporum cornifolium* A. Cunn. (Blatt), *P. crassifolium* Banks et Soland. (Blatt), *P. erioloma* C. Moore et F. Muell. (Blatt), *P. eugenioides* A. Cunn. (Blatt), *P. ferrugineum* Ait. (Rinde, Blatt), *P. huttonianum* Kirk (Blatt), *P. kirkii* Hook. f. (Samen), *P. phillyraeoides* DC. (Blatt, Früchte), *P. revolutum* Ait. (Blatt), *P. rhombifolium* A. Cunn. (Blatt), *P. rubiginosum*

A. Cunn. (Blatt), *P. tobira* (Thunb.) Ait. (Blatt), *P. undulatum* Vent. (Blatt, Rinde), *P. venulosum* F. Muell. (Blatt, Rinde). Freie Triterpene wurden in Samen von *Citriobatus pauciflorus* A. Cunn., in Früchten von *Pittosporum revolutum*, *P. rhombifolium* und in Wurzeln von *P. venulosum* nachgewiesen (Simes et al.).

Demnach sind Saponine und ihre Triterpenaglykone bei den Pittosporaceen weit verbreitet. Allgemein scheinen Saponine allerdings nicht vorzukommen; Cambie et al. konnten solche nur bei 5 von 19 untersuchten *Pittosporum*-Arten von Neuseeland nachweisen.

Bisher wurden ausschliesslich die Saponine von zwei *Pittosporum*-Arten chemisch untersucht. Ein Saponingemisch (in der Literatur oft Pittosporin genannt) aus Früchten von *P. undulatum* Vent. liefert bei der Hydrolyse Pittosapogenin (Cornforth-earl 1938) und A_1-Barrigenol (Cole et al. 1955). Blätter und Früchte von *P. phillyraeoides* DC. enthalten reichlich Saponine mit Pittosapogenin und Phillyrigenin als Aglykonen (Beckwith et al. 1956). Das Pittosapogenin ist identisch mit R_1-Barrigenol (= 7β-Hydroxy-A_1-barrigenol: Auf alter Formel [vgl. Bd. 4, S. 384] basiert) (Knight-White 1961). Die Strukturen von A_1-Barrigenol und R_1-Barrigenol wurden kürzlich revidiert (Errington et al. 1967; Ito et al. 1967) und für Phillyrigenin, $C_{30}H_{48}O_4$, wurde eine Struktur mit α-Amyrin-Skelett vorgeschlagen (Chopra et al. 1965).

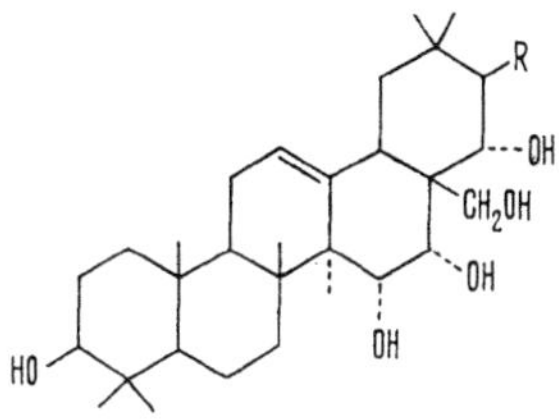

A_1-Barrigenol, $C_{30}H_{50}O_5$: R = H
R_1-Barrigenol (= Pittosapogenin), $C_{30}H_{50}O_6$: R = OH

3. *Ätherische Öle und Harze*

In der Familie kommen Exkreträume allgemein vor (vgl. S. 325); dementsprechend dürften ätherische Öle oder Balsame oder Gummiharze durch alle Arten gebildet werden. Bekannt sind vorläufig in erster Linie die Exkrete von *Pittosporum*-Arten; ihre chemische Zusammensetzung ändert mit dem Organ und der Art. Verwundete Stämme von *Pittosporum bicolor* Hook., *P. rhombifolium* A. Cunn. und *P. undulatum* Vent. liefern nach Maiden (1892) Gummiharze, die in frischem, nicht verharztem Zustande 6–8% ätherisches Öl, 50–60% Harz und bis 35% Schleim enthalten. Blätter, Blüten und Früchte scheinen überwiegend ätherische Öle zu erzeugen; die letzteren wurden durch Power und Tutin (1906), Ultée (1937), Calder und Carter (1949), Carter und Heazlewood (1949) und Salgues (1954) untersucht. Die Ätherisch-Öl-Gehalte können recht hoch sein. Aus Blüten wurden 0,1–0,4%, aus Früchten 0,3–8%, aus Blättern und beblätterten Zweigen 0,1–2,1% und aus Holz 0,7–3,15% ätherisches Öl erhalten.

Pinen, Limonen und aliphatische Kohlenwasserstoffe (n-Heptan in Früchten von *P. resiniferum* Hemsl.; n-Nonan in Blättern von *P. eugenioides* A. Cunn.) sind oft Hauptbestandteile der *Pittosporum*-Öle. Linalool, Geraniol, Borneol, Terpineol und Cineol kommen oft vor. Andererseits wurden Phenylpropane verhältnismässig selten beobachtet; bekannt sind Eugenol (geringe Mengen) aus einigen Blüten- und Fruchtölen und Chavicol aus den Blattölen von *P. colensoi* Hook. f., *P. cornifolium* A. Cunn. und *P. fulvum* Rudge. Nach SALGUES (1954) können die 14 untersuchten Blütenöle in drei Gruppen eingeteilt werden:

a) Jasminblütenähnliche Öle: Benzylacetat (20–40%), Linalool, Cineol, Anthranilsäure, Jasmon ($\pm$ 1%) und Indol sind immer vorhanden. Solche Öle erzeugen Blüten von *P. coriaceum* Dryand., *P. glabratum* Lindl., *P. glabrum* Hook. et Arn., *P. insigne* Hillebr., *P. timorense* Blume und *P. undulatum* Vent.

b) Orangenblütenähnliche Öle: Linalylacetat, Decanal, Methylheptenon, Limonen, Bergapten und Indol sind immer vorhanden; beobachtet bei *P. dallii* Cheesem., *P. gayanum* Rock, *P. halophilum* Rock, *P. ramiflorum* Zoll., *P. tenuifolium* Gaertn. und *P. tobira* Ait.

c) Acacienblütenähnliche Öle: Diese Öle wurden bei *P. eugenioides* A. Cunn. und *P. floribundum* Wight et Arn. beobachtet; sie enthalten α-Pinen, Dipenten, Linalool, Decanal, Anisaldehyd, Iron, Benzoe- und Salicylsäure, Methylsalicylat, Eugenol, Cineol, Bergapten und Indol.

Salicylsäure und Methylsalicylat wurden ebenfalls in einigen Frucht- und Blattölen nachgewiesen. Piperiton kommt angeblich im Holzöl von *P. senacia* Putterl. vor und Cumarin im Blütenöl von *P. eugenioides* A. Cunn. Sehr häufige Bestandteile von ätherischen Ölen der Gattung *Pittosporum* sind Isovalerianal und Isovaleriansäure.

Durch das gemeinsame und reichliche Auftreten von langkettigen Aldehyden (Decanal, Dodecanal), Anthranilsäure und Bergapten erinnern die betreffenden *Pittosporum*-Öle an gewisse Rutaceen-Öle.

4. *Reservestoffe*

Nach EARLE und JONES (1962, l. c. Bd. 3, S. 40) und JONES und EARLE (1966, l. c. S. 124) enthalten Samen von *Pittosporum tobira* 11–14% Eiweiss und 13–14% fettes Öl; Stärke, Alkaloide und Gerbstoffe fehlen.

5. *Verschiedenes*

Im Gegensatz zu den Angaben bei WEBB (1948, l. c. B 5.5: *P. undulatum* Vent.) scheinen cyanogene Verbindungen bei den Pittosporaceen bisher nicht eindeutig nachgewiesen zu sein. Jedenfalls sind nach PETRIE (1912, l. c. S. 137) *Bursaria spinosa*, *Citriobatus multiflorus*, *Pittosporum phillyraeoides*, *P. revolutum*, *P. undulatum* und *Sollya heterophylla* nicht cyanogen.

Literatur

BECKWITH, A. L., et al., Austral. J. Chem. *9*, 428 (1956).
CALDER, A. J., und CARTER, C. L., J. Soc. Chem. Ind. *68*, 355 (1949).
CARTER, C. L., und HEAZLEWOOD, W. V., J. Soc. Chem. Ind. *68*, 34 (1949).
CHOPRA, C. S., et al., Tetrahedron *21*, 2585 (1965).
COLE, A. R. H., et al., Chemistry and Industry *1955*, 254.
CORNFORTH, J. W., und EARL, J. C., J. Proc. Roy. Soc. N. S. Wales *72*, 249 (1938).
DICK, T. A., J. Council Sci. Ind. Research (Australia) *16*, 11 (1943).
ERRINGTON, S. G., et al., Tetrahedron Letters *1967*, 1289.
GRESHOFF, M., Kew Bull. *1909*, 414.
ITO, SH., et al., Tetrahedron Letters *1967*, 2289.
JAY, M., Compt. Rend. *264D*, 1754 (1967).
KNIGHT, J. O., und WHITE, D. E., Tetrahedron Letters *1961*, 100.
MAIDEN, J. H., Pharm. J. *52*, 59, 79 (1892).
POWER, F. B., und TUTIN, F., J. Chem. Soc., Trans., *89*, 1083 (1906).
SALGUES, R., Materiae Vegetabiles *1*, 340–358 (1954).
ULTÉE, A. J., Pharm. Weekblad *74*, 666 (1937).

Schlussbetrachtungen

Sippe zweifelhafter Stellung. Die meisten modernen Autoren (z. B. E. PRITZEL in *Die Natürlichen Pflanzenfamilien*, 2. Aufl., Bd. 18a, S. 265–286, Leipzig 1930; CRONQUIST; TAKHTAJAN; Syllabus; AIRY SHAW in WILLIS) nehmen Verwandtschaft mit den *Saxifragaceae* im weiten Sinne *(Escallonioideae)* oder mit den *Cunoniaceae* an und gliedern dementsprechend die Pittosporaceen den *Rosales* oder *Cunoniales* ein.

HUTCHINSON nimmt eine heterogene Ordnung der *Pittosporales* an, die er von den *Bixales* (oder aber parallel mit den *Cunoniales* von den *Rosales*) ableitet.

Anatomische (Extretgänge) und embryologische Merkmale (vgl. Diskussionen bei TAKHTAJAN und bei GUNDERSEN) sprechen allerdings gegen die Annahme einer Verwandtschaft zwischen den Pittosporaceen und den Saxifragaceen im weitesten Sinne. Neuere anatomische Beobachtungen (Vorkommen septierter Fasern und von paratrachealem Parenchym: METCALFE-CHALK) verstärken diese Einwände. Eine Verwandtschaft der Pittosporaceen mit den *Araliaceae* und *Umbelliferae* erscheint auf Grund der erwähnten Merkmale möglich.

Versucht man die Frage der Abstammung der Pittosporaceen im Lichte der chemischen Merkmale zu betrachten, dann dürften folgende heute bekannte Tatsachen wichtig sein:

1) Gerbstoffbausteine und Gerbstoffe scheinen den Pittosporaceen weitgehend zu fehlen.

2) Flavonole, Kaffeesäure und Sinapinsäure kommen reichlich vor.

3) Cumarine (Aesculin) und Furanocumarine (Bergapten) wurden in einer Reihe von Arten nachgewiesen.

4) Ätherische Öle und chemisch noch nicht bekannte Harze und Schleime sind allgemein verbreitet; sie bilden den Inhalt der schizogenen Exkretkanäle.

5) Saponine mit pentacyclischen Triterpenen als Aglykonen sind verbreitet.

6) Freie Triterpene scheinen ebenfalls häufig zu akkumulieren.

7) Die Samen führen viel Endosperm; sie sind — soweit bekannt — frei von Stärke und enthalten mässige Mengen von Eiweiss und fettem Öl; anscheinend spielen Reservecellulosen eine wichtige Rolle als Reservestoffe.

Diese Kombination von chemischen Merkmalen stimmt ganz entschieden besser mit der Annahme einer Verwandtschaft der Pittosporaceen mit den Araliaceen und Umbelliferen überein als mit der geläufigen Auffassung über ihre systematische Stellung (Beziehungen zu den *Saxifragaceae-Escallonioideae*).

Die — leider noch sehr unvollständig — bekannten chemischen Merkmale der Pittosporaceen nähern sie einerseits den Rutaceen und andererseits den Araliaceen und Umbelliferen.

Vgl. ebenfalls bei den in der Diskussion erwähnten Sippen.

200. Plantaginaceae

Einjährige oder perennierende Kräuter, seltener Halbsträucher mit parallelnervigen, oft in einer grundständigen Rosette vereinigten, meist ungeteilten Blättern. Blüten klein, zwittrig *(Plantago, Bougueria)* oder eingeschlechtig *(Littorella)*, in meist reichblütigen, ährigen Blütenständen. Kelch meist 4zählig, am Grunde röhrig verwachsen; Krone 4zählig, sympetal; Staubblätter 4 (seltener 3, 2 oder 1), mit sehr langen Filamenten und versatilen Antheren (Windbestäubung); Fruchtknoten oberständig, ein-, zwei- oder mehrfächerig mit einer bis vielen Samenanlagen mit einem Integument in jedem Fache. Kapselfrüchte *(Plantago)* oder Nüsse (*Littorella* und *Bougueria*). Samen mit reichlich Endosperm.

Die Plantaginaceen besitzen weltweite Verbreitung, fehlen aber vielerorts in den Tropen oder sind dort nur durch adventive Unkräuter vertreten.

Systematische Gliederung

Zur Familie zählen nur 3 Gattungen: *Bougueria* (1 Art in den Anden von Südamerika), *Littorella* (je eine Art in Südamerika, Nordamerika und Eurasien) und *Plantago* (250–300 Arten).

Anatomische Merkmale

Recht verschieden gestaltete einzellreihige Deckhaare, sowie gestielte Drüsenhaare mit 2 bis mehrzelligem Kopf kommen allgemein vor. Interne Sekretionsorgane fehlen und Calciumoxalat fehlt meistens ebenfalls. Da Kraut und Samen vieler *Plantago*-Arten medizinisch verwendet werden, wurde ihre Anatomie vielfach untersucht. Verwiesen wird nach METCALFE und CHALK, nach ELO (1939), QADRY (1963), SKYRME (1935), SKYRME und WALLIS (1936) und nach den im Abschnitt Samenschleime zitierten Autoren. Sehr charakteristisch ist die Schleimepidermis der Samenschale.

Literatur

ELO, J. E., *Vergleichend anatomisch-pharmakognostische Untersuchungen von Plantago alpina L. und Plantago montana Lamk.*, Ann. Botan. Soc. Zool.-Botan. Fenn. Vanamo *15*, 1–44 (1939).

QADRY, S. M. J. S., *A note on Plantago major seeds*, J. Pharm. Pharmacol. *15*, 552–555 (1963).

SKYRME, E. W., *Drugs derived from the genus Plantago, their botanical sources; The structure and histology of Ispaghula; Psyllium and the seeds of certain other species of Plantago*, Quart. J. Pharm. Pharmacol. *8*, 1–12, 161–185, 609–621 (1935).

SKYRME, E. W., und WALLIS, T. E., *Psyllium, Ispaghula and related seeds*, Quart. J. Pharm. Pharmacol. *9*, 198–202 (1936).

Chemische Merkmale

Samen verschiedener *Plantago*-Arten werden als Laxantia verwendet; Wirkstoffe sind die Schleime der Samenschale (vgl. Abschnitt 5). Blätter und Kraut von *Plantago*-Arten finden als Hustenmittel und Wundheilmittel Verwendung; sie enthalten nach FREERKSEN (1950), ALIEV (1950) und FELKLOVÁ (1958) antibiotisch wirksame Bestandteile. Einen zusammenfassenden Bericht über die medizinische Verwendung von *Plantago major* L. (und von anderen Arten) gab SCHINDLER (1955).

1. *Aucubin und verwandte Glucoside* (Formeln vgl. Bd. 3, S. 31)

BOURDIER (1907) isolierte Aucubin aus Samen von *Plantago lanceolata* L. und aus Wurzeln von *P. major* L. und *P. media* L. Gleichzeitig wies er Aucubin (oder damit nächst verwandte Glucoside) in *P. arenaria* Waldst. et Kit. (Kraut), *P. cynops* L. (Kraut) und *P. psyllium* L. (Samen) nach. HÉRISSEY und GRAVOT (1935) beschrieben die Isolierung von Aucubin aus frischen Wurzeln von *P. maritima* L. und wiesen es ebenfalls in Wurzeln von *P. carinata* Schrad. nach. KARRER und SCHMID (1946) erhielten Aucubin in Ausbeuten von 1,4% aus Samen von *P. lanceolata*. CHASLOT (1955, l. c. Bd. 3, S. 34) fand Aucubin mit chromatographischen Methoden in *P. alpina* L., *P. argentea* Chaix und *P. subulata* L. und WINDE (1959) wies es in *P. coronopus* L. nach. DUSINSKY und TYLLOVÁ (1960) ermittelten in getrockneten Blättern von 4 Arten Aucubingehalte; sie fanden: *P. major* 0,81%; *P. maritima* 0,34%; *P. media* 0,86–0,89%; *P. lanceolata* 0,50–1,6%. AHMED et al. (1965) fanden mit der gleichen Methode in Samen von 8 in Aegypten vorkommenden *Plantago*-Arten die folgenden Aucubingehalte: *P. albicans* L. 0,56%; *P. coronopus* L. 0,10%; *P. crassifolia* Forsk. 0,11%; *P. crypsoides* Boiss. 0,17%; *P. cylindrica*

Forsk. 0,14%; *P. major* L. 0,37%; *P. notata* Lag. 0,62%; *P. ovata* Forsk. 0,21%. Nach den mitgeteilten Befunden ist am ziemlich allgemeinen Vorkommen von Aucubin bei den Plantaginaceen kaum zu zweifeln. In Blättern von *Plantago lanceolata* und *P. major* wird Aucubin von Catalpol (= Aucubinepoxyd = Desbenzoylcatalposid) begleitet (DUFF et al. 1965: 6,5 kg frische Blätter von *P. lanceolata* lieferten beispielsweise 8 g Aucubin und 8 g Catalpol).

2. *Alkaloide*

Aus blühenden Pflanzen von *Plantago indica* L. (= *P. ramosa* [Gilib.] Aschers.) isolierten A. V. DANILOVA und R. KONOVALOVA (C. A. *48*, 691 [1954]; *51*, 5098 [1957]) 0,19% Totalalkaloide; Plantagonin, $C_{10}H_{11}O_2N$ (eine Aminosäure), Indicain, $C_{10}H_{11}ON$ (der entsprechende Aminoaldehyd), und Indicamin, $C_{14}H_{23}ON$, wurden rein gewonnen und charakterisiert. AHMED et al. (1965) isolierten aus Samen von *P. albicans* L. Plantagonin, Indicain, Indicamin und zwei weitere Basen (A und B, $C_{12}H_{17}ON$ und $C_8H_{12}ON$); der Totalalkaloidgehalt betrug 0,04%. Ferner wiesen diese Autoren Plantagonin und Base A in 7 weiteren ägyptischen *Plantago*-Arten (vgl. S. 331) nach; Indicamin wurde nur noch bei *P. ovata* und Indicain bei *P. major* beobachtet; dagegen tritt Base B in den Samen von 6 der 8 untersuchten Arten auf; zudem wurden mit chromatographischen Methoden 8 weitere Samenalkaloide nachgewiesen. Samen von *P. wrightiana* Dcne. geben Alkaloidreaktionen (JONES-EARLE 1966, l. c. S. 124).

Indicain und Plantagonin wurden inzwischen ebenfalls aus *Incarvillea olgae (Bignoniaceae)* und aus 2 *Pedicularis*-Arten *(Scrophulariaceae)* isoliert. Ein Strukturvorschlag liegt vor (YUNUSOV et al., C. A. *64*, 3620 [1966]); der Botaniker würde am ehesten iridoide Struktur vom Typus des Actinidins und Boschniakins (vgl. S. 253) erwarten.

3. *Zimtsäurederivate und flavonoide Verbindungen*

Plantago-Arten enthalten in den Blättern reichlich Derivate der Kaffeesäure aber keine Flavonole (BATE-SMITH 1962, l. c. Bd. 3, S. 40; hydrolysierte Blattextrakte von 4 Arten untersucht). Die flavonoiden Verbindungen wurden bisher nur bei *Plantago asiatica* L. (= *P. major* L. var. *asiatica* [L.] Dcne.) genauer untersucht. NAKAOKI et al. (1961) isolierten aus frischen Blättern 0,01–0,02% Plantaginin (= Scutellarein-7-monoglucosid) und ARITOMI (1967) zeigte, dass Plantaginin von seinem 6-O-Methyläther (= Homoplantaginin = Hispidulin-7-glucosid = = Dinatin-7-glucosid; vgl. BHARDWAJ et al. 1966; PHADKE et al. 1967) begleitet wird.

4. *Triterpene, Sterine und Wachse*

Plantago rugelii Dcne. enthält in allen Organen und in allen Entwicklungsstadien reichlich Ursolsäure und Sitosterin; nach der Entwicklung der Blütenstände tritt in Blättern, Stiel und Blüten zusätzlich Oleanolsäure auf (HILTIBRAN et. al.

1953). Aus Ganzpflanzen von *P. asiatica* L. isolierte TORIGOE (1965) Ursolsäure, n-Hentriakontan, β-Sitosterin und Stigmasterin und ein Gemisch der Palmitinsäureester der 2 Sterine.

Nach AHMED et al. (1965) enthalten die Samen von 8 ägyptischen *Plantago*-Arten (vgl. S. 331) Saponine; möglicherweise kommen demnach in der Familie neben freien Triterpensäuren ebenfalls Triterpensaponine vor.

5. *Samenschleime*

Die Epidermis der Samenschale von *Plantago*-Arten besteht aus grossen, mit Schleim gefüllten Zellen. Da die Samen klein sind, ist ihr Schleimgehalt hoch. Der Schleim stellt eine aus sol- und gelbildenden Anteilen zusammengesetzte Polysaccharid- und Polyuronidmischung dar, in welcher die gelbildenden Anteile überwiegen. Deshalb werden die Samen vieler Arten wie Agar als Abführmittel verwendet. Je nach Art und Qualität der Samen beträgt der Schleimgehalt 5 bis gegen 25%. Am ausführlichsten wurden die im Handel erhältlichen «Semina Psyllii» (= «Psyllium»; stammen von *P. indica* L. [= *P. arenaria* Waldst. et Kit.] und von *P. psyllium* L.) und «Semina Ispaghulae» (= «Ispaghula»; stammen von *P. ovata* Forsk. [= *P. ispaghula* Roxb.]) untersucht. Arbeiten über Schleimgehalt und Qualitätsbeurteilung (Schwellungsfaktor; Viskosität der Sole; Menge der gelbildenden Schleimanteile; Mikroskopie der Samen) stammen unter anderen von GREENBERG (1948: «Ispaghula», «Psyllium», *P. wrightiana* Dcne., *P. rhodosperma* Dcne.), NEVA-FISCHER (1949: «Ispaghula», «Psyllium», *P. aristata* Michx., *P. lanceolata* L., *P. purshii* R. et S.), AELLIG (1952: «Semen Psyllii»), JONES-ALBERS (1955: *P. inflexa* Morris, *P. helleri* Small, *P. rhodosperma* Dcne.), WASICKY (1961: *P. major* L. var. *cruenta* Holuby), MITHAL-KASID (1964: «Ispaghula») und AHMED et al. (1965: 8 ägyptische Arten, vgl. S. 331).

Xylose und Galakturonsäure sind nach bisherigen Erfahrungen Hauptbausteine der Plantagosamenschleime; daneben sind meistens Arabinose und Rhamnose und spurenweise ebenfalls Galaktose am Aufbau der Schleime beteiligt. Die Schleime stellen komplexe Gemische dar, deren Zusammensetzung von der botanischen Species, von der Extraktionsweise (kaltes Wasser; warmes Wasser) und von den verwendeten Reinigungsverfahren abhängt. Im Prinzip scheinen einerseits neutrale Araboxylane und andererseits pentose- und methylpentosehaltige Polygalakturane Hauptpolymeren der Samenschleime zu sein. Fraktionierung mit Hilfe von Kupferacetat ist möglich (ERSKINE-JONES 1956).

Plantago indica L. (= *P. arenaria*): Bausteine: Etwa 70% Xylose, 10% Arabinose, 3% Galaktose und 13–15% Aldobiuronsäuren (zur Hauptsache 4α-D-Galakturonosido-D-xylopyranose) (NELSON-PERCIVAL 1942; HOSTETTLER-DEUEL 1951). Ebenfalls Rhamnose; durch Fraktionierung lässt sich ein neutrales Galaktoarabinoxylan gewinnen (ERSKINE-JONES 1956).

P. lanceolata L.: Bausteine: Xylose (viel), Arabinose, Rhamnose (etwa 10%), Galaktose (wenig), Galakturonsäure (etwa 20%); als Komponente des Schleimes wurde ein galaktosehaltiges Xylan nachgewiesen (Mullan-Percival 1940; Percival-Willox 1949).

P. ovata Forsk.: Bausteine: Etwa 46% Xylose, 7% Rhamnose und 40% Aldobiuronsäuren (zur Hauptsache 2-D-Galakturonosido-L-rhamnose) im kaltwasserlöslichen Schleim und etwa 14% Arabinose, 80% Xylose und wenig Galaktose und Uronsäuren im warmwasserlöslichen Schleim (Laidlaw-Percival 1949, 1950). In den gelbildenden Anteilen ebenfalls 4-O-Methylglucuronsäure (Erskine-Jones 1956).

8 Aegyptische Arten (vgl. S. 331): Bausteine: Xylose, Galakturonsäure, Arabinose allgemein; Rhamnose bei 6 Arten (nicht nachgewiesen bei *P. cylindrica* und *P. major*) und einige Prozente Hexosen (Galaktose oder Glucose oder beide) bei 7 Arten (Ahmed et al. 1965).

6. *Kohlenhydratspeicherung*

Der Zuckerstoffwechsel der Plantaginaceen ist in physiologischer und taxonomischer Hinsicht höchst interessant. Anscheinend enthalten Wurzelstöcke, Blätter und Samen verschiedene Hauptzucker.

Wurzelstöcke und Stengel: Hérissey und Gravot (1935) isolierten aus Dezemberwurzeln von *Plantago maritima* L. und *P. carinata* Schrad. Stachyose. Wild und French (1952) isolierten Stachyose aus *P. major* L., *P. ovata* Forsk., *P. psyllium* L. und *P. rugelii* Dcne. (vermutlich aus Ganzpflanzen); in perennierenden Arten (z. B. *P. maritima*) scheint Stachyose an Stelle der Stärke als Hauptreservestoff aufzutreten. Bourdu et al. (1963) zeigten, dass bei *Littorella uniflora* (L.) Aschers. in Wurzeln und Stengeln Stachyose ebenfalls Hauptzucker (Stachyose 85%, Saccharose 9%, Raffinose 6%, Verbascose Spuren) ist.

Blätter: Nach Maas (1957) enthalten Blätter von *Plantago lanceolata*, *P. major*, *P. media* und *P. psyllium* reichlich Mannit (chromatographische Identifikation). Mutmasslich liegt Verwechslung mit Sorbit vor, denn Galkowski et al. (1966) isolierten aus frischen Blättern von *Plantago major* 1,5% Sorbit. Jedenfalls führen Blätter von *Plantago*-Arten sehr reichlich Hexitole.

Samen: Fettes Öl, Aleuron und Reservecellulose bilden die Hauptreservestoffe der Samen; Stärke fehlt. Unter den löslichen Zuckern überwiegt Planteose. Wattiez und Hans (1943) isolierten dieses nichtreduzierende, mit Raffinose isomere Trisaccharid erstmalig aus Samen von *Plantago major* und *P. ovata*. Samen von *P. ovata* und *P. psyllium* enthalten nach French et al. (1953) Planteose, deren Struktur sie klärten. Hérissey (1958) isolierte Planteose später aus Samen von *P. psyllium*; Bourdu und Gorenflot (1961) und Gorenflot und Bourdu (1962) konnten Planteose bei allen 34 untersuchten Sippen (Arten, Unterarten) der Gattung *Plantago* nachweisen. Gleichzeitig beobachteten sie taxonomisch interessante Unterschiede bei den die Planteose in den Samen begleitenden Zuckern. In der Untergattung *Psyllium* (6 Arten untersucht) wurde ausschliesslich Planteose (neben Saccharose) gefunden. In der Untergattung *Euplantago* fallen einige Sektionen oder Subsektionen durch besondere Begleitzucker auf:

Sektion *Arnoglossum* Dcne. (untersucht *P. altissima* L., *P. argentea* Chaix, *P. lagopus* L., *P. lanceolata* L.) und Sektion *Hymenopsyllium* Pilger (untersucht *P. bellardii* All.) sind durch Auftreten von Stachyose in den Samen gekennzeichnet. In der Sektion *Coronopus* DC. lassen sich zwei cytologisch und biochemisch gekennzeichnete Gruppen unterscheiden:

a) Samenzucker ohne Ribose; Chromosomengrundzahl (= x) = 5: Hierher gehören *P. coronopus* L. und *P. macrorhiza* Poir.

b) Freie Ribose in Samen; x = 6: Hierher gehören *P. alpina* L., *P. crassifolia* Forsk., *P. holosteum* Scop., *P. serraria* L. und *P. maritima* L.

Raffinose und Sesamose wurden in keinem Falle beobachtet.

Samen von *Littorella uniflora* enthalten ebenfalls Planteose als Hauptzucker und daneben Saccharose (BOURDU et al. 1963).

AHMED et al. (1965) beobachteten ebenfalls allgemeines Vorkommen von Planteose und Saccharose in den Samen der 8 durch sie untersuchten ägyptischen *Plantago*-Arten. Hinsichtlich der weiteren in Samenextrakten nachweisbaren Zucker stimmen ihre Angaben nicht in jeder Hinsicht mit den Ergebnissen von GORENFLOT und BOURDU überein; dies dürfte durch die Tatsache erklärlich sein, dass beide Gruppen von Untersuchern in den meisten Fällen die Zucker nur papierchromatographisch identifizierten.

Merkwürdig ist die Tatsache, dass in *Plantago*-Samen Raffinose gänzlich fehlt. Die Samen enthalten nämlich eine α-Galaktosidase, die Galaktose auf primäre Hydroxyle der Saccharose überträgt; Raffinose und Planteose werden gebildet (COURTOIS et al. 1961); trotzdem wird in den Samen ausschliesslich Planteose gespeichert; selbst bei denjenigen Arten, die zusätzlich Stachyose (das höhere Homologe der Raffinose) in den Samen führen, konnte Raffinose nicht nachgewiesen werden.

	Saccharose		
	Gal 1α—6	Fru 2β—1α Glu	: Planteose
		Fru 2β—1α Glu 6—1α Gal	: Raffinose
Gal 1α—6	Gal 1α—6	Fru 2β—1α Glu	: Sesamose
		Fru 2β—1α Glu 6—1α Gal 6—1α Gal	: Stachyose

7. *Verschiedenes*

7.1 *Fette Öle der Samen:* Die stärkefreien Samen von *Plantago*-Arten enthalten 15–20% Eiweiss und 5–13% fettes Öl (EARLE-JONES 1962, l. c. Bd. 3, S. 40; JONES-EARLE 1966, l. c. S. 124). Linol- und Ölsäure sind Hauptfettsäuren in den Ölen von *P. asiatica* L. (T. KASHIMOTO, C. A. *51*, 18651 [1957]) und von *P. ovata* Forsk. und *P. major* L. (ATAL 1964); bei *P. ovata* wurde gleichzeitig gezeigt, dass der Embryo ölreicher (14,7%) ist als das Endosperm (8,8%).

7.2 *Angebliches Vorkommen von Sulforaphen:* PROCHÁZKA (1959) berichtete über den Nachweis von Sulforaphen im Presssaft nicht genannter *Plantago*-Arten; diese Beobachtung konnte jedoch durch ETTLINGER und KJAER (1967, l. c. S. 310) nicht bestätigt werden; alle untersuchten *Plantago*-Arten waren frei von Senfölglucosiden.

7.3 *Schleime der Blätter:* Auch die Blätter von *Plantago*-Arten enthalten Schleim. Nach A. G. Gorin (C. A. *64*, 8277, 11552 [1966]) stellt der Blattschleim von *Plantago major* L. eine Mischung von Arabogalaktanen, Galaktanen und rhamnose-, arabinose- und galaktosehaltigen Polygalakturanen dar.

7.4 *Cumarin:* Aus frischen Blättern von *Plantago guilleminiana* Dcne. isolierte Peckolt (1901) 0,004% Cumarin; deneben fand er Äpfelsäure, Weinsäure, reichlich KNO_3 und mutmasslich Alkaloide.

Literatur

Aellig, R., *Etudes sur le dosage pharmaceutique de quelques drogues à mucilage*, Diss. ETH. Zürich, 1952.
Ahmed, Z. F., et al., J. Pharm. Pharmacol. *17* (Suppl.), 39S (1965): Samenalkaloide; J. Pharm. Sci. *54*, 1060 (1965): Aucubin, Zucker, Schleime; Planta Medica *13*, 28 (1965): Anatomie, Schleime, Saponine.
Aliev, R. K., Am. J. Pharm. *122*, 24 (1950); vgl. ebenfalls C. A. *41*, 2210 (1947).
Aritomi, M., Chem. Pharm. Bull. *15*, 432 (1967).
Atal, C. K., Indian J. Pharm. *26*, 163 (1964).
Bhardwaj, D. K., et al., Indian J. Chem. *4*, 173 (1966).
Bourdier, L., J. Pharm. Chim. [6] *26*, 254 (1907).
Bourdu, R., und Gorenflot, R., Compt. Rend. *253*, 698 (1961).
Bourdu, R., et al., Bull. Soc. Botan. France *110*, 107 (1963).
Courtois, J. E., et al., Bull. Soc. Chim. Biol. *43*, 1189 (1961).
Duff, R. B., et al., Biochem. J. *96*, 1 (1965).
Dusinsky, G., und Tyllová, M., Čzeskoslov. Farm. *9*, 60 (1960).
Erskine, A. J., und Jones, J. K. N., Canad. J. Chem. *34*, 821 (1956).
Felklová, M., Pharm. Zentralhalle *97*, 61 (1958).
Freerksen, E., Naturwissenschaften *37*, 564 (1950).
French, D., et al., J. Am. Chem. Soc. *75*, 709 (1953).
Galkowski, T. T., et al., J. Agr. Food Chem. *14*, 324 (1966).
Gorenflot, R., und Bourdu, R., Rev. Cytol. Biol. Végét. *25*, 349 (1962).
Greenberg, D., J. Am. Pharm. Assoc. *37*, 139 (1948): Ebenfalls verschiedene Methoden für Schleimbestimmung.
Hérissey, H., Bull. Soc. Chim. Biol. *39*, 1553 (1958).
Hérissey, H., und Gravot, M., J. Pharm. Chim. [8] *22*, 537 (1935).
Hiltibran, R. C., et al., J. Am. Chem. Soc. *75*, 5125 (1953).
Hostettler, F., und Deuel, H., Helv. Chim. Acta *34*, 2440 (1951).
Jones, M. J., und Albers, C. C., J. Am. Pharm. Assoc. *44*, 100 (1955).
Karrer, P., und Schmid, H., Helv. Chim. Acta *29*, 525 (1946).
Laidlaw, R. A., und Percival, E. G. V., J. Chem. Soc. *1949*, 1600; *1950*, 528.
Maas, E., *Untersuchungen zur Bestimmung von Zuckeralkoholen in pflanzlichem Material, ihr Anteil am osmotischen Wert, sowie ein Beitrag zu ihrer Verbreitung bei den Phanerogamen.* Diss. Friedr.-Wilhelm Univ. Bonn, 1957 (nicht gedruckt).
Mithal, B. M., und Kasid, J. L., Indian J. Pharm. *26*, 316 (1964).
Mullan, J., und Percival, E. G. V., J. Chem. Soc. *1940*, 1501.
Nakaoki, T., et al., J. Pharm. Soc. Japan *81*, 1697 (1961).
Nelson, W. A. G., und Percival, E. G. V., J. Chem. Soc. *1942*, 58.

NEVA, A. C., und FISCHER, B., J. Am. Pharm. Assoc. *38*, 34 (1949): Auch Mikrotechnik für mikroskopische Untersuchung schleimhaltiger Samen.
PECKOLT, T., Ber. Deut. Pharm. Ges. *11*, 209 (1901).
PERCIVAL, E. G. V., und WILLOX, J. C., J. Chem. Soc. *1949*, 1608.
PHADKE, P. S., et al., Indian J. Chem. *5*, 131 (1967).
PROCHAZKA, Z., Naturwissenschaften *46*, 426 (1959).
SCHINDLER, H., Arzneimittelforschung *5*, 664 (1955).
TORIGOE, Y, J. Pharm. Soc. Japan *85*, 176 (1965).
WASICKY, R., Planta Medica *9*, 232 (1961): Methoden für Beurteilung der Menge der gelbildenden Anteile des Schleimes.
WATTIEZ, N., und HANS, M., Bull. Acad. Roy. Méd. Belg. *8*, 386 (1943).
WILD, G. M., und FRENCH, D., Proc. Iowa Acad. Sci. *59*, 226 (1952).
WINDE, E., *Untersuchungen über die Verbreitung der Pseudoindikane*, Diss. Freie Univ. Berlin, 1959.

Schlussbetrachtungen

GUNDERSEN, CRONQUIST, HUTCHINSON und der Syllabus bringen die Familie wegen der tetrameren Blüten in der monotypen Ordnung der *Plantaginales* unter und leiten diese von den *Tubiflorae* (Anschluss an die Scrophulariaceen oder Acanthaceen) (CRONQUIST, Syllabus) oder von den *Primulales* (GUNDERSEN, HUTCHINSON) ab. WETTSTEIN rechnete die *Plantaginaceae* zu den *Tubiflorae* und wurde in diesem Vorgehen durch TAKHTAJAN (Plantaginaceen in *Scrophulariales*) gefolgt.

Die chemischen Merkmale sprechen sehr eindrücklich für Streichung der Ordnung *Plantaginales* und Einreihung der Plantaginaceen in die *Tubiflorae*, oder bei Auftrennung der letzteren, in die *Scrophulariales*. Beziehungen zu den *Primulales* bestehen nicht.

Reichliches Vorkommen von Aucubin und mutmasslich iridoiden Alkaloiden, von freien pentacyclischen Triterpensäuren, von Derivaten der Kaffeesäure und von Flavonderivaten bei gleichzeitigem Fehlen von Flavonolen und Gerbstoffbausteinen und Gerbstoffen, sowie die Speicherung von Stachyose (Wurzeln), Hexitolen (Kraut) und Planteose (Samen) stellen eine Merkmalskombination dar, welche die Plantaginaceen eng mit Vertretern der *Tubiflorae* verknüpft.

Aucubin, Plantagonin, Hispidulin (= Dinatin), Stachyose- und Hexitolspeicherung sind beispielsweise für Vertreter der Schrophulariaceen charakteristisch. Andererseits zeigen die Plantaginaceen ebenfalls Anklänge an die Labiaten (Planteose als allgemein vorkommender Zucker, reichliche Akkumulation von Oleanol- und Ursolsäure).

Ähnlich wie man die Labiaten als einen über die Verbenaceen aus Scrophulariaceen hervorgegangenen Zweig mit neuen entomophilen Anpassungen auffassen kann, lassen sich die Plantaginaceen als einen von den Scrophulariaceen abstammenden windblütigen Zweig der Sympetalen auffassen.

201. Platanaceae

Bäume mit wechselständigen, handförmig gelappten Blättern mit hinfälligen Nebenblättern. Blüten klein, regelmässig, eingeschlechtig (Rudimente des anderen Geschlechtes können vorkommen) und monözisch, in kugeligen Köpfchen vereinigt; die Letzteren einzeln oder zu mehreren, sitzend oder kurz gestielt an aufrechten, später hangenden langen Stielen; jeder dieser ährigen oder traubigen Gesamtblütenstände enthält ausschliesslich ♂ oder ausschliesslich ♀ Köpfchen. Blütenhülle unscheinbar, doppelt oder einfach. ♂ Blüten mit meist 3–4 Staubblättern. ♀ Blüten mit 6–9 Fruchtknoten (Apokarpie) mit je einer Samenanlage mit 2 Integumenten. Langbehaarte Nussfrüchte. Samen mit wenig Endosperm.

Nur *Platanus* mit 3 Verbreitungszentren:

Östliches Mittelmeergebiet und Kleinasien: *P. orientalis* L.

Mexico, Californien und Arizona: *P. racemosa* Nutt.

Florida bis Maine und südliches Canada: *P. occidentalis* L.

Alle drei Sippen sind polytypisch und zudem durch Übergangsformen miteinander verbunden. Deshalb werden sie zuweilen in der Gesamtart *P. vulgaris* Spach vereinigt.

Da die Platanen einerseits miteinander hybridisieren und fertile Bastarde liefern und andererseits in fast ganz Europa in vielen Formen als Schattenspender und Allee- und Parkbäume viel kultiviert werden, ist die Systematik sehr schwierig und richtige Identifikation der Sippen oft selbst dem Fachmanne kaum möglich. Je nach dem Bearbeiter werden in der Gattung *Platanus* 1–11 Arten unterschieden (6 im *orientalis*-Formenkreis, 3 im *racemosa*-Formenkreis und 2 im *occidentalis*-Formenkreis). Die Platane Mitteleuropas («London Plane-Tree») ist als *Platanus acerifolia* (Ait). Willd. bekannt und wird neuerdings (Flora Europaea I, S. 384) *Platanus hybrida* Brot. genannt. Sie wird oft als Hybride *(P. orientalis* × *P. occidentalis)* aufgefasst; diese Abstammung scheint jedoch keineswegs bewiesen zu sein; es könnte sich auch um eine Variante von *P. orientalis* handeln.

Anatomische Merkmale

Sehr charakteristisch ist das dichte Haarkleid junger Blätter und Achsen; vielzellige verzweigte (Kandelaber- oder Etagensternhaare) Deckhaare und gestielte Drüsenhaare mit einzelligem Kopf. In Rinde und Mark sind Idioblasten mit chemisch noch nicht genau charakterisiertem Inhalt vorhanden. Calciumoxalatdrusen und -einzelkristalle kommen vor (Metcalfe-Chalk).

Das Haarkleid der jungen Blätter wird später abgeworfen; durch den Wind verwehte Haare und Haarknäuel sollen Ursache von Irritationen der Atemwege sein können (Solereder). Die durch den Wind verbreiteten behaarten Schliessfrüchte sollen gleiche Erscheinungen auslösen können (Greshoff 1909).

Chemische Merkmale

1. *Triterpene, Sterine und Wachse*

Rinde und Holz sind reich an Triterpenen.

P. orientalis L. (im weiten Sinne; d. h. inkl. *P. acerifolia* = *P. hybrida*): Für die Rinde wurden Platanolsäure (Zellner), Platanin (Jaretzky) und Platanol (David) beschrieben. Bruckner et al. (1948) erhielten aus Rinde 1,8% rohe und 0,7% reine Betulinsäure; sie nehmen an, dass Platanolsäure, Platanin und Platanol mit Betulinsäure identisch sind. Aplin et al. (1963) isolierten aus Rinde neben etwa 1,5% Betulinsäure noch Betulin, Betulinaldehyd und dessen Acetat, Betulonsäure, Sitosterin und Plataninsäure und 3-Dehydroplataninsäure; die Struktur der Plataninsäure konnte abgeklärt werden.

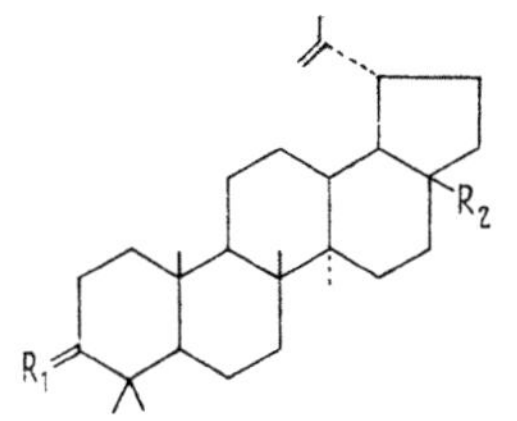

	R_1	R_2
Betulin	H, OH	CH_2OH
Betulinaldehyd (I)	H, OH	CHO
Acetat von I	H, OAc	CHO
Betulinsäure	H, OH	COOH
Betulonsäure	O	COOH

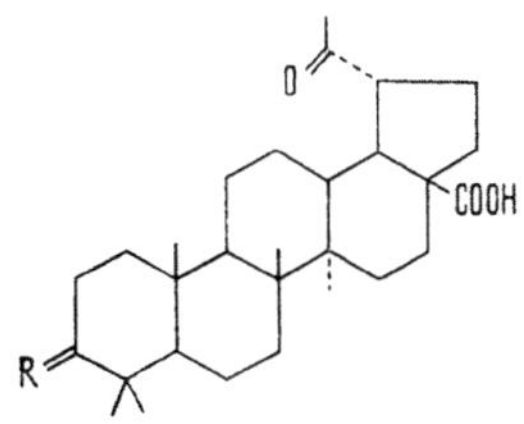

Plataninsäure, $C_{29}H_{46}O_4$: R = H, OH
3-Dehydroplataninsäure, $C_{29}H_{44}O_4$: R = O
(C_{29}-Triterpene der Norlupan-Reihe)

Aus dem Holz (*P. vulgaris* Spach; vermutlich ist deren europäische Form, *P. orientalis*, gemeint) isolierten Pacheco und Mentzer (1954) reichlich Betulinsäure. In Früchten wurden Triterpensäuren nicht gefunden (Amorosa-Corradini, l. c. S. 340).

P. occidentalis L.: K. Yagishita und S. Iseda (C. A. *52*, 20431 [1958]) gewannen aus Rinde etwa 1,5% Betulinsäure und (nach Hydrolyse) Sitosterin und Stearinsäure und aus Holz annähernd 0,5% Betulinsäure. Thomas und Müller (1961) isolierten aus Rinde, neben Betulinsäure und Behensäure (= Docosansäure), Betulinaldehyd und Plataninsäure (angeblich $C_{30}H_{48}O_4$; vgl. sub *P. orientalis*).

Nennenswerte Unterschiede in der Triterpenführung dürften zwischen *P. orientalis* und *P. occidentalis* kaum bestehen.

2. *Polyphenole*

Hydrolysierte Blattextrakte (*P. orientalis, P. acerifolia*) enthalten Myricetin, Quercetin, Kaempferol, p-Cumar- und Kaffeesäure und (aus Leucoanthocyanen entstanden) Cyanidin und Delphinidin; Ellagsäure fehlt (BATE-SMITH 1962, l. c. Bd. 3, S. 40). STAMBOULI und PARIS (1961) isolierten aus ♂ Blütenständen 0,54% Hyperin (Quercetin-3-galaktosid) und aus Blättern 0,02% Tilirosid (an der Glucose durch p-Cumarsäure acyliertes Kaempferol-3-monoglucosid: HARBORNE 1964); ausserdem wurden in Blättern Quercetinglykoside nachgewiesen.

Gerbstoffe kommen in eher unbedeutenden Mengen vor (GNAMM; DEKKER, l. c. B 3.09); sie sind chemisch nicht näher bekannt; vermutlich spielen Leucoanthocyane eine Rolle bei der Bildung der Platanaceengerbstoffe.

3. *Verschiedenes*

3.1 *Cyanogene Verbindungen:* GRESHOFF (1909) beobachtete Cyanogenese bei 4 im Kew Garten kultivierten (und demnach vermutlich botanisch richtig identifizierten) Sippen, *P. occidentalis, P. orientalis, P. acerifolia* und *P. cuneata* Willd. (gehört zum *orientalis*-Formenkreis); nur ganz junge Blätter geben reichlich Blausäure ab; die höchsten Gehalte (0,04%) wurden bei *P. cuneata* beobachtet; neben Blausäure entsteht vielleicht auch Aceton.

3.2 *Allantoin:* Die *Platanaceae (P. orientalis, P. acerifolia)* sind ausgesprochene Allantoinpflanzen (vgl. Bd. 3, S. 300 und die dort zitierte Arbeit von REINBOTHE). Allantoin ist nicht nur im Xylem, sondern ebenfalls im Phloem Haupttransportform des Stickstoffes (ZIEGLER-SCHNABEL 1961). PLOUVIER (1948) konnte aus Februarzweigen 0,32% und aus Märzzweigen 0,47% Allantoin isolieren und damit zeigen, dass Allantoin nicht nur in Blättern und Knospen, sondern ebenfalls in der Achse gespeichert wird. Neben Allantoin enthalten Blätter ebenfalls reichlich freies Prolin (STAMBOULI-PARIS 1961).

3.3 *Zucker der vegetativen Organe:* Platanenblätter enthalten nach STAMBOULI und PARIS (1961) reichlich Saccharose. Quebrachit konnte weder in Blättern noch in Zweigen nachgewiesen werden (PLOUVIER 1948). Mannit ist Hauptbestandteil einer in trockenen Sommern zuweilen auftretenden Platanenmanna (JANDRIER 1893).

3.4 *Samenreserven:* Nach JONES und EARLE (1966, l. c. S. 124) enthalten Samen von *P. occidentalis* L. keine Stärke; ganze Nüsse enthielten 9,4–13,8% Eiweiss und 4,8–7,8% fettes Öl. M. AMOROSA und C. CORRADINI (C. A. *61*, 8622 [1964]) beobachteten in den Früchten ebenfalls reichlich Eiweiss.

Literatur

Aplin, R. T., et al., J. Chem. Soc. *1963*, 3269.
Bruckner, V., et al., J. Chem. Soc. *1948*, 948.
Greshoff, M., Kew Bull. *1909*, 415.
Harborne, J. B., Phytochemistry *3*, 151 (1964).
Jandrier, E., Compt. Rend. *117*, 498 (1893).
Pacheco, H., und Mentzer, Ch., Compt. Rend. *238*, 1160 (1954).
Plouvier, V., Compt. Rend. *227*, 225 (1948).
Stambouli, A., und Paris, R. R., Ann. Pharm. Franç. *19*, 732 (1961).
Thomas, A. F., und Müller, J. M., Chemistry and Industry *1961*, 1794.
Ziegler, H., und Schnabel, M., Flora (Jena) *150*, 306 (1961).

Schlussbetrachtungen

Allgemein werden die Platanaceen mit den Hamamelidaceen (speziell *Liquidambaroideae*) in Verbindung gebracht. Dieser Annahme widersprechen die heute bekannten chemischen Merkmale nicht. Sie können vorläufig jedoch noch kaum zur Prüfung dieser Hypothese verwendet werden, weil die bekannten Tatsachen noch viel zu lückenhaft sind.

202. Plumbaginaceae

Perennierende Kräuter oder seltener Sträucher mit wechselständigen oder grundständigen, nebenblattlosen Blättern. Blüten mit 1 oder 2 Vorblättern, regelmässig und zwittrig, meist in reichblütigen, zuweilen kopfigen Blütenständen. Kelch 5zählig, mehr oder weniger röhrig verwachsen, nach dem Abblühen bleibend und in den Dienst der Fruchtverbreitung gestellt. Krone 5zählig, mehr oder weniger ausgesprochen sympetal. Staubblätter 5, frei oder in der Kronröhre eingefügt. Fruchtknoten oberständig, aus 5 Fruchtblättern gebildet, aber einfächerig und mit nur einer Samenanlage mit 2 Integumenten. Früchte dünnschalige, vom Kelch umhüllte Nüsse oder mit Deckel aufspringend. Samen mit Endosperm.

Die Familie ist über die ganze Erde verbreitet; viele ihrer Vertreter wachsen an Meeresküsten oder besiedeln Salzsteppen (viele ausgesprochene Halophyten).

Systematische Gliederung

Etwa 500 Arten in 10–15 Gattungen, welche über zwei Triben (oder Unterfamilien) verteilt werden können:

Plumbagineae: Ein Griffel mit 5 Narben; Staubblätter frei: *Ceratostigma, Plumbagella, Plumbago* und *Vogelia.*

Staticeae: 5 Mehr oder weniger freie Griffel; Staubblätter in der Krone eingefügt: *Acantholimon, Aegialitis, Armeria, Goniolimon, Limonium* und *Limoniastrum.*

Anatomische Merkmale

Das Haarkleid wird vor allem durch einzellige Deckhaare gebildet; daneben kommen gestielte Drüsenhaare (in erster Linie in der Blütenregion) vor. Sehr charakteristisch sind die epidermalen Drüsen (Licopoli-Drüsen), die ziemlich allgemein auf Blättern und Stengeln auftreten und Schleim oder Kalksalze ausscheiden. Angeblich plumbagin- oder gerbstoffhaltige Idioblasten wurden bei vielen Arten beobachtet. Calciumoxalat tritt nur selten und wo vorhanden in Form von kleinen Drusen auf. Im Mesophyll von *Aegialitis-*, *Limoniastrum-* und *Statice*-Arten können Sklereiden auftreten (SOLEREDER). Die Blattsklereiden von *Aegialitis rotundifolia* Roxb. (= *A. annulata* R. Br.?) wurden vor kurzem ausführlich beschrieben (V. ABRAHAM, Current Science *34*, 538 [1965]).

Chemische Merkmale

1. *Naphthochinone*

Plumbagin (vgl. ebenfalls Bd. 4, S. 41; dort Formel) wurde erstmalig aus Wurzeln von *Plumbago europaea* L. isoliert (DULONG D'ASTAFORT 1828). PECKOLT (1901) gewann einen plumbaginähnlichen Körper aus frischen Wurzeln von *Plumbago scandens* L. MADINAVEITIA und GALLEGO (1928) ermittelten die richtige Bruttoformel und charakterisierten den scharfen und blasenziehenden Körper von *Plumbago europaea* als ein Methyljuglon; aus frisch geernteten und rasch getrockneten Pflanzen gewannen sie 0,5% (oberirdische Teile) und 3% (unterirdische Teile) Plumbagin. Plumbagin wurde anschliessend aus Wurzeln von *Plumbago rosea* (verwechselt mit Wurzeln von *Rauwolfia* [= *Ophioxylon*] *serpentina* und deshalb Ophioxylin genannt: vgl. GRESHOFF 1890, S. 128; l. c. B 3.01) isoliert. *Plumbago*-Wurzeln (von *P. europaea* L., *P. rosea* L. und *P. zeylanica* L.) stellen die indische Droge «Chita» oder «Chitrak» dar; aus ihr gewannen ROY und DUTT (1928) ebenfalls Plumbagin; gute Droge von *P. rosea* und *P. zeylanica* lieferte 1–2% Plumbagin und die von *P. europaea* stammende Droge geringere Mengen; alte Droge ist wertlos, da praktisch kein Plumbagin mehr vorhanden ist. TUMMIN KATTI und

Patwardhan (1932) gewannen Plumbagin aus Wurzeln von *P. rosea* und bestätigten die Bruttoformel der spanischen Autoren und Kincl und Rosenkranz (1956) erhielten es aus Wurzeln von *P. pulchella* Boiss. (0,15%). Bhatia und Lal (1932/33) und Iyengar und Pendse (1966) zeigten, dass Plumbagin den auffallendsten Wirkstoff der Chitrak-Droge darstellt.

Ein Chinon mit den Eigenschaften des Plumbagins hatten Hermann (1876) und Brissemoret und Combes (1907) ebenfalls bei *Ceratostigma plumbaginoides* Bunge (= *Plumbago larpentae* Lindl.) beobachtet.

Nach Beobachtungen von Gibbs (1965) und Harborne (1967) kommt Plumbagin ausschliesslich bei den *Plumbagineae* vor; bei diesen ist es allgemein verbreitet. Durch Harborne wurde es in den Wurzeln der folgenden, bisher nicht untersuchten Arten nachgewiesen: *Ceratostigma willmottianum* Stapf, *Plumbagella micrantha* Spach, *Plumbago capensis* Thunb. und *P. coerulea* H. B. et K. Auffallend ist die Tatsache, dass bisher bei den Plumbaginaceen noch nie Begleitchinone des Plumbagins beobachtet wurden.

2. *Zimtsäuren und flavonoide Verbindungen*

Bate-Smith (1962, l. c. Bd. 3, S. 40) beobachtete in Blättern von *Armeria lusitanica* Link, *A. maritima* (Mill.) Willd. und *Limonium latifolium* Moench regelmässiges Vorkommen von Leucodelphinidinen und von Glykosiden des Myricetins, Quercetins und Kaempferols; Ellagsäure und Leucocyanidine wurden nicht beobachtet. Viele Botaniker (vgl. z.B. H.-C. Friedrich, Phyton [Austria] *6*, 220 [1956]) nehmen enge Beziehungen zwischen den Plumbaginaceen und den Centrospermen an; diese Hypothese wurde in jüngster Zeit durch Analyse der Pigmente geprüft. Beck et al. (1962) und Beck (1963) zeigten, dass blaue und rote Färbungen bei den Plumbaginaceen durch Anthocyane und nicht durch Betacyane bedingt werden; in Blüten wurden die Anthocyanidine Petunidin und Delphinidin und in rot gefärbten Herbstblättern Paeonidin, Cyanidin und Delphinidin beobachtet (untersucht: *Ceratostigma plumbaginoides*, 2 *Plumbago*-Arten, 3 *Limonium* [*Statice*]-Arten). Bei der vergleichenden Analyse von 55 Arten aus 11 Gattungen fand Harborne (1967) einige neue flavonoide Verbindungen (Abb. 39). Gleichzeitig beobachtete er interessante tribus- und gattungscharakteristische Züge der Phenolspektren (Tabelle 105).

Nach Harborne indizieren die Flavonoidspektren der Plumbaginaceen kaum nahe Beziehungen zu den Centrospermen einerseits oder zu den Primulaceen andererseits. Auch lassen sich die Plumbaginaceen auf Grund der Blattphenole nicht über die Gattung *Anisadenia* zwanglos mit den Linaceen verknüpfen (Vorschlag von Airy Shaw in Willis). Hauptphenole der Blätter der Linaceengattung *Anisadenia* sind Flavon(vermutlich Luteolin)glykoside und 2 unbekannte Ester der Kaffeesäure.

Unseres Erachtens sind allerdings Flavonoidspektren vielfach besser zur Aufdeckung infrafamiliärer und infragenerischer Zusammenhänge als zur Beurteilung von Familienverwandtschaften geeignet. Einmal treten die durch Bate-Smith

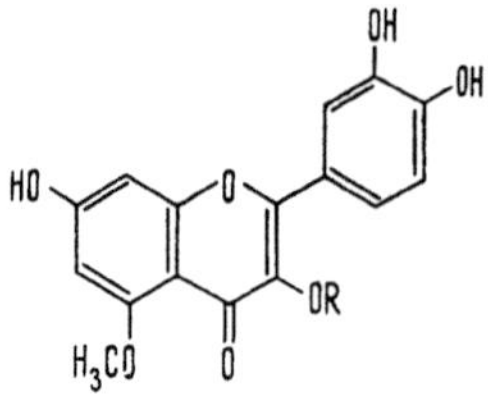

R = H : Azaleatin
R = Rhamnosyl : Azalein (HARBORNE 1962)

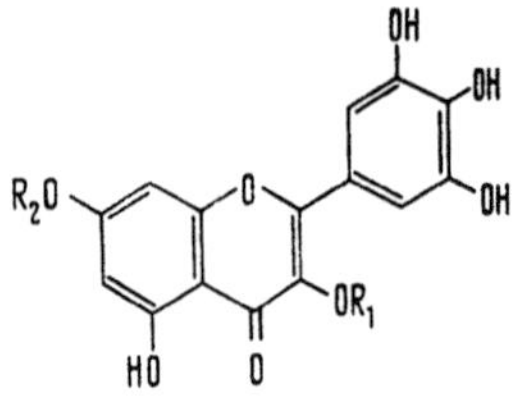

$R_1 = CH_3$; $R_2 = H$: Annulatin
$R_1 = H$; $R_2 = CH_3$: Europetin

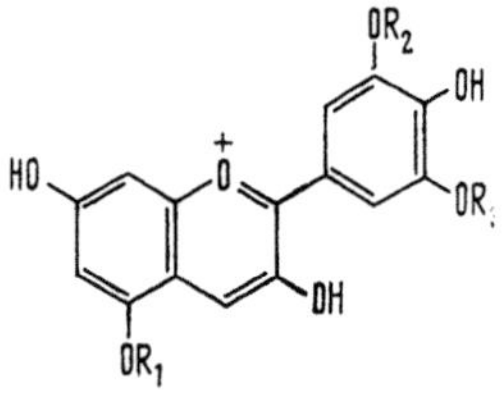

	R_1	R_2	R_3
Capensinidin (HARBORNE 1962)	CH_3	CH_3	CH_3
Pulchellidin	CH_3	H	H
Europinidin	CH_3	CH_3	H

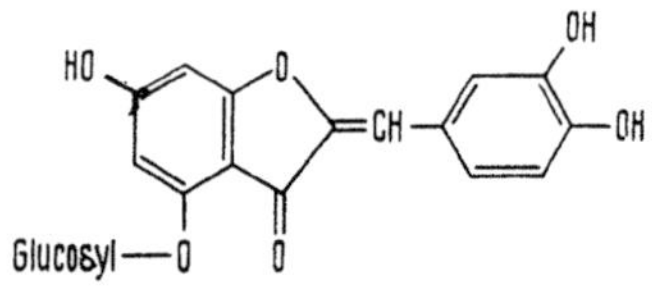

Cernuosid: Hauptpigment der gelben Blüten von *Limonium bonduellii* (Lestib.) Ktze. (= *Limonium sinuatum* [L.] Mill. ssp. *bonduellii* [Lestib.] Sauv. et Vindt) (HARBORNE 1966).

Abb. 39: Charakteristische flavonoide Pigmente der Plumbaginaceen (nach HARBORNE 1967).

und SWAIN (1965) als Ornamentierung bezeichneten sekundären Abwandlungen von Flavonoiden (z. B. O- und C-Methylierungen) wiederholt in Sippen sehr verschiedener Herkunft auf und andermal ist zur Genüge bekannt, dass die Flavonoidführung der Sippen einer Familie sehr unterschiedlich sein kann. Das Letztere wird gerade sehr eindrücklich durch die Plumbaginaceen demonstriert, ohne dass sich aus dieser Tatsache der Schluss ziehen liesse, dass *Plumbagineae* und *Staticeae* nicht zusammengehören.

Aus Wurzeln von *Limonium gmelinii* (Willd.) Ktze. isolierten T. K. CHUMBALOV und T. A. KIL (C. A. *57*, 5024 [1962]; *61*, 11012 [1964]) 0,9% Myricetin, 0,78% Quercetin, 0,85% Myricetinmonomethyläther, 1,55% Myricitrin, 0,69% Rutin, 0,43% Myricetinrhamnoglucosid und 0,73% 3,3′,4′,5′-Tetrahydroxyflavon.

3. *Gerbstoffbausteine und Gerbstoffe*

Leucoanthocyane und bei einigen Arten ebenfalls Gallussäure und Ellagsäure kommen nach den Ausführungen in Abschnitt 2 in erster Linie als Gerbstoffbausteine in Anmerkung. Genauere Gerbstoffuntersuchungen liegen allerdings bisher nur für *Limonium gmelinii* und *L. latifolium* vor.

Tabelle 105: *Phenolspektren der Plumbaginaceen* (nach HARBORNE 1967)

Art der Verbindungen	*Plumbagineae* (untersucht: 11 Arten aus 4 Gattungen)	*Staticeae* (untersucht: 44 Arten aus 7 Gattungen)
Plumbagin in Wurzeln	Allgemein verbreitet.	Fehlt.
Flavonole von Blättern und Blüten (Aglykone)	5-O-Methylierung (Azaleatin) häufig; 7-O-Methylierung (Europetin) bei *Plumbago europaea* L. und *P. pulchella* Boiss.	Myricetin weitverbreitet; 3-Methylquercetin und 3-Methylmyricetin nur in Blättern von *Aegialitis annulata* R.Br.; Azaleatin nur in Blättern von *Limonium ferulaceum* (L.) Ktze.
Flavonole der Wurzeln	Nicht untersucht.	Wie in Blättern.
Blütenanthocyanidine	A-Ring-Methylierung (Capensinidin, Pulchellidin, Europinidin) verbreitet.	A-Ring-Methylierung fehlt; Delphinidin, Petunidin und Malvidin verbreitet.
Blütenanthocyane	3-Glucoside, 3-Galaktoside und 3-Rhamnoside.	3,5-Diglucoside; 3-Rhamnosido-5-glucoside.
Leucoanthocyane	Selten in Wurzeln; sporadisch in Blättern und Blüten.	Verbreitet in Wurzeln, Blättern und Blüten.
Verschiedene	1-Galloylglucose (= Glucogallin) und eine Digalloylglucose in Blüten von *Plumbago rosea* L.	Luteolin in Blüten von *Limonium sinuatum* (L.) Mill. und Cernuosid in Blüten von *L. bonduellii* Ktze.; Ellagsäure bei *Aegialitis annulata* R. Br.

Nach DEKKER und GNAMM (beide l. c. B 3.09) sind vor allem die Wurzeln der *Staticeae* reich an Gerbstoffen. Kermekwurzeln *(Limonium gmelinii, L. latifolium)* sollen in Russland zum Gerben verwendet werden und etwa 17% Gerbstoff enthalten. Ausführlichere Angaben über Gerbstoffgehalte von *Limonium*-Arten finden sich in „*Flora of the U.S.S.R.*" (Vol. XVIII, English Translation, Jerusalem 1967); es werden hier die folgenden Gehaltsangaben für Wurzeln gemacht: *Limonium caspium* (Willd.) Gams 6,2–16,1%; *L. gmelinii* (Willd.) Ktze. 5–25%; *L. latifolium* (Sm.) Ktze. 9–25%; *L. meyeri* (Boiss.) Ktze. 6,2–18,1%; *L. myrianthum* (Schrenk) Ktze. 17–19%; *L. otolepis* (Schrenk) Ktze. 6,2–21%; *L. sareptanum* (Becker) Ktze. 5,4–16,1%; *L. tomentellum* (Boiss.) Ktze. 14,7–18%; für Ganzpflanzen von *L. suffruticosum* (L.) Ktze. werden 3–6% angegeben. In Septemberwurzeln der in Rumänien verbreiteten Form von *L. latifolium* (*Statice coriaria* Pall.) fand ALEXA (1957) 11,8% Gerbstoff. *Limonium carolinianum* (Walt.) Britt. (= *Statice caroliniana* Walt.) besitzt ebenfalls gerbstoffreiche Wurzeln (REED 1879). Die Rinde der strauchigen *Aegialitis rotundifolia* Roxb. soll 11% Gerbstoffe enthalten (Wealth of India, l. c. B 5.4).

Limonium gmelinii (= *Statice gmelinii* Willd.): Der Wurzelgerbstoff stellt eine Mischung von Leucoanthocyanpolymeren dar; ausserdem wurden aus Wurzeln isoliert: Pyrogallol, Gallussäure und 4% monomere Leucoanthocyane (Cyanidol, Cyanidolrhamnosid, Pseudocyanidolrhamnosid, Delphinidol) (T. K. CHUMBALOV und T. A. KIL, C. A. *57*, 11526 [1962]; *60*, 7137, 14743 [1964]).

Limonium latifolium (= *Statice latifolia* Sm.): Wurzeln enthalten kondensierte und Galloylgerbstoffe; Gallussäure wurde isoliert (V. A. PINCHUK, C. A. *59*, 11803 [1963]; *62*, 12070 [1965]).

Limonium meyeri (= *Statice meyeri* Boiss.): R. SADYKOV (C. A. *62*, 4233 [1965]) beschrieb Gerbstoffextrakte aus Wurzeln.

Da nur Wurzeln von *Limonium*-Arten zum Gerben verwendet werden, dürften die Gerbstoffgehalte bei den anderen Plumbaginaceen niedriger sein; mutmasslich stellen die Gerbstoffe der *Staticeae* zur Hauptsache polymere Leucoanthocyane dar.

4. *Verschiedenes*

4.1 *Sterine und Wachse:* Aus Wurzeln von *Plumbago rosea* isolierten TUMMIN KATTI und PATWARDHAN (1932) Paraffine, Wachsalkohole, Sitosterin und ein Phytosteringlucosid und aus Wurzeln von *Limonium gmelinii* wurden Dotriakontan und Stigmastanol erhalten (C. A. *60*, 7137 [1964]).

4.2 *Saponine:* Wurzeln von *Plumbago europaea* sollen saponinhaltig sein (BOITEAU et al. 1964, l. c. Bd. 4, S. 245). Bei *Armeria elongata* (Hoffm.) Koch wurden ebenfalls hämolysierende Stoffe nachgewiesen: In den Blättern der var. *andina* Poepp. und in den Wurzeln der var. *macloviana* (Cham.) Reiche (RICARDI et al., l. c. Bd. 2, S. 24).

4.3 *Alkaloide:* Nach Beobachtungen von ORECHOFF (l. c. B 4.1) ist *Statice flexuosa* L. (= *Limonium flexuosum* [L.] Ktze.) alkaloidhaltig.

4.4 *Nicht-proteinogene Aminosäuren:* Aus Blättern von *Armeria maritima* (Mill.) Willd. isolierte FOWDEN (1958) 4-Hydroxypipecolinsäure; diese Aminosäure kommt aber bei den Plumbaginaceen nur sporadisch vor; sie fehlte bei 4 andern Arten gänzlich.

4.5 *Reservestoffe der Samen:* Samen enthalten Stärke und daneben 32–38% Eiweiss und 5–10% Öl (EARLE-JONES 1962, l. c. Bd. 3, S. 40 und JONES-EARLE 1966, l. c. S. 124): Untersucht *Armeria pseudarmeria* Mansfeld, *Limonium sinuatum* (L.) Mill. und *L. tataricum* (L.) Mill. (= *Goniolimon tataricum* [L.] Boiss.).

Literatur

ALEXA, G., Rev. Techn. Ind. Cuir *49*, 167 (1957).
BATE-SMITH, E. C., und SWAIN, T., Lloydia *28*, 313 (1965).
BECK, E., *Beiträge zur Chemosystematik einiger Centrospermen, Plumbaginaceen und Primulaceen*, Diss. Univ. München, 1963.
BECK, E., et al., Planta *58*, 220 (1962).
BHATIA, B. B., und LAL, S., Indian J. Med. Research *20*, 777 (1932/33).
BRISSEMORET, A., und COMBES, R., J. Pharm. Chim. [6] *25*, 53 (1907).

DULONG D'ASTAFORT, M., J. Pharm. Sci. Accessoires *14*, 441 (1828).
FOWDEN, L., Biochem. J. *70*, 629 (1958).
GIBBS, R. D., Lloydia *28*, 291 (1965).
HARBORNE, J. B., Arch. Biochem. Biophys. *96*, 171 (1962); Phytochemistry *5*, 111 (1966); *6*, 1415 (1967); vgl. ebenfalls id., l. c. S. 262.
HERMANN, O., *Nachweis einiger organischer Verbindungen in den vegetabilischen Geweben*, Diss. Univ. Leipzig, 1876.
IYENGAR, M. A., und PENDSE, G. S., Planta Medica *14*, 337 (1966).
KINCL, F. A., und ROSENKRANZ, J., Ciencia (Mexico) *16*, 10 (1956).
MADINAVEITIA, A., und GALLEGO, Y. M., An. Soc. Españ. Fis. Quim. *26*, 263 (1928).
PECKOLT, T., Ber. Deut. Pharm. Ges. *11*, 206 (1901).
REED, E. L., Am. J. Pharm. *51*, 442 (1879).
ROY, A. CH., und DUTT, S., J. Indian Chem. Soc. *5*, 419 (1928).
TUMMIN KATTI, M. C., und PATWARDHAN, V. N., J. Ind. Inst. Sci. *A15*, 9 (1932).

Schlussbetrachtungen

Für die Plumbaginaceen sind Naphthochinone, am A-Ring methylierte Flavonole (worunter Myricetin), Leucoanthocyane (worunter Delphinidin) und davon abgeleitete Gerbstoffe und Samen mit Öl im Embryo und nicht zusammengesetzten Stärkekörnern im Endosperm charakteristisch. Gallussäure und Ellagsäure kommen eher sporadisch vor und treten in keinem Falle als Gerbstoffbausteine stark hervor.

Hinsichtlich der für die Sippe angenommenen systematischen Beziehungen wird nach den Diskussionen bei den Myrsinaceen und Primulaceen verwiesen. In mancher Hinsicht erinnern die Plumbaginaceen in den chemischen Merkmalen an die Polygonaceen (vgl. die Diskussion bei den letzteren). Ziemlich allgemein werden beide monotypischen Ordnungen von den Centrospermen abgeleitet:

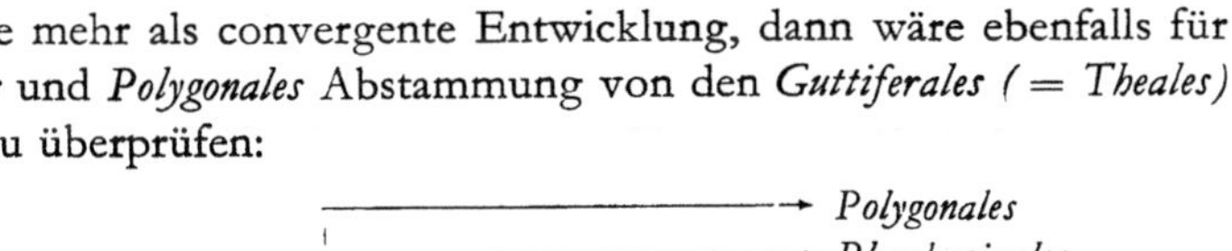

Die chemischen Merkmale beider Sippen erinnern wenig an die Centrospermen, sondern eher an die *Primulales*, *Ericales* und *Ebenales*. Bedeuten diese Übereinkünfte mehr als convergente Entwicklung, dann wäre ebenfalls für die *Plumbaginales* und *Polygonales* Abstammung von den *Guttiferales* (= *Theales*) zu erwägen und zu überprüfen:

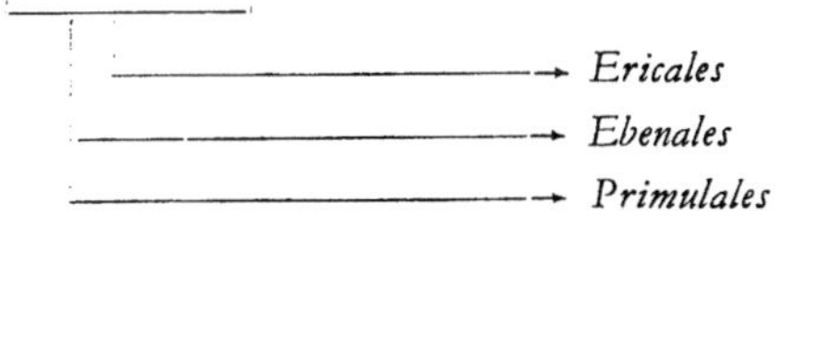

203. Podostemaceae

(= Podostemonaceae)

Krautige, ein- oder mehrjährige Pflanzen von lebermoos- oder meeralgenähnlichem Habitus, die für Gefässpflanzen ganz extreme Standorte benötigen. Sie bewohnen turbulente, schnellströmende Flüsse und Wasserfälle mit periodisch erniedrigtem Wasserstande (Zeit der Blüte und Samenentwicklung, -verbreitung und -anheftung). Sie sind mit Hilfe von modifizierten Wurzelhaaren und Wurzelemergenzen (sogenannte Hapteren), die angeblich braune Klebmassen ausscheiden, am Substrat (in der Regel Felsen) befestigt. Da sie im Gegensatz zu andern Wasserpflanzen das benötigte CO_2 nicht aus gelöstem $NaHCO_3$ gewinnen können und gleichzeitig sehr sauerstoffbedürftig sind, können sie sich nur an den geschilderten, sehr gut durchlüfteten Standorten entwickeln, finden dort aber zudem keine Konkurrenz durch andere Gefässpflanzen (PANNIER 1960; untersucht: *Apinagia multibrachiata* [Matth.] van Royen; *Mourera fluviatilis* Aubl.; *Tristicha*-Art). Der Blütenbau ist in der Familie ausserordentlich variabel (vgl. ENGLER 1930). Der Fruchtknoten ist oberständig und ein- oder 2-3fächerig und enthält meist zahlreiche Samenanlagen mit zwei Integumenten. Kapselfrüchte. Samen sehr klein, ohne Endosperm, mit schleimreicher Samenschale (Anheftung an das Substrat). Stärke tritt in den Geweben der Pflanzen und im Samen reichlich auf.

Die etwa 200 Arten werden über annähernd 45 Gattungen verteilt. Sie leben überwiegend in den Tropen und Subtropen der Alten und Neuen Welt. In den südlichen Vereinigten Staaten kommen noch 2, im Süden Japans 5 und in Südafrika etwa 4 Arten vor.

Unsere Kenntnisse von den Inhaltstoffen der Familie sind sehr oberflächlich; sie beruhen ausschliesslich auf einigen Beobachtungen anatomischer Art.

Starke Verkieselung in Form von mannigfaltig gestalteten Kieselkörpern in peripheren Zellen von Blatt, Achse und Wurzel ist weitverbreitet; nach SOLEREDER (Addenda, S. 1034–1035) stellen die sogenannten „Warmingschen Körper“ ebenfalls Kieselkörper dar, die durch Anthocyane angefärbt sind. Calciumoxalat tritt selten auf; Drusen und Einzelkristalle wurden beobachtet. Harz- oder Milchsaftidioblasten und -schläuche kommen bei vielen Arten vor (vgl. z.B. WENT 1926; *Apinagia perpusilla* Went, *Mourera fluviatilis* Aubl., *Oenone richardiana* [Tul.] Warm., *Oenone staheliana* Went, *Tristicha hypnoides* Spreng.); ihr Inhalt ist leider chemisch noch ganz unzulänglich charakterisiert (z. T. Harze? und z. T. Kautschuk oder Guttapercha?), was übrigens ebenfalls für die durch die Hapteren ausgeschiedene Haftsubstanz und für den Schleim der Samenschale gilt.

Nach PECKOLT (1894) ist *Mourera weddelliana* Tul. in Brasilien als Salzkraut oder Salzgemüse bekannt; die Asche enthält 50,4% NaCl, 33,6% KCl, 13,8% K_2CO_3 und 2,18% K_2SO_4 und wird an Stelle von Kochsalz verwendet. Gleiche Verwendung findet *M. fluviatilis* Aubl. bei den Indianern von Suriname (OSTENDORF,

l. c. S. 323). Das aus *Lophogyne helicandra* Tul. bereitete Decoct wird Fieberkranken als Erfrischung gereicht.

Die Podostemaceen werden zu den *Rosales* gerechnet (WETTSTEIN) oder bilden zusammen mit den Hydrostachyaceen (Bd. 4, S. 274) die kleine Ordnung der *Podostemales* (CRONQUIST; HUTCHINSON; TAKHTAJAN; Syllabus), die von den *Rosales* (speziell *Saxifragaceae* oder *Crassulaceae*) abgeleitet wird. Für eine solche Verwandtschaft sprechen in erster Linie einige embryologische Merkmale. Die scheinbar recht übereinstimmenden Ansichten über die Abstammung der *Podostemaceae* in der neueren systematischen Literatur sollten nicht die Tatsache verbergen, dass die systematische Stellung der Sippe noch sehr zweifelhaft ist. Die *Podostemaceae* stellen ein sehr dankbares Arbeitsfeld für die Chemotaxonomie dar.

Literatur

ENGLER, A., *Podostemaceae*, in *Die Natürlichen Pflanzenfamilien*, 2. Aufl., Bd. 18a, S. 1–68, Leipzig, 1930.

PANNIER, F., *Physiological responses of Podostemaceae in their natural habit*, Intern. Rev. der gesamten Hydrobiologie *45*, 347 (1960).

PECKOLT, TH., Pharm. Rundschau (New York) *12*, 240 (1894).

WENT, F. A. F. C., *Het melksap als bestanddeel van het celvocht*, Verslag v. d. gewone Vergaderingen Afd. Natuurk. Kon. Acad. Wetensch. Amsterdam *35*, 214 (1926).

204. Polemoniaceae

Überwiegend perennierende und einjährige Kräuter, seltener Holzgewächse. Blätter oft stark zerteilt, wechsel- oder gegenständig. Blüten zwittrig, meist strahlig gebaut. Kelch und Krone 5zählig, am Grunde zu einer kürzeren oder längeren Röhre verwachsen. Staubblätter 5, auf der Kronröhre eingefügt. Fruchtknoten oberständig, meist 3fächerig, mit vielen bis wenigen zentralwinkelständigen Samenanlagen mit einem Integument in jedem Fache. Viel- bis wenigsamige Kapselfrüchte. Samen bei den meisten Sippen mit gut entwickeltem Endosperm.

Die fast ganz auf Amerika beschränkte Familie zählt nur wenige nach Asien oder gar bis Europa (*Polemonium caeruleum* L.) vordringende Arten.

Systematische Gliederung

Über 300 Arten in 18 Gattungen, welche über die 5 Triben der *Cobaeeae*, *Cantueae*, *Bonplandieae*, *Polemonieae* und *Gilieae* verteilt werden können; die ersten 3 Triben sind in Süd- und Mittelamerika zu Hause und vereinigen in sich die strauchigen (z. T. klimmenden) und baumförmigen Vertreter der Familie.

Anatomische Merkmale

Einzellreihige oder einzellige recht verschieden gebaute Deckhaare und gestielte Drüsenhaare mit ein- oder mehrzelligem Kopf sind weitverbreitet; die Letzteren sezernieren nicht selten Duftstoffe (V. GRANT, *The natural history of the Phlox family*, Martinus Nijhoff, The Hague, 1959, S. 14–15). Interne Sekretionsorgane scheinen gänzlich zu fehlen; verschleimte Blattepidermiszellen sind ebenfalls von den Polemoniaceen nicht bekannt; dagegen ist die Samenschale bei vielen Vertretern der *Polemonieae* und *Gilieae* sehr schleimreich. Calciumoxalat ist nicht sehr häufig; wenn vorhanden, ist es in der Form von kleinen Nädelchen, Prismen oder seltener kleinen Drusen abgelagert (SOLEREDER). Verkieselung von Zellen der Blattepidermis kommt vor (*Loeselia mexicana* [Lamk.] Brand = *L. coccinea* G. Don).

Chemische Merkmale

1. *Phenolische Verbindungen*

BATE-SMITH (1962, l. c. Bd. 3, S. 40) beobachtete in hydrolysierten Blattextrakten von *Polemonium caeruleum* L. nur Quercetin und Kaempferol, bei *Cobaea scandens* Cav. Spuren Quercetin, Kaempferol und Cyanidin (aus Leucocyanidin) und bei *Cantua pyrifolia* Juss. Kaempferol, Sinapinsäure, Spuren Ferulasäure und möglicherweise Scopoletin. Das Fehlen von Kaffeesäure fällt auf. Samen von *Polemonium boreale* Adams enthalten Leucoanthocyane (BS.-R. 1959, l. c. B 4.4). In Blüten von *Gilia coronopifolia* Pers. (= *G. rubra* [L.] Hell. = *Ipomopsis rubra* [L.] Wherry) tritt das durch p-Cumarsäure acylierte Anthocyan Monardein (vgl. Bd. 4, S. 331; HARBONE 1964, l. c. Bd. 4, S. 332) auf.

2. *Saponine*

Nach bisherigen Erfahrungen kommen Saponine bei den Polemoniaceen fast allgemein vor. Die Sapogenine dürften Triterpene sein; sie wurden allerdings noch in keinem Falle genau charakterisiert. Die folgenden Autoren berichteten über das Vorkommen von saponinartigen Stoffen:

GRESHOFF (1909): *Cobaea scandens* Cav. (Blatt, Samen), *Gilia aggregata* Spreng. (= *Ipomopsis aggregata* [Pursh] Grant: Sehr toxisches Saponin), *G. achilleaefolia* Benth. (Samen), *G. laciniata* R. et P. (Samen), *G. nivalis* Hér. (= *G. tricolor* Benth.: Samen), *Polemonium boreale* Adams (Samen), *P. flavum* Greene (Samen), *P. gracile* Willd. (Samen), *P. pauciflorum* Wats. (Samen), *P. reptans* L. (Blatt) und *P. richardsonii* Graham (= *P. boreale:* Samen).

SOLACOLU und WELLES (1933): *Gilia capitata* Sims, *Linanthus androsaceus* (Benth.) Greene (= *Gilia androsacea* Steud.), *Polemonium boreale* Adams, *P. grandiflorum* Benth., *P. pulchellum* Bunge (alle Samen).

PENNINGTON (1958): *Ipomopsis macombii* (Torr.) Grant (= *Gilia macombii* Torr.) und *I. thurberi* (Torr.) Grant (= *Gilia thurberi* Torr.) stellen sehr wirksame Fischgifte von Mexico dar; beide enthalten vermutlich Saponine.

M. RICARDI et al. (1958, l. c. Bd. 2, S. 24): Alle untersuchten Organe von *Collomia biflora* (R. et P.) Brand, *Gilia gracilis* Hook. (= *Microsteris gracilis* [Hook.] Greene), *G. laciniata* R. et P. var. *erecta* (Hieron.) Brand und *Navarretia involucrata* R. et P. waren saponinhaltig; nur bei *Gilia crassifolia* Benth. wurden keine hämolysierenden Stoffe beobachtet.

L. STECKA (C. A. *61*, 5450 [1964]): *Polemonium acutiflorum* Willd., *P. occidentale* Greene (gehören beide zu *P. caeruleum*), *P. caeruleum* L. und *P. pauciflorum* Wats. sind in allen Organen saponinhaltig.

Blatt, Stengel, Blüten und Samen von *Loeselia mexicana* (Lamk.) Brand (= *L. coccinea* G. Don) sind ebenfalls saponinhaltig (eigene Beobachtung). Die saponinreichen Wurzelstöcke von *Polemonium caeruleum* besitzen gute expectorierende Wirkung und gelten als Ersatz für Senegawurzeln (KRASNIK et al. 1957; CYBURA und TOMCZYK 1958).

3. *Reservestoffe der Samen*

Samen enthalten 14–41% Eiweiss und 18–31% fettes Öl; Stärke fehlt (EARLE-JONES 1962, l. c. Bd. 3, S. 40 und JONES-EARLE 1966, l. c. S. 124): Untersucht *Cobaea scandens* Cav., *Gilia pinnata* (Cav.) Brand (= *Ipomopsis pinnata* [Cav.] Grant), *G. rigidula* Benth., *G.* spec. indet. (dieses Öl gab die Halphenreaktion), *Phlox paniculata* L., *Polemonium caeruleum* L.; ferner gaben die Samen von *Gilia rigidula* und *Phlox paniculata* Alkaloidreaktionen.

4. *Verschiedenes*

PLOUVIER (1958) isolierte aus 24 Boraginaceen Bornesit, konnte diesen Cyclit aber bei den untersuchten Polemoniaceen (*Cobaea*- und *Phlox*-Arten) nicht nachweisen.

BRANDNER und VIRTANEN (1963, 1964) isolierten aus *Phlox decussata* (= *Ph. paniculata* L.) γ-Hydroxyglutaminsäure (Kraut) und γ-Hydroxyglutamin (Samen) und eine ganze Reihe von α-Ketosäuren.

Wurzelstöcke von *Phlox ovata* L. (= *Ph. carolina* L.) wurden zur Verfälschung der Droge «Spigelia» verwendet; HOLM (1906) und KRAEMER (1910) gaben ausführliche histologische Beschreibungen der *Phlox*-Rhizome und -Wurzeln.

Literatur

BRANDNER, G., und VIRTANEN, A. I., Acta Chem. Scand. *17*, 2563 (1963); *18*, 574 (1964).
CYBURA, R., und TOMCZYK, H., Diss. Pharm. Polon. *2*, 109 (1958).
GRESHOFF, M., Kew Bull. *1909*, 406, 410, 415.

HOLM, TH., Am. J. Pharm. *78*, 553 (1906).
KRAEMER, H., Am. J. Pharm. *82*, 470 (1910).
KRASNIK, W., et al., Biul. Inst. Roslin Leczniczych (Posnan) *3*, 156 (1957).
PENNINGTON, C. W., Econ. Botany *12*, 99 (1958).
PLOUVIER, V., Compt. Rend. *247*, 2190 (1958).
SOLACOLU, TH., und WELLES, E., Compt. Rend. Soc. Biol. *112*, 1007 (1933).

Schlussbetrachtungen

Beziehungen zu den *Hydrophyllaceae* werden allgemein angenommen. Ausserdem gelten vor allem die Convolvulaceen und Solanaceen, zum Teil ebenfalls die Boraginaceen, als Verwandte der Polemoniaceen (Gruppe der ursprünglichen *Tubiflorae: Convolvulineae* im Syllabus; *Polemoniales* bei CRONQUIST und TAKHTAJAN). Die Abstammung der *Tubiflorae* ist unklar (*Guttiferales*?: CRONQUIST; *Loganiales:* TAKHTAJAN; GUNDERSEN). HUTCHINSON leitet seine *Polemoniales* von den *Geraniales* ab.

Die Frage, ob die *Tubiflorae* im weiten Sinne (WETTSTEIN; Syllabus) eine natürliche Einheit darstellen, ist eng mit der Frage der Abstammung der Ordnung verknüpft.

Beim gegenwärtigen Stande der Kenntnis der chemischen Merkmale ist man geneigt, für die *Polemoniales* sensu TAKHTAJAN (einschliesslich der *Solanaceae*) einen vom Rest der Tubifloren abweichenden Stoffwechsel zu vermuten (vgl. Bd. 3, S. 544). Zukünftigen Arbeiten bleibt es vorbehalten, viele Kenntnislücken auszumerzen und beweiskräftigere Argumente für die Stellung der *Convolvulineae* im System beizubringen.

205. Polygalaceae

(inklusiv *Diclidantheraceae* und *Xanthophyllaceae*)

Bäume, Sträucher oder perennierende Kräuter (auch Parasiten: *Salomonia* = *Epirhizanthe* in Asien und Malesien) mit einfachen wechsel- bis quirlständigen Blättern. Blüten zwittrig und zygomorph in ährigen, traubigen oder rispigen Blütenständen. Kelch 5zählig, mit mehr oder weniger ungleich entwickelten Blättern (oft 2 grösser und korollinisch gefärbt = Flügel); Krone (5)-3blättrig, eines der Kronblätter grösser und das sogenannte Schiffchen bildend; Staubblätter 10 oder weniger, frei oder röhrig verwachsen; Fruchtknoten oberständig, meist 2fächerig mit einer Samenanlage mit 2 Integumenten in jedem Fach. Fruchtform verschieden (Kapseln, Nüsse [z. T. geflügelt], Steinfrüchte [auch als Beeren bezeichnet]). Samen meistens mit Endosperm.

Die Familie ist über die ganze Erde verbreitet.

Systematische Gliederung

Etwa 800 Arten (wovon 500 in *Polygala*) in 10–15 Gattungen, die im Syllabus unverändert nach CHODAT (Natürl. Pflanzenfamilien III/4, 1897) über 3 Triben verteilt werden:

I. **Xanthophylleae:** (= *Xanthophyllaceae*): Kelchblätter nur wenig ungleich; Staubblätter mehr oder weniger frei, jedenfalls nicht röhrig verwachsen: Nur *Xanthophyllum* (Bäume von tropisch Asien, Indonesien und Nordaustralien).

II. **Polygaleae:** Zwei Kelchblätter als Flügel ausgebildet; Staubblätter zu einer hinten offenen Röhre verwachsen: *Bredemeyera* (inkl. *Comesperma*), *Carpolobia*, *Monnina*, *Mundia* (= *Nylandtia*), *Muraltia*, *Polygala*, *Salomonia*, *Securidaca*.

III. **Moutabeae:** Kelch, Krone und Staubblätter zu einer Röhre vereinigt: Nur *Barnhartia*, *Moutabea* und *Diclidanthera* in tropisch Amerika und *Eriandra* auf Neuguinea.

Anatomische Merkmale

Das Haarkleid wird nur durch einzellige (selten einzellreihige) Deckhaare gebildet. Sekretionsorgane fehlen gänzlich (für genauer zu untersuchende Ausnahmen bei einigen *Polygala*-Arten vgl. CHODAT [1897, Natürl. Pflanzenfamilien], SOLEREDER und METCALFE und CHALK). Calciumoxalat tritt in der Form von Drusen und Einzelkristallen auf. Charakteristisch ist die Samenschale gebaut (palisadenartige Steinzellen mit einem Oxalatkristall im Lumen: A. RODRIGUE, Bull. Herb. Boiss. *1*, 450, 513, 571 [1893]). Stärke scheint bei den Polygalaceen selten zu akkumulieren.

Chemische Merkmale

1. *Phenolische Inhaltstoffe*

1.1 *Benzoesäurederivate:* Methylsalicylat ist ein charakteristischer Bestandteil der Wurzeln vieler Polygalaceen; es kommt im lebenden Gewebe in der Form von Glykosiden (wahrscheinlich meistens Monotropitosid) vor; beim Absterben wird Methylsalicylat abgespalten, das seinerseits schnell zu Salicylsäure und Methylalkohol verseift wird. Bereits VAN ROMBURGH (1894–1901) hatte Methylsalicylat in Wurzeln von *Polygala*-, *Salomonia*- und *Xanthophyllum*-Arten nachgewiesen (vgl. Bd. 3, S. 38). Die Gehalte können beträchtlich sein; VAN ROMBURGH (1894) erhielt aus frischen Wurzeln die folgenden Mengen Methylsalicylat: *Polygala variabilis* H. B. et K. var. *albiflora* DC. (cult. in Hort. Bogor.) 0,11%; *P. oleifera* Heckel (cult.) etwa 0,1%; *P. javana* DC. 0,13%. BOURQUELOT (1894, 1896) fand Methylsalicylat in Wurzeln von *Polygala calcarea* F. Schultz, *P. serpyllifolia* Hose (= *P. depressa* Wender.) und *P. vulgaris* L. und zeigte, dass deren Wurzeln ebenfalls Primverase enthalten. LLOYD (1889) fand Methylsalicylat in frischen

Wurzeln von *Polygala senega* L. WHERRY (1927) prüfte 23 *Polygala*-Arten der östlichen Vereinigten Staaten auf Abspaltung von Methylsalicylat beim Zerreiben frischer Wurzeln; *P. cymosa* Walt. lieferte kein Methylsalicylat; alle andern Arten reagierten positiv: *P. alba* Nutt., *P. baldwinii* Nutt., *P. boykinii* Nutt., *P. brevifolia* Nutt., *P. cruciata* L., *P.* (= *Asemeia*) *cumulicola* Small, *P. curtisii* Gray, *P. grandiflora* Walt., *P. incarnata* L., *P. lewtonii* Small, *P. lindheimeri* Gray, *P. lutea* L., *P. mariana* Mill., *P. nana* (Michx.) DC., *P. nuttallii* Torr. et Gray, *P. paucifolia* Willd., *P. polygama* Walt., *P. ramosa* Ell., *P. rugelii* Shuttlew., *P. sanguinea* L. (ebenfalls deren f. *viridescens* [L.] Farw.), *P. senega* L., *P. verticillata* L. (ebenfalls deren var. *ambigua* [Nutt.] Wood). Die Wurzeln der afrikanischen *Securidaca longipedunculata* Fres. liefern etwa 0,12% Methylsalicylat; Monotropitosid konnte isoliert werden (NOGUEIRA PRISTA und CORREIA ALVES 1959); bei der im Congo verbreiteten var. *parvifolia* liefert die Wurzelrinde ebenfalls Methylsalicylat (MOES 1966).

Es ist noch keineswegs sicher, dass Monotropitosid das einzige Glykosid der Polygalaceen mit flüchtigem Aglykon ist. Nach DEKKER (l. c. B 3.09) riechen einige *Polygala*-Arten nach Benzaldehyd (HCN wird aber nicht abgespalten) und aus Wurzeln von *Polygala acicularis* Oliv. wurde ein nach Zimt riechendes Öl erhalten (vgl. GILDEMEISTER-HOFFMANN, V, S. 694).

1.2 *Zimtsäurederivate und flavonoide Verbindungen:* Nach Beobachtungen von BATE-SMITH (1962, l. c. Bd. 3, S. 40) an hydrolysierten Blattextrakten von *Polygala chamaebuxus* L., *P. hebeclada* A. W. Benn., *P. myrtifolia* L. und *P. vulgaris* L. sind auffallend grosse Mengen von Sinapinsäure vorhanden; daneben kommen Quercetin und (oder) Kaempferol und geringe Mengen Ferulasäure vor; Ellagsäure und Leucoanthocyane fehlen und Kaffeesäure tritt nur sporadisch auf. CORNER et al. (1962) fanden in Wurzeln von *Polygala senega* L. komplexe Zuckerester von p-Cumar-, p-Methoxyzimt-, Ferula-, Sinapin-, und 3,4,5-Trimethoxyzimtsäure. Anscheinend ist für *Polygala*-Arten die starke Tendenz zur Methylierung phenolischer Hydroxylgruppen der Zimtsäuren (Fehlen oder nur sporadisches Vorkommen von Kaffeesäure; Auftreten von Trimethoxyzimtsäure) recht charakteristisch.

Die flavonoiden Verbindungen der Polygalaceen wurden bisher nicht näher untersucht. Flavonole kommen vor (vgl. oben). Die Anthocyane von Blüten und Brakteen sind Delphinidin-3-bioside und Cyanidin-3,5-dimonoside (*Bredemeyera* [inkl. *Comesperma*]: 2 Arten; *Polygala paniculata* L.; GASCOIGNE et al. 1948, l. c. Bd. 4, S. 64).

1.3 *Lignane:* Aus Wurzeln von *Polygala paenea* L. isolierten POLONSKY et al. (1962) 0,2 % 4-Demethyl-7'-dehydroxypodophyllotoxin (Formel Bd. 3, S. 250: R_1 und R_2 = H).

1.4 *Xanthone:* Neben Lignanen lieferten Wurzeln von *Polygala paenea* L. 4 Xanthone (MORON und POLONSKY 1967).

1.5 *Gerbstoffe:* Gerbstoffakkumulation ist nicht bekannt; Gallussäure, Ellagsäure und Leucoanthocyane wurden vorläufig in der Familie nicht beobachtet.

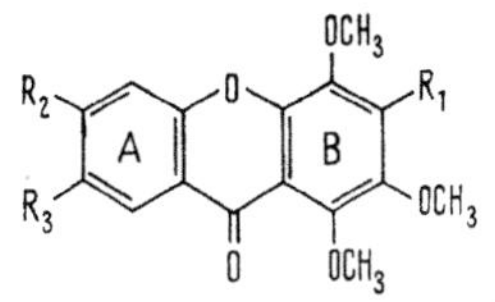

	R_1	R_2	R_3
Polygalaxanthon A, $C_{17}H_{14}O_7$	H	O–CH_2–O	
Polygalaxanthon B, $C_{18}H_{18}O_7$	OCH_3	H	OCH_3
Xanthon, $C_{16}H_{12}O_7$	Struktur noch unbekannt		
Xanthon, $C_{17}H_{16}O_7$			

Für *Securidaca longipedunculata* Fres. wird Gerbstoff angegeben (DEKKER, l. c. B 3.09), NOGUEIRA PRISTA und CORREIA ALVES (1959) fanden jedoch in Wurzeln nur 0,5% kondensierte Gerbstoffe.

2. *Saponine*

KASSAU (1931) beobachtete in den Gattungen *Carpolobia* (4 Arten untersucht) und *Moutabea* (4 Arten) ausschliesslich saponinfreie und in den Gattungen *Muraltia* (30 Arten), *Polygala* (300 Arten), *Salomonia* (10 Arten) und *Xanthophyllum* (22 Arten) ausschliesslich saponinhaltige Arten; *Nylandtia spinosa* (L.) Dumort. (= *Mundia spinosa* DC.), die einzige Art der Gattung, war ebenfalls saponinhaltig; nur in den Gattungen *Bredemeyera*, *Monnina* und *Securidaca* sind saponinfreie und saponinhaltige Arten vereinigt.

Die Sapogenine der Polygalaceen wurden verhältnismässig intensiv bearbeitet. Die Wurzel von *Polygala senega* L. enthält als Hauptsaponin Senegin und nach der älteren Literatur daneben noch ein saures Saponin, die Polygalasäure (dieser Name wird jedoch gegenwärtig für eines der Hydrolysenprodukte des Senegins verwendet; vgl. unten). Senegin enthält ein säurelabiles Sapogenin, das Praesenegenin (DUGAN-DE MAYO 1965; PELLETIER et al. 1966; SHIMIZU-PELLETIER 1965, 1966).

Hydrolyse von Senegin mit Mineralsäuren liefert eine Reihe von Artefakten:

Senegenin (JACOBS-ISLER 1937; SHAMMA-REIFF 1960; DUGAN et al. 1964) mit der Formel $C_{30}H_{45}ClO_6$ (früher angenommen $C_{30}H_{44}O_8$). Tenuifolinsäure ($C_{30}H_{44-46}O_8$) von TSCHESCHE und SEN GUPTA (1960) ist nach TSCHESCHE und STRIEGLER (1965) identisch mit Senegenin. Nach den gleichen Autoren stellen die Tenuigenine A und B von CHOU et al. (1957) Senegenine (Tenuifolinsäuren) verschiedener Reinheitsgrade dar.

Cyclosenegenin, $C_{30}H_{44}O_6$(SHIMIZU-PELLETIER 1965).

Hydroxysenegenin, $C_{30}H_{46}O_7$ (SHIMIZU-PELLETIER 1966).

Senegeninsäure, $C_{29}H_{44}O_6$ (PELLETIER et al. 1964, 1965), = Polygalasäure (DUGAN et al. 1964; TSCHESCHE-STRIEGLER 1965); bei Hydrolyse mit äthanolischer

Salzsäure wird sie in Form des Monoäthylesters erhalten (JACOBS-ISLER 1937; DUGAN et al. 1964; PELLETIER et al. 1964).

Enzymatische Hydrolyse von Senegin liefert das genuine Sapogenin Praesenegenin (YOSIOKA et al. 1966).

Senegenin (Tenuifolinsäure, Tenuigenine) wird ebenfalls bei der Hydrolyse der Saponine von *Bredemeyera floribunda* Willd. (TSCHESCHE-SEN GUPTA 1960) und *Polygala tenuifolia* Willd. (CHOU et al. 1957; FUJITA-ITOKAWA 1961) erhalten. Ausserdem enthält *Polygala amara* L. nach GLASER und KRAUTER (1924) ein mit Senegin vermutlich identisches Saponin und das Saponin von *Securidaca longipedunculata* Fres. liefert bei Hydrolyse mit Perchlorsäure ein Sapogenin, das in jederHinsicht mit dem auf gleiche Weise gewonnenen Sapogenin (Praesenegenin?) aus Senegin übereinstimmt (MOES 1966). Demnach scheint Praesenegenin bei den Polygalaceen als Sapogenin verbreitet zu sein. Andere Sapogenine kommen jedoch ebenfalls vor. Das Saponingemisch von *Bredemeyera floribunda* liefert neben Senegenin die Bredemolsäure (TSCHESCHE-SEN GUPTA 1960; TSCHESCHE et al. 1963) und ein Saponin aus *Xanthophyllum octandrum* Domin (= *X. macintyrii* F. Muell.) lieferte bei der Hydrolyse Oleanolsäure (SYMES et al. 1959, S. 30, l. c. B 4.5). Polygalacinsäure (POLONSKY et al. 1960; RONDEST-POLONSKY 1962, 1963) wurde nach Hydrolyse der Saponine von *Polygala paenea* L. erhalten.

Nach alkalischer Hydrolyse der Wurzelsaponine von *Polygala senega* und *P. tenuifolia* wird das gleiche Prosapogenin erhalten; es ist das Praesenegenin-3-monoglucosid (PELLETIER-NAKAMURA 1967).

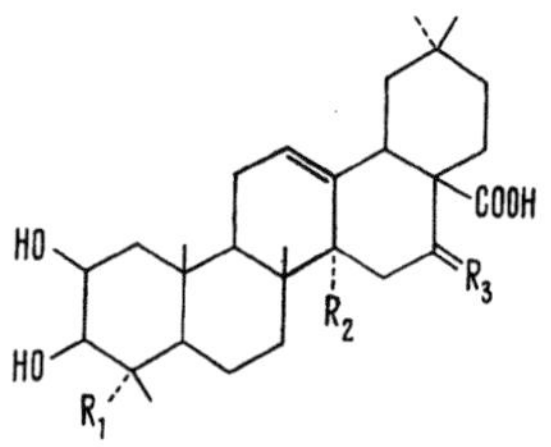

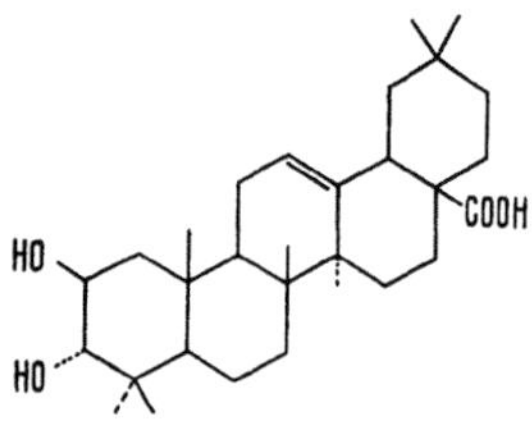

Bredemolsäure, $C_{30}H_{48}O_4$

	R_1	R_2	R_3
Praesenegenin, $C_{30}H_{46}O_7$	COOH	CH_2OH	H_2
Polygalacinsäure, $C_{30}H_{48}O_6$	CH_2OH	CH_3	H, βOH

Die Zuckerkomponenten der Saponine sind weniger gut bekannt. Am Aufbau des Senegins sind Glucose, Xylose, Rhamnose und Fucose (FINHOLT 1957; MOES 1966) und am Aufbau des Saponins von *Securidaca longipedunculata* Glucose, Arabinose, Xylose, Rhamnose und Fucose beteiligt (MOES 1966).

Da «Radix Senegae» (stammt von *Polygala senega* L. inklusiv deren var. *latifolia* Torr. et Gray; vgl. LLOYD 1892) ein viel gebrauchtes Expectorans darstellt, liegen zahlreiche Untersuchungen über Wertbestimmung, Verfälschungen und Ersatzdrogen vor; von diesen sollen nur einige neuere Arbeiten aufgeführt werden:

Wertbestimmung: BRAECKMAN 1952; FINHOLT 1957, 1959.

Verfälschungen: DEQUEKER 1952; GUPTA-BAL 1952; CATTORINI 1955.

Ersatzdrogen: Polygala gerardiana Wall., *P. hoehenackeriana* Fisch. et Mey. und *P. sibirica* L. (QUAZILBASH 1949); *P. abyssinica* R. Br. (SHAH-PANDHE 1960); *P. brasiliensis* L. und *P. cyparissias* St. Hil. (WASICKY, R. u. M. 1961); *P. chinensis* L. (SHAH et al. 1957, 1959; GUPTA-BAL 1952); *P. major* Jacq. (A. BOICHINOV und D. PANOVA, C. A. *57*, 13887 [1962]); 7 türkische *Polygala*-Arten (BAYTOP 1954); *P. rupestris* Purr. und *P. vayredae* Costa (DE BOLOSY VAYREDA 1943); *P. tenuifolia* Willd. (CHOU et al. 1957; FUJITA-ITOKAWA 1961).

Polygala amara L.: Liefert in Europa die «Herba Polygalae amarae», die nach GLASER und KRAUTER (1924) an Stelle von Radix Senegae verwendet werden kann; ausserdem findet diese Droge als Galaktagogum Verwendung.

Bredemeyera floribunda Willd.: Die Wurzeln werden in der brasilianischen Volksmedizin verwendet (MARTINS J., WASICKY R. und FERREIRA C.; Referate dieser Arbeiten in Sci. Pharm. [Wien] *19*, 121–122 [1951]; SCHENCK und HENNIG 1954).

Securidaca longipedunculata Fres.: Antirheumaticum in Angola (NOGUEIRA PRISTA und CORREIA ALVES [1959]); Anatomie der Wurzel (NIHOUL-GHENNE et al. 1967); J. FRAGA DE AZEVEDO und L.DE MEDEIROS (C. A. *60*, 8346 [1964]) beobachteten in Wurzeln Monotropitosid und ein molluscizides Saponin. HULTIN (1967) beschrieb Methoden für die Fraktionierung des Saponingemisches dieser Art.

3. *Reservestoffe*

3.1 *Vegetative Organe:* Die Kohlenhydratspeicherung ist nicht einheitlich. Stärke tritt bei vielen Polygalaceen nicht auf (CHODAT; ex TEDING VAN BERKHOUT 1918); sie fehlt meistens in Blättern und Stengeln und vielfach (z. B. *Polygala chamaebuxus*, *P. senega*) ebenfalls in Wurzeln; andererseits führen Wurzeln von *Securidaca longipedunculata* reichlich Stärke (NIHOUL-GHENNE et al. 1967). Möglicherweise ist auch bei dieser Familie Stärkeakkumulation in den Tropen häufig, während sie bei den Vertretern der gemässigten Zone durch andere Kohlenhydrate ersetzt ist (vgl. *Iris*, Bd. 2, S. 251; *Gramineae*, Bd. 2, S. 211; *Labiatae*, Bd. 4, S. 338 und HEGNAUER 1967). Sehr auffallend ist das Auftreten von grossen Mengen Polygalit (= 1,5-Anhydrosorbit); er ist aus den folgenden Arten bekannt: *Polygala amara* L. (CHODAT 1887, 1889: Erste Isolation; TEDING VAN BERKHOUT 1918: Genaue chemische Charakterisierung und erfolglose Bemühungen Polygalit ebenfalls aus *P. chamaebuxus* L. zu isolieren); *P. senega* L. (CARR-KRANTZ 1938: 1,3% aus frischem Kraut und 0,2% aus getrockneter Wurzel; RICHTMYER-HUDSON 1943: 1,2% aus Radix Senegae; daneben 14% fermentierbare Zucker, worunter Saccharose; RICHTMYER et al. 1943: Strukturbeweis durch Synthese); *Polygala tenuifolia* Willd. (SHINODA-SATO 1932; TAKIURA-HONDA 1964: Aus Wurzeln; daneben N-Acetylglucosamin isoliert und Glucose und Fructose nachgewiesen); *P. vulgaris* L. (PICARD 1927: 1–2% aus frischen Pflanzen; JIRÁCEK et al. 1962: Polygalit, Glucose und Fructose sind Hauptzucker von Blatt und Stengel; Früchte enthalten überwiegend Fructose und Glucose und Wurzeln Maltose, Glucose, Fructose und geringere Mengen von Polygalit; Saccharosespaltung war bei dem verwendeten Extraktionsverfahren möglich).

Vielleicht spielt fettes Öl ebenfalls eine Rolle als Wurzelreservestoff; «Radix Senegae» enthält z. B. etwa 5% Lipoide (Unverseifbares, freie Fettsäuren und Glyceride); das Öl enthält zur Hauptsache Palmitin- und Ölsäure; Valeriansäure wurde ebenfalls nachgewiesen (SCHRÖDER 1905).

3.2 *Samen*: Stärke scheint in Polygalaceensamen meistens zu fehlen. Eiweiss (Aleuronkörner), fettes Öl und daneben mutmasslich Reservecellulosen sind Hauptreservestoffe (CHODAT R., Natürl. Pflanzenfamilien, Bd. III/4, S. 328, Leipzig 1897; TEDING VAN BERKHOUT 1918). Bei *Monnina wrightii* A. Gray fanden JONES und EARLE (1966, l. c. S. 124) 10% Eiweiss und 13,7% fettes Öl. Samen von *Polygala butyracea* Heckel enthalten nach HECKEL und SCHLAGDENGHAUFFEN (1889) 17,5% Öl von Butterkonsistenz (Malukangbutter; 2/3 der Fettsäuren sind gesättigt); spätere Untersucher melden Ölgehalte von etwa 30% (V. Z. 250; J. Z. etwa 50: ECKEY, l. c. B 3.03; DALZIEL, l. c. B 5.3).

4. *Aluminiumakkumulation*

Nach CHENERY (1948, l. c. B 3.13) sind die *Xanthophylleae* (28 von 44 untersuchten *Xanthophyllum*-Arten) und die *Moutabeae* (*Barnhartia* 1/1; *Diclidanthera* 3/3 und *Moutabea* 3/3) fast durchwegs Aluminiumakkumulatoren; die *Polygaleae* andererseits akkumulieren Aluminium nicht, was später durch WEBB (l. c. B 3.13) bestätigt wurde.

5. *Alkaloide*

WEBB (1953) beobachtete wasserlösliche Basen bei *Xanthophyllum octandrum* (F. Muell.) Domin (= *X. macintyrii* F. Muell.). *X. palembanicum* Miq. und *X. excelsum* Blume sind ebenfalls alkaloidhaltig (AMARASINGHAM et al. 1964). PERNET (1959, l. c. Bd. 3, S. 673) beobachtete Alkaloide bei *Polygala bojeri* Chodat, *P. macroptera* DC. (= *P. volubilis* Boj.; 0,21%; chromatographisch 2 Basen nachgewiesen; diese gaben Indolreaktionen) und *P. schoenlandii* Hoffm. et Hildebr. Aus *Polygala tenuifolia* Willd. isolierte JEA HOON KIM (C. A. *65*, 12248 [1966]) Tenuidin, $C_{21}H_{31}O_5N_3$ (enthält mutmasslich ein Indol- und ein Chinolinsystem).

6. *Verschiedenes*

Die australischen *Comesperma*-Arten (= *Bredemeyera* sect. *Comesperma*) *C. calymega* Labill., *C. ericinum* DC., *C. flavum* DC., *C. retusum* Labill. und *C. sylvestre* Lindl. färben mit der Zeit Herbariumpapier violett (später nach braun verändernd) an (MAIDEN 1907); der Chemismus der betreffenden Farbstoffe ist nicht bekannt.

Literatur

AMARASINGHAM, R. D., et al., Econ. Botany *18*, 270 (1964).
BOURQUELOT, E., J. Pharm. Chim. [5] *30*, 96, 188, 433 (1894); [6] *3*, 577 (1896).
BAYTOP, Ö. T., Fol. Farm. (Istanbul) *3*, 59 (1954); Biol. Abstr. *30*, N° 11362 (1956).
BRAECKMAN, P., Pharm. Tijdschr. voor Belgie *29*,1 (1952).
CARR, C. J., und KRANTZ, J. C., J. Am. Pharm. Assoc. *27*, 318 (1938).
CATTORINI, P. E., Fitoterapia *26*, 372, 609 (1955).
CHOU, T. Q., et al., J. Am. Pharm. Assoc. *36*, 241 (1957).
CORNER, J. J., et al., Phytochemistry *1*, 73 (1962).
DE BOLOSY VAYREDA, A., Farmacognosia (Madrid) *2*, 297 (1943).
DEQUEKER, R., Pharm. Weekblad *87*, 661 (1952).
DUGAN, J. J., und DE MAYO, P., Canad. J. Chem. *43*, 2033 (1965).
DUGAN, J. J., et al., Tetrahedron Letters *1964*, 2567; Canad. J. Chem. *42*, 491 (1964).
FINHOLT, P., *Saponiner og saponinholdige galeniske preparater*, A. W. Bröggers, Boktrykkeri Oslo, 1957 (Diss. Dansk Farm. Höjskole, 11 Dez. 1957).
FINHOLT, P., et al., Medd. Norsk. Farm. Selsk. *21*, 37 (1959).
FUJITA, M., und ITOKAWA, H., Chem. Pharm. Bull. (Tokyo) *9*, 1006 (1961).
GLASER, E., und KRAUTER, H., Ber. Deut. Chem. Ges. *57*, 1604 (1924).
GUPTA, B., und BAL, S. N., J. Sci. Ind. Research (India) *11B*, 116 (1952).
HECKEL, E., und SCHLAGDENHAUFFEN, F., J. Pharm. Chim. [5] *20*, 148 (1889).
HEGNAUER, R., Pure Appl. Chem. *14*, 182 (1967).
HULTIN, E., Acta Chem. Scand. *21*, 1715 (1967).
JACOBS, W. A., und ISLER, O., J. Biol. Chem. *119*, 155 (1937).
JIRÁCEK, V., et al., Planta Medica *10*, 298 (1962).
KASSAU, E., *Beitrag zur Systematik einiger Polygalaceengattungen unter Berücksichtigung des Vorkommens von Saponinen*, Diss. Univ. Berlin, 1931; vgl. ebenfalls E. GILG und P. N. SCHÜRHOFF, Arch. Pharm. *270*, 276 (1932).
LLOYD, U. J., Pharm. Rundschau (New York) *7*, 86 (1889); *10*, 51 (1892).
MAIDEN, J. H., Am. J. Pharm. *79*, 62 (1907).
MOES, A., J. Pharm. Belg. N. S. *21*, 347 (1966).
MORON, J., und POLONSKY, J., Bull. Soc. Chim. France *1967*, 130.
NIHOUL-GHENNE, L., et al., Planta Medica *15*, 89 (1967).
NOGUEIRA PRISTA, L., und CORREIA ALVES, A., An. Fac. Farm. Porto *19*, 96 (1959).
PELLETIER, S. W., und NAKAMURA, S., Tetrahedron Letters *1967*, 5303.
PELLETIER, S. W., et al., Tetrahedron Letters *1964*, 3065; J. Org. Chem. *30*, 4234 (1965); Chem. Commun. *1966*, 727.
PICARD, P., Bull. Soc. Chim. Biol. *9*, 692 (1927).
POLONSKY, J., et al., Compt. Rend. *251*, 2374 (1960).
POLONSKY, J., et al., Bull. Soc. Chim. France *1962*, 1722.
QUAZILBASH, N. A., Pharm. J. *163*, 108 (1949).
RICHTMYER, N. K., und HUDSON, C. S., J. Am. Chem. Soc. *65*, 64 (1943).
RICHTMYER, N. K., et al., J. Am. Chem. Soc. *65*, 1477 (1943).
ROMBURGH, VAN , P., Rec. Trav. Chim. Pays-Bas *13*, 421 (1894).
RONDEST, J., und POLONSKY, J., Compt. Rend. *254*, 1298 (1962); Bull. Soc. Chim. France *1963*, 1253.
SHAH, C. S., und PANDHE, M. K., Indian J. Pharm. *22*, 66 (1960).
SHAH, C. S., et al., Indian J. Pharm. *19*, 224 (1957); *21*, 40 (1959).
SHAMMA, M., und REIFF, L. P., Chemistry and Industry *1960*, 1272.
SCHENCK, G., und HENNIG, A., Sci. Pharm. (Wien) *22*, 17 (1954).
SCHRÖDER, A., Arch. Pharm. *243*, 638 (1905).
SHIMIZU, S., und PELLETIER, S. W., Chemistry and Industry *1965*, 2098; J. Am. Chem. Soc. *87*, 2065 (1965); *88*, 1544 (1966).

SHINODA, I., und SATO, D., Ber. Deut. Chem. Ges. *65*, 1219 (1932).
TAKIURA, K., und HONDA, S., J. Pharm. Soc. Japan *84*, 1223 (1964).
TEDING VAN BERKHOUT, P. J., *Etude d'une substance sucrée du Polygala amara* (auct.) (*P. amarella* Crantz), Thèse, Univ. Genève, 1918.
TSCHESCHE, R., und SEN GUPTA, A. K., Chem. Ber. *93*, 1903 (1960).
TSCHESCHE, R., und STRIEGLER, H., Naturwissenschaften *52*, 303 (1965).
TSCHESCHE, R., et al., Tetrahedron Letters *1963*, 613.
WASICKY, R., und M., Qual. Plant. et Mat. Veget. *8*, 65 (1961).
WEBB, L. J., J. Austral. Inst. Agric. Sci. *19*, 144 (1953).
WHERRY, T., J. Washington Acad. Sci. *17*, 191 (1927).
YOSIOKA, I., et al., Tetrahedron Letters *1966*, 6303.

Schlussbetrachtungen

Die Stellung der Familie ist noch unsicher:

WETTSTEIN: In *Terebinthales* (= *Rutales* + *Sapindales* anderer Autoren); als Seitenzweig der um die Rutaceen sich gruppierenden Familien der Ordnung aufgefasst.

GUNDERSEN: In *Sapindales* (welche von den *Rutales* abstammen).

Syllabus: In der Unterreihe *Polygalineae* der *Rutales* (zu welchen ebenfalls die Malpighiaceen gerechnet werden).

In den Systemen von CRONQUIST, HUTCHINSON und TAKHTAJAN sind die Polygalaceen der kleinen Ordnung der *Polygalales* eingereiht; in der gleichen Ordnung treten bei allen Autoren die *Vochysiaceae* auf; ferner gehen die Auffassungen auseinander: CRONQUIST rechnet zu den *Polygalales* ebenfalls die Malpighiaceen und leitet die Ordnung von den *Sapindales* ab; HUTCHINSON leitet die *Polygalales*, zu welchen er ebenfalls die Krameriaceen zählt, über die *Violales* von den *Capparidales* ab und TAKHTAJAN, der die Krameriaceen ebenfalls den *Polygalales* zurechnet, nimmt Beziehungen zu den *Geraniales*, zu welchen er die Malpighiaceen zählt, an. AIRY SHAW (1966; in WILLIS) postuliert eindeutige Beziehungen (vermittelt durch die *Krameriaceae* und durch *Xanthophyllum*) zu den *Leguminosae*.

Zusammenfassend lässt sich festhalten, dass ziemlich allgemein enge Beziehungen zwischen *Vochysiaceae* und *Polygalaceae* angenommen werden; im weiteren hängt Einreihung ins System weitgehend von der Beurteilung der Verwandtschaftsverhältnisse der Krameriaceen und Malpighiaceen ab.

Eine gut fundierte chemotaxonomische Beurteilung der Stellung der Polygalaceen wird erst möglich werden, wenn Krameriaceen, Malpighiaceen, Vochysiaceen und die Familien der *Sapindales* und *Geraniales* chemisch besser erforscht sind.

Heute kann von den chemischen Merkmalen der Familie folgendes gesagt werden:

1. Saponine kommen fast allgemein vor; die Sapogenine gehören zur Oleanolsäure-Reihe der Triterpene.
2. Echte Gerbstoffe, sowie deren Bausteine (Gallus- und Ellagsäure, Leucoanthocyane) scheinen weitgehend zu fehlen.
3. Methylsalicylatglykoside sind weitverbreitet.

4. Soweit untersucht, zählen Sinapinsäure und Trimethoxyzimtsäure zu den charakteristischen Zimtsäurederivaten der Familie.

5. Lignane und Xanthone kommen vor; ihre Verbreitung ist aber noch unerforscht.

6. Stärke ist weitgehend durch Zucker und Polygalit ersetzt.

7. Aluminium wird durch die *Xanthophylleae* und *Moutabeae*, nicht aber durch die *Polygaleae*, akkumuliert; CHENERY wies auf mögliche Beziehungen zu den *Symplocaceae* (vermittelnde Gattungen: *Barnhartia* und *Diclidanthera*).

Allgemeines Vorkommen von Saponinen mit Oleanolsäurederivaten als Aglykonen und teilweiser Ersatz der Zucker durch Polyole (Polygalit) sind Merkmale, die die Polygalaceen mit Vertretern der *Sapindales* gemeinsam haben (vgl. *Aceraceae*, *Hippocastanaceae*, *Sapindaceae*).

206. Polygonaceae

Einjährige (viele Unkräuter) und perennierende Kräuter, Sträucher oder selten Bäume mit meistens wechselständigen und ganzrandigen Blättern, deren häutige bis fleischige, röhrig verwachsene Nebenblätter die sogenannte Ochrea (fehlt den *Eriogonoideae*) bilden. Blüten sehr vielgestaltig, zwittrig oder eingeschlechtig, in der Regel aktinomorph, klein, unscheinbar oder auffällig gefärbt, meistens in vielblütigen, sehr verschieden gebauten Blütenständen vereinigt. Blütenhülle meistens nicht deutlich in Kelch und Krone differenziert, bicyclisch (3+3, seltener 2+2) oder durch Reduktion monocyclisch und 3zählig oder aber der Anlage nach acyclisch und meist 5zählig; Perigonblätter frei oder am Grunde verwachsen; oft entwickeln sich nach der Blüte alle oder ein Teil der Perigonblätter zu einer Fruchthülle (vgl. Anthokarp bei den Nyctaginaceen) weiter. Staubblätter in wechselnder Zahl, 3–9, selten mehr. Fruchtknoten oberständig, in der Regel durch 3 Fruchtblätter gebildet, einfächerig, mit einer basalen Samenanlage mit 2 Integumenten. Nussfrüchte, die in der Regel von dem in den Dienst der Verbreitung gestellten Anthokarp (Flügel, Haken usw.) umhüllt werden. Samen mit reichlich Endosperm.

Die Familie ist über die ganze Erde verbreitet und im nördlichen extratropischen Gürtel am formenreichsten.

Systematische Gliederung

Etwa 800 Arten in 40 Gattungen, über deren Klassifizierung noch keine einheitlichen Auffassungen bestehen.

DAMMER (1893; in Natürl. Pflanzenfam. III/1a) und ebenfalls AIRY SHAW (1966; in WILLIS) gliedern sie in 3 Subfamilien und 6 Tribus:

I. **Rumicoideae:** Perigon cyclisch; Endosperm nicht ruminiert:
1. ERIOGONEAE: Ochrea fehlt.
2. RUMICEAE: Ochrea vorhanden.

II. **Polygonoideae:** Perigon acyclisch; Endosperm nicht ruminiert; Ochrea vorhanden:
3. ATRAPHAXIDEAE: Sträucher.
4. POLYGONEAE: Kräuter.

III. **Coccoloboideae:** Perigon cyclisch oder acyclisch; Endosperm ruminiert; Ochrea vorhanden:
5. COCCOLOBEAE: Blüten zwittrig.
6. TRIPLARIDEAE: Blüten zweihäusig mit 9 oder mehr Staubblättern in den ♂ Blüten, oder zwittrig *(Leptogonum)* und nur 3 Staubblätter vorhanden.

Im Syllabus werden ebenfalls 3 Unterfamilien angenommen: die *Rumiceae* werden jedoch zu den *Polygonoideae* gerechnet:

I. **Eriogonoideae** (HOLLISTERIEAE + ERIOGONEAE).
II. **Polygonoideae** (RUMICEAE + POLYGONEAE [inkl. *Atraphaxideae*]).
III. **Coccoloboideae:** Unverändert.

Von DAMMERS System sagte JARETZKY (1925, l. c. S. 374): *Dammers System ist vollkommen unbrauchbar weil es auf der falschen Voraussetzung von cyclischen und acyclischen Blüten aufgebaut ist.* Zudem ist in DAMMERS System nach JARETZKY das ruminierte Endosperm systematisch zu hoch gewertet. JARETZKY gliederte wie folgt:

I. **Eriogonoideae:** Trimere Blüten; Ochrea fehlt; Trichome einzellig; Gefässbündel im Blattstiel in einem Bogen angeordnet; Anthrachinone fehlen. Umfassen die Triben der HOLLISTERIEAE und ERIOGONEAE.

II. **Polygonoideae:** Blüten trimer oder pseudopentamer; Ochrea vorhanden; Haare verschieden; Gefässbündel im Blattstiel in einem Ring angeordnet oder unregelmässig; Anthrachinone bei den ursprünglichen Sippen vorhanden.

Gruppe A (Trimerae) umfasst die RUMICEAE (Nährgewebe nicht ruminiert) und die TRIPLARIDEAE (ruminiertes Endosperm) und Gruppe B (Pseudopentamerae) die POLYGONEAE (Endosperm nicht oder kaum ruminiert) und die COCCOLOBEAE (Nährgewebe meist zerklüftet).

Anatomische Merkmale

Das Haarkleid besteht aus Deckhaaren (einzellig; einzellreihig) und aus verschieden gestalteten, gestielten oder sitzenden Drüsenhaaren mit 2-bis vielzelligem Kopf. In Blättern und Perigonblättern von *Polygonum*-Arten können ausserdem schizogene Exkreträume vorkommen. Schlauchförmige Gerbstoffidioblasten (Blattstiele, Stengel) sind weitverbreitet. Calciumoxalat tritt reichlich auf (grosse Drusen und Einzelkristalle). In den Gattungen *Polygonum* und *Rumex* liefert die

Anatomie der Blüten und Früchte zahlreiche systematisch brauchbare Merkmale (MAREK 1954). SCHNELLE und SCHRATZ (1964) fanden im Haarkleid ein systematisch wertvolles Merkmal in der schwierigen Gattung *Rheum*. In der Gattung *Polygonum* lassen sich Arten und Bastarde durch den anatomischen Bau der Drüsenhaare und Exkreträume der Blätter und Perigonblätter charakterisieren (SCHOTSMAN 1950).

Literatur

MAREK, S., *Morphological and anatomical features of the fruits of genera Polygonum L. and Rumex L. and keys for their determination*, Monogr. Botan. (Polen) *2*, 77–161 (1954).

SCHNELLE, F. J., und SCHRATZ, E., *Die Behaarung einiger Rheum-Arten als taxonomisch verwertbares Markmal*, Planta Medica *12*, 448–459 (1964).

SCHOTSMAN, H. D., *De bouw der klieren van enige Polygonum-soorten en -bastaarden*, Nederl. Kruidkundig Archief *57*, 262–275 (1950).

Chemische Merkmale

Zur Familie gehören Gerbstoffpflanzen, der Buchweizen, Gemüse- und Medizinalrhabarber und zahlreiche Ersatzdrogen des Medizinalrhabarbers. Die chemische Literatur über Inhaltstoffe der Gattungen *Fagopyrum*, *Polygonum*, *Rheum* und *Rumex* ist sehr umfangreich. Der Stoff soll wie bei den Papaveraceen gegliedert werden; nach zusammenfassender Besprechung der hauptsächlichsten heute bekannten Stoffgruppen werden weitere Einzelheiten nach systematischen Gesichtspunkten (Einteilung nach LEMÉE; Syllabus) geordnet gebracht.

1. *Anthrachinone und 1,8-Dihydroxynaphthaline*

Anthrachinone, Dianthrone und 1,8-Dihydroxynaphthaline (potentielle Naphthochinone) zählen zu den charakteristischen Inhaltstoffen der Familie. Ihr Chemismus und ihre Verbreitung wurden intensiv untersucht; für ergänzende Informationen wird nach THOMSON (1957, l. c. B 3. 10), HEGNAUER (1959, l. c. B 3.10) und MATHIS (1966; Polygonachinon wurde nicht aus einer *Polygonum*-Art, sondern aus *Polygonatum falcatum* A. Gray, *Liliaceae*, isoliert) verwiesen.

Am besten sind die 1,8-Dihydroxyanthrachinone bekannt; Chrysophanol (= Rumicin: HESSE 1896, 1899), Aloeemodin, Rhein, Emodin und Physcion (= Rheochrysidin) (Formeln Bd. 1, S. 130) wurden in vielen Arten beobachtet. In den lebenden Geweben sind sie meistens als Glykoside (von Anthrachinonen, Anthranolen und Dianthronen) vorhanden. Chrysaron und Rhabarberon wurden durch HESSE beschrieben; es wird bezweifelt (THOMSON 1957), ob die diesen *Rheum*-Anthrachinonen zugeschriebenen Strukturen (vgl. W. KARRER, l. c. B 3. 1) zutreffen; nach UCHIBAYASHI und MATSUOKA (1961) dürften beide mit Aloeemodin identisch sein. Denticulatol aus der Wurzel einer chinesischen *Rumex*-Art wird als ein o-Chinon mit Phenanthrenskelett aufgefasst (vgl. THOMSON). Dianthrone wurden für die Polygonaceen erstmalig eindeutig durch LEMLI et al. (1963, 1964) nachgewiesen; nach Hydrolyse der Anthraglykoside frischgetrockneter Wurzeln von *Rheum palmatum* L. gelang diesen Autoren die Isolation von Rhein-dianthron (Sennidin) und von 8 Heterodianthronen:

Sennidin C : Aloeemodin-Rhein-Dianthron
Rheidin A : Emodin-Rhein-Dianthron
Rheidin B : Chrysophanol-Rhein-Dianthron
Rheidin C : Physcion-Rhein-Dianthron
Palmidin A : Aloeemodin-Emodin-Dianthron
Palmidin B : Aloeemodin-Chrysophanol-Dianthron
Palmidin C : Emodin-Chrysophanol-Dianthron
Palmidin D : Chrysophanol-Physcion-Dianthron (wahrscheinlich; nicht isoliert).

Die Struktur des Rheins wurde durch NAWA et al. (1960, 1961) bestätigt; die kurz vorher beschriebenen Verbindungen Dirhein und Monorhein (HÖRHAMMER et al. 1958, 1959) stellen in Wirklichkeit Rhein und dessen Methylester dar.

Die folgenden Polygonaceen-Anthraglykoside wurden vorläufig eindeutig charakterisiert:

Physcionmonoglucosid: WAGNER et al. 1963 *(Rheum palmatum)*.

Aloeemodin-8-monoglucosid: WAGNER et al. 1963; HÖRHAMMER et al. 1964 *(Rh. palmatum)*.

Chrysophanol-1-monoglucosid (= Chrysophanein): WAGNER et al. 1963; HÖRHAMMER et al. 1965 *(Rh. palmatum)*.

Emodinmonoglucosid: WAGNER et al. 1963 *(Rh. palmatum)*.

Rhein-8-monoglucosid: WAGNER et al. 1963 *(Rh. palmatum)*.

Neben Monoglykosiden enthalten *Rheum*-Rhizome ebenfalls Diglykoside (WAGNER et al. 1963). In frischen Geweben dürften die Anthraglykoside vorwiegend in Form der Anthron- und Dianthronglykoside vorliegen.

Umfangreiche Untersuchungen über die Verbreitung der Anthrachinonaglyka bei den Polygonaceen (JARETZKY 1925; MAURIN 1926; TSUKIDA 1957; ROMANOVA-BAN'KOVSKII 1961) haben folgendes ergeben: In den Gattungen *Rheum* und *Emex* treten Anthrachinone allgemein auf. In den Gattungen *Rumex* und *Polygonum* (im weiten Sinne) sind viele Arten anthrachinonhaltig, andere dagegen gänzlich frei von Anthrachinonen. In den Gattungen *Atraphaxis*, *Oxygonum* und *Muehlenbeckia* führen nur einzelne Arten Anthrachinone. Bei allen andern Gattungen der Polygonaceen wurden Anthrachinone nicht beobachtet. Nach JARETZKY (1925, 1928) stellt das Anthrachinonvorkommen bei den Polygonaceen ein primitives Merkmal dar; bei allen Sippen (Unterfamilie, Tribus, Gattung) lässt sich Eliminierung des Merkmales im Laufe der Evolution stärker abgeleiteter Typen feststellen; bei den *Eriogonoideae* fehlen Anthrachinone gänzlich (auch bei den ursprünglichen Formen).

In der Gattung *Fagopyrum* sind Anthrachinone durch die hypericinähnlichen (vgl. Bd. 4, S. 224), photosensibilisierend wirkenden (verursachen Lichtkrankheiten [Fagopyrismus]) Pigmente Protofagopyrin und Fagopyrin ersetzt (BROCKMANN et al. 1950, 1952; Brockmann 1952, 1957). Protofagopyrin ist Hauptpigment der Pflanze; es wird von Fagopyrin begleitet. Im Experiment lässt sich Protofagopyrin in Fagopyrin und das letztere in Hypericin überführen. Damit ist die Struktur in den Hauptzügen festgelegt; nicht geklärt ist die Natur der stickstoffhaltigen Reste.

Protofagopyrin Fagopyrin

R = $C_5H_8(CH_3)ON$

Mutmasslich treten bei einigen anthrachinonfreien oder anthrachinonarmen *Polygonum*-Arten ebenfalls fagopyrinähnliche Verbindungen auf. Salgues (1961) hat nachgewiesen, dass *P. acuminatum* H. B. et K., *P. convolvulus* L., *P. hydropiper* L., *P. mite* L., *P. persicaria* L. und *P. punctatum* Ell. bei pigmentarmen Tieren Fagopyrismus verursachen; *P. amphibium* L., *P. aviculare* L. und *P. bistorta* L. waren vollständig ungiftig. Das Vorkommen von fagopyrinähnlichen Stoffen dürfte im Falle der nichtscharfen Arten (z. B. *P. mite*, *P. persicaria*) die Tatsache erklären, dass sie durch das Vieh gemieden werden.

Bei *Rumex*-Arten kommen neben Anthrachinonen ebenfalls 1,8-Dihydroxynaphthaline vor. Hesse (1899) isolierte aus Wurzeln von *Rumex nepalensis* Spreng., R. *obtusifolius* L. und R. *palustris* Sm. Nepodin (= Nepalin: Hesse 1896, 1899); aus Wurzeln von R. *obtusifolius* wurde gleichzeitig das ähnlich reagierende Lapodin erhalten. Nepodin wurde später aus Wurzeln von *Rumex japonicus* Houtt. isoliert und mit Musizin (aus *Maesopsis eminii*, *Rhamnaceae*) identifiziert (Murakami und Matsushima 1961). Bowman et al. (1963) erhielten Nepodin (= Musizin) aus Blättern und Wurzeln von *Rumex obtusifolius* L. und dessen 8-Glucosid aus frischen Blättern. Neposid (1-β-Glucosid des Nepodins) wurde durch O. K. Bagrii und P. E. Krivenchuk (C. A. *61*, 9572 [1964]) aus Wurzeln von *Rumex confertus* Willd. isoliert und ein ähnliches Glucosid erhielt O. K. Bagrii (C. A. *60*, 5891 [1964]) aus Wurzeln von *Rumex alpinus* L.

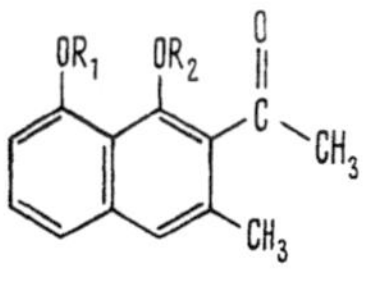

	R_1	R_2
Nepodin = Musizin	H	H
Nepodin-8-glucosid	Glucosyl	H
Neposid	H	Glucosyl

2. *Zimtsäuren und flavonoide Verbindungen*

Nach papierchromatographischen Befunden von Hörhammer und Scherm (1955) mit methanolischen Extrakten (aus Blättern oder Kraut?) von etwa 50 Arten kommt Kaffeesäure (frei oder in der Form von Chlorogensäure) ziemlich allgemein und meist reichlich vor; nur bei einer *Polygonum*-Art und bei *Muehlenbeckia platyclada* Meissn. konnte sie nicht nachgewiesen werden. Bate-Smith (1962, l. c. Bd. 3, S. 40) untersuchte hydrolysierte Blattextrakte von 8 Arten; er konnte Kaffeesäure nur bei 4 Arten, Spuren Sinapinsäure bei *Polygonum bistorta* L. und geringe Mengen von Ferula- und p-Cumarsäure bei *Rumex acetosa* L. nachweisen; Hauptphenole der Blätter sind nach seinen Erfahrungen die Flavonole.

Flavonole kommen bei den Polygonaceen allgemein vor; meistens überwiegen Quercetinglykoside; sie werden oft von Kaempferolglykosiden begleitet; Myricetin tritt seltener auf. Bate-Smith (1962, l. c. Bd. 3, S. 40) beobachtete es ausschliesslich in hydrolysierten Blattextrakten von *Polygonum aviculare* L., *Coccoloba trinitatis* Lindau und *C. uvifera* L. Hänsel und Hörhammer (1954) fanden in den Blüten oder Blättern von blühenden Pflanzen Rutin, Hyperin, Quercitrin oder Avicularin als Hauptglykoside; untersucht wurden:

8 *Rheum*-Arten: Rutin ist meistens Hauptglykosid; daneben meistens Hyperin, Quercitrin und weitere Glykoside.

15 *Rumex*-Arten: Hyperin ist meistens Hauptglykosid, kann aber durch Rutin *(R. scutatus, R. acetosella)* oder Quercitrin *(R. crispus, R. hydrolapathum)* ersetzt sein; Avicularin bei einigen Arten als Nebenglykosid.

18 *Polygonum*-Arten: 11 Arten mit Hyperin, 3 Arten mit Quercitrin, eine Art mit Rutin, eine Art mit Orientin und zwei Arten mit nicht identifizierten Hauptglykosiden; daneben eine ganze Reihe von oft artcharakteristischen (oder rassencharakteristischen: *P. persicaria*) Nebenglykosiden; unter den letzteren finden sich verhältnissmässig oft Flavonolglykoside mit den Eigenschaften des Avicularins.

3 *Fagopyrum*-Arten: Rutin; daneben Quercitrin und Hyperin.

3 *Muehlenbeckia*-Arten: Je nach Art überwiegt Hyperin oder Quercitrin.

2 *Oxyria*-Arten: Hyperin.

Emex spinosa Campd.: Rutin, Quercitrin.

Bisher konnten in der Familie die folgenden Flavonderivate eindeutig nachgewiesen werden (Isolation):

a) FLAVONOLGLYKOSIDE

Rutin (= Quercetin [= Q]-3-rutinosid): Verbreitet; aus zahlreichen Arten isoliert.

Hyperin (= Q-3-galaktosid): Verbreitet; aus mehreren Arten isoliert.

Quercitrin (= Q-3-rhamnosid): Verbreitet; verschiedentlich isoliert.

Isoquercitrin (= Q-3-glucosid): Vermutlich verbreitet; verschiedentlich isoliert.

Rumarin (= Q-3-arabinogalaktosid): 0,12% aus Früchten von *Rumex maritimus* L. (O. K. Bagrii et al., C. A. *65*, 15498 [1966]; neben Rutin und Hyperin).

Quercetin-3-diglucosid (vermutlich identisch mit Meratin): Aus dem Kraut von *Polygonum polystachyum* Wallr. (Hörhammer-Kriesmair 1955).

Reynoutriin (= Q-3-xylosid): 0,3% aus Blättern von *Polygonum cuspidatum* S. et Z. (= *Reynoutria japonica* Houtt. = *Polygonum reynoutria* Makino) (Nakaoki-Morita 1956).

Polystachyosid (= Q-3-β-arabinosid): Aus dem Kraut von *Polygonum polystachyum* Wallr. (Hörhammer et al. 1955).

Avicularin (= Q-3-α-arabinofuranosid): 0,05% aus dem Kraut von *Polygonum aviculare* L. var. *buxifolium* Ledeb. (Ohta 1940).

b) ESTER VON $KHSO_4$ MIT ISORHAMNETIN UND RHAMNAZIN

Persicarin (I): Etwa 0,13% aus frischem Kraut von *Polygonum thunbergii* S. et Z. (Tatsuta et al. 1956); bei *P. perfoliatum* L. nachgewiesen (Tatsuta-Ochii 1956).

Persicarin-7-methyläther (II): Aus dem Kraut von *Polygonum hydropiper* L. (Hörhammer-Hänsel 1953); neben Persicarin aus der gleichen Art (Tatsuta 1956).

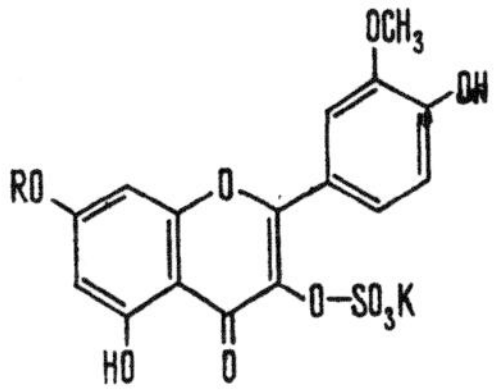

R = H : Persicarin
R = CH_3 : Persicarin-7-methyläther

c) FLAVONE

Luteolin: Nach Glykosidhydrolyse aus einer *Polygonum*-Art des Altai-Gebirges (K. A. Sobolevskaya und G. I. Vysochina, C. A. *64*, 5449 [1966]; ebenfalls Quercetin, Kaempferol und Isorhamnetin).

d) C-GLUCOSYL-FLAVONE

Vitexin (= Orientosid): Aus dem Kraut von *Polygonum orientale* L. (Hörhammer et al. 1958, 1959), Blättern von *Rumex acetosa* L. (Aritomi et al. 1965) und Kotyledonen von *Fagopyrum esculentum* Moench (Margna et al. 1967; hier ebenfalls Saponaretin).

Orientin: Aus dem Kraut von *P. orientale* L. (Hörhammer et al. 1958, 1959; begleitet von Isoorientin [= Homoorientin]) und aus Kotyledonen von *F. esculentum* Moench (Margna et al. 1967; begleitet von Isoorientin).

Nach neuesten Befunden verläuft die Isomerisation Vitexin ⇄ Saponaretin (und Orientin ⇄ Isoorientin) nicht nach der in Bd. 3 (S. 659) wiedergegebenen Weise, sondern über Öffnung und neuen Ringschluss des γ-Pyron-Ringes (vgl. Harborne 1967, l. c. S. 262).

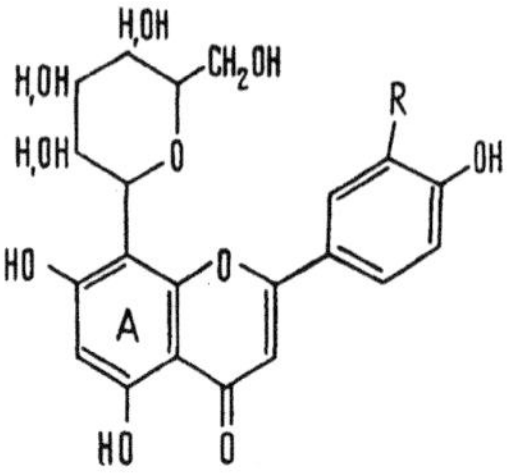

R = H : Vitexin
R = OH : Orientin (= Lutexin)

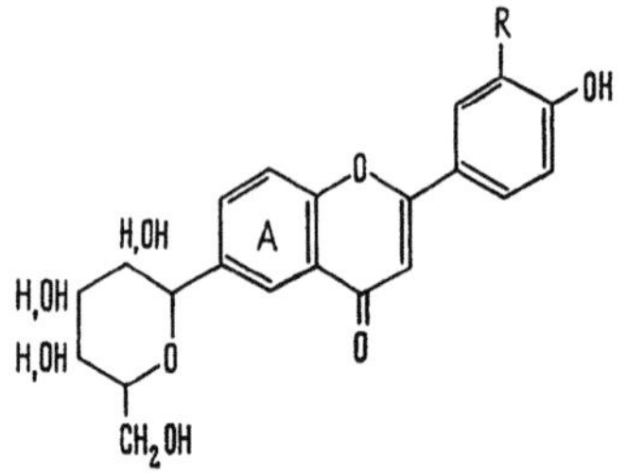

R = H : Isovitexin (= Saponaretin)
R = OH : Isoorientin (= Lutonaretin)

Die Anthocyane der Polygonaceen wurden noch wenig bearbeitet. Nach Harborne (1967, l. c. S. 262) treten in erster Linie 3-Glykoside des Cyanidins auf.

3. *Stilbene*

Stilbenglucoside und freie Stilbene wurden bisher in den unterirdischen Organen vieler *Rheum*- und weniger *Polygonum*-Arten beobachtet. Rhaponticin, das Monoglucosid des Rhapontigenins, ist seit langem bekannt (vgl. Billek 1964); da es der officinellen Droge «Rhizoma» oder «Radix Rhei» (*Rh. palmatum* L. und *Rh. officinale* Baillon) fehlt, bei Arten der Sektion *Rhapontica* und deren Bastarden aber konstant vorkommt (Schürhoff-Plettner 1937; Schnelle-Schratz 1966; Schratz-Witt 1966), wird der Rhaponticinnachweis vielfach zur Drogenprüfung verwendet (neuere Verfahren zum Nachweis von Rhaponticin vgl. z. B. Baerheim Svendsen und Drottning 1953; Lang 1957; Schratz-Witt 1966).

Rhaponticin kommt nach Schnelle und Schratz (1966) bei den Vertretern der Sektionen *Ribesiformia* (geprüft *Rh. cordatum* A. Los., *Rh. ribes* L.) und *Rhapontica* (*Rh. wittrockii* Lundstr., *Rh. kialense* Franchet, *Rh. undulatum* L., *Rh. altaicum* A. Los. und *Rh. franzesbachii* Münter) vor, und fehlt bei den untersuchten Vertretern der Sektionen *Palmata* (*Rh. officinale* Baillon, *Rh. palmatum* L.), *Spiciformia* (*Rh. reticulatum* A. Los.) und *Nobilia* (*Rh. alexandrae* Batal.). Anderslautende Angaben beruhen auf Fehlbestimmungen oder auf der Tatsache, dass die sehr häufig auftretenden Bastarde zwischen rhaponticinführenden und rhaponticinfreien Arten Rhaponticin bilden, auch wenn sie dem rhaponticinfreien Elter sehr ähnlich sind (Schnelle-Schratz 1966; Schratz-Witt 1966).

Resveratrol und sein 3-Monoglucosid Piceid (= Polydatin) wurden aus frischen Wurzeln von *Polygonum cuspidatum* S. et Z. erhalten (Nonomura et al. 1963); in bestimmten Wurzelmustern (nicht in allen) von *Polygonum multiflorum* Thunb. haben Tsukida und Yokota (C. A. *48*, 7710 [1954]; Tsukida 1957) mit chromatographischen Methoden Rhaponticin nachgewiesen.

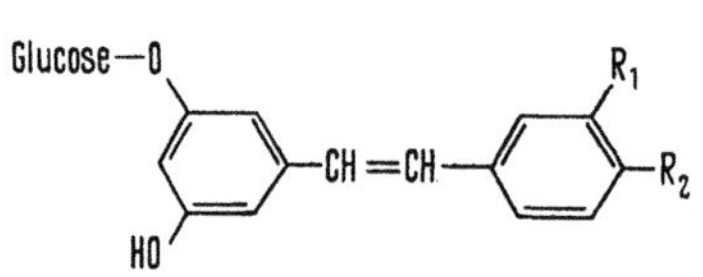

	R_1	R_2
Piceid (= Polydatin)	H	OH
Rhaponticin	OH	OCH_3

4. *Gerbstoffbausteine und Gerbstoffe*

Viele Polygonaceen enthalten reichlich Gerbstoffe. Als Bausteine sind Gallussäure, Catechine und Leucoanthocyane bekannt. Ellagsäure wurde bisher nur sehr selten (*Polygonum bistorta* L. [GSTIRNER-KORF 1966]; *P. hydropiper*, vgl. S. 377) beobachtet (HÖRHAMMER-SCHERM 1955; BATE-SMITH 1962, l. c. Bd. 3, S. 40). Nach HÖRHAMMER und SCHERM (1955) kommt freie Gallussäure bei vielen *Polygonum*-Arten reichlich vor; in den Gattungen *Fagopyrum*, *Oxyria*, *Rheum* und *Rumex* tritt sie mit wechselnder Häufigkeit auf; für die Gattung *Fagopyrum* ist reichliches Vorkommen von Protocatechusäure charakteristisch; ausserhalb dieser Gattung konnte sie nur noch bei *Polygonum bistorta* L., *Rumex acetosa* L. und *R. scutatus* L. nachgewiesen werden. In der Familie spielen aber Leucoanthocyane und Catechine die Hauptrolle als Gerbstoffbildner; es liegen bereits zahlreiche Angaben über Gerbstoffbausteine vor.

a) CATECHINE: Scheinen weitverbreitet zu sein.

(+)-*Catechin* (oder [±]-Catechin): *Polygonum bistorta* L. (GSTIRNER-HOPMANN 1953; GSTIRNER-KORF 1966); *Rheum palmatum* L. (GILSON 1902; BÖHME 1922; BELLART 1952); *Rheum maximowiczii* A. Los. (T. K. CHUMBALOV und L. T. PASHININA, C. A. *57*, 15238 [1962]); frische Wurzeln von *Rheum altaicum* A. Los., *Rh. cordatum* A. Los., *Rh. franzesbachii* Münter, *Rh. kialense* Franchet, *Rh. officinale* Baill., *Rh. palmatum* L. und *Rh. wittrockii* Lundstr. (FRIEDRICH-HÖHLE 1966); *Rumex confertus* Willd. (T. K. CHUMBALOV und M. M. MUKHAMED'YAROVA, C. A. *64*, 1011 [1966]).

(—)-*Epicatechin und dessen Gallussäureester:* Epicatechin kommt nach Beobachtungen von FRIEDRICH und HÖHLE (1966; frische Organe von *Rheum*-Arten) nicht frei, sondern ausschliesslich in der Form des Gallussäureesters vor, was vermuten lässt, dass die Catechinepimerisierung während der Veresterung stattfindet. Beobachtet bei: *Polygonum bistorta* L. (GSTIRNER-KORF 1966); *P. coriarium* Grig. (A. K. KHARIMDZHANOV et al., C. A. *67*, 51045 [1967]); *Rheum* (8 Arten: FRIEDRICH-HÖHLE 1966; T. K. CHUMBALOV und L. T. PASHININA, C. A. *55*, 14596 [1961]; *60*, 16114 [1964]; *65*, 2626 [1966]); *Rumex confertus* Willd. (CHUMBALOV und MUKHAMED'YAROVA, C. A. *64*, 1011 [1966]); *R. tianshanicus* A. Los. (E. I. MILOGRADOVA, C. A. *55*, 21263 [1961]).

Gallocatechin und dessen Gallussäureester: Polygonum coriarium Grig. (KHARIMDZHANOV et al., C. A. *67*, 51045 [1967]; MILOGRADOVA, C. A. *55*, 21263 [1961]); *Rheum maximowiczii* A. Los. (CHUMBALOV-PASHININA, C. A. *55*, 14596 [1961]; *60*, 16114 (1964]); *Rumex tianshanicus* A. Los. (MILOGRADOVA, C. A. *55*, 21263 [1961]).

b) LEUCOANTHOCYANE: ROBINSON und ROBINSON (1934) zeigten, dass die Droge «Rhizoma Rhei» und die Blätter von *Rheum rhaponticum* L. Leucocyanidine enthalten. Später beobachtete BATE-SMITH (1962, l. c. Bd. 3, S. 40) praktisch allgemeines Vorkommen von Leucoanthocyanen (Leucocyanidine; seltener Leucodelphinidine) in Blättern von Polygonaceen (2 *Rumex*-Arten, *Fagopyrum tataricum*

Gaertn., 2 *Polygonum*-Arten, 3 *Coccoloba*-Arten untersucht; einzig *C. uvifera* L. war frei von Leucoanthocyanen). CAMBIE et al. (1961, l. c. Bd. 3, S. 40) fanden ebenfalls durchwegs Leucoanthocyane (5 *Muehlenbeckia*-Arten, *Polygonum decipiens* R. Br., *Rumex flexuosus* Soland.). Ausserdem wurden Leucoanthocyane (in erster Linie Leucocyanidine) bei den folgenden Arten und Organen beobachtet: Hypokotyl von Keimpflanzen von *Fagopyrum esculentum* Moench (TROYER 1961); Wurzeln von *Polygonum alpinum* All. (T. K. CHUMBALOV et al., C. A. *56*, 1567 [1962]); Wurzeln von *Rheum wittrockii* Lundstr. (K. V. TARASKINA und T. K. CHUMBALOV, C. A. *60*, 13463 [1964]); Wurzeln von *Rumex confertus* Willd. (CHUMBALOV-MUKHAMED'-YAROVA, C. A. *64*, 1011 [1966]); Wurzeln von *R. hymenosepalus* Torr. (COLE-BUCHHALTER 1965); Wurzeln von *R. tianshanicus* A. Los. (Leucopelargonidine, Leucocyanidine, Leucodelphinidine: T. K. CHUMBALOV und M. M. MUKHAMED'YAROVA, C. A. *60*, 5799 [1964]).

c) GALLUSSÄURE UND ZUCKERESTER DER GALLUSSÄURE: Neben dem bereits erwähnten Ester der Gallussäure mit (—)-Epicatechin kommen in der Familie ebenfalls Glucogallin (= 1-Galloylglucose) und 3,6-Digalloylglucose vor. FRIEDRICH und HÖHLE (1966) fanden, dass Glucogallin bei *Rheum*-Arten kaum zur Gerbstoffbildung verwendet wird; die *Rheum*-Gerbstoffe sind kondensierte Gerbstoffe. Folgende Einzelheiten sind bekannt:

Gallussäure, Glucogallin und 3,6-Digalloylglucose in Rhizomen von *Polygonum bistorta* L. (GSTIRNER-KORF 1966); Gallussäure und Glucogallin aus der Droge «Rhizoma Rhei» (GILSON 1902; BELLART 1952; das durch GILSON beschriebene Tetrarin [Glucose + Zimtsäure + Gallussäure + Rheosmin] konnte durch spätere Untersucher nicht zurückgefunden werden [z. B. BELLART 1952; FRIEDRICH-HÖHLE 1966]; über Rheosmin vgl. ebenfalls S. 379); Glucogallin führen frische Wurzeln von *Rheum altaicum* A. Los., *Rh. kialense* Franchet, *Rh. officinale* Baill. und *Rh. palmatum* L., nicht aber von *Rh. cordatum* A. Los. und *Rh. wittrockii* Lundstr., und freie Gallussäure liess sich nur bei *Rh. kialense*, *Rh. officinale* und *Rh. palmatum* nachweisen (FRIEDRICH-HÖHLE 1966); Wurzeln von *Rheum maximowiczii* A. Los. enthalten Pyrogallol, Carvacrol, Gallussäure und 4-Methylgallussäure (T. K. CHUMBALOV et al., C. A. *61*, 11012 [1964]) und 0,7% von einem gallussäurehaltigen Glykosid, $C_{21}H_{39}O_{19}$ (A. M. SKOL'SKAYA, C. A. *51*, 8910 [1957]); *Rumex tianshanicus* A. Los. enthält Glucogallin in den Wurzeln (T. K. CHUMBALOV und M. M. MUKHAMED'YAROVA, C. A. *61*, 11012 [1964]).

d) ANGABEN ÜBER GERBSTOFFGEHALTE: Die Gerbstoffakkumulation ist nicht allen Polygonaceen eigen. Angaben über Gerbstoffgehalte finden sich bei DEKKER und GNAMM (beide, l. c. B 3.09). Die folgenden Beispiele sollen einen Eindruck von der Gerbstoffführung der Polygonaceen vermitteln:

Calligonum: Bei den strauchigen *Calligonum*-Arten sind die einjährigen Sprosse am gerbstoffreichsten (10–13%); nach der Verholzung sinkt der Gehalt auf 3,5–5,5% (S. J. KOKINA und A. J. KOKIN, Biol. Abstr. *24*, 21646 [1950]: *C. arborescens*, *C. caput-medusae*, *C. comosum*, *C. elatum*, *C. eriopodum*, *C. setosum*).

Coccoloba uvifera L.: Rinde enthält 25% Gerbstoff; die Art liefert ein westindisches Kino (DEKKER; GNAMM).

Polygonum: Perennierende Arten haben oft gerbstoffreiche Rhizome; dies trifft für *P. alpinum* All. (16–22% [Gnamm]; ferner T. K. Chumbalov et al., C. A. *56*, 1567 [1962]), *P. amplexicaule* L. (16%; Sarin-Kapoor 1963), *P. bistorta* L. (15–36%; Nick 1953) und *P. coriarium* Grig. (22–28%; C. A. *49*, 4090 [1955]; *56*, 1775 [1962]) zu. Bei *P. cuspidatum* S. et Z. und *P. sachalinense* F. Schmidt sind die Blätter (17–24%) und Stengel (3–13%) stark gerbstoffhaltig (Hemberg 1951).

Rheum: Wurzeln von *Rh. wittrockii* enthalten etwa 22% Gerbstoffe (C. A. *60*, 13463 [1964]).

Rumex: Die meisten Arten haben gerbstoffreiche Wurzeln. Czetsch-Lindenwald (1943) ermittelte für europäische Arten die folgenden Gehalte (Wurzeln): R. *acetosa* L. 7–15%; R. *acetosella* L. 2%; R. *alpinus* L. 2–10% (Kraut 4,5–13%); R. *conglomeratus* Murr. 7,5–9,5%; R. *crispus* L. 5–8%; R. *hydrolapathum* Huds. 3,5–21,5% (Blatt 1%, Früchte 14,5%); R. *obtusifolius* L. 4–7%; R. *patientia* L. 14–17%; R. *scutatus* L. 4,5%. R. *hymenosepalus* Torr. liefert eine Gerbwurzel («Canaigre») mit 23–26% Gerbstoff (Krochmal-Paur 1951; Gibbert-Black 1958) und in Wurzeln von R. *nepalensis* Spreng. wurden 12,8 % (Sarin-Kapoor 1963) Gerbstoffe gefunden.

Ruprechtia excelsa Griseb.: In Holz und Rinde nur etwa 1,5% Gerbstoff (Dekker).

Triplaris surinamensis Cham.: Etwa 5% Gerbstoff in der Rinde (Dekker).

e) DIE NATUR DER GERBSTOFFE: Für die Wurzel- und Rhizomgerbstoffe von *Polygonum alpinum* All. (C. A. *56*, 1567 [1962]), *P. bistorta* L. (Gstirner-Korf 1966) und *Rumex tianshanicus* A. Los. (T. K. Chumbalov und M. M. Mukhamed'yarova, C. A. *61*, 11012 [1964]: 1,9% hydrolysierbare und 5,3% kondensierte Gerbstoffe) werden Mischungen von Galloyl- und Catechingerbstoffen angegeben. Bei vielen *Rheum*- und *Rumex*-Arten treten fast ausschliesslich Catechingerbstoffe auf. Diese Gerbstoffe sind Polymerisate von Catechinen, Leucoanthocyanen und Catechingallaten (Chumbalov et al., C. A. *60*, 13463, 14830, 16114 [1964]; *64*, 1011 [1966]).

Mutmasslich sind die meisten Polygonaceengerbstoffe polymere Leucoanthocyane und Catechine; die Fraktionen der sogenannten hydrolysierbaren Gerbstoffe dürften zur Hauptsache aus Glucogallin und Catechingallaten bestehen; da die letzteren ebenfalls polymerisieren (*Rheum maximowiczii* A. Los.: C. A. *60*, 16114 [1964]) kommen in der Familie Gerbstofftypen vor, welche Eigenschaften beider Gerbstoffklassen aufweisen.

5. *Verschiedene Stoffgruppen*

5.1 *Die organischen Säuren:* Die meisten Polygonaceen sind Säureakkumulatoren. Einmal erzeugen sie viel Oxalsäure; ein Teil davon wird in Form des unlöslichen Calciumoxalates (Drusen; z. T. auch Einzelkristalle) deponiert; daneben führen *Emex*-, *Fagopyrum* (nicht alle Arten)-, *Oxyria*-, *Polygonum* (nicht alle Arten)-, *Rheum*- und *Rumex*-Arten reichlich lösliche Oxalsäure (Molisch 1918; Patschovsky 1920, l. c. Bd. 3, S. 65); nach Patschovsky treten grosse Gerbstoff- und Säuremengen vikariierend auf. Löve (1942) beobachtete bei *Rumex acetosella*

s. l. absinkenden Oxalsäuregehalt mit zunehmender Chromosomenzahl: R. *angiocarpus* Murb. (2x) $>$ R. *tenuifolius* (Wallr.) Löve (4x) $>$ R. *acetosella* L. s. str. (6x). Hauptsäure der Blattstiele von Rhabarber (Hybriden von *Rh. rhaponticum* L. und *Rh. rhabarbarum* L. [= *Rh. undulatum* L.]) ist Äpfelsäure (1–1,4% des Frischgewichtes), dann folgen Oxalsäure (0,12–0,27%), Citronensäure, Essigsäure und vermutlich Fumarsäure; von der Oxalsäure liegen etwa 2/3 in wasserlöslicher und 1/3 in unlöslicher Form (Calcium- und Magnesiumsalze) vor; die andern Säuren kommen praktisch vollständig in wasserlöslicher Form vor (Blundstone-Dickinson 1964). Allison (1966) fand in den Blattstielen von 10 Rhabarbervarietäten 0,11–0,40% lösliche und 0,2–0,8% Totaloxalsäure (berechnet auf Frischgewicht; Wassergehalt 93–96,7%). Der Ascorbinsäuregehalt der Rhabarberstiele beträgt 6–20 mg (Allison 1966) und derjenige der Blätter von 35 Arten der Familie 0–265 mg (im Mittel 35 mg) pro 100 g Frischgewicht (Bézanger-Beauquesne und Charonnat 1966).

5.2 *Reservestoffe:* In Wurzeln und Rhizomen speichern die Polygonaceen reichlich Stärke; daneben kommen Saccharose, Glucose und Fructose vor. Aus *Rheum*- und *Rumex*-Wurzeln wurde Saccharose verschiedentlich isoliert. Nach Chumbalov et al. (C. A. *64*, 7042 [1966]; *65*, 20508 [1966]) kann ausserdem Lactose in Wurzeln auftreten. Die Blätter führen dieselben Zucker. Ausserdem hat Salgues (1961) aus getrockneten Blättern von *Polygonum aviculare* L., *P. bistorta* L., *P. convolvulus* L., *P. mite* Schrank, *P. persicaria* L. und von einer weiteren Art (in der Arbeit steht *P. hydrolapathum;* gemeint *P. lapathifolium* L.?) Dulcit isoliert (40–210 mg/kg).

Die Samen der Polygonaceen enthalten viel Stärke und Aleuron (Eiweiss) und nur geringe Mengen (i. d. R. $<$ 5%) fettes Öl. Earle-Jones (1962, l. c. Bd. 3, S. 40) und Jones-Earle (1966, l. c. S. 124) ermittelten für Früchte von *Antigonum*-, *Eriogonum*-, *Fagopyrum*-, *Polygonum*- und *Rumex*-Arten Einweissgehalte von 5,6–18,8% und Ölgehalte von 1,7–3,5%; bei allen untersuchten Arten enthielten die Samen viel Stärke; meistens waren sie auch gerbstoffhaltig. In Achaenen (ohne Anthokarp) von *Rumex fennicus* Murb. (in Canada aus Europa eingebürgert) fand Coxworth (1965) 4% Öl und 20,8% Eiweiss. Das Samenöl von *Polygonum perfoliatum* L. (3,3%) enthält Öl- und Linolsäure als Hauptfettsäuren und 22,1% gesättigte Fettsäuren (Y. Koyama und Y. Toyama, C. A. *51*, 15971 [1957]). Nach Nägeli (l. c. B 3.02) ist die Stärke im Endosperm und das fette Öl im Embryo lokalisiert; die Stärkekörner sind nicht zusammengesetzt (Beobachtungen bei *Antigonum*-, *Atraphaxis* [inkl. *Tragopyrum*]-, *Emex*-, *Fagopyrum*-, *Oxyria*-, *Polygonum*-, *Rheum*- und *Rumex*-Arten und bei *Pterostegia drymarioides* Fisch. et Mey.).

5.3 *Mineralstoffe:* Jaretzky und Heinemann (1938) ermittelten für 28 *Polygonum*-Arten und einige *Fagopyrum*-, *Rheum*- und *Rumex*-Arten Kieselsäuregehalte; *Polygonum*-Arten enthalten etwa 0,2% lösliche Kieselsäure und meistens nicht wesentlich mehr unlösliche Kieselsäure, sodass die Gesamtgehalte 1% nur selten übersteigen; gleiche Verhältnisse zeigten *Fagopyrum esculentum* Moench und *F. tataricum* Gaertn. Bei *Rumex acetosa* L. und *R. scutatus* L. wurde im Kraut ausschliesslich wasserlösliche Kieselsäure (0,21 und 0,34%) gefunden; auch in der Gattung *Rheum* wurde ausschliesslich lösliche Kieselsäure angetroffen.

Mangan findet sich im Kraut der Polygonaceen in mittleren Mengen (13 Arten untersucht; im Mittel 66,8 mgMn/kg Trockensubstanz: BERTRAND-SILBERSTEIN 1958); einen etwas höheren Mittelwert fand TÖLGYESI (1965: 14 Arten; 48 Muster; 81,1 mg), der gleichzeitig die Gehalte (mg/kg) an Eisen (im Mittel 277 mg), Zink (im Mittel 28,7 mg) und Kupfer (im Mittel 6,6 mg) bestimmte. In trockenen Wurzeln von *Rumex obtusifolius* L. fanden TARBOURIECH und SAGET (1909) 0,447% Eisen (TSCHIRCH-WEIL, l. c. S. 382, fanden 0,38% Fe). Auch die Wurzeln von *Rumex pulcher* L. enthalten sehr viel Eisen (EMMANUEL, l. c. S. 382: Im Mittel 0,285%). JUMEAU (1916) fand in getrockneten Wurzeln von *Rumex*-Arten folgende Eisengehalte: R. *conglomeratus* Murr. 0,35%, R. *crispus* L. 0,63%, R. *obtusifolius* L. 0,38%, R. *pulcher* L. 0,64%; das Eisen liegt in chemisch nicht geklärter Form organisch gebunden in *Rumex*-Wurzeln vor.

5.4 *Alkaloide:* Alkaloidreaktionen wurden bei einigen Polygonaceen beobachtet (WILLAMAN-SCHUBERT, l. c. B 4.1). Ausführlichere Arbeiten sind auf 3 Arten beschränkt. Bei *Polygonum amphibium* L. enthält die Landform etwa 0,2% Alkaloide, die Wasserform dagegen nur Spuren (SANNA 1933). Aus Blättern von *Rumex obtusifolius* L. isolierte WILKINSON (1958) 0,1% α-Picolin. *Calligonum minimum* Lipski enthält 0,15–1,3% Alkaloide (am meisten in Wurzeln) mit Tetrahydroharman (= Calligonin = Elaeagnin) als Hauptalkaloid und dessen N-Oxyd und Harman als Nebenalkaloiden (A. S. SADYKOV et al., C. A. *56*, 10206 [1962]; *57*, 9904 [1962]; *58*, 11412 [1963]; *63*, 3314 [1965]).

5.5 *Saponine:* Hämolysine kommen in der Familie sporadisch vor; RICARDI et al. (l. c. Bd. 2, S. 24) beobachteten saponinartige Stoffe bei 5 *Chorizanthe*-Arten, *Rumex acetosella* L., *Polygonum convolvulus* L. und *P. hydropiperoides* Michx. (20 weitere Arten reagierten negativ) und CAMBIE et al. (1961, l. c. Bd. 3, S. 40) fanden saponinartige Verbindungen bei *Muehlenbeckia ephedroides* Hook. f., *M. complexa* Meissn., *Polygonum decipiens* R. Br. und *Rumex flexuosus* Solander. *Rumex abyssinicus* Jacq. und eine *Polygonum*-Art von Madagaskar sind nach PERNET (1959, l. c. Bd. 3, S. 673) ebenfalls saponinhaltig.

Literatur

ALLISON, R. M., J. Sci. Food Agric. *17*, 554 (1966).
ARITOMI, M., et al., Chem. Pharm. Bull. (Tokyo) *13*, 1470 (1965).
BAERHEIM SVENDSEN, A., und DROTTNING, E., Dansk Tidskr. Farm. *27*, 120 (1953).
BELLART, A. C., *Onderzoek naar de bestanddelen van in Nederland gekweekte Rhizoma Rhei*, Diss. Univ. Groningen 1952 (vgl. ebenfalls Pharm. Weekblad *88*, 449, 1077 [1958]).
BERTRAND, G., und SILBERSTEIN, L., Compt. Rend. *246*, 337 (1958).
BÉZANGER-BEAUQUESNE, L., und CHARONNAT, R., *Contribution à la chimiotaxinomie: Familles végétales et acide ascorbique*, Bull. Soc. Pharm. Lille *1966* (№ 2), 75–82.
BILLEK, G., *Stilbene im Pflanzenreich*, Fortschr. Chem. Org. Naturstoffe *22*, 115–152 (1964).
BLUNDSTONE, H. A. W., und DICKINSON, W., J. Sci. Food Agric. *15*, 94 (1964).
BÖHME, O., Ber. Deut. Chem. Ges. *55*, 1743 (1922).

BOWMAN, R. E., et al., J. Chem. Soc. *1963*, 1340.
BROCKMANN, H., *Photodynamically-active natural pigments*, Progress in Organic Chemistry *1*, 64–82 (1952), Butterworths Sci. Publ., London; *Photodynamisch wirksame Pigmente des Buchweizens*, Fortschr. Chem. Org. Naturstoffe *14*, 177–181 (1957).
BROCKMANN, H., et al., Naturwissenschaften *37*, 43 (1950); Ann. Chem. *575*, 53 (1952).
COLE, J. R., und BUCHHALTER, L., J. Pharm. Sci. *54*, 1376 (1965).
COXWORTH, E. C. M., J. Am. Oil Chem. Soc. *42*, 891 (1965).
CZETSCH-LINDENWALD, H., Deut. Heilpflanze *9*, 8–11, 16–17 (1943).
FRIEDRICH, H., und HÖHLE, J., Planta Medica *14*, 363 (1966).
GIBBERT, N. W., und BLACK, D. S., *Canaigre, a potential domestic source of tannin*, U. S. Dept. Agric. Production Research Rept. *28*, 1–15 (1958).
GILSON, E., Bull. Acad. Roy. Méd. Belg. [4] *16*, 827 (1902).
GSTIRNER, F., und HOPMANN, H., Arch. Pharm. *286*, 150 (1953).
GSTIRNER, F., und KORF, G., Arch. Pharm. *299*, 640 (1966).
HÄNSEL, R., und HÖRHAMMER, L., Arch. Pharm. *287*, 189 (1954).
HEMBERG, ST., Das Leder *2*, 239 (1951).
HESSE, O., Ann. Chem. *291*, 305 (1896); *309*, 48 (1899).
HÖRHAMMER, L., und HÄNSEL, R., Arch. Pharm. *286*, 153, 425 (1953).
HÖRHAMMER, L., und KRIESMAIR, G., Arch. Pharm. *288*, 489 (1955).
HÖRHAMMER, L., und SCHERM, A., Arch. Pharm. *288*, 441 (1955).
HÖRHAMMER, L., et al., Naturwissenschaften *45*, 389 (1958); Arch. Pharm. *288*, 419 (1955); *291*, 126 (1958); *292*, 380, 591 (1959); Chem. Ber. *97*, 1662 (1964); *98*, 2859 (1965).
JARETZKY, R., *Beiträge zur Systematik der Polygonaceae unter Berücksichtigung des Oxymethylanthrachinonvorkommens*, Fedde Repert. Spec. Nov. *22*, 49–83 (1925/26); *Bedeutung der Phytochemie für die Systematik*, Arch. Pharm. *266*, 602–613 (1928).
JARETZKY, R., und HEINEMANN, G., Arch. Pharm. *276*, 354 (1938).
JUMEAU, J., Bull. Sci. Pharmacol. *23*, 97 (1916).
KROCHMAL, A., und PAUR, SH., *Canaigre, a desert source of tannin*, Econ. Botany *5*, 367–377 (1951).
LANG, W., Arch. Pharm. *290*, 61 (1957).
LEMLI, J., et al., Pharm. Weekblad *98*, 500, 529, 655 (1963); Planta Medica *12*, 107 (1964).
LÖVE, A., *Physiological differences within a natural polyploid series*, Hereditas *28*, 504 (1942).
MARGNA, U., et al., Biochem. Biophys. Acta *136*, 396 (1967).
MATHIS, C., *Comparative Biochemistry of hydroxyquinones*, in T. SWAIN (editor), Comparative Phytochemistry, S. 245–270, Academic Press, London–New York, 1966.
MAURIN, E., *Recherches des dérivés anthracéniques dans les genres Rumex et Polygonum*, Bull. Sci. Pharmacol. *33*, 138 (1926).
MOLISCH, H., Flora (Jena) N. F. *11*, 60 (1918).
MURAKAMI, T., und MATSUSHIMA, A., Chem. Pharm. Bull. (Tokyo) *9*, 654 (1961).
NAKAOKI, T., und MORITA, N., J. Pharm. Soc. Japan *76*, 323 (1956).
NAWA, H., et al., Chem. Pharm. Bull. (Tokyo) *8*, 566 (1960); J. Org. Chem. *26*, 979 (1961).
NICK, E., Pharmazie *8*, 940 (1953).
NONOMURA, S., et al., J. Pharm. Soc. Japan *83*, 988 (1963).
OHTA, T., Z. Physiol. Chem. *263*, 221 (1940).
ROBINSON, G. M., und ROBINSON, R., Biochem. J. *28*, 1718 (1934).
ROMANOVA, A. S., und BAN'KOVSKII, A. I., *Natural sources for obtaining chrysarobin*, Med. Prom. UdSSR *15*, № 1, 16–21 (1961).
SALGUES, R., *Le genre Polygonum. Etudes chimiques et toxicologiques. Les faits hématologiques de l'empoisonnement expérimental*, Qual. Plant. Mat. Veget. *8*, 367–395 (1961).
SANNA, A., *La protezione idrica fa diminuire nel Polygonum amphibium il quantitativo degli alcaloidi*, Ann. Chim. Appl. *23*, 51–56 (1933).
SARIN, L. K., und KAPOOR, L. D., Bull. Reg. Res. Lab. Jammu (India) *1*, 136 (1963).
SCHNELLE, F. J., und SCHRATZ, E., Planta Medica *14*, 194 (1966).

SCHRATZ, E., und WITT, H., Deut. Apoth. Z. *106*, 1437 (1966).
SCHÜRHOFF, P. N., und PLETTNER, G., Arch. Pharm. *275*, 281 (1937).
TABOURIECH, P. J., und SAGET, P., Bull. Sci. Pharmacol. *16*, 258 (1909).
TATSUTA, H., Sci. Rep. Tohoku Univ. [I] *39*, 239 (1956).
TATSUTA, H., und OCHII, Y., Sci. Rep. Tohoku Univ. [I] *39*, 243 (1956).
TATSUTA, H., et al., Sci. Rep. Tohoku Univ. [I] *39*, 236 (1956).
TÖLGYESI, GY., Acta Agronomica Acad. Sci. Hung. *13*, 287 (1965).
TROYER, J. E., J. Elisha Mitchell Sci. Soc. *77*, 137 (1961).
TSUKIDA, K., *Ueber Derivate von Oxyanthrachinon und Oxyanthron in Pflanzen*, Planta Medica *5*, 97–114 (1957).
UCHIBAYASHI, M., und MATSUOKA, T., Chem. Pharm. Bull. (Tokyo) *9*, 234 (1961).
WAGNER, H., et al., Z. Naturforsch. *18b*, 89 (1963).
WILKINSON, S., Nature *181*, 636 (1958).

6. *Inhaltstoffe einzelner Gattungen und Arten (Literaturangaben am Ende der Gattungen)*

Fagopyrum: Die zwei annuellen Arten, *F. vulgare* Hill (= *F. sagittatum* Gilib. = *F. esculentum* Moench) und *F. tataricum* (L.) Gaertn. sind wirtschaftlich wichtig; sie liefern Buchweizen und werden zur Rutingewinnung herangezogen. Das perennierende *F. cymosum* Meissn. ist möglicherweise die Stammform des kultivierten einjährigen Buchweizens.

Die Faktoren, welche die Rutingehalte des Krautes der zwei einjährigen Arten beeinflussen, wurden sehr ausführlich untersucht[1-10].

Aus Buchweizenmehl bereiteten Speisen werden schlaferweckende Eigenschaften nachgesagt; möglicherweise kommen im Buchweizenmehl alkaloidähnliche (das Fagopyrin ist stickstoffhaltig!) Stoffe vor[11].

Aus Blättern von *F. cymosum* wurden 4–8,5% Rutin isoliert (K. IMAI und K. FURUYA, C. A. *45*, 7751 [1951]); das Kraut lieferte 1% Rutin, 0,25% Quercitrin, Quercetin und 1% KCl[12] und aus Rhizomen wurde Shakuchirin[13] erhalten. Die Pflanze wurde ebenfalls zu Untersuchungen über die Biogenese des Rutins herangezogen[14].

Bezüglich Fagopyrin vgl. S. 365.

[1] J. F. COUCH et al., U.S. Dept. Agr., Yearbook 1950/1951.
[2] C. F. CREWSON und J. F. COUCH, J. Am. Pharm. Assoc. *39*, 163 (1950).
[3] W. G. MCGREGOR und M. E. MCKILLICAN, Scientific Agric. *32*, 48 (1951).
[4] J. NAGHSKI et al., J. Am. Pharm. Assoc. *39*, 696 (1950); Am. J. Pharm. *124*, 297 (1952); U.S. Dept. Agric., Techn. Bull. № 1132, 50 S. (1955).
[5] E.-D. AHLGRIMM, Naturwissenschaften *42*, 465 (1955).
[6] I. ESDORN und G. NÖLL, Planta *45*, 376 (1955).
[7] G. NÖLL, Pharmazie *10*, 609, 679 (1955).
[8] R. BÄSSLER, Pharmazie *12*, 834 (1957).
[9] R.-R. PARIS, Ann. Pharm. Franç. *7*, 21 (1949).
[10] M. COURMIER et al., Ann. Pharm. Franç. *13*, 596 (1955).
[11] R. HALLER, Pharm. Acta Helv. *26*, 299 (1951).
[12] M. YAMATO und T. KOYAMA, Kumamoto Pharm. Bull. *5*, 56 (1962).
[13] K. TAKAHASHI und Y. TANABE, Ann. Rep. Fac. Pharm. Kanazawa Univ. *11*, 1 (1961): Strukturvorschlag Shakuchirin; liefert bei Alkalibehandlung p-Cumar- und Ferulasäure und Glucose.
[14] SH. SHIBATA und M. YAMAZAKI, Pharm. Bull. (Tokyo) *5*, 501 (1957).

Muehlenbeckia: Etwa 15 strauchige oder halbstrauchige Arten. Nach JARETZKY (1925, l. c. S. 374) sind einzelne Arten anthrachinonhaltig. Für *M. hastulata* (J. S. N.) Standl. ex Macbr. wurde dies bestätigt[1]; in Wurzeln wurden Chrysophanol, Emodin und Rhein und Chrysophanol- und Emodinglykoside nachgewiesen.

[1] N. HENRIQUEZ ULLOA, An. Fac. Quim. y Farm., Univ. de Chile (Santiago de Chile) *12*, 113 (1960).

Polygonum: Artenreiche Gattung, die durch viele Autoren in eine stark wechselnde Zahl von kleineren Gattungen aufgelöst wird. RECHINGER (in HEGI, III/1, 2. Aufl. 1957/58) gliedert *Polygonum* im weiten Sinne in die 7 Sektionen *Acontogonum*, *Amblygonum*, *Bistorta*, *Persicaria*, *Polygonum* (= *Avicularia*), *Tiniaria* und *Pleuropterus*. Die Morphologie der Pollenkörner und die Chromosomenzahlen sollten bei Versuchen zu einer natürlichen Gliederung der Gattung berücksichtigt werden[1].

JARETZKY (1925, l. c. S. 374) hatte in seiner eng gefassten Gattung *Polygonum* nur die Sektionen *Tiniaria* und *Pleuropterus* einbezogen und auf diese Weise alle nach seinen Beobachtungen anthrachinonführenden Arten in einer Gattung vereinigt; die Gattungen *Avicularia* und *Persicaria* (sensu JARETZKY) umfassen nach JARETZKYS Erfahrungen nur anthrachinonfreie Arten (einzige Ausnahme: *P. sibiricum* Laxm. ist anthrachinonhaltig). Bereits früher hatte STEENHAUER 23 *Polygonum*-Arten auf Anthrachinone untersucht und solche ausschliesslich bei Vertretern von *Tiniaria* (*P. convolvulus* L., *P. dumetorum* L., *P. cilinode* Michx.) und *Pleuropterus* (*P. sieboldii* Hort., *P. sachalinense* F. Schmidt) beobachtet[2]. Die abweichenden Ergebnisse von MAURIN (l. c. S. 374; z. B. hoher Anthrachinongehalt bei *P. bistorta*) dürften auf Mängel der verwendeten Bestimmungsmethode beruhen. Allerdings kommen Anthrachinone spurenweise bei vielen *Polygonum*-Arten, die nicht zu den Sektionen *Pleuropterus* und *Tiniaria* zählen, vor (TSUKIDA 1957, l. c. S. 375) und ausserdem ist mit dem Auftreten fagopyrinähnlicher Körper zu rechnen (vgl. S. 365).

Im einzelnen sei folgendes über Inhaltstoffe von *Polygonum*-Arten nachgetragen:

P. aviculare L.: Sehr komplexe Sammelart[3, 4, 5]; von ihr stammt die «Herba Polygoni avicularis», welche zur Therapie mit löslicher Kieselsäure verwendet wurde. In der Droge wurden nachgewiesen: Gerbstoff und geringe Mengen von Anthrachinonen, ätherischem Öl und flüchtigen Basen[6]; Avicularin (vgl. S. 367); Gerbstoff, Quercitrin, Hyperin, p-Cumarsäure, Kaffeesäure, Chlorogensäure, Gallussäure, (+)-Catechin, aber keine Anthrachinone[7]; TSUKIDA (1957, l. c. S. 375) beobachtete in Wurzeln und Kraut Spuren von Emodin und von Chrysophanol- und Emodinglykosiden.

P. bistorta L.: Wenig Gallussäure und viel kondensierte Gerbstoffe; keine Anthrachinone[8]. Vgl. ebenfalls Abschnitt 4.

P. convolvulus L. (Sect. *Tiniaria*): Emodin, Rutin, Kaliumbitartrat, KNO_3 und ein phytosterin- und myricylalkoholhaltiges Wachs isoliert[2]; Emodin nach Glykosidspaltung und Oxydation des Aglykons (C. A. *53*, 16469 [1959]).

P. coriarium Grig.: Aus Blüten 1,5% Quercetinglykoside, Spuren Leucoanthocyane; Anthrachinone fehlen (K. V. TARASKINA und T. K. CHUMBALOV, C. A. *60*, 5888 [1964]).

P. cuspidatum S. et Z. (Sect. *Pleuropterus*): Polygonin (ein Emodinglykosid) und ein Physcionglykosid aus Wurzelrinde[9]; Lokalisation der Anthrachinone in Rhizomen[10]; Chrysophanol und Emodin aus Wurzelstöcken und Stengeln (TSUKIDA 1957, l. c. S. 375; ebenfalls C. A. *49*, 5409 [1955]); Polydatosid aus Wurzelrinde[11]; Quercitrin, Isoquercitrin und Rutin aus Kraut[12].

P. divaricatum (vermutlich *P. divaricatum* Vill. = *P. alpinum* All.): Hyperin aus Blättern[12].

P. hastatosagittatum Makino (Sect. *Persicaria*): Spuren Chrysophanol in Blättern nachgewiesen (TSUKIDA 1957, l. c. S. 375).

P. hydropiper L.: Das scharf schmeckende Kraut wird als Hämostypticum verwendet. Die Pflanze enthält wechselnde Mengen ätherisches Öl mit Polygodial (= Tadeonal) als scharfschmeckendem Prinzip und Isotadeonal und Confertifolin als Begleitstoffen[13, 14]:

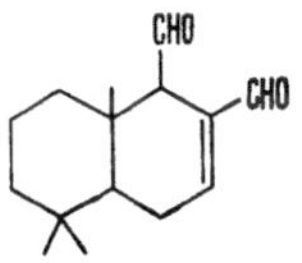

Isotadeonal, Polygodial (= Tadeonal) } $C_{15}H_{22}O_2$

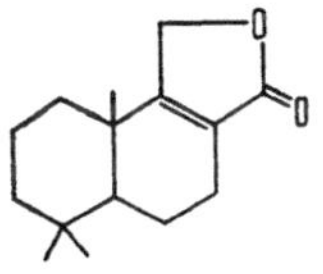

Confertifolin, $C_{15}H_{22}O_2$

Möglicherweise ebenfalls ein Glucosid des Enolhalbacetals von Polygodial (C. A. *50*, 3563 [1956]). Die Angaben über Flavonole differieren (vgl. ebenfalls S. 367); Rhamnazin, Persicarin-7-methyläther, Quercitrin und Hyperin[15]; 2,5–3% Rutin aus Blättern[16]; Quercetin, Quercetin-7-glucosid, 2,6% KCl, β-Sitosteringlucosid und wenig Alkaloide aus dem Kraut[17]. Etwa 3,5% Gerbstoff[16, 18]; nach Hydrolyse Gallussäure und Ellagsäure[16]; daneben ebenfalls kondensierte Gerbstoffe[16]. Gallussäure, Äpfelsäure, KNO_3 und ein phytosterin- und melissinsäurehaltiges Wachs aus dem Kraut[2].

P. longisetum de Bruyn (= *P. blumei* Meissn.; Sect. *Persicaria*): Spuren Chrysophanol in Wurzel und Blatt; in Blättern ebenfalls Emodinglykoside (TSUKIDA 1957, l. c. S. 375).

P. mite Schrank: Quercitrin und Isoquercitrin aus dem Kraut[12].

P. multiflorum Thunb. (Sect. *Pleuropterus*): Chrysophanol und Emodin (frei und als Glykoside) in Wurzelstöcken und Stengeln; daneben Spuren Rhein in Wurzelstöcken (TSUKIDA 1957, l. c. S. 375; vgl. ebenfalls C. A. *48*, 7710 [1954]).

P. orientale L.: Pharmacographie[19]. Orientin vgl. S. 367.

P. perfoliatum L. (Sect. *Persicaria*): Spuren Chrysophanol und Emodin (frei und glykosidisch gebunden) (TSUKIDA 1957, l.c. S. 375).

P. persicaria L. und verwandte Arten: Sehr polytypische Gruppe von autogamen Arten, in welcher intermediäre Formen meistens nicht hybridogener Herkunft sind[20, 21]. Fagopyrinähnliche Stoffe vgl. S. 365.

P. plebeium R. Br.: Fischgift von Indien; Wirkstoffe nicht Saponine[22].

P. polystachyum Wall.: Neben Polystachyosid (S. 367) Rhamnazin, Quercetin, Quercitrin, Isoquercitrin und ein Quercetindiglucosid aus dem Kraut[24].

P. punctatum Ell.: Schmeckt scharf (Polygodial?); das Kraut wird in Mexico als Fischgift und als Gewürz verwendet; zu gleichartigen Zwecken dient ebenfalls *P. pensylvanicum* L.; beide Pflanzen können Dermatitis erzeugen[23].

P. sachalinense F. Schmidt: Emodin (frei und als Glykosid), Quercetin und ein phytosterin- und myricylalkoholhaltiges Wachs[2].

P. senticosum Franch. et Sav.: 0,07% Isoquercitrin aus Blättern[25].

P. suffultum Maxim. (Sect. *Bistorta*): Chrysophanol und Emodin (frei und als Glykoside) in Wurzelstöcken (TSUKIDA 1957, l.c. S. 375).

P. taquetii Lév. (= *P. minutulum* Makino; Sect. *Persicaria*): Spuren Emodin in Blättern (TSUKIDA 1957, l.c. S. 375).

P. thunbergii S. et Z.: 0,38% Quercitrin aus Blüten[26]. Persicarin vgl. S. 367.

P. tinctorium Ait.: Enthält im Kraut Indikan; früher zur Indigogewinnung kultiviert.

P. weyrichii F. Schmidt: Quercitrin aus Blättern[12].

Weitere Angaben über *Polygonum*-Arten in den Abschnitten 1–5.

1 Y. DOIDA, *Consideration on the intrageneric differentiation in Polygonum*, J. Japan. Botany *37*, 81 (1962).
2 A. J., STEENHAUER, Pharm. Weekblad *56*, 1084 (1919); hier ebenfalls Anatomie der Blätter.
3 C. A. M. LINDMAN, *Wie ist die Kollektivart P. aviculare zu spalten*, Svensk Botan. Tidskr. *6*, 673 (1912).
4 J. CHRTEK, *The variability of the species P. aviculare in ČSR*, Preslia *28*, 362 (1956).
5 B. T. STYLES, *The taxonomy of P. aviculare and its allies in Britain*, Watsonia *5*, 177 (1962).
6 F. DAELS, J. Pharm. Belg. *10*, 353 (1928).
7 F. HAVERLAND, *Der Vogelknöterich; eine botanisch-chemisch-pharmazeutische Bearbeitung*, Pharmazie *18*, 59–87 (1963).
8 Y. WELLIÈRE und F. STOCKMANS, J. Pharm. Belg. *11*, 649, 665 (1929); hier ebenfalls Anatomie.
9 A. G. PERKIN, J. Chem. Soc., Trans. *67*, 1084 (1895).
10 A. GORIS und L. CRÉTÉ, Bull. Sci. Pharmacol. *14*, 699 (1907); hier ebenfalls Anatomie.
11 CH. BÉGUIN, Pharm. Acta Helv. *1*, 122 (1926).
12 L. HÖRHAMMER et al., Arch. Pharm. *288*, 494 (1955).
13 C. S. BARNES und J. W. LODER, Austral. J. Chem. *15*, 322 (1962).
14 A. OSUKA, J. Chem. Soc. Japan, Pure Chem. Sect. *84*, 748 (1963); engl. Zusammenfassung S. A50.
15 L. HÖRHAMMER und S. B. RAO, Arch. Pharm. *287*, 34 (1954).
16 J. VALENTIN und G. WAGNER, Pharm. Zentralhalle *92*, 354 (1953).
17 M. QUDRAT-I-KHUDA et al., Sci. Researches (Dacca) *2*, 135 (1965).
18 H. TRIMBLE und H. J. SCHUCHHARD, Am. J. Pharm. *57*, 21 (1885).
19 J. HIGASHI et al., Ann. Rep. Fac. Pharm., Tokushima Univ. *5*, 35 (1956): Anatomie.
20 J. TIMSON, *The taxonomy of P. lapathifolium L., P. nodosum Pers. und P. tomentosum c brank*, Watsonia *5*, 386 (1963): Conspecifische Varianten.
21 J. TIMSON, *A study of hybridisation in Polygonum section Persicaria*, J. Linn. Soc. London, Botany *59*, 155 (1965).
J. GEDEON und F. A. KINCL, Arch. Pharm. *289*, 162 (1956).
C. W. PENNINGTON, Econ. Botany *12*, 97 (1958).
L. HÖRHAMMER und G. KRIESMAIR, Arch. Pharm. *288*, 489 (1955).
M. ARITOMI, J. Pharm. Soc. Japan *82*, 614 (1962).
M. ARAI und H. TATSUKA, C. A. *62*, 14990 (1965).

Rheum: Systematisch schwierige Gattung mit etwa 40–50 Arten, von denen manche fertile Hybriden bilden. Medizinalrhabarber (*Rh. palmatum* L., *Rh. officinale* Baill.) und Gemüserhabarber (Bastarde der Sektion *Rhapontica* A. Los.; die Cultivars werden in der Literatur unter den Namen *Rh. rhabarbarum* L., *Rh. undulatum* L., auch *Rh. rhaponticum* L. aufgeführt) sind wichtige Produkte. Die Gattung demonstriert sehr eindrücklich, dass Resultate, die ebenfalls für die Pflanzensystematik brauchbar sind, nur mit botanisch genau analysiertem und gut dokumentiertem Material erhalten werden können. Bestrebungen in dieser Richtung wurden durch SCHRATZ und seine Schüler[1] unternommen. Als chemisches Merkmal der Gattung hat das ausnahmslose Vorkommen von Anthrachinonen und deren Derivaten zu gelten; die Aglyka Chrysophanol und Emodin kommen bei allen Arten, Physcion bei den meisten Arten und Rhein und Aloeemodin nur bei ganz bestimmten Arten vor; die Kombinationen der Aglyka scheinen artcharakteristisch zu sein und taxonomisch verwertbare Merkmale darzustellen (SCHNELLE-SCHRATZ 1966, l. c. S. 374). Rhaponticin charakterisiert Vertreter der Sektionen *Rhapontica* und *Ribesiformia* und kondensierte Gerbstoffe und Glucogallin treten in unterschiedlichen Mengen bei vielen Arten der Gattung auf. Hinsichtlich des durch GILSON aus Rhizoma Rhei isolierten Tetrarins (vgl. S. 370) ist nachzutragen, dass BAUER et al. (1955)[2] für das Rheosmin 1-(p-Hydroxyphenyl)butan-3-on-Struktur wahrscheinlich achten; allerdings konnten auch diese Autoren aus der Droge kein Tetrarin und Rheosmin isolieren.

Von den sehr zahlreichen dem Medizinalrhabarber und anderen *Rheum*-Arten gewidmeten Arbeiten seien ergänzend einige aufgeführt[3-9]:

Rh. coreanum Nakai: Aus frischen Rhizomen Rhein und Aloeemodin (mutmasslich identisch mit Rhabarberon und Isoemodin)[10].

Rh. palaestinum Feinbr.: Chrysophanol und Emodin und deren Glykoside aus Wurzeln[11].

Rh. rhaponticum (Gemüserhabarber): Aus Blattstielen Rutin, Quercitrin und Isoquercitrin isoliert; als Anthocyane sind Cyanidin-3-glucosid und Cyanidin-3-rutinosid vorhanden[12].

Rh. tataricum L. fil.: Wurzeln enthalten freie Anthrachinone und Anthrone und Anthrachinonglykoside; Emodin, Chrysophanol und Physcion wurden isoliert; Samen enthalten Cyanin und Chrysanthemin (T. K. CHUMBALOV et al., C. A. *59*, 9084 [1963]; *60*, 3264 [1964]; *67*, 768 [1967]).

Für weitere Einzelheiten wird nach den Abschnitten 1–5 verwiesen.

[1] E. SCHRATZ und H. TOMBERGS, *Der Anthraglykosidgehalt von Rheum palmatum*, Arzneimittelforschung *4*, 678 (1954); E. SCHRATZ, *Pharmakognostische Untersuchungen am Medizinal-Rhabarber*, Pharmazie *11*, 138 (1956); E. SCHRATZ und H. J. VETHACKE, *Papierchromatographische Wertbestimmung von Radix Rhei*, Planta Medica *6*, 44 (1958); E. SCHRATZ und C. NIEWÖHNER, *Die Verteilung der Anthrachinone im Spross von Rheum palmatum*, Planta Medica *7*, 137 (1959); E. SCHRATZ und F. J. SCHNELLE, *Der heutige Bestand Botanischer Gärten an Rheum-Arten*, Ber. Deut. Botan. Ges. *77*, 161 (1964); E. SCHRATZ et al., *Die Fortpflanzungsverhältnisse in der Gattung Rheum*, Pharmazie *20*, 387 (1965); E. SCHRATZ und H. WITT, *Antrachinonaglyka und Rhapontizin in Artbastarden von Rheum*, Deut. Apoth. Z. *106*, 1437 (1966); F. J. SCHNELLE und E. SCHRATZ 1964 und 1966, l. c. S. 363 und 374.

[2] L. Bauer et al., Austral. J. Chem. *8*, 534 (1955).
[3] O. Tunmann, *Ueber Einschlüsse im Rhizom von Rheum, zugleich ein Beitrag zur Mikrochemie oxymethylanthrachinonführender Pflanzen*, Ber. Deut. Botan. Ges. *35*, 191 (1917).
[4] W. Himmelbaur, *Biochemische Wertigkeit von Bastardaufspaltungen des Rheum palmatum*, Biologia Generalis *5*, 317 (1929).
[5] K. Hiek, *Der Anthrachinonstoffwechsel der Polygonaceae*, Botan. Archiv *41*, 113 (1940).
[6] H. W. Youngken, *Studies on Indian Rhubarb*, J. Am. Pharm. Assoc. *33*, 145 (1944); *35*, 148 (1946).
[7] T. C. Chin und H. W. Youngken, *The cytotaxonomy of Rheum*, Am. J. Botany *34*, 401 (1947).
[8] T. E. Wallis und E. R. Withell, *The fluorescence and detection of rhapontic rhubarb*, Quart. J. Pharm. Pharmacol. *7*, 574 (1934).
[9] H. Wagner et al., *Chromatographie der Inhaltstoffe von Radix Rhei und ihrer Arzneizubereitungen*, Deut. Apoth. Z. *102*, 1278 (1962).
[10] M. Uchibayashi und T. Matsuoka, l. c. S. 375; H. Nawa et al., l. c. S 374.
[11] R. Segal et al., Lloydia *27*, 237 (1964).
[12] H. A. W. Blundstone, Phytochemistry *6*, 1449 (1967).

Rumex: Artenreiche Gattung mit weltweiter Verbreitung, die durch Rechinger (in Hegi, 2. Aufl. Bd. III/1 [1957/58], S. 355) in die 4 Untergattungen *Acetosella*, *Acetosa*, *Rumex* (= *Lapathum*) und *Platypodium* unterteilt wird. Charakteristische Inhaltstoffe stellen Anthrachinone und 1,8-Dihydroxynaphthaline (vgl. Abschnitt 1) dar. Bereits Jaretzky (1925, l. c. S. 374) hatte nachgewiesen, dass die Arten der Untergattungen *Rumex* und *Acetosella* anthrachinonhaltig sind, dass die Untergattung *Acetosa* anthrachinonhaltige und anthrachinonfreie Arten umfasst und dass Anthrachinone bei *Platypodium* (frühere Subsektion *Bucephalophorus*) fehlen.

Jumeau (1916, l. c. S. 374), Maurin (1926, l. c. S. 374), Czetsch-Lindenwald (1943, l. c. S. 374), Lukic et al.[1] und Kaczmarek und Urszulak[2] haben für annähernd 50 *Rumex*-Arten Anthrachinongehalte ermittelt; bei den meisten Arten sind die unterirdischen Organe am gehaltreichsten; nur bei R. *crispus* L. und R. *salicifolius* Weinm. erwiesen sich die Blätter als gehaltreicher[1]. Bei R. *bucephalophorus* L., R. *papilio* Coss. et Bal., R. *scutatus* L. und R. *verticillatus* L. kommen Anthrachinone in Wurzeln höchstens spurenweise vor[2]. In qualitativer Hinsicht gilt folgendes: Chrysophanol und Emodin treten sehr häufig auf; Physcion wurde in einigen Arten und Rhein nur in Ausnahmefällen beobachtet; Aloeemodin scheint in der Gattung zu fehlen. Einige gesicherte Anthrachinonvorkommnisse sind in Tabelle 106 zusammengestellt.

Aus einigen *Rumex*-Arten wurden flavonoide Glykoside isoliert:

R. *acetosa* L.: 0,05% Hyperin aus trockenem Blatt[16]; Quercetin und Hyperin aus Früchten[17]; Vitexin aus getrockneten Blättern[18]; Hyperin und Rutin im Kraut[19].

R. *acetosella* L.: Wenig Hyperin und Rutin im Kraut[19].

R. *conglomeratus* Murr.: Wenig Hyperin und Rutin im Kraut[19].

R. *confertus* Willd.: Hyperin und Rutin im Kraut[19].

R. *dentatus* L.: Quercitrin, Hyperin, Rutin (0,5%) und Quercetin in Blättern; Quercetin in Wurzeln[20].

R. *japonicus* Houtt.: Quercitrin aus Blättern[18].

Tabelle 106

Für Rumex-Arten eindeutig nachgewiesene Anthrachinone und 1,8-Dihydroxynaphthaline

Art	Organ	Verbindungen (b)	Autoren
R. *acetosa* L.	Wurzeln (a)	Ch, N	3, 4
	Wurzeln	Ch, E, R	TSUKIDA (c)
R. *acetosella* L.	Wurzeln	Ch, E	TSUKIDA
R. *alpinus* L. (e)	Wurzeln	Ch, E, Ph	5
R. *aquaticus* L.	Wurzeln	Ch, N	3
R. *confertus* Willd.	Wurzeln	Ch, E, N, $C_{15}H_{10}O_5$	3, 4, 6
R. *conglomeratus* Murr.	Wurzeln	Ch, E	TSUKIDA
	Samen	E	TSUKIDA
R. *crispus* L.	Wurzeln	Ch	4
	Wurzeln	Ch, E, Ph	7
	Wurzeln	Ch, Ch-Anthron, E	8
R. *hymenosepalus* Torr.	Wurzeln	Ch, Ph	9
R. *japonicus* Houtt.	Wurzeln	Ch, Ch-Anthron, E	10
	Stengel	Ch, E	TSUKIDA
	Samen	E	TSUKIDA
	Wurzeln	Ch, E, N	11
R. *lanceolatus* Thunb. (=R. *ecklonianus* Meissn.)	Kraut	Ch, E, Ph	12
R. *nepalensis* Spreng.	Wurzeln	Ch, N	HESSE (d)
(=R. *andreaeanus* Makino)	Wurzeln	Ch, E, R	TSUKIDA
	Blätter	E	TSUKIDA
	Stengel	E	TSUKIDA
	Blüten	E	TSUKIDA
R. *obtusifolius* L.	Wurzeln	Ch, N	HESSE
	Wurzeln	Ch, E, Ph	13
R. *palustris* Sm.	Wurzeln	Ch, N	HESSE
R. *patientia* L. (e)	Wurzeln	Ch, Ph	5
R. *pulcher* L.	Wurzeln	Ch, E	14
R. *tianshanicus* A. Los.	Wurzeln	Ch, E, N	6

(a) Wurzeln bedeutet unterirdische Organe.
(b) Ch = Chrysophanol, E = Emodin, Ph = Physcion, R = Rhein; in vielen Fällen wurden neben den freien Anthrachinonen ebenfalls deren Glykoside beobachtet; N = Nepodin und nepodinähnliche Verbindungen.
(c) K. TSUKIDA (1957), l. c. S. 375.
(d) O. HESSE (1899), l. c. S. 374.
(e) Liefern die Droge «Radix Rhei Monachorum»
In der Literatur wird ebenfalls *Rumex sanguineus* L. als chrysophanol- und emodinhaltig aufgeführt; in der stets zitierten Arbeit von KEEGAN[15] finden sich jedoch keinerlei Angaben über eindeutige Identifizierung von Anthrachinonen.

R. *obtusifolius* L.: Hyperin, Quercitrin, Rutin (0,7%) und Quercetin in Blättern; Rutin und Quercetin in Wurzeln[20].

R. *ucranicus* Fisch.: Geringe Mengen Hyperin und Rutin in Blättern[19].

Rumex acetosa L. soll gelegentlich Vergiftungen verursachen; die Symptome lassen vermuten, dass nicht allein Oxalsäure die Toxizität bedingt (CHAULIAGUET

1897, l. c. Bd. 2, S. 77). Früchte von *Rumex crispus* L. gelten als ausgezeichnetes Antidiarrhoicum; sie führen reichlich kondensierte Gerbstoffe[21]. Aus dem Kraut von *Rumex ecklonianus* Meissn. wurden ebenfalls Spuren ätherisches Öl, Cerylalkohol (nach Verseifung), Sitosterin (Rhamnol), Sitosterolin (Ipuranol) und Kaempferol isoliert[12].

Weitere Angaben über *Rumex*-Arten in den Abschnitten 1–5.

[1] P. Lukic, et al., Acta Pharm. Yugoslav. *10*, 111 (1960).
[2] F. Kaczmarek, und I. Urszulak, Biul. Instytutu Roslin Leczniczych *10*, 106 (1964).
[3] O. K. Bagrii, C. A. *60*, 16210 (1964).
[4] O. K. Bagrii, C. A. *63*, 8547 (1966).
[5] F. Schlemmer, und O. Gentner, Arch. Pharm. *278*, 252 (1940); Wurzeln + Rhizome von R. *alpinus* L. in Rumänien enthalten 3–4% Totalanthrachinone (L. Adam et al., C. A. *64*, 2412 [1966]).
[6] T. K. Chumbalov, und K. V. Taraskina, C. A. *50*, 13852 (1956).
[7] D. G. Beal, und R. E. Ockey, J. Am. Chem. Soc. *41*, 693 (1919).
[8] A. A. Khan, Canad. J. Chem. *41*, 1622 (1963).
[9] W. E. Hillis, Austral. J. Chem. *8*, 290 (1955).
[10] K. Tsukida, C. A. *49*, 5411 (1955).
[11] S. Nonomura, und T. Maruyama, Kumamoto Pharm. Bull. *2*, 24 (1955).
[12] F. Tutin, und H. W. B. Clewer, J. Chem. Soc., Trans. *97*, 1 (1910).
[13] A. Tschirch, und F. Weil, Arch. Pharm. *250*, 20 (1912).
[14] E. J. Emmanuel, Schweiz. Apoth. Z. *55*, 589 (1917).
[15] P. Q. Keegan, Chem. News and J. Phys. *114*, 74 (1916).
[16] L. Hörhammer, und E. Volz, Arch. Pharm. *288*, 58 (1955).
[17] T. A. Volkhouskaya und V. G. Minaeva, C. A. *63*, 8727 (1965).
[18] M. Aritomi, et al., Chem. Pharm. Bull. (Tokyo) *13*, 1470 (1965).
[19] O. K. Bagrii, und P. E. Krivenchuk, C. A. *64*, 7040 (1966).
[20] M. A. Elkiey, et al., J. Pharm. Sci. U.A.R. *5*, 197 (1964).
[21] G. Schenk, Pharmazie *2*, 469 (1947).

Schlussbetrachtungen

Ziemlich übereinstimmend werden nähere Beziehungen zu den Centrospermen angenommen (Cronquist; Gundersen; Hutchinson; Takhtajan; Airy Shaw in Willis 1966); Airy Shaw betont ausserdem Beziehungen zu den Plumbaginaceen. Im Syllabus wird auf die isolierte Stellung der Familie, welche durch die meisten Autoren in der monotypischen Ordnung der *Polygonales* untergebracht wird, hingewiesen. Wettstein wies auf Ähnlichkeiten im Blütenbau mit den *Urticales*.

Meines Erachtens liefern die Inhaltstoffe beim gegenwärtigen Stande deren Kenntnisse (von vielen Centrospermenfamilien ist sehr wenig bekannt) kaum Argumente, welche die Annahme von nahen Beziehungen zu den Centrospermen unterstützen: Insbesondere fehlen den Polygonaceen Betacyane und Betaxanthine gänzlich und Saponine weitgehend. Andererseits sind sie ausgesprochene Polyphenol- und Gerbstoffpflanzen. Übereinstimmung mit den Centrospermen besteht nur in der Tendenz zur Akkumulation von Oxalsäure und in der vorwiegenden Speicherung von Stärke in den Samen, wobei allerdings hervorzuheben ist, dass die Polygonaceen einfache und nicht zusammengesetzte Stärkekörner bilden und diese in Endosperm und nicht in Perisperm speichern. Andererseits erscheinen Beziehungen zu den *Plumbaginales* auf Grund der Inhaltstoffe (Chinone, Polyphenole und kondensierte Gerbstoffe; Bau und Reservestoffe der Samen; anscheinendes Fehlen von Triterpenen) durchaus möglich.

207. Portulacaceae

Einjährige oder perennierende, meist mehr oder weniger sukkulente Kräuter (selten Sträucher) mit gegen- oder wechselständigen ungeteilten Blättern und mit oft auffällig gefärbten Einzelblüten oder mit rispigen oder kopfigen Blütenständen. Blüten zwittrig (bei *Portulacaria* eingeschlechtig), regelmässig, mit 2 (selten mehr) Kelchblättern (oft als durch Brakteen gebildetes Involucrum oder als Brakteolen interpretiert) und 4–5 (selten mehr) freien oder am Grunde röhrig verwachsenen Kronblättern; Staubblätter in der Zahl wechselnd (4,5, 5+5, oder weniger oder mehr); Fruchtknoten meist oberständig und einfächerig mit wenigen bis vielen Samenanlagen mit 2 Integumenten auf zentralem Höcker (freie zentrale Plazentation); in der Regel Kapselfrüchte (von einem Anthokarp umgebene trockene oder fleischige Schliessfrüchte bei *Lenzia*, *Portulacaria* und *Ceraria*). Samen mit Nährgewebe (Perisperm).

Die in erster Linie amerikanische Familie (in Europa *Montia* und *Portulaca oleracea;* in Afrika endemisch die holzigen Gattungen *Ceraria* und *Portulacaria* und ferner die artenreiche Gattung *Anacampseros* [eine Art in Australien]) umfasst vorwiegend Pflanzen trockener Standorte.

Systematische Gliederung

Etwa 20 Gattungen mit 200 bis 500 Arten.

Merkmale des Gynaeceums werden zur Gliederung der Familie verwendet (Syllabus):

I. **Portulacoideae:** Fruchtknoten breit sitzend; hierher z. B. *Anacampseros*, *Calandrinia*, *Portulaca*, *Talinum*.

II. **Montioideae:** Fruchtknoten in der Blüte ± deutlich gestielt; hierher beispielsweise *Claytonia* und *Montia*.

Anatomische Merkmale

Oft kahle Pflanzen. Haare, wenn vorhanden, einzellig oder mehrzellig-zottig (Deckhaare) oder einzellreihig mit einzelligem Kopf (Drüsenhaare). Schleimzellen sind weitverbreitet; sie treten in den Parenchymen von Blatt und Achse auf; da ihr Inhalt zuweilen *(Portulacaria)* braun gefärbt ist, liegt die Vermutung nahe, dass es sich bei verschiedenen Sippen um „Myriophyllinzellen" oder „Inklusenzellen" oder „Gerbstoffzellen", das heisst um Idioblasten mit Schleim, Leucoanthocyanen und Leucoanthocyanpolymeren, handelt. Bei *Claytonia* und *Montia* wurden Schleimzellen nicht beobachtet. Calciumoxalat wird meist reichlich abgelagert (Drusen, Einzelkristalle und bei *Calandrinia* ebenfalls Kristallsand); nur bei *Claytonia* und *Montia* scheinen Oxalatkristalle zu fehlen. Die Rinde von *Ceraria*-Arten soll leicht entflammbare Stoffe (Wachse oder Harze?) enthalten (SOLEREDER; METCALFE und CHALK).

Chemische Merkmale

In chemischer Hinsicht sind die Portulacaceen noch wenig bekannt. Systematisch wichtig sind die Pigmente.

1. *Betacyane und Betaxanthine*

Allgemeines Vorkommen von Betacyanen und Betaxanthinen kennzeichnet die Portulacaceen als typische Vertreter der Centrospermen. Bisher wurden diese Chromoalkaloide für die folgenden Sippen nachgewiesen (REZNIK 1955, 1957; MABRY et al. 1963; PIATELLI-MINALE 1964; MABRY 1966; vgl. sub Nyctaginaceen S. 200–203):

Anacampseros rufescens DC.: 2 Betacyane in Blüten.

Calandrinia grandiflora Lindl.: 3 Betacyane in Blüten.

Claytonia linearis Dougl. ex Hook. (= *Montia linearis* [Dougl.] Greene): Betacyane.

C. megarrhiza Parry ex S. Wats.: Betacyane.

C. virginica L.: Betacyane.

Montia perfoliata (Donn) Howell: Betacyane.

Portulaca grandiflora Hook.: Je nach Blütenfarbe Betanin, Isobetanin und deren Aglykone oder Betaxanthine (Indicaxanthin, Vulgaxanthin I und II, Miraxanthin II und Portulacaxanthin [= Betalaminsäure + 4-Hydroxyprolin]: PIATELLI et al. 1965) in Blüten; in Stengeln Betanin und Mesembryanthemin II und III.

P. oleracea L.: Oleracin I und II im Stengel.

P. pilosa L.: Betacyane.

Spraguea umbellata Torr. (= *Calyptridium umbellatum* [Torr.] Greene): Betacyane.

Talinum-Arten: Betaxanthine.

2. *Zimtsäuren und flavonoide Pigmente*

Nach BATE-SMITH (1962, l. c. Bd. 3, S. 40; hydrolysierte Blattextrakte) kommen Kaffee-, Ferula- und Sinapinsäure vor (*Portulaca oleracea* L., *Portulacaria afra* Jacq.); bei der letzterwähnten Art wurden ebenfalls Kaempferol, Quercetin und Cyanidin (aus Leucocyanidin entstanden) beobachtet. Der Nachweis von Leucoanthocyanen in der Familie ist interessant; solche sind ebenfalls von Aizoaceen und Nyctaginaceen bekannt (vgl. ebenfalls Abschnitt Anatomische Merkmale).

Neben den Chromoalkaloiden wurden verschiedentlich Flavonole als Copigmente beobachtet. Blätter von *Anacampseros rufescens* DC. enthalten Rutin (REZNIK 1955, l. c. Bd. 3, S. 75). Glykoside von Quercetin und Kaempferol kommen ebenfalls in Blüten von *Calandrinia grandiflora* Lindl. (REZNIK 1957, l. c. Bd. 3, S. 75) und in Blättern von *Portulacaria afra* (vgl. oben) vor. Demnach dürften Flavonole in der Familie nicht selten sein.

3. *Saponine*

Bei den Portulacaceen scheinen Saponine wie in anderen Familien der Centrospermen recht verbreitet zu sein. Untersuchungen über Vorkommen von Saponinen stammen von KOBERT (1914), BRANDT (1926) (beide, l. c. Bd. 3, S. 75), RICARDI et al. (1958, l. c. Bd. 2, S. 24), CAMBIE et al. (1961, l. c. Bd. 3, S. 40) und VILLAR PALASI (l. c. B 4.5). Für die folgenden Gattungen wurden bisher saponinführende Arten nachgewiesen: *Calandrinia* (25 Arten); *Calandriniopsis sericea* (H. et A.) Franz.; *Claytonia* (2 Arten; nicht beobachtet im Kraut von *C. australasiaca* Hook. f.); *Lewisia* (1 Art); *Monocosmia monandra* (R. et P.) Pax; *Montia* (1 Art; nicht beobachtet im Kraut von *M. fontana* L.); *Philippiamara celosioides* (Phil.) O. K. (bei 3 Arten nicht beobachtet); *Talinum paniculatum* (Jacq.) Gaertn. (Samen; bei 2 Arten nicht beobachtet). Bei den untersuchten Arten und Organen von *Portulaca* (3–5 Arten), *Portulacaria* (1 Art) und *Spraguea* (1 Art) konnten Hämolysine nicht nachgewiesen werden. Die Verteilung der Saponinsubstanzen über die verschiedenen Organe der Pflanzen wechselt von Art zu Art *(Calandrinia)*; nicht selten ist Auftreten von Saponinen auf ein einziges Organ beschränkt. Verhältnismässig häufig stellen Wurzeln, Blüten oder Samen bevorzugte Orte der Saponinspeicherung dar. Chemisch wurden die Portulacaceensaponine bisher nicht untersucht; mutmasslich gehören ihre Sapogenine zu den Triterpenen.

4. *Verschiedenes*

4.1 *Alkaloide:* Dopa, Dopamin und (—)-Noradrenalin (0,25% des Frischgewichtes) kommen in *Portulaca oleracea* L. vor (FENG et al. 1961: Erstes bekanntes massives Vorkommen von Noradrenalin in Pflanzen). Weitere chemisch definierte Basen sind vorläufig aus der Familie nicht bekannt.

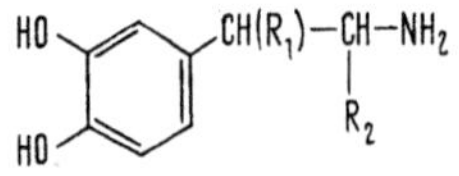

	R_1	R_2
Dopa	H	COOH
Dopamin	H	H
Noradrenalin	OH	H

4.2 *Organische Säuren:* Die meisten Portulacaceen sind sukkulente Pflanzen; sie zeigen aber nicht die starken diurnalen Schwankungen der Acidität, die für die Crassulaceen charakteristisch sind (BHARUCHA-JOSHI 1957). Die Portulacaceen bilden reichlich Oxalsäure; diese wird zur Hauptsache als Calciumoxalat abgelagert; daneben enthalten sie aber ebenfalls freie Oxalsäure (*Portulaca oleracea* L., *P. grandiflora* Hook., *P. villosa* Cham.: PATSCHOVSKY 1920, l. c. Bd. 3, S. 65; BHARUCHA-JOSHI 1957). Der Gehalt an freien Säuren ist eher niedrig; mengenmässig überwiegen Äpfelsäure und Citronensäure (*P. oleracea:* BHARUCHA-JOSHI 1957; *Anacampseros filamentosa* Sims und *A. lanceolatum* Sweet: BORGSTRÖM 1934).

4.3 *Reservestoffe der vegetativen Organe:* Soweit bekannt, zeigen die Portulacaceen in dieser Hinsicht keine Besonderheiten. Glucose, Fructose und Saccharose sind Hauptzucker des Krautes von *Portulaca oleracea* (BHARUCHA-JOSHI 1957); Pinit liess sich, im Gegensatz zu andern Vertretern der Centrospermen, aus dieser Art nicht isolieren (PLOUVIER 1954). Die oft fleischigen Wurzeln scheinen reichlich Stärke zu speichern; die Wurzeln von *Claytonia caroliniana* Michx. und *C. virginica* L. werden gleich Kartoffeln zu Speisen verarbeitet (FERNALD-KINSEY, l. c. B 5.6). Das junge Kraut dieser Arten sowie von *Portulaca-* und *Talinum-*Arten wird vielerorts als Gemüse genossen.

4.4 *Reservestoffe der Samen:* In Samen werden Stärke, Eiweiss und fettes Öl gespeichert. Wie bei anderen Centrospermen wird die Stärke im Perisperm und das Öl im Embryo abgelagert (NÄGELI, l. c. B 3.02); der Ölgehalt der Samen hängt deshalb weitgehend von der Grösse des Embryos ab. Perisperm mit zusammengesetzten Stärkekörnern wurde bei *Claytonia perfoliata* Donn, *Monocosmia corrigioloides* Fenzl (= *C. monandra* Pax), *Montia minor* Gmel. (= *M. fontana* L.), *Portulaca megalantha* Steud. (= *P. grandiflora* Hook.) (NÄGELI) und *P. oleracea* L. (EARLE-JONES 1962, l. c. Bd. 3, S. 40: Die Samen enthalten Stärke, 21% Eiweiss und 18,9% Öl) beobachtet. Im Samenöl (Ausbeute 17,4%) von *P. oleracea* sind Palmitin-, Öl- und Linolsäure Hauptfettsäuren (HANDA et al. 1956).

4.5 *Mineralstoffe: Portulaca oleracea* enthält sehr viel Kalisalze (Nitrat, Chlorid, Sulfat); auch bei *Talinum triangulare* (Jacq.) Willd. wurden reichlich Kalisalze (Nitrat, Oxalat) beobachtet (Y. MASAKAZU und Y. HONDA, C. A. *45*, 822 [1951]): Beide werden auf Formosa als Diuretica verwendet; die Wirkung lässt sich durch den hohen Gehalt an Kalisalzen erklären; BUSSON 1965, l. c. S. 124). Nach BHARUCHA und JOSHI (1957) ist *Portulaca oleracea* eine typische Nitratpflanze, die gleichzeitig reichlich freie Asparagin- und Glutaminsäure führt.

Literatur

BHARUCHA, F. R., und JOSHI, G. V., Naturwissenschaften *44*, 263 (1957).
BORGSTRÖM, G. A., Kungl. Fysiograf. Sällskapets i Lund Förhandl. *4*, 239 (1934).
FENG, P. C., et al., Nature *191*, 1108 (1961).
HANDA, K. L., et al., J. Sci. Ind. Research (India) *15B*, 726 (1956).
PIATELLI, M., et al., Rend. Acad. Sci. Fis. Math., Soc. Naz. Sci. Lettere ed Arti, Napoli [4] *32*, 55 (1965).
PLOUVIER, V., Compt. Rend. *239*, 1678 (1954).

Schlussbetrachtungen

Allgemein werden die Portulacaceen den Centrospermen zugerechnet. Ihre chemischen Merkmale (Chromoalkaloide, Saponine, reichlich Oxalsäure, Nitratakkumulation, Stärke im Perisperm und Öl im Embryo) sind damit in vollkommener Übereinstimmung. Vgl. ebenfalls Bd. 3, S. 76, 89, 390 und 425 und die Diskussionen bei den Nyctaginaceen und den Phytolaccaceen. Hinsichtlich des Vorkommens von Leucoanthocyanen (Verbreitung allerdings noch ganz ungenügend bekannt) stehen die Portulacaceen den Aizoaceen und Nyctaginaceen am nächsten.

208. Primulaceae

In der Regel mit Rhizomen oder Knollen perennierende krautige Pflanzen (annuelle Arten in der Gattung *Anagallis* und Halbsträucher in der Gattung *Lysimachia*) mit nicht zerteilten (selten fiederteiligen), wechsel- oder gegenständigen oder in grundständigen Rosetten vereinigten, nebenblattlosen Blättern. Blüten ansehnlich, einzeln oder in doldigen oder rispigen Blütenständen, regelmässig (Ausnahme *Coris;* für diese monotypische Gattung wird zuweilen die Familie der *Coridaceae* angenommen; diese vermittelt nach AIRY SHAW zwischen Primulaceen und Lythraceen) und zwittrig. Kelch 5zählig; Krone (fehlt bei *Glaux*) 5zählig, am Grunde meist mehr oder weniger röhrig verwachsen; Staubblätter 5, vor den Kronblättern stehend; Fruchtknoten oberständig, einfächerig mit zahlreichen Samenanlagen mit 2 Integumenten auf zentralem Säulchen. Kapselfrüchte. Samen mit reichlich Endosperm.

Die Primulaceen besitzen kosmopolitische Verbreitung, meiden aber das tropische Klima; viele Vertreter sind alpine und hochalpine Charakterpflanzen.

Systematische Gliederung

Die Familie umfasst 800–1000 Arten in 20–30 Gattungen. Häufig werden 5 Tribus angenommen:

I. **Lysimachieae:** Krone polypetal oder mit sehr kurzer Röhre; z. B. *Anagallis*, *Glaux*, *Lysimachia*, *Trientalis*.
II. **Cyclameae:** Kronröhre sehr kurz, Kronzipfel zurückgebogen; nur *Cyclamen*.
III. **Primuleae:** Kronröhre deutlich ausgebildet, Kronzipfel nur bei *Dodecatheon* zurückgeschlagen; z. B. *Androsace*, *Cortusa*, *Dodecatheon*, *Hottonia*, *Primula*.
IV. **Samoleae:** Fruchtknoten halbunterständig; nur *Samolus*.
V. **Corideae:** Blüten schwach zygomorph; nur *Coris*.

Anatomische Merkmale

Drüsenhaare (Sekrete vgl. sub *Chemische Merkmale*, Abschnitte 2, 3 und 4) und Deckhaare sind weitverbreitet; die Drüsenhaare besitzen einen einzellreihigen Stiel und ein ein- oder mehrzelliges (2- oder 4zellig; nur antikline Teilungen) Köpfchen; die Deckhaare sind einzellig, einzellreihig oder verzweigt. Idioblasten mit mehr oder weniger braunrot gefärbtem, chemisch meist unzulänglich charakterisiertem Inhalt wurden in den Gattungen *Anagallis*, *Androsace*, *Centunculus*, *Glaux*, *Lysimachia*, *Primula und Samolus* in der Epidermis und in den Nerven von Kelch und Blättern und in den Parenchymen von Stengel, Schaft, Rhizomen und Wurzeln beobachtet. Die Idioblasten werden in der Literatur als Gerbstoffzellen oder als Primverasezellen bezeichnet (Tunmann 1913; Lingelsheim 1927/28). Nach Luft (1926) und Lingelsheim reagieren sie mit Millons Reagens und mit allen geprüften Gerbstoffreagentia; insbesondere werden sie durch Vanillin-Salzsäure (Reagens von Lindt, vgl. Bd. 2, S. 17) oder Vanillin-Schwefelsäure (Reagens von Ronceray [1901] auf freies Orcin bei Flechten: Vanillin 0,25 g, H_2O 2 ml, H_2SO_4 conc. 2 ml) rot gefärbt. Es handelt sich demnach wohl zur Hauptsache um Inklusen- oder Myriophyllinzellen (i.e. um Leucoanthocyane und Schleim führende Idioblasten; vgl. ebenfalls Bd. 2, S. 11–18) und nicht um Fermentzellen. Bei Vertretern der Gattungen *Androsace*, *Coris*, *Lubinia*, *Lysimachia* und *Samolus* treten schizogene Exkretlücken auf; ihr Inhalt ist meist rotbraun gefärbt und nicht selten zu sphärokristallinischen Massen erstarrt. Dergleiche Exkretlücken finden sich vor allem in den Geweben von Kelch, Blatt und Achse. Gewisse *Primula*-Arten (im besonderen Vertreter der *Auricula*-Gruppe) speichern in den Interzellularräumen der Blätter Schleime. Calciumoxalat fehlt in den vegetativen Teilen der Primulaccen, tritt aber in der Samenschale auf (Solereder; Lingelsheim). Für weitere Einzelheiten wird nach Solereder und Metcalfe und Chalk verwiesen.

Literatur

LINGELSHEIM, A. V., *Primula officinalis (L.) Hill. Eine pharmakognostische Gesamtdarstellung*, Heil- und Gewürzpfl. *10*, 49–80, 113–140 (1927/28): Hier zahlreiche weitere Literaturangaben.

LUFT, G., *Die Verteilung der Saponine und Gerbstoffe in der Pflanze*, Sitz. ber. Akad. Wiss. Wien, Math.-Naturw. Kl., Abt. I *135*, 259–284 (1926): Primulaceen S. 274–278.

RONCERAY, P., *Contribution a l'étude des Lichens à orseille*, Thèse, Univ. Paris, 1901; S. 50; vgl. ebenfalls L. ARNOLD und A. GORIS, *Action du réactif sulfovanillique de Ronceray*, Bull. Sci. Pharmacol. *16*, 191–197 (1909).

TUNMANN, O., Pflanzenmikrochemie, S. 435–436, Bornträger, Berlin, 1913.

Chemische Merkmale

Saponine und phenolische Verbindungen stellen Charakterstoffe der Familie dar.

1. *Saponine*

SCHNEIDER (1930) prüfte Arten der Gattungen *Anagallis*, *Androsace*, *Bryocarpum*, *Cortusa*, *Dionysia*, *Dodecatheon*, *Douglasia*, *Hottonia*, *Lysimachia*, *Pelletiera*, *Pomatosace*, *Primula*, *Samolus*, *Soldanella* und *Trientalis* auf Saponine und stellte deren allgemeines Vorkommen fest. Bei *Cyclamen*-Arten kommen Saponine ebenfalls regelmässig vor. Saponinfreie Primulaceen sind nicht bekannt (LUFT 1926, l. c. oben; SCHNEIDER 1930; RICARDI et al., l. c. Bd. 2, S. 24). HOF (1927) konnte allerdings in Wurzeln, Stengeln, Blättern und Blüten von *Lysimachia nemorum* L., *L. vulgaris* L. und in Wurzeln von *Primula farinosa* L. Saponine nicht nachweisen. Diese negativen Ergebnisse müssen jedoch Mängeln der durch HOF verwendeten Methode zugeschrieben werden (z. B. Saponinmaskierung durch Gerbstoffe), denn in *Lysimachia nemorum* hatte LUFT (1926, l. c. oben) Saponine neben Gerbstoffen bereits nachgewiesen und die Wurzeln von *Primula farinosa* enthalten nach SCHUMANN (1941) reichlich Saponine; dieser Autor ermittelte hämolytische Indices für verschiedene Teile von 62 *Primula*-Arten und einigen Hybriden aus den Sektionen *Auricula* (15 Arten), *Grandis* (1), *Sikkimensis* (7), *Vernales* (11), *Obconica* (1), *Cortusoides* (5), *Muscarioides* (1), *Capitatae* (1), *Petiolares* (1), *Farinosae* (9; die Wurzel von *P. sibirica* Jacq. wies den höchsten gefundenen Wert auf: H. I. = 16 300), *Candelabra* (8) und *Nivales* (2). Fast ausnahmslos wurden für die Saponingehalte während der Blütezeit folgende Verhältnisse gefunden: Wurzeln > Blätter > Blüten > Stengel.

Da *Primula veris* L. (= *P. officinalis* Hill) und *P. elatior* (L.) Hill arzneilich viel verwendet werden, und *Cyclamen*-Arten beliebte Zierpflanzen darstellen, wurden die meisten Arbeiten mit diesen Sippen ausgeführt. KOFLER (1928) hat gezeigt, dass die als Ersatz der Senegawurzel aufgekommene Droge «Radix Primulae» von *P. elatior* und *P. veris* stammt. Beide Arten liefern Droge mit einem H. I. von etwa 3000, lassen sich aber anhand der folgenden Merkmale unterscheiden:

Eigenschaft	«Radix Primulae» von	
	P. veris	*P. elatior*
Steinzellen im Mark	0	+
Mit Wasser extrahierbare Gerbstoffe	0 bis Spuren	+
Saponine	Kristallisierende Primulasäure	Amorphes Elatiorsaponin

Die vielerorts seltenere *Primula vulgaris* Huds. (= *P. acaulis* Hill) kommt nach LINGELSHEIM (l. c. S. 389) und KOFLER (1928) in der Droge kaum vor; ihre Wurzelstöcke wurden durch HOHNJEC-MIHALJINAC und BENZINGER (1962) untersucht; sie lieferten etwa 1% Saponinkristalle, die bei saurer Hydrolyse in Primulagenin A (mutmasslich), Glucose, Galaktose, Rhamnose und eine Uronsäure gespalten wurden.

Eine Reihe von weiteren Arbeiten beschäftigt sich mit Pharmakognosie, Wertbestimmung und Qualitätskontrolle der Drogen «Radix Primulae» und «Flores Primulae» (BÜCHI et al. 1950; FINHOLT 1957, l. c. S. 359; KRAMER-OSTERBURG 1907; LANGHAMMER 1964; LINGELSHEIM, l. c. S. 389; MESTENHAUSER 1961; NEUWALD und KLINGMÜLLER 1962).

Chemisch wurden die Saponine und Sapogenine von *Primula veris*, *P. elatior* und *Cyclamen europaeum* intensiv bearbeitet. MARGOT und REICHSTEIN (1942) zeigten, dass *P. veris* und *P. elatior* das gleiche Hauptsaponin mit Primulagenin A (= Elatigenin von RUHKOPF und MOHS 1936) als Aglykon enthalten. Dagegen unterscheiden sich die zwei Arten in den Nebensaponinen, was die Befunde von KOFLER (vgl. S. 389) erklärt. TSCHESCHE und ZIEGLER (1964) erhielten bei der Hydrolyse des Rohsaponins von *Primula elatior* Glucose, Galaktose, Rhamnose, Galakturonsäure (später korrigiert; ist Glucuronsäure: TSCHESCHE et al. 1966) und ein Sapogeningemisch, das 99% neutrale Sapogenine und 1% saure Sapogenine enthielt; identifiziert wurden Primulagenin A (89%), 28-Dehydroprimulagenin A (6%) und Echinocystsäure (<1%).

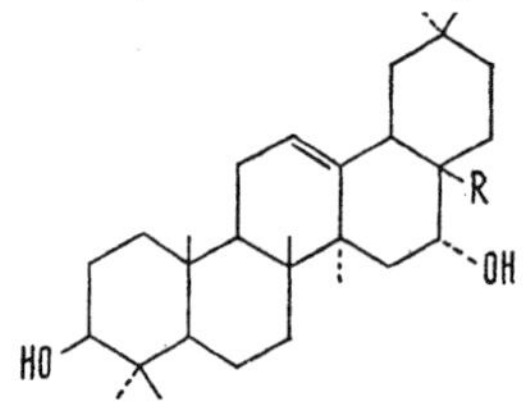

	R
Primulagenin A	CH_2OH
28-Dehydroprimulagenin A	CHO
Echinocystsäure	COOH

Für das Hauptsaponin (= Primulasäure) wurde folgende Struktur angenommen:

Glucose 1β—6 Galaktose 1β—4 Uronsäure 1β—R
2
|
1α Rhamnose

R = Primulagenin A (über OH[3] mit Zuckerkette verknüpft).

Später zeigten TSCHESCHE et al. (1966), dass Primulagenin A und 28-Dehydroprimulagenin A ebenfalls bei *Primula vulgaris* Hauptsapogenine sind, und dass *Primula veris* bei der Saponinhydrolyse ein komplexeres Sapogeningemisch liefert. Aus dem letzteren konnten 48% Primulagenin A, 19% 28-Dehydroprimulagenin A, 16% Priverogenin A-16-monoacetat und 5% Priverogenin B-18-monoacetat gewonnen werden; diese 4 Genine werden als genuine Sapogenine aufgefasst; weitere Triterpene, worunter Priverogenin A, Priverogenin B und Dihydropriverogenin A stellen vermutlich im Laufe der Saponinhydrolyse gebildete Artefakte dar. Für Dihydropriverogenin A wird beispielsweise die folgende Entstehungsweise angenommen: Priverogenin B-18-monoacetat → Priverogenin B → das Tetraol Dihydropriverogenin A. KITAGAWA et al. (1967) zeigten, dass Dihydropriverogenin A mit Camelliagenin A identisch ist, und dass Primulagenin A (I) und Camelliagenin A (II) (oder dessen genuine Form) bei den Primulaceen als Sapogenine verbreitet sind:

Art	Pflanzenteil	% Rohsaponin	% der Sapogenine	
			I	II
Primula sieboldii E. Morren	Wurzel	4,1–16,1	46	0
P. japonica A. Gray	Wurzel	6,5	5	44
Lysimachia mauritiana Lamk.	Frucht	1,4	0	40
L. japonica Thunb.	Wurzel	2,8	4	Spur
L. clethroides Duby	Wurzel	< 2,8	16	2

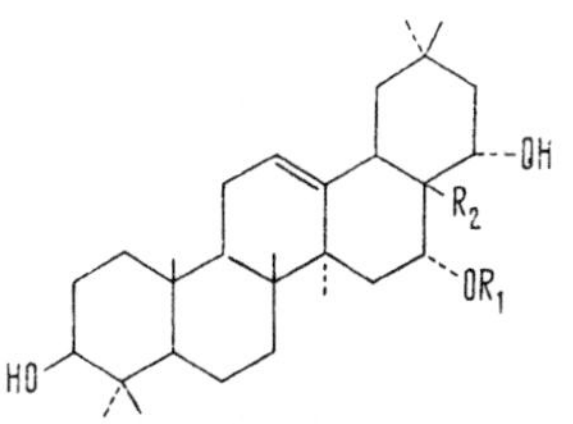

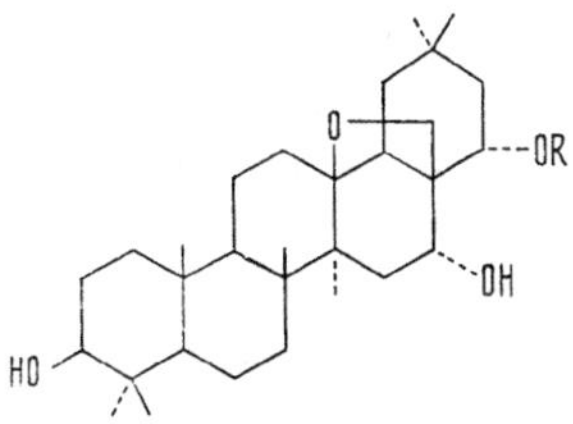

	R_1	R_2
Priverogenin A-monoacetat	Ac	CHO
Priverogenin A	H	CHO
28-Dihydropriverogenin A (= Camelliagenin A)	H	CH_2OH

Priverogenin B-18-monoacetat: R = Ac
Priverogenin B : R = H

Sehr eingehend wurden ebenfalls die Saponine und Sapogenine der Knollen von *Cyclamen europaeum* L. (= *C. purpurascens* Mill.) untersucht. Das gut kristallisierende Saponin Cyclamin und dessen Aglykon Cyclamiretin wurden durch BAUER (1934) ausführlich beschrieben. BARTON et al. (1962) klärten die Struktur des bei energischer Hydrolyse erhaltenen Cyclamiretins und TSCHESCHE et al. (1966) zeigten, dass je nach Hydrolysenbedingungen unterschiedliche Mengen der Cyclamiretine A (= genuines Sapogenin), B, C und D (= Cyclamiretin: BARTON et al.) erhalten werden; die Cyclamiretine B, C und D stellen Artefakte dar. TSCHESCHE et al. (1966) konnten Cyclamiretin D in Myrtillogensäure überführen und HAHN et al. (1965) gelang die Verknüpfung von Jacquinsäure mit Dihydrocyclamiretin D; damit ist 30-Position für die Aldehydgruppe des Cyclamiretins (und für die Carboxylgruppe der Myrtillogensäure) bewiesen. Aus den nach Auskristallisation des Cyclamins verbleibenden amorphen Saponinen gewannen DORCHAI und THOMSON (1965) bei der Hydrolyse eine ähnliche Reihe von Sapogeninen, die Cyclamigenine genannt wurden; die Struktur des Cyclamigenins B wurde geklärt.

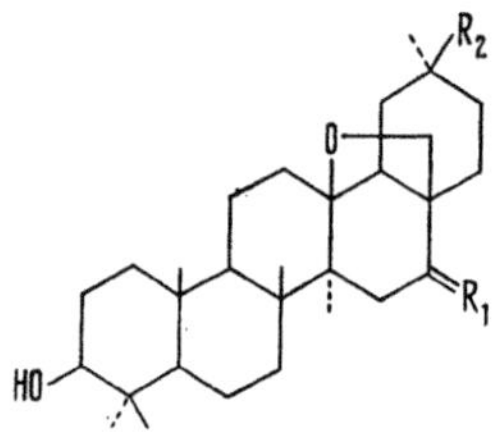

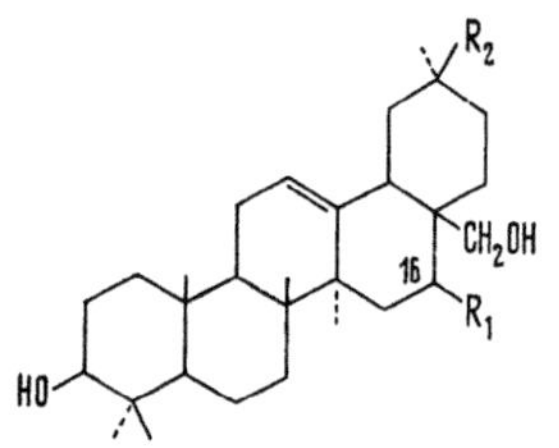

	R_1	R_2
Aegicerin	O	CH_3
Cyclamigenin B	O	CHO
Cyclamiretin A	H, α OH	CHO

	R_1	R_2
Cyclamiretin D	α OH	CHO
Myrtillogensäure	β OH	COOH
Jacquinsäure	α OH	COOH

Cyclamin enthält als Zucker Glucose (3 Mol), Xylose (1 Mol) und Arabinose (1 Mol); sie bilden eine verzweigte Kette, die mit OH (3) des Cyclamiretin A verknüpft ist (TSCHESCHE et al. 1964; TSCHESCHE-WULFF 1964).

Neuere Arbeiten über Eigenschaften von weiteren Primulaceensaponinen stammen von NENE und THAPLIYAL (1965: Fungistatische Wirkung von Presssäften von *Anagallis arvensis* L.), I. T. TAIROV (C. A. *61*, 11009 [1964]: Entfettete Knollen von *Cyclamen elegans* Boiss. et Buhse liefern 22% Rohsaponin), TANKER (1965: *Cyclamen neapolitanum* Ten., *Cyclamen pseudoibericum* Hildebr.; Knollen beider Arten enthalten Saponine mit Glucose, Xylose und Arabinose als Zuckerkomponenten und Triterpensapogeninen), KUPCHAN et al. (1967: Knollen von *Cyclamen persicum* Mill. enthalten ein Saponin mit tumorwachstumhemmenden Eigenschaften) und E. A. RUBINE (C. A. *52*, 19017 [1958]; *54*, 6027 [1960]: Saponingemisch von *Trientalis europaea* L.).

Sehr interessant sind die Beobachtungen von LUFT (1926, l. c. S. 389) bei den zwei Unterarten von *Anagallis arvensis* L. Die rotblühende ssp. *arvensis* ist gerbstoffreicher und erzeugt saponinhaltige, angeblich ölfreie Samen; die blaublühende ssp. *coerulea* (Gouan) Vollm. dagegen enthält in den vegetativen Teilen mehr Saponine und bildet ölhaltige, saponinfreie Samen.

2. *Zimtsäuren, flavonoide Verbindungen und Gerbstoffe*

Nach Beobachtungen von BATE-SMITH (1962, l. c. Bd. 3, S. 40) an hydrolysierten Blattextrakten kommen Leucoanthocyane (Leucocyanidin [= Cy] und Leucodelphinidin [= D]) und die Flavonole Myricetin (= M), Quercetin (= Q) und Kaempferol (= K) fast allgemein vor; Ellagsäure (= E) und grössere Mengen von Kaffeesäure (= Kaff) sind selten; im Einzelnen wurden gefunden: *Anagallis arvensis* L. Q, K, Cy, Kaff und ferner p-Cumar-, Ferula- und Sinapinsäure; *Cyclamen persicum* Mill. M, Q, K, Kaff, D; *Hottonia palustris* L. E, Q, K, Cy und wenig Kaff; *Lysimachia ephemera* L. M, Q, K, D, Cy; *L. punctata* L. M, Q, D, Cy; *L. vulgaris* L. M, Q, K, D, Cy und wenig Kaff; *Primula* (7 Arten) Q, K, D, Cy und bei *P. veris* L. M; *Samolus valerandi* L. Q, K, D, Cy; *Soldanella alpina* L. Q, K (einzige Art ohne Leucoanthocyane) und *Steironema ciliatum* Raf. M, Q, K, D, Cy.

Flavonolglykoside sind in Blättern und Petalen verbreitet. *Lysimachia vulgaris* L. enthält Rutin im Kraut (ÖISETH-NORDAL 1952) und aus Blüten von *Primula veris* L. *(= P. officinalis)* wurde ein Kaempferoldirhamnosid (= Primulaflavonosid) isoliert (PARIS 1959). In Blättern von *Primula*-Arten treten Quercetin-3-glucosid, Quercetin-3-gentiobiosid und Quercetin-3-gentiotriosid regelmässig auf (HARBORNE 1967, l. c. S. 262).

Die flavonoiden Verbindungen der Petalen wurden in den Gattungen *Primula* (HARBORNE-SHERRATT 1958; HARBORNE 1960, 1965 und HARBORNE 1967, l. c. S. 262) und *Cyclamen* (van BRAGT 1962) intensiv bearbeitet. Rote und violette Blüten enthalten Anthocyane und als Copigmente Flavonolglykoside; ausserdem sind fast ausnahmslos Leucocyanidine und Leucodelphinidine vorhanden. Malvidin-3,5-diglucosid ist Hauptanthocyan von *Cyclamen*-Blüten; Quercetin-3-glucosid, Kaempferol-3-glucosid, Rutin und weitere Flavonole kommen daneben häufig vor (VAN BRAGT 1962; 14 Wildarten und zahlreiche Cultivars untersucht). In der Gattung *Primula* sind die Anthocyanmuster sehr mannigfaltig. Seltene Anthocyanidine kommen bei einzelnen Arten vor: Paeonidin-7-methyläther (= Rosinidin bei *Primula rosea:* HARBORNE 1960) und Delphinidin-3,5,7-trimethyläther (= Hirsutidin bei *P. hirsuta* und einigen weiteren Arten: HARBORNE-SHERRATT 1958). Bei *Primula obconica* Hance hat REZNIK (1961) die Pigmentbildung während der Blütenentwicklung verfolgt. Systematisch interessant sind die Pigmente der gelbblühenden Primulaceen. LINGELSHEIM (1927/28, l. c. S. 389) hat darauf hingewiesen, dass die gelben Blüten von *Dionysia*-Arten, von *Douglasia vitaliana* (L.) Pax und *Primula*-Arten der Sektion *Vernales* sich beim Trocknen oft grünlich verfärben. Gelbe *Lysimachia*-Blüten und gelbblühende Primeln der Sektionen *Auricula* Pax und *Cankrienia* (de Vries) Pax zeigen diese Erscheinung nicht. HARBORNE (1965) hat gefunden, dass Quercetagetin-3-gentiobiosid das gelbe Hauptpigment der Blüten von *Primula elatior*, *P. veris* und *P. vulgaris* (alle Sektion *Vernales*) darstellt; es wird von einem Quercetagetinmonomethyläther-glykosid begleitet. Grünliche Verfärbung beim Trocknen gelber Blüten kommt ebenfalls bei *Lotus*-Arten der Sektion *Eulotus (Papilionaceae)*, bei *Papaver radicatum* Rottb. (vgl. S. 272) und bei einzelnen Compositen vor; für *Lotus corniculatus* und

Papaver-Formen der *nudicaule-radicatum*-Gruppe hat ebenfalls HARBORNE (1965) Quercetagetinglykoside als Blütenpigmente nachgewiesen. Die Annahme, dass grünliche Verfärbung beim Trocknen der Blüten gelbblühender Pflanzen Quercetagetinglykoside indiziert, liegt deshalb vor der Hand. Vgl. Nachträge.

Bei vielen *Primula*-Arten scheiden die Drüsenhaare Mehlstaub ab. MÜLLER (1915) zeigte, dass der Mehlstaub von *Primula japonica* Gray und *P. pulverulenta* Duthie zur Hauptsache aus Flavon und geringen Mengen von Wachs gebildet wird. Primetin, ein Dihydroxyflavon, wurde durch NAGAI und HATTORI (1930) im Mehlstaub von *Primula modesta* Bisset et Moore beobachtet und durch BAKER (1939) chemisch genau charakterisiert. Aus Mehlstaub von *Primula imperialis* Jungh. var. *gracilis* Usteri gewannen KARRER und SCHWAB (1941) 5-Hydroxyflavon.

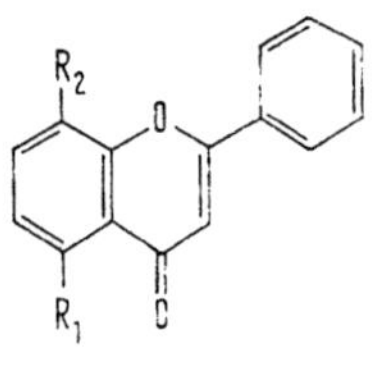

	R_1	R_2
Flavon, F 99–100°, farblos	H	H
5-Hydroxyflavon, F 157°, hellgelb	OH	H
Primetin, F 230–231°, gelb	OH	OH

Nach Untersuchungen von BRUNSWIK (1922) und BLASDALE (1945, 1947) scheiden die Drüsenhaare recht vieler *Primula*-Arten und von einigen anderen Primulaceen Flavon und am A-Ring hydroxylierte Flavone aus (Tabelle 107).

Nach WELLER et al. (1953) beruht die antibiotische Wirkung von Extrakten von *Primula malacoides* Franch. auf deren Flavongehalt.

GERBSTOFFE lassen sich bei den meisten Primulaceen mit mikrochemischen Methoden reichlich nachweisen (vgl. S. 388); sie sind in Gerbstoffzellen lokalisiert und liegen zum Teil in wasserunlöslicher Form vor (LINGELSHEIM 1927/28, l. c. S. 389). Mit makrochemischen Methoden beurteilt, erweisen sich die meisten Primulaceen als gerbstoffarme Pflanzen (DEKKER, l. c. B 3.09). Die Festlegung der Gerbstoffe in den Inklusen-, Myriophyllin- oder Gerbstoffidioblasten dürfte die Diskrepanz zwischen mikro- und makrochemischen Befunden erklären. Als Gerbstoffbausteine kommen hauptsächlich die in der Familie allgemein verbreiteten Leucoanthocyane in Frage. In Ausnahmefällen *(Hottonia)* ist vielleicht auch Ellagsäure an der Gerbstoffbildung beteiligt.

3. *Phenolglykoside*

Viele Primulaceen enthalten (vor allem in den unterirdischen Teilen) Glykoside von flüchtigen, duftenden Phenolen. Beim Zerreiben frischer Wurzeln oder bei deren Trocknung werden die Glykoside gespalten und deren riechende Aglykone freigesetzt. Soweit untersucht stellen die Aglykone Salicylsäure- und Acetophenonderivate und die Zuckerkomponente Primverose (Glucose + Xylose)

TABELLE 107.

Flavonausscheidungen durch Drüsenhaare von Primulaceen (BRUNSWIK 1922; BLASDALE 1945, 1947)

Art (a)	Natur des Sekretes	Nachgewiesen
Cortusa matthioli L.	flüssig	Flavon (b).
Dionysia diapensiifolia Boiss.	kristallisiert	Flavon.
D. revoluta Boiss.	kristallisiert	Flavon.
D. tapetodes Bunge	kristallisiert	Flavon.
Primula algida Adams	Mehlstaub	Flavon.
P. americana Rydb. (= *P. incana* M. E. Jones)	Mehlstaub	Flavon.
P. auricula L.	Mehlstaub	Flavon.
P. beesiana Forr.	Mehlstaub	Flavon.
P. bulleyana Forr.	Mehlstaub	Flavon.
P. burmanica Balf. f. et. Forr.	Mehlstaub	Flavon.
P. capitata Hook.	Mehlstaub	Flavon.
P. capitellata Boiss.	Mehlstaub	Flavon.
P. chungensis Balf. f. et Ward	Mehlstaub	Flavon.
P. cortusoides L.	flüssig	wenig Flavon (b).
P. denticulata Sm.	Mehlstaub	75% Flavon und etwa 10% Primetin (BLASDALE 1945, 1947).
P. farinosa L.	Mehlstaub	Flavon.
P. fauriei Franch. (c)	Mehlstaub	Flavon.
P. florindae Ward	Mehlstaub	Flavon und gelbes Flavonderivat (BLASDALE 1945).
P. forrestii Balf. f.	gemischt; klebrig und etwas Mehlstaub	wenig Flavon; viel Wachs (BLASDALE 1947).
P. frondosa Janka	Mehlstaub	Flavon.
P. helodoxa Balf. f. (d)	Mehlstaub	Flavon.
P. heydei Watt	Mehlstaub	Flavon.
P. hookeri Watt	Mehlstaub	Flavon.
P. imperialis Jungh. var. *gracilis* Usteri (d)	Mehlstaub	Flavon und 5-Hydroxyflavon (KARRER-SCHWAB 1941).
P. jaffreyana King	Mehlstaub	Flavon.
P. japonica A. Gray	Mehlstaub	Flavon (MÜLLER 1915).
P. longiflora All.	Mehlstaub	Flavon.
P. longipes Freyn et Sint.	Mehlstaub	Flavon.
P. malacoides Franch.	Mehlstaub	Flavon.
P. marginata Curt	Mehlstaub	Flavon.
P. microdonta Franch. et Petitm. (e)	Mehlstaub	Flavon.
P. minutissima Jacquem.	Mehlstaub	Flavon.
P. modesta Biss. et Moore	Mehlstaub	Flavon und Primetin (NAGAI-HATTORI 1930).
P. mollis Nutt. ex Hook.	flüssig	kein Flavon (b).
P. mooreana Balf. f. et W. W. Sm.	Mehlstaub	Flavon.
P. nivalis Pall	Mehlstaub	Flavon.
P. obconica Hance	flüssig	kein Flavon (b).
P. palinuri Petagna	Mehlstaub	Flavon.

Art (a)	Natur des Sekretes	Nachgewiesen
P. petiolaris Wall.	Mehlstaub	Flavon.
P. pubescens Jacq. (f)	Mehlstaub	Flavon.
P. pulchelloides Ward	Mehlstaub	Flavon.
P. pulverulenta Duthie	Mehlstaub	Flavon (MÜLLER 1915).
P. scotica Hook.	Mehlstaub	Flavon.
P. sherriffae W. W. Smith	Mehlstaub	Flavon.
P. sieboldii Morren	flüssig	kein Flavon (b).
P. sikkimensis Hook. f. (e)	Mehlstaub	Flavon.
P. sinensis Lindl.	flüssig	Flavon (b).
P. stricta Hornem.	Mehlstaub	Flavon.
P. stuartii Wall.	Mehlstaub	Flavon.
P. verticillata Forsk.	Mehlstaub	Flavon und 5-Hydroxyflavon (BLASDALE 1947).

a) Primeln sind beliebte Zierpflanzen; in Kultur befinden sich zahlreiche Hybriden und Varietäten (wovon viele als Arten beschrieben wurden). Eindeutige botanische Identifizierung oft schwierig.
b) Vgl. für diese Arten ebenfalls Abschnitt 4.
c) *P. modesta* Biss. et Moore var. *fauriei* (Franch.) Takeda.
d) Gehört zum Formenkreis von *P. prolifera* Wall.
e) Mutmasslich conspecifische Formen.
f) Name für *P. auricula*-Bastarde.

dar. Das Enzym Primverase ist in der Familie weitverbreitet. GORIS und DUCHER (1906) und GORIS und MASCRÉ (1909) haben viele Arten auf Vorkommen glykosidisch gebundener Duftstoffe untersucht und die beobachteten Gerüche in 4 Gruppen klassifiziert: A anisartig; B an Methylsalicylat erinnernd; C unangenehm (an frischen Coriander erinnernd); D an Baldriansäure erinnernd. Bei folgenden Arten wurde nach dem Zerreiben der frischen Wurzeln Auftreten von charakteristischen Geruchsstoffen beobachtet:

Anagallis arvensis L.: Geruch-Kategorie D; schwach.
Dodecatheon meadia L.: A; stark.
Lysimachia nemorum L.: B; schwach.
L. nummularia L. und *L. vulgaris* L.: Keine Geruchsstoffe.

Primula capitata Hook. *P. cachemiriana* Munro *P. megasifolia* Boiss. et Bal. *P. poissonii* Franch. *P. veris* L. *P. verticillata* Forsk.	A; stark; zu dieser Gruppe gehört zweifellos ebenfalls *P. anisodora* Balf. et Forr.
P. forsteri Stein *P. mollis* Nutt. ex Hook. *P. rosea* Royle	A; schwach.

P. japonica A. Gray: A; sehr schwach.

P. frondosa Janka *P. halleri* Gmelin (= *P. longiflora* All.) *P. vulgaris* Huds. (= *P. grandiflora* All. = *P. acaulis* Hill)	B; stark.
P. cortusoides L. *P. elatior* (L.) Hill *P. obconica* Hance	B; sehr schwach.
P. auricula L. *P. palinuri* Petagna *P. pannonica* A. Kern.	C.

Goris hat diese Erscheinung zusammen mit seinen Schülern weiter untersucht (Goris 1950: Zusammenfassung der Ergebnisse); aus zwei Arten konnten die Glykoside isoliert werden und bei weiteren Arten die bei der Glykosidspaltung auftretenden Geruchsstoffe identifiziert werden:

Geruchsstoffe der Primulaceen und deren genuine Glykoside:

HYDROCHINONDERIVATE

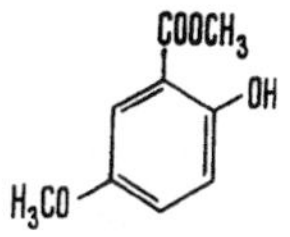

5-Methoxymethyl-salicylat (I)

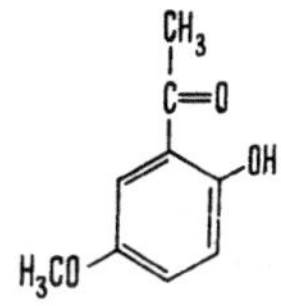

2-Hydroxy-5-methoxy-acetophenon (II)

RESORCINDERIVATE

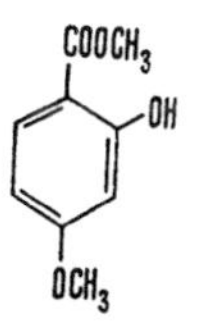

4-Methoxymethyl-salicylat (III)

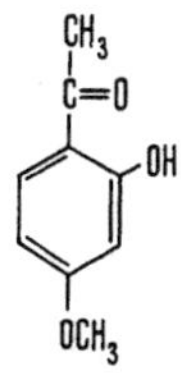

2-Hydroxy-4-methoxy-acetophenon = Paeonol (IV)

Primverin = Primverosid von III
Primulaverin = Primverosid von I

Primula auricula L. (untersucht Garten-Hybride): 0,08% Öl aus frischen Wurzeln; I und IV.

P. elatior (L.) Hill: Weder Glykoside noch Phenole isolierbar.

P. farinosa L.: 0,12% Öl aus frischen Wurzeln; Hauptbestandteil (93%) ist Benzylsalicylat; daneben möglicherweise Benzylbenzoat.

P. hirsuta All. (= *P. viscosa* Vill.): 0,1% Öl aus frischen Wurzeln; 88% IV und 12% III.

P. veris L. (= *P. officinalis* Hill): Frische Wurzeln liefern nach Mazeration 0,086% ätherisches Öl mit III, I und Spuren von Ketonen. Hauptglykosid der Wurzeln ist Primverin (isoliert); es wird von Primulaverin (isoliert, aber nicht ganz rein erhalten) begleitet. Das Öl der duftenden Blüten (0,08 g/kg) besitzt die gleiche Zusammensetzung und dürfte demnach ebenfalls das Produkt von Glykosidspaltungen sein.

P. vulgaris Huds. (= *P. acaulis* Jacq.): 0,1% Öl aus frischen Wurzeln; Hauptbestandteile I und II. Reines Primulaverin isoliert.

4. *Hautirritierende Benzochinone*

Primula obconica Hance und einige verwandte Arten (*P. cortusoides* L., *P. mollis* Nutt. ex Hook., *P. sieboldii* Morren) wirken bei empfindlichen Personen stark hautirritierend (Brunswik 1922; Klein und Tröthandl 1929; Hocquette 1936). Ausserdem besitzt *Cortusa matthioli* L. stark hautreizende Wirkung (Nestler 1912). Bloch und Karrer (1927) konnten aus 2000 Pflanzen von *Primula obconica* 100 mg des Primelgiftes isolieren; es wurde Primin genannt. Primin sublimiert leicht, ist mit Wasserdampf flüchtig, schmilzt bei 62–63° und ist für empfindliche Personen ausserordentlich giftig (bereits 1/100 mg rufen schwere Entzündungen hervor). Schildknecht et al. (1967) zeigten später, dass das Primin von Bloch und Karrer 2 Komponenten enthielt; der reine Wirkstoff wurde als 2-Methoxy-6-n-pentyl-p-benzochinon erkannt.

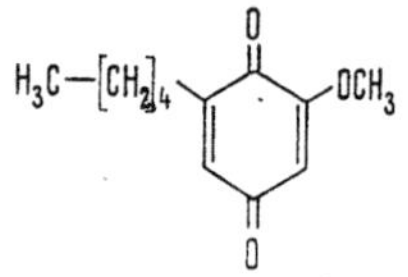

Primelgift = Primin

Klein und Tröthandl (1929) untersuchten mit mikrochemischen Methoden (Untersuchung der Sublimate) Verbreitung und Lokalisation des Primins. Sie beobachteten bei *Primula auricula* L. ausschliesslich Flavon (F der Sublimate 71°), bei *P. obconica* Hance ausschliesslich Primin (F 61–62°; am reichlichsten in Kelch und Blütenstielen). *P. sinensis* Lindl. enthält allein Flavon, der viel kultivierte Bastard *P. obconica* × *P. sinensis* dagegen überwiegend Primin. *Cortusa matthioli* L. lieferte ein abweichendes Sublimat (F 92–94°); ihr Hautreizstoff ist demnach verschieden vom Primin.

Das alternierende Auftreten von Benzochinonen und Flavonen in den Drüsensekreten der Primulaceen lässt vermuten, dass die ersteren Produkte einer für die Familie spezifischen, ausschliesslich Acetat verwendenden, Flavonsynthese darstellen.

5. *Kohlenhydrate der vegetativen Organe*

In den unterirdischen Organen speichern viele Primulaceen reichlich Stärke; ausserdem sind grosse Mengen von Saponinen vorhanden; diese stellen vermutlich ebenfalls Reservestoffe der Pflanzen dar. Unter den wasserlöslichen Zuckern überwiegt in der Regel Saccharose. Lys (1954) beobachtete, dass in den Knollen von *Cyclamen*-Arten (untersucht *C. europaeum*, *C. giganteum*, *C. latifolium*, *C. neapolitanum*) ein asphodelosidartiges Oligosaccharid (entspricht möglicherweise der Cyclamose von Masson [1911]) die Stärke weitgehend ersetzt. Später fand der gleiche Autor (Lys 1956) ähnliche Oligosaccharide bei *Anagallis arvensis* und 3 *Lysimachia*-Arten, nicht aber bei *Primula veris* L. Beck (1963, l. c. S. 346) prüfte die Ergebnisse von Lys und beobachtete Oligosaccharide bei *Cyclamen europaeum*, *Lysimachia punctata*, *L. vulgaris* und *Primula auricula*, nicht aber bei *Anagallis arvensis*, *A. coerulea* und *Primula veris* L. Erst wenn einmal die chemische Natur und die Verbreitung dieser die Stärke teilweise ersetzenden Oligosaccharide bekannt ist, wird sich beurteilen lassen, ob die Kohlenhydratspeicherung sytematischen oder rein ökologischen Gesetzmässigkeiten unterliegt. Für die *Primula*-Arten der Sektion *Vernales* (*P. veris* L., *P. elatior* [L.] Hill, *P. vulgaris* Huds. [= *P. acaulis* Hill = *P. grandiflora* Lamk.]) ist Speicherung von Volemit (= Primulit) in den Wurzelstöcken charakteristisch (Bougault-Allard 1902; Asahina-Kagitani 1934). Getrocknete Wurzelstöcke von *P. veris* L. (= *P. officinalis)* enthalten 1,5–1,7% Volemit (Begbie-Richtmyer 1966) und aus frischen Wurzeln konnten 0,5–0,7% Volemit isoliert werden (Asahina-Kagitani 1934; Tschesche et al. 1966). Nordal und Öiseth (1951) zeigten, dass Volemit in den getrockneten Wurzeln von *P. elatior* (L.) Hill von Sedoheptulose und Mannoheptulose (wahrscheinlich) begleitet wird. Bei der Aufarbeitung von 20 kg getrockneten Wurzeln von *P. veris* L. (= *P. officinalis)* konnten Begbie und Richtmyer (1966) neben Volemit (mengenmässig stark überwiegend) β-Sedoheptit, Glycerin, Erythrit, Xylit, Mesoinosit, Xylose, Primverose, Sedoheptulose, D-*manno*-Heptulose, 4 weitere Heptosen, 2 Octulosen und 2 Nonulosen isolieren. Nordal und Krogh (1966) untersuchten Blätter und Wurzeln von *Dionysia paradoxa* Wendelblo, *Dodecatheon integrifolium* Michx., 5 *Primula*-Arten und *Cyclamen europaeum* L. auf Vorkommen von Sedoheptulose und Mannoheptulose; bei allen Arten wurden überwiegend Fructose und Saccharose beobachtet; daneben kommen je nach Art und Organ geringe Mengen von Mannoheptulose oder Sedoheptulose oder aber von beiden Heptulosen vor. Auch das Auftreten von grösseren Mengen von Heptiten und der diese begleitenden Heptosen, Octosen und Nonosen kann heute noch nicht für die Systematik der Familie und Gattungen ausgewertet werden, da unsere Kenntnisse noch viel zu lückenhaft sind.

6. *Reservestoffe der Samen*

Die Samen der Primulaceen sind stärkefrei; sie enthalten Eiweiss (Aleuronkörner), fettes Öl und im Endosperm Amyloid (Nägeli, l. c. B 3.02; Lingelsheim 1927/28 l. c. S. 389). Jones und Earle (1966, l. c. S. 124) ermittelten für Samen von *Anagallis arvensis* L. 14,4% Eiweiss und 17,7% Öl. Kooiman (1959, l. c. B 3.02) zeigte, dass Vorkommen von Amyloid im Endosperm als Familienmerkmal zu gelten hat; er wies Amyloid in Samen der folgenden Sippen nach: *Anagallis* (2 Arten), *Androsace maxima* L., *Ardisiandra wettsteinii* J. Wagner, *Asterolinum stellatum* (L.) Link et Hoffm., *Centunculus minimus* L., *Coris monspeliensis* L., *Cortusa matthioli* L., *Cyclamen* (5 Arten), *Dodecatheon meadia* L., *Douglasia* (2 Arten), *Glaux maritima* L., *Hottonia palustris* L., *Lysimachia* (4 Arten), *Primula* (3 Arten), *Samolus valerandi* L., *Soldanella* (3 Arten), *Steironema ciliatum* (L.) Raf. und *Trientalis europaea* L. Das Amyloid der Samen von *Primula veris* L. (= *P. officinalis*) und von einem *Cyclamen*-Bastard wurde genauer untersucht; es enthält als Bausteine Galaktose, Glucose und Xylose und besitzt demnach die für die Amyloid genannte Reservecellulose von Samen charakteristische Zusammensetzung.

Literatur

Asahina, Y., und Kagitani, M., Ber. Deut. Chem. Ges. *67*, 804 (1934).

Baker, W., J. Chem. Soc. *1939*, 956.

Barton, D. H. R., et al., J. Chem. Soc. *1962*, 5176.

Bauer, F., Sci. Pharm. (Wien) *5*, 50 (1934).

Begbie, R., und Richtmyer, N. K., Carbohydrate Res. *2*, 272 (1966).

Blasdale, W. C., *The composition of the solid secretion produced by Primula denticulata*, J. Am. Chem. Soc. *67*, 491 (1945); *The secretion of farina by species of Primula*, J. Roy. Hort. Soc. *72*, 240 (1947): Hier ebenfalls Anatomie der Drüsenhaare.

Bloch, Br., und Karrer, P., Vierteljahrschr. Naturforsch. Ges. Zürich *72*, Beiblatt N° 13,1–26 (1927).

Bougault, J., und Allard, G., Compt. Rend. *135*, 796 (1902); J. Pharm. Chim. [6] *16*, 528 (1902).

Bragt, van, J., *Chemogenetical investigations of flower colours in Cyclamen*, Mededel. Landbouwhogeschool te Wageningen, Nederland, *62* (4) 1–43 (1962).

Brunswik, H., *Mikrochemie der Flavonexkrete bei den Primulinae*, Sitz. ber. Akad. Wiss. Wien, Math.-naturw. Kl., Abt. I, *131*, 221 (1922).

Büchi, J., et al., Pharm. Acta Helv. *25*, 339, 354 (1950).

Dorchai, N. O., und Thomson, J. B., Tetrahedron Letters *1965*, 2223.

Goris, A., Industrie de la Parfumerie *5*, 121, 177 (1950).

Goris, A., und Ducher, J., Bull. Sci. Pharmacol. *13*, 536 (1906).

Goris, A., und Mascré, M., Bull. Sci. Pharmacol. *16*, 695 (1909).

Hahn, L. R., et al., Tetrahedron *21*, 1735 (1965): Jacquinsäure stammt aus der Theophrastacee *Jacquinia pungens*.

Harborne, J. B., Chemistry and Industry *1960*, 229; Phytochemistry *4*, 647 (1965).

Harborne, J. B., und Sherratt, H. S. A., Nature *181*, 25 (1958).

Hocquette, M., Rev. Cytol. Cytophysiol. Végét. *2*, 14 (1936): Ebenfalls Anatomie Drüsenhaare.

Hof, C. W., *Saponine aus der Familie der Primulaceen*, Diss. Univ. Frankfurt a. M., 1927.

HOHNJEC-MIHALJINAC, S., und BENZINGER, F., Sci. Pharm. (Wien) *30*, 3, 37, 46 (1962).
KARRER, P., und SCHWAB, G., Helv. Chim. Acta *24*, 297 (1941).
KITAGAWA, I., et al., Chem. Pharm. Bull. *15*, 1435 (1967); Tetrahedron Letters *1967*, 5343.
KLEIN, G., und TRÖTHANDL, O., Beitr. Biol. Pflanzen *17*, 211 (1929).
KOFLER, L., *Die Stammpflanzen der Radix Primulae*, Arch. Pharm. *266*, 479 (1928).
KRAMER-OSTERBURG, H., Ber. Deut. Pharm. Ges. *17*, 352 (1907): Pharmakographie von Flos Primulae.
KUPCHAN, S. M., et al., J. Pharm. Sci. *56*, 603 (1967).
LANGHAMMER, L., Deut. Apoth. Z. *104*, 1183 (1964): Verfälschung von Radix Primulae.
LYS, J., Rev. Gén. Botan. *61*, 154, 226, 300 (1954); *63*, 95 (1956).
MARGOT, A., und REICHSTEIN, T., Pharm. Acta Helv. *17*, 113 (1942).
MASSON, G., Bull. Sci. Pharmacol. *18*, 477 (1911).
MESTENHAUSER, A., *Die Inkulturnahme der Primula veris L. Wechselbeziehungen zwischen Saponin- und Stärkegehalt der Wurzeln*, Pharmazie *16*, 45 (1961).
MÜLLER, H., J. Chem. Soc., Trans. *107*, 872 (1915).
NAGAI, W., und HATTORI, SH., Acta Phytochimica (Tokyo) *5*, 1 (1930).
NENE, Y. L., und THAPLIYAL, P. N., Naturwissenschaften *52*, 89 (1965).
NESTLER, A., Ber. Deut. Botan. Ges. *30*, 330 (1912): Auch Anatomie Drüsenhaare.
NEUWALD, F., und KLINGMÜLLER, L., Pharm. Z. *107*, 564 (1962): Kolorimetr. Bestimmung der Primulasäure.
NORDAL, A., und KROGH, A., Nytt. Mag. Botan. *13*, 61 (1966).
NORDAL, A., und ÖISETH, D., Acta Chem. Scand. *5*, 1289 (1951).
ÖISETH, D., und NORDAL, A., Pharm. Acta Helv. *27*, 361 (1952).
PARIS, R., Ann. Pharm. Franç. *17*, 331 (1959).
REZNIK, H., *Pigmentierungsphasen während der Blütenentwicklung von Primula obconica Hance*, Flora (Jena) *150*, 454 (1961).
RUHKOPF, H., und MOHS, P., Ber. Deut. Chem. Ges. *69*, 1522 (1936).
SCHILDKNECHT, H., et al., Z. Naturforsch. *22B*, 36 (1967).
SCHNEIDER, G., *Ueber die Berücksichtigung des Saponins für die Systematik innerhalb der Ranunculaceentribus der Anemoneae*, Diss. Friedr.-Wilh. Univ. Berlin, 1930; Seiten 6 und 27.
SCHUMANN, G., *Untersuchungen an Primelarten auf Saponingehalt und dessen Schwankungen*, Diss. Univ., Hamburg, 1941; vgl. ebenfalls Arch. Pharm. *279*, 51 (1941).
TANKER, N., J. Fac. Pharm. Istanbul *1*, 61, 144 (1965).
TSCHESCHE, R., und WULFF, G., *Konstitution und Eigenschaften der Saponine*, Planta Medica *12*, 273–292 (1964).
TSCHESCHE, R., und ZIEGLER, F., Ann. Chem. *674*, 185 (1964): Hier Besprechung der älteren Literatur.
TSCHESCHE, R., et al., Ann. Chem. *680*, 107 (1964); *691*, 165 (1966): Cyclamiretin; *696*, 160 (1966): Sapogenine aus Primula veris.
WELLER, L. E., et. al., Antibiotics and Chemotherapy *3*, 603 (1953).

Schlussbetrachtungen

Die Primulaceen bilden zusammen mit den Theophrastaceen und Myrsinaceen die Ordnung der *Primulales* (WETTSTEIN; CRONQUIST; TAKHTAJAN; Syllabus). GUNDERSEN und HUTCHINSON rechnen zu den *Primulales* noch die Plumbaginaceen; letztgenannter Autor schliesst andererseits die Myrsinaceen und Theophrastaceen aus; er rechnet seine *Myrsinales* zu den *Lignosae* und nimmt für diese Beziehungen zu den *Celastrales* und *Rhamnales* an.

Im Prinzip lassen sich 4 vorherrschende Auffassungen unterscheiden (vgl. ebenfalls S. 162):

a) *Plumbaginales* und *Primulales* gehören einer Entwicklungslinie an, die von ursprünglichen Centrospermen ausgeht (WETTSTEIN; GUNDERSEN; PULLE).

b) *Plumbaginales* und *Primulales* stellen zwei parallele, von Centrospermen ausgehende Entwicklungslinien dar (EMBERGER [M. CHADEFAUD und L. EMBERGER, *Traité de Botanique Systématique;* Vol. II, *Plantes Vasculaires* par L. EMBERGER, MASSON, Paris, 1960]; bei CRONQUIST und im Syllabus erwogen).

c) Die *Plumbaginales* stammen von den Centrospermen ab. Die *Primulales* andererseits haben sich parallel mit den *Ericales* und *Ebenales* aus dem Formenkreis der *Guttiferales (= Theales)* entwickelt; die morphologischen Anklänge der *Primulales* an die *Plumbaginales* sind die Folge convergenter Entwicklung (TAKHTAJAN; bei CRONQUIST und im Syllabus erwogen).

d) Primulaceen und Plumbaginaceen stammen von den Centrospermen ab; die Ähnlichkeit mit den Theophrastaceen und Myrsinaceen beruht auf convergenter Entwicklung (HUTCHINSON).

Die heute bekannten chemischen Merkmale der Primulaceen lassen sich wie folgt zusammenfassen:

1. Allgemeines Vorkommen von Saponinen mit neutralen Triterpensapogeninen, die der Oleananreihe angehören.
2. Ziemlich allgemeines Vorkommen von Leucoanthocyanen, die in Gerbstoff-(Inklusen- oder Myriophyllin-) zellen lokalisiert sind.
3. Weite Verbreitung von Heterosiden mit Hydrochinon- oder Resorcinderivaten als Aglykogen. Mit diesen Phenolen stehen vielleicht die Sekrete der Drüsenhaare (Benzochinone; Flavone) in biogenetischer Beziehung.
4. Allgemeines Vorkommen von amyloid- und ölhaltigen und gleichzeitig stärkefreien Samen.
5. Tendenzen zur Spezialisation im Zuckerstoffwechsel (Speicherung von Volemit und Oligosacchariden; Auftreten freier Heptosen).
6. Sporadisch kommen vor: Schizogene Exkretbehälter mit chemisch noch nicht definiertem Inhalt; Ellagsäure.

Diese Merkmalskombination spricht ganz eindeutig gegen HUTCHINSONS Aufspaltung der *Primulales*. Primulaceen und Myrsinaceen gleichen sich hinsichtlich der Samenreserven vollständig. Zudem bestehen prizipielle Ähnlichkeiten in den Phenolspektren und im Bau der Sapogenine; Benzochinone kommen in beiden Familien vor. HARBORNE (1967, l. c. S. 262) weist auf Unterschiede zwischen den flavonoiden Glykosiden der Primulaceen und Myrsinaceen. Beim Vergleich der Gesamtheit der chemischen Merkmale der zwei Familien treten die grundsätzlichen Übereinstimmungen deutlich hervor. Die heute bekannten Unterschiede zwischen den zwei Sippen überschreiten keineswegs die in vielen Fällen gefundene infrafamiliäre Variationsbreite der chemischen Merkmale.

Die chemischen Merkmale der *Primulales* (i. e. *Theophrastaceae*, *Myrsinaceae* und *Primulaceae*) erinnern in verschiedener Hinsicht an Vertreter der *Guttiferales (= Theales):* Phenolspektren, Bau der Sapogenine; vgl. ebenfalls die Diskussion bei den *Myrsinaceae*.

Es bestehen aber ebenfalls auffallende Ähnlichkeiten in den chemischen Merkmalen zwischen den Primulaceen und Vertretern der *Rosales* (z. B. *Saxifragaceae*):

Leucoanthocyane (inkl. Leucodelphinidin) bei krautigen Pflanzen; Vorkommen von Ellagsäure, Saponinen, Heptosen und Heptiten. Im Phenolstoffwechsel erinnern die Primulaceen ausserdem ausgesprochen an die Ericaceen.

Andererseits lassen sich in den chemischen Merkmalen kaum Anklänge an die Centrospermen finden.

Für die Besprechung der chemischen Beziehungen zwischen Primulaceen und Plumbaginaceen wird nach S. 347 verwiesen.

209. Proteaceae

Bäume oder Sträucher mit meist wechselständigen, oft ledrigen, ganzrandigen oder fiederförmig eingeschnittenen, nebenblattlosen Blättern (viele xerophytische Anpassungen; auch nadelförmige Blätter). Blüten oft prächtig gefärbt, meist zwittrig, aktinomorph oder zygomorph, in vielförmigen Blütenständen (zum Teil Köpfe mit korollinisch gefärbten Involucralblättern) vereinigt. Blütenhülle einfach, 4zählig, korollinisch. Staubblätter 4, vor den Perigonblättern stehend und die Filamente mit den letzteren mehr oder weniger verwachsen. Fruchtknoten oberständig, oft gestielt (Gynophor), einfächrig (einblättrig) mit einer bis vielen Samenanlagen mit 2 Integumenten. Balgfrüchte, Steinfrüchte oder Nüsse. Samen ohne Endosperm (Ausnahme *Bellendena*). Die Blüten zeigen mannigfaltige Anpassungen an Kreuzbestäubung, die durch Insekten oder Vögel vermittelt wird. Nektar wird durch, mit den Perigonblättern alternierende, Schuppen oder durch einen Discus ausgeschieden.

Die Familie bewohnt vor allem periodisch trockene Gebiete des Südlichen Halbrundes (Südafrika, Australien, Südamerika), fehlt aber in den tropischen Regenwäldern von Indonesien und Nordqueensland nicht gänzlich.

Systematische Gliederung

Die 1000–1400 Arten werden über etwa 60 Gattungen verteilt; meistens wird ausserdem in 2 Unterfamilien gegliedert:

I. **Proteoideae** (= *Persoonioideae*): Meistens Nussfrüchte oder einsamige Steinfrüchte. Nach JOHNSON und BRIGGS (1963) stellen die *Proteoideae* sicher keine natürliche Sippe dar.

II. **Grevilleoideae** Meistens Balgfrüchte. Nach JOHNSON und BRIGGS bilden die Gattungen dieser Unterfamilie eine natürliche Gruppe (mögliche Ausnahme: *Carnarvonia*).

Literatur

JOHNSON, L. A. S., und BRIGGS, B. G., *Evolution in the Proteaceae*, Austral. J. Botany *11*, 21–61 (1963).

RAMSON, H. P., *Chromosome numbers in the Proteaceae*, Austral. J. Botany *11*, 1–20 (1963).

Anatomische Merkmale

Das Haarkleid wird zur Hauptsache aus einzelligen, oft dickwandigen Deckhaaren gebildet. Im Mesophyll führen viele Arten Sklereiden. Calciumoxalat wird (vielfach spärlich) in der Form von Drusen und Einzelkristallen abgelagert. Verkieselung der Blattepidermis kommt gelegentlich vor. In den Parenchymen von Blattstiel und Achse sind allgemein Gerbstoffzellen vorhanden; diese Idioblasten wurden bei *Aulax umbellata* R. Br. und *Aulax pinifolia* Berg und bei *Franklandia fucifolia* R. Br. genauer untersucht und als schleim- und gerbstoffhaltig befunden (LEMESLE 1943, 1944). Schizogene Exkretlücken wurden in Blättern und Zweigen bei *Adenanthos*- und *Franklandia*-Arten beobachtet; LEMESLE (1943) bezeichnet den Inhalt der Exkreträume von *F. fucifolia* als Gummiharz.

Literatur

LEMESLE, R., *De la nature et de la localisation du produit des poches sécrétrices de la feuille du Franklandia fucifolia R. Br.*, Compt. Rend. *217*, 616 (1943).

LEMESLE, R., *De la nature des produits accumulés à l'interieur des cellules de la gaine endodermique dans les feuilles des espèces du genre Aulax Berg*, Compt. Rend. *218*, 167 (1944).

Chemische Merkmale

1. *Zimtsäuren und flavonoide Verbindungen*

Leucoanthocyane und Flavonole scheinen bei den Proteaceen regelmässig vorzukommen. Leucodelphinidin (D), Leucocyanidin (Cy), Myricetin (M), Quercetin (Q), Kaempferol (K) und Kaffeesäure (Kaff) konnten bei der papierchromatographischen Analyse von hydrolysierten Blattextrakten bei vielen Arten nachgewiesen werden (BATE-SMITH 1962, l. c. Bd. 3, S. 40; CAMBIE et al., l. c. Bd. 3, S. 40; RHEEDE VAN OUDTSHOORN 1963):

Proteoideae

Aulax (2 Arten): D, Cy, Q, K, Kaff.
Leucadendron (11 Arten): D(7), Cy(10), M(6), Q(11), K(9), Kaff(8).
Leucospermum (5 Arten): D(5), Cy(4), M(3), Q(3), K(4), Kaff(3).
Mimetes (2 Arten): Cy, Q, K, Kaff.

Paranomus (2 Arten): D, Cy, Q, K.
Persoonia toru A. Cunn.: Leucoanthocyane in allen Teilen.
Protea (9 Arten): D(3), Cy(5), Q(8), K(2), Kaff(8).

Grevilleoideae

Banksia integrifolia L.: D, Cy, K.
Grevillea robusta A. Cunn.: D, Q, K.
Hakea (2 Arten): D, Cy, Q, K(1).
Knightia excelsa R. Br.: Leucoanthocyane in Rinde und Frucht, nicht in Blättern.
Lomatia silaifolia R. Br.: D, Cy.
Macadamia ternifolia F. Muell.: D, Cy, Q.
Stenocarpus sinuatus Endl.: Cy, Q, K.

Myricetin wurde demnach bisher nur bei Vertretern der Gattungen *Leucadendron* und *Leucospermum* beobachtet.

Rutin scheint ein recht häufiges Quercetinglykosid der Familie zu sein; es wurde aus Blättern von *Leucadendron concinnum* R. Br. (wenig), *L. adscendens* R. Br. (viel), *L. stokoei* Phillips (10%) (RAPSON 1938) und von *Grevillea robusta* A. Cunn. (F. R. HUMPHREYS, C. A. *53*, 16285 [1959]; id. [1964]) isoliert.

Im Methanolextrakt des Kernholzes von *Grevillea robusta* liessen sich keine Leucoanthocyane, wohl aber 2,3-Dihydroflavonole nachweisen; Dihydrorobinetin wurde eindeutig charakterisiert (ROUX 1957).

Die Blüten- und Fruchtanthocyane von australischen Proteaceen sind nach GASCOIGNE et al. (1948) in erster Linie 3-Glykoside und 3,5-Diglykoside von Cyanidin, Delphinidin, Petunidin und Malvidin.

2. *Gerbstoffe*

Blätter, Rinden und Früchte vieler Proteaceen sind gerbstoffhaltig. Die Rinden einzelner Arten fanden örtliche Verwendung zum Gerben (Angaben bei DEKKER und GNAMM, beide l. c. B3. 09; ferner bei WATT und BREYER-BRANDWIJK, l. c. Bd. 2, S. 24). Rindengerbstoffgehalte von 10–20% scheinen in beiden Unterfamilien der Proteaceen normal zu sein.

Genaue chemische Untersuchungen fehlen. Das allgemeine Vorkommen von Leucoanthocyanen und die Tatsache, dass Gallus- und Ellagsäure bisher in der Familie nicht beobachtet wurden, lassen vermuten, dass ausschliesslich kondensierte Gerbstoffe vorkommen, und dass in erster Linie monomere Leucoanthocyane als Gerbstoffbausteine von Bedeutung sind.

3. *Hydrochinon und Arbutin*

Aus getrockneten Blättern von *Protea mellifera* Thunb. isolierte HESSE (1896) 2–5% Hydrochinon (= Proteacin F 172° von SCHUCHHARDT) und die Proteasäure (F 187°; angeblich $C_9H_{10}O_4$; Struktur nicht bekannt; Kaffeesäure?). Später zeigten

Bourquelot und Fichtenholz (1912) und Bourquelot und Hérissey (1919), dass Hydrochinon in frischen Proteaceenblättern in der Form von Arbutin vorliegt; sie isolierten Arbutin aus Blättern von *Grevillea robusta* A. Cunn. und *Hakea laurina* R. Br. und machten sein Vorkommen in Blättern von *Banksia integrifolia* L. und *Hakea suaveolens* R. Br. wahrscheinlich. Conforth (1939) erhielt später aus dem frischen, bitteren Fruchtmus von *Persoonia salicina* Pers. mehr als 1% reines Arbutin (nicht durch Methylarbutin verunreinigt); in den Steinfrüchten der verwandten *P. pinifolia* R. Br. liess sich Arbutin nicht nachweisen. Rheede van Oudtshoorn (1963) beobachtete allgemeines Vorkommen von Hydrochinon und Arbutin in den Blättern von südafrikanischen Proteaceen (Herbarpflanzen); in keinem Falle war Arbutin von Methylarbutin begleitet; Hydrochinon und Arbutin wurden für 2 *Aulax*-, 11 *Leucadendron*-, 5 *Leucospermum*-, 2 *Mimetes*-, 2 *Paranomus*- und 8 *Protea*-Arten (alle Vertreter der *Proteoideae*) nachgewiesen.

Allem Anscheine nach ist Arbutin ein Charakterstoff der Proteaceen; es tritt sowohl bei den *Grevilleoideae (Grevillea, Hakea)* als auch bei den *Proteoideae* auf.

4. *n-Alkylphenole und Chinone*

Holz, Blätter und Früchte verschiedener Proteaceen können Hautirritationen verursachen. Occolowitz und Wright (1962) isolierten aus dem Exudat der Früchte von *Grevillea pyramidalis* A. Cunn. das blasenziehend wirkende 5-(10-Pentadecenyl)resorcin und Ritchie et al. (1965) gewannen aus dem Holz von *Grevillea robusta* A. Cunn. Grevillol (= 5-n-Tridecylresorcin), das nach Methylierung der phenolischen Hydroxylgruppen leicht zum entsprechenden p-Benzochinon oxydiert wird:

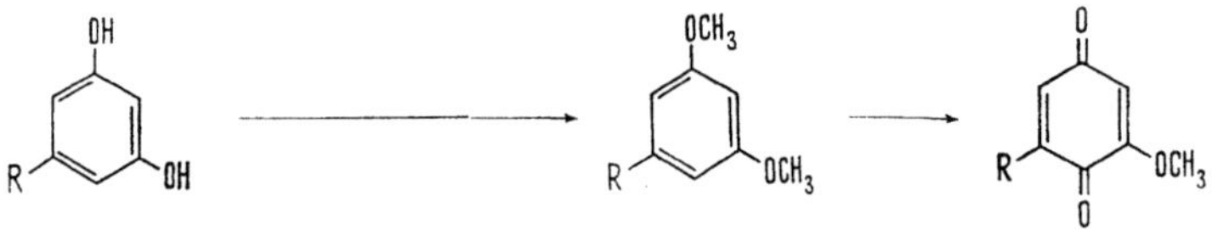

$R = [CH_2]_9 - CH = CH - [CH_2]_3 - CH_3$: *Pyramidalis*-Hautgift
$R = C_{13}H_{27}$: Grevillol

Demnach kommen bei den Proteaceen ähnliche Hautgifte, wie bei den *Ginkgoaceae* und *Anacardiaceae* vor; auch das Primelgift (S. 398) gehört mutmasslich zur gleichen biogenetischen Gruppe der pflanzlichen Hautirritantia.

Im Holz von *Orites excelsa* R. Br. wurden keine Resorcinderivate gefunden; diese Art enthält gleich *Grevillea robusta* Sitosterin im Holz (Ritchie et al. 1965).

Bei australischen *Lomatia*-Arten sind die Samen in eine gelbe Masse eingebettet. Rennie (1895) untersuchte das Pigment von *Lomatia ilicifolia* R. Br. und *L. longifolia* R. Br., nannte es Lomatiol und erkannte seine Beziehungen zum Lapachol. Hooker (1896, 1936) klärte die Struktur und zeigte, dass Lomatiol bei australischen und tasmanischen Arten (*L. ilicifolia*, *L. longifolia*, *L. polymorpha* R. Br., *L. silaifolia* R. Br., *L. tinctoria* R. Br.) allgemein vorkommt, bei den Arten von Chile (*L. dentata* [R. et P.] R. Br., *L. ferruginea* [Cav.] R. Br. und *L. obliqua* R. Br.) aber fehlt.

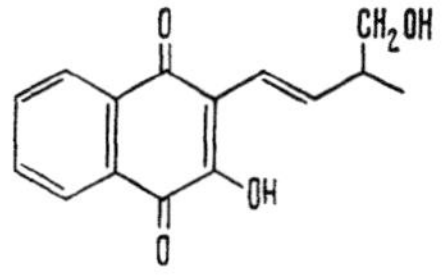

Lomatiol

Nach Beobachtungen von Gibbs (1965) geben ebenfalls Rinden und Blätter von *Lomatia*-Arten Chinonreaktionen, die allerdings nicht durch Lomatiol verursacht werden; diese Reaktionen fallen mit australischen und südamerikanischen Arten positiv aus.

5. *Cyanogene Verbindungen*

Eine Anzahl Proteaceen spaltet nach Verwundung Blausäure ab. Je nach Art sind die cyanogenen Verbindungen hauptsächlich in den Blättern oder aber in Teilen der Blüten und Früchte lokalisiert. Sehr merkwürdig ist das Verhalten einiger australischer Arten. Bei *Lomatia silaifolia* R. Br. geben die Blüten in bestimmten Stadien der Blütezeit HCN ab; der Nektar wird blausäurehaltig und tötet blütenbesuchende Insekten (Hamilton 1917). Nach Beobachtungen von Smith (1920) sind bei den folgenden Arten zur Hauptsache Blütenteile stark cyanogen:

Grevillea banksii R. Br.: Petalen, Ovarium, Griffel, Narbe (Frucht und Samen ebenfalls cyanogen).

G. robusta A. Cunn.: Fruchtknoten (Frucht und Samen ebenfalls cyanogen).

Hakea saligna Knight: Blüten.

Lomatia silaifolia R. Br.: Antheren, Griffel, Narbe.

Cyanogenese kommt hauptsächlich bei den *Grevilleoideae* vor, wie die folgenden Beobachtungen über Cyanogenese dartun (Petrie 1912; Smith-White 1918; Smith 1920 und speziell erwähnte Autoren).

Proteoideae

Protea cynaroides L.: Blätter schwach cyanogen (Greshoff 1909; bisher einziger positiver Befund in der Unterfamilie).

Grevilleoideae

Brabeium stellatifolium L.: Samen (Watt und Breyer-Brandwijk, l. c. B 5.3).

Grevillea banksii R. Br.: Blüten, Früchte.

G. robusta A. Cunn.: Fruchtknoten, Früchte.

G. sericea R. Br.: Zweige (Gibbs 1965).

G. spec. indet.: Blätter.

Hakea dactyloides Cav.: Junge Blätter (Finnemore-Gledhill 1928).

H. saligna Knight: Blüten.

Hicksbeachia pinnatifolia F. Muell.: Blatt, Samen.
Lambertia formosa Sm.: Blatt.
Lomatia longifolia R. Br.: Blatt.
L. silaifolia R. Br.: Blüten.
L. tinctoria R. Br.: Blütenstand (GIBBS 1965).
Macadamia lowii F. M. Bail.: Blatt, Frucht, Samen.
M. minor F. M. Bail.: Blatt, Frucht, Samen.
M. ternifolia F. Muell.: Blätter liefern etwa 0,1% HCN (GRESHOFF 1909); alte Blätter 0,016–0,077% und Zweige 0,008–0,037% HCN (PLOUVIER 1964).
M. ternifolia var. *integrifolia* Maiden et Betch.: Blätter.
M. whelanii F. M. Bail.: Blätter.
Stenocarpus sinuatus Endl.: Junge Blätter 0,014–0,054%, alte Blätter 0,006–0,030% und Zweige 0,010% HCN (PLOUVIER 1964). PETRIE (1912) und SMITH (1920) konnten bei dieser Art Cyanogenese nicht nachweisen.
Telopea speciosissima R. Br.: Blätter.
Xylomelum angustifolium Kipp.: Blätter (ROYCE 1954).
X. pyriforme Knight: Blätter.

Sicher sind lange nicht alle *Grevilleoideae* cyanogen; mehr als 30 der geprüften Arten erwiesen sich als nicht cyanogen (PETRIE 1912; SMITH 1920; WEBB 1949, l. c. B 4.1).

PLOUVIER (1964) gelang die Isolation eines cyanogenen Glucosides (F 167°; $[\alpha]_D = -65°[H_2O]$) aus Blättern von *Macadamia ternifolia* F. Muell. und *Stenocarpus sinuatus* Endl. Es liefert bei der Spaltung HCN, Glucose und p-Hydroxybenzaldehyd; demnach ist das Proteaceenglucosid identisch mit dem Phyllanthin, das neuerdings Taxiphyllin (vgl. Bd. 4, S. 465) genannt wird.

6. *Freie Aminosäuren*

VAN STADEN (1966) untersuchte frische, einjährige Blätter von 50 südafrikanischen Proteaceen auf die vorhandenen freien Aminosäuren. Pipecolinsäure wurde ausschliesslich bei den untersuchten *Protea*-Arten beobachtet. Für die Gattung *Leucadendron* (7 Arten untersucht) sind anscheinend relativ grosse Mengen Citrullin, Arginin und Ornithin charakteristisch.

7. *Reservestoffe der vegetativen Organe*

Neben Glucose, Fructose und Saccharose werden in Proteaceenblättern und -rinden Zuckeralkohole, Cyclite und Leucodrin gespeichert.

7.1 *Polygalit* (1,5-Anhydrosorbit): PLOUVIER (1964) isolierte diesen Zuckeralkohol aus den getrockneten Blättern, Blütenständen und Rinden von allen bearbeiteten *Protea*-Arten: *P. compacta* R. Br., *P. cynaroides* L. (Blatt 5,2%; Blütenstand 2,5%; Rinde 1,1%), *P. eximia* Knight, *P. lepidocarpodendron* L. (Blatt 1,5%),

P. neriifolia R. Br. (Blütenstand 0,35%), *P. obtusifolia* Buek (Blatt 4,9%), *P. pityphylla* Phillips (Blatt 4,5%; Blütenstand 6,2%; Rinde 0,1%), *P. repens* L.

7.2 *Cyclite:* Aus frischen Blättern von *Grevillea robusta* A. Cunn. (0,4%) und *Hakea laurina* R. Br. hatten BOURQUELOT und FICHTENHOLZ (1912) und BOURQUELOT und HÉRISSEY (1919) Quebrachit isoliert. PLOUVIER (1964) isolierte den gleichen Cyclit aus Blättern von *Grevillea hilliana* F. Muell. Bei andern Proteaceen tritt L-Bornesit an Stelle des Quebrachits (PLOUVIER 1958, 1962, 1964). L-Bornesit wurde aus den folgenden Arten isoliert: *Banksia integrifolia* L. (1958; 0,15% aus Blatt und 0,03% aus Zweigen), *Macadamia ternifolia* F. Muell. (1962; Blätter), *Stenocarpus sinuatus* Endl. (1962; beblätterte Zweige), *Leucadendron argenteum* R. Br. (1964; 0,05% aus Blättern), *Leucospermum reflexum* Buek (1964; Blätter).

7.3 *Leucodrin und Leucoglycodrin:* Proteacin (= Protexin), ein Bitterstoff, wurde bereits im vorigen Jahrhundert aus Blättern von *Leucadendron concinnum* R. Br. isoliert. Proteacin wurde später mit dem aus Blättern von *Protea mellifera* Thunb. isolierten Hydrochinon verwechselt, deshalb führt der Bitterstoff aus *Leucadendron*-Blättern den durch MERCK vorgeschlagenen Namen Leucodrin (vgl. HESSE 1896). RAPSON (1938) erhielt aus getrockneten Blättern von *Leucadendron adscendens* R. Br., *L. concinnum* R. Br. und *L. stokoei* Phillips 20, 16 und 16% sehr bitteres Leucodrin. Leucodrin, $C_{15}H_{16}O_8$, ist ein Dilacton mit p-Cumarsäure und L-Galaktono-γ-lacton als Bausteinen (PEROLD et al. 1964, 1966; MURRAY-BRADSHAW 1966, 1967); MURRAY und BRADSHAW (1966) isolierten aus Blättern von *Leucadendron adscendens* noch 9,2% Leucoglycodrin, $C_{21}H_{26}O_{13}.1/2\ H_2O$.

R = H : Leucodrin
R = Glucosyl: Leucoglycodrin

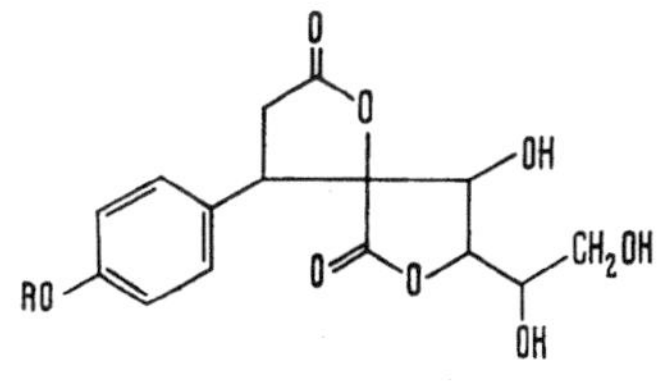

Die riesigen Mengen, in welchen die *Leucadendron*-Bitterstoffe in Blättern gespeichert werden, sowie ihre Zuckerverwandtschaft (Galaktonsäureanteil im Molekül des Leucodrins) lassen kaum an der Bedeutung von Leucodrin und Leucoglycodrin als spezifische Kohlenhydratspeichersubstanzen von Proteaceen zweifeln. PLOUVIER (1964) isolierte später Leucodrin noch aus Blättern (1,1%) und Rinde von *Leucadendron argenteum* R.Br., aus Blütenständen (2,3%) von *Leucospermum reflexum* Buek, aus Blütenständen von *Mimetes hirta* Knight und aus Blättern von *Protea neriifolia* R. Br.

8. *Reservestoffe der Samen*

Die Proteaceen scheinen in den Samen hauptsächlich Eiweiss und fettes Öl zu speichern. Die Nussfrüchte von *Macadamia tetraphylla* Johnson und *M. ternifolia* F. Muell. sind als «Macadamia-Nüsse» bekannt (vgl. HAMILTON und STOREY 1956).

Die Samenkerne der Macadamianüsse enthalten etwa 75% fettes Öl; das Öl fällt durch seinen hohen Palmitölsäuregehalt (= Δ^9-Hexadecensäure) auf. Später durchgeführte Samenölanalysen von 3 Proteaceen von Südamerika ergaben, dass Hexadecensäuren zu den Hauptfettsäuren der Proteaceensamenöle gehören (P. CATTANEO et al., C. A. *58*, 3618 [1963]; Referat in J. Am. Oil Chemists' Soc. *40*, 25 [1963]). Alle bisher untersuchten Proteaceensamenöle sind durch folgende Eigenarten ausgezeichnet (HILDITCH, l. c. B 3.03, 4. Aufl. 1964): Niedriger Gehalt an gesättigten Fettsäuren (etwa 10%; $C_{16} > C_{18}$); Ölsäure 37–59%; Linolsäure 2–12%; Auftreten von Hexadecensäure als Hauptfettsäure.

Macadamianüsse: 20,4% Palmitölsäure.

Embothrium coccineum Forst.: 23,1% Palmitölsäure.

Gevuina avellana Mol.: 22,0% Δ^{11}-Hexadecensäure und daneben noch 11% Δ^{11}-Eicosensäure und 9% Erucasäure.

Lomatia hirsuta (Lamk.) Diels: 22,8% Palmitölsäure.

9. *Akkumulation von Mineralstoffen*

9.1 *Aluminium:* Viele Proteaceen speichern in den Blättern und zum Teile ebenfalls im Holz reichlich Aluminium. Im Holz von *Orites excelsa* R. Br. und von *Cardwellia sublimis* F. Muell. ist in einzelnen Zellen Aluminiumsuccinat ($Al_2[C_4H_4O_4]_3Al_2O_3$) abgelagert (WEBB 1953). CHENERY und WEBB (beide, l. c. B 3.13) untersuchten die Blätter zahlreicher Proteaceen auf Aluminiumakkumulation und beobachteten solche bei 18 Gattungen. Legt man den Betrachtungen das durch JOHNSON und BRIGGS (l. c. S. 404) vorgeschlagene System der Familie zu Grunde, dann ergibt sich folgendes:

a) Bei keinem einzigen Vertreter der **Proteoideae** wurde Aluminiumakkumulation beobachtet; untersucht wurden Arten der Gattungen *Adenanthos* (1 Art), *Conospermum* (1), *Isopogon* (1), *Persoonia* (3), *Petrophila* (1) und *Synaphea* (1).

b) Bei den **Grevilleoideae** scheinen Akkumulatoren in den Triben der EMBOTHRIEAE (untersucht wurden *Buckinghamia* [1], *Embothrium* [2], *Lomatia* [5], *Stenocarpus* [2], *Strangea* [1] und *Telopea* [2]) und GREVILLEAE (*Finschia* [1], *Grevillea* [18], *Hakea* [4]) gänzlich zu fehlen.

c) Die **Grevilleoideae**-BANKSIEAE sind arm an Akkumulatoren: *Dryandra* (1 Art untersucht; akkumuliert Al nicht) und *Banksia* (6; nur eine Art war akkumulierend).

d) Die MUSGRAVEAE (*Austromuellera* 1/1, *Musgravea* 1/1), ORITEAE (*Orites* 3/3) und MACADAMIEAE (*Brabeium* 1/1, *Euplassa* 3/3, *Gevuina* 1/1, *Helicia* 41/43, *Hicksbeachia* 1/1, *Kermadecia* 1/1, *Lambertia* 0/5, *Macadamia* 2/10, *Panopsis* 6/7, *Roupala* 1/7 und *Xylomelum* 4/7) umfassen überwiegend akkumulierende Sippen.

e) *Placospermum* (2n = 14) akkumuliert Aluminium, ebenso die 28chromosomigen Gattungen *Cardwellia* (1/1), *Darlingia* (1/2) und *Hollandaea* (1/1); bei *Carnarvonia* (2n = 28) andererseits wurde Aluminiumakkumulation nicht beobachtet.

9.2 *Kieselsäure:* Nur ausnahmsweise nehmen Proteaceen reichlich Kieselsäure auf. Nach Ames (l. c. B3.13) werden Kieselkörper im Holze der folgenden Arten abgelagert: *Musgravea stenostachya* F. Muell. (0,14% SiO_2 im Holz gefunden), *Panopsis sessiliflora* (Rich.) Sandw., *Petrophila teretifolia* R. Br., *Roupala montana* Aubl. (1,27% SiO_2), *Stenocarpus sinuatus* Endl. (0,14–0,55% SiO_2), *Xylomelum occidentale* R. Br. (0,27–0,96% SiO_2), *X. pyriforme* Knight (0,06–0,63% SiO_2) und *X. salicinum* A. Cunn. (1,13% SiO_2).

10. *Verschiedenes*

10.1 *Alkaloide:* Konnten bisher nicht mit Sicherheit nachgewiesen werden, obwohl recht intensiv danach gesucht wurde (Webb 1949, 1952, l. c. B 4.1; etwa 30 Arten untersucht).

10.2 *Saponine und Triterpene:* Genaue Angaben fehlen. Saponine kommen nach Greshoff (1909) in Blättern von *Knightia excelsa* R. Br. und *Xylomelum pyriforme* Knight vor. Cambie et al. (l. c. Bd. 3, S. 40) beobachteten Saponine in Holz und Rinde von *Knightia excelsa* und Ricardi et al. (l. c. Bd. 2, S. 24) wiesen solche in Blüten von *Embothrium coccineum* Forst. nach, konnten jedoch bei 5 weiteren Arten keine Saponine nachweisen. Nach Simes et al. (l.c. B 4.5) kommen bei Proteaceen (8 Arten) vor allem freie Triterpene vor; saponinartige Triterpenglykoside wurden nur in Blättern von *Xylomelum pyriforme* beobachtet.

10.3 *Wundschleime:* Nach Verwundung oder Erkrankung produzieren die Stämme von *Grevillea*- und *Hakea*-Arten Schleim (Gummi). Roeser und Puaux (1899) wiesen im Stammgummi von *Grevillea robusta* A. Cunn. Galaktose und Arabinose als Bausteine nach. Anderson et al. (1952) zeigten, dass in diesem Gummi Arabinose und Galaktose Verzweigungen einer Polyglucuronsäurekette, die im Gummi als Calcium- und Magnesiumsalz vorliegt, darstellen. Genauer untersucht wurde das Gummi von *Hakea acicularis* Knight; es enthält als Bausteine viel Galaktose und Arabinose, geringere Mengen von Xylose und Mannose und Spuren von Rhamnose und Ribose; ferner enthält es Glucuronsäure (Stephen 1956).

Literatur

Anderson, E., et al., J. Am. Pharm. Assoc. *41*, 529 (1952).
Bourquelot, E., und Fichtenholz, A., J. Pharm. Chim. [7] *5*, 425 (1912); [7] *6*, 346 (1912).
Bourquelot, E., und Hérissey, H., J. Pharm. Chim. [7] *19*, 251 (1919).
Conforth, J. W., J. Proc. Roy. Soc. N. S. Wales *72*, 255 (1939).
Finnemore, H., und Gledhill, W. C., Austral. J. Pharm. N. S. *9*, 177 (1928).
Gascoigne, R. M., et al., J. Proc. Roy. Soc. N. S. Wales *82*, 44 (1948).
Gibbs, R. D., Lloydia *28*, 295–296 (1965).
Greshoff, M., Kew Bull. *1909*, 397.
Hamilton, A. G., Proc. Linn. Soc. N. S. Wales *42*, 19–21 (1917).

HAMILTON, R. A., und STOREY, W. B., *Macadamia nut production in the Hawaiian Islands*, Econ. Botany *10*, 92–100 (1956).
HESSE, O., Ann. Chemie (Liebig's) *289*, 314, 317 (1896).
HOOKER, S. C., J. Chem. Soc., Trans. *69*, 1381 (1896); J. Am. Chem. Soc. *58*, 1181 (1936).
HUMPHREYS, F. R., Econ. Botany *18*, 195 (1964).
MURRAY, A. W., und BRADSHAW, R. W., Tetrahedron Letters *1966*, 3773; Tetrahedron *23*, 2333 (1967).
OCCOLOWITZ, J. L., und WRIGHT, A. S., Austral. J. Chem. *15*, 858 (1962).
PEROLD, G. W., et al., Proc. Chem. Soc. *1964*, 62, 63; J. Chem. Soc. *1966* C, 1918.
PETRIE, J. M., Proc. Linn. Soc. N. S. Wales *37*, 220 (1912).
PLOUVIER, V., Compt. Rend. *247*, 2423 (1958); *255*, 1772 (1962); *258*, 2921 (1964); *259*, 665 (1964).
RAPSON, W. S., J. Chem. Soc. *1938*, 282.
RENNIE, E. H., J. Chem. Soc., Trans. *67*, 784 (1895).
RHEEDE VAN OUDTSHOORN, M. C. B., *Distribution of phenolic compounds in some South African Proteaceae. A contribution to the chemotaxonomy of the family*, Planta Medica *11*, 399–406 (1963).
RITCHIE, E., et al., Austral. J. Chem. *18*, 2015 (1965).
ROESER, und PUAUX, J. Pharm. Chim. [6] *10*, 398 (1899).
ROUX, D. G., Nature *179*, 305 (1957).
ROYCE, R. D., J. Agric. of Western Australia [3] *3*, 317 (1954).
SMITH, F., Proc. Roy. Soc. Queensland *32*, 89 (1920).
SMITH, F., und WHITE, C. T., Proc. Roy. Soc. Queensland *30*, 84 (1918).
STADEN, VAN, J., J. South African Botany *32*, 77 (1966).
STEPHEN, A. M., J. Chem. Soc. *1956*, 4487.
WEBB, L. J., Nature *171*, 656 (1953).

Schlussbetrachtungen

JOHNSON und BRIGGS sagen von den Proteaceen *whatever may be the origin of the family, it is clear that, although its characters are consistent with a common origin with other Dicotyledons, it has no close relatives to-day*. Damit stimmen die Systematiker seit langem überein, denn die Proteaceen werden in der monotypischen Ordnung der *Proteales* untergebracht. Über die Abstammung der *Proteales* bestehen verschiedene Hypothesen:

Santalales (im Besonderen *Olacaceae*): TAKHTAJAN; andere Autoren (z. B. WETTSTEIN) leiten umgekehrt die *Santalales* von den *Proteales* ab, was nach TAKHTAJAN sicher unrichtig ist.
Rosales: CRONQUIST.
Thymelaeales: PULLE, HUTCHINSON.

Chemisch sind die Proteaceen durch folgende Merkmale ausgezeichnet:

1) Allgemeines Vorkommen von Flavonolderivaten; Myricetin fehlt nicht.
2) Allgemeines Vorkommen von Leucoanthocyanen (einschliesslich Leucodelphinidin).
3) Praktisch allgemeines Vorkommen von Arbutin.
4) Akkumulation von (vermutlich ausschliesslich kondensierten) Gerbstoffen.
5) Sporadisches Vorkommen von n-Alkylresorcin und von Naphthochinonen.

6) Tendenz zur Spezialisation im Zuckerstoffwechsel (Polygalit, Cyclite, Leucodrin).

7) Tendenz zur Speicherung von cyanogenen Verbindungen.

8) Starke Tendenz zur Akkumulation von Aluminium bei einigen Triben der Balgfrüchte erzeugenden *Grevilleoideae*.

9) Samenöle mit hohem Hexadecensäuregehalt.

Die Kombination der chemischen Merkmale der Proteaceen lässt Abstammung von den *Rosales* viel wahrscheinlicher erscheinen als Abstammung von den *Thymelaeales* oder *Santalales*. Allerdings fehlen für eine gut begründete vergleichende Phytochemie noch zu viele Daten (die Olacaceen sind beispielsweise bisher chemisch kaum bearbeitet).

210. Punicaceae

Zur Familie rechnen nur *Punica granatum* L., der Granatapfelbaum (Indien bis östliches Mittelmeergebiet; andernorts in vielen Varietäten kultiviert; vgl. Evreinoff 1957; Goor 1967), und die auf Socotra endemische Art *Punica protopunica* Balf. f. Anatomische und chemische Arbeiten liegen ausschliesslich für *P. granatum* vor. In den morphologischen und anatomischen Merkmalen erinnern die Punicaceen stark an die Lythraceen, Sonneratiaceen und Myrtaceen. Sie unterscheiden sich von den erwähnten Familien der *Myrtales* hauptsächlich durch den zweistöckig gefächerten Fruchtknoten.

Der Granatapfelbaum wird seit Jahrtausenden kultiviert. Die rote Fruchtpulpa wird als erfrischende Speise geschätzt. Nach Evreinoff (1957) enthält der Fruchtsaft 4,4–21% reduzierende Zucker, 0,2–4% Citronensäure und erstaunlich grosse Mengen (0,005%) Borsäure; die kultivierten Varietäten werden nach der Acidität des Fruchtsaftes in 3 Gruppen eingeteilt: Süsse Varietäten (< 0,9% Citronensäure), süsssaure Varietäten (0,9–1,8% Citronensäure) und saure Varietäten (> 1,8% Citronensäure). Die saftige Pulpa ist kein Fruchtfleisch (das ganze Perikarp der vielsamigen Früchte bleibt ledrig), sondern Sarkotesta (die äusseren Lagen der Samenschale werden fleischig). Die Stamm- und Wurzelrinde fand bereits im Altertum als Gerbmittel Verwendung. Ausserdem lieferte der Granatapfelbaum ebenfalls die Drogen «Cortex Granati» und «Cortex Fructus Granati». Der vielseitigen Verwendung entsprechend gehört *Punica granatum* zu den chemisch recht intensiv bearbeiteten Pflanzenarten.

1. *Alkaloide* (für weitere Literatur wird nach Boit [1961] und Manske-Holmes, l. c. B 3.11 verwiesen): Rinde von Wurzel, Stamm und Zweigen enthält 0,1–0,5% Totalalkaloide; das Holz ist alkaloidärmer (Chilton-Partridge 1950; Wibaut et al. 1954; Vogl-Bianchetti 1955). Hauptalkaloide sind Isopelletierin, N-Me-

thylisopelletierin und Pseudopelletierin. Ein Alkaloid mit der dem Pelletierin früher zugeschriebenen Struktur kommt in der Rinde nicht vor (z. B. WIBAUT-HOLLSTEIN 1956, 1957; KUWATA 1960). Dagegen isolierten WIBAUT und HOLLSTEIN (1956, 1957) aus der Granatrinde 3 neue Basen, C_7H_9ON, $C_9H_{17}O_2N$ und $C_{10}H_{19}O_2N$, deren Strukturen noch nicht bekannt sind. In jungen Blättern kommen die Rindenalkaloide nicht vor; sie werden durch ein unstabiles Piperidinderivat ersetzt (ROBERTS et al. 1967).

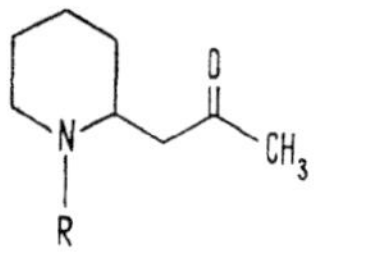

R = H : Isopelletierin
R = CH_3 : N-Methylisopelletierin

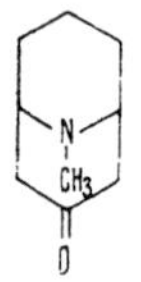

Pseudopelletierin

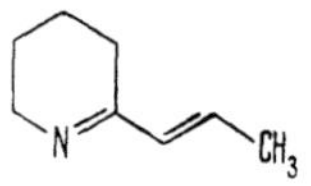

Granatapfelblätteralkaloid

Den Alkaloiden wird die anthelmintische Wirkung der Droge «Cortex Granati», die meist eine Mischung von Wurzel-, Stamm- und Astrinde darstellt, zugeschrieben.

2. *Gerbstoffe:* Alle Teile von *Punica granatum* sind stark gerbstoffhaltig. Die Rinde enthält 20–25% und die Fruchtwand etwa 25% Gerbstoff. Die Droge «Cortex Fructus Granati» (getrocknete Fruchtwand) ist eine reine Gerbstoffdroge. Rinden- und Fruchtwandgerbstoffe gehören zu den hydrolysierbaren Gerbstoffen. Als Bausteine wurden reichlich Ellagsäure, wenig Gallussäure und ferner Glucose nachgewiesen. Einzelheiten über die Struktur der *Punica*-Gerbstoffe sind nicht bekannt. SCHMIDT und FICHERT (1958) haben als weiteren Baustein der Fruchtwandgerbstoffe Flavogallol nachgewiesen. Die Blätter enthalten ebenfalls reichlich Ellagsäure (BATE-SMITH 1962, l. c. Bd. 3, S. 40) und demzufolge mutmasslich ähnliche Gerbstoffe wie Rinde und Fruchtwand.

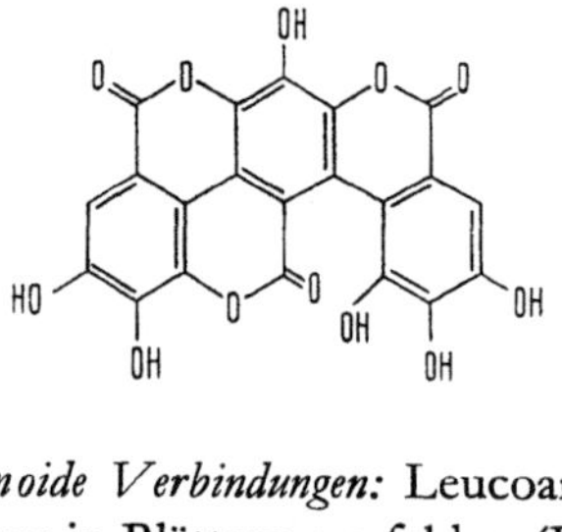

Flavogallol (= Sesquiellagsäure)

3. *Flavonoide Verbindungen:* Leucoanthocyane, Flavonole und Hydroxyzimtsäuren scheinen in Blättern zu fehlen (BATE-SMITH 1962, l. c. Bd. 3, S. 40). Nach HARBORNE (1967, l. c. S. 262) enthalten Blüten Pelargonidin-3,5-diglucosid und die rote Sarkotesta Delphinidin-3,5-diglucosid. Andere Beobachtungen liegen bisher nicht vor.

4. *Triterpene und Sterine:* Alle Teile von *Punica granatum* enthalten reichlich frei Triterpene und viel geringere Mengen von Sterinen (BRIESKORN 1954; BRIESKORN-

Keskin 1955; Fayez et al. 1963; Heftmann et al. 1966). *Blatt:* 0,45% Ursolsäure, 0,2% Betulinsäure und β-Sitosterin. *Rinde:* 0,15% Betulinsäure, Friedelin und β-Sitosterin. *Perikarp:* 0,6% Ursolsäure. *Samen:* β-Sitosterin und etwa 17 p. p. m. Oestron.

5. *Reservestoffe:* In der Rinde von Wurzel und Stamm wird reichlich Stärke gespeichert. Unter den löslichen Kohlenhydraten spielen Zuckeralkohole eine wichtige Rolle. Plouvier (1951) isolierte aus jungen Zweigen 4,2% Mannit; aus Blättern konnte er Mannit ebenfalls isolieren. Fayez et al. (1963) isolierten Mannit aus Blättern (1%), Stammrinde (1,9%), Wurzelrinde (0,87%) und Samen. Sakai (1961) ermittelte mit papierchromatographischen Methoden die folgenden Gehalte an Zuckeralkoholen für im Januar geerntete Zweigrinde (bezogen auf Frischgewicht): Mannit 0,5%, Sorbit 0,91%, Glycerin 0,03%. Bei typischen Hexitolakkumulatoren wie *Punica granatum* (und die Rubiaceen) sind die Zuckeralkohole am Aufbau der winterlichen Frostresistenz mitbeteiligt (Sakai 1961).

Die endospermlosen Samen enthalten keine Stärke (Earle-Jones 1962), wenig Eiweiss (2,5% nach Earle-Jones 1962, l. c. Bd. 3, S. 40) und 5–20% (Eckey, l. c. B 3.03; Ahlers et al. 1954; Evreinoff 1957; Earle-Jones 1962) fettes Öl. Anderslautende Angaben (reichlich Stärke: Wehmer; Evreinoff 1957) sind nach persönlicher Nachkontrolle unrichtig; die Samenschale ist sehr dick; fettes Öl ist im Embryo reichlich vorhanden; Gehalte von 10–20% in den Samen dürften bezogen auf den Samenkern (= Embryo) 50 und mehr Procent fettes Öl ergeben. Das Samenöl enthält Punicinsäure, eine conjugierte C_{18}-Triensäure, als Hauptfettsäure; diese ist geometrisch isomer mit der Elaeostearinsäure. Ahlers et al. (1954) schrieben ihr *cis*-9, *cis*-11, *trans*-13-Octadecatriensäure-Struktur zu. Crombie und Jacklin (1957) und Takagi (1966) wiesen später für die Punicinsäure *cis*-9, *trans*-11, *cis*-13-Struktur (identisch mit Trichosansäure) nach.

Literatur

Ahlers, N. H. E., et al., Nature *173*, 1046 (1954); J. Sci. Food Agric. *5*, 75 (1954).
Brieskorn, C. H., Pharm. Acta Helv. *29*, 348 (1954).
Brieskorn, C. H., und Keskin, M., Pharm. Acta Helv. *30*, 361 (1955).
Chilton, J., und Partridge, M. W., J. Pharm. Pharmacol. *2*, 784 (1950).
Crombie, L., und Jacklin, A. G., J. Chem. Soc. *1957*, 1632.
Evreinoff, V. A., *Contribution à l'étude du grenadier*, J. Agr. Trop. Botan. Appl. *4*, 124–138 (1957).
Fayez, M. B. E., et al., Planta Medica *11*, 439 (1963).
Goor, A., *The history of pomegranate in the Holy Land*, Econ. Botany *21*, 215–230 (1967).
Griffiths, C. O., Quart. J. Pharm. Pharmacol. *8*, 622 (1935): Pharmacographie von Cortex Fructus Granati.
Heftmann, E., et al., Phytochemistry *5*, 1337 (1966).
Kuwata, S., Bull. Chem. Soc. Japan *33*, 1668, 1672 (1960).
Plouvier, V., Compt. Rend. *232*, 1239 (1951).
Roberts, M. F., et al., Phytochemistry *6*, 711 (1967).
Sakai, A., Nature *189*, 416 (1961).
Schmidt, O. T., und Fichert, W., Z. Naturforsch. *13b*, 136 (1958).
Takagi, T., J. Am. Oil Chemists' Soc. *43*, 249 (1966).

VOGL, O., und BIANCHETTI, G., Monatshefte f. Chemie *86*, 1024 (1955).
WIBAUT, J. P., und HOLLSTEIN, U., Koninkl. Nederl. Akad. Wetensch., Proc. *B59*, 426 (1956); Arch. Biochem. Biophys. *69*, 27 (1957).
WIBAUT, J. P., et al., Rec. Trav. Chim. Pays-Bas *73*, 102 (1954).

Schlussbetrachtungen

Die ganz allgemein zu den *Lythrales* oder *Myrtales* gerechneten Punicaceen passen in chemischer Hinsicht ausgezeichnet in diesen Verwandtschaftskreis (Galli- und Ellagitannine; freie Triterpene); im Vorkommen von α-monosubstituierten Piperidinalkaloiden erinnern sie am meisten an die Lythraceen, deren Alkaloide als Baustein ebenfalls einen α-substituierten Piperidinrest erkennen lassen.

211. Quiinaceae

Kleine Familie von Holzgewächsen von Mittel- und Südamerika. Umfasst 4 Gattungen (*Froësia*, *Lacunaria*, *Quiina* und *Touroulia*) mit gesamthaft etwa 40 Arten. Chemische Arbeiten fehlen gänzlich. Lysigene Schleimlücken wurden in Blattstielen und im Mark der Achse beobachtet. Idioblasten mit chemisch nicht definiertem Inhalt sind in Blättern und Achse vorhanden. Calciumoxalat tritt in der Form von Drusen und im Lumen von U-förmig verdickten Sklereiden in der Form von Einzelkristallen auf (FOSTER 1950, 1951; ferner METCALFE-CHALK).

Die Familie wird meistens zu den *Theales (Guttiferales)* gerechnet und von den Ochnaceen oder aber von den Theaceen abgeleitet. Beziehungen zu den Linaceen sind aber ebenfalls möglich (FOSTER). Die Sippe würde ein dankbares Arbeitsfeld für chemotaxonomische Untersuchungen darstellen.

Literatur

FOSTER, A. S., *Morphology and venation of the leaf in Quiina acutangula Ducke*, Am. J. Botany *37*, 159 (1950); *Venation and histology of the leaflets in Touroulia guayanensis Aubl. and Froësia tricarpa Piers*, ibid. *37*, 848 (1950); *Heterophylly and foliar venation in Lacunaria*, Bull. Torrey Botan. Club *78*, 382 (1951).

151. Magnoliaceae

2. *Alkaloide*

Magnolia grandiflora L.: Aus dem Stammholz von in Japan kultivierten Bäumen wurden die Aporphinalkaloide N-Nornuciferin, Annonain und Annolobin und ferner Liriodenin isoliert (M. TOMITA und M. KOZUKA, J. Pharm. Soc. Japan *87*, 1134 [1967]).

Michelia figo (Lour.) Spreng.: Magnolamin aus frischen Blättern (H. R. ARTHUR et al., Phytochemistry *5*, 379 [1966]).

Michelia fuscata Blume: Magnolin aus Blättern ist ein optisches Isomeres des Berbamunins; Strukturbeweis durch Synthese (T. KAMETANI et al., Chem. Pharm. Bull. [Tokyo] *15*, 56 [1967]).

3. *Polyphenole*

F. S. SANTAMOUR (Morris Arboretum Bull. *17*, 13, 65 [1966]) fand in Filamenten und Früchten von *Magnolia*-Arten Paeonidin- und Cyanidinglykoside und in Petalen, Antheren, Pollen und Narbe praktisch allgemeines Vorkommen von Rutin, häufiges Vorkommen von Isoquercitrin und von 5 weiteren, bisher nicht identifizierten Flavonen (mutmasslich C-Glykoside). FRANCIS und HARBONE (Proc. Am. Soc. Hort. Sci. *89*, 657 [1966]) beobachteten in Blüten von *Magnolia* × *lennei* van Houtte, *M. liliiflora* Desr., *M. sieboldii* K. Koch, *M. sinensis* (R. et W.) Stapf und *M.* × *soulangeana* Soul.-Bod. Glykoside von Paeonidin, Cyanidin, Quercetin und Kaempferol und ziehen auf Grund der verhältnismässig komplexen Anthocyanmuster (z. B. allgemeines Vorkommen von Paeonidin-3-rhamnoglucosid-5-glucosid) den Schluss, dass *The Magnoliaceae is not as primitive a family as has usually been suggested;* die Blütenanthocyane sind allerdings kaum geeignete Merkmale für derartige Schlussfolgerungen. KUBITZKI und REZNIK (l. c. S. 262) beobachteten in Magnoliaceenblättern (untersucht Arten der Gattungen *Liriodendron*, *Magnolia*, *Manglietia*, *Michelia und Talauma*) allgemeines Vorkommen von Glykosiden des Kaempferols und Quercetins; Myricetin fehlt vollständig; bei einigen Arten tritt Rhamnetin (= Quercetin-7-methyläther) als Hauptflavonol auf.

6. *Verschiedenes*

J. L. Pickering und D. E. Fairbrothers (The Serological Museum Bull. Rutgers Univ. *36*, 4 [1966]; Bull. Torrey Botan. Club *94*, 468 [1967]) und M. A. Johnson und D. E Fairbrothers (Botan. Gaz. *126*, 260 [1965]) berichteten über serologische Untersuchungen innerhalb der Magnoliaceen. Die Ergebnisse bestätigen die enge Verwandtschaft von *Magnolia*, *Michelia*, *Talauma* und *Manglietia* und die Eigenständigkeit von *Liriodendron.*

7. *Reservestoffe der Samen*

Magnolia grandiflora L.: Samen stärkefrei; 56,4% fettes Öl und 8,8% Eiweiss; *M. macrophylla* Michx.: Stärkefrei; 46,1% Öl und 15,6% Eiweiss (Jones-Earle 1966, l. c. S. 124).

153. Malpighiaceae

1. *Alkaloide*

Das Interesse für die psychotropen Basen ist unverändert gross. Über halluzinogene Indolbasen der Malpighiaceen berichteten L. Bristol (*The psychotropic Banisteriopsis among the Sibundoy of Columbia*, Botan. Museum Leaflets, Harvard Univ. *21*, 113 [1966]), Ara der Marderosian (*Hallucinogenic indole compounds from higher plants*, Lloydia *30*, 26–27 [1967]) und V. Deulofeu (*Chemical compounds isolated from Banisteriopsis and related species*, in D. H. Efron [editor], *Ethnopharmacological Search for psychoactive drugs*, U. S. Public Health Service Publ. No 1645, U. S. Governm. Printing Office, Washington D. C. 1967, S. 393–402; vgl. ebenfalls, C. Naranjo, ibid. S. 385–392, *Psychotropic properties of the Harmala alkaloids*). Z. Koblicová und J. Trojánek ermittelten die absolute Konfiguration des Tetrahydroharmins, des einzigen optisch aktiven Harmanderivates der Malpighiaceen (Chemistry and Industry *1966*, 1342):

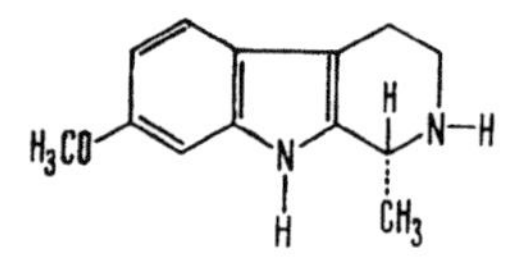

6.2 *Ascorbinsäure:* A. SCHILLINGER (Z. Lebensm. Untersuch. u. Forsch. *131*, 89 [1966]) fand in Früchten von *Malpighia punicifolia* (Acerolafrüchte) 0,92% (reif) und 2,03% (unreif) Ascorbinsäure und im getrockneten Fruchtsaft (Acerolapulver) 23–25%.

154. Malvaceae

1. *Fette Öle*

Sterculia- und Malvalsäure hemmen die Umwandlung von Stearinsäure in Ölsäure (Dehydrierung) in der Leber (A. R. JOHNSON et al., Nature *214*, 1244 [1967]). R. S. LEVI et al. (J. Am. Oil Chemists' Soc. *44*, 249 [1967]) beschrieben eine Methode für die quantitative Bestimmung der cyclopropenoiden Fettsäuren und F. L. CARTER et al. (Phytochemistry *5*, 1103 [1966]) analysierten die Samenöle von 11 *Gossypium*-Arten. JONES und EARLE (1966, l. c. S. 124) fanden in Samen von 15 Arten (aus den Gattungen *Abutilon*, *Anoda*, *Hibiscus*, *Lavatera*, *Malachra*, *Malope*, *Malva*, *Modiola* und *Sida*) 11–27% fettes Öl und 15,6–28,8% Eiweiss; alle Samenöle gaben die Halphen-Reaktion (Ausnahme: 2 Muster von *Hibiscus esculentus*).

2. *Schleime*

A. REŽÁCOVÁ und K. RADA (Czechoslov. Farm. *16*, 355 [1967]) führten vergleichend anatomische Untersuchungen an Wurzeln (= Schleimdrogen) von *Althaea officinalis* L. und *A. armeniaca* Ten. durch. Blätter von *Alcea lenkoranica* Iljin liefern 4,1% Schleim mit Glucuronsäure, Glucose, Arabinose, Xylose und Rhamnose als Bausteinen (I. S. KOZHINA, C. A. *65*, 4153 [1966]) und die Stengel führen ähnliche Schleime; im Schleim der Rinde tritt jedoch zusätzlich Galaktose als Baustein auf (I. S. KOZHINA und N. A. TRUKHALEVA, C. A. *68*, 93482 [1968]). T. KISHIDA und H. FUKUI fanden in Okra-Schleim (*Hibiscus esculentus*) 14 Aminosäuren, Glucose und Fructose als Bausteine (C. A. *67*, 70558 [1967]). Die schleimreichen Stengel von *Hibiscus ficulneus* L. (= *Abelmoschus ficulneus* Wight et Arn.) liefern Schleim mit Galakturonsäure, Galaktose, Arabinose und Rhamnose als wichtigsten Bausteinen (K. S. BAJPAI und S. MUKHERJEE, Indian J. Chem. *4*, 545 [1966]). Petalen von *Hibiscus sabdariffa* L. enthalten 65% Schleim mit Galakturonsäure, Galaktose und Rhamnose als Bausteinen (A. EL-HAMIDI et al., J. Chem. U. A. R. *9*, 127 [1966]).

3. *Hydroxyzimtsäuren, flavonoide Verbindungen und Gerbstoffe* *Neue flavonoide Pigmente:*

Althaea rosea Cav.: Gelbe Blüten enthalten Herbacin (= Herbacetin-8-glucosid) (M. R. Parthasarathy und T. R. Seshadri, C. A. *66*, 46558 [1967]).

Gossypium: Analyse der Flavonole der Blüten der 2 tetraploiden Arten, *G. barbadense* und *G. hirsutum* (C. R. Parks, Am. J. Botany *54*, 306 [1967]).

Gossypium hirsutum: Das Anthocyan der Blütenknospen und Blüten ist Chrysanthemin (P. A. Hedin et al., Phytochemistry *6*, 1165 [1967]: cv. „Delta Pine Smooth Leaf"). Hirsutrin ist ein mit Isoquercitrin isomeres Quercetin-3-glucosid (A. P. Pakudina und A. S. Sadykov, C. A. *67*, 44050 [1967]).

4.1 *Gossypol:* Neue Arbeiten über Gossypolgehalte von Samen, Blättern und Blütenknospen von *Gossypium*-Arten stammen von F. H. Smith (J. Am. Oil Chemists' Soc. *44*, 267 [1967]) und F. L. Carter et al. (Phytochemistry *5*, 1103 [1966]). M. J. Lukefahr und P. A. Fryxell (Econ. Botany *21*, 128 [1967]) zeigten, dass Gossypol ebenfalls bei 11 *Cienfuegosia*-Arten (höchste Gehalte in Wurzeln; 1,1–4,3%), 4 *Thespesia*-Arten (höchste Gehalte in Wurzeln; 2,1–2,8%) und in Blättern (0,7%) von *Kokia cookei* Deg. vorkommt. Gossyviolin, ein dunkelviolettes Pigment, entsteht in Baumwollsamen bei schlechter Lagerung aus Gossypurin (E. F. Manewich et al., C. A. *67*, 61022 [1967]). Aus Wurzeln (1,25%) und Blüten (0,4%) von *Thespesia populnea* Soland. isolierten T. J. King und L. B. de Silva (Tetrahedron Letters *1968*, 261) Gossypol; es liegt zum Teil in einer optisch aktiven Form (beruht auf sterischer Beschränkung der freien Rotation) vor. Die optisch aktive Form, (+)-Gossypol (= Thespesin), kommt ebenfalls in Früchten und Blüten vor (D. S. Bhakuni et al. Experientia *24*, 109 [1968]; S. C. Datta et al., Current Sci. *37*, 135 [1968]).

4.2 *Ätherische Öle:* Das ätherische Öl der Blütenknospen von *Gossypium hirsutum* (cv. „Delta Pine Smooth Leaf") enthält Copaen, α-Bergamotten, Caryophyllen, Farnesen, Humulen, γ-Bisabolen, δ-Guajen und δ-Cadinen und β-Bisabolol (J. P. Minyard et al., J. Agr. Food Chem. *14*, 332 [1966]; J. Org. Chem. *33*, 909 [1968]). Getrocknete Rhizome von *Pavonia odorata* Willd. lieferten 0,5% ätherisches Öl mit viel Isovaleriansäure; ferner wurden im Öl nachgewiesen Capronsäure, α-Pinen und Methylheptenon (A. Kumar et al., Indian J. Appl. Chem. *28*, 190 [1965]).

4.6 *Triterpene:* Das Wachs der Baumwollblüten enthält Cycloartenol, Paraffine, Cerotinsäure und Cerylalkohol (Kh. I. Isaev et al., C. A. *67*, 51042 [1967]).

159. Meliaceae

1. *Bitterstoffe, Triterpene und Sterine*

Verbreitung und Chemismus der Meliacine und Meliaceentriterpene werden gegenwärtig intensiv bearbeitet. Zahlreiche neue Vorkommnisse und neue Vertreter der Meliacine wurden beschrieben (vgl. Abb. 32, S. 58 und Abb. 32bis, S. 425). Gleichzeitig wurden neue Triterpene, worunter das biogenetisch interessante Grandifoliolenon isoliert (vgl. Abb. 31, S. 57 und Abb. 31bis, S. 424). Ferner hat sich gezeigt, dass verschiedene Holzmuster einer Art unterschiedliche Bitterstoffgemische enthalten können. In wenigen Fällen werden Fehlbestimmungen für diese Erscheinung verantwortlich gemacht. Eine genaue Analyse der Ursachen der recht häufig beobachteten chemischen Variabilität in der Zusammensetzung der Meliacine steht noch aus. Die wichtigste neue Literatur wird im Folgenden aufgeführt.

Cedreloideae

Cedrela fissilis Vell.: R. Zelnik und C. M. Rosito, Tetrahedron Letters *1966*, 6441: Aus Früchten Fissinolid, $C_{29}H_{36}O_8$; gehört zum Swietenin-Typus.

Cedrela glaziovii C. DC.: J. D. Connolly et al., Tetrahedron Letters *1967*, 3449: Aus Kernholz die Triterpene Mexicanol, 3-Dehydromexicanol und 24-Epimexicanol und die Meliacine Mexicanolid, Carapin, Gedunin, Methylangolensat und 7-Desacetoxy-7-ketogedunin.

Cedrela mexicana Roem.: J. D. Connolly et al., Tetrahedron Letters *1967*, 3449: Mexicanol aus Kernholz.

Cedrela odorata L.: W. R. Chan und D. R. Taylor, Chem. Commun. *1966*, 576; W. R. Chan et al., J. Chem. Soc. *1967* C, 171; Chem. Commun. *1967*, 548: Kernholzextrakte haben wechselnde Zusammensetzung; Holz von Jamaica lieferte die Meliacine Methylangolensat, Gedunin, 7-Desacetoxy-7-ketogedunin und die Triterpene Odoratol und Odoraton; ein Holzmuster lieferte Odoratin, $C_{19}H_{22}O_4$. In afrikanischem Holz (Nigeria) kommen Mexicanolid und daneben oft 7-Desacetoxy-7-ketogedunin vor (E. K. Adesogan et al., J. Chem. Soc. *1966* C, 2127).

Swietenioideae

Chukrasia tabularis A. Juss.: Chukrasin, ein Meliacin vom Typus des Busseins, isoliert: D. A. H. Taylor, Chemistry and Industry *1967*, 582.

Entandrophragma: G. A. Adesida und D. A. H. Taylor, Phytochemistry *6*, 1429 (1967): Die Arten dieser afrikanischen Gattung können auf Grund der Meliacine gruppiert werden; (a) Arten mit Gedunin und verwandten Meliacinen (nicht acyliert oder ausschliesslich Acetate) und (b) Arten mit komplexen Polyestern vom Typus des Entandrophragmins; das Holz von *E. candollei* Harms enthält ein derartiges Meliacin, $C_{42}H_{54}O_{16}$.

BUSSEIN: Komplexer Polyester mit Polyalkohol, der einem neuen Typus von Meliacinen angehört: D. A. H. TAYLOR, Chemistry and Industry *1967*, 582.

ENTANDROPHRAGMIN und UTILIN: Struktur: E. O. ARENE et al., Chem. Commun. *1966*, 627; D. A. H. TAYLOR und K. WRAGG, Chem. Commun. *1967*, 61.

Khaya: Intensiv weiter bearbeitete Gattung: E. K. ADESOGAN und D. A. H. TAYLOR, Chem. Commun. *1967*, 225, 379; Chemistry and Industry *1967*, 1365.

E. K. ADESOGAN et al., J. Chem. Soc. *1966* C, 2127; *1967* C, 554.

G. A. ADESIDA et al., Chem. Commun. *1967*, 791.

J. D. CONNOLLY et al., Chem. Commun. *1966*, 867; *1967*, 1193 (Grandifoliolenon); Tetrahedron *23*, 4035 (1967).

N. S. OHOCHUKU und J. W. POWELL, Chem. Commun. *1966*, 422.

D. A. OKORIE und D. A. H. TAYLOR, Chem. Commun. *1968*, 737.

D. A. H. TAYLOR, Chem. Commun. *1967*, 500.

Untersuchte Arten: *Kh. anthotheca* (Welw.) C. DC. (*Samen*, neues Meliacin Khayanthon, $C_{32}H_{42}O_9$; ist Grandifolion-7-acetat; Hauptmeliacine der Samen der in Westafrika verbreiteten Populationen sind Acetate des Havanensins). *Kh. grandifolia* DC. (*Kernholz*, Methylangolensat und Mexicanolid; Methylangolensat, 6-Hydroxymethylangolensat, 6-Acetoxymethylangolensat, 7-Desacetoxy-7-ketokhivorin, Grandifolion [gehört zum Cedrelon-Typus]; das Triterpen Grandifoliolenon. *Samen*, Grandifoliolin [= Fissinolid]. *Wurzelrinde*, Desoxyandirobin und 20-Dihydroprogesteronacetat). *Kh. ivorensis* A. Chev. (viele *Holzmuster*, Khivorin, 7-Desacetylkhivorin und Methylangolensat. *Samen*, Methylangolensat, Mexicanolid, 6-Desoxyswietenolid). *Kh. nyasica* Stapf (viele *Holzmuster* gleiche Bestandteile wie Holz von *Kh. ivorensis;* ein Holzmuster, Khivorin und das isomere Nyasin). *Kh. senegalensis* A. Juss. (*Holz*, Khayasin [Struktur und Namen für den früher beschriebenen Isobuttersäureester des Dihydromexicanolids]. *Bäume einer bestimmten Population* lieferten aus dem *Holz* Methylangolensat, aus der *Rinde* Methylangolensat und 6-Hydroxy-methylangolensat und aus *Samen* Khivorin, verschiedene Khivorinderivate, Methylangolensat und ein Swieteninderivat).

Pseudocedrela kotschyi Harms: Aus dem Holz 7-Desacetylgedunin, 7-Desacetoxy-7-ketogedunin, Pseudrelon-A_1, $C_{38}H_{50}O_{14}$, und Pseudrelon-A_2, $C_{40}H_{54}O_{13}$, welche beide zum Bussein-Typus der Meliacine gehören (D. E. U. EKONG und E. O. OLAGBEMI, Tetrahedron Letters *1967*, 3525).

Melioideae

Amoora canarana Hiern: Aus Wurzeln Betulin und Betulinsäure (P. D. DESAI et al., Indian J. Chem. *4*, 457 [1966]).

Aphanamixis polystachya (Wall.) Parker (= *Amoora rohituka* W. et A.): Das Triterpen Aphanamixin (C_{21}-epimer mit Turraeanthin) aus Fruchtschalen (A. CHATTERJEE und A. B. KUNDU, Tetrahedron Letters *1967*, 1471).

Azadirachta indica A. Juss. (= *Melia azadirachta* L.): Aus dem Samenöl (= Nimöl) die Meliacine Gedunin, 7-Desacetylgedunin und die zum Cedrelon-Typus gehörenden Verbindungen Azadiradion, Epoxyazadiradion und Azadiron (D. LAVIE und M. K. JAIN, Chem. Commun. *1967*, 278) und das Triterpen Meliantriol (vgl. sub *Melia azedarach*) isoliert. Das Meliacin Nimbolid (Nimbin-Typus) aus frischen Blättern (D. E. U. EKONG, Chem. Commun. *1967*, 808). Stereochemie von Nimbin (H. ZIFFER et al., J. Org. Chem. *31*, 2691 [1966]). Struktur von Nimbinin (C. R. NARAYANAN et al., Tetrahedron Letters *1967*, 3563). Meldenin, $C_{28}H_{38}O_5$, aus Nimöl (J. D. CONNOLLY et al., Tetrahedron Letters *1968*, 437). Desacetylnimbin aus Samen und Rinde (C. R. NARAYANAN und K. N. IYER, Indian J. Chem. *5*, 460 [1967]). Azadirachtin (mutmasslich $C_{29}H_{38}O_{16}$; sehr aktiv als heuschreckenfrassverhütender Fraktor) aus Samen (J. H. BUTTERWORTH und E. D. MORGANS, Chem. Commun. *1968*, 23). Salannin, $C_{33}H_{44}O_9$, neben Nimbin aus Samenöl (R. HENDERSON et al., Tetrahedron *24*, 1525 [1968]).

Guarea rusbyi (Britton) Rusby (= *Sycocarpus rusbyi* Britton) liefert die aus Bolivien stammende «Cocillana- oder Guapi-Rinde», die ein gutes Expectorans darstellt (E. B. RITCHIE und J. W. STEELE, Planta Medica *14*, 247 [1966]).

Guarea trichilioides L.: Fissinolid aus Früchten (R. ZELNIK und C. M. ROSITO, Tetrahedron Letters *1966*, 6441).

Lansium anamallayanum Bedd.: β-Sitosterin aus Rinde (P. D. DESAI et al., Indian J. Chem. *4*, 457 [1966]).

Lansium domesticum Correa: Aus der Fruchtschale das neue Triterpen Lansinsäure (A. K. KIANG et al., Tetrahedron Letters *1967*, 3571) und ein diese begleitendes weiteres Triterpen (K. HABAGUCHI et al., Tetrahedron Letters *1968*, 3730).

Melia azedarach L.: Aus getrockneten Früchten die Triterpene Melianol (= Dihydromelianon; βOH in 3-Stellung) und Melianon (D. LAVIE et al., J. Chem. Soc. *1967* C, 1347) und aus frischen Früchten Meliantriol (Melianol mit 2 OH-Gruppen an Stelle der Epoxygruppe); dieses Triterpen stellt den frassabschreckenden Faktor (Heuschrecken) von *Melia azedarach* und von *Azadirachta indica* dar (D. LAVIE et al., Chem. Commun. *1967*, 910).

Trichilia havanensis Jacq.: Havanensin (Cedrelon-Typus) und Di- und Triacetate von Havanensin und daneben ebenfalls Neohavanensin isoliert (W. R. CHAN et al., Chem. Commun. *1967*, 720).

Trichilia heudelotii Planch. ex Oliv.: Aus dem Holz Heudelotin (ein Triester eines Cedrelonderivates) und Dregeanin (identisch mit dem früher aus *T. splendida* A. Cheval. [= *T. dregeana*] isolierten Meliacin) (D. A. OKORIE und D. A. H. TAYLOR, Chem. Commun. *1967*, 83).

Turraeanthus africanus Pellegrin: Strukur des Turraeanthins (C. W. L. BEVAN et al., J. Chem. Soc. *1967* C, 820).

Walsura tabulata Hiern: Walsurenol (vgl. Abb. 31 *bis*) aus Blättern (A. CHATTERJEE und A. B. KUNDU, Chem. Commun. *1968*, 418).

Die möglichen Biogenesewege für die Tetranortriterpene (= Meliacine) der Meliaceen werden unter anderen durch J. D. CONNOLLY et al. (Chem. Commun. *1966*, 867), D. LAVIE und M. K. JAIN (Chem. Commun. *1967*, 278) und G. P.

Cotterell et al. (Chem. Commun. *1967*, 1121: *A chemical model for possible oxidative rearrangements in the biosynthesis of tetranortriterpenes*) diskutiert.

Weitere Untersuchungen über Struktur und Stereochemie von Meliacinen betreffen Mexicanolid (Tetrahedron *24*, 1489, 1497 [1968]), Swietenolid (Tetrahedron *24*, 1503, 1507 [1968]) und Nimbin (Tetrahedron *24*, 1515 [1968]).

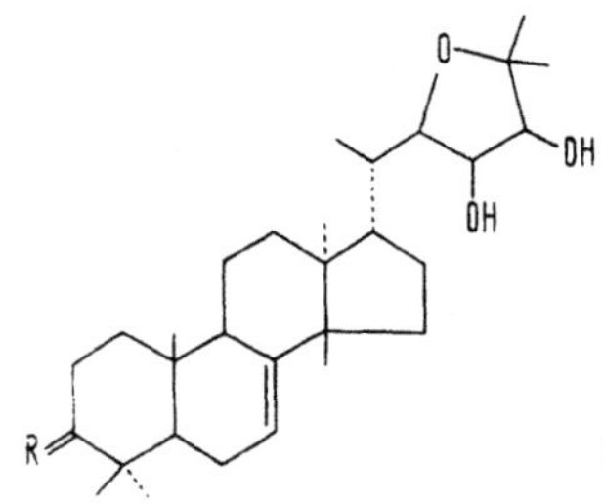

R = H, αOH: Odoratol (= Mexicanol), $C_{30}H_{50}O_4$
R = O: Odoraton (= Dehydromexicanol), $C_{30}H_{48}O_4$

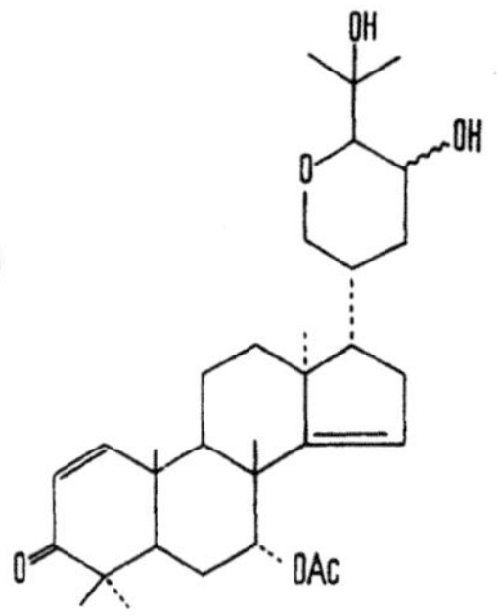

Grandifoliolenon, $C_{32}H_{48}O_6$ (Apoeupholstruktur)

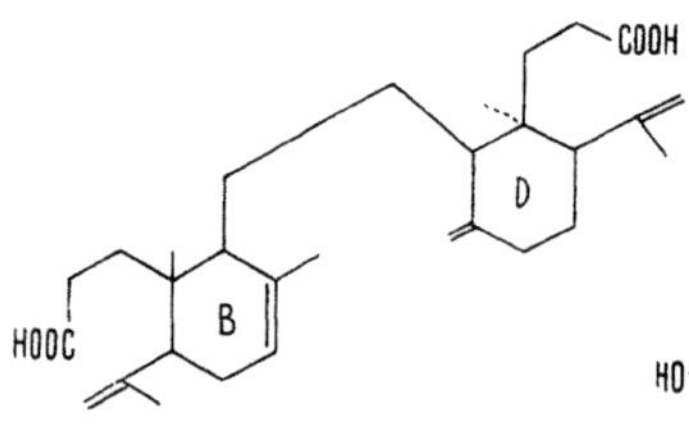

Lansinsäure, $C_{30}H_{46}O_4$ (Seco-Onoceranderivat)

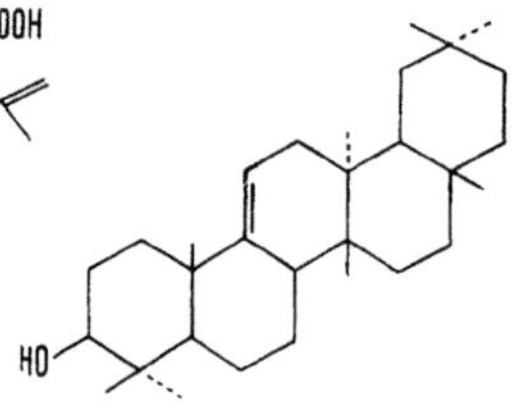

Walsurenol, $C_{30}H_{50}O$

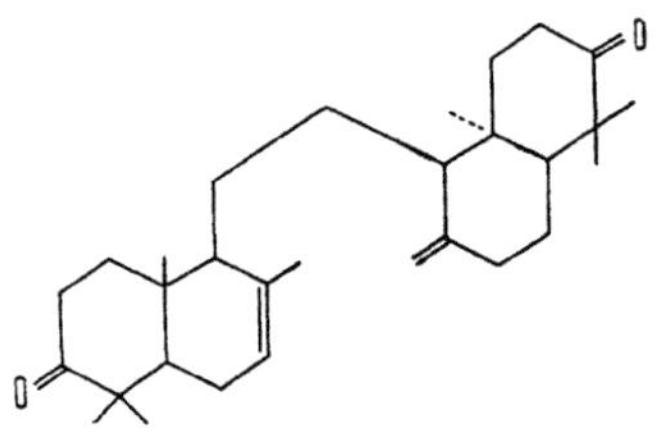

Begleiter der Lansinsäure (K. Habaguchi et al., Tetrahedron Letters *1968*, 3730).

Abb. 31 *bis* (vgl. S. 57): Charakteristische Triterpene der Meliaceen

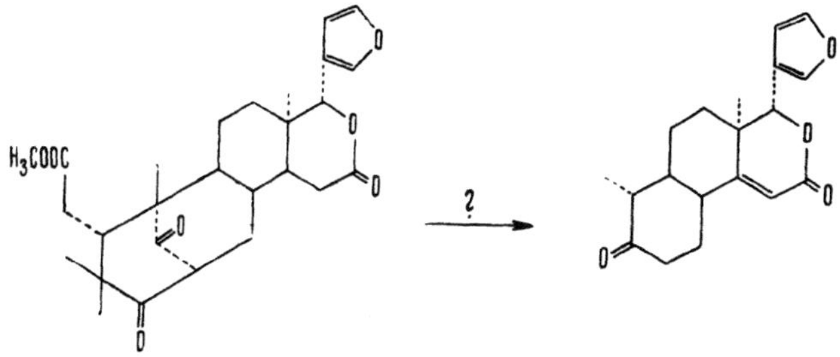

Carapin Odoratin, $C_{19}H_{22}O_4$

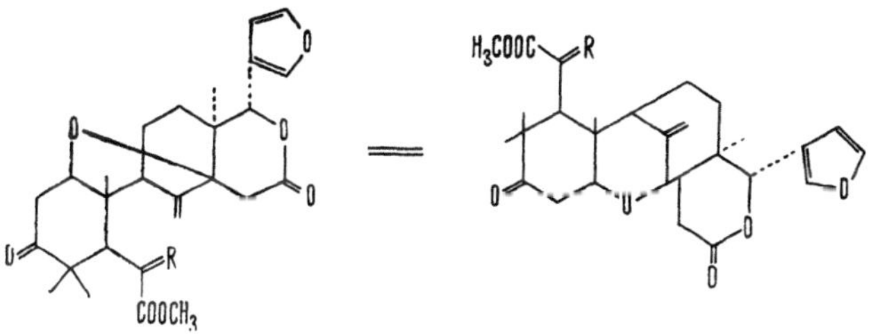

$R = H_2$: Methylangolensat, $C_{27}H_{34}O_7$
$R = H, OH$: 6-Hydroxymethylangolensat, $C_{27}H_{34}O_8$
$R = H, OAc$: 6-Acetoxymethylangolensat, $C_{29}H_{36}O_9$

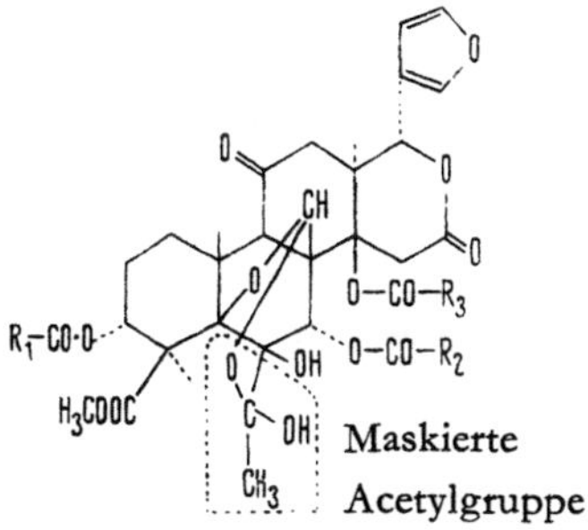

Entandrophragmin, $C_{43}H_{56}O_{17}$:

R_1 CH_3—$CH(CH_3)$—
R_2 CH_3—CH_2—$CH(CH_3)$—
R_3 CH_3—CH—$C(CH_3)$— (mit O-Brücke zwischen CH und C)

Im Utilin, $C_{41}H_{52}O_{17}$, ist die Isobuttersäure durch Essigsäure ersetzt.

Abb. 32 *bis* (vgl. S. 58): Charakteristische Bitterstoffe der *Meliaceae*

3. *Polyphenole und Gerbstoffe*

Soymida febrifuga A. Juss: Die Rinde ist stark gerbstoffhaltig und kann zum Gerben verwendet werden (I. M. S. Patel, C. A. *68*, 22720 [1968]).

4. *Ätherische Öle*

Das Holz von *Cedrela toona* Roxb. enthält Geranylgeraniol (B. A. Nagasampagi, Tetrahedron Letters *1967*, 189) und 0,15–0,20% Sesquiterpenmischung mit

Copaen, Farnesen, Alloaromadendren, δ-Cadinen, Calamenen, Calacoren, Cadalen, δ-Cadinol, Ledol, T-Muurolol, Epicubenol und Cubenol (id., ibid. *1968*, 1913).

5. *Saponine*

Dysoxylum fraseranum Benth. (Rinde, Holz) und *Melia dubia* Cav. (Blatt) sind schwach saponinhaltig (W. J. Griffin et al., Planta Medica *16*, 75 [1968]).

8. *Zucker und zuckerähnliche Stoffe*

Bei der Untersuchung von 5 weiteren Arten auf Cyclite gelang die Isolation von sehr geringen Mengen von Pinit aus Blättern von *Khaya senegalensis* A. Juss.; bei den 4 anderen Arten konnten Cyclite nicht nachgewiesen werden (V. Plouvier, Compt. Rend. *260*, 1003 [1965]).

10. *Verschiedenes*

Ptaeroxylaceae (*Ptaeroxylon* und *Cedrelopsis*):

Cedrelopsis grevei Baill.: Holz von Madagascar lieferte 2% Ptaeroxylin, aber keine Meliacine (F. M. Dean et al., Tetrahedron Letters *1967*, 3459). I. T. Eschiett und D. A. H. Taylor (J. Chem. Soc. *1968* C, 481) isolierten aus dem Holz ebenfalls Ptaeroxylin; ausserdem erhielten diese Autoren noch das Cumarin Cedrelopsin, das dem Rutaceencumarin Brayleanin nächst verwandt ist. Nach Ansicht der Autoren weist Vorkommen von Ptaeroxylin der Gattung einen Platz in den *Ptaeroxylaceae* zu.

Ptaeroxylon obliquum (Thunb.) Radlk.: Dean et al. (Tetrahedron Letters *1967*, 2147, 2737, 3459) isolierten aus dem Holz noch die Cumarine Scopoletin, Prenyletin, Obliquetin, Obliquetol und Cycloobliquetin und eine Reihe von neuen Chromonen (Peucenin, Heteropeucenin, Heteropeucenindimethyläther, Ptaerochromenol, Ptaerocyclin, Ptaeroxylinol, Dehydroptaeroxylin, Ptaeroglycol, Ptaeroxylon).

P. H. McCabe et al. (J. Chem. Soc. *1967* C, 145) untersuchten unabhängig von Dean et al. Holz von südafrikanischen Bäumen (wird «Nieshout» genannt) und fanden keine Meliacine, sondern β-Sitosterin, die Chromone Peucenin, Karenin und Desoxykarenin und die Cumarine Nieshoutin, Nieshoutol und 2 Scopoletinäther. K. G. R. Pachler und D. G. Roux (J. Chem. Soc. *1967* C, 604) isolierten aus südafrikanischem Holz ebenfalls reichlich (1%) Peucenin und nehmen an, dass das Ptaeroxylosid von Prista identisch mit Peucenin war.

In den chemischen Merkmalen weichen die Ptaeroxylaceen von den Meliaceen stark ab; sie erinnern an die Rutaceen und Umbelliferen.

PTAEROXYLON- UND CEDRELOPSIS-CUMARINE

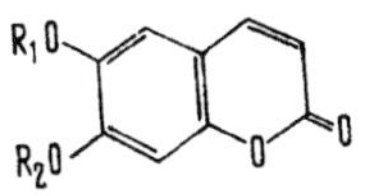

	R_1	R_2
Scopoletin:	CH_3	H
Prenyletin:	H	$—CH_2—CH{=}C(CH_3)_2$
durch McCabe et al. beschrieben:	$\{CH_3$	$—CH_2—CH{=}C(CH_3)_2$
	$\{CH_3$	$—C(CH_3)_2—CH{=}CH_2$
Obliquin:	$CH_2—CH_2—C(CH_2)CH_3$	

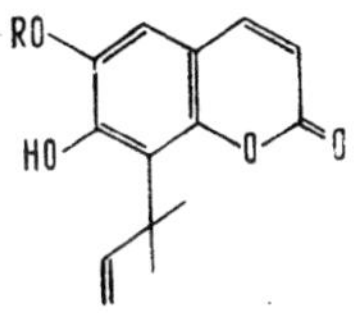

R = CH_3: Obliquetin

R = H : Obliquetol

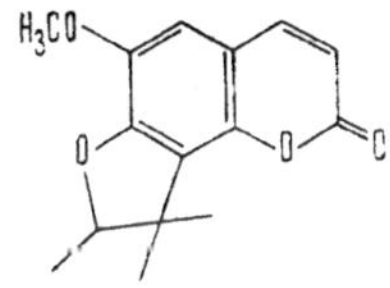

Cycloobliquetin (vermutlich identisch mit Nieshoutin; Nieshoutol ist 5-Hydroxy-nieshoutin)

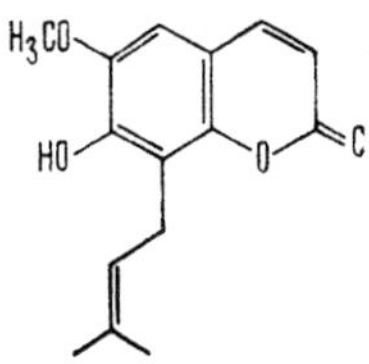

Cedrelopsin

PTAEROXYLON-2-METHYLCHROMONE

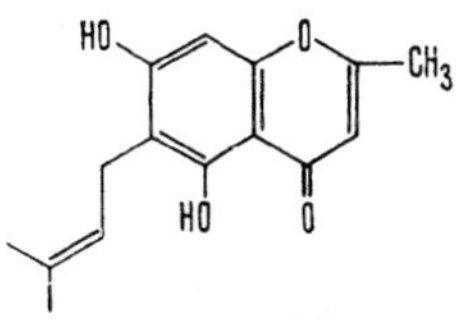

Peucenin, $C_{15}H_{16}O_4$

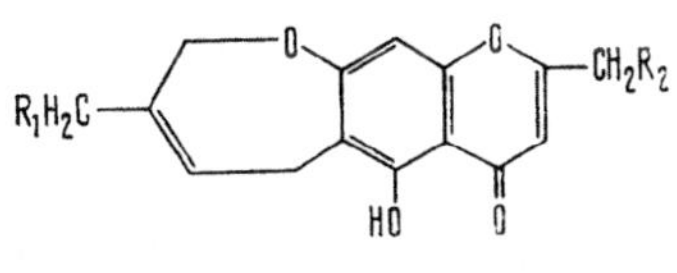

	R_1	R_2
Ptaeroxylin (= Desoxykarenin), $C_{15}H_{14}O_4$; revidierte Struktur:	H	H
Ptaeroxylinol, $C_{15}H_{14}O_5$	OH	H
Karenin, $C_{15}H_{14}O_5$	H	OH

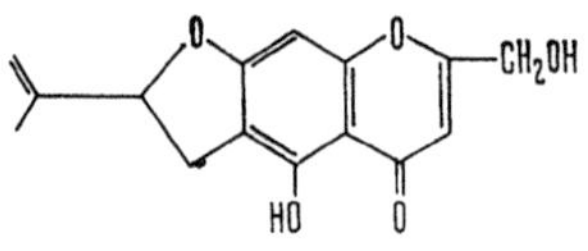

Umtatin, $C_{15}H_{14}O_5$

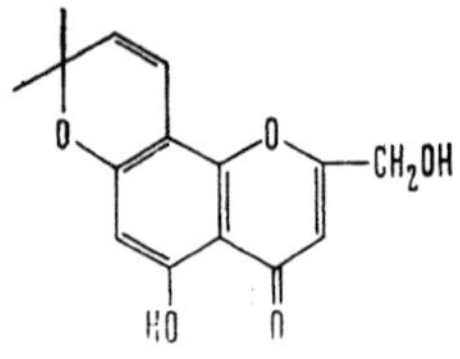

Ptaerochromenol, $C_{15}H_{14}O_3$

160. Melianthaceae

Bersama abyssinica Fresen.: Die Pflanze enthält tumorhemmende Bestandteile; 2 Wirkstoffe wurden isoliert und mit 3-Acetyl- und 3,5-Diacetylhellebrigenin (Formel Bd. 2, S. 332) identifiziert (S. M. KUPCHAN et al., Tetrahedron Letters *1968*, 149).

Greyia sutherlandii Harv.: Blätter enthalten wenig Leucocyanidin, Kaempferol, Quercetin, Ellagsäure, Kaempferol-3-methyläther und Chrysin (5,7-Dihydroxyflavon); das Blattphenolspektrum von *Greyia* befürwortet Ausscheidung der Gattung aus der Familie nicht (M. JAY, Compt. Rend. *265* D, 1086 [1967]).

161. Menispermaceae

1.3 *Verbreitung der Alkaloide in der Familie:* Zahlreiche neue Ergebnisse.

Triclisieae. Cycleanin, Norcycleanin und Isochondrodendrin aus Wurzeln und Blättern von *Epinetrum cordifolium* Mangenot und *E. mangenotii* J. L. Guillaumet (M. DEBRAY et al., Ann. Pharm. Franç. *24*, 551 [1966]). — *Tiliacora funifera* Oliver (= *T. warneckei*): Neben Funiferin noch Tiliacorin, Isotiliarin, Pseudotiliarin und mutmasslich auch Tiliarin aus Wurzeln (A. N. TACKIE und A. THOMAS, Planta Medica *16*, 159 [1968]). — *Tiliacora racemosa* Colebr.: Neben Tiliacorin und weiteren tertiären Basen kommen in der Wurzelrinde ebenfalls reichlich quartäre Basen vor (T. K. PALIT et al., Current Sci. *36*, 43 [1967]). — *Tiliacora triandra* (Roxb.) Diels: Tiliandrin, $C_{34}H_{34}N_2O_5$, aus Wurzeln (R. R. PARIS und S. K. SASORITH, Ann. Pharm. Franç. *25*, 627 [1967]).

Menispermeae. (= *Cocculeae*). *Cissampelos mucronata* R. Rich. (= *C. pareira* L.?): (+)-Isochondrodendrin aus Wurzeln (A. FERREIRA et al., C. A. *67*, 100295 [1967]). — *Cissampelos ochiaiana* Yamamoto (= *Paracyclea ochiaiana* Kudo et Yamamoto): Insularin, (—)-Curin, Cycleanin und Isochondrodendrin aus Pflanzen von Formosa (M. TOMITA et al., J. Pharm. Soc. Japan *87*, 1285 [1967]. — *Cissampelos pareira* L.: Hayatin, Hayatinin und Hayatidin gehören zum Curin (= Bebeerin)-Typus der Alkaloide (A. K. BHATNAGAR und S. P. POPLI, Indian J. Chem. *5*, 102 [1967]; Experientia *23*, 242 [1967]); Cissamparein, ein tumorhemmendes Alkaloid, ist eine Bisbenzylisochinolinbase mit 2 Ätherbrücken, wovon eine wie im Insularin nicht biphenolisch ist, sondern eine Alkohol-Phenol-Ätherbrücke (—CH_2—O—Ar) darstellt (S. M. KUPSCHAN et al., J. Am. Chem. Soc. *88*, 4212 [1966]). — *Cocculus trilobus* DC.: Aus frischen Blättern wurden 0,007% Cocculolidin (I) und Isoboldin (II) isoliert; I ist ein stark insektizid wirkendes Alkaloid mit dem Skelett der *Erythrina*-Alkaloide (2. *Erythrina*-Base in der Familie; vgl. S. 79); II besitzt eine frassabschreckende Wirkung für phytophage Insekten (K. WADA et al., Agr. Biol. Chem. [Tokyo] *31*, 336, 452 [1967]; Tetrahedron Letters *1966*, 5179).

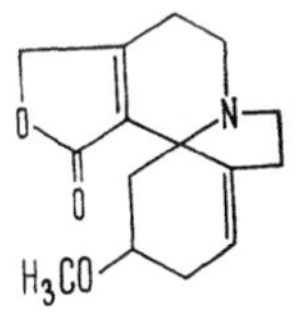

Cocculolidin, $C_{15}H_{19}O_3N$

Cyclea barbata (Wall.) Miers: Aus Rhizomen (von Borneo) Isotetrandrin und Homoaromolin isoliert (M. TOMITA et al., J. Pharm. Soc. Japan *87*, 1012 [1967]). Aus Wurzeln (Laos) (+)-Tetrandrin und wenig Isochondrodendrin (R. R. PARIS und S. K. SASORITH, Ann. Pharm. Franç. *25*, 627 [1967]). — *Limacia cuspidata* (Miers) Hook. f. et Thoms.: Limacusin ist O-Desmethyl-N-methyldihydroepistephanin B, Limacin ist die optische Antipode des Fangchinolins und Cuspidalin ist bis-O-Desmethyldauricin (M. TOMITA et al., J. Pharm. Soc. Japan *87*, 793 [1967]). — *Limacia oblonga* (Miers) Hook. f.: Cuspidalin, Limacin und Limacusin aus Pflanzen von Borneo (M. TOMITA et al., J. Pharm. Soc. Japan *87*, 1560 [1967]). — *Pericampylus formosanus* Diels: Lieferte Stepharin (M. TOMITA et al., J. Pharm. Soc. Japan *87*, 315 [1967]). — *Sinomenium acutum* Rehd. et Wils.: Acutumin und Acutumidin (= N-Noracutumin) sind chlorhaltige Basen mit neuem Skelett; beide kommen ebenfalls in *Menispermum dauricum* DC. vor (M. TOMITA et al., Tetrahedron Letters *1967*, 2421, 2425).

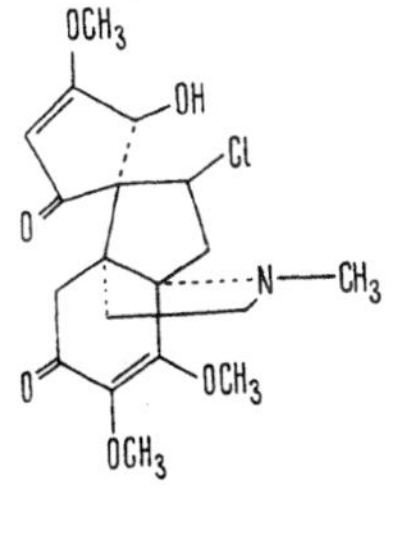

Acutumin, $C_{19}H_{24}O_6NCL$

Stephania abyssinica (Dill. et Rich.) Walp.: Enthält ebenfalls Metaphanin (H. L. DE WAAL et al., Tetrahedron Letters *1966*, 6169. — *Stephania cepharantha* Hayata: Enthält ebenfalls das phenolische Hasubananderivat Cepharamin, $C_{19}H_{23}O_4N$ (M. TOMITA und M. KOZUKA, Tetrahedron Letters *1966*, 6229; J. Pharm. Soc. Japan *87*, 1203 [1967]). — *Stephania dinklagei* Diels: Hauptalkaloide der Wurzeln sind (+)-Corydin, (+)-Isocorydin und (—)-Roemerin (M. DEBRAY et al., Ann. Pharm. Franç. *25*, 237 [1967]). — *Stephania glabra* Miers: Aus Knollen wurde eine Reihe von quartären Basen isoliert; Magnoflorin; die Berberinalkaloide Columbamin, Jatrorrhizin, Stepharanin und Dehydrocorydalmin; ferner wurden aus Knollen von Pflanzen von Indien erneut Tetrahydropalmatin und Stepharin gewonnen (MAUNG TIN WA et al., Lloydia *30*, 245 [1967]; R. W. DOSKOTSCH et al., J. Org. Chem. *32*, 3253 [1967]; P. D. DESAI et al., Indian J. Chem. *4*, 457 [1966]). — *Stephania hernandifolia* (Willd.) Walp.: Aknadin, $C_{37}H_{38}O_6N_2$, ein neues Bisbenzylisochinolin-Alkaloid aus Wurzeln und Rhizomen (B. K. MOZA, Indian J. Chem. *5*, 281 [1967]). Cycleanin und Isochondrodendrin aus Ganzpflanzen (P. D. DESAI et al., Indian J. Chem. *5*, 523 [1967]). — *Stephania japonica* Miers: Strukturbestätigung Prometaphanin, $C_{20}H_{25}O_5N$ (M. TOMITA et al., J. Pharm. Soc. Japan *87*, 381 [1967]), Stebisimin (D. H. R. BARTON et al., J. Chem. Soc. *1966* C, 2313) und Homostephanolin. (T. IBUKA und M. KITANO, Chem. Pharm. Bull. [Tokyo] *15*, 1939 [1967]). — *Stephania rotunda* Lour.: Tetrahydropalmatin, Stepharotin (= Hydroxytetrahydropalmatin), Stepharin und Tuduranin (die entsprechende Aporphinbase) aus Knollen (M. TOMITA et al., J. Pharm. Soc. Japan *86*, 460, 871 [1966]). — *Stephania sasakii* Hayata: Diese Art von Formosa enthält ebenfalls die quartären Basen Steponin und N-Methylpapaveraldiniumchlorid, $C_{21}H_{22}O_5NCl$ (J. KUNITOMO et al., J. Pharm. Soc. Japan *86*, 456 [1966]; *87*, 1010 [1967]):

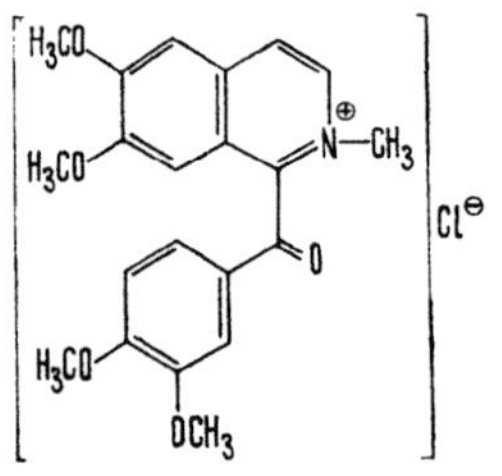

Stephania tetrandra S. Moore: Die Wurzelknollen (Pflanzen von Formosa) lieferten Tetrandrin, Fangchinolin und Cyclanolin und Stengel und Blätter Tetrandrin und Fangchinolin (M. TOMITA et al., J. Pharm. Soc. Japan *87*, 316 [1967]). — *Stephania venosa* Diels: Aus Pflanzen von Borneo wurde (+)-Corydin erhalten (M. TOMITA et al., J. Pharm. Soc. Japan *87*, 880 [1967]).

Fibraureae. *Fibraurea chloroleuca* Miers (= *F. tinctoria* Lour.): Aus Vietnam stammende Rhizome enthielten 3–4% quartäre Alkaloide; Palmatin, Jatrorrhizin und Columbamin im Verhältnis 40 : 10 : 1 (F. SCHWARZ und H. DOEHNERT, Pharmazie *21*, 443 [1966]). — *Tinomiscium petiolare* Miers: Aus Pflanzen von Borneo (—)-Isocorypalmin (M. TOMITA und H. FURUKAWA, J. Pharm. Soc. Japan *87*, 881 [1967]).

2. *Bitterstoffe*

Fibraurea chloroleuca Miers: Hauptbitterstoff von Rinde und Stamm ist Fibraurin, $C_{20}H_{20}O_7$; daneben kommen Chasmanthin und 6-Hydroxyfibraurin vor; Fibraurin ist 7,8-Dehydrochasmanthin (T. Hori et al., Tetrahedron *23*, 2649 [1967]; ebenfalls Stereostrukturen von Columbin, Jateorin und Chasmanthin). — *Sphenocentrum jollyanum* Pierre: Samenkerne enthalten 2% Columbin (J. N. T. Gilbert et al., Phytochemistry *6*, 135 [1967]). — *Tinospora cordifolia* Miers: Tinosporon, Tinosporol und Tinosporinsäure, 3 Bitterstoffe, aus frischen Stengeln (M. Qudrat-i-Khuda et al., Sci. Research [Dacca] *3*, 9 [1966]).

5. *Polyphenole*

Aus Blättern von *Cocculus laurifolius* DC. isolierte Plouvier (Compt. Rend. *264* D, 145 [1967]) 0,25% Diosmin. — In *Sinomenium acutum* Rehd. et Wils. fanden Y. Sakai und K. Matoba (J. Pharm. Soc. Japan *87*, 284 [1967]) das Lignan (±)-Syringaresinol (Formel S. 18) und Methylpalmitat. — Nach Beobachtungen von Kubitzki und Reznik (l. c. S. 262) enthalten Blätter von *Tiliacora-*, *Syrrheonema-*, *Tinospora-*, *Jatrorrhiza-*, *Hyperbaena-* und *Cocculus*-Arten Flavonglykoside (Apigenin, Luteolin, zuweilen ebenfalls Diosmetin), *Menispermum-* und *Stephania*-Arten Flavonolglykoside (Kaempferol, Quercetin, kein Myricetin) und *Cissampelos-* und *Antizoma*-Arten oft gleichzeitig Flavonol- und Flavonglykoside.

163. Monimiaceae

1. *Alkaloide*

Atherospermoideae

Atherosperma moschatum Labill.: Moschatolin besitzt folgende Struktur (I. R. C. Bick et al., Austral. J. Chem. *20*, 1403 [1967]):

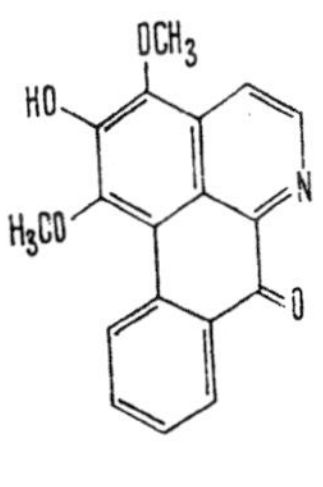

Daphnandra-Arten: Repandulin ist ein oxydativ abgeändertes Nortenuipin (J. Chem. Soc. *1967* C, 1948, 1951, 1957):

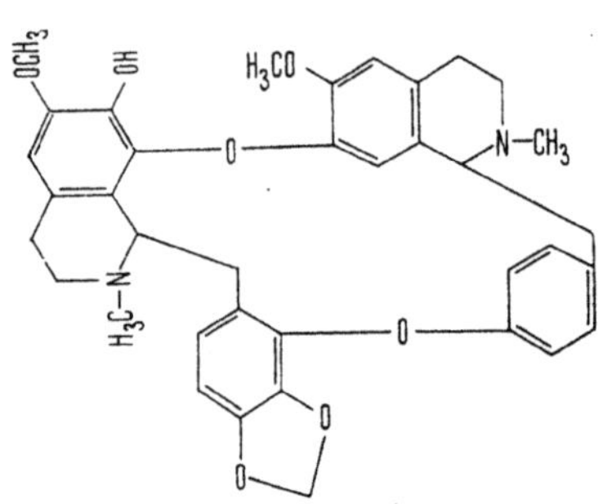

Nortenuipin

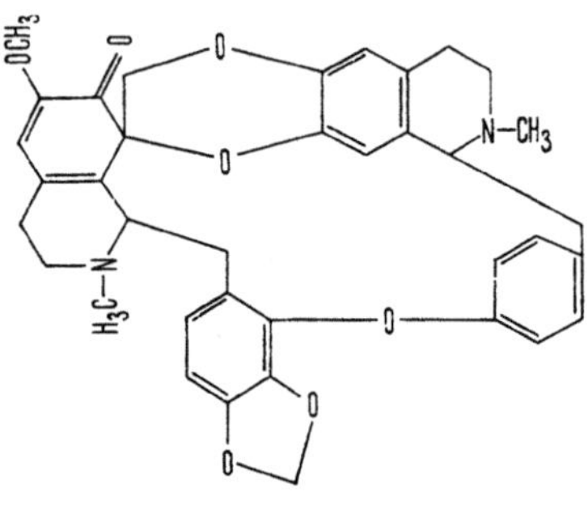

Repandulin

Laurelia novae-zelandiae A. Cunn.: Die Proaporphinbase Stepharin und die Aporphinbasen Pukatein, Pukateinmethyläther, Roemerin, Mecambrolin, Laurelin, Boldin, Isoboldin uns Laurolitsin wurden aus einem Pukatea-Extrakt des Handels isoliert (K. Bernauer, Helv. Chim. Acta *50*, 1583 [1967]).

Monimioideae

Palmeria fengeriana Perk.: Liane von Neuguinea; die Rinde enthält 0,16% Alkaloide, im Wesentlichen Laurotetanin und N-Methyllaurotetanin im Verhältnis 8:1 (S. R. Johns et al., Austral. J. Chem. *20*, 1787 [1967]).

Peumus boldus Mol.: Reticulin neben 14 weiteren Basen aus Blättern isoliert (D. W. Hughes und K. Gonest, Lloydia *30*, 287 [1967]). Isocorydin-N-oxyd, Cholin, aber kein Spartein aus Blättern (eid., Abstracts 9th Ann. Meeting Am. Soc. Pharmacognosy, Iowa City, 1968).

2. *Ätherische Öle*

Reife Früchte («Limoncillo») von *Siparuna nicaraguensis* Hemsl. liefern 0,38% ätherisches Öl; Hauptbestandteile sind β-Elemen, Citral und β-Ionon; daneben enthält das Öl Nonan, 3-Octanol, Terpinylpropionat, Carvon und weitere Monoterpene (A. Manjarrez und V. Mendoza, Perfumery Essent. Oil Record *58*, 23 [1967]).

3. *Phenolische Inhaltstoffe*

Kubitzki und Reznik (1966, l. c. S. 262) fanden in hydrolysierten Blattextrakten von Vertretern von 18 Gattungen durchgehend Kaempferol und Quercetin und häufig auch Isorhamnetin; Myricetin und Flavone fehlten gänzlich.

164. Moraceae

1. *Milchsäfte*

Neue Untersuchungen über die proteolytischen Enzyme (Ficin) von Feigen: V. I. Solov'ev und Yu. A. Akhmedov, C. A. *65*, 20510 (1966); V. C. Sgarbieri, Bragantia *24*, 109 (1965), ex C. A. *66*, 465 (1967).

2.1, 2.2 und 2.3 *Cumarine, flavonoide Verbindungen, Benzophenone und Xanthone:*

Artocarpus heterophyllus Lamk.: Artocarpesin und Norartocarpetin vor allem aus relativ jungem Holz (P. V. Radhakrishnan und A. V. Rama Rao, Indian J. Chem. *4*, 406 [1966]).

Brosimum gaudichaudii Trécul: 5,2% Bergapten aus trockener Wurzelrinde (O. A. Lima und O. Ribeiro, C. A. *68*, 117115 [1968]).

Brosimum paraënse Huber: Etwa 0,4% Xanthyletin aus Holz (K. S. Brown et al., C. A. *68*, 112136 [1968]).

Maclura pomifera (Raf.) Schneid. (=*M. aurantiaca* Nutt.): Kaempferol-7-glucosid aus frischen Scheinfrüchten (K. Drost et al., Planta Medica *15*, 264 [1967]).

Morus: Blätter von *Morus alba* L., *M. nigra* L. und *M. bombycis* Koidz. (= *M. kagayamae* Koidz.) enthalten 2–6% Rutin (G. M. Talyshinskii, C. A. *67*, 17091 [1967]). *Morus mesozygia* Stapf, eine Art von West-Afrika, enthält im Kernholz Morin, Dihydromorin und Pinobanksin und in den Blättern Morosid (= Morin-rhamnoglucosid: R. Paris et al., Ann. Pharm. Franç. *24*, 745 [1966]). Aus Kernholz von *Morus alba* L. Morin, Maclurin und 2,4,6,4'-Tetrahydroxybenzophenon und aus Stamm- und Wurzelrinde Betulinsäure und 4 neue dimethylallylsubstituierte Flavone, Mulberrin, Cyclomulberrin, Mulberrochromen und Cyclomulberrochromen (V. H. Deshpande et al., Tetrahedron Letters *1968*, 1715).

Die Bedeutung des Maclurins für die Xanthonbiosynthese diskutierten H. D. Locksley et al. (Tetrahedron *23*, 2229 [1967]); die Arbeit enthält eine Übersicht über alle bekannten natürlichen Xanthone.

3. *Triterpene, Sterine und Wachse*

Artocarpus lakoocha Roxb.: Lupeolacetat und α-Amyrinacetat aus Rinde (S. B. Mahato et al., C. A. *66*, 73220 [1967]).

Morus (vermutlich *M. bombycis*): Aus Blättern isolierten T. Takemoto et al. (J. Pharm. Soc. Japan *87*, 748 [1967]) die Sterine Inokosteron und Ecdysteron (beide mit starker Ecdyson-Wirkung).

Streblus asper Lour.: α-Amyrin und Lupeol und deren Acetate aus Rinde (A. K. Barua et al., J. Indian Chem. Soc. *45*, 87 [1968]).

5. *Cardenolide*

Das für *Antiaris toxicaria* Lesch. beschriebene Bogorosid erwies sich als identisch mit Convallosid (R. Brandt et al., Helv. Chim. Acta *49*, 2469 [1966]).

9. *Ergänzende Angaben zu einigen Arten*

Myrianthus arboreus P. Beauv.: Blätter in Nigeria als Gemüse; Analyse (O. L. Oke, Tropical Sci. *8*, 128 [1966]).

Olmedioperebea sclerophylla Ducke: Früchte enthalten möglicherweise psychotrope Bestandteile; sie werden in Zentralbrasilien bei der Bereitung eines narkotischen Schnupfmittels verwendet (R. E. Schultes, S. 302 in D. H. Efron [editor], l. c. S. 418).

166. Myoporaceae

Myoporum deserti A. Cunn.: Die Art umfasst toxische und nichttoxische Populationen; dies hängt mit dem Vorkommen verschiedener Chemotypen bezüglich der ätherischen Öle zusammen. Bei der Analyse der ätherischen Öle von 29 Herkünften wurden 9 verschiedene Öl-Typen (A-I) beobachtet.

A: $>$ 95% Myodesertin }
B: $>$ 95% Myodesertal } nicht toxisch.
C: α- und β-Myodesmon sind Hauptbestandteile; toxisch.
D: Hauptbestandteile sind toxische furanoide Ketone, $C_{15}H_{18}O_2$.
E: *cis*- und *trans*-Ngaion als Hauptbestandteile; toxisch.
F: *cis*- und *trans*-Dehydrongaion sind Hauptkomponenten; toxisch.
G: Myoporon und mutmasslich Dehydromyoporon als Hauptkomponenten; nicht toxisch.
H: Ein Sesquiterpenkohlenwasserstoff ist Hauptkomponente; nicht toxisch.
I: Myodesertal, Nepetalacton (mutmasslich) und Ngaion sind Hauptbestandteile.

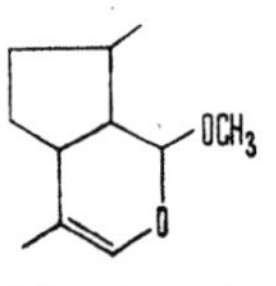

Myodesertin

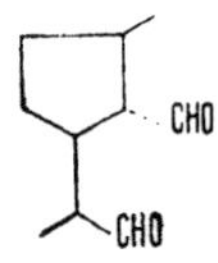

Myodesertal (stereoisomer mit Iridodial)

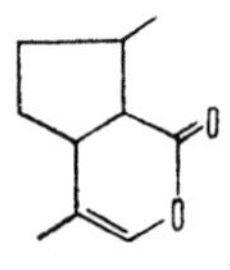

Nepetalacton

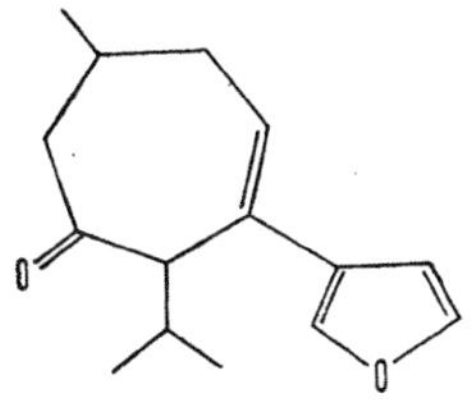

α-Myodesmon

Je nach Chemotypus überwiegen im Öl iridoide Monoterpene oder zum Teil toxische furanoide Sesquiterpene (M. D. SUTHERLAND und R. J. PARK, S. 147–157 in J. B. PRIDHAM [edit.], *Terpenoids in Plants*, Academic Press, 1967).

168. Myristicaceae

1. *Ätherische Öle*

Myristica fragrans Houtt.: Muskatnüsse aus dem Staat Kerala lieferten ein Öl mit 3% Safrol, 12% Myristicin, 71% Pinen, 5,4% Linalool, 1,5% Linalylacetat und 0,9% Bornylacetat (M. I. ITTY und S. S. NIGAM, C. A. *66*, 58802 [1967]). E. B. TRUITT, A. T. WEIL und A. T. SHULGIN et al. berichteten über Chemismus und Psychopharmakologie des Muskatnussöles (S. 185–229 in D. H. EFRON [edit.], l. c. S. 418).

2. *Polyphenole und Gerbstoffe*

KUBITZKI und REZNIK (1966, l.c.S. 262) fanden in hydrolysierten Blattextrakten von Arten der Gattungen *Staudtia*, *Cephalosphaera*, *Scyphocephalium*, *Pycnanthus*, *Coelocaryon*, *Compsoneura*, *Dialyanthera*, *Iryanthera*, *Virola*, *Horsfieldia*, *Gymnacranthera* und *Myristica* mit 4 Ausnahmen Quercetin oder Kaempferol als Hauptflavonole; Myricetin konnte in keinem Falle eindeutig nachgewiesen werden; 4 Arten führten reichlich Flavone:

Coelocaryon cuneatum Warb.: Luteolin.
Dialyanthera parvifolia Markgr.: Apigenin.
Myristica sprucei DC. }
Myristica incana Poeppig } beide Luteolin (Bestimmung nicht kontrolliert; *Myristica* s. lato).
Dialyanthera otoba (H. et B.) Warb.: Die Struktur des Otobaphenols wurde geklärt; Methylierung liefert Isogalcatin (= Otobaphenolmethyläther; der durch GILCHRIST et al. verwendete Name Isootobain ist zu verwerfen).

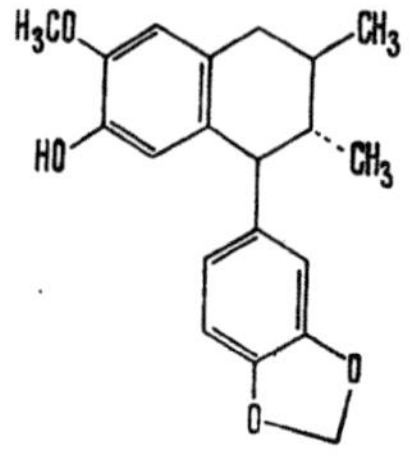

Otobaphenol (F. Kohen et al., J. Chem. Soc. *1966* C, 1775).

Otobain und 3,4′,5-Trimethoxy-*trans*-Stilben aus *Virola cuspidata* (Benth.) Warb. (G. Blair et al., Abstracts 9th Ann. Meeting Am. Soc. Pharmacognosy, Iowa City, 1968).

3. *Samenfette*

Untersuchung der Arillusfette von *Myristica malabarica* Lamk. (A. R. S. Kartha und R. Narayanan, J. Am. Oil Chemists'Soc. *44*, 733 [1967]).

Neue Analysen der Samenfette ergaben folgende Gehalte (B. Sreenivasan, J. Am. Oil Chemists'Soc. *45*, 259 [1968]):

Gymnacranthera canarica (Bedd.) Warb.: 58,1% Öl und 16,4% Eiweiss in Samenkernen; Hauptfettsäuren waren C12:0 (34%) und C14:0 (58,1%).

Knema attenuata (Wall.) Warb.: 41,2% Öl und 9,6% Eiweiss in Samenkernen; Hauptfettsäuren waren C14:0 (66%), C16:0 (8,3%) und C18:1 (20,6%).

Myristica magnifica Bedd.: 27% Öl und 8,5% Eiweiss in Samenkernen; Hauptfettsäuren waren C14:0 (54,2%), C16:0 (11,6%) und C18:1 (28,4%).

4. *Sterine, Triterpene und Wachse*

Aus Blättern von *Myristica malabarica* Lamk. β-Sitosterin (P. D. Desai et al., Indian J. Chem. *4*, 457 [1966]).

Alkaloide

B. Holmstedt (Arch. Intern. Pharmacodynamie et Thérapie *156*, 285 [1965]) hat im Schnupfmittel «Epena» eindeutig 5-Methoxy-N,N-dimethyltryptamin, 5-Hydroxy-N,N-dimethyltryptamin und N,N-Dimethyltryptamin nachgewiesen; das Schnupfmittel stammte aus Nordwestbrasilien und beigelieferte Zweige erlaubten anatomische Bestimmung der Gattung *(Virola)*. Dieser Befund wurde später durch den Nachweis von N-Methyltryptamin,N,N-Dimethyltryptamin und 5-Methoxy-N,N-dimethyltryptamin in Rinde von *Virola calophylla* Warb. bestätigt (Herkunft Brasilien [Manaus]: B. Holmstedt und J.-E. Lindgren, S. 339–373, in D. H. Efron [edit.], l. c. S. 418).

Gymnacranthera paniculata (A. DC.) Warb. var. *zippeliana* (Miq.) J. Sinclair, ein Baum der Regenwälder Neuguineas, enthält wechselnde Mengen von Alkaloiden in Rinde und Blättern. Das untersuchte Blattmuster lieferte 0,05–0,1% Totalalkaloide; Hauptalkaloid war 1,5-Dimethoxygramin (I); es wird von einem Methoxy-I und von N-Methyltetrahydrocarbolin (II) begleitet (S. R. JOHNS et al., Austral. J. Chem. *20*, 1737 [1967]).

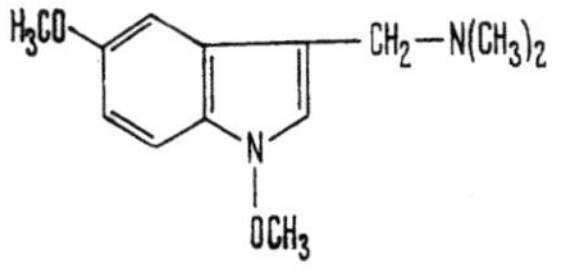

I: $C_{13}H_{18}O_2N_2$

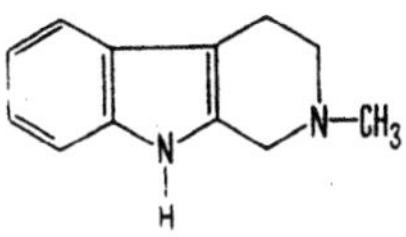

II: $C_{12}H_{14}N_2$

Demnach stellen die *Calycanthaceae* nicht mehr die einzige Familie der *Polycarpicae* dar, in welcher die Alkaloide Tryptamin-Derivate sind.

170. Myrsinaceae

1. *Benzochinone*

Ardisiachinon A, B und C sind 3 neue Benzochinone aus der Wurzelrinde von *Ardisia sieboldii* Miq.; sie kommen in Mengen von 0,005—0,02% neben 0,3% Embelin + Rapanon vor (H. OGAWA et al., Tetrahedron Letters *1968*, 1387):

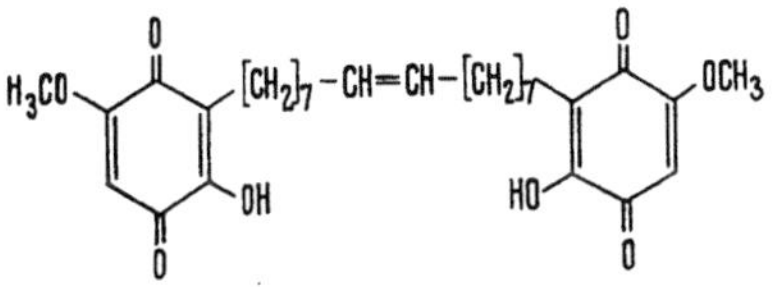

Ardisiachinon A, $C_{30}H_{40}O_8$

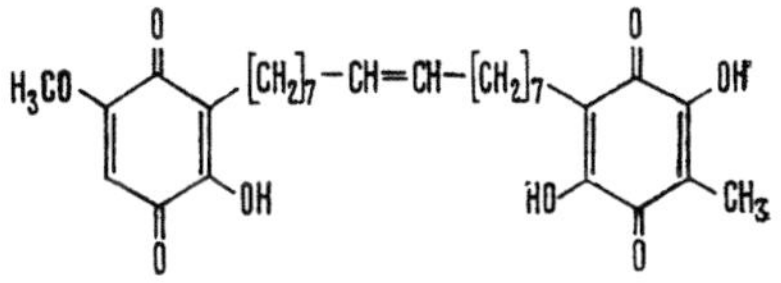

Ardisiachinon B, $C_{30}H_{40}O_8$
Ardisiachinon C, $C_{32}H_{42}O_9$
= Ardisiachinon-B-monoacetat

Aus japanischen *Ardisia*-Arten erhielten H. OGAWA und S. NATORI (Phytochemistry *7*, 773 [1968]) ausserdem eine Mischung von 3 neuen Chinonen:

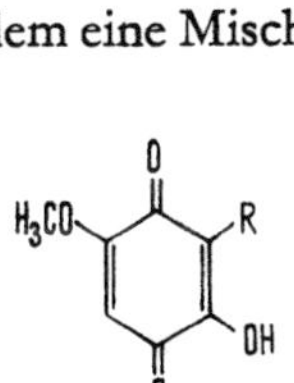

R = $C_{15}H_{29}$: pentadecenylrest
R = $C_{13}H_{25}$: tridecenylrest
R = $C_{13}H_{27}$: tridecanylrest

Sie untersuchten 11 japanische Myrsinaceen (7 *Ardisia*-Arten, 2 *Maesa*-Arten und 2 *Myrsine*-Arten) und fanden, dass Embelin und Rapanon in den Gattungen *Ardisia* und *Myrsine* auftreten, dass Maesachinon und dessen Acetat auf die Gattung *Maesa* beschränkt ist, und dass die Ardisiachinone und das neu entdeckte Chinongemisch für die Gattung *Ardisia* charakteristisch sind. Untersucht wurden die folgenden Arten:

Ardisia crenata Sims: Neues Chinongemisch (I), Rapanon (R), Embelin (E).
A. crispa (Thunb.) DC.: Keine Chinone gefunden.
A. japonica (Thunb.) Blume: I, E, R.
A. montana (Miq.) Sieb.: I.
A. pusilla A. DC.: Keine Chinone gefunden.
A. quinquegona Blume: I.
A. sieboldii Miq: Ardisiachinone, R, E.
Maesa japonica (Thunb.) Moritzi: Maesachinon und dessen Acetat.
M. tenera Mez: Maesachinon und dessen Acetat.
Myrsine seguinii Lév. (= *Rapanea neriifolia* Mez): R, E.
M. stolonifera (Koidz.) Walker: R, E.

Vilangin wurde bei den untersuchten Arten nicht beobachtet. In der Regel sind Früchte oder Wurzeln die chinonreichsten Organe der Pflanzen.

Chinone wurden ebenfalls für eine Myrsinacee von Neuseeland nachgewiesen. *Myrsine australis* Allan: 1,1% Vilangin aus Blüten und 0,3% Embelin und 0,02% Vilangin aus reifen Früchten; Embelin ebenfalls in Holz und Rinde. Dagegen sind Holz und Rinde von *M. kermadecensis* Cheesem. und *M. salicina* Hew ex Hook. f. frei von Embelin (R. C. Cambie und R. A. F. Couch, New Zealand J. Sci. *10*, 1020 [1967]).

2. *Saponine*

Blätter von *Myrsine australis* enthalten 2,4% Saponine; Hauptsapogenin ist Primulagenin A (Formel S. 390) (Cambie-Couch 1967, l. c. supra).

3. *Phenole und Gerbstoffe*

Reife Früchte von *Myrsine australis* enthalten Leucocyanidine und Leucodelphinidine und aus Blättern wurden Quercetin, Quercitrin und Rutin isoliert (Cambie-Couch 1967, l. c. supra). J. B. Harborne (Phytochemistry *7*, 1215 [1968] und persönl. Mitteilung) beobachtete folgende Blattphenole in hydrolysierten Extrakten:

Ardisia crenata Sims: Ardisiin.
A. crispa A. DC.: Ardisiin.
A. pickeringia Torr. et Gray: E, M. Q.
A. polycephala Wall.: LD, M, Q, K, Ardisiin.
A. wallichii A. DC.: LD, M, ardisiinartige Verbindungen.

Maesa sinensis A. DC.: Q.
Myrsine africana L.: M.
M. capitellata Wall.: E.
M. melanophora R. Br.: E, Q.
M. kellau Hochst.: E, M, Q, K.
Rapanea variabilis Mez: LD, M, Q, K.

Ardisiin = Flavanon oder Isoflavon mit charakteristischer Fluoreszenz; LD = Leucodelphinidin; E = Ellagsäure; M = Myricetin; Q = Quercetin; K = Kaempferol.

4. *Triterpene und Sterine*

Ardisia sieboldii Miq:. Ilexol (= Mischung von Bauerenol und Baueradienol) aus Wurzelrinde (H. Ogawa et al., Tetrahedron Letters *1968*, 1387). Bauerenol aus Wurzel und Stamm von *Ardisia solanacea* Roxb. und Friedelin, α-Amyrinacetat und Isoarborinolacetat aus Rinde von *Ardisia floribunda* Wall. (P. D. Desai, Indian J. Chem. *5*, 523 [1967]). Stigmasterin aus dem Holz von *Myrsine kermadecensis* Cheesem. (Cambie-Couch 1967, l. c. supra).

7. *Cyclite*

0,3% (+)-Quercit aus Blüten von *Myrsine australis* Allan und etwa 0,7% (+). Quercit aus dem Holz von *M. salicina* Hew ex Hook. f. (Cambie-Couch 1967, l. c- supra).

171. Myrtaceae

2. *Polyphenole und Gerbstoffe*

Eucalyptus: Wichtige neue Arbeiten über Blattphenole.

Phenole der Blätter: W. E. Hillis (Phytochemistry *5*, 107 [1966]; *6*, 259, 275, 373, 845 [1967]) hat für sehr viele Arten die Polyphenolspektren der Blätter ermittelt. Berücksichtigt wurden die phenolischen Benzoe- und Zimtsäuren, die flavonoiden Verbindungen (Aglykone und Glykoside), Stilbene und eine Reihe von weiteren Blattphenolen (Faktoren gennant), deren Identifikation grossenteils noch aussteht, und die jeweilen für kleinere oder grössere Gruppen von verwandten Arten charakteristisch sind. Es hat sich gezeigt, dass in der Riesengattung *Eucalyptus* recht unterschiedliche Blattphenolspektren vorkommen, und dass die letzteren öfters taxonomisch wertvolle Fingerzeige abgeben können. Dabei sind vor allem auch die gegenseitigen Mengenverhältnisse der einzelnen Phenole wichtig. So ist beispielsweise Ellagsäure Hauptphenol bei Vertretern der Sektion *Macrantherae* und die Series *Heterophloiae* der Sektion *Terminales* ist durch Akkumulation von Gallussäure und von Myricetinglykosiden charakterisiert. Leucoanthocyane treten regelmässig bei den Arten der Sektionen *Porantheroideae* und *Terminales* auf. Der *Eugenioides*-Faktor, der 13 Arten der Series *Pachyphloiae* (Sektion *Renantherae)* charakterisiert, konnte als Arbutin identifiziert werden. Für weitere Einzelheiten muss nach den Originalarbeiten verwiesen werden.

Aus Blättern von *Eucalyptus dundasii* Maiden isolierten H. HASEGAWA und W. E. HILLIS (Botan. Mag. [Tokyo], *79*, 626 [1966]) Sideroxylin und ein neues Stilbenglucosid; es ist O-Desmethylrhapontin (i. e. das 3-Glucosid des 3,5,3′,4′-Tetrahydroxystilbens); es wird vorgeschlagen den Namen Astringin für dieses rein isolierte Stilbenglucosid zu verwenden.

Phenole von Rinde und Holz: Aus dem Holz von *E. camaldulensis* Dehn. isolierten D. NISI und L. PANIZZI (Gazz. Chim. Ital. *96*, 803 [1966]) 0,6% eines dimeren Proanthocyanidins (Leucoanthocyans), das aus 2 Molekülen (+)-Catechin (oder 1 Molekül [+]-Catechin + 1 Molekül Leucocyanidin), welche durch eine C-C-Brücke zwischen C_4 des einen und C_6 oder C_8 des andern Moleküls verknüpft sind. Aus dem Holz von *E. globulus* Labill. isolierten B. SWAN und I. AKERBLOM (C. A. *67*, 33955 [1967]) β-Sitosterin, 0,1–0,3% Ellagsäure und Gallussäure und das Holz von *E. sieberiana* F. Muell. enthält nach G. J. LEES und P. F. NELSON (C. A. *67*, 33957 [1967]) reichlich Ellagi- und Gallitannine und geringere Mengen von polymerisierten Leucoanthocyanen; nach Hydrolyse wurden Gallus- und Ellagsäure isoliert.

Myrtus communis L.: Getrocknete Blätter enthalten 14,1% Gerbstoffe; zur Hauptsache kondensierte, daneben aber ebenfalls hydrolysierbare Gerbstoffe; Gallussäure, Myricetin, Myricitrin und Ellagsäure wurden isoliert und 3,6-Digalloylglucose papierchromatographisch nachgewiesen (H. I. EL. SISSI und M. A. I. EL ANSARY, Planta Medica *15*, 41 [1967]).

Psidium guajava L.: Enthält in reifen Früchten viel Ellagsäure und in unreifen Früchten den Diester der Hexahydroxydiphensäure mit Arabinose (K. MISRA und T. R. SESHADRI, Phytochemistry *7*, 641 [1968]: Strukturbestätigung).

Syzygium cordatum Hochst.: Rinde enthält Leucodelphinidin und Gallus- und Ellagsäure; Saftholz enthält Galli- und Ellagitannine; Kernholz enthält nur freie Gallus- und Ellagsäure; Blätter enthalten Leucocyanidin (wenig) und Leucodelphinidin (H. A. CANDY et al., Phytochemistry *7*, 889 [1968]).

3. *Triterpene, Saponine und Sterine*

Psidium guajava L.: S. SASAKI et al. (J. Pharm. Soc. Japan *86*, 869 [1966]; Bull. Chem. Soc. Japan *39*, 1816 [1966]) isolierten aus Wurzeln von Bäumen von Formosa Arjunolsäure.

Syzygium cordatum Hochst.: Friedelin, Epifriedelinol, β-Sitosterin und Arjunolsäure aus Rinde und Holz (H. A. Candy et al., Phytochemistry *7*, 889 [1968]).

5.6 *Mineralstoffe:* C. P. Bhimaya und R. N. Kaul (Nature *212*, 319 [1966]) ermittelten für Blätter von *Eucalyptus camaldulensis* Dehn. (= *E. rostrata* Schlecht.) die folgenden Mineralstoffgehalte: K 0,94–1,09%; Ca 1,03–2,22%; Mg 0,26–0,32%; Cu 12,3–35 p. p. m.; Zn 12,5–36 p. p. m.; Fe 131–290 p. p. m. und Mn 77–1000 p. p. m.

176. Nymphaeaceae

Kubitzki und Reznik (l. c. S. 262) fanden bei den untersuchten Arten Quercetin, Myricetin oder Luteolin als Hauptflavon der Blätter:

Nuphar luteum (L.) Sm.	: Luteolin	*Nymphaeaceae* sensu stricto
Nymphaea alba L.	: Luteolin	
N. cf. *colorata* A. Peter	: Myricetin	
N. cf. *lotus* L.	: Quercetin	
Euryale ferox Salisb.	: Quercetin	
Victoria regia Lindl.	: Myricetin	
Nelumbo nucifera Gärtn.	: Quercetin:	*Nelumbonaceae*

E. C. Bate-Smith (Phytochemistry *7*, 459 [1968]) wies in Blättern von *Nuphar luteum* (L.) Sm. Ellagitannine, Luteolin, Kaffee-, p-Cumar-, Ferula- und Sinapinsäure nach; das Vorkommen von Ellagitanninen spricht nach seiner Meinung gegen die Annahme von näheren Beziehungen zwischen den *Nymphaeaceae* (s. str.) und den *Ranales*. Aus Rhizomen der gleichen Art gewannen T. N. Il'inskaya et al. (C. A. *67*, 117029 [1967]) das neue Alkaloid Nuphloin.

177. Nyssaceae

M. Shamma (Experientia *24*, 107 [1968]): Hypothese für Biogenese des Camptothecins.

Blätter und Involukralblätter von *Davidia involucrata* enthalten Hyperin als Hauptflavonolglykosid und Quercitrin als Nebenglykosid (D. Rast, Planta *80*, 154 [1968]).

180. Oenotheraceae

Fuchsia hybrida Voss.: Besitzt Blüten mit rot gefärbtem Kelch und blauvioletter Krone. Kelch und Krone der untersuchten Cultivars enthalten Galloylgerbstoff, Spiraeosid, Quercitrin und Isoquercitrin; als Anthocyane führt der Kelch Cyanin und Paeonin und die Krone Malvin (Y. Yazaki und K. Hayashi, Proc. Jap. Acad. *43*, 316 [1967]).

182. Oleaceae

1. *Oleuropein und verwandte Stoffe*

Die S. 241 erwähnte Beobachtung von Steinegger und Steiger über Auftreten von Alkaloiden nach Säure- und Ammoniakbehandlung von Oleaceenextrakten hat eine Erklärung gefunden. H. Budzikiewicz et al. (Chem. Ber *100*, 2798 [1967]) isolierten aus Methanolextrakten (nach Behandlung mit Salzsäure, Alkalisieren mit Ammoniak und Ausschütteln mit Aether) von Blättern von *Fontanesia phillyreoides* Labill. Fontaphyllin, Gentianin und 4-Aminonicotinsäuremethylester.

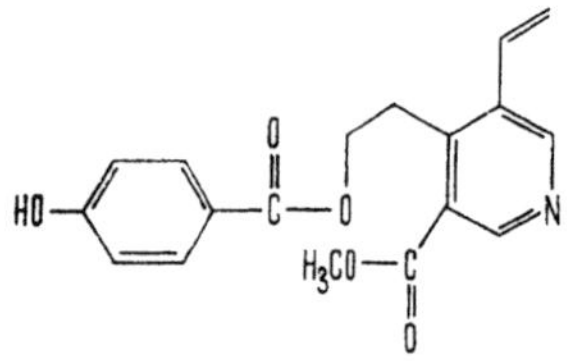

Fontaphyllin, $C_{18}H_{17}O_5N$

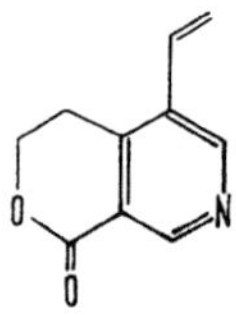

Gentianin, $C_{10}H_9O_2N$

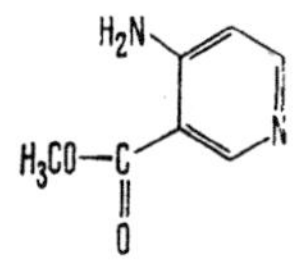

4-Aminonicotinsäure-methylester, $C_8H_{10}O_2N_2$

Hydrolyse von Fontaphyllin liefert p-Hydroxybenzoesäure und Gentianin. Fontaphyllin und Gentianin sind Isolierungsartefakte; im nicht mit Mineralsäure und anschliessend mit Ammoniak behandelten methanolischen Blattextrakt sind sie nicht vorhanden. Es ist demnach äusserst wahrscheinlich, dass diese Basen aus einem oleuropeinartigen (an Stelle der —CO—O—CH_2—CH_2—$C_6H_3[OH]_2$—Gruppe eine —CH_2—O—CO_2—$C_6H_4[OH]$—Gruppe) genuinen Glykosid entstehen. Die Herkunft des 4-Aminonicotinsäuremethylesters ist noch unbekannt.

Es darf demnach wohl als gesichert angenommen werden, dass oleuropein- und swertiamarinartige Bitterstoffe bei den Oleaceen verbreitet sind.

Aus Blättern und aus Rinde von *Jasminum gracile* Andr., *J. lineare* R. Br. und von *Ligustrum novoguineense* Lingelsh. isolierten N. K. HART et al. (Austral. J. Chem. *21*, 1321 [1968]) 0,02–0,03% Alkaloide; aus allen Rohalkaloidfraktionen liess sich Jasminin, $C_{11}H_{12}N_2O_3$, gewinnen. Die Base scheint ein genuines Iridoid-alkaloid (Typus des Gentianins; Beziehungen zum Oleuropein und Fontaphyllin deutlich) der untersuchten Arten darzustellen.

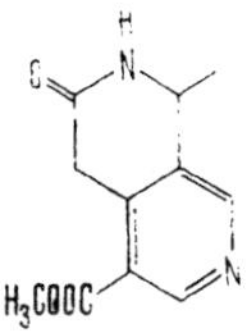

Jasminin

Der Name Jasminin wurde fast gleichzeitig (T. KUBOTA et al., C. A. *68*, 112183 [1968]) für ein aus Blättern von *Jasminum primulinum* Hemsl. isoliertes bitteres Glucosid, $C_{26}H_{38}O_{12}$, verwendet (vgl. ebenfalls Primulinosid, S 244).

5. *Flavonoide Verbindungen*

Apigenin-7-rutinosid (= Rhoifolin) wurde aus Blättern von *Fraxinus americana* L., *F. biltmoreana* Beadle, *F. juglandifolia* Lamk. und *F. oregana* Nutt. isoliert; 5 weitere Arten lieferten kein Rhoifolin; dagegen wurde aus den Blättern von *F. ornus* L. Aesculetin-7-glucosid (= Cichoriin) in Ausbeuten von 3,8% erhalten. Auffallend waren stark schwankende Rhoifolinausbeuten bei verschiedenen Exemplaren einer Art (z. B. *F. juglandifolia* 1% und völliges Fehlen) (V. PLOUVIER, Compt. Rend. *265* D, 1647 [1967]).

7. *Triterpene, Sterine und Wachse*

Aus Blättern von *Jasminum auriculatum* Vahl isolierten S. M. DESHPANDE und R. R. UPADHYAY und R. R. UPADHYAY (Current Sci. *36*, 233 [1967]; Experientia *24*, 421 [1968]) Lupeol, ein Epimeres des Lupeols, Hentriakontan, n-Triakontanol, Mannit und Indol.

12.1 *Nyctanthes arbor-tristis* L.: R. N. KAPIL und R. S. VANI (Phytomorphology *16*, 553 [1966]) ziehen auf Grund der embryologischen Merkmale Eingliederung der Gattung in die Oleaceen der Eingliederung in die Verbenaceen vor.

189. Papaveraceae

1. *Alkaloide*

1.3 *Phthalidisochinolinbasen:* (—)-α-Hydrastin (= Stylophyllin) wurde in der Familie erstmalig als natürliches Alkaloid nachgewiesen (J. Slavík, Coll. Czechoslov. Chem. Commun. *32*, 4431 [1967]); das längst bekannte Hydrastin aus *Hydrastis canadensis* ist (—)-β-Hydrastin.

1.4 *Rhoeadinbasen:* Stereochemie und Konfigurationen: F. Šantavý et al., Coll. Czechoslov. Chem. Commun. *32*, 4452 (1967); M. Shamma et al., Chem. Commun. *1968*, 212; S. Pfeifer und I. Mann, Pharmazie *23*, 82 (1968). Struktur der aus den Papaverrubinen unter Einfluss von Säuren sich bildenden roten Verbindungen (D. Walterová und F. Šantavý, Coll. Czechoslov. Chem. Commun. *33*, 1623 [1968]).

1.5 *Pavinbasen*: Californin ist identisch mit Eschscholziin; Californidin ist eine quartäre Base, deren Jodid mit Eschscholziinmethjodid identisch ist (J. Slavík et al., Coll. Czechoslov. Chem. Commun. *32*, 4420 [1967]).

1.6 *Isopavinbasen:* Strukturbestätigung für Amurensin und Isoamurensin (L. Dolejš und V. Hanuš, Coll. Czechoslov. Chem. Commun. *33*, 600 [1968]).

1.10 *Benzophenanthridinbasen:* Strukturen von Macarpin, Chelirubin, Chelilutin, Sanguilutin und Sanguirubin (J. Slavík et al., Coll. Czechoslov. Chem. Commun. *32*, 4420 [1967]; *33*, 1619 [1968]):

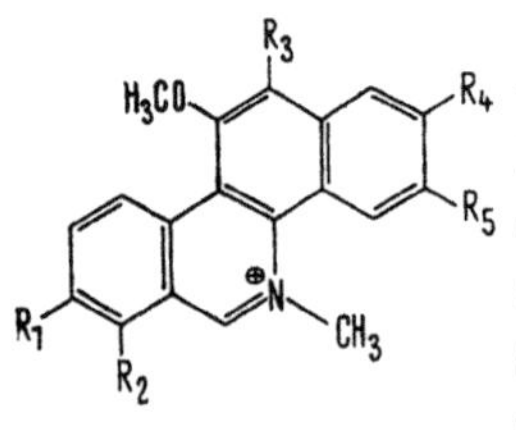

	R_1	R_2	R_3	R_4	R_5
Macarpin	O—CH_2—O		OCH_3	O—CH_2—O	
Chelirubin	O—CH_2—O		H	O—CH_2—O	
Chelilutin	OCH_3	OCH_3	H	O—CH_2—O	
Sanguirubin	O—CH_2—O		H	OCH_3	OCH_3
Sanguilutin	OCH_3	OCH_3	H	OCH_3	OCH_3

7. *Inhaltstoffe einzelner Gattungen und Arten*

I Papaveroideae

2. ROMNEYEAE

Arctomecon: 3 Arten in den südwestlichen Vereinigten Staaten. Aus Wurzeln und Kraut von *A. californica* Torr. et Fremont isolierten F. R. Stermitz und V. P. Muralidharan (J. Pharm. Sci. *56*, 762 (1967]) Protopin und Allocryptopin (zusammen > 95% der Totalalkaloide).

3. ESCHSCHOLZIEAE

Eschscholzia californica Cham., *E. glauca* Greene und *E. douglasii* (Hook. et Arn.) Walp. haben sehr ähnliche Alkaloidspektren. Eschscholziin (= Californin) und Californidin sind Hauptalkaloide. In sehr geringen Mengen konnten jetzt noch (*E. douglasii*) Berberin, Coptisin und Macarpin isoliert werden (J. Slavík et al., Coll. Czechoslov. Chem. Commun. *32*, 4420 [1967]).

4. CHELIDONIEAE

Chelidonium majus L.: Im Universeifbaren des Petrolätherextraktes der Wurzel reichlich α-Spinasterin (E. Domagalina und G. Zareba, C. A. *67*, 88287 [1967]).

Chelidonium japonicum Thunb. (= *Hylomecon vernale* Maxim. = *H. japonicum* Prantl) führt die für die *Chelidonium*-Gruppe charakteristischen Alkaloide. *Wurzeln* 0,1% Alkaloide; viel Sanguinarin, daneben Protopin, Allocryptopin, Chelidonin und Stylopin. *Kraut* 0,06% Alkaloide; Stylopin, Tetrahydroberberin, Protopin, quartäre Phenanthridinbasen, Coptisin und Berberin (J. Slavík, Coll. Czechoslov. Chem. Commun. *32*, 4431 [1967]).

Sanguinaria canadensis L.: 0,08% Blattalkaloide, wovon 75% quartäre Benzophenanthridinbasen; ferner Protopin, Allocryptopin, Stylopin, Canadin, Coptisin und Berberin (J. Slavík, Coll. Czechoslov. Chem. Commun. *32*, 4431 [1967]).

5. PAPAVEREAE

Argemone: Die Untersuchung weiterer Arten erlaubt eine Gruppierung der *Argemone*-Arten:

Gruppe A+B (alkaloidchemisch homogen; morphologisch charakterisiert):

A. aenea Ownbey
A. albiflora Hornem.
A. chisosensis Ownbey
A. corymbosa Greene
A. mexicana L.
A. ochroleuca Sweet
A. polyanthemos (Fedde) Ownbey
A. sanguinea Greene
A. squarrosa Greene

Charakteristische Alkaloide sind: Protopin, Allocryptopin, Muramin, Berberin.

Gruppe C:

A. gracilenta Greene
A. hispida Gray
A. munita Dur. et Hilg.

Fast ausschliesslich Alkaloide vom Argemonin (= Pavin)-Typus.

Gruppe D:

A. platyceras Link et Otto *A. pleiacantha* Greene	Pavin-Alkaloid + Alkaloide vom Berberin- und Protopin-Typus.

Von der morphologisch an *A. hispida* erinnernden *A. squarrosa* sind 2 Chemotypen bekannt; der eine (Süd-Colorado) hat Allocryptopin und der andere (New Mexico) hat Muramin und Berberin als Hauptalkaloide; biochemisch betrachtet gehört diese Art demnach nicht zur gleichen Gruppe wie *A. hispida* (F. R. STERMITZ, J. Pharm. Sci. *56*, 760 [1967]).

Die Struktur des Argemonins wurde bestätigt und gleichzeitig gezeigt, dass es keinen Isolationsartefakt darstellt (M. J. MARTELL et al., J. Pharm. Sci. *56*, 973 [1967]).

Glaucium: Das für verschiedene *Glaucium*-Arten (und für *Corydalis*-Arten und für *Fumaria officinalis*) beschriebene Aurotensin ist identisch mit Isoboldin und demnach eine Aporphinbase und nicht eine Tetrahydroberberinbase (J. SLAVÍK, Coll. Czechoslov. Chem. Commun. *33*, 323 [1968]).

Glaucium elegans Fisch. et Mey.: In der Tschechoslovakei kultivierte Pflanzen untersucht. *Kraut* 0,034% Alkaloide; Protopin und Glaucin sind Hauptalkaloide; ferner Allocryptopin, Diphyllin (=[±]-Chelidonin) und Coptisin. *Wurzel* 0,33% Alkaloide; Protopin, Allocryptopin, Coptisin, Chelerythrin, Sanguinarin, Chelirubin, Corydin (L. SLAVÍKOVÁ, Coll. Czechoslov. Chem. Commun. *33*, 635 [1968]).

Papaver:

Papaver alpinum-nudicaule-radicatum-Komplex: Alpinin und Papaverrubin G (=N-Desmethylalpinin) aus *P. alpinum* L. ssp. *alpinum* (=ssp. *buseri* [Crantz] Fedde) (S. PFEIFER, Pharmazie *22*, 343 [1967]). P. *alboroseum* Hult. (*Papaver radicatum*-Gruppe) enthält Oreophilin als Hauptalkaloid und daneben die Papaverrubine C und D und Alborin (S. PFEIFER und D. THOMAS, Pharmazie *21*, 701 [1966]).

Definitive Struktur der Morphinane Amurin und Nudaurin (=Dihydroamurin =Amurinol-I) (D. H. R. BARTON et al., Chem. Ber. *100*, 2457 [1967]; W. DÖPKE et al., Tetrahedron *24*, 4459 [1968]). Stuktur der Dihydroproaporphine Amuronin und Amurolin aus *Papaver nudicaule* var. *amurense* (H. FLENTJE et al., Pharmazie *21*, 379 [1966]).

Papaver anomalum Fedde: Art der Sektion *Scapiflora;* 0,13% Alkaloide aus Ganzpflanzen; Hauptalkaloide sind Pavanolin (neues Esteralkaloid, $C_{21}H_{25}O_5N$; liefert bei Verseifung Essigsäure) und Amurensinin; daneben Protopin, Cryptopin, Porphyroxin, Mecambridin und Papaverrubin G (S. PFEIFER und D. THOMAS, Pharmazie *22*, 454 [1967]).

Papaver atlanticum Ball (Sektion *Pilosa*)*:* Diese Art scheint in alkaloidchemischer Hinsicht wenig variabel zu sein; Rhoeadin, Rhoeagenin, Protopin, Cryptopin, Papaverrubin E und Porphyroxin wurden isoliert und Papaverrubin A und C sowie Coptisin (nicht aber Sanguinarin) liessen sich eindeutig nachweisen (S. PFEIFER und D. THOMAS, Pharmazie *21*, 378 [1966]).

Papaver caucasicum M. Bieb.: Armepavin ist Hauptalkaloid; daneben konnten nur wenig Mecambrin, Protopin und Palmatin nachgewiesen werden (V. PREININGER et al., Coll. Czechoslov. Chem. Commun. *32*, 2682 [1967]). Floripavin aus *P. floribundum* Desf. (=*P. fugax* Poir. = *P. caucasicum*) ist identisch mit Salutaridin (A. L. MNDZHOYAN et al., C. A. *68*, 114787 [1968]).

Papaver dubium L.: Mecambrin ist eine biogenetische Vorstufe des Roemerins (D. H. R. BARTON et al., J. Chem. Soc. *1967* C, 2134).

Papaver hybridum L. (=*P. hispidum* Lamk.): Rhoeadin, Rhoeagenin, Protopin, Cryptopin, Coptisin, Berberin, Oxysanguinarin und 13-Oxoprotopin. 13-Oxoprotopinalkaloide sind in der Gattung (und vermutlich allgemein bei den Papaveraceen) verbreitet: 13-Oxomuramin (früher Alpinon) bei *Papaver alpinum* L. und *P. nucidaule* L.; 1-Methoxy-13-oxoallocryptopin (früher Oreocyclohexadienon) bei *P. oreophilum* F. J. Rupr.; 13-Oxoprotopin und wenig 13-Oxocryptopin bei *P. atlanticum* Ball (M. MATUROVÁ et al., Planta Medica *16*, 121 [1968]).

Papaver oreophilum Rupr.: Isolation von 16 Alkaloiden; Struktur von Papaverrubin F und von Oreolin (= Oridin) und N-Methyloreolin; die Letzteren stellen die ersten aus Pflanzen isolierten Hexahydroproaporphinbasen dar (S. PFEIFER und I. MANN, Pharmazie *23*, 82 [1968]).

Papaver orientale L.: Aus der Isothebainrasse (von *P. bracteatum*) wurde neben Isothebain, (–)-Orientalinon und Salutaridin das neue Aporphinalkaloid Bracteolin isoliert (K. HEYDENREICH und S. PFEIFER, Pharmazie *22*, 124 [1967]). Die Thebainrasse *(P. bracteatum)* umfasst bezüglich der Ausbildung des Alkaloidspektrums erwachsener Pflanzen verschiedene Rassen; bei bestimmten Stämmen enthalten erwachsene Pflanzen neben Thebain auch noch Alpinigenin (=Alkaloid E) (H. BÖHM, Planta Medica *15*, 215 [1967]).

Papaver persicum Lindl.: Armepavin ist Hauptalkaloid; daneben kommen Protopin, Palmatin, Coptisin und O-Demethylnuciferin vor (V. PREININGER et al., Coll. Czechoslov. Chem. Commun. *32*, 2682 [1967]).

Papaver somniferum L.: Aus Opium wurde als 3. Aporphinbase Isoboldin isoliert (E. BROCHMANN-HANSSEN, J. Pharm. Sci. *56*, 754 [1967]).

Stylomecon heterophylla (Benth.) G. Tayl. (= *Meconopsis heterophylla* Benth.): Einjährige Art von Californien; 0,03% Alkaloide aus der Pflanze; Cryptopin ist Hauptalkaloid; daneben Allocryptopin, Protopin, Coptisin, Berberin, Stylophyllin (=[–]-α-Hydrastin) und Spuren von Chelerythrin und Sanguinarin (J. SLAVÍK, Coll. Czechoslov. Chem. Commun. *32*, 4431 [1967]).

III Fumarioideae

1. CORYDALEAE

Corydalis caseana A. Gray: Caseamin (=F–33) und Caseadin (=F–35) sind Alkaloide des Tetrahydroberberin-Typus (C.–Y. CHEN et al., Tetrahedron Letters *1968*, 349).

Corydalis nakaii Ishidoya: (+)-Isocorydin, (–)-Tetrahydrocolumbamin, (–)-Scoulerin und (+)-Norisocorydin; ausserdem mutmasslich (–)-Reticulin und Corydin (H. KANEKO et al., J. Pharm. Soc. Japan *87*, 1382 [1967]). Ferner die folgenden Salze quartärer Basen: Berberinchlorid, Berberinnitrat, Coptisinnitrat und ausserdem das wasserlösliche Noroxyhydrastinin und (nach Reduktion) Tetrahydrocorysamin; untersucht wurde Droge aus Korea («Korean Corydalis»), die vermutlich von *C. nakaii* stammt (H. KANEKO et al., J. Pharm. Soc. Japan *88*, 235 [1968]).

Corydalis stewartii Fedde: Die Alkaloide Corycidin, Corydinin und Corydicin aus Ganzpflanzen (M. IKRAM et al., C. A. *67*, 117031 [1967]).

Corydalis stricta Steph.: Die Pflanze enthält Hydrastin (KH. SH. RAISHEVA und B. K. ROSTOTSKII, C. A. *68*, 877 [1968]).

Dicentra: 7 Cyanidinglykoside wurden als Blütenpigmente in der Gattung nachgewiesen; sie treten in artcharakteristischen Kombinationen auf (D. FAHSET und M. OWNBEY, Am. J. Botany *54*, 660 [1967]; *55*, 334 [1968]).

2. FUMARIEAE

Fumaria officinalis L.: Protopin, Sinactin und das neue Esteralkaloid Fumarophycin (=Acetat des Aminoalkohols Fumarophycinol) (N. M. MOLLOV et al., C.A. *67*, 117013 [1967]).

190. Passifloraceae

«Herba Passiflorae»: Die Droge des deutschen Marktes stammt von mindestens 6 verschiedenen *Passiflora*-Arten. *Passiflora incarnata* L. enthält 6 charakteristische Flavone; Blätter und Blüten enthalten etwa 1,5–2,1% Totalflavone, die Stengel maximal 0,85%; innerhalb dieser Art lassen sich mit chromatographischen Methoden verschiedene Chemotypen erkennen (H. SCHILCHER, Deut. Apoth. Z. *107*, 849 [1967]). G. GLOTZBACH und H. RIMPLER (Planta Medica *16*, 1 [1968]) identifizierten Saponarin, Saponaretin, Vitexin und Isoorientin als Bestandteile der Blätter von *Passiflora incarnata* L., *P. quadrangularis* L. und *P. pulchella* H. B. et K. (in dieser Art scheint Isoorientin zu fehlen).

In *Passiflora edulis* verläuft die Harmansynthese über Tryptamin, N-Acetyltryptamin und Harmalan (= Dihydroharman) (M. SLAYTOR und I. J. MCFARLANE, Phytochemistry *7*, 605 [1968]).

196. Phytolaccaceae

1. *Betacyane und Betaxanthine*

Nach H. Reznik (Abhandl. Deut. Akad. Wiss. Berlin, Kl. Chem., Geol. und Biol. *1966*, No. 3, 57–63) hat sich innerhalb der Familien der Centrospermen das Betaxanthin-Spektrum im Laufe der Evolution vereinfacht. Bei den ursprünglichen Phytolaccaceen konnten 16 verschiedene Betaxanthine nachgewiesen werden; bei den *Aizoaceae* (200 Arten geprüft) wurden 13 Betaxanthine beobachtet. Die *Basellaceae* scheinen nur noch 1 Betaxanthin und die *Didiereaceae* überhaupt keine Betaxanthine mehr (wohl aber Betacyane) zu erzeugen. Innerhalb der einzelnen Familien lässt sich die gleiche Erscheinung beobachten; bei den Aizoaceen haben die extremen Spezialisten *(Lithops, Conophytum)* die einfachsten Betaxanthingarnituren.

4. *Verschiedenes*

4.7 *Phytolacca-Drogen:* Das charakteristische Phytohämagglutinin ist ein homogenes Glykoprotein mit Molekulargewicht 32000; es enthält 3,2% Monosen, 1,4% Hexosamin und 19% Cystin; Methionin fehlt (R. A. Reisfeld et al., C. A. *68*, 36760 [1968]).

198. Piperaceae

1. *Ätherische Öle*

Piper ovatum Vahl (=*Ottonia vahlii* Kunth) liefert 0,6% ätherisches Öl, das praktisch allein 1-Butyl-3,4-methylendioxybenzol, $C_{11}H_{14}O_2$, enthält; das Öl potenziert die insektizide Wirkung von Pyrethrin (A. R. Pinder und S. J. Price, J. Chem. Soc. *1967* C, 2597).

Früchte von *Piper peepuloides* Roxb. enthalten Pipatalin, $C_{19}H_{28}O_2$ (C. K. Atal et al., Chemistry and Industry *1967*, 2173):

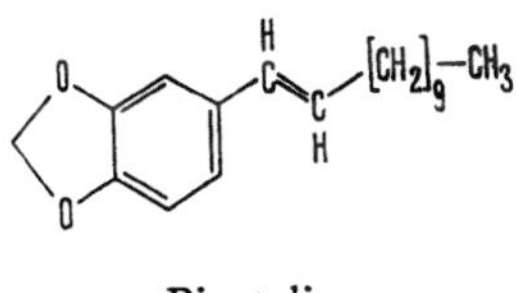

Pipatalin

2. *Lignane*

Cubebin liegt nach Untersuchungen von HÄNSEL et al (Arch. Pharm. *300*, 559 [1967]) zur Hauptsache in der Cycloacetalform und nicht in der Aldehydform vor. Aus Früchten von *Piper peepuloides* Roxb. isolierten C. K. ATAL et al. (J. Chem. Soc. *1967* C, 2228) etwa 0,01% (+)-Diaeudesmin (ein Stereoisomeres des Eudesmins).

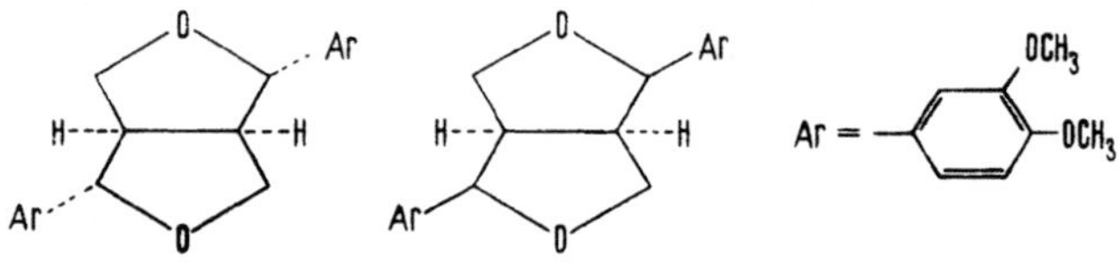

Eudesmin Diaeudesmin

Aus Blättern und Stengeln von *Piper futokadzura* S. et Z. gewannen A. OGISO et al. (Tetrahedron Letters *1968*, 2003, 2009) Futoenon, $C_{20}H_{20}O_5$, und Futoxid, $C_{18}H_{18}O_8$. Futoenon ist ein lignanartiger Körper, für welchen folgende Struktur angenommen wird:

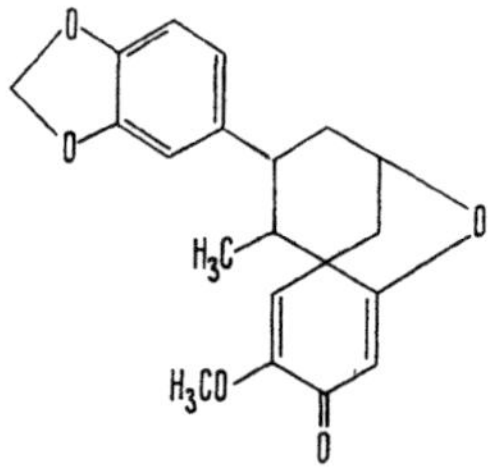

Futoenon

3. *Amide und weitere alkaloidähnliche Stoffe*

Peepuloidin ist ein neues Amid aus Blättern von *Piper peepuloides* Roxb. (C. K. ATAL und P. N. MOZA, Tetrahedron Letters *1968*, 1397.) Aus *Piper peepuloides* und *Piper longum* wurde ausserdem noch das aliphatische Amid N-isobutyldeca-*trans*-2, *trans*-4-dien-amid in Mengen von 0,3–0,6% isoliert; es ist identisch mit einer der Komponenten des Pellitorins (vgl. Bd. 3, S. 507) (K. L. DHAR und C. K. ATAL, Indian J. Chem. *5*, 588 [1967]).

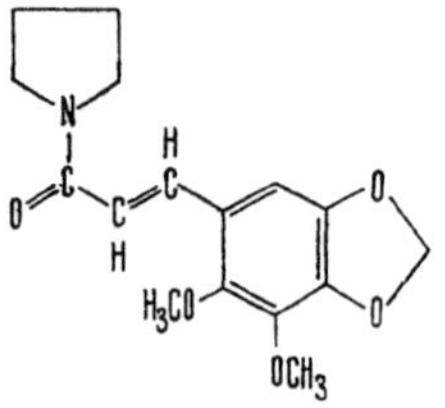

Peepuloidin. $C_{16}H_{19}\ O_5N$

Piperlongumin enthält als Amin nicht Δ^5-Piperidin-2-on (vgl. S. 315), sondern Δ^3-Piperidin-2-on (B. S. Joshi et al., Tetrahedron Letters *1968*, 2395; die Verbindung wird irrtümlicherweise Piplartin genannt).

6. *Piperaceen-Drogen und -Gewürze*

KAWA-RHIZOME UND WATI: Aus Kawa-Rhizomen isolierten Per Jössang und D. Molho (J. Chromatography *31*, 375 [1967]) zwei neue Verbindungen, I und II:

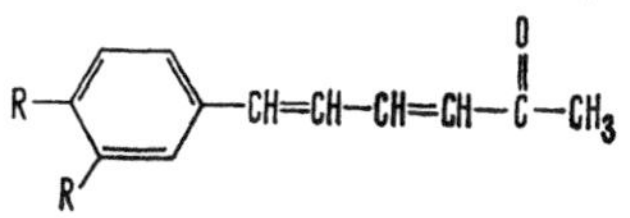

I : R = H
II : R – O—CH_2—O

Beide sind genuine Inhaltstoffe; sie entstehen nicht während der Isolation durch Hydrolyse und Decarboxylierung von Kawain, resp. Methysticin.

L. D. Holmes, C. Gajdusec, M. W. Klohs, H. J. Meyer, J. P. Buckley et al., A. S. Marrazzi, C. C. Pfeiffer et al. und C. S. Ford berichteten zusammenfassend über Verwendung, Chemismus und Pharmakologie von *Piper methysticum* Forst. (in D. H. Efron [editor], l.c. S. 418).

Aus einer mit *Piper methysticum* verwandten, mutmasslich neuen Pfefferart von Neuguinea isolierten Hänsel et al. (Planta Medica *15*, 443 [1967]) die Kawalactone (= α-Pyrone) Desmethoxyyangonin, Yangonin, 11-Methoxyyangonin, 11-Methoxy-12-noryangonin, Dihydrokawain, Dihydromethysticin und Methysticin, die Chalkone Flavokawin B, Pinostrobinchalkon und Alpinetinchalkon und die Flavanone Dihydrotectochrysin, Dihydrooroxylin A und Alpinetin.

G. Snatzke und R. Hänsel (Tetrahedron Letters *1968*, 1797) ermittelten die Absolutkonfiguration von Kawain und Methysticin.

199. Pittosporaceae

2. *Saponine*

Blätter von *Pittosporum revolutum* Ait. und *P. undulatum* Vent. enthalten Triterpensaponine (W. J. Griffin et al., Planta Medica *16*, 75 [1968]). T. Yosioka et al. (Chem. Pharm. Bull. [Tokyo] *16*, 190 [1968]) erhielten aus frischen Blättern von *Pittosporum tobira* Ait. 2,8% Saponine; Hauptsapogenine waren R_1-Barrigenol, 21-O-Angeloyl-R_1-barrigenol und 21-O-Angeloylbarringtogenol C.

Acetylenverbindungen

Herr Professor BOHLMANN, Berlin, hat auf meine Bitte *Pittosporum* auf Polyacetylene untersucht. Nach brieflicher Mitteilung (27.10.1967) konnten aus Wurzeln von *Pittosporum buchananii* Hook. f. 2 C_{15}-Acetylenverbindungen, die mit den Umbelliferen- und Araliaceenpolyacetylenen sehr nahe verwandt sind, isoliert werden:

$$H_2C{=}CH{-}\underset{\underset{\displaystyle R}{\|}}{C}{-}[C{\equiv}C]_2{-}[CH{=}CH]_2{-}C_4H_9$$

$$R{=}O \quad \text{und} \quad R{=}H,OH$$

Eigene Beobachtungen an getrockneten Blättern von *Pittosporum tenuifolium* Soland. ex. Gaertn. (= *P. mayi* Hort.), *P. tobira* (Thunb.) Ait., *P. undulatum* Vent. und *P. viridiflorum* Sims haben ergeben, dass aucubinähnliche Glucoside, sowie Leucoanthocyane und Gallus- und Ellagsäure nicht nachweisbar sind; Chlorogen- und Chinasäure sind reichlich vorhanden.

Damit dürften weitere chemische Hinweise für Verwandtschft der Pittosporaceen mit den Araliaceen gewonnen sein. In verschiedener Hinsicht nimmt die Familie eine zwischen *Rutales* und *Araliales* (sensu TAKHTAJAN) vermittelnde Stellung ein.

201. Platanaceae

2. *Polyphenole*

M. JAY (Taxon *17*, 136 [1968]) beobachtete in Blättern von *Platanus hybrida* Brot. (=*P. acerifolia* Willd.), *P. orientalis* L. und *P. occidentalis* L. Leucodelphinidin, Leucocyanidin, Spuren Myricetin und grössere Mengen von Quercetin und Kaempferol; Ellagsäure fehlte (hydrolysierte Extrakte untersucht); die Ergebnisse stimmen mit den Beobachtungen von BATE-SMITH überein.

206. Polygonaceae

1. *Anthrachinone und 1,8-Dihydroxynaphthaline*

Rheum coreanum Nakai: Japanische Rhizoma Rhei enthält als wichtigen Wirkstoff mehr als 3% Sennosid A (M. Miyamoto et al., J. Pharm. Soc. Japan *87*, 1040 [1967]).

2. *Zimtsäuren und flavonoide Verbindungen*

Aus Blättern und Samen von *Rheum tataricum* L. fil. isolierten T. K. Chumbalov und G. M. Nurgalieva (C. A. *68*, 27516 [1968]) Quercetin und die Quercetinglykoside Isoquercitrin, Meratin (Quercetin-3-diglucosid) und Rutin.

4. *Gerbstoffe und Gerbstoffbausteine*

Polygonum divaricatum L. (=*P. alpinum* All. ?): In Wurzeln von 4jährigen Pflanzen wurden Leucoanthocyane, freie Gallussäure, (–)-Epigallocatechin (I), (+)-Gallocatechin, (–)-Epicatechin (II) und Gallate von I und II und im Kraut Gallate von I und II nachgewiesen (M. N. Zaprometov und L. V. Polyakova, C. A. *67*, 105973 [1967]).

Rheum maximowiczii A. Los.: Wurzeln enthalten 0,035% (–)-Epicatechin, 0,017% (+)-Gallocatechin, 0,01% (±)-Gallocatechin und 0,016–0,039% (±)-Gallocatechingallat (L. R. Pashinina und T. K. Chumbalov, C. A. *68*, 19544 [1968]).

Rheum tataricum L. fil.: Blätter enthalten nur Spuren Catechine; in Samen wurden 0,117% (+)-Catechin, 0,065% (–)-Epicatechin und 0,039% (–)-Epicatechingallat beobachtet; Hauptcatechin (0,078%) von Juniwurzeln ist (–)-Epicatechingallat (T. K. Chumbalov und G. M. Nurgalieva, C. A. *67*, 114351 [1968]).

Rumex: K. Rada et al. (C. A. *67*, 84796 [1967]; Pharmazie *22*, 521 [1967]; Sci. Pharm. [Wien] *35*, 116 [1967]; Československ. Farm. *16*, 349 [1967]) haben Totalanthrachinongehalte in Wurzeln zweijähriger Pflanzen von 13 Arten ermittelt; zum Teil weichen ihre Befunde von denen anderer Untersucher ab; so soll beispielsweise *Rumex bucephalophorus* 0,63% Anthrachinone enthalten.

Die Wurzeln von *Rumex hymenosepalus* Torr. enthalten monomere Leucodelphinidine und Leucopelargonidine und Polymere dieser Flavan-3,4-diole; die Fraktion der polymeren Leucoanthocyane besitzt tumorwachstumhemmende Eigenschaften (L. Buchhalter und J. R. Cole, J. Pharm. Sci *56*, 1033 [1967]).

208. Primulaceae

1. *Saponine*

Bestätigung der Strukturen von Priverogenin A und Dihydropriverogenin A (R. TSCHESCHE et al., Tetrahedron Letters *1968*, 183).

Struktur von Cyclamigenin B (R. O. DORCHAI und J. B. THOMSON, Tetrahedron *24*, 1377 [1968]); Struktur von Cyclamigenin A^1, A^2, C und D (R. O. DORCHAI et al., Tetrahedron *24*, 5649 [1968]).

2. *Zimtsäuren, flavonoide Verbindungen und Gerbstoffe*

Umfassende Untersuchungen (100 Arten; 18 Gattungen) über die Phenole der Primulaceen hat HARBORNE (Phytochemistry *7*, 1215 [1968]) publiziert. Die wichtigsten Ergebnisse lassen sich wie folgt zusammenfassen:

Anthocyane: Hirsutin und Rosinin kommen nur in der Gattung *Primula* vor.

Gelbe Blütenflavone: Das früher als Quercetagetin aufgefasste Blütenpigment wurde jetzt eindeutig als Gossypetin erkannt. Gossypetinglykoside treten als gelbe Blütenfarbstoffe in den Gattungen *Dionysia*, *Douglasia* und *Primula* (nur in den Sektionen *Vernales* und *Sikkimenses)* auf. In *Primula vulgaris* wird das Gossypetinglykosid von einem Herbacetinglykosid begleitet; das letztere ist Hauptpigment der Blüten von *Primula alpicola*. Reexamination der gelben Blütenfarbstoffe von *Lotus corniculatus* und von *Papaver*-Arten der *alpinum-nudicaule-radicatum*-Gruppe ergab, dass hier ebenfalls Gossypetin- und nicht Quercetagetinglykoside vorliegen. Demnach dürfte grünliche Verfärbung gelb gefärbter Blüten beim Trocknen auf 8-Hydroxyflavonole (Gossypetin, Herbacetin) und nicht auf 6-Hydroxyflavonole (Quercetagetin) hinweisen.

Blattphenole: Leucocyanidine, Leucodelphinidine, Kaempferol- und Quercetinglykoside kommen fast allgemein vor. Auch säurebeständige Ester von Kaffee- und p-Cumarsäure sind weitverbreitet. Myricetinglykoside treten selten (3 *Primula*- und 2 *Lysimachia*-Arten) und nur spurenweise auf. In der Gattung *Soldanella* sind die Flavonole durch Flavone (Apigenin, Luteolin) ersetzt.

Mehlstaub-Flavone: Vertreter der Gattungen *Primula*, *Dionysia*, *Dodecatheon* und *Cortusa* führen in den Blättern noch das 4'-Glucosid des 3',4'-Dihydroxyflavons. Diese Verbindung dürfte Beziehungen zu den Mehlstaubflavonen haben. Das gleiche gilt für eine Mischung von Monohydroxyflavonen («Chionanthin»), die aus Hydrolysaten von Petalen von Primeln der Sektionen *Candelabres*, *Sikkimenses* und *Farinosae* und aus dem Mehlstaub der betreffenden Arten und von *Primula chionantha* (Sektion *Nivales)* erhalten wurde.

5. *Kohlenhydrate der vegetativen Organe*

Douglasia vitaliana Benth. et Hook. und *Primula spectabilis* Tratt. enthalten 0,5–1% des Trockengewichtes Sedoheptulose (U. KULL, Phytochemistry *7*, 783 [1968]).

209. Proteaceae

8. *Reservestoffe der Samen*

Die Samenöle der zwei Arten *Roupala complicata* H. B. et K. (16,4% Öl; V. Z. = 187,7; J. Z. = 83) und *Hakea gibbosa* Cav. (20,8% Öl; V. Z. = 185,1; J. Z. = 83) wurden durch P. CATTANEO et al. (C. A. *68*, 75698 [1968]) untersucht.

10. *Verschiedenes*

10.2 *Saponine und Triterpene:* Aus der Rinde von *Knightia excelsa* R. Br. wurden ausschliesslich Paraffine und β-Sitosterin, aber keine Triterpene erhalten; gleichzeitig wurden Leucocyanidine nachgewiesen (L. H. BRIGGS et al., New Zealand J. Sci. *10*, 1076 [1967]).

210. Punicaceae

1. *Alkaloide*

Der Piperidinring des Isopelletierins stammt von Lysin ab, die Seitenkette wird aus Acetat aufgebaut (D. G. O. DONOVAN und M. F. KEOGH, Tetrahedron Letters *1968*, 265).

Magnoliaceae: Magnoliosid (= Glucosid des 6-Hydroxy-7-methoxy-cumarins) aus Rinde von *Magnolia macrophylla* (V. PLOUVIER, Compt. Rend. *266* D, 1526 (1968). *Magnolia kachirachirai:* Lang bewahrtes Holz enthält nur noch Spuren Glaucin, wenig N-Norglaucin und als Hauptalkaloid die dem Glaucin entsprechende Base vom Liriodenin-Typus (M. TOMITA et al., J. Pharm. Soc. Japan *88*, 1143 [1968]).

Malvaceae: Cyclopropenoide Fettsäuren in den Samenölen von 5 Malvaceen und von 4 weiteren Vertretern der Ordnung der *Malvales* (P. K. RAJU und R. REISER, Lipids *1*, 10 [1966]). Flavonoide Blütenpigmente von *Hibiscus esculentus* (P. A. HEDIN et al., Am. J. Botany *55*, 431 [1968]). Chrysanthemin aus Blüten von *Gossypium hirsutum* (C. A. *69*, 74473 [1968]).

Malpighiaceae: 0,025% Mangiferin aus Wurzelrinde von *Hiptage madablota* und definitive Struktur von Hiptagin (= Endecaphyllin X = 1,2,4,6-Tetra-O-[3-nitropropanoyl]-β-D-glucopyranosid) (R. A. FINNEGAN et al., J. Pharm. Sci. *57*, 353, 1039 [1968]).

Meliaceae: Triterpene und Meliacine aus *Cedrela glaziovii* (J. D. CONNOLLY et al., J. Chem. Soc. *1968* C, 2230), *Cedrela odorata* (W. R. CHAW et al., J. Chem. Soc. *1968* C, 2485; D. A. OKORIE und D. A. H. TAYLOR, Phytochemistry *7*, 1683 [1968]), *Khaya grandifolia* (J. D. CONNOLLY et al., J. Chem. Soc. *1966* C, 2227), *Khaya senegalensis* (E. K. ADESOGAN und D. A. H. TAYLOR J. Chem. Soc. *1968* C, 1974), *Melia azedarach* (F. C. CHANG und CH.-K. CHIANG Chem. Commun. *1968*, 1156: Kulinon, ein Triterpen der Euphanreihe aus der Rinde), *Swietenia mahagoni* (D. P. CHAKRABORTY et al., Tetrahedron Letters *1968*, 5015: Struktur des nicht bitteren Meliacins Mahoganin) und *Trichilia heudelotii* (D. A. OKORIE et al., J. Chem. Soc. *1968* C, 1828: Neue Meliacine aus dieser chemisch sehr variabelen Art). *Azadirachta indica:* Quercetin und β-Sitosterin aus Blättern (C. A. *69*, 41705 [1968]); Nimgummi enthält ca. 18% Eiweiss und liefert bei der Hydrolyse etwa 3% Glucosamin (T. N. PATTABIRAMAN und S. USHA LAXMI Sci. and Culture [Calcutta] *34*, 68 [1968]). Übersicht über limonoide Bitterstoffe (inklusiv Meliacine): D. L. DREYER, Fortschr. Chem. Org. Naturstoffe *26*, 190–244 (1968).

Melianthaceae: Ellagsäure, Acetat der Oleanolsäure und ein amorphes, sehr toxisches Glykosid aus Wurzelrinde von *Melianthus comosus* Vahl (L. A. P. ANDERSON, J. South Afr. Chem. Inst. *21*, 91 [1968])

Menispermaceae: Cissamin aus Wurzeln von *Cissampelos pareira* ist identisch mit Cyclanolinchlorid (F. ANWER et al., Experientia *24*, 999 [1968]). Proaporphine (Stepharin und Pronuciferin) und Protoberberine (Tetrahydropalmatin, Corydalmin und Stepholidin) aus *Stephania glabra* isoliert (M. P. CAVA et al., J. Org. Chem. *33*, 2785 [1968]). Stepharin und Michelalbin aus *Sinomenium acutum* (Y. SASAKI und K. ONJI, J. Pharm. Soc. Japan *88*, 1286 [1968]).

Menyanthaceae: Isolation von Loganin, Swerosid, Menthiafolin (I), Foliamenthin (II) und Dihydrofoliamenthin (III) aus *Menyanthes trifoliata* (P. LOEW et al. und A. R. BATTERSBY et al., Chem. Commun. *1968*, 1276, 1277). Die neuen Verbindungen sind Secoiridoidglucoside, die mit einer Monoterpencarbonsäure verestert sind; der Secoiridoidglucosidanteil kann als Desmethylsecologaninlactol aufgefasst werden.

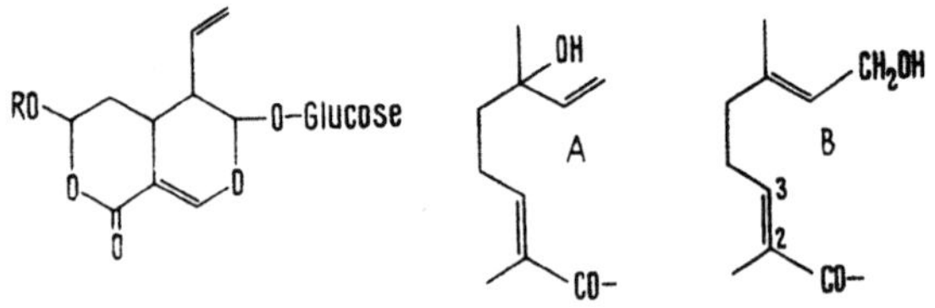

I ($C_{26}H_{36}O_{12}$) : R = A

II ($C_{26}H_{36}O_{12}$) : R = B

III ($C_{26}H_{38}O_{12}$) : R = 2,3-Dihydro-B

Monimiaceae: Revision der Atherospermolinstruktur (J. BALDAS et al., Austral. J. Chem. *21*, 2305 [1968]). Isoboldin, Reticulin Laurotetanin und Laurolitsin aus Boldoblättern *(Peumus boldus)* (D. W. HUGHES et al., J. Pharm. Sci. *57*, 1023, 1619 [1968]). Hedycaryol, $C_{15}H_{26}O$, aus Blättern von *Hedycarya angustifolia* A. Cunn.; ist genuiner Alkohol des Blattöles; liefert bei der Wasserdampfdestillation Elemol (R.V.H. JONES und M.D. SUTHERLAND, Chem. Commun. *1968*, 1229). Veraguensin (Formel Bd. 4, S. 367) aus *Trimenia papuana* Ridley (J. B. McALPINE et al., Austral. J. Chem. *21*, 2095 [1968]).

Moraceae: Chlorophorin und 2,3',4,5'-Tetrahydroxystilben aus Holz von *Chlorophora excelsa* und *Chlorophora regia* A. Cheval. (J. W. W. MORGAN et al., Holzforschung *22*, 11 [1968]). Friedelin und β-Sitosterin aus Blättern von *Ficus bengalensis* (C. A. *69*, 681 [1968]). Prüfung der Latices von 46 *Ficus*-Arten auf proteolytische Enzyme; solche bei 13 Arten nachgewiesen (D. C. WILLIAMS et al., Plant Physiol. *43*, 1083 [1968]). Fumar-, Bernstein-, Malon-, Äpfel-, Citronen- und Oxalsäure aus *Morus*-Blättern (C. A. *69*, 25081 [1968]). Moracetin (= Quercetin-3-triglucosid) aus Maulbeerblättern (K. NAITO, Agr. Biol. Chem. [Tokyo] *32*, 33A [1968]).

Myristicaceae: Gaschromatographische Analyse des ätherischen Öles von Muskatnüssen (G. M. SAMMY und W. W. NAWAR, Chemistry and Industry *1968*, 1279).

Myrsinaceae: 1% Rapanon und 0,2% Ilexol aus Rinde und 0,2% Rapanon aus Kernholz von *Ardisia colorata* Roxb. (C. A. *69*, 54264 [1968]). *Ardisia:* Definitive Struktur des Chinongemisches aus Rhizomen von *Ardisia japonica* und der Ardisiachinone A, B und C aus Wurzelrinde von *Ardisia sieboldii* (H. OGAWA und S. NATORI, Chem. Pharm. Bull. [Tokyo] *16*, 1709 [1968]).

Myrtaceae: Die echte *Melaleuca viridiflora* Sol. ex Gaertn. (Nordqueensland) und *Melaleuca quinquenervia* (Cav.) S. T. Blake (früher meistens *M. viridiflora* genannt) sind morphologisch und chemisch verschieden; das Blattöl der echten *M. viridiflora* enthält 75% Methylcinnamat, 20% *trans*-β-Ocimen, 1% Eugenol und 0,5% Linalool (R. O. HELLYER und E. V. LASSAK Austral. J. Chem. *21*, 2585 [1968]). Freie Ellagsäure, 3-O-Methylellagsäure und 3,3'-Di-O-methylellagsäure kommen bei den *Myrtales* allgemein vor (u. a. untersucht viele Arten der *Myrtaceae* und *Melastomataceae*, *Punica granatum*, 12 Arten der *Lecythidaceae* und 3 Arten der *Combretaceae);* bei einigen Myrtaceen, vielen Melastomataceen und bei *Punica granatum* treten ausserdem 3,3', 4-Tri-O-methylellagsäure und 3'-O-Methyl-3,4-methylendioxyellagsäure (neu) auf (J. B. LOWRY, Phytochemistry *7*, 1803 [1968]).

Nyssaceae: Strukturbestätigung von Camptothecin aus *Camptotheca acuminata* (A. T. McPHAIL et al., J. Chem. Soc. *1968* B, 923).

Ochnaceae: Das Muyrapuamin von PECKOLT *(Ptychopetalum*-Arten) war vermutlich ein Gemisch von Fettsäureestern von Phytosterinen (H. AUTERHOFF und E. PANKOW, *Inhaltsstoffe von Muira Puama*, Arch. Pharm. *301*, 481 [1968]). *Comparative anatomy of Lophira lanceolata Tiegh. and Lophira alata Banks*, G. J. PERSINOS und M. W. QUIMBY, Econ. Botany *22*, 206 (1968).

Oenotheraceae: Kaempferol, Quercetin und Glykoside dieser zwei Flavonole aus Blättern von *Oenothera biennis* L. (Z. KOWALEWSKI et al., Diss. Pharm. Pharmacol. Polon. *20*, 573 [1968]).

Oleaceae: Phillyrin (Formel S. 236) und Arctiin (Formel Bd. 3, S. 523) aus verschiedenen *Forsythia*-Arten (H. THIEME und H.-J. WINKLER, Pharmazie *23*, 402 [1968]). Samenkerne von *Fraxinus lanceolata* Borkh. (Sippe gehört zur folgenden Art) und *Fraxinus pensylvanica* Marsh. enthalten 24 und 25,8% fettes Öl (C. A. *69*, 53058 [1968]). Calycanthosid (Formel Bd. 3, S. 340) aus der Rinde von *Fraxinus excelsior* L. var *diversifolia* Ait. und Cichoriin (Formel S. 238) aus Blättern von *Fraxinus caroliniana* Mill. (1%), *F. oxycarpa* Willd., *F quadrangulata* Michx. und *F. xanthoxyloides* DC. (1,5%) (V. PLOUVIER, Compt. Rend. *266* D, 1526 [1968]).

Paeoniaceae: Anthocyane aus Blüten und Benzoesäure, Gallussäure, Galloylgerbstoff und Glucosid eines Benzoesäureesters aus Wurzeln von *Paeonia decora* Anders. (A. ULUBELEN et al., Lloydia *31*, 249 [1968]).

Papaveraceae: Besprechung von Alkaloiden: R. H. F. MANSKE (edit.), The Alkaloids, Vol. *10*, S. 401–461, 463–465, 467–483, 485–489 (1968). Übersicht über Proaporphinalkaloide: K. BERNAUER und W. HOFHEINZ, Fortschr. Chem. Org. Naturstoffe *26*, 245–283 (1968). Biogenese von Narcotin: Norlaudanosolin → Reticulin → Scoulerin → Narcotin (A. R. BATTERSBY et al., J. Chem. Soc. *1968* C, 2163). Alkaloide von *Corydalis*-Arten (H. GABARCZYK, Diss. Pharm. Pharmacol. Polon. *20*, 557 [1968]). Drei Basen vom Ochotensin-Typus aus *Fumaria officinalis* (J. K. SAUNDERS et al., Canad. J. Chem. *46*, 2873 [1968]). Protopin, Cryptopin, Bicucullin, Adlumin, Fumaridin und Fumaramin (I. A. ISRAILOV et al., C. A. *69*, 57449 [1968]) und Sanguinarin (vor allem Früchte: J. SUSPLUGAS et al., Fac. Pharm. Montpellier, Activité et Trav. Sci. 1966/67, S. 51) aus *Fumaria parviflora* Lamk. Sanguinarin ebenfalls aus Kraut (wenig) und Früchten von *Fumaria vaillantii* Lois. (SUSPLUGAS et al. 1966/67). Alkaloide von 5 Vertretern der Sektion *Miltantha* von *Papaver* (S. PFEIFER und L. KÜHN, Pharmazie *23*, 199 [1968]). Palaudin (= Monodesmethylpapaverin) aus Opium (E. BROCHMANN HANSSEN und K. HIRAI J. Pharm. Sci. *57*, 940 [1968]). Die Isopavinalkaloide Reframin, Reframidin und Reframolin aus *Roemeria refracta* (L. DOLEJŠ und J. SLAVÍK, Coll. Czechoslov. Chem. Commun. *33*, 3917 [1968]). Wasserlösliche, quartäre Aporphinbase, Roemrefidin, aus Ganzpflanzen (S. T. AKRAMOV und S. YU. YUNUSOV, C. A. *69*, 87254 [1968]).

Pedaliaceae: Procumbid ist Monohydroxyharpagid (P. TUNMANN et al., Ann. Chem. *712*, 138 [1968]). Neue Farbreaktion für Sesamöl (i. e. Sesamolreaktion): S. D. THIRUMALA RAO et al., J. Am. Oil Chemists' Soc. *45*, 477 (1968).

Piperaceae: Lirioresinol-B-dimethyläther und Lirioresinol-C-dimethyläther aus dem Holz von *Macropiper excelsum;* Stereostrukturen der Lirioresinole; Lirioresinol-B entspricht stereochemisch dem Eudesmin und das bisher allein als Dimethyläther in der Natur gefundene Lirioresinol-C dem Diaeudesmin (Formel S. 450); Syringaresinol ist racemisches Lirioresinol-B (L. H. BRIGGS et al., J. Chem. Soc. 1968, 3042).

Pittosporaceae: Ein Sesquiterpen, $C_{15}H_{24}$, und 5 Polyacetylene (zusammen 0,016%) aus Wurzeln von *Pittosporum buchananii* Hook. f. (F. BOHLMANN und K.-M. RODE, Chem. Ber. *101*, 1889 [1968]). Blattphenole bei 4 *Pittosporum*-Arten und Besprechung der systematischen Stellung der Familie (R. HEGNAUER, S. 124—126 in J. B. HARBORNE und T. SWAIN [editors], *Perspectives in Phytochemistry*,

Academic Press, London—New York [1969]). R_1-Barrigenol (= Pittosapogenin) tritt auch bei den Umbelliferen als Sapogenin auf (*Sanicula europaea:* K. HILLER et al., Pharmazie *23*, 376 [1968]). Von den 17 untersuchten Arten enthielten nur *Citriobatus multiflorus* A. Cunn., *Hymenosporum flavum* (Hook.) F. Muell. und *Pittosporum undulatum* Leucocyanidin, das mutmasslich von Leucopelargonidin begleitet wird, in den Blättern (M. JAY, Thèse Nr. 511 Univ. Lyon, 1968).

Plumbaginaceae: Untersuchung von *Limonium guaicuru* (Mol.) O. K. (Chile; Gerbstoffe, saure Harze, Schleim; C. A. *69*, 16778 [1968]). Organische Säuren in Wurzeln von *Limonium gmelinii* (Glucuron-, Glucon-, Citronen-, Wein- und Glycerinsäure: L. S. ALIUKINA und L. B. MATZUTZINA, Rast. Resur. *4*, 219 [1968]).

Polygalaceae: 0,04% Methylsalicylat aus frischen Wurzeln von *Comespermum ericinum* DC. (E. V. LASSAK, Phytochemistry *7*, 1879 [1968]).

Polygonaceae: Catechine und Gerbstoffe von *Polygonum coriarium* (C. A. *69*, 25046, 74474 [1968]) und von *Polygonum divaricatum* (C. A. *69*, 33517 [1968]). 0,05% Quercetin, 0,11% Isoquercitrin und 0,03% Hyperin aus Blättern von *Polygonum persicaria* (C. A. *69*, 41745 [1968]). Organische Säuren (Glucon-, Glucuron-, Äpfel-, Citronen- und Oxalsäure) in unter- und überirdischen Organen von *Polygonum coriarium*, *Rumex tianshanicus*, *Rheum tataricum* und *Rheum wittrockii* (L. S. ALIUKINA und L. B. MATZUTZINA, Rast. Resur. *4*, 219 [1968]).

Primulaceae: Erneute Untersuchung der nach Glykosidspaltung erhaltenen ätherischen Öle aus Wurzeln von *Primula auricula*, *Primula veris* und *Primula vulgaris* (P. FRIGOT und ANDRÉ GORIS, Ann. Pharm. Franc. *26*, 123, 287 [1968]: Im Wesentlichen Bestätigung der Ergebnisse von ALBERT GORIS). Nachweis von (—)-Epicatechin, Hyperin und Rutin in *Lysimachia nummularia* (C. A. *69*, 69677 [1968]). I. KITAGAWA et al. (Tetrahedron Letters *1968*, 5377) zeigten, dass nicht nur das 28-Dihydropriverogenin A (= Camelliagenin) in der Form eines intramolekulären Äthers (= Priverogenin B) vorliegen kann, sondern dass auch das Primulagenin A in der Form des entsprechenden Äthers (= Protoprimulagenin) auftritt (Formeln vgl. S. 390 und 391); bei 3 Arten wurde die genuine Form der Triterpensapogenine ermittelt. *Primula japonica* (Wurzel): Camelliagenin A; *Primula sieboldii* (Wurzel): Protoprimulagenin A; *Lysimachia mauritiana* (Früchte): Priverogenin B. J. SELLMAIR et al., (Z. Pflanzenphysiol. *58*, 434 [1968]; *59*, 70 [1968]) isolierten aus Rosettenblättern von *Primula clusiana* Tausch 0,25% (bezogen auf Frischgewicht) Hamamelit (der der Hamamelose entsprechende Zuckeralkohol); Hamamelit und Hamamelose kommen nur bei *Primula*-Arten mit überwinternden Blattrosetten in grösseren Mengen vor. Anscheinend handelt es sich bei dieser Akkumulation um eine sippencharakteristische Frostschutzreaktion.

Index

Ä, Ö und Ü werden wie A, O und U behandelt.

Vorsilben wie Allo-, Iso-, Seco- usw. werden als zum Worte gehörend betrachtet (z. B. Epilupeol, Secooleanolsäure).

Buchstaben (z. B. β-Amyrin) und Ziffern (z. B. 5,7-Dihydroxyphthalid) werden als nicht zum Worte gehörend betrachtet und sind in vielen Fällen weggelassen.

Kursive Wörter stellen wissenschaftliche Pflanzennamen dar; kursive Ziffern verweisen nach Formelbildern oder nach ausführlicheren Besprechungen der Betreffenden Stoffe.

Im Index wurde in erster Linie Vollständigkeit hinsichtlich der behandelten Taxa (nur Arten und Genera) angestrebt.

Bei den Inhaltstoffen wurden folgende Richtlinien verwendet:

Die weniger häufigen Stoffe wurden unter den gebräuchlichen Trivialnamen aufgenommen.

Weitverbreitete Stoffe wurden in der Regel nur dann aufgeführt, wenn sie für eine Sippe besonders charakteristisch erscheinen, wenn das Formelbild gebracht wird, oder wenn sie rein isoliert wurden. In allen anderen Fällen finden sie sich nur gruppenweise im Index aufgeführt; es wird im besondern auf die folgenden Gruppen hingewiesen:

Ätherische Öle	(für flüchtige Mono- und Sesquiterpene; flüchtige Phenylpropane).
Fette Öle	(für allgemein verbreitete Fettsäuren).
Gerbstoffe	(für Gallussäure, Catechine).
Leucoanthocyane	(für Leucocyanidin, Leucodelphinidin).
Polyphenole	(für Hydroxybenzoesäuren, Hydroxyzimtsäuren, Anthocyanidine, Flavonole).
Säuren, nicht flüchtige, organische	(für Säuren des Citronensäurecyclus).
Sterine	(für Sitosterin usw.).
Wachse	(für Paraffine, Wachsalkohole, Wachssäuren).

Bei den Dikotyledonen ganz allgemein verbreitete Verbindungen, wie beispielsweise gewisse Zucker, Polysaccharide (z. B. Stärke) und Aminosäuren wurden im Index gänzlich weggelassen.

GPSR Compliance

The European Union's (EU) General Product Safety Regulation (GPSR) is a set of rules that requires consumer products to be safe and our obligations to ensure this.

If you have any concerns about our products, you can contact us on ProductSafety@springernature.com

In case Publisher is established outside the EU, the EU authorized representative is:

Springer Nature Customer Service Center GmbH
Europaplatz 3
69115 Heidelberg, Germany

Batch number: 10607220

Printed by Printforce, the Netherlands